V 1906

à conserver

MEMOIRES

DE PHYSIQUE

SUR

L'ART DE FABRIQUER LE FER,

D'en fondre & forger des canons d'artillerie;

SUR

L'HISTOIRE NATURELLE,

ET SUR DIVERS SUJETS PARTICULIERS DE PHYSIQUE
ET D'ÉCONOMIE.

MEMOIRES

DE PHYSIQUE

SUR

L'ART DE FABRIQUER LE FER,

D'en fondre & forger des canons d'artillerie;

SUR L'HISTOIRE NATURELLE,

ET SUR DIVERS SUJETS PARTICULIERS DE PHYSIQUE ET D'ÉCONOMIE:

Avec une Table analytique des matieres en forme de Dictionnaire, pour servir à l'intelligence des termes techniques.

Ouvrage orné de treize Planches en taille-douce.

Par M. GRIGNON, Maître de Forge, Correspondant de l'Académie Royale des Sciences, & de celle des Inscriptions & Belles-Lettres de Paris, Associé de celle des Sciences, Arts & Belles-Lettres de Châlons.

Usus, & impigræ simul experientia mentis,
Paulatim docuit......... Lucr. Lib. v.

A PARIS,

Chez DELALAIN, Libraire, rue & à côté de la Comédie Françoise.

M. DCC. LXXV.

AVEC APPROBATION, ET PRIVILEGE DU ROI.

A MESSIEURS

DE

L'ACADÉMIE ROYALE DES SCIENCES.

MESSIEURS,

Vous avez bien voulu accorder votre suffrage à mes Observations, & juger dignes de l'impression les Mémoires que j'ai eu l'honneur de vous adresser & de lire dans vos Assemblées depuis seize ans, sur la Métallurgie, particuliérement sur les travaux des Forges à fer, sur l'Artillerie & sur l'Histoire Na-

a

turelle. Vous avez eu la bonté, pour m'encourager à poursuivre mes recherches, mes observations & mes expériences, de m'accorder le titre honorable de Correspondant de votre illustre & savante Compagnie ; vous m'avez permis de réunir, en un volume séparé de ceux des Savants Etrangers, mes Opuscules, & de les publier sous vos auspices, si propres à les faire recevoir favorablement du Public. J'ai l'honneur, MESSIEURS, de vous les offrir ; je vous supplie d'agréer cet hommage, comme le tribut de ma juste reconnoissance, comme une preuve authentique de mon attachement & du très profond respect avec lequel je suis,

MESSIEURS,

Votre très humble & très
obéissant serviteur.
GRIGNON.

PRÉFACE

SERVANT D'INTRODUCTION.

L'ouvrage que je préfente au Public eft le réfultat de vingt-fix années de méditations, d'obfervations & d'expériences, particuliérement fur *l'Art du Maître de forge* que j'exerce depuis ce temps avec des principes de Chymie, & le goût de l'Hiftoire Naturelle. Il n'étoit pas poffible, qu'imbu des Eléments de ces fciences, je puffe exercer fi long-temps un Art qui y a de fi grands rapports & avec la Phyfique en général, fans faifir les occafions d'obferver les phénomenes nombreux qui fe préfentent fréquemment dans les différentes opérations des forges; ou j'euffe été l'homme-machine.

J'avoue que lorfque j'entrai dans les Forges, je ne connoiffois pas les premiers rudiments des opérations des travaux en grand du fer. Ceux que j'entreprenois devoient être le véhicule de mon exiftence & de celle de ma famille naiffante. Il falloit donc combiner & fpéculer avant que d'analyfer. Uniquement occupé des opérations du commerce, j'abandonnai d'abord à la routine des ouvriers le fuccès des travaux. Mais enfin il fallut raifonner pour approfondir la caufe & les accidents qui font fi fréquents, lefquels, en diminuant le produit, intéreffent la fortune du Manufacturier. Je commençai par confidérer les manipulations & les procédés des ouvriers. Je m'efforçai de découvrir la bafe & le principe de leurs pratiques. Je ne vis qu'une routine en but à tous les accidents, & toujours impuiffante pour y remédier. Je me familiarifai avec les termes, les outils, les machines & le travail; c'étoit un premier pas néceffaire. J'entrai en converfation avec mes Forgerons; mais ces ouvriers n'ont qu'un langage barbare; ils expriment tout avec les mêmes termes; fans principes ils ne peuvent rendre compte de leurs opérations. Si on leur demande pourquoi ils procedent de telle ou telle maniere, l'on obtient d'eux pour toute réponfe : — C'eft qu'il faut faire comme ça. Si l'on infifte fur le pourquoi : — Pourquoi! c'eft que fi on ne faifoit pas comme ça, cela n'iroit pas bien. Voilà le dernier terme de leur folution. Je compris alors qu'il falloit étudier leur manœuvre, & que leurs mouvements feroient pour moi le truchement de leur langage. Je m'armai de patience , & je redoublai d'attention ; enfin je compris quelque chofe. J'apperçus de la juftefte dans quelques opérations, & de l'inconféquence dans beaucoup d'autres; ces nouveaux progrès ne fervirent qu'à me faire connoître que je ne favois encore rien. La perfuafion de cette trifte vérité redoubla mon ardeur. Je fentis qu'il étoit néceffaire d'acquérir les connoiffances de l'Architecte , du Maçon & du Charpentier, pour conftruire & réparer les ufines & les machines; qu'il falloit devenir Mineur, Charbonnier, Fondeur , Affineur & Marteleur, dans toute la force du terme, pour fentir & redreffer les torts de l'ignorance de ces différents ouvriers, & pour les diriger dans leurs opérations, ou plutôt s'en fervir comme de fimples inftruments, pour opérer par moi-même. Enfin après avoir voyagé dans plufieurs Provinces pour y obferver la Nature & les Arts, je devins Maître de forge. Je travaillai pendant onze ans dans le filence. J'ai enfuite communiqué mes Obfervations à l'Académie Royale des Sciences qui y a attaché fon fuffrage. Cette favante Compagnie m'honora, en Décembre 1768 , du titre de fon Correfpondant. Je confidérai ce brevet moins comme une récompenfe, que comme un engagement que je contractois d'en remplir les obligations. Je lui ai adreffé depuis neuf Mémoires fur différens objets qui font compris dans ce volume, avec fix autres que j'avois auparavant foumis à fon jugement: j'en ai joint encore fix que j'ai tirés de mon porte-feuille.

L'Académie Royale des Sciences, chargée de ses propres travaux, avoit suspendu l'impression des Mémoires des Savants Etrangers, dont ceux que je présente aujourd'hui devoient faire partie. Accumulés depuis quinze ans, ils eussent fait seuls un volume, ou ils n'auroient été publiés que de loin en loin, en les insérant parmi d'autres Mémoires, dans chaque volume des Etrangers que l'Académie publie successivement. Plusieurs personnes de la plus grande distinction, dont les avis & les desirs sont pour moi une loi impérieuse, le vœu & le conseil de mes amis & de mes confreres, m'ont déterminé à prier l'Académie de me permettre de publier ces Mémoires en un volume séparé; & pour ce, sur l'avis de M. Cadet & de M. Desmarêts, Membres de cette Compagnie, qu'elle a nommés Commissaires pour les réviser, elle m'a accordé la faveur de son Privilege.

Les objets que je traite, plus particuliérement ceux qui ont un rapport aux travaux du fer, sont de deux sortes. Les Mémoires qui en traitent sont l'exposé des découvertes physiques que j'ai faites à force d'expérience, de frais & de patience; les autres contiennent des principes théorie-pratique de quelques parties de l'Art du Maître de forge. C'est un champ vaste dans lequel peu de Savants se sont exercés, excepté M. Bouchu dans l'Encyclopédie, M. de Courtivron, & M. Bouchu dans les Arts, publiés par l'Académie, & Swedenbord, Auteur Suédois, dont l'Académie a publié la traduction. Les ouvrages de ces Savants ne sont pas assez étendus pour avoir embrassé l'universalité de l'objet : je n'en ai même qu'effleuré une partie, en attendant que je publie la *Physique des Forges* dans quelques années, ouvrage que j'ai entrepris de l'aveu & sous la protection du Gouvernement.

Comme mon sentiment sur quelques points de Physique n'a pas toujours été adopté par l'Académie, d'après les rapports de MM. les Commissaires qui ont été chargés d'examiner mes différents Mémoires; que cette diversion de sentiment est consignée dans les registres de l'Académie; que j'ai senti la nécessité de me réformer dans certains cas, & de soutenir mon fentiment dans d'autres, je ne puis me difpenfer d'entrer ici dans quelques détails, pour ne pas compromettre d'un côté le jugement de l'Académie, & de l'autre pour déduire les raifons qui me font adhérer à mon fentiment. C'eft pourquoi je vais mettre fous les yeux du Lecteur une courte analyfe de chaque Mémoire, avec des Obfervations détachées, ce qui fervira d'introduction à la lecture de ces opufcules.

Je débutai à l'Académie, en 1759, par lire le *Mémoire fur l'Amiante ferrugineux*, découverte qui parut importante aux yeux des Phyficiens qui cultivent la Chymie & l'Hiftoire naturelle. Je prouvai par des expériences, que cette fubftance eft le fquelette d'un fer décompofé, privé de tout principe inflammable; qu'elle eft inattaquable aux acides, irréductible par le contact du feu; qu'elle a enfin les propriétés de l'amiante naturel, & qu'elle lui eft analogue, puifqu'il eft facile de réduire en fer l'amiante naturel & l'amiante ferrugineux par le même procédé que je donne. D'après l'opération par laquelle je réduis le fer en amiante factice, dans le feu de nos fourneaux de fonderie, je conclus que l'amiante naturel foffile eft un fer décompofé par le feu des volcans, immenfe foyer de la Nature, qui font imités en petit par les fourneaux des fonderies des forges. J'annonce mes doutes fur le fer prétendu natif, fur lequel j'aurai occafion de m'étendre davantage dans d'autres Mémoires , fur le régule du fer, fur la cryftallifation duquel je donne des apperçues. Je finis par démontrer quelques propriétés de l'amiante ferrugineux.

L'on m'a obfervé que l'amiante foffile ne pouvoit être le réfultat d'un fer décompofé par le feu des volcans, puifque l'on en trouve dans diverfes fubftances qui ne pouvoient être réputées comme des récréments de volcans, tels le cryftal de roche, les pierres calcaires, enfin la pierre ollaire. Je réponds que l'amiante naturel peut avoir été porté au loin par l'explofion des volcans où elle a pris fon origine , ou par l'impulfion des eaux , & par des accidents quelconques, & enfuite être enveloppé par le fluor du cryftal de roche, ou le remoux qui a formé les pierres calcaires : enfin que l'eau peut avoir charié des particules d'amiante, entre des couches de pierres ollaires qui fe forment par parties additionnelles. Il peut être poffible auffi que l'eau opere, par une longue fuite de fiecles, ce que le feu opere en des temps plus courts. Mais il eft de fait que la plus grande partie des morceaux chargés d'amiante avec leur gangue en grande maffe que j'ai vus, étoient tous accompagnés de fer, & démontroient vifiblement l'action du feu.

Le fecond Mémoire, envoyé à l'Académie en 1761, eft une *Obfervation fur la Formation des mines de fer par dépôt, de la province de Champagne, & leurs analogues.* Je prouve, par des obfervations locales, que toutes les mines de fer de Champagne font le produit de la décompofition des pyrites qui font abondantes dans cette province, ou le ralliment des particules de fer difféminées dans les corps détruits qui en contiennent, ou du fer même décompofé : que ces mines ont été le jouet des eaux dont elles ont fuivi l'impulfion, & qui les ont accumulées ou étendues entre des couches de terre de diverfes qualités, ou les ont enfachées entre des fentes de rochers. Je décris enfuite les différentes formes de variétés & de qualités de ces mines. J'indique les diverfes efpeces de foffiles qui leur font affociés.

Je paffe enfuite à la defcription & à l'analyfe d'une efpece de mine de fer blanche-fpathique, qui n'eft décrite par aucun Minéralogifte. Cette mine a quelque reffemblance pour la forme avec le *folanum tuberofum efculentum.* C'eft pourquoi je définis cette mine fous le nom de mine de fer tuberculeufe-ifabelle-fpathique. J'en donne le produit qui eft de 63 pour 100.

Je paffe à mes Obfervations fur la poffibilité de compofer une mine de fer artificielle du genre des hematites, en calcinant des morceaux de moyeux de roue de voiture, bien pénétrés des parcelles du fer de l'effieu, que les fecouffes

& les frottements y ont accumulées au moyen de la graiſſe que l'on a employée pour adoucir les frottements, & qui a ſervi de véhicule au fer pour l'introduire dans les pores du bois, lequel, par la combuſtion, ſe trouve changé en mine de fer ſans déplacement de ſes parties organiques , tels ces morceaux de bois que l'on trouve dans la terre unis à du fer, lequel a été décompoſé par la rouille, à la faveur de l'humidité qui a incorporé le fer fluide avec le bois, & en a compoſé un minerai. Je finis ce Mémoire par donner une deſcription topographique de différents cantons de la Champagne, qui recelent des mines de fer exploitées en plus grande partie; & je détaille leurs différents caracteres, leur ſituation dans la terre, enfin les procédés employés pour en tirer le minerai.

L'on pourra obſerver que M. Rouelle a dit dans ſes cours, que les mines de fer de Champagne ſont faites par tranſport & par dépôt. Je n'aurois pas manqué de rendre à ce Reſtaurateur de la Chymie en France, la juſtice qui lui étoit due, ſi j'euſſe trouvé, dans les extraits de ſes leçons que j'écrivois ſous ſa dictée, quelque choſe qui ait eu rapport à cette obſervation. Ce Mémoire a été fait 17 ans après que j'ai ceſſé de fréquenter ſon laboratoire. D'ailleurs ce ſentiment eſt le réſultat de mes obſervations locales, qui m'ont indiqué l'origine & la propagation de ces mines, conſéquemment il me devient propre & ſert à confirmer le ſentiment de M. Rouelle.

Dans le troiſieme Mémoire envoyé à l'Académie avec le précédent , je traite de l'*Unité du fer* , en poſant pour principe avec M. Geoffroy , qu'il n'y a qu'un ſeul fer dans le monde, parceque ſon eſſence eſt immuable ; que la variété des différentes eſpeces de fer ne procede que des corps étrangers qui lui ſont unis dans le traitement, Je prouve par des procédés que j'indique, que l'on peut dépouiller le minerai , la fonte de fer, même le fer , des ſubſtances hétérogenes

rogenes qui leur font unies , pour fabriquer un fer de la meilleure qualité , & par-là détruire un principe contraire à cette doctrine, qui eft configné dans l'Encyclopédie. Je jette un coup d'œil fur les différents procédés qui ont été employés par diverfes nations de l'antiquité la plus reculée pour purifier le fer. Je parle en détail des agents qui détruifent le fer & qui attaquent de préférence les parties les plus foibles.

Je prouve que les fubftances étrangeres minérales , foit métalliques , foit falines , vitrioliques ou fulfureufes , qui étoient unies au minerai du fer , entroient dans la compofition de la fonte , même d'un fer brut mal préparé , & qu'elles fubiffent une forte de métallifation. Enfin je conclus que l'on ne peut obtenir le fer dans fon dégré de perfection , qu'en le purifiant totalement de toutes les fubftances étrangeres à fon effence.

Je fais enfuite une comparaifon du fer ordinaire avec le vin , pour faire fentir que tous les vins de tous les cantons de l'univers different entre eux comme les fers de différents pays : que ces différences fenfibles dans ces deux fubftances ne font dues qu'à l'effet des différents principes locaux qui font unis accidentellement au vin comme au fer , & que le fer dans fon dégré de perfection & d'unité , extrait des minérais de différents caracteres , lefquels par des procédés ordinaires donnent des fers de qualités variantes , eft une fubftance homogene , tel l'efprit inflammable du vin féparé par des procédés appropriés , eft une liqueur toujours femblable , quoique produite par des vins de différente nature & qualité.

L'on pourroit appercevoir dans ce Mémoire que le paffage que je cite , page 35 de la Matiere Médicale de M. Geoffroy , a un fens contraire à celui que je lui donne & au principe que je pofe. Je crois ne pas devoir m'arrêter à difcuter ce fait , je renvoie le lecteur à l'ouvrage même de M. Geoffroy , & il verra , comme j'ai vu , que cet auteur démontre l'unité du fer, & que les différentes qualités que l'on apperçoit dans certains fers, ne procedent que des matieres hétérogenes interposées entre ses molécules.

J'ai dit que des portions & des matieres étrangeres au fer qui étoient unies au minerai, & des substances employées dans sa réduction, sont métallisées, & font partie plus ou moins des masses de fer qui en résultent : on pourroit regarder cette proposition comme une erreur en métallurgie ; mais, comme j'ai démontré dans le cours de cet ouvrage par les voies de l'analyse ces matieres étrangeres extraites de la fonte de fer & d'un fer grossier, sans qu'on puisse par aucun moyen les y appercevoir en nature, ma proposition est vraie dans toute son étendue.

L'on pourroit m'imputer à erreur d'avoir dit que la matte de fer & le fer le plus grossier contiennent des matieres salines, vitrioliques, sulfureuses, acides sulfureuses, toutes dénominations différentes. Je pense qu'il n'existe point de vitriol sans parties salines - acides ; que l'acide du vitriol uni à la matiere grasse du fer forme du soufre ; que le soufre contient un acide sulfureux volatil, que les dénominations de parties salines, acides, vitrioliques sont à peu près synonymes dans l'essence des choses. Ces différentes dénominations de la même substance sont appropriées aux différentes modifications. Ce seroit au contraire une erreur de soutenir que le fer grossier ne contient point de parties salines : elles y sont à la vérité combinées de façon qu'elles y sont masquées, mais pas assez parfaitement pour qu'elles ne soient pas sensibles à l'organe du goût, & je puis assurer qu'outre que je connois la qualité du fer par le tact, que je la distingue aussi en y appliquant la langue, comme je juge de la qualité d'une meule de moulin en la flairant après l'avoir frappé de quelques coups de marteau. Ces sensations, qui ne sont pas accordées à tous les individus, sont perfectionnées par l'habitude & par l'attention.

Le quatrieme Mémoire, envoyé à l'Académie avec les

deux précédents, traite des métamorphoses du fer. J'y confidere ce métal sous cinq points de vue différents. 1°. En son
état de mine, 2°. sa matte ou fonte, 3°. son régule, 4°.
comme métal, 5°. enfin en son état de destruction. Je m'arrête peu sur les mines de fer parceque j'en ai parlé dans les
Mémoires précédents ; je m'étends davantage sur la matte
& sur la fonte de fer, que je regarde comme un demi métal à certains égards ; je la divise en genres & en especes
dont je donne la description & la configuration, ainsi que
les moyens de l'obtenir plus ou moins pure. Je détaille les
accidents qu'il faut éviter & qui tendent à changer la fonte
de nature & à l'appauvrir. Je pose pour principe qu'il n'e-
xiste rien dans la nature qui n'ait une forme particuliere,
individuelle & caractéristique : que la fonte de fer est suf-
ceptible de se condenser sous une forme qui lui est propre ;
je fais la description de ses crystaux que j'ai dessinés & fait
graver planche I, II, & XIII.

Je passe ensuite au régule de fer qui est une fonte épurée par une longue macération. Le régule de fer tient le
milieu entre la fonte & le fer, il crystallise & se refond
difficilement. J'ai dessiné la forme de ses crystaux planche II, III, & XIII. Le régule de fer ressemble beaucoup
au fer natif, dont je révoque en doute l'existence, adoptant
l'idée de fer fossile : je démontre l'impossibilité du premier,
& je dis que le dernier est l'ouvrage des volcans desquels
le fer reçoit une métallité incomplette comme dans nos
foyers de forge. Je parcours les différentes qualités de fer,
& je démontre que tout fer qui n'est pas composé de parties charnues & fibreuses, est d'autant plus éloigné de sa
perfection, & qu'il est plus ou moins régulin. Je jette ensuite un coup d'œil sur tous les accidents qui détruisent le
fer & le réduisent en chaux, & je termine ce Mémoire par
une définition complette du fer.

QUAND je dis que la fonte de fer ressemble à un demi
métal, je n'ai pas l'intention, comme je m'en suis expliqué,

de lui affigner un rang parmi les demi métaux , puifqu'elle
en diffère par la propriété qu'elle a de devenir par l'affinage
un métal ; ainfi ma propofition n'eft point un principe ab-
folu , mais feulement une comparaifon de la fonte de fer
dans fon état actuel avec les demi métaux dont elle a toutes
les propriétés , pefanteur , éclat , fufibilité & fragilité. Le
terme de régule de fer dont je me fuis fervi pour exprimer
une fubftance qui tient le milieu entre la fonte de fer & le
fer , a répugné d'abord à quelques Savants : mais comme je
démontre que cette fubftance ferrugineufe a un commencement de malléabilité , & qu'elle fe fond très difficilement,
conféquemment que ce n'eft point de la fonte ; que lorfqu'elle
a acquis pendant la macération dans le bain un état de dépuration par le départ des parties hétérogenes les plus fufibles , qu'elle eft alors fluide & fufceptible d'être moulée :
conféquemment que ce n'eft point du fer : il faut donc prendre un terme moyen pour exprimer cette fubftance. J'ai cru
devoir lui donner le nom générique de régule adopté par
tous les Métallurgiftes , pour exprimer le produit d'une mine
dépouillée de la plus grande portion de fes minéralifateurs ,
tel le régule d'antimoine , le régule de cuivre. La mine
d'antimoine fondue donne l'antimoine en aiguille. Cette
fubftance fragile , fulfureufe , fufceptible d'être mife facilement en poudre , eft la fonte ou plutôt la matte de la
mine d'antimoine. Lorfque l'on enleve à l'antimoine, comme
à la matte de cuivre, fes foufres par la calcination ou par
des intermedes, on réduit ces fubftances en régule , alors ces
régules ont un commencement de malléabilité fans ductilité. Le régule de fer a les mêmes propriétés , donc il a de
l'analogie avec les régules , donc c'eft un régule comme
ceux des autres métaux puifqu'il n'eft ni fonte ni fer. M. de
Réaumur en a fait , fans s'en appercevoir , en adouciffant la
fonte de fer , mais perfonne avant moi ne l'a connu , ne l'a
décrit ; il falloit donc que je lui donnaffe un rang & un nom
parmi les matieres métalliques. L'Académie paroît avoir
adopté cette dénomination dans l'analyfe de mes autres Mémoires.

Le cinquiéme Mémoire adreffé à l'Académie fur la fin de l'année 1761, eft un ouvrage didactique fur l'art de laver & de fondre les mines de fer avec l'économie d'un cinquieme de charbon. Ce Mémoire eft divifé en trois chapitres & en fections. Après avoir dit dans l'introduction que les opérations des forges font prefque entiérement abandonnées à l'aveugle routine des ouvriers, d'où il naît une confommation abufive des forêts, à laquelle il eft urgent de remédier, j'entre en matiere dans le premier chapitre par indiquer l'emplacement le plus favorable pour un fourneau de fonderie, les attentions que l'on doit apporter pour en établir les fondations, éviter la fraîcheur & en détourner toute humidité ; j'indique enfuite les formes extérieures des maffes des murs du fourneau & la divifion de fes différentes parties intérieures.

Je parle enfuite du feu & de fon action fur le minerai, de l'effet du phlogiftique des charbons, de la nature de la flamme, de la néceffité d'accélerer la vivacité du feu par des foufflets. Après avoir traité de l'augmentation de la chaleur par la réaction des parties intérieures du creufet, avoir analyfé la variété des effets produits par les différentes formes, je prouve que l'elliptique eft celle que l'on doit adopter de préférence pour celle de l'intérieur d'un fourneau de fonderie, & j'établis mes preuves.

Dans la fection fuivante je décris la proportion des différents foyers du fourneau ; je paffe à la démonftration de la théorie-pratique de la conftruction, je défigne la qualité des briques, la maniere de les former, même de compofer une terre réfractaire, je recommande d'employer les briques fans être cuites, principe que je démontre ; & après avoir enfeigné une méthode facile de conftruire l'intérieur du fourneau, tant le creufet que les étalages & les parois, je paffe aux parties acceffoires. Pour faciliter ces conftructions, j'ai deffiné différents coupes & plans de fourneaux gravés dans les planches IV, V, VI, VII, & XI.

Je traite dans le deuxieme chapitre de la diete & de la

régie du fourneau. J'indique dans la premiere fection les précautions que l'on doit obferver avant de mettre en feu, pendant que l'on échauffe le fourneau, & lorfque l'on commence à charger en mine : dans la fection feconde je traite du charbon, de fon état au fortir des mains du Charbonnier, & lorfqu'il a féjourné dans les magafins, de fa qualité relative à fon effence & à fon état. Je paffe dans la troifieme fection à l'ordre & à la compofition des charges, dont je donne le volume, le poids & le produit, & enfuite à l'adminiftration du vent. Dans la quatrieme fection, je m'occupe de tout ce qui eft relatif à la coulée de la fonte en gueufe. Je donne dans la fection cinquieme des régles pour connoître les maladies d'un fourneau, leur caufe & pour y remédier. Dans la fixieme, je détaille les précautions que l'on doit apporter lorfque l'on veut ou que l'on eft obligé de boucher un fourneau dont on fe propofe de continuer le fondage après un certain temps d'interruption. Enfin dans la feptieme fection, je prouve par une comparaifon de produits, faites fur des maffes confidérables, qu'en établiffant des fourneaux fur les proportions & les dimentions que j'ai détaillées, & dont je fais ufage, on économife plus d'un cinquieme de charbon, ce qui produiroit dans la feule province de Champagne une économie annuelle de 1350 arpents de bois de l'âge de 25 ans.

Je traite dans le troifieme & dernier chapitre du lavage des mines. J'analyfe dans la premiere fection, les différents caracteres des minerais qui doivent être foumis au lavage. Je donne dans la feconde la defcription d'un bocard compofé, qui réunit le bocard fimple, le patouillet & le lavoir : je détaille les proportions des différentes parties pour en faciliter la conftruction. Je donne dans la troifieme fection des obfervations de pratique pour conduire le travail d'un bocard; je confeille d'en appliquer l'effet à la préparation de la terre des Faïanceries. Je jette un coup d'œil fur les différentes méthodes de laver le minerai ; j'en apprécie les avantages & les abus ; je traite des cribles à l'eau de forme variée. Je donne enfuite des principes pour connoître fi un minerai quelconque a befoin d'être lavé, j'indique les fignes auxquelles on reconnoit qu'il l'eft fuffifamment. J'ai defliné planche VIII & IX, la coupe, le plan & le développement du bocard compofé, & un crible à l'eau.

L'on pourroit dire que M. de Courtivron & M. Bouchu ont déja propofé de donner une forme elliptique à l'ouvrage d'un fourneau dans la troifieme fection de l'art des forges & fourneaux : conféquemment que mon plan n'étoit pas neuf, lorfque je foumis ce Mémoire au jugement de l'Académie. Je réponds pour ma juftification que la troifieme fection de cet art n'a paru que prefque deux ans après que j'ai fait ce Mémoire, & que je ne pouvois en avoir connoiffance lorfque je l'adreffai à l'Académie plus d'un an avant que cette fection des arts parût : d'ailleurs ces Meffieurs, page 8 de cette fection, s'expriment de façon à faire connoître qu'ils ne font que foupçonner l'avantage de la forme circulaire & de l'elliptique : ils donnent à l'ellipfe qu'ils défireroient que l'on obfervât, la forme d'une raquette de paulme fans déduire les raifons phyfiques fur lefquelles ils fondent cette nouvelle théorie. Au furplus fi M. Bouchu eut été bien perfuadé de l'avantage de cette forme, il l'eut pratiquée lui-même dans fes fourneaux, dont l'intérieur formoit des pyramides octogones : au lieu que j'ai pofé les principes qui m'ont déterminé à adopter la forme elliptique réguliere, que j'ai obfervé invariablement depuis dix - fept ans, & j'ai développé toutes les caufes phyfiques de ma démonftration.

Partie de ce Mémoire & les planches qui y ont rapport, même la XIe planche du fourneau de macération, ont été employés dans le troifieme tome de l'explication des planches de l'Encyclopédie à l'article des groffes forges, depuis la page 5 jufqu'à la page 18 inclufivement. Il s'eft gliffé dans ces planches & dans leur explication dans l'Encyclopédie des erreurs qui ne peuvent m'être imputées, mais à celui qui a fait l'extrait d'une chofe qu'il n'entendoit pas fuffifamment. Je ne releverai pas ici ces erreurs qui n'exiftoient pas dans les pieces originales que l'on trouvera dans cet ouvrage.

En 1768, j'ai lu à l'Académie des Sciences un Mémoire contenant des obfervations fur l'Hiftoire Naturelle faites dans un voyage fur les montagnes qui délimitent les fron- rieres de la Lorraine , de la Champagne, de l'Alface & de la Franche-Comté. Ayant fait depuis dans ces provinces d'autres voyages , j'ai ajouté à ce Mémoire beaucoup d'au- tres obfervations qui pourront intéreffer le lecteur.

Après avoir fait fentir qu'il n'eft pas poffible de connoître parfaitement la nature & fes productions fans l'aller con- fulter ; j'obferve que les côteaux qui bordent toute la vallée de la riviere de Marne depuis Bayard en remontant vers fa fource, font compofés de pierres calcaires difpofées en cou- ches horifontales entre lefquelles eft un banc d'un marbre groffier compofé de nautiles empâtés dans un fpath coloré; que le parallelifme de ces couches eft interrompu, particu- liérement près de Joinville, où l'on obferve l'effet d'une cataftrophe qui a précipité le maffif du côteau, ce qui fem- ble annoncer une mine de charbon de terre. Je rapporte une obfervatiom fur une végétation de diverfes plantes qui ne donne point de feuilles, parcequ'elles font privées de la lumiere, & fur divers autres phénomenes de végétation. Je donne un apperçu fur les indices d'une ardoifiere près d'Is en Baffigny en tête des fources de la Meufe. Je donne une defcription du travail d'un Fondeur à la poche dont le fourneau, établi à Biel, a beaucoup de rapport avec les affi- neries des forges de Corfe, du Dauphiné & de la Catalogne. Je fuis dans ces cantons le paffage des fubftances calcaires, aux féléniteufes & aux apyres. Je décris le phyfique des en- virons de Bourbonne-les-Bains ; fa chaux , fon gyps , fes pierres rhomboïdales, une cryftallifation de grès, des *fon- gus* de différente efpece, & les cercles qu'ils décrivent fur

les

les pierres , dans les forêts & dans les patis ; des arbres monftrueux & des cailloux finguliers. Je fais des obfervations fur fes eaux thermales dont je donne l'analyfe , & fur la couleur rouffe de toutes les petites rivieres qui avoifinent les thermes.

Je décris les diverfes opérations de la ferblanterie de Bains ; je forme quelques obfervations fur les eaux favonneufes & thermales de ce bourg de Lorraine ; je décris les mines de fer employées au fourneau de Saint-Loup ; un autre fourneau dans lequel on cuit continuellement de la chaux avec le charbon de terre : je paffe enfuite aux eaux thermales de Luxeuil en Franche-Comté & à celles de Plombieres en Lorraine , defquelles je donne une defcription fommaire, ainfi que d'une blende qui fe trouve près de Plombieres : je m'étends fur le phyfique des environs de Remiremont , & fur celui de la vallée de la Mofelle en remontant vers fa fource jufqu'au village de les Trais ; je décris enfuite la mine de cuivre & de plomb riche d'argent de Body , celles des environs de Château-Lambert & de Buffant, dont j'examine les fources d'eaux gazeufes : je donne l'analyfe de ces eaux, & je fais part d'une cryftallifation finguliere que ces eaux confervées longtemps ont produite ; j'indique enfuite les mines du Pont-de-Lait, de Buffant & d'Orbeil qui font abandonnées ; je fais des obfervations fur les matieres qui contiennent & qui recouvrent les filons de ces mines ; je paffe enfuite à celles de Sainte-Marie fur le Leber ; je parle des laves de volcans que j'ai trouvées fur les montagnes qui les recelent , & je jette un coup-d'œil fur les travaux de forges qui fe font trouvées fur ma route.

Après avoir rapproché les différentes obfervations contenues dans ce Mémoire, je conclus que les maffes de roche , qui contiennent les filons des mines, font compofées d'une matiere vitreufe, analogue au laitier recuit des fourneaux de fonderies des forges; que des volcans, dans des temps très reculés , ont embrâfé ces montagnes dans lefquelles les fubftances métalliques fe font rapprochées par leur affinité

c

fuivant les loix de l'attraction; que le foyer de ces antiques volcans eft encore le principe de la chaleur des Thermes de cette chaîne de montagne. Je révoque en doute le fyftême des courants d'eau chaude.

Je remarque enfuite que toutes les productions des montagnes forment dès angles plus aigus que celles des plaines & des vallées; & je termine ce Mémoire par faire fentir les avantages que l'on tire de la fréquentation des montagnes.

LES nombreufes obfervations contenues dans ce Mémoire, & les conféquences que j'en tire, particuliérement celles fur la nature des roches vitreufes, fur l'ancienne exiftence des volcans dans les Vôges, & ma remarque fur la forme anguleufe des productions des montagnes, font des nouveautés qui ne feront peut-être pas adoptées généralement. Mais l'Hiftoire des Révolutions des Sciences nous apprend que fouvent une opinion, qui a paffé pour erreur dans le temps, a été adoptée dans le fiecle fuivant pour une vérité fondamentale.

JE lus à l'Académie, en 1769, le *Mémoire fur la Cadmie des forges*, dans lequel je prouve que nos mines de fer contiennent beaucoup de zinc, contre le fentiment d'un Minéralogifte qui a publié que ,, les mines de fer ne con- ,, tiennent que du fer, les ouvriers des forges qu'il avoit ,, queftionnés l'en ayant affuré ". Je pofe en fait que les différents métaux |& minerais font ordinairement mélangés & combinés dans le fein de la terre, dans les minieres qui les recelent; que les mines de fer ne font jamais pures. Je fais part de la découverte de la cadmie que j'ai trouvée dans mon fourneau de Bayard. J'en décris les formes, la caufe & les accidents. Je rends compte de diverfes analyfes, & des expériences que j'ai faites pour en connoître la nature, & en retirer le zinc, foit feul, foit en le combinant avec le cuivre de rofette pour en faire le laiton dont j'ai coulé des médaillons. Je détaille les phénomenes finguliers que cette cadmie.

préfente dans fa diffolution, avec les acides minéraux avec lefquels elle forme une gelée tranfparente & confiftante; avec l'acide vitriolique concentrée, elle forme une efpece de pyrite, laquelle, expofée à l'air, fe gerfe & fleurit. Je prouve enfuite que le zinc, contenu dans les mines de fer, ne fe montre pas feulement dans la cadmie qui fe fublime dans l'intérieur du foyer fupérieur du fourneau de fonderie; mais encore que la chapelle, la poitrine, les marâtres & le gueulard du fourneau, font enduits d'une poudre fous diverfes couleurs, qui n'eft que de la tuthie & du pompholix ; que tout le zinc ne fe fépare pas du minerai dans la fufion; qu'il en refte encore une partie confidérable combinée avec le fer dans la fonte, ce que j'ai prouvé en démontrant le zinc contenu dans les grappes qui fe fubliment & s'attachent à la mérade des affineries. Je donne un moyen d'amaffer une grande quantité de cadmie pour en former une branche de commerce. Pour faire connoître que les mines de fer que je traite ne font pas les feules qui contiennent du zinc, quoiqu'il n'ait été apperçu par perfonne avant moi dans les diverfes Provinces que je vais citer, j'en ai reconnu dans tous les travaux que j'ai vifités en Champagne, Bourgogne, Franche-Comté, Alface, Lorraine & Luxembourg; & j'ai appris, depuis la lecture de ce Mémoire, que l'on en trouve dans plufieurs autres provinces : d'où l'on peut inférer que le zinc eft un demi-métal ami du fer, & qu'il entre peut-être effentiellement dans fa compofition.

DE l'avis de l'Académie, j'ai fupprimé de ce Mémoire différents détails qui n'y avoient pas un rapport immédiat, ce qui en défuniffoit l'enfemble.

J'ENVOYAI, en 1770, en Efpagne, à l'Académie Royale de Bifcaye, établie à Bergara fous le nom de Société des Amis de la Patrie, le *Mémoire fur les Soufflets des Forges*, pour concourir au prix propofé. Les papiers publics de France annoncerent que mon Mémoire avoit été couronné, & que

D. Joſeph-Manuel de Goyri, Conſtructeur de forges, avoit obtenu *l'acceſſit* plus de ſix ſemaines avant que M. le Comte de Petra Floxida m'ait fait paſſer la lettre de D. Michel-Jo-ſeph-Alaſſo Zulamana, Secrétaire perpétuel de cette Acadé-mie, lequel me donnoit avis en langue eſpagnole, que dans l'aſſemblée du 8 Novembre 1770, l'Académie m'avoit ad-jugé le prix, qu'elle a négligé de me faire paſſer juſqu'à pré-ſent.

Quoique ce Mémoire ait mérité la préférence ſur ceux qui avoient été envoyés au concours, j'ai cru devoir, avant de le publier, y retoucher & y faire des augmentations conſidé-rables. Après avoir donné quelques détails ſur la néceſſité, l'origine & le modele des premiers ſoufflets, j'en décris les différentes eſpeces, de cuir, de bois, les trombes & les clo-ches. J'en analyſe la dépenſe, les propriétés, les avantages & les abus. Je prouve que les ſoufflets de bois ſont préfé-rables à tous ceux des autres eſpeces, parcequ'ils peuvent ſe conſtruire par-tout, ſe prêter à toutes les circonſtances; qu'ils ſont plus puiſſants & moins diſpendieux que ceux d'au-cune autre eſpece. J'entre dans des calculs ſur le volume, le poids & la viteſſe du vent. Je fais connoître, par un autre calcul additionnel des matieres employées pour faire une toiſe cube de fonte de fer, qu'elle n'en eſt qu'un quarante-troiſieme du volume, & les ſept vingt-quatriemes du poids. J'ai deſſiné, d'après un croquis qui m'a été adreſſé de Châ-tel-Naudren, le plan des ſoufflets en cloche, que l'on trou-vera dans la premiere partie de la Planche X, dont l'expli-cation eſt page 230.

JE lus, en 1771, à l'Académie des Sciences, mon *Obſer-vation ſur le Crapaud.* Je fais part d'une maladie épizoo-tique particuliere aux crapauds, & qui leur eſt cauſée par des vers qui leur rongent la tête. Ces vers ont pour origine les œufs de la mouche bleue qui les dépoſe dans leur nar-rine. J'obſerve que les crapauds changent de peau pluſieurs fois l'année; que leur peau eſt parſemée de glandes qui filtrent une humeur laiteufe; qu'ils ne mangent point lorfqu'ils font enfermés; qu'ils vivent très long-temps fans prendre de nourriture : que les animaux perdent leur férocité avec la liberté, j'en cite plufieurs exemples; que l'urine & la bave du crapaud n'ont rien de venimeux, puifqu'il eft des hommes qui en avalent. Je cite un jeune homme qui mange impunément tous les crapauds qu'il attrappe. Je jette un coup-d'œil fur l'Hiftoire Naturelle du Pipal, qui eft un crapaud d'Amérique. Je fais fentir les contradictions de quelques Auteurs Modernes qui en ont parlé, & je révoque en doute la finguliere génération attribuée à cet animal.

DANS le même temps, je lus à l'Académie une *Obfervation fur un Chat monftrueux à deux faces*, né d'une chatte noire très électrique, au point de communiquer des commotions très douloureufes. Je donne la defcription anatomique de ce monftre, dont les deux gueules avoient le pharynx, le larynx & l'œfophage communs, les langues & les mâchoires confondues. Je rapporte une obfervation fur un enfant né avec la difformité que l'on nomme gueule de brochet, qui avoit de l'analogie avec la gueule de ce chat. Je parle d'un taureau de l'âge de quatre ans, qui avoit la même monftruofité. Je finis par une obfervation fur des œufs de poule d'eau que j'ai fait éclorre par la chaleur de la chatte qui a donnée lieu à l'obfervation principale.

JE lus la même année l'*Obfervation fur les Sexdigitaires de différentes claffes* : l'un avoit fix doigts aux pieds & aux mains; un autre n'avoit un fixieme doigt qu'à une main, & ces deux Sujets étoient bègues & imbécilles : un autre avoit les dix doigts des mains legerement fourchus, & avoit dix ongles à chaque main. Je fais quelques réflexions fur les caufes qui produifent les monftres & qui troublent le fyftême organique, d'où il réfulte un défaut dans les fenfations; fur la ferie des enfants, & la tranfmiffion des monftruofités de de race en race.

Pendant l'impreſſion de cet ouvrage, j'ai eu occaſion de voir un nommé Bornen, Boutonnier à Paris, lequel a un pouce ſurnuméraire à chacune des mains. Ces pouces ſont très grêles, garnis d'ongle; ils ſont ſans articulation; ce ne ſont, comme le pouce de Jaqueau de Bure, que des excroiſſances oſſeuſes recouvertes de téguments & ſans mouvement. Cet homme m'a aſſuré qu'il n'avoit point de connoiſſance qu'aucun individu de ſa famille ait eu la même monſtruoſité.

Dans la même année, je lus à l'Académie le *Mémoire ſur la fritte des forges à fer*. Je commence par diſtinguer les différentes ſortes de laitiers qui ſont des récréments des forges. Je leur aſſigne des noms propres & particuliers à chaque eſpece. J'appelle lave ceux qui ſortent des fourneaux de fonderie; & parmi ces derniers j'en diſtingue une que je nomme fritte des forges. C'eſt une lave blanche, poreuſe, crépitante, légere & friable.

Cette fritte, ſoumiſe à diverſes analyſes, a donné différents réſultats : diſſoute dans les acides minéraux, elle donne une gelée comme la cadmie & les zéolithes; elle produit, avec l'acide vitriolique de l'alun, avec les acides nitreux & marin, des ſels colorés & déliqueſcents; avec l'acide du vinaigre, une eſpece de terre foliée à baſe terreuſe; conféquemment la fritte des forges contient la terre alumineuſe & celle du zinc, puiſqu'elle donne une gelée comme la cadmie.

Je lus en 1772, à l'Académie, mon *Obſervation hipotomique ſur le coup de lance des chevaux*. Je rapporte divers paſſages des Auteurs qui en ont parlé. Je diſcute & réfute leur ſentiment. Après avoir fait l'hiſtoire & la deſcription du cheval qui portoit cette marque, je définis le coup de lance d'après un examen anatomique : je propoſe mon ſentiment ſur la cauſe de cet accident & de ſa propagation. J'en fais une comparaiſon avec d'autres monſtruoſités, tels que des chiens & des rats nés ſans queue, des hommes à

queue, des familles à bec de lievre, & avec des mains difformes dont je cite les exemples.

Je lus la même année à l'Académie le *Mémoire d'Artillerie, fur l'Art de fondre des canons de régule de fer.* Après
l'énumération des différentes matieres dont on compofe ordinairement les bouches à feu, & en avoir fait connoître
les défauts & les accidents qui en réfultent dans l'ufage,
particuliérement des canons de fonte de fer pour le fervice
de mer, je propofe une nouvelle matiere capable de foutenir
avec plus de fuccès les efforts du tir le plus multiplié : cette
matiere eft le régule de fer. Je définis ce régule ; & je fais
connoître les rapports qu'il a avec la matte & la fonte de fer
& le fer battu, & les propriétés par lefquelles il en differe.

Après être entré dans des détails fur les fubftances minérales qui font unies au fer dans fa mine, & qu'une premiere
fufion n'en fépare pas, enforte qu'elles fe trouvent combinées
dans fa matte & dans fa fonte, je fais connoître que la fonte
de fer n'eft pas uniformément de la même qualité pendant
un même fondage ; même que la maffe de fonte d'un bain
n'eft pas toujours homogene : j'en cite des exemples, & j'en
déduis les raifons ; d'où je conclus que la maffe d'un canon
coulé avec la fonte produite par plufieurs fourneaux réunis
dans le même moule, ne peut être homogene, conféquemment qu'ils font défectueux ; même ceux qui font coulés
d'une même goutte de fonte provenant d'un même fourneau
dont le creufet, formé fur de grandes dimenfions, pourroit
contenir la quantité fuffifante de matiere pour remplir le
moule d'une groffe piece d'artillerie.

Je critique divers procédés ufités, par lefquels on compofe
des canons avec de la fonte de fer combinée avec du fer
battu. Je démontre l'inconféquence & le danger de cette
pratique, parceque ces deux fubftances métalliques ont une
retraite particuliere & différente, ce qui les empêche de s'u-
nir intimement, & que la fonte de fer aigrit le fer, même le
rend quelquefois acier par l'abondance du phlogiftique qu'elle

lui fournit, accident qui a également lieu dans le cuivre fondu. Après avoir pofé ces principes, je conclus qu'il eft néceffaire de purifier la fonte par la macération, pour l'amener à l'état de régule. Je décris le fourneau propre à cette opération : j'en donne les dimenfions. J'indique les procédés & les moyens néceffaires pour réduire la fonte à l'état de régule, de la purifier avec le falpêtre, de l'introduire dans les moules avec fuccès. J'infifte fur la néceffité de laiffer le canon coulé dans la foffe, jufqu'à ce que l'on foit obligé de l'en tirer pour y placer le moule d'une autre piece, & de l'introduire auffi-tôt qu'il fera dépouillé de fa chappe & de fon armure, dans un four de réverbere pour y être recuit pendant douze heures par un feu de flamme, & dans lequel il doit réfroidir avant d'être porté au forêt & à l'alézoir pour recevoir fa perfection dans ces atteliers.

J'ai deffiné, dans les planches XI & XII, la coupe & le plan du fourneau de macération & des foffes à couler.

Sur ce que je dis que le nitre, par la déflagration, enlevera à la fonte de fer une partie de ce principe furabondant qui l'approche de l'acier, & d'où elle tire en partie fa fragilité; que la fonte aigrit le fer & lui donne une trempe qui l'approche de l'acier, l'on pourra m'objecter *que la fonte doit fa fragilité au foufre qui y eft combiné avec le fer, & que ce fera le foufre que le nitre enlevera, & non le principe furabondant que je fuppofe être uni à la fonte de fer; que l'acier ne contient point de foufre & qu'il ne doit fa qualité aigre qu'à la trempe; que la qualité aigre que le fer acquiert en le plongeant dans la fonte de fer, eft l'effet d'une combinaifon du fer avec le foufre qu'il prend dans la fonte, & non une difpofition à le rendre acier; que cette derniere propofition eft une erreur dans laquelle M. de Réaumur eft tombé.*

J'oppofe à ces objections, 1°. que la fonte de fer, outre le foufre qu'elle contient, eft chargée d'une furabondance de phlogiftique qui l'approche de l'état de l'acier dont elle a la dureté; qu'elle eft fufceptible de former des tranchants, &

de

de recevoir l'effet de la trempe; elle reſſemble donc à quelques
égards à l'acier; 2°. que le nitre peut lui enlever, outre le
ſoufre, cette portion ſurabondante de phlogiſtique que je re-
connois dans la fonte de fer. Les réſultats des expériences que
j'ai commencées ſur la fonte de fer, & que je publierai, dé-
montreront ces vérités.

Quant à la ſeconde propoſition, je réponds à l'objection
par des expériences. La qualité aigre & dure que le fer prend
étant plongé dans la fonte de fer, n'eſt point une combinaiſon du ſoufre de la fonte avec le fer, mais une trempe
par laquelle le fer ſe ſurcharge du phlogiſtique ſurabondant
contenu dans la fonte; & voici les faits de pratique qui appuient mon ſentiment. Le bout des ringards qui ſervent à
travailler la fonte de fer dans le fourneau, s'aciere quelquefois & s'aimante toujours, pourvu qu'on ne les laiſſe
pas aſſez de temps pour y être décompoſés. J'ai vu changer
en *acier à la roſe* un crochet de tuyere : c'eſt une groſſe verge
de fer recoubée par un bout, dont on ſe ſert pour dégorger
la tuyere & repouſſer dans le bain les ſtalactites & les en-
croûtemens qui s'y attachent. La fonte en fuſion n'eſt pas
le ſeul métal qui communique au fer cette propriété acié-
rée; le cuivre fondu produit, ainſi que je l'ai dit, le même
effet. Et ne ſait-on pas que l'on trempe dans le plomb fondu
le tranchant de certains outils pour leur donner de la dureté. Cette dureté, que le fer acquiert dans les métaux fondus, eſt l'effet du phlogiſtique dont ce métal eſt très avide, &
qu'il enleve aux autres métaux. Nul raiſonnement ne peut
prévaloir contre ces faits. D'ailleurs ſi l'endurciſſement,
l'état grenu & la fragilité que le fer acquiert par ſon immer-
ſion dans ſa fonte, étoit une combinaiſon du fer avec le ſoufre, le fer ne conſerveroit point ſa forme extérieure, ſes ſurfaces fondroient avec le ſoufre, & les parties du centre ne
ſubiroient aucun changement. Je ſais, & je l'ai déja dit, que
ſi on laiſſe du fer long-temps plongé dans un bain de fonte,
qu'il s'y conſommera en partie par l'effet d'une combinaiſon
avec le ſoufre de la fonte; alors la partie décompoſée coule

d

dans le bain. Cette décompofition du fer & fon endurciffement, enfin l'état d'acier qu'il y acquiert, font des accidents
diftincts qui ne fe détruifent pas l'un l'autre.

Comme j'ai pofé pour principe que la fonte de fer, pouffée par la macération à l'état de régule, acqueroit la propriété d'être très difficile à fondre, parceque le régule de fer
étoit tout voifin de l'état de métal , on pourroit conclure
*que dans la fabrique des canons , le régule ne pourra
couler dans les moules, & lorfqu'il coulera librement comme
il convient, il ne fera que du fer de fonte comme à l'ordinaire.*

Je réponds que dans toute chofe il eft un terme moyen,
entre les deux extrêmes; que fi dans la macération de la fonte
on fe contentoit de fondre en petite partie la fonte de fer, &
fi on la couloit auffi-tôt qu'elle entreroit en bain, il eft fûr
qu'elle n'auroit pas acquis un degré bien fupérieur de pureté
au-deffus de celui de la fonte ordinaire; que fi au contraire
on s'obftinoit à la tenir en bain un très long-temps, jufqu'à
ce qu'il ne furnageât plus de fcories au-deffus , qu'on l'agitât
avec des ringards & des croards de fer, on lui donneroit alors un
feu d'affinage, pour ainfi dire, qui la convertiroit en fer prefqu'infufible : mais j'ai prefcrit les précautions à apporter pour
éviter le dernier inconvénient, qui ne peut avoir lieu, lorfque l'on agitera la fonte en macération qu'avec des ringards de fonte ou des perches de bois; que l'on coulera les
canons lorfque les fcories diminueront, & qu'elles change-
ront de couleur & de confiftance; enfin que l'on s'appercevra, par la couleur du bain, que le régule eft à fon point.
Cette opération eft journaliere en petit dans les carillonneries & dans les aciéries, & il eft rare que les ouvriers s'y
trompent. J'ai dit que le régule de fer étoit une fubftance
qui fondoit très difficilement; ce n'eft pas lorfqu'il eft en
bain pour la première fois; mais lorfque la fonte de fer, par
la macération, a été purifiée & convertie en régule, que ce
régule a été réfroidi en maffe, & qu'on veut le foumettre de
nouveau au feu, il ne refond plus ou très rarement, parce-

que ce second feu lui enleve le reste de ses soufres & des matieres métalliques qui lui sont unies, & le convertit en fer infusible. Mais cet accident n'arrive pas dans la macération de la fonte, lorsque l'on conduit l'opération avec les précautions nécessaires, & avec lesquelles il est facile de se familiariser. La crainte du défaut de réussite n'est fondée que sur ce que les travaux des forges ne sont pas assez connus des Savants.

J'Avois annoncé dans le Mémoire précédent que j'en donnerois un second d'Artillerie sur l'art de faire des canons de fer battu ; je l'ai présenté cette année à l'Académie. Je commence par exposer la nécessité de composer les canons d'Artillerie avec une matiere qui réunisse la solidité à la légereté , afin d'un côté d'éviter les accidents, & de l'autre de faciliter la manœuvre. J'établis que le fer est la matiere la plus propre à remplir ces vues indiquées par les Savants & les Artilleurs ; mais qu'il faut employer pour les canons un fer de la meilleure étoffe, exempt de tout défaut. J'analyse ensuite tous les défauts dont le fer est susceptible lorsqu'il n'est pas fabriqué par des procédés convenables, & les dégradations auxquelles il est en but par l'usage, & par l'effet des agents qui ont plus ou moins de prise sur sa substance : ces défauts & ces accidents sont, l'aigreur, les pailles, les gersures, les fendilles ou éventures, les travers, les grillots, les chambres & la rouille. Je donne les moyens d'éviter ces défauts & de les corriger, & à l'occasion de la rouille je fais une digression sur le pierrier de S. Dizier, dont je donne la description. Je passe ensuite aux principes de théorie-pratique pour la fabrication du fer dont je détaille les opérations ; puis aux moyens de reconnoître la qualité du fer, & aux épreuves qu'il doit subir avant d'être employé à la fabrique des canons. Je distingue deux especes de qualités de fer pour y être employé, je nomme l'une *fer de noyau* & l'autre *fer de mise*. Le fer de noyau peut être de moindre qualité que celui de mise : ce dernier doit réunir tout ce qui concourt à fa perfection, parceque c'eft ce fer de mife qui compofe l'étoffe du canon, & que le foret enleve celui de noyau. Je donne la defcription des foyers, des machines, & des opérations pour procéder à la fabrique d'un canon de douze livres de bales que je prends pour le modele de tous ceux que l'on voudra faire ; j'indique les précautions qu'il convient d'apporter dans les opérations que je conduis par gradation jufqu'à ce que le canon foit en état d'être tranfporté au foret & à l'alézoir, où il recevra fes dernieres formes. Je paffe enfuite aux moyens de l'éprouver avec fuccès par le feu & par le tir, avant de le dépofer au parc ; je fais des obfervations fur la différence de la denfité, & conféquemment de la réfiftance des métaux forgés d'avec les métaux fondus. Je réponds aux objections que l'on pourroit faire fur ce que les canons de fer étant plus légers, ils feront fujets ou à fauter ou à reculer ; que lorfqu'ils feront hors de fervice, leur matiere fera en pure perte ; qu'ils feront en but à la rouille & à l'effet de la liqueur corrofive de la poudre ; enfin que n'ayant pu réuffir jufqu'alors à forger des canons de fer, que probablement ce métal n'y eft pas propre. Je détruis ces objections par des principes de phyfique & de pratique. Je paffe aux avantages d'une artillerie légere, fur-tout pour le fervice de campagne, par la facilité que l'on aura de rétablir à neuf des pieces de fer battu fatiguées par le fervice en les forant fur un plus gros calibre. Je prouve que le fer battu peut être employé avantageufement à faire des balles & des boulets qui produiroient un plus grand effet & plus certain que ceux que l'on fait de fonte de fer.

ON pourra me faire une objection qui paroîtra d'abord fans réplique : il eft de principe que le fer qui a acquis par des opérations fucceffives de départ & d'affinage le dernier degré de pureté, étant foumis alors au feu, fe décompofe & fe dénature ; conféquemment il eft à craindre : même, cet accident doit avoir lieu dans la fabrique des canons

d'Artillerie que je propofe, puifque j'exige que par les plus
fortes épreuves on s'affure de la qualité du fer. J'ai prévu
cette objection qui eft fondée fur la pratique & fur la théorie
de plufieurs Savants modernes qui fe font occupés des travaux du fer : j'ai même établi ces principes dans mes différents Mémoires, & je fais que pour éviter cet accident dans
la fabrique des canons de moufqueterie, l'on marie au fer
d'une étoffe charnue & fibreufe, un fer qui a la pâte grenue &
qui s'émiete : parceque ce dernier dans le feu de la foudure perd l'alliage qui le rend grenu & le tranfmet au fer
nerveux pour réparer la perte de fubftance que ce dernier
feu lui enleve. Ce travail eft des plus conféquents & fondé
fur une faine phyfique ; mais j'obferve que dans la fabrique des gros canons d'Artillerie, on entretient le nerf du
fer en les baignant dans le laitier en fufion dans le fond du
creufet de la chauferie ; en poudrant de temps en temps les
chaudes avec du laitier de ftoch & avec de l'herbu : le laitier rend au fer ce qu'il pourroit perdre par l'action du feu,
& l'herbu qui fe vitrifie à la furface, forme un vernis liquide, qui fans s'oppofer à l'action du feu qui pénetre &
ramolit les parties intérieures des maffes de fer, empêche
que fes principes vivifians ne s'exhalent. Ces moyens ne
peuvent s'employer que fur de grandes maffes : conféquemment ne font pas pratiquables dans la fabrique de la
moufqueterie, mais avec le plus grand fuccès dans celle
des canons d'Artillerie, comme dans les travaux en grand
du fer pour toutes fortes d'ouvrages qui exigent des pieces
fous un gros volume.

J'AI lû l'année précédente le Mémoire fur les cryftallifations métalliques, pyriteufes & vitreufes artificielles formées
par le moyen du feu. Je commence par démontrer, contre
le fentiment de quelques Naturaliftes, que le feu peut produire des cryftaux parfaits ; j'avois déja ébauché cette matiere dans mon Mémoire fur les métamorphofes du fer.
Une cryftallifation plus parfaite de fonte de fer que j'ai ob-

tenue dans un dernier fondage, m'a donné lieu de revenir
fur cet objet, & j'y ai été d'autant plus déterminé, que j'ai
trouvé des cryftaux très variés par leurs groupes compliqués;
je décris ces cryftaux; je parle de ceux de régule de fer dont
je détaille les formes.

Je dis que les fourneaux de fonderie des forges font
les inftruments avec lefquels l'art peut approcher le plus
des opérations de la Nature; je le prouve par des cryftallifations vitreufes qui approchent des grenats par la couleur,
& de la topaze par les formes. La bafe de ces cryftaux eft
un compofé de fer, de laitier recuit, & des fubftances employées à la maffe du creufet, lefquels font combinés; je
décris la forme de ces cryftaux, j'en développe les éléments.

Je parle enfuite d'une cryftallifation implantée fur une
craffe de chaufferie: elle approche beaucoup par les formes
& la couleur, des cryftaux vitreux dont je viens de parler:
la couleur en eft plus exaltée, parcequ'il y eft entré plus de
fer dans leur compofition.

Je décris enfuite une cryftallifation cubique de couleur
jaune; la fubftance de cette cryftallifation pourroit être une
pyrite artificielle, elle en a tous les caracteres excepté qu'elle
ne répand point d'odeur fulfureufe lorfqu'on la fait rougir;
elle eft attirable à l'aimant. Je réponds aux diverfes objections
que je me fuis faites à moi-même, & je concluds que ces crif-
taux jaunes cubiques que j'ai obtenus par le feu, font des
pyrites martiales ou marcaffites attirables à l'aimant, qui
font colorées par un peu de foufre qui y eft intimement uni.
Je finis par faire fentir que toutes les cryftallifations que j'ai
obtenues par le moyen du feu, ne doivent point être attribuées entiérement au hafard, j'indique les précautions que
j'ai apportées pour les obtenir. Si tous ceux qui emploient le
feu en grand comme inftrument, obfervoient avec attention,
l'on verroit bientôt groffir la maffe des connoiffances & diminuer le nombre des fyftêmes hydrogeneres.

J'ai deffiné dans la planche XIII ces cryftallifations, les

formes particulieres des cryſtaux & de leurs éléments ; j'ai
eu occaſion, depuis que j'ai donné ce Mémoire, de trouver
une cryſtalliſation de cuivre-laiton, je l'ai fait graver dans
la même planche : quelques perſonnes en ont déja apperçu
dans les travaux de Saint-Bel, mais comme elles ne les ont pas
fait connoître, j'ai cru devoir en publier la forme avec celles
des cryſtaux de fonte de fer avec leſquelles elles ont un ſi
grand rapport.

On pourroit m'objecter que les Chymiſtes ont des fourneaux dans leſquels ils parviennent à fondre toutes ſortes
de matieres, conſéquemment que le feu de nos fourneaux de forges n'eſt pas plus puiſſant que celui des fourneaux des Chymiſtes. Je n'admets pas cette preuve comme démonſtrative : ce qui démontre la grande chaleur de
nos fourneaux de fonderie & leur ſupériorité ſur tous les
autres fourneaux des arts, eſt leur action ſur des maſſes
conſidérables qu'ils fondent ou vitrifient, ce qui permet des combinaiſons qui ne peuvent s'opérer dans des
eſſais ; c'eſt le même dégré de chaleur continué pendant
un terme quelquefois de trois ans qui accumule une maſſe
de parties ignées dans le maſſif de toutes les parties du fourneau qui réagiſſant ſur les corps ſoumis à leur action augmentent encore le dégré de chaleur ; c'eſt enfin le réfroidiſſement lent & prolongé par des maſſes embraſées qui
conſervent longtemps leur chaleur, ce qui facilite aux matieres en fuſion une condenſation paiſible & prolongée : au
lieu que les Chymiſtes ne peuvent opérer avec leurs fourneaux que ſur de petites parties ; leur réfroidiſſement eſt
momentanée, parceque l'air ambiant abſorbe bien vîte
la chaleur de leurs fourneaux qui ont au plus quatre pouces
d'épaiſſeur : quelle différence de fuſibilité & de chaleur
entre un bain de deux à trois milles de fonte de fer dans
nos fourneaux, & quatre ou huit onces dans le creuſet d'un
Chymiſte ! Il ſeroit auſſi ridicule de ſoutenir que la chaleur

des fourneaux des forges eſt auſſi violente & auſſi puiſſante
que celle des volcans , que de croire que le feu des fourneaux des Chymiſtes eſt auſſi actif que celui des fourneaux
des forges : quoique ces derniers produiſent des effets qui
approchent le plus de ceux des volcans , leur action n'eſt pas
comparable à ces immenſes foyers de la nature , dont il n'eſt
pas poſſible de calculer l'action , la puiſſance & l'expanſibi-
lité.

Pour completter le volume de mes opuſcules , j'ai tiré de
mon portefeuille les Mémoires ſuivants , dont je vais donner un détail ſuccint. La réfutation de l'uſage de la ſcie pour
l'abattage des arbres de futaie , fut imprimé dans les jour-
naux économiques & encyclopédiques en 1763 : comme
l'idée de l'auteur du Mémoire que je combats avoit fait ſenſation ſur les Officiers foreſtiers , & qu'il y avoit lieu de
craindre que ſon ſyſtême ne fût adopté au déſavantage des
propriétaires des bois , & des négociants qui les font ex-
ploiter , je me crus obligé par état de m'oppoſer à l'accré-
ditement d'une erreur. Je fais donc voir que le partiſan de la
ſcie poſe ſes principes ſur une baſe défectueuſe , conſéquemment que ſes calculs ſont faux , que l'avantage prétendue
que la ſcie procure eſt chimérique & nul , qu'au contraire
celui qui réſulte de l'uſage de la coignée appliquée à l'aba-
tage des futaies , eſt réel & poſitif : je le démontre par des
faits de pratique , & je conclus que la coignée eſt l'outil le
plus propre pour la conſervation des forêts , & pour tirer
le plus grand parti poſſible des arbres : conſéquemment que
l'on doit rejetter pour cette opération l'uſage de la ſcie qui
eſt proſcrite des forêts par l'Ordonnance de 1669.

J'adressai en 1762 au Conſeil de l'Ecole Royale Militaire
mes réflexions ſur la pourriture prématurée des poutres de cet
Hôtel. Je les ai relues depuis & j'y ai ajouté une obſervation ſur
une forme avantageuſe d'équarrir les poutres dans les forêts,

Après des obſervations ſur le mouvement de la ſeve &
ſur

fur la marche variée qu'elle affecte dans les arbres de différente eſſence, j'analyſe l'aubier & le bois dur du chêne, je m'étends, ſur les cauſes de leur deſtruction, ſur les accidents qui alterent différemment les bois coupés dans différentes ſaiſons. Je définis les trois eſpeces de pourriture, leur cauſe phyſique : j'avertis des précautions que l'on doit apporter dans le choix & l'emploi des arbres équarris deſtinés aux charpentes de différente nature par leur emplacement ; je démontre que les bois qui doivent être compris dans des murs & enduits de mortier ou de vernis, doivent être non ſeulement très ſecs avant d'être employés, mais même que l'on doit laiſſer leur bout expoſé à l'air pour qu'ils puiſſent ſe dépouiller non ſeulement du reſte de leur humidité radicale, ou de celle qu'ils ont repriſe dans le flot, mais encore de celle qu'ils repompent des mortiers.

Je démontre que l'on ne doit point attribuer la pourriture prématurée des poutres de l'Ecole Royale Militaire à l'Entrepreneur qui auroit pu employer des bois viciés ; mais uniquement à la précipitation avec laquelle on a élevé ce monument de la bienfaiſance de Louis XV, & aux enduits de différents mortiers dont on a cuiraſſé les poutres qui n'ont pu pouſſer au dehors par leur ſurface & par leur extrémité leur humidité propre & celle qu'elles avoient repompée. Conſéquemment, cette humidité a occaſionné une fermentation qui a précipité leur ruine, étant l'unique cauſe de leur pourriture. Je détaille les moyens de connoître les défauts dont les charpentes qui ſont expoſées ſur les ports pourroient être affectées, & qu'il eſt néceſſaire de bien connoître pour ne point employer de bois qui contienne un principe de deſtruction.

Je jette enſuite un coup d'œil ſur la forme quarrée que l'on donne aux poutres dans les forêts pour l'équarriſſage ; j'en fais connoître l'abus : je propoſe une forme octogone à quatre grandes faces & quatre petites : je démontre l'avantage qui réſulteroit de cette méthode ſi elle étoit adoptée, & qui donneroit un excédent de produit de plus d'un

tiers , ce que je démontre par un calcul de comparaison
des deux formes quarrée & octogone.

Je donnai dans le Mercure de France il y a 8 ans une obfervation ifolée fur la morfure de la vipere , & fur le moyen
de la guérir par la fuccion. J'ai cru que cette obfervation
méritoit d'être publiée de nouveau ; j'y ai joint d'autres obfervations que j'ai eu occafion de faire depuis , tant fur la
vipere que fur l'afpic , l'orvert & la couleuvre , pour détruire
les préjugés que l'on a fur ces reptiles , en prouvant par ma
propre expérience que ces trois derniers ferpents d'Europe,
ne font point venimeux , qu'il n'y a que la morfure de la
vipere qui le foit , & qu'il eft facile de prévenir , par la fuccion de la plaie , les fâcheufes fuites du venin qu'elle injecte dans la plaie qu'elle fait à ceux qui l'irritent & aux
animaux dont elle fe nourrit.

Une circonftance dont je rends compte dans le Mémoire
fur les vinaigres frelatés , me fournit l'occafion de faire l'analyfe de différents vinaigres pour découvrir la nature & la
quantité de l'acide que les Vinaigriers emploient pour augmenter celui de leur vinaigre. Par des expériences chymiques , je trouvai que c'étoit l'acide vitriolique qu'ils emploient : c'eft un acide qui eft à bas prix & qui n'a point d'o-
deur , conféquemment très propre à remplir les vues de cupidité des Vinaigriers. Par l'hydroftatique , je découvris la
quantité de cet acide qu'ils y emploient , qui va à deux gros
foixante-huit grains par pinte , ce que j'ai démontré dans
un tableau , page 491 , où je préfente le poids fpécifique de
quinze liqueurs mifes en comparaifon avec le vinaigre furard de Châlons : on verra par ce tableau qu'il y a des vins
plus pefants que l'eau. Après avoir démontré la qualité & la
quantité d'acide minéral que les Vinaigriers mêlent aux
vinaigres faits avec des vins foibles ou vappides pour en augmenter l'acidité , je jette un coup d'œil fur les ufages auxquels on emploie le vinaigre dans la médecine , la cuifine &

les arts, même fur l'abus que les jeunes filles en font dans
les temps critiques qui précedent celui de leur maturité. Je
fais fentir le danger d'employer dans tous ces cas un vinaigre vitriolifé. Je rappelle des moyens connus & faciles d'augmenter l'acide du vinaigre, foit en le concentrant par la gelée, foit en y ajoutant de l'efprit de vin ou des fubftances
qui contiennent la matiere fucrée, feule fufceptible de la
fermentation fpiritueufe & acéteufe, & je finis par infifter
fur la néceffité de punir les Vinaigriers pour réprimer une
manœuvre auffi pernicieufe à la fociété.

Quoique j'aie fait imprimer en 1770 le Mémoire fur
la néceffité & la facilité de rétablir la navigation fur la riviere de Marne, depuis St. Dizier jufqu'au deffus de Joinville, j'ai été confeillé de le publier de nouveau dans ce
Recueil qui paroît dans un temps où le Miniftere s'occupe fé-
rieufement d'ouvrir des canaux de communication avec cette
riviere, & de faire des travaux pour faire fleurir fa navigation. J'ai retouché ce Mémoire, j'ai fondu dans le texte
une partie des notes pour mieux lier les objets. Je prouve
la néceffité de reculer les limites de la navigation de la Marne, parceque la confommation de Paris a ufé en plus grande
partie les bois qui font fitués à portée des ports navigab-
bles de cette riviere. Conféquemment l'on eft forcé de remonter dans les cantons où elle prend fa fource pour en
tirer des bois de fciage de qualité. Je prouve que la traite
qui fe fait par terre, tant des bois de fciage, que des fers
de cette province, d'un côté augmente confidérablement
le prix de ces objets ; d'un autre occafionne une confommation de fourrage que l'on ne fe procure qu'en y employant
des terres qui produiroient des grains ; enfin que les Laboureurs qui s'occupent de ce roulage, négligent leur terre,
ce qui ruine l'agriculture de cette province : je démontre
ces faits par des calculs.

Je prouve la facilité de rétablir cette navigation & d'en
multiplier les avantages, par l'hiftoire du commerce anté-

rieur dans cette partie de la province de Champagne : avant
qu'elle fut percée de grandes routes, on defcendoit les fers
de Joinville à St. Dizier dans de petits batelets ; mais comme cette branche de commerce a pris des accroiffements,
il faut y employer des bateaux pour le fer, & conduire les
bois en flotte. Rien ne s'oppofe à l'exécution de ce projet,
le canal de la riviere & fon volume font fuffifants ; les feuls
obftacles font les éclufes des forges & des moulins ; mais
ces motifs qui ne concernent que l'intérêt des particuliers,
ne peuvent être confidérés comme férieux, lorfqu'il s'agit
du bien général, & ce n'eft point une nouveauté d'obliger
les propriétaires des forges fituées fur la Marne d'établir des
vannes à leurs éclufes pour paffer les flottes & les bateaux ;
puifque non feulement je prouve qu'il y en a eu jadis fur
cette riviere, mais encore que tous ceux qui poffedent des
forges & des moulins fitués fur des rivieres navigables, font
aux termes de la loi obligés de conftruire des pertuis dans
leurs éclufes pour la liberté de la navigation.

J'ai rapporté dans ce Mémoire plufieurs traits hiftoriques qui y ont rapport, pour en conferver la mémoire,
parceque la plupart ne font confignés dans aucuns ouvrages
publiés jufqu'à préfent.

Je me fuis étendu fur le commerce de bois & de fer de
cette partie de la province de Champagne. J'ai fait mention
des différentes rivieres & des grands chemins qui facilitent
le tranfport des marchandifes ; j'ai prouvé enfin, que fans
que l'Etat foit obligé de faire aucune dépenfe, l'on pouvoit
établir depuis Donjeu jufqu'à St. Dizier une navigation qui
ameneroit l'abondance à Paris, qui feroit augmenter le prix
des biens fonds du pays, & rendroit à l'agriculture les cultivateurs qui négligent leur charrue pour s'occuper du tranfport par terre des objets des différentes branches du commerce local, qui fe tranfporteroient par le moyen de la navigation. Ceux qui voudront fe procurer ce Mémoire feul,
publié en 1770, le trouveront chez Delalain Libraire, rue
& près la Comédie Françoife.

COMME ces Mémoires peuvent tomber entre les mains de Savants qui n'auroient pas une connoiffance exacte de tous les termes techniques, & d'Artiftes qui n'entendent pas les termes chymiques ou d'hiftoire naturelle, j'ai cru devoir donner à la fin de cet ouvrage une Table analytique en forme de Dictionnaire, dans laquelle feront définis tous les termes ufités ou qui me font propres, afin de faciliter l'intelligence des opérations que je décris, & des expériences & des obfervations que j'ai détaillées. J'ai préféré cette forme à celle de mettre au bas du texte des notes auxquelles j'aurois été obligé de renvoyer chaque fois que le même terme auroit été employé.

Si le lecteur s'apperçoit que fur différents objets des découvertes que je lui préfente, j'ai pris un parti fur différentes caufes phyfiques fur lefquelles mon fentiment paroît ne pas s'accorder avec divers fyftêmes reçus, je lui dirai avec Montaigne : *je donne mon fentiment, non parcequ'il eft bon, mais c'eft qu'il eft le mien.*

Fin de la Préface.

TABLE
DES MEMOIRES
Contenus dans ce Volume.

TABLE DES MÉMOIRES

TABLE DES MÉMOIRES.

Fin de la Table des Mémoires.

AVIS AU RELIEUR

Pour placer les Planches.

MÉMOIRE

MÉMOIRE,

CONTENANT

DES EXPÉRIENCES ET DES RÉFLEXIONS

SUR L'AMIANTE FERRUGINEUX

ET L'AMIANTE NATUREL,

LES EFFETS DES VOLCANS,

LE PRÉTENDU FER NATIF.

.... Juvat integros accedere fontes,
Atque haurire ; juvatque novos decerpere flores. LUCRETIUS.

LES VOLCANS, ces terribles & immenses foyers qui semblent devoir un jour embraser & confondre l'univers, donnent naissance à des phénomenes étonnants & singuliers.

A

ils ont produit des corps qui seroient encore inconnus, parceque leur composition demande une chaleur aussi violente que celle de ces vastes fourneaux de la Nature. Rien ne résiste à l'action de ces feux formidables ; tout ce qui contient un principe inflammable en devient l'aliment : les corps purement passifs y sont détruits radicalement ; & leurs principes confondus forment de nouvelles substances. Ces nouveaux composés (a) sont poussés au loin dans la campagne par des efforts proportionnés à la résistance qu'ils font à l'immense expansion des vapeurs qui sortent des corps qui leur ont succédé dans l'embrasement, & répandent à plusieurs lieues alentour l'effroi, la terreur, la mort & la destruction.

Les fourneaux, qui servent à fondre les mines de fer, ont bien de l'analogie avec les Volcans : ce n'est que par des précautions, que l'on éloigne ou que l'on évite les éruptions & les explosions : la violence du feu n'est modérée que par la quantité mesurée d'aliments, & la proportion de l'air qui en est l'agent & la puissance.

Les Naturalistes distinguent, avec raison, les minéraux en fusibles & vitrescibles, en calcaires & en apyres. Dans nos fourneaux, comme dans les Volcans, ces distinctions n'ont plus lieu ; tous les corps y sont vitrescibles : la tuile, qui sert impunément de support aux expériences du miroir ardent, est confondue dans nos fourneaux avec le caillou & le sable, ils se fondent, se vitrifient : les pierres calcaires se fondent & donnent un verre transparent. Dans les autres fourneaux, tels ceux de verreries, ceux où se cuisent la faïence, la porcelaine, les différentes chaux employées donnent un verre opaque & laiteux : ce qui vient de ce que les chaux, extrêmement divisées, ne font que distribuées dans le verre produit par les autres matieres qui les accompagnent, ou

---

(a) La lave, la pierre-ponce, le soufre vif, les différents soufres natifs, l'amiante, l'asbeste, l'alun de plume, & beaucoup d'autres tirent leur origine de ces feux.

qu'elles n'ont pu prendre qu'une demi-vitrification. Il n'en
est pas de même dans nos fourneaux à fer, toutes proportions admises (a). Les corps les plus réfractaires au feu, se
fondent, se décomposent, & donnent un verre plus ou
moins transparent ; d'où je concluds, qu'après les volcans,
le feu des fourneaux à fondre (b) la mine de fer est le plus
violent ; & je ne doute point que la platine n'y devienne
presque aussi docile que la mine de fer, sur-tout en lui ad-
ministrant un fondant approprié.

Un fourneau à fondre la mine de fer, ne reçoit pas toute
la chaleur qui lui est nécessaire, & dont il est susceptible,
dans les premiers instants auxquels les soufflets agissent sur
le feu, quoiqu'il ait été échauffé pendant trois jours par un
feu préliminaire, excité par le seul concours de l'air libre.
Pour lors, un fourneau à peine est-il en état de fondre un
peu de mine & de tenir en bain une petite quantité de métal fondu, la masse énorme de son creuset qui a jusqu'à
vingt-quatre pouces d'épaisseur, & souvent plus, enchâssé
dans un mole de maçonnerie d'une toise d'épaisseur, forment un obstacle à la chaleur en raison des masses & de
leur humidité ; ensorte qu'il faut au moins quinze jours &
quelquefois vingt pour établir un degré de chaleur capable
de fondre la mine avec avantage : pour lors le métal reste
en bain sur le fond du creuset sans que l'on craigne qu'il
ne s'y fige, pourvu qu'il n'y arrive point d'accident, soit
par fraîcheur, soit par dérangement de travail.

Le feu ne peut parvenir à recevoir & à communiquer
un degré de chaleur aussi supérieur, & se soutenir pendant
plusieurs mois, sans attaquer le creuset & l'endommager ;

(a) L'on sent la nécessité des proportions, si dans les fourneaux l'on ne sou-
mettoit au feu que des corps réfractaires,
ils y soutiendroient bien plus long-temps
leur caractere : mais le mélange des différents corps, le métal en fusion, augmentent considérablement la chaleur qui
est déja excessive par l'immense quantité

de charbons & par l'action des soufflets.

(b) Les fourneaux à fondre la mine de
fer, sont des fourneaux à manches, ce
sont des especes d'athanor, dont la tour
est perpendiculaire au foyer : les aliments du feu se présentent enflammés
au centre de l'action, à mesure de la
consommation.

A ij

il le dégrade d'autant plus que les parties qui le compofent cedent plus facilement à fon action ; enforte qu'après un certain temps, fouvent fort court, le creufet, que nous nommons l'ouvrage, eft élargi en tous fens (*a*). Le fond de l'ouvrage, en s'exfoliant ou fe rongeant, donne lieu à une excavation au-deffous du niveau de la coulée, de façon qu'après que l'on a fait fortir la fonte par l'iffue ordinaire, dont la bafe eft fixée à une certaine hauteur, ce qui eft contenu dans cette excavation refte en bain, & fucceffive-ment après chaque coulée. Le fer n'eft jamais un inftant expofé à l'action du feu qu'il n'y acquierre un degré de per-fection ou qu'il ne s'y détruife. La fonte de fer ne parvient à l'état de fer, qu'en paffant par bien des degrés. Je me pro-pofe de parcourir les différents états du fer & de la fonte dans d'autres Mémoires. Je dirai feulement ici que la fonte, en reftant long-temps en bain, comme en macération, fe dépure & fe condenfe en une efpece de cryftallifation fer-rugineufe, un peu ductile, mélangée de différentes matieres vitrifiées, lefquelles forment enfemble une maffe plus ou moins confidérable, fouvent énorme, & à laquelle on donne différentes dénominations triviales : je lui conferve celui de loup (*b*).

C'eft dans les entrailles d'un de ces loups que j'ai décou-vert le phénomene qui fait le fujet de ce Mémoire. Avant d'entrer en matiere, je crois devoir donner la defcription de cette maffe.

Le 15 Novembre 1759, je fis ceffer le feu au fourneau de Bayard (*c*), parceque les pluies continuelles donnoient

---

(*a*) L'ouvrage ou creufet fe fait ou en maçonnerie de grès ordinaire, ou de grès ferrugineux, ou de pierres à feu, ou enfin avec une efpece de fable qui tient du grès, unis à une terre onctueu-fe, jaune, mélangée de mine de fer très pauvre & réfractaire. Le fable prend au feu la dureté, la couleur du pot à beurre de Normandie. Toutes ces ma-tieres, quoique très fixes au feu, en font cependant entamées plus ou moins.

(*b*) L'on donne à ces maffes les noms de *truie*, de *bête*, de *farrazin*, d'*horniau*, de *loup*, & autres, fuivant les pays. Je lui ai confervé celui de *loup* par préférence, parcequ'il dévore une partie du produit.

(*c*) Forge en Champagne, fur la Marne, entre S. Dizier & Joinville.

lieu de craindre la fuite des accidents dont le fourneau étoit fortement menacé. Sur la fin de Décembre, je fis rompre le fourneau ; à force de travail, l'on en tira un loup qui avoit cinq pieds & demi de longueur, quatre pieds de largeur fur vingt-cinq pouces d'épaiffeur. Sa forme, convexe deffus & deffous, l'approchoit beaucoup d'un rhomboïde. La partie fupérieure étoit compofée d'une couche de fix pouces d'épaiffeur, d'un laitier recuit, mêlé de charbon, qui repofoit fur une plaque de fonte de dix-huit lignes d'épaiffeur, vingt-quatre pouces de largeur fur trente pouces de longueur. Cette plaque étoit formée par la fonte qui n'avoit pu fortir du fourneau lors de la mife-hors, & étoit pareille à celle qui forma la derniere gueufe du fondage. Une couche légere & fort inégale de matiere vitrifiée & recuite, compofée des débris de l'ouvrage, & de laitier, féparoit la plaque de fonte d'une maffe anguleufe de fix pouces & demi d'épaiffeur, vingt-fept pouces de longueur & vingt & un pouces de largeur, compofée d'une fonte de fer fort mêlée de fable vitrifié, depuis fix lignes jufqu'à dix-huit lignes d'épaiffeur : cette couche étoit fort adhérente à une table de fer d'environ quatre pouces d'épaiffeur, dans des fituations différentes. Un fegment elliptique irrégulier, compofé de la fubftance de l'ouvrage, vitrifiée, terminoit cette maffe qui contenoit à-peu-près vingt-quatre pieds cubes, & pefoit environ fept milliers.

À force de bras armés de maffes pefantes vigoureufement rabattues fur les angles du loup, je fuis venu à bout de l'étonner dans toutes fes parties, de le dépouiller des matieres vitrifiées qui en formoient le contour, & de découvrir les différentes maffes de fer & de fonte que je cherchois.

Parvenu à la troifieme & derniere couche de fer, après en avoir féparé tout ce qui l'environnoit, elle étoit de prefque toute l'étendue du loup : la partie inférieure n'étoit pas abfolument plane ; ce qui donnoit lieu à quelques inégalités dans fon épaiffeur : fa furface formoit une ligne horifontale, comme tout liquide en repos.

L'épaisseur de cette masse, l'adhérence de ses parties, me laissoient à peine l'espérance de la rompre, lorsqu'après des coups redoublés sur un seul point, il s'en détacha un morceau pesant environ dix livres : ce fut pour lors que je jouis d'un spectacle aussi agréable que surprenant. J'apperçus une matiere blanche, soyeuse, dont partie fut détachée d'un fer brillant par les secousses ; d'autre étoit encore adhérente au fer & étoit logée à sa partie supérieure dans les alvéoles où elle s'étoit formée.

Voyez Pl. III, Fig. 19. L'éclat, la beauté, l'arrangement du fer, captiverent mon attention : je crus y reconnoître une cryftallisation métallique, confuse, telle que celle d'un sel dont on a trop concentré la liqueur ; les cryftaux inférieurs étoient très petits, ceux de dessus étoient très gros, ayant jusqu'à un pouce de hauteur, composés de lames très déliées & appliquées les unes sur les autres parallelement. Leur couleur étoit d'un blanc éclatant, ayant le coup-d'œil de l'étain : quelques endroits avoient des iris aurifiques. Deux de ces morceaux, chauffés & forgés, m'ont donné une barre, presque poids pour poids, d'un fer nerveux d'une qualité supérieure. Je supprime les autres expériences que j'ai faites sur ce fer analogue au prétendu fer natif. Je reprends la suite de l'histoire de la matiere blanche.

Cette substance est légere, souple, douce au toucher, d'un blanc éblouissant, composée de filets déliés, soyeux & disposés en rayons divergents, ayant un centre commun, unis à leur sommet, formant une espece de champignon logé dans un alvéole dont elle occupe exactement tout l'espace. Chaque alvéole est formé par une cloison composée de lames de fer dans lesquelles sont imprimés les filets voisins. Ces alvéoles sont des polygones irréguliers, dont quelques-uns sont confondus entre eux ; d'autres très distincts ; les plus réguliers & les mieux conservés donnent l'idée d'un godet renfermant une substance qui s'est consolidée à la fin de l'action d'un bouillonnement, à cause de la convexité des surfaces. Mais en examinant l'intérieur, l'arrangement de ces filets me fit soupçonner une sublimation des parties hétérogenes volatiles qui étoient contenues dans la fonte de fer, & dont la séparation l'avoit changé en fer un peu malléable ; que cette sublimation n'a pu être instantanée, mais successive & interrompue, puisque l'on observe plusieurs séparations qui coupent transversalement les filets, ce qui permet de séparer chaque couche.

Je trouvai tant de ressemblance entre cette substance & l'Amiante ordinaire, que je l'appellai dès lors Amiante ferrugineux. Telles furent mes premieres idées.

A mesure que mes ouvriers avançoient dans le pénible ouvrage pour rompre le loup, je recueillois avidement les morceaux de mon nouvel Amiante que les coups de marteau détachoient, & les masses de fer rompues qui en contenoient. J'examinai avec attention les alvéoles où il étoit niché ; j'en trouvai d'épars dans l'épaisseur des masses de fer, & l'Amiante qu'ils contenoient en occupoit exactement toute la capacité. Parmi ceux qui étoient à la partie supérieure, les cloisons des uns étoient beaucoup plus épaisses que celles des autres ; les plus minces étoient en partie percées à jour. Le haut des uns étoit taillé en rateau, ayant des dents aigües ; par-tout on voyoit sur le fer l'impression de l'Amiante ; chaque filet du contour y étoit appliqué & logé : j'apperçus dans d'autres comme de petits rochers de fer qui s'élevoient : leur surface étoit inégale, hérissée de pointes, dirigées en tous sens, & leur substance comme usée par un dissolvant.

En froissant entre les doigts quelques houpes d'Amiante, je reconnus que la résistance que je sentois venoit de parcelles de fer qui y étoient unies & que l'aimant attiroit ; & en examinant plusieurs de ces petits rochers détachés, je vis différents lits d'Amiante, séparés par des lames de fer formant des lignes concentriques.

Il est naturel de penser que ces lames de fer n'existent que parcequ'elles n'ont pas eu le temps elles-mêmes de devenir Amiante ; que les séparations qui coupent les filets,

& que j'attribuois à une sublimation interrompue, n'ont lieu
que parceque les lames concentriques ont été métamor-
phosées ultérieurement ; que la différence de l'épaisseur
des cloisons qui forment les alvéoles, ne vient que du plus
ou du moins de changement, & que celles qui manquent
ont été entiérement converties en Amiante.

Enrichi de ma petite moisson, je ne pensai plus qu'à tenter par différentes expériences à découvrir le principe & la
nature de ce phénomene, & j'y procédai dans l'ordre qui
suit.

Une meche du nouvel Amiante, mise dans un lampion
rempli d'huile d'olive & alumé, a donné une très belle
flamme : toute l'huile a été consommée sans fumée, la
flamme ayant noirci à peine une carte exposée au-dessus. La
meche brilloit dans les angles extérieurs pendant que
l'huile brûloit : lorsque la flamme a cessé, la meche est
restée noire : je l'ai exposée au feu ; le charbon de l'huile qui
la noircissoit s'est dissipé, & l'Amiante a recouvré sa couleur
primitive.

L'Amiante ferrugineux, trituré dans un mortier, n'a pu
être réduit en poudre subtile ; ses filets se sont légérement
brisés, ont pris le double de leur volume, & ont formé
une poudre grossiere, cotonneuse, légere, prenant de la
consistance en la pressant entre les doigts.

Bouillie dans l'eau pendant une heure, elle ne lui a communiqué aucune saveur ni couleur : les parties les plus légeres y ont été suspendues pendant douze heures.

Les acides minéraux & le vinaigre, versés sur l'Amiante
ferrugineux, n'ont produit aucun mouvement d'effervescence.

L'Amiante trituré long-temps dans un mortier avec du
mercure, l'un & l'autre sont restés dans leur état primitif.

L'Amiante ferrugineux, exposé au feu de l'Émailleur sur
le têt & sur le charbon, y a été pénétré vivement de la matiere du feu, au point d'être très éclatante, sans néanmoins
produire de fumée ni aucune étincelle : refroidie, elle a
reparu

reparu en fon premier état : le feu du miroir ardent n'y a pas eu plus d'accès.

Un morceau d'Amiante ferrugineux, mis au milieu d'un mêlange de partie égale de nitre & de foufre, eft refté fans avoir été altéré par la violence du feu dans la détonation.

Une partie d'Amiante, mêlée avec partie égale de nitre & de foufre, ayant été détonnée dans un creufet par l'approche d'un charbon ardent, eft refté mêlée fous fa forme naturelle dans la maffe réfultante.

Le même mêlange, projetté dans un creufet rougi au feu, a donné le même réfultat.

Une partie d'Amiante, une partie de nitre & deux parties de charbon, mêlées exactement & détonnées, ont donné une matiere noire femée de filets d'Amiante dans fon entier.

Une demi-partie d'Amiante fur une partie de nitre & une partie de charbon, détonnées enfemble, ont donné un réfultat à-peu-près femblable au précédent : j'ai pulvérifé la maffe, & ajouté une partie de nitre, & détonné ; le réfidu étoit brun & l'Amiante avoit prefque difparu : j'ai encore pilé cette maffe brune, & ajouté une demi-partie de nitre, & détonné ; pour lors il n'a plus paru d'Amiante, & le réfultat a formé une maffe blanche, femée de taches de couleur cuivreufe (a).

Partie égale d'Amiante, de nitre, de foufre, de fciure de bois, ont détonné enfemble avec beaucoup de vivacité ; il eft refté une maffe brune raréfiée fans aucun veftige d'Amiante ; & il a paru, comme dans la précédente expérience, des taches cuivreufes.

L'Amiante ferrugineux, mis dans une capfule de fonte de fer, lutée & expofée à l'action du feu de la forge du Maréchal, en face de la tuyere, pendant une demi-heure, eft refté dans fon état naturel, à la réferve que les filets

_____

(a) Cette maffe blanche eft tombée en *deliquium* & eft devenue très noire à caufe du fer qu'elle contenoit.

B

ont paru plus roides & plus difposés à être mis en poudre.

L'Amiante couvert de foufre, pouffé au feu dans un creu-fet couvert, eft refté dans fon état naturel : le foufre s'eft confommé. J'ai projetté enfuite fur l'Amiante un mêlange de foufre, de nitre & de poudre de charbon, il s'eft fait une violente détonation, l'Amiante a paru fe fondre, & a été diffous par l'*hepar fulphuris* qui s'eft formé. Après un feu violent de douze minutes, j'ai retiré le creufet au fond duquel il s'eft trouvé un peu de verre de couleur d'un gros verd foncé, femblable au laitier du fourneau de fonderie, lorfqu'il a fuffifamment de mine, qu'il n'en eft pas fur-chargé, & que la fonte eft d'une bonne nature.

Sur de l'Amiante ferrugineux, rougi long-temps au feu de la forge du Maréchal, j'ai jetté du plomb, lequel s'eft évaporé en partie, partie a été vitrifié pendant l'efpace d'une demi-heure; j'ai retiré enfuite le creufet & l'ai verfé; il en eft coulé une dragée de fer couvert d'une fubftance vitrifiée: j'ai remis le creufet au feu & donné un feu vif : j'ai projetté du nitre & de la poudre de charbon : après la détonation, j'ai pouffé le feu pendant vingt minutes ; jufqu'à faire amol-lir le creufet qui s'eft rompu. Tout étant froid, j'ai trouvé fur le culot un petit lingot de fonte, & à côté un autre lingot qui avoit un degré au-deffus de la fonte, & telle qu'on la prépare pour l'acier. Il s'eft trouvé dans le creufet un petit bouton de plomb revivifié & fur lequel étoit un grain de fonte. Les parois en dehors du creufet étoient en-duites d'un verre noirâtre martial ; en dedans, le verre dont elles étoient enduites étoit rempli d'une infinité de petites dragées de fonte femblables à des globules de mercure.

J'ai répété cette expérience avec le flux noir, la réfine, le borax; j'ai retiré le creufet après avoir donné un feu très vif & avoir obtenu une belle fufion, il ne s'eft trouvé dans le creufet que de très foibles veftiges de fonte de fer, mais beaucoup de fcories jaunâtres très cauftiques (*a*).

_____

(*a*) Amiante, ... deux gros. Borax, ... un gros.
Réfine, ... deux gros. Flux noir, ... quatre gros.

J'ai traité l'Amiante naturel, de même avec le borax, la résine & le flux noir, je n'ai obtenu qu'un très foible grain de fer, de deux gros d'amiante, & beaucoup de scories noires.

J'ai enfin recommencé la réduction de l'Amiante ferrugineux avec le nitre, la poudre de charbon & le plomb granulé ; j'ai obtenu un bouton de fonte de fer recouvert des trois quarts du plomb que j'avois employé (a).

Il paroît, par toutes les Expériences que je viens de citer, & par l'examen des cloisons des alvéoles qui contiennent l'Amiante, & des couches concentriques qui traversent les filets, que l'on peut conclure que l'Amiante ferrugineux est formé des débris du fer dont il est la terre principe, dépouillé totalement de ses soufres grossiers, bitumineux, & de son phlogistique ; que cette séparation est d'autant plus exacte, qu'elle se fait successivement par une chaleur long-temps soutenue à un degré assez violent pour opérer cette désunion ; que les principes passent de proche en proche aux parties métalliques supérieures, & qui ne se trouvent pas aussi purifiées que les cryftaux qui occupent la partie inférieure, lesquels on peut regarder comme un véritable régule.

La forme convexe de chaque champignon, pour ainsi dire, d'Amiante ferrugineux, est l'effet du bouillonnement léger, ou plutôt d'un mouvement intestin, qui paroît à la surface des métaux en fusion, & sur-tout de la fonte de fer. Ce mouvement est excité par l'impression que fait le feu sur les matieres hétérogenes qui sont unies à la fonte de fer, & qui cherchent à s'en dégager par une force centrifuge.

La disposition en filets de l'Amiante est telle qu'elle doit être ; cette substance est le squelette du fer. Tout squelette doit représenter la situation & le rapport des parties solides du corps dont il étoit la charpente, de quelque regne qu'il

(a) Amiante , ... deux gros.   Charbon , ... quatre gros.
    Nitre , ... deux gros.   Plomb , ... une once.

puisse être : comme je me propose de prouver dans un autre Mémoire que le fer, pour être dans son état de perfection, doit être composé de parties nerveuses, disposées en filets plus ou moins alongés, rangés en différents faisceaux réunis sous une enveloppe commune. L'Amiante doit donc être disposé en filets. Si ces filets ne sont point entre eux dans une situation parallele, mais au contraire en rayons divergents, c'est l'effet du bouillonnement de la fonte qui a pris l'état d'un fluide en repos, lorsque les soufres surabondants dont elle tire sa disposition à la fluidité, l'ont abandonnée.

La couleur de l'Amiante ferrugineux, sa disposition en filets soyeux, souples, doux & légers, son incombustibilité, sa propriété à servir de meche en faisant l'office de siphon, son insolubilité dans l'eau & dans les acides, me déterminent à croire qu'il est analogue au véritable Amiante fossile, & avec d'autant plus de raison, 1°. que Vallérius, dans sa *Minéralogie*, en parlant de l'Amiante ou asbeste naturel, en décrit une espece qu'il définit, *asbestus fibris fasciculatis, e centro vario radiantibus*, qui est la définition la plus convenable à l'Amiante ferrugineux ; 2°. qu'il se durcit un peu au feu, propriété que le même Vallérius attribue aux différentes especes d'Amiante ; 3°. qu'un morceau d'Amiante naturel, que j'ai, est semé de particules de fer qui n'ont pas été converties en Amiante (*a*) ; 4°. que par la voie de la réduction j'ai obtenu, de l'Amiante naturel, un grain de fer (*b*).

La couleur blanche de l'Amiante ferrugineux ne doit faire naître aucun soupçon sur la généalogie que je lui attribue. Quoique le fer dans presque toutes les gangues, guhrs, terres & autres minéraux où il se rencontre, se montre sous une couleur noire, brune, & plus souvent rouge,

---

(*a*) J'ai vu nombre de morceaux considérables d'Amiante dans des Cabinets qui étoient unis confusément avec des morceaux de fer.

(*b*) M. Roux a répété la réduction de l'Amiante naturel en fer avec succès.

ſur-tout lorſque ces corps ont été expoſés au feu, l'on ne doit pas conclure que le nouvel Amiante ne ſoit pas un débris du fer. Il y a pluſieurs mines de fer, blanches, ſpatiques & quartzeuſes : d'ailleurs cette couleur blanche de l'Amiante ferrugineux eſt un phénomene commun à preſque tous les métaux & demi-métaux décompoſés par des procédés convenables.

Le zinc, tenu en fuſion, donne une ſubſtance blanche, lanugineuſe & volatile. La mine d'arſenic brûlée fournit abondamment une matiere blanche cryſtalline, qui forme l'arſenic. L'étain, expoſé au foyer du miroir ardent, après avoir été privé de ſon phlogiſtique, eſt réduit en cryſtaux diſpoſés en filets blancs, qui reprennent une forme métallique par la voie de la réduction. L'étain & le fer, combinés au foyer du miroir ardent, donnent une fumée blanche qui prend de la conſiſtance.

Le biſmuth, le plomb, l'argent, le mercure, privés de phlogiſtique par des diſſolvants analogues, peuvent être précipités par des *medium* (a) en des ſubſtances blanches. L'antimoine, privé par la détonation avec le nitre de ſon ſoufre groſſier & de ſon phlogiſtique, eſt réduit en une maſſe très blanche. Toutes ces chaux métalliques, de même que l'Amiante ferrugineux & l'Amiante naturel, ne ſont point ſolubles dans l'eau, ſont inaltérables par les acides ; la plûpart ſont immuables au feu, & toutes reprennent une forme métallique lorſqu'on leur reſtitue le phlogiſtique qui leur avoit été enlevé ſoit par le feu, ſoit par d'autres diſſolvants appliqués ſuivant la nature du métal & les vues que l'on s'eſt propoſées.

L'Amiante ferrugineux n'a point été altéré par le feu ſeul ; tel actif qu'il ait été, il ne pouvoit l'être, puiſqu'il ne tient ſon état que de l'extrême violence du feu long-temps ſoutenu dans le grand fourneau.

(a) J'entends par *medium* tout corps qui intervient pour former ou pour rompre l'union des autres corps qu'il rencontre.

Lorfque l'Amiante a été mêlé avec le foufre & le nitre, il a foutenu la détonnation fans recevoir aucun changement, parceque le nitre & le foufre étoient plus capables de lui enlever du phlogiftique, s'il en avoit eu, que de lui en fournir.

Il n'en a pas été de même lorfque l'Amiante a été traité avec le charbon, ou la fciure de bois mêlée avec le nitre & le foufre, ou le nitre feul. La poudre de charbon & la fciure de bois réduites en charbon, lui ont rendu du phlogiftique, tandis que le nitre enflammé opéroit la réunion & la réduction. Si dans le réfultat de ces différentes opérations le fer s'eft montré fous une couleur cuivreufe & aurifique, cela n'eft dû qu'à l'abondance du phlogiftique. L'acier dans le recuit prend différentes couleurs, fuivant les degrés de chaleur qu'il a foufferts.

Le plomb feul n'a opéré la revivification que d'une très petite partie de fer, parceque la violence du feu en a diffipé la plus grande partie, & que l'Amiante ferrugineux, étant une fubftance rare & fpongieufe, lui a préfenté peu de furfaces.

Le nitre & le charbon détonnés avec l'Amiante ferrugineux, rougis dans un creufet, imbus du verre de plomb, l'ont fait reparoître fous fa forme métallique primitive, en lui reftituant le phlogiftique qu'une longue calcination lui avoit enlevé. Les globules du fer adhérentes au creufet font dues à l'élévation de la matiere par la force de la chaleur.

Il y a lieu de préfumer que dans le procédé fait avec le borax, la réfine, le flux noir & l'Amiante ferrugineux, fi je n'ai pu parvenir à retirer un bouton de fer revivifié de l'Amiante, c'eft qu'il s'eft trouvé une trop grande abondance d'alkali fixe qui a détruit le fer. L'acide de la réfine, en s'uniffant au phlogiftique du charbon du flux noir, a formé du foufre, lequel en s'accrochant à une portion d'alkali fixe, a donné un *hepar fulphuris* qui a attaqué auffi le fer. Le principe alkali, qui eft la bafe du borax, a dû contribuer auſſi à détruire le fer revivifié. C'eſt à ces accidents que l'on doit auſſi attribuer la deſtruction preſque totale du fer que j'aurois dû retirer de l'Amiante naturel, puiſque le peu que j'en ai obtenu étoit comme rougi dans toute ſa ſurface.

Le ſoufre, le nitre & le charbon, projettés ſur l'Amiante ferrugineux, rougis au feu dans un creuſet, l'ont diſſous & détruit, parceque l'*hepar ſulphuris*, qui s'eſt formé, étant le diſſolvant de toutes les ſubſtances métalliques le plus actif, le fer n'a pu lui réſiſter ; l'aggrégation de ſes parties a été rompue ; & il a été revivifié à la faveur d'un peu d'alkali fixe & de phlogiſtique : car pour pouvoir vitrifier une ſubſtance quelconque, il faut qu'elle contienne encore une portion légere de phlogiſtique & d'alkali fixe : la ſurabondance de ce dernier eſt ſouvent cauſe de la deſtruction du verre.

La vitrification de l'Amiante ferrugineux, dont le produit eſt ſi ſemblable au laitier du grand fourneau, fait naître une réflexion naturelle. Si le fer ſe décompoſe & ſe vitrifie à la faveur de l'alkali fixe & d'un feu violent continué, combien dans le traitement des mines de fer ne doit-on pas craindre de laiſſer trop long-temps la fonte de fer & le fer même expoſés à un feu vif, dans lequel l'alkali fixe & le phlogiſtique des charbons agiſſent continuellement ſur les corps qui les touchent. L'immenſe quantité de laitiers qui ſort des fourneaux à fondre la mine, des chaufferies, renardieres & affineries, n'emporte-t-elle pas une partie du produit qui pourroit beaucoup augmenter par des précautions raiſonnées & par des *medium* adaptés aux circonſtances.

Après avoir prouvé que l'Amiante ferrugineux eſt véritablement du fer appauvri par la perte de ſes principes actifs, ſon analogie avec l'Amiante naturel minéral foſſile, je crois être autoriſé à dire que ce dernier eſt le produit d'une décompoſition du fer, opérée par le feu des Volcans.

Rien n'eſt plus naturel à penſer que les pyrites ont porté

l'incendie dans le sein de la terre : elles sont composées de
soufre & de fer. Le fer, après avoir, de concert avec le
soufre, allumé le feu, en devient la victime : il est dépouillé de la surabondance du soufre qui le minéralisoit ;
il passe à l'état primitif de métal ou de fonte de fer ; il coule
& se loge au-dessous du foyer dont il reçoit une chaleur suffisante pour le faire passer successivement à l'état d'une ductilité légere. Telle est la crystallisation arrivée au fer qui est
immédiatement au-dessous de l'Amiante ferrugineux. Ensuite il décroît en perfection à mesure que la chaleur lui enleve de ses parties intégrantes, au point de le dépouiller
de tous ses principes actifs : il reste la terre principe dis-
posée en filaments. S'il arrive une révolution dans l'intestin du Volcan, cette matiere se trouve confondue avec d'autres : elle est poussée au dehors & souvent ensévelie sous
des déblais immenses : on la retrouve plusieurs siecles après.
Si l'Amiante fossile se trouve en plus longs filets & en plus
gros flocons, c'est que les masses de fer étoient plus grosses,
le foyer plus considérable, & le feu plus long-temps continué que dans nos fourneaux.

Le fer qui, avant la révolution du Volcan, n'a pas eu le
temps nécessaire pour être converti entiérement en Amiante, a subi les effets de l'explosion : il a été lancé au loin
& enséveli sous des montagnes de ruines. Dans la suite
des temps, un tremblement de terre, un ravin, des fouilles
découvrent un rocher de fer, auquel on donne le nom de
fer natif très gratuitement.

L'Amiante ferrugineux n'est pas sans vertu ni propriété ;
étant broyé sur le porphire il peut servir dans la peinture à
fresque & à l'huile. Il peut être employé pour nettoyer les
dents par la douceur de son tissu ; il ne déchirera pas les
gencives ; & ses filets imiteront avec avantage les brosses,
éponges & racines préparées, à l'effet d'enlever l'humeur
visqueuse qui, en se durcissant, infecte la bouche & carie
les dents, meubles si précieux.

L'Amiante ferrugineux est très propre à former les meches des chauffrettes à esprit-de-vin,   Les

Les lampes deftinées à faire des diftillations, digeftions, diffolutions & évaporations lentes & continues, pour lefquelles on fe fert d'huile d'olive, ou autre équivalent, avec des meches de coton, font fujettes à s'éteindre ou par le champignon formé de la meche, ou parceque la meche en cet état ne peut plus remplir l'office de fiphon : cet inconvénient, qui retarde ou fait manquer l'opération, ceffera fi on fubftitue aux meches de coton celles d'Amiante qui, ne contenant point de matiere charbonneufe, peut faire une meche perpétuelle.

La Médecine qui emploie des chaux métalliques pourra découvrir dans l'Amiante ferrugineux des qualités avantageufes au fecours de l'humanité.

Je ne doute point que des Artiftes intelligents & adroits ne puiffent parvenir à filer l'Amiante ferrugineux comme l'Amiante naturel, foit feul lorfqu'il fe trouvera en longs filaments, foit en le mariant à une longue filaffe pour lui prêter de la ductilité.

Des recherches plus amples pourront découvrir dans la fuite du temps beaucoup d'autres propriétés effentielles à l'Amiante ferrugineux.

Les forges font des laboratoires immenfes dont le travail en grand fourniroit tous les jours fujet à des découvertes intéreffantes, fi cette efpece de travail étoit traitée dans des vues de perfection : mais l'innombrable variété des mines de fer qui s'y traitent eft confondue fans choix. La connoiffance des matieres employées pour aider leur fufion eft très vague. Il feroit néceffaire de donner des principes juftes pour ufer beaucoup moins de matériaux pour un même produit, pour accélérer le travail & pour économifer même le fer : car en le traitant il s'en confomme en pure perte une partie confidérable, faute de connoiffances certaines & d'une manipulation éclairée.

Ces inconvénients, qui intéreffent la fociété comme le particulier, ont deux caufes générales. La premiere eft que le travail des forges eft abandonné prefque totalement à la

C

routine aveugle & incertaine des ouvriers qui ont souvent beaucoup d'autres défauts que l'ignorance crasse. La seconde est que, pour tendre à perfectionner la Traite des mines & leur choix, leur fusion, l'affinement des fontes, la qualité du fer, sa fabrique, la cuisson des charbons, l'économie des machines, la dépense de l'eau, l'administration du vent, l'art du feu, les recherches nécessaires sont immenses, les expériences coûteuses & au-dessus des forces d'un particulier : elles demandent des fonds considérables, l'étude de l'histoire naturelle minéralogique, de la physique, de la chymie, de la géométrie, de l'hydraulique & de la méchanique.

Quelques personnes ont cru que l'Amiante ferrugineux étoit le produit d'une matiere étrangere au fer contenu dans les mines que je traitois au fourneau de Bayard, & qui lui étoit particuliérement unie : mais cette hypothese est destituée de fondement, & est radicalement détruite par diverses observations que j'ai faites depuis la lecture de ce Mémoire, puisque j'ai trouvé de l'Amiante ferrugineux dans les loups des fourneaux de presque toutes les forges de Champagne où j'en ai cherché, de celles de Franche-Comté, de Bourgogne & du Luxembourg. D'ailleurs la réduction facile à faire de l'Amiante ferrugineux en fer, par l'addition du phlogistique, est une preuve sans réplique qu'il est produit par le fer dont il est le squelette. M. de Lamoignon de Malesherbes, voyageant *incognito* dans le pays de Foix, trouva dans une forge de ce canton une très grande quantité d'Amiante ferrugineux ; l'observation de cet illustre Savant est du plus grand poids, & prouve que le fer produit par toutes ses especes de mine, donne l'Amiante ferrugineux lorsqu'il a subi un degré de chaleur d'une grande intensité & long-temps soutenue.

Jusqu'ici l'on n'avoit pas tenté heureusement par aucune voie analytique, à découvrir la nature de l'Amiante naturel : son caractere, jusqu'ici indestructible, avoit fait regarder son analyse comme impossible ; & l'on rangeoit parmi les pierres apyres cette substance qui doit tenir son rang parmi le produit des métaux & les récréments des Volcans, puisque c'est un fer dépouillé de ses principes par le feu des Volcans. La découverte de l'Amiante ferrugineux, substance si analogue à l'Amiante fossile par sa forme & par ses principes, m'a fait prendre dans Lucrece l'épigraphe de ce Mémoire, en faisant allusion aux fleurs que les Chymistes tirent des métaux par la calcination & la sublimation, puisque c'est véritablement une découverte qui m'est particuliere.

MÉMOIRE

SUR LA FORMATION

DES MINES DE FER DE CHAMPAGNE,

ET LEURS ANALOGUES;

CONTENANT

DES OBSERVATIONS

SUR UNE NOUVELLE MINE DE FER

ISABELLE SPATHIQUE,

ET DES EXPÉRIENCES SUR UNE MINE DE FER FACTICE.

Dicam etiam variæ quanta fit inconftantia formæ.

Sɪ le fer eft le métal le plus néceffaire à la fociété, il eft auffi le plus commun & le plus abondant. Le fer fe trouve au fond des abîmes de la terre & dans tous les degrés au-deffus jufqu'à fa furface; il accompagne les mines de tous les métaux & demi-métaux; il leur fert à toutes de cha-peau; il s'unit avec elles; il leur fert de bafe; il pénetre toutes les efpeces de terres, de pierres & de fables; il ac-compagne les eaux dans leur courfe; il circule avec la feve dans les plantes, & avec le fang dans les animaux; il eft préfent par-tout,

Le fer ne peut être auffi généralement répandu qu'il ne fe montre fous des formes différentes, & lié à des matie-res qui alterent fa compofition. Ces variétés font produites par les divers accidents qui ont préfidé à fa génération, ou qui l'ont accompagné dans fa propagation; foit enfin par les substances qui lui ont servi de matrices pour le recevoir & laisser opérer en elles les digestions & transmutations nécessaires à la perfection de sa mine. En effet la mine de fer est de toutes les mines celle qui varie le plus en forme & en qualité. Je vais essayer de donner la raison de ces phénomenes d'après le travail de la Nature dont j'ai suivi la gradation des opérations qui se sont faites sous mes yeux.

L'acide principe, qui circule dans la Nature, concourt à la formation des substances dont la variété de l'espece dépend des circonstances qui environnent le point où il se fixe. Lorsque cet acide rencontre une vapeur grasse, ferrugineuse, il la saisit ; ils se lient ensemble étroitement, & s'associent une terre vitrifiable. Si dans cet état ils se trouvent sous une température convenable & dans un lieu assez spacieux, ils prennent pour lors une forme & une disposition naturelle comme tous les corps susceptibles de fluidité, avant leur fixation, je veux dire une forme cryftallisée, plus ou moins réguliere, suivant le temps qu'ils y ont employé. Si au contraire ils sont gênés par les substances qui les environnent, ils forment des corps d'une composition confuse & d'une forme gênée, indéterminée, dont les surfaces serrent étroitement les corps qui les touchent, même les pénetrent, & se moulent dans les espaces donnés. Les différents accidents n'apportent aucun changement à leur essence, mais seulement à leur nomenclature. Les premieres se nomment *pyrites ferrugineuses cryftallisées*, & les secondes *pyrites ferrugineuses en gâteau*. C'est cette derniere espece qui a donné lieu à mon observation.

En examinant les falaises de la riviere de Marne sous S. Dizier, j'apperçus, sur le gravier, des morceaux de pyrites éparses, dont les unes, entiérement fondues, n'avoient laissé de preuves de leur existence que par quelques taches noires sur le gravier ; d'autres étoient fleuries de vitriol ; d'autres enfin, couvertes d'une boue ochrale, étoient intactes. Persuadé que l'origine de ces pyrites n'étoit pas éloignée, je fouillai dans toutes les couches des différentes substances qui composoient le massif de la falaise. Parvenu à la base d'un lit de sable aride qui reposoit sur un rocher de grès friable, dans une situation dirigée du Sud au Nord, & inclinée à l'Est, d'une surface très inégale, je sentis de la résistance ; je trouvai une couche de pyrites en gâteau qui posoit exactement sur le rocher, & s'étoit moulée sur ses inégalités ; j'en détachai un morceau de quinze pouces de largeur & vingt-deux pouces de longueur, percé à jour où le rocher avoit des éminences : le sable adhéroit à sa surface supérieure. Je ne doutai point que le lieu où je la trouvois étoit celui où elle s'étoit formée ; que s'étant trouvée à l'étroit, elle n'avoit pu prendre qu'une forme gênée, sans avoir à l'extérieur une forme réguliere crystallisée.

Plus loin je trouvai des morceaux de bois totalement pénétrés de pyrites ; d'autres seulement incrustés en partie ou en totalité. Dans les environs, je rencontrai beaucoup de géodes, de pierres de toutes especes, couvertes d'une couche ferrugineuse plus ou moins épaisse, molles ou solides ; des graviers formant des ætites adhérents les uns aux autres ; des pierres à demi couvertes & à demi pénétrées de la matiere ferrugineuse.

Au-dessus de toutes ces substances l'on découvroit des vestiges de pyrites entiérement fondues ; dans quelques endroits il y avoit sur un lit de glaise des suintements d'une eau de couleur vive de sang, & les pierres sur lesquelles tomboit cette liqueur minérale, étoient teintes de sa couleur superficiellement, & plus ou moins intérieurement.

D'après cet examen je me confirmai dans l'idée que toutes nos mines de Champagne, ainsi que leurs analogues, sont produites par la destruction des pyrites martiales. L'air & l'eau, mettant en jeu l'action de l'acide-sulfureux-volatil sur le fer dans la pyrite martiale, operent la dissolution & l'action des parties constituantes : le phlogistique & la portion de l'acide surabondant quittent prise : l'autre partie de

l'acide, la matiere graffe ferrugineufe, & la terre vitrifiable qui étoit entrée dans la compofition de la pyrite,
font entraînées par les égoûts, & fe dépofent fur les corps
qu'ils rencontrent.

Les eaux minérales, fulfureufes, aigrelettes, vitrioliques, favonneufes, martiales, foit chaudes, foit froides,
ne doivent leur qualité & leurs vertus métalliques qu'à la
décompofition des pyrites qui fe font trouvées fur leur paffage dans des fituations différentes, & dont elles ont entraîné avec elles les parties les plus folubles.

Si les fubftances, fur lefquelles fe dépofe la liqueur martiale, font d'une compofition légere, poreufe, elles en font
pénétrées au point de s'y unir intimement & de ne former
qu'un enfemble. Si au contraire le dépôt ferrugineux rencontre un corps dur & compacte, il s'applique autour, fe
feche & fe durcit. Et comme, en fe confolidant, les parties
fe font rapprochées les unes des autres, & qu'il a dû prendre
de la confiftance, premiérement à la furface extérieure, néceffairement en fe retirant du centre à la circonférence,
il eft dans l'ordre que le corps dur qui s'eft trouvé enveloppé, ne faifant point de liaifon avec la croûte ferrugineufe, fe trouve logé dans un efpace qui excede fa capacité : ce qui forme des ætites ou pierres d'aigles.

Si enfin le dépôt ferrugineux rencontre des corps dont
les molécules, trop ferrées, ne lui laiffent aucun accès entre elles, & que les maffes foient remplies de différentes
cavités, alors il s'introduit dans les interftices, s'y condenfe,
ne forme plus qu'un tout compofé de parties hétérogenes.

Le premier accident forme les mines que l'on appelle
communément groffes mines, mines en pierres, que l'on
nomme improprement en roche (a), qui fe trouvent ou
ifolées fur la furface de la terre, fuite de l'effet des eaux,
ou par couches dans les montagnes, à différents degrés de

(a) Fer de roche, parcequ'il fe tire   village de Roche, fur la petite riviere
d'une mine en rocher, & non pas par-   d'Ognon en Champagne.
cequ'il s'en fabrique dans la forge du

profondeur, ou conglomérées parmi des rochers rompus & brifés. Si le principe lapidaire de ces mines eft calcaire, l'on eft sûr d'en obtenir un bon fer nerveux ; fi au contraire la bafe de ces mines eft une fubftance fufible, elle donne un fer caffant, à raifon de l'abondance du principe fulfureux ; fi enfin la matrice de ces mines a été une roche réfractaire, non-feulement le fer que l'on en tire eft très caffant, foit rouge, foit froid, même la lime à peine peut-elle l'enta-mer ; enforte que la qualité du fer eft analogue à celle de la matrice de la mine par un travail ordinaire.

Le fecond accident donne communément les menues mines dont il y a trois efpeces principales ; les premieres font très rondes & très petites ; elles reffemblent à la graine de navette. Ce font pour l'ordinaire des grains de fable qui leur fervent de noyaux, ou fe font des oolithes minéralifées, & fe trouvent dans la terre ou accompagnées d'un fable brun, ou d'une terre douce, grife, brune, jaune ou rouge, ou enfin elles fe trouvent feules. Ces dernieres, qui fe trou-vent feules, font très riches ; les fecondes, qui font ac-compagnées d'une terre douce, font moins riches, mais donnent un meilleur fer. Les premieres, qui font mêlées avec du fable, font beaucoup moins riches, & donnent un fer caffant, mais forgeant bien à chaud.

La feconde divifion de ces menues mines font celles qui ont pour bafe & pour noyau des molécules de glaife péné-trées & enveloppées du dépôt ferrugineux. Elles font un peu plus groffes que les précédentes, mais déprimées & anguleufes, luifantes au dehors. Cette efpece de mine eft ordinairement mêlée confufément avec une glaife grife ou rougeâtre. Ce minerai rend peu au lavoir, mais produit autant que les mines précédentes, d'un fer un peu meilleur.

Les mines de ces deux divifions font fufceptibles de per-fection & de maturité ; car plus on les fouille profondé-ment, plus elles ont de qualité ; & celles qui font au-def-fous font amalgamées enfemble par un *gluten* fpathique qui en forme des maffes confidérables, lefquelles, dans le
traitement,

traitement, donnent plus abondamment d'un fer d'une qualité supérieure à celui qui eſt produit par les mines en grains détachés.

Toutes ces eſpeces de mines ne ſe fouillent point dans le lieu de leur origine ; elles ont été roulées & conduites dans les vallées élevées au-deſſus du niveau des rivieres ; elles ſont, par différents lits, les unes ſur les autres, ſéparées par des couches de coquilles (a) de mer ou de rivieres, par des lits d'argille, de ſables blanc & rouge (b), & par des falunieres.

La troiſieme diviſion des menues mines comprend celles dont le dépôt ferrugineux a été reçu par une terre douce, leſquelles mines ont reçu une forme ronde par un mouvement imprimé par les eaux, & ſont de la groſſeur des pois (c) & de leur forme : ces mines donnent un fer doux, liant & facile à travailler.

Enfin le troiſieme accident par lequel le dépôt ferrugineux ne fait point de liaiſon avec les parties intégrantes des pierres qu'il a rencontrées, donne des mines aigres, pauvres, réfractaires, qui ne valent pas le traitement. Tels ſont les guhrs ferrugineux qui tiennent, preſque tous, des différentes eſpeces de grès ou de mauvaiſes hématites.

D'après l'examen des mines que je viens de citer, & de l'innombrable variété de leurs analogues, il ſemble qu'il eſt de l'eſſence des mines de fer d'être jaunes dans leur principe, & d'acquérir une couleur rouge graduée par les degrés de la chaleur qu'elles ont ſoufferte dans les entrailles de la terre, & par l'atténuation que leurs parties ſubiſſent par l'union du ſoufre & des acides ſurabondants, comme dans l'hématite en aiguilles, qui reſſemble beaucoup au cinnabre & autres hématites plus communes, où

(a) Ces coquilles ſont ordinairement des huîtres, des moules, des crêtes de coq, des cames, des belemites, &c.
(b) M. Maliet a fait la même obſervation du côté de Thionville,

(c) Les mines du Comté de Bourgogne & du Berry ſont ordinairement de cette forme, & donnent le fer de France de la ſeconde qualité. Il y en a dans la Brie Champenoiſe.

D

la couleur rouge n'a été exaltée que par l'abondance de l'acide préfent ou abfent; ou enfin de paffer au brun plus ou moins foncé. Ce dernier accident eft naturel à la diffolution des pyrites par l'eau, qui fe dépofe lentement par infiltration, & entraîne avec elle les parties des corps qu'elle pénetre, les plus atténuées & qui lui font le plus analogues. Ce dépôt acquiert fouvent avec le temps une confiftance & une folidité qui approchent de la vitrification, par la liaifon intime de fes parties condenfées par le rapprochement de fes molécules du centre refpectif à la circonférence; ce qui fait que les mines brunes, en telle maffe qu'elles puiffent être, renferment en elles beaucoup de cavités; ces cavités font vuides ou remplies en partie ou en totalité de matieres étrangeres; elles font vuides lorfque le dépôt a été abondant dans un efpace qu'il a occupé feul; elles font remplies en totalité lorfque ce dépôt s'eft appliqué fucceffivement par couche autour d'un corps étranger quelconque; enfin ces cavités font remplies en partie feulement, lorfque les corps étrangers, qui fervent de noyau à la mine, ont été inondés par l'abondance du dépôt, lequel en fe condenfant, les parties fe font rapprochées du centre à la circonférence, & ont laiffé du jeu au corps renfermé: lorfque ce corps eft détaché il forme un grelot.

Il eft cependant diverfes efpeces de mines de fer blanches, de plufieurs nuances. Ces mines font formées par un fpath qui fert d'entrave & de matrice au fer. Dans ces mines, l'acide a été entiérement abforbé dans la compofition du fpath; & le fer, totalement privé de phlogiftique, eft tellement lié à la matrice, qu'il ne paroît aucunement dans l'état auquel il fe trouve dans les entrailles de la terre. Telles font les mines blanches de Sainte-Marie dans les Vôges, de Strasbourg, du Dauphiné, celles que M. Lehman a trouvées dans le Hartz, & celles que j'ai découvertes dans le territoire de Nancy, en Champagne. Cette derniere mine fe trouve ifolée & maronée dans une couche de terre à foulon, au-deffus des mines en grains elle eft de couleur isabelle ; par sa grosseur & sa forme extérieure, elle approche de la figure des racines de la pomme de terre, *solanum tuberosum esculentum* ; intérieurement elle est concave, sans noyaux, tranchée par des découpures irrégulieres, occasionnées par la retraite de la matiere ; elle est brute & opaque au dehors, luisante & à demi transparente quelquefois en dedans. Cette mine ne m'a paru décrite par aucun Minéralogiste : elle pourroit être appellée mine de fer tuberculeuse isabelle spathique.

Quelquefois les tubercules de cette mine sont petits & multipliés au point de lui mériter le surnom de *botrydes*, ou mine en grappe. Cette mine est attaquée par tous les acides minéraux séparés & combinés. L'acide vitriolique la dissout avec une effervescence considérable. Les bouillonnements de l'action élevent à la surface de la dissolution une espece de crême composée d'une terre extrêmement divisée & onctueuse, d'une couleur d'un gris cendré. La dissolution est troublée & épaissie par des parties terreuses qui se soutiennent long-temps dans la liqueur, & qui se déposent sous la forme d'une fécule blanche. Il reste enfin une légere portion de ce minerai qui ne cede point à l'action du dissolvant.

Après le dépôt exact, la liqueur est limpide & sans couleur ; évaporée, elle donne des crystaux transparents, disposés en prismes très déliés. Leur extrême petitesse ne m'a pas permis de reconnoître leur figure géométrique. Ce sel est d'une saveur fade ; perd en sechant sa transparence ; & en forçant l'exsiccation, l'acide se dégage ; il reste une terre d'un gris blanc, sans aucune saveur, & qui proprement est une sélénite composée d'une petite portion de l'acide vitriolique & de la substance calcaire qui est unie au minerai qui a été dégagé du principe métallique par l'action du dissolvant.

Le magister édulcoré & séché est très blanc ; a assez de consistance pour être un peu sonore ; il s'attache à la langue ; il perd au feu son adhérence & sa blancheur ; il passe au rouge, au brun, au noir, & donne du fer. C'eſt cette partie que je conſidere comme le principe métallique du minerai; c'eſt cette ſubſtance qui s'eſt précipitée, qui a troublé la diſſolution, parcequ'elle n'a point été pénétrée & diſſoute par l'acide, au point de former une liqueur homogene. La portion que l'acide a attaquée, étant unie au principe métallique en cédant à l'action du diſſolvant, s'eſt échappée d'entre les molécules de cette terre principe martiale, laquelle, par le mouvement rapide de l'efferveſcence, a été ſoutenue dans la liqueur, y eſt reſtée ſuſpendue pendant un certain temps, à cauſe de la ténuité de ſes parties, & par l'équilibre de ſon poids ſpécifique avec celui de la diſſolution.

Cette ſubſtance ferrugineuſe n'eſt point diſſoute par l'acide; elle ſuit la loi de preſque toutes les mines de fer qui ne peuvent l'être, parcequ'elles ne contiennent point aſſez de phlogiſtique pour faire une union exacte, ſuſceptible de l'accès des acides.

La portion, qui demeure en réſidu au fond de la diſſolution, eſt compoſée de parties étrangeres à la compoſition de cette mine : ce ſont des molécules de glaiſe & de ſable, ou de quartz, ſur leſquels les acides n'ont point de priſe.

Ce minerai mis en ſon entier au feu entre les charbons, rougit ſans étinceler. Refroidi, il a acquis, par ce premier degré de chaleur, une couleur d'un rouge pâle. Remis au feu & pouſſé par le ſoufflet, il paſſe à un rouge plus vif, au brun, enſuite au noir; enfin il ſe fond ſans autre *medium* que le contact des charbons.

La couleur rouge, que cette mine acquiert au feu, eſt occaſionnée par la calcination du ſpath qui donne priſe ſur le fer à l'acide ſulfureux volatil des charbons; & par la continuité du feu, le fer ſe charge de phlogiſtique, paroît ſous une forme minérale, qui devient enfin métallique, & ſuit la loi générale des minerais ferrugineux qui rougiſſent & bruniſſent en raiſon de la pureté de leurs matrices & de l'atténuation de leurs parties, par le foufre & par le feu : & l'on peut conclure que toute fubftance qui, par la calcination, acquiert une couleur tirant au rouge, contient du fer.

Ce minerai, traité avec les flux réductifs, la fuie, la poudre de charbon & le fel marin, donne à l'effai environ foixante & cinq par quintal d'une fonte très bonne, ce qui excede le produit ordinaire en grand de nos mines par dépôt d'un tiers environ. Je dis d'environ ; car les effais docimaftiques du fer font très ingrats & fujets à erreur, parceque, ou tout le fer n'eft pas extrait, ou une partie eft détruite.

Le fer contenu dans les plantes & dans les animaux vivants, eft foupçonné n'y être pas paffé par la voie de la nutrition, mais être une fuite de l'action des parties falines & fulfureufes fur la terre vitrifiable qu'ils contiennent, par l'effet du feu, dans l'incinération & la calcination, & préparée par la difpofition des organes de ces deux regnes. Ce fentiment, qui a beaucoup d'empire fur mon efprit, n'eft pas encore appuyé d'expériences affez heureufes pour décider. Celles de Becher & autres rapportées dans les nombreux Mémoires polémiques de MM. Geoffroi & Lémeri fils, & tant d'autres fur cette matiere, ne fuffifent pas ; mais il n'y a pas lieu de défefpérer de percer à la lumiere, fi l'on remonte à la fource des chofes & que l'on confidere que le fer eft pour ainfi dire le premier élément des fubftances métalliques ; qu'avant de parvenir au degré de fixation & de condenfation néceffaires à fon exiftence, il a fallu que fes principes fubiffent des arrangements entre eux qui leur fiffent changer de forme & de fituation ; que par leur altération ils ont acquis de l'accès les uns fur les autres ; & par une continuité d'actions & de réactions, ils ont dû former, en fe liant étroitement, un corps que les circonftances ont favorifé : néceffairement donc par-tout où les principes du fer, les plus fimplifiés, fe font trouvés, à l'aide des circonftances favorables, ils ont dû former du fer. Les

corps des regnes végétal & animal contiennent effentiellement une terre vitrifiable, des parties graffes bitumineufes,
des falines & fulfureufes, & des portions élémentaires du
fer, lefquelles combinées & modifiées par l'action du feu,
doivent former un corps qui effentiellement eft compofé
de parties femblables. Le feu, en un efpace de temps très
limité, peut opérer des liaifons pour lefquelles la Nature
emploie des fiecles nombreux. Les mines de fer croiffent
& fe multiplient; c'eft un fait trop conftaté pour le révoquer en doute; elles ne peuvent croître que par un nouvel
arrangement de parties entre elles, ou par la fécondation
d'un corps pénétré des vapeurs élémentaires du fer, ou par le
ralliement des parties ferrugineufes provenant de la deftruction des corps qui en contiennent, & du fer détruit.

L'on peut imiter les mines de fer comme celles des autres métaux. Si je n'ai pas été affez heureux pour former
une mine de fer artificielle fans le fecours du fer, du moins
je fuis venu au point d'imiter fes mines avec fon fecours,
& de le fixer dans une nouvelle matrice du regne végétal,
fans déranger pour ainfi dire la fituation des parties.

J'ai mis à feu ouvert des morceaux de moyeu de roues
de voiture, fatigués par un long fervice; dans l'inftant
le feu les a embrafés vivement & avec pétillement. Lorfque
la plus grand partie de la matiere graffe a été détruite, la
flamme s'eft ralentie par défaut d'aliments; j'ai excité le
feu avec un foufflet à main ordinaire, jufqu'à ce qu'il ne
parût plus le moindre veftige de flamme; tout étoit rouge;
j'ai ceffé de fouffler; le rouge s'eft obfcurci quoiqu'environné d'un brafier ardent formé par les charbons du foyer.
J'ai retiré du feu les morceaux de ma nouvelle mine. Après
être refroidis, ils font reftés dans leur entier, durs, folides,
pefants, de couleur d'un rouge brun, telles que les fanguines terreufes. L'on diftinguoit encore les coches de l'en-
rayage. Le bois qui avoit été fortement comprimé par le
tenon du rais, s'étoit feulement un peu dilaté en écartant
fes couches, telle qu'une éponge comprimée reprend par

son élasticité son volume lorfqu'elle eft en liberté.

J'ai remis au feu un morceau de ce minerai artificiel, je l'ai entouré de charbons ardens, & ai excité le feu par le foufflet à main ; il a rougi de nouveau jufqu'à briller dans les angles & aux endroits où le feu avoit le plus d'action. J'ai enfuite retiré du feu, & ai trouvé que les endroits de cette nouvelle mine, qui avoient paru les plus embrafés, étoient paffés du rouge au brun foncé jufqu'au noir, & étoient entrés en fufion.

Dans cette expérience, qui eft à la portée de tout le monde, & pour laquelle il n'eft befoin d'emprunter aucun laboratoire, j'obferve que la nature du bois, le temps de fon fervice, l'efpece de graiffe ou des différentes réfines & afphalte dont on fe fert pour diminuer les frottements de l'aiffieu & accélérer la vîteffe, peuvent apporter quelques changements. Les morceaux du moyeu, qui a fervi à mon effai, étoient de bois de hêtre, *fagus Dodonei*, & graiffés d'axonge de porc, appellé dans le commerce vieux-oing.

Réfléchiffant fur ce phénomene, j'ai crû que par le frottement multiplié & continu, les furfaces du fer de l'aiffieu ont été fenfiblement ufées. Les parcelles du fer, extrêmement divifées, s'uniffant à la graiffe, ont fait une efpece d'amalgame, lequel par la chaleur, née du frottement, a été entretenu dans un état de molleffe fuffifant pour être introduit dans les pores abondants du bois, à la faveur de la preffion des fecouffes. Cette matiere graffe ferrugineufe s'eft unie aux parties graffes intégrantes du bois ; même a remplacé celles qui ont été perdues par une fermentation néceffairement arrivée, & s'eft liée avec toutes les parties du bois, de façon à cimenter une union inféparable.

Le feu dans l'embrafement a enlevé les parties aqueufes, a développé les falines & fulfureufes du bois, de la graiffe ; lefquelles fe font unies à celles du fer, & fe font liées à la partie terreufe du bois, l'ont pénétré fans en déranger la fituation. Chaque partie, s'uniffant à fa voifine, a laiffé fubfifter la forme primitive du bois, lequel n'a pu devenir charbon, parceque le phlogiftique eſt entré dans la compoſition de la nouvelle mine, qui eſt, à proprement dire, une eſpece de pierre végétale & métallique. Le bois minéraliſé eſt produit par le même méchaniſme : la ſeule différence eſt dans les agents.

Ce minerai n'eſt point ſoluble dans les acides, quoi qu'il contienne une partie alkaline & terreuſe, parceque la liaiſon eſt ſi étroite, qu'il en a réſulté un nouveau compoſé abſolument ſemblable à nos mines par dépôt, leſquelles ne ſont point ſolubles dans les acides.

Il n'eſt pas poſſible de ſupputer ſi cette mine artificielle contient eſſentiellement plus de fer qu'il n'en eſt entré dans ſa compoſition ; je n'en ſerois pas ſurpris : une cauſe peut en déterminer une autre & ſuivre enſemble une loi commune. La terre vitrifiable du bois, aidée des ſoufres & des ſels qui ſont de l'eſſence de la graiſſe & du bois, peut être métalliſée par le cément du fer, qui n'a point été diſſipé dans le frottement, & a fait partie de la combinaiſon du total. Un ſuc lapidaire pétrifie des maſſes de terre. La Nature ſe copie ſouvent. D'ailleurs des réflexions, que j'aurai lieu de faire ſur le travail du fer en grand, pourront donner du poids à cette hypotheſe.

Il n'eſt pas hors de propos de donner ici une deſcription ſommaire des mines de fer de la Champagne. Cette province n'eſt pas enrichie de mines de fer dans toute ſon étendue, mais ſeulement depuis S. Dizier, en remontant les ſources de la Marne, de la Blaiſe & de l'Aube.

Les premieres mines les plus conſidérables ſont celles de Narcy, village riverain de la Lorraine. Son terroir eſt rempli d'excellentes mines de fer en grains. Ce ſont, à proprement dire, des mines de marais en oolithes. Pour la plus grande partie elles ſont par couches dilatées ; quelques-unes ſont éparſes & conglomérées : elles ſe fouillent depuis la ſurface de la terre juſqu'à cinquante pieds de profondeur. Leurs couches ſont toutes ſur un plan incliné ſuivant les irrégularités du terrein, mais plus particuliérement du Couchant

chant au Levant. Voici l'ordre des différentes couches de terre les plus ordinaires.

1 *Humus*, ou terre végétale, ... 14 p°.
2 Glaife, ou tahon, ... 12 p°.
3 Terre à foulon, ou fmectis mêlée de pierre, . 12 p°.
4 Coquillages : *voyez* la note *a*, page 25 , . . . 6 p°.
5 Mines rouges fablonneufes en grains , ... 12 p°.
6 Terre jaune mêlée de fable, ... 8 p°.
7 Mine en petites pierres, mêlée de moules de
    riviere, ... 3 p°.
8 Mauvaifes pierres ferrugineufes, ... 15 p°.
9 Mine noire en pierres, très bonne, ... 12 p°.
10 Terre glaife très fine, de couleur veinée de
    blanc , de rouge & de gris , ... 15 p°.
11 Sable maigre gris & blanc, ... 6 p°.
12 Sable fin mêlé de glaife, ... 8 p°.
13 Sable jaunâtre chargé de mine en pierre, . . 6 p°.
14 Sable jaune & rouge mêlé, durci en pierre &
    femé de paillettes talqueufes, ... 8 p°.

137 p°.

Enfuite l'eau de fond, ce qui fait en tout onze pieds cinq pouces jufqu'aux fources d'eau vive : ce n'eft pas que fous l'*humus* il ne filtre fur le tahon des eaux provenant de l'égoût des pluies, que l'on eft obligé de puifer avec des baquets.

Dans certains endroits la mine eft fous l'*humus*. Cette mine eft des plus riches. Avant que l'on ait fouillé avec autant d'affiduité les mines de ce territoire, on trouvoit fous l'*humus* une mine en grains, prefque fans mêlange, tantôt rouge, tantôt grife, tantôt noire, ou couleur de fer. L'abondance de cette mine, qui étoit en couches depuis 12 juf-

E

qu'à 36 pouces d'épaiſſeur, & ſa richeſſe faiſoient négliger
celle qui étoit immédiatement deſſous en grains anguleux,
mêlés dans une glaiſe de diverſes couleurs. Quand la premiere couche a été épuiſée, on a retiré à voie ouverte cette
ſeconde couche; mais la diſette a fait pénétrer plus avant
où l'on trouve ſous une couche de ſable une mine en grains,
tapée, qui ſe tire en maſſes conſidérables, & que l'on
nomme mine en pierre aſſez mal-à-propos, parcequ'elle n'a
qu'un foible caractere de mine en pierre. Cette mine tapée
eſt fort riche & donne un meilleur fer que les lits ſupérieurs.

Autrefois tous les fourneaux de la Marne, tant ceux qui
exiſtent que ceux qui ſont détruits & ceux ſur tous les
ruiſſeaux affluents, tiroient leur mine de Narcy; même les
forges de S. Jouard & de Nais en tiroient. Mais l'épuiſe-
ment des minieres a fait recourir à d'autres cantons, comme
à Bétancourt, qui eſt une mine pauvre, partie en grain &
partie en pierre, qui eſt fort ſupercifielle, de même que celle
d'Ancerville qui eſt fort ſablonneuſe, en grande abondance,
& approche beaucoup du caractere de celle de Bétancourt.

La monticule de Montgerard, près Trois-Fontaine-la-
Ville, & une partie de la forêt du Val, contiennent une
mine tapée, compoſée d'oolithes empâtés, dépoſée ſous
l'*humus* en deux couches ſéparées par des lits de ſable. L'on
n'y trouve point de coquilles; mais cette mine contient de
la calamine plus que celle de Narcy, & cependant eſt employée par tiers ou par moitié avec celle de cet endroit pour
donner de la qualité au fer & plus particuliérement à la
matte de fer que l'on deſtine à faire des ouvrages moulés,
comme marmites, chauderons, tuyaux, contre-cœur, bombes & boulets.

Cette mine eſt fort reſſemblante à celle qui ſe tire dans
la forêt de Vaſſy & dans le finage de Ville-en-Blaiſois, pour
l'uſage des fourneaux ſitués ſur la riviere de Blaiſe.

Les mines de Maraux ſont des mêmes mines en oolithes,
d'un jaune obſcur, qui ſe trouvent à peu de profondeur ſous

la surface de la terre, & donnent un fer cassant. Cette mine est employée dans les fonderies de la Marne supérieure.

Les mines de Poisson, Noncourt & Montreuil, sont les mines les plus abondantes, les plus riches & les meilleures de la province. Ces trois territoires sont continus, disposés en côteaux assez élevés, dans le sein desquels se creusent ces mines à des profondeurs considérables : on va jusqu'à 150 pieds sans les épuiser.

Ces mines sont appellées mines en roche, parceque 1°. elles sont en pierre & se tirent souvent en volume considérable ; 2°. c'est qu'elles se fouillent dans les fentes des rochers composés d'une pierre calcaire. Il faut que ces contrées aient essuyé quelques catastrophes terribles ; car il y a de ses minieres épuisées qui laissent voir des abîmes entre des rochers qui ont été rompus depuis la surface de la montagne jusques dans le plus profond de sa base. Ces espaces forment des fentes qui sont ou longitudinales, sans direction affectée, ou quarrées, ou irrégulieres, ou circulaires. Quelques-unes, fort considérables, laissent voir au centre un ou plusieurs piliers du rocher isolés. Un de ces piliers, qui a plus de 140 pieds, n'ayant pas assez de base pour soutenir sa masse, s'est incliné sur un des côtés de l'abîme depuis que l'on a enlevé toute la mine qui remblayoit l'espace qui l'en séparoit.

Ces mines en roche sont formées, comme nous l'avons dit plus haut, par le dépôt de la destruction des pyrites. Ce suc ferrugineux s'est condensé & a formé des pierres de figures les plus irrégulieres & les plus bisarres qu'il soit possible d'imaginer ; tantôt se sont des feuillets appliqués les uns sur les autres, comprimés ou séparés par des vuides ou par des corps étrangers, comme de la terre ou du sable des rivieres ; tantôt c'est une plication de croûte posée en tous sens, formant des interstices de toutes sortes de dimensions ; tantôt ce sont des morceaux ressemblants à des fruits concaves qui renferment des pierres de différentes natures dans leur capacité intérieure ; quelquefois, & même fort ordinairement, les creux encroûtés font adoſſés l'un à l'autre avec la plus grande régularité, & forment des caſes parfaitement quarrées. Ces mines en pierres ſont encore mêlées avec d'autres mines en grains qui ſont auſſi des oolithes, caractere général de toutes les parties conſtituantes de toutes les pierres de ces cantons, ſur plus de 20 lieues d'étendue.

Les mines, dont nous avons parlé plus haut, c'eſt-à-dire de Narcy, Bétancourt, Mongerard, & autres, ſe tirent à voie ouverte lorſqu'elles ſont ſuperficielles, ou en puits, avec des galeries fouteraines lorſqu'elles ſont profondes; & le minerai ſe remonte dans une tine ſuſpendue à une corde qui ſe file ſur l'arbre d'une eſpece de cabeſtan mû avec deux manivelles. Les Miniers ne font éclairés dans leur fouterrain que par le jour qui pénetre perpendiculairement par le puits & ſe refrange dans l'intérieur des galeries; & pour faire une plus grande réflexion, les ouvriers mettent un linge blanc ſur un petit piquet au centre perpendiculaire du puits, ou ſimplement ils écorcent un morceau de bois blanc qu'ils fichent au centre de l'aire de la galerie, & par ce moyen, inconnu ſans doute dans la catoptrique des Écoles, ils reçoivent aſſez de lumiere pour ſe diriger dans leurs opérations fouterraines.

Les mines en roche des territoires de Montreuil, de Noncourt & de Poiſſon, ne ſe tirent pas du ſein de la terre avec les mêmes procédés, parceque ſouvent l'eſpace entre les roches qui recelent le minerai & forment la miniere, eſt très oblique; enſorte qu'il ſeroit trop diſpendieux de percer le rocher. Lorſque les ouvriers s'apperçoivent de l'obliquité de l'eſpece de filon de la mine, ils le ſuivent dans ſa direction, & poſent des échelles qui ſe coupent dans tous les angles des ſinuoſités; ils remontent les déblais & le minerai dans des hottes ſur leur dos. Il arrive ſouvent que l'eſpace entre les roches eſt très ſerré; les ouvriers alors ſont dans la plus grande gêne, parcequ'ils ſont obligés de monter les échelles en graviſſant d'échelon à autre. Lorſ-

que les efpaces font confidérables, il y en a qui ont jufqu'à 15 & 20 toifes, ils pratiquent des efcaliers, des rampes, & fe fervent de leurs échelles dans les endroits qui
approchent le plus de la perpendiculaire. Souvent ils font
obligés dans les puits étroits & percés d'à-plomb de monter
leurs échelles pofées prefque perpendiculairement. Ce métier eft des plus pénibles, puifque fouvent ils montent
200 marches avec 150 livres pefant de minerai fur leur dos.

Il y a beaucoup de ces minieres fur lefquelles on pourroit établir à peu de frais une charpente pour foutenir un
treuil pour remonter le minerai; mais les bornes de l'en-
tendement de ces ouvriers, qui travaillent à leur tache, font
circonfcrites dans un efpace fi refferré, qu'ils ne veulent
pas abjurer les erreurs de leur routine.

Ces mines en roches, qui produifent le meilleur fer de
la Champagne, & qui portent le nom de leur mine, c'eft-
à-dire fer de roche, ont été, comme toutes les autres mines
de la province, charriées par les eaux & précipitées dans
les cavernes qui les recelent. Actuellement l'on ne fouille
aucune mine dans cette province dans le lieu où elle s'eft
formée. Il en eft de même des mines de Latrée qui avoifinent la Bourgogne, & de celles qui fe tirent dans le voifinage de ce territoire, pour les forges fituées vers les fources de l'Aube; elles font très fuperficielles, mêlées à beaucoup de coquillages, fur-tout de belemnites. Dans la vallée
du Sur-Melin, petite riviere qui coule dans la Brie Cham-
penoife depuis l'Abbaye de la Charmoife jufqu'au deffous
de Paroy, il y a eu autrefois plufieurs forges qui ufoient des
mines en pifolithes, qui fe tiroient dans les bans fitués fur
les côteaux d'alentour, fur-tout du côté de Montmort,
d'Orbay-l'Abbaye & d'Orbay-la-Ville.

MÉMOIRE

SUR L'UNITÉ DU FER;

CONTENANT

DES OBSERVATIONS ET RÉFLEXIONS

SUR LES CAUSES DE SA MAUVAISE QUALITÉ,

LES MOYENS EMPLOYÉS COMMUNÉMENT POUR LE PURIFIER;

QUELQUES PROCÉDÉS DE L'ANTIQUITÉ,

LES ACCIDENTS QUI LE DÉTRUISENT.

Denique fit quod vis , fimplex duntaxat & unum. HOR. *de Art. Poet.*

LE FER eſt de tous les métaux celui qui varie le plus en apparence dans ſa qualité. Nous l'adaptons aux uſages auxquels ſes différents degrés de bonté actuelle permettent de l'appliquer.

Ces différentes qualités du fer d'un royaume, d'une province, d'un canton, d'une forge enfin, à une autre, ne doivent point être attribuées à l'élément du fer, mais aux matieres hétérogenes qu'il contient plus ou moins : accident qui dépend de la variété des matrices & de la fabrication.

Il eſt inconteſtable que dans le traitement des mines de fer, partie de la ſubſtance des différentes matrices du minerai & des corps employés à leur fuſion, eſt enveloppée dans la métalliſation, & fait partie plus ou moins des maſſes de fer qui en réſultent ; conſéquemment un fer groſſiérement fait, c'eſt-à-dire par les voies ordinaires & les plus communes, doit participer des qualités du minerai dont il a été extrait. C'eſt un fait que, dix forges travaillant dans un quarré de quatre lieues de pays, usant chacune des mines à leur proximité, font du fer de dix qualités différentes; la même forge fabrique même souvent différentes qualités de fer, suivant les circonstances. L'on ne doit cependant pas inférer de ces variétés, qu'il y a du fer de différentes natures.

Il n'y a qu'un fer dans le monde (a). Ses différentes imperfections lui font transmises par la surabondance des matieres hétérogenes qui lui font unies dans le traitement préliminaire. C'est pourquoi l'on ne peut dire sans errer qu'il y a autant de différentes especes de fer qu'il y a de diverses especes de mines, & que nous ne sommes pas les maîtres de les perfectionner (b).

Je vais déduire des preuves capables de détruire ce sentiment, également opposé aux principes de physique & de métallurgie, qu'aux progrès de la siderotechnie & à l'avantage de la société.

Tout corps dont on peut extraire une partie qui ne lui ressemble plus, & dont la séparation le laisse subsister dans son état naturel, est sensé être perfectionné par la perte de cette matiere qui étoit surabondante à son essence. Or si on repasse au feu, à plusieurs reprises, une barre de fer commun, & qu'après l'avoir roulé sur elle-même, & malaxé ou corroyé sous le marteau, on lui rende sa premiere forme, cette barre sera diminuée en volume & en poids, & sera augmentée en qualité: son déchet sera une substance à demi-vitrifiée, fragile & obscure : cette matiere étoit donc surabondante à la composition du fer, puisque non-seulement il ne cesse d'être fer par la perte de cette substance ; mais même devenu plus homogene, il a été perfectionné.

Il est de principe en sidérotechnie, que le fer ne peut devenir meilleur qu'en perdant par le départ les matieres hétérogenes interposées entre ses molécules, & qu'il ne peut devenir pire qu'en recevant des matieres surabondantes qui empêchent la liaison de ses parties essentielles.

_____

(a) M. Geoffroy, *Matiere médicale.* (b) Encyclopédie.

Je parcourrai les accidents les plus ordinaires dans le traitement des mines de fer, qui font des conséquences des principes que je viens de déduire. Je commencerai par ceux qui tendent à perfectionner le fer.

Le grillage est très avantageux à toute espece de mine pour en obtenir un bon fer & en plus grande quantité, surtout des mines pyriteuses & quartzeuses (a). Ce feu préliminaire les ouvre, dissipe les soufres qui ne sont point liés au fer dans sa mine, développe les sels vitrioliques qui se naturalisent, détache les parties quartzeuses surabondantes. Tous ces corps sont entraînés par les lavages subséquents, soit par leur dissolution, soit par la différence de leur poids spécifique avec celui du minerai. Lorsque toutes ces substances n'ont point été séparées par les préparations ordinaires, & qu'elles se trouvent confondues avec le minerai dans le fourneau de fonderie, elles forment des combinaisons nouvelles, dont les unes attaquent la substance du fer, & privent d'une portion du produit; les autres s'unissant au fer, distendent & énervent ses parties, lui communiquant une qualité aigre & réfractaire.

Les mines de fer de Champagne & leurs analogues, qui font produites par érosion, c'est-à-dire par le dépôt condensé de la dissolution des pyrites, n'ont pas un besoin urgent du grillage, parcequ'elles font rarement trop quartzeuses & qu'elles contiennent moins de soufre que celles qui font formées par des vapeurs ferrugineuses, condensées dans des matrices sulfureuses; d'ailleurs elles reçoivent une espece de grillage par la forme de nos fourneaux & la façon de les y introduire. Je suis cependant persuadé que le grillage leur seroit très avantageux. Le prix si modique du fer, qui souvent est au-dessous des frais les plus communs,

---

(a) Les Suédois font de très bon fer avec des mines fort aigres & réfractaires. Ils n'y parviennent que par le grillage. J'ai comparé leur mine avec les nôtres, & leur fer avec celui de ce royaume. De cette observation il résulte qu'avec des mines plus ingrates que les nôtres, ils font de meilleur fer; le grillage & la qualité douce de leurs charbons operent cette différence si avantageuse.

est

eſt un obſtacle à la perfection du travail, & un frein cruel au zele des manufactures.

Sur le principe, connu généralement, que les mines de fer, les plus riches en chaque genre, donnent le plus mauvais fer dans le traitement, l'on mêle dans des proportions relatives les mines riches avec les pauvres, parceque ces dernieres, contenant des principes plus analogues au fer, vont attaquer le fer même dans les plus riches, & font trancher bande aux matieres aigres qui ſe ſcorifient, parcequ'elles ne communiquent plus à une quantité ſuffiſante de parties ferrugineuſes pour ſubir la métalliſation.

Si une mine manque de fondant, on lui en ſubſtitue un en mêlant proportionnellement des parties fuſibles. Ce fondant ajouté, non-ſeulement augmentant la chaleur, détermine la fuſion de la mine; tel qu'un métal fondu fait entrer en fuſion un autre métal à un degré de chaleur au-deſſous de celui qu'exige ce dernier pour être fondu ſeul; mais auſſi la grande diſpoſition de ce fondant à la vitrification, lui fait entraîner avec lui les parties de terre bolaire unies à la mine réfractaire, & en les vitrifiant les diſtrait du fer qui en devient meilleur.

Quand une mine eſt trop fuſible, ce qui vient ordinairement de l'abondance des parties ſulfureuſes & ſablonneuſes, l'on y joint une terre douce abſorbante, des pierres calcaires, leſquelles ſaiſiſſent avidement les ſoufres & les ſels ſurabondants à la mine, & ſe vitrifiant enſemble, ſéparent du fer toutes les matieres hétérogenes.

Lorſque l'on veut obtenir de bon fer avec toute eſpece de mine, l'on néglige à un certain point le grand produit d'un fourneau de fonderie, en proportionnant le volume de mine à la chaleur qu'il reçoit de la quantité & qualité de charbons que l'on emploie, au-deſſous de ce qu'il pourroit en fondre, pour obtenir par un moindre produit une fonte griſe. Par cette précaution, la chaleur devenant ſupérieure en raiſon du moindre volume de matiere qu'elle a à pénétrer, agit avec plus d'énergie, fait entrer en vitrification

F.

tout ce qui en eſt ſuſceptible, & dépouille par ce moyen la fonte d'une grande partie des matieres hétérogenes. La grande quantité de ſel & de cendres qui ſortent de la deſtruction du volume énorme de charbon employé, ſont les matieres les plus propres à déterminer la vitrification des corps qui en ſont les moins ſuſceptibles ; conſéquemment plus le volume de ſel, de cendres & le degré de chaleur, ſurpaſſeront les maſſes de matieres hétérogenes contenues dans la mine, plus ils auront d'aſcendant & de priſe, plus le départ qui ſe fera ſera exact, & néceſſairement la fonte qui réſultera ſera d'une qualité louable.

Si l'on refond la fonte de fer & qu'on la laiſſe en bain de macération à un degré de chaleur, & pendant un temps ſuffiſant, la fonte ſe couvre de ſcories que l'on extrait & qui font un déchet conſidérable. Le fer que l'on obtient de cette fonte macérée eſt d'une qualité ſupérieure à celui que l'on fait par le procédé ordinaire dans les affineries. Dans cette opération le feu agit également ſur toutes les parties de la fonte en fuſion : les plus métalliques ſont moins fuſibles, plus peſantes. Les matieres étrangeres, qui ſont des demi-métaux, des ſoufres & des ſels, ont plus de diſpoſition à la fluidité, & ſont les plus légeres. Quelques molécules de ces dernieres, dégagées par la force du feu & leur facilité à ſe réunir, s'approchent de leur voiſine analogue, par une affinité & une impulſion propre. Les unes évacuent, les autres ſe pelotonnent & ſe condenſent ; enfin chacune ayant acquis une qualité différente, prend une ſituation relative. La fonte purifiée devient plus peſante ; elle occupe le fond du creuſet ; la ſcorie, plus légere, ſurnage, s'écoule par l'iſſue qu'on lui procure. Ces ſcories, que l'on nomme laitier tranchant, ſont compactes, peſantes, de couleur de fer, en contiennent un peu, ſoit détruit, ſoit entraîné.

L'on jette dans les affineries des graviers de rivieres pour adoucir le fer. Cette ſubſtance calcaire fait les mêmes fonctions dans l'affinerie que dans le fourneau de fonderie ; elle abſorbe les ſoufres & les ſels ſurabondants, & entraîne les

demi-métaux, facilite le travail d'un fer nerveux & plus con-
fiſtant. C'eſt ſur ce principe que les charbons de côteaux
& cuits ſur la pierre, aident beaucoup à donner de la qualité au fer.

Un Affineur doit donner le temps à la fonte de prendre
le degré de chaleur ſuffiſant pour faire le départ du laitier : ce degré eſt toujours relatif à la qualité de la fonte. La
fonte blanche veut être plus preſſée que la fonte griſe, &
plus elle l'eſt, plus elle doit être au feu long-temps ſans la travailler, parceque les principes ſont plus combinés. Un Affineur qui connoît ce degré, qui, en avalant ſon fer, le ra-
mene également au vent, partie l'une après l'autre, qui pique à propos pour condenſer le fer, lui faire prendre corps
& faciliter l'écoulement du laitier, fera du fer de qualité :
au lieu qu'un ouvrier qui tourmente mal-à-propos ſon fer,
le rompt au lieu de le rallier, le laiſſe tomber au contre-
vent au lieu de le conglomérer au vent ; ce dernier fait un
fer caſſant, dur, mal-forgeant, parcequ'il n'eſt pas épuré.
Ce fait eſt ſi conſtant, que quatre ouvriers travaillant à une
même affinerie avec même matériaux, chacun fait ordinairement un fer de différente qualité, l'un plus doux, l'autre
dur, un pailleux & l'autre aigre.

Les renardieres ſont une eſpece d'affinerie qui different
des affineries ordinaires, en ce que l'on y affine la fonte, &
que l'on y chauffe le fer qui en ſort, pour le forger dans
la perfection de la forme qu'il doit avoir pour le commerce.
Ces renardieres donnent un fer ſupérieur à celui qui ſort
des affineries ordinaires, parceque le creuſet de ces feux
eſt plus ſerré, la chaleur, étant plus concentrée, a plus
d'action, les laitiers ſont plus fluides, baignent le fer ; en
ſorte que lorſqu'on cingle le renard, le fer étant très chaud,
& le laitier qu'il contient en fuſion, la preſſion du marteau le fait ſortir de toute part, & le fait couler comme du
lait ſur l'enclume ; car le marteau ſert, non-ſeulement à
forger le fer, mais auſſi par ſon poids énorme à le purifier, en rapprochant ſes parties homogenes, & pouſſant au-

dehors les parties fluides étrangeres, renfermées dans sa masse. Lorsque l'on cingle les loupes des différents feux, ou que l'on forge le fer, les secousses du marteau font détacher des différentes masses des morceaux bruts, des pailles, des grenailles, qui ne peuvent souder. Ces débris, que l'on nomme grains du stoch, & ceux que l'on retire par le moyen du triturement & des lotions du bocard à crasse, étant repassés au feu, donnent en se soudant un fer beaucoup meilleur que celui dont ils faisoient partie auparavant, ainsi que les fers qui se font avec les vieilles ferrailles, parceque, par un second travail, ce fer a été plus épuré, & porte le nom de fer de loupe par excellence dans les forges, & de fer d'étoffe dans le travail en petit. On dit que le meilleur fer des Espagnols est fait avec de vieux fers de mulet, corroyés & forgés. Boswel, dans sa *Relation de Corse*, dit que les fers de cette Isle sont presque aussi doux que les fers espagnols ainsi fabriqués.

Le fer, que l'on passe par les cisailles & cylindres des fenderies, se chauffe dans un four à un feu de bois dont la flamme est reverbérée sur le fer rangé en pile croisée à jour pendant environ quatre heures ; pendant ce temps le fer rougit au blanc & se couvre en tous sens d'une croûte de laitier plus ou moins épaisse, qui suit la forme du fer, & qui est à-peu-près de même qualité que celui qui sort de l'affinerie. Le fer, après cette épreuve, est ordinairement meilleur, parcequ'il a sué son laitier qui étoit corps étranger, & en étant séparé, il en est devenu meilleur. J'ai dit ordinairement, parcequ'un feu trop violent, trop continué, qu'on fait avec des bois aigres, gommeux ou salins, loin de donner de la qualité au fer, attaque sa propre substance, la détruit & l'appauvrit ; mais un feu de bois doux, comme les especes de peupliers, saules, & analogues résineux, lui donne toujours de la qualité. L'usage du bois de chêne, & la négligence des ouvriers, sont perfides dans cet appareil d'opération, qui est une des belles du travail des forges.

Il est nécessaire d'observer que dans l'effet de tous les

moyens connus de purifier le fer en le séparant des matieres étrangeres à son essence, il y a une perte considérable de sa propre substance, qui est entraînée & scorifiée par les sels, les soufres, le feu & les demi-métaux. Si cette perte des parties du fer est onéreuse pour le produit, elle est du moins avantageuse dans l'usage, puisqu'il ne reste que les parties nerveuses du fer, qui est d'un service assuré. Cependant il seroit très avantageux de trouver des tempéramments pour retenir du fer tout ce qu'il peut fournir. Ce ne sera que par un bon traitement bien réfléchi & analogue à son caractere. Il y a quelques personnes habiles dans la sidérurgie, qui obtiennent, par une refonte des laitiers, un fer très bon, même des laitiers plusieurs fois fondus, ce qui iroit à l'infini, & qui prouve combien il est nécessaire d'acquérir la connoissance des corps, dont l'interposition facilite le départ des matieres hétérogenes, en conservant les parties ferrugineuses.

J'ai décrit à-peu-près tous les moyens usités qui tendent à obtenir un meilleur fer & le purifient, & qui se réduisent au grillage des mines ; leur mêlange ; l'addition des fondants pour les mines glaiseuses ; le correctif des mines sabloneuses & sulfureuses ; la pureté des fontes grises ; la macération des fontes ; l'addition des absorbants dans les affineries ; les charbons montagnards & calcaires ; le degré de feu vif dans les affineries ordinaires ; la chaleur concentrée, & le bain de laitier dans les renardieres ; un second travail du fer en grand, ou le corroi en petit ; la recuite au feu de flamme à feu nud, ou enveloppée de matieres capables d'absorber toutes les parties aigres du fer. Tous ces moyens, qui contribuent à perfectionner le fer dans les travaux les plus connus, prouvent constamment, contre le systême qu'il est important de réfuter, que le fer est susceptible de perfection ; & je suis persuadé que, par des procédés combinés, réfléchis & adaptés aux circonstances, l'on peut réduire tout le fer du monde au niveau, pour convenir, avec tous les savans Métallurgistes, de l'unité du fer.

Si nous fommes encore éloignés de cette perfection de connoiffance, c'eft que nous n'avons pas encore porté dans les travaux du fer une théorie fondée fur de nombreufes expériences. Il femble même que pour perfectionner la qualité du fer, nous avons moins à acquérir qu'à recouvrer en étudiant l'antiquité ; car les fciences ont leurs révolutions.

» Diodore de Sicile dit que les épées à deux tranchants » des Celtibériens ou Efpagnols, étoient d'une trempe ad-» mirable ; que la qualité de ces armes venoit de la ma-» niere finguliere dont ils les travailloient, en inhumant » des lames de fer jufqu'à ce que l'humidité de la terre » ait rongé par la rouille les parties les plus foibles de ce » métal ; que ne reftant plus pour lors que les parties les » plus fermes & les plus nerveufes du fer, ils en fabri-» quoient tous les inftruments de guerre & leurs excellen-» tes épées qui entamoient tout ce qu'elles rencontroient , » bouclier, cafque, & qu'aucuns os du corps humain ne » pouvoient réfifter à leur tranchant «.

Ces peuples connoiffoient donc la néceffité des bonnes armes, l'inutilité d'en exécuter avec le fer tel qu'ils l'obtenoient d'une premiere fabrique, mais auffi la poffibilité & les moyens de perfectionner le fer.

M. Mailliet rapporte qu'en Dalmatie, une ancre trouvée fous des déblais énormes, rongée de la rouille, avoit acquis tant de foupleffe, qu'elle fouffroit d'être pliée comme du plomb.

Sthal affure que les Chinois & les Japonnois avoient l'art d'amollir le fer, au point de le rendre fufceptible de toutes impreffions, mais de lui rendre fon état primitif. Quel fujet de regret & d'émulation ! Dira-t-on que le fer du Japon & de la Chine étoit fufceptible de cette perfection dans les temps reculés ; que le fer des Efpagnols pouvoit fubir feul cette efpece d'affinage ? il y auroit bien de l'aveuglement. Je vais rapprocher d'ailleurs des faits qui fe paffent dans le familier, qui nous convaincront au moins combien le procédé des Celtibériens étoit jufte, & qu'il en devoit réfulter l'effet propofé.

Le fer, à moins qu'il ne foit dans fon état de perfection qui doit le rapprocher de fon point d'unité, eft un corps chargé de plus ou moins de matieres hétérogenes ; foit qu'elles foient généralement interpofées entre les molécules, foient qu'elles foient cantonnées en plus grande quantité, & laiffent des veines de fer plus parfaites ; ce qui fait qu'un fer impur, par ce dernier accident a inégalement des parties plus folides, plus foibles, plus folubles, & différemment nuées ; ce qui donne différents accès à fes diffolvants.

L'humidité, les fels, & le feu agiffent fur le fer, le diffolvent plus ou moins avec des modifications différentes, fuivant les circonftances, & dans des temps différemment efpacés.

Le fer qui eft expofé à l'humidité à l'air libre, fe couvre d'une rouille qui eft une diffolution de fes parties. Je dis à l'air libre, parceque le phlogiftique qui eft l'ame de la matiere, ne la quitte qu'à l'air libre ; & il n'eft pas étonnant que la barre de fer, qui s'eft trouvée dans la pierre du frontifpice du Louvre, n'ait point été rongée de la rouille, puifqu'elle étoit fcellée hermétiquement par l'enveloppe de la pierre.

Si l'on enleve exactement la rouille & que l'on examine avec attention la furface du fer, on la voit corrodée plus ou moins profondément, fuivant la durée de l'action. Si le fer eft généralement d'une mauvaife conftitution, les impreffions de la rouille font comme ponctuées, plus ou moins uniformément. Mais s'il y a des veines de meilleur fer, la rouille fe fera cantonnée & aura fuivi les veines les plus imparfaites du métal, laiffant intactes, jufqu'à un certain point, les parties les plus douces, parceque les fels furabondants, contenus dans le fer, ayant plus d'affinité avec l'eau, s'y feront liés ; & augmentant la qualité rongeante du diffolvant, ont fuivi enfemble les veines les plus falines & fulfureufes du fer, obfervant leur marche fur les lignes que les matieres hétérogenes occupent fuperficiellement. De même qu'une teigne, attachée à une étoffe, faifit d'abord le duvet de la corde, qui lui paroît plus fapide & qui roule mieux fous fa dent; elle ne pafie aux parties moins délicates que lorfque la difette & le befoin l'y contraignent. De même auffi les ferrements fur lefquels la rouille, par humidité, a fait de grands progrès, font fillonnés par la perte de la fubftance : ce font les parties les plus mauvaifes qui fe détachent par efflorefcence. Celles qui font d'une meilleure qualité, quoique diffoutes & détruites, confervent de l'adhérence. Enfin les parties les plus généreufes qui ont réfifté au rongeant, malgré la durée de l'action, ne peuvent fe rompre qu'avec effort : elles fouffrent plufieurs plis & replis avant de fe défunir. Si l'on repaffe au feu les débris du fer, échappés à la dent de la rouille, l'on en obtient un fer fouple, nerveux & folide.

Un fer commun expofé à une chaleur capable feulement de le faire rougir obfcurément, mais par des actes répétés & dans de longs efpaces, tels que les inftruments des feux domeftiques, & ceux des ouvriers qui emploient le feu, les bouchoirs des fours des boulangers, les étouffoirs & les poëles de tôle, tous ces différents inftruments, par un long fervice, font plus ou moins corrodés, fuivant leur qualité intrinfeque, mais toujours inégalement. La plûpart, dans leur caducité, font fillonnés, même ruftiqués, fi l'on peut fe fervir de ce terme, fuivant que les parties impures du fer étoient diverfément rangées dans fon enfemble, lefquelles font toujours les premieres attaquées & détruites par le feu. Si dans quelques-uns de ces inftruments & vaiffeaux expofés au feu, il fe trouve quelques grumeaux de matiere étrangere qui ne faffent pas corps avec le fer, quoiqu'ils aient fubi l'épreuve de la forge & du travail en fecond, pour leur donner la forme relative à leur ufage, ces grumeaux, dans le fervice, font bientôt attaqués par le feu fous l'enveloppe même du fer qui refte intacte jufqu'à ce que l'effet du feu, ayant altéré l'union groffiere de ces corps étrangers, ait groffi confidérablement leur volume par la raréfaction

faction de leurs parties salines : il se fait une tumeur : la pellicule de fer qui l'enveloppe, ne pouvant plus souffrir d'extension, creve par l'effet de la fermentation de cette espece d'abcès : de même qu'une petite pierre calcaire ensévelie dans l'argile d'une tuile ; pendant la cuisson la pierre devient chaux, l'eau de la pluie s'insinue par les pores de la terre cuite, pénetre jusqu'à la chaux, rompt les cellules du feu, s'insinue dans les parties de la chaux, grossit le volume qui fait des efforts continuels pour rompre les obstacles qui cessent par l'éclat de la tuile. Si cet accident arrive aux outils ou instruments faits de tôle ou de fer battu mince, les parois de la cellule qui renferme ces grumeaux étrangers, étant égales en résistances, cedent l'une & l'autre à l'effort commun, il se fait un trou à jour. La rouille qui dégrade le fer blanc est occasionnée autant par cet accident que par le défaut du tain. Le même inconvénient est fréquent dans les bouches à feu de fer battu. Je l'ai remarqué dans un pierrier énorme, dont l'intérieur de la volée est crevé à différents endroits.

Si l'on traite de nouveau à la forge les fers qui ont subi cette espece de dissolution par un feu lent, il y a un déchet considérable : mais le fer qui en résulte est d'une qualité beaucoup au-dessus de leur primitive.

Si l'on plonge un morceau de fer dans de l'esprit de nitre, il se fait, suivant les degrés de concentration du menstrue, une action plus ou moins vive ; dans tous les cas il s'éleve des bulles qui forment des colonnes perpendiculaires qui ont leur base sur le point du fer attaqué par la molécule de l'acide qui l'approche. En observant avec attention, l'on voit la base de ces colonnes rangées non indistinctement sur la surface du fer, mais dans des situations dont les directions sont celles d'une partie distincte du fer qu'elles attaquent de préférence. Si après un temps suffisant l'on décante le dissolvant & qu'on lave le fer, l'on verra les parties nerveuses, brillantes & saillantes, ayant conservé leur situation droite, torse, ou inclinée, suivant

G

les différentes circonstances lors de la formation de leur masse.

Le même accident arrive à un fer qui reçoit un frottement doux & continu, comme par le mouvement de la main d'un ouvrier ou de l'agitation dans l'eau. Après un long service, les parties superficielles deviennent inégales ; l'on y découvre des sillons par la perte d'une substance, qui a été sans doute dissoute & distraite du fer essentiel, soit par le simple frottement des milieux, soit par une dissolution occasionnée par la sueur ou par l'eau, quoiqu'il n'y ait point eu de rouille apparente.

L'examen des causes des différents accidents que je viens de détailler, prouvent constamment qu'un fer, qui n'a reçu l'existence que par une manipulation ordinaire, contient intrinsèquement des parties hétérogenes qui lui ont été unies, soit par la liaison qu'elles avoient primordialement avec lui dans les matrices du minerai, soit aussi qu'elles procedent des substances employées dans le traitement : le tout à l'aide de la violence du feu.

Les différents moyens employés, tant de nos jours que par ceux qui nous ont précédés dans l'art de la siderotechnie, pour purifier le fer, nous prouvent palpablement que le fer grossier contient des parties qui ne sont point de son essence, pas même métalliques ; que leur liaison au fer est un obstacle à sa perfection ; que l'on ne peut en faire le départ sans faire une soustraction relative à la masse des impuretés ; enfin que les moyens les plus propres à opérer cette séparation sont ceux qui contribuent le plus à approcher le fer de son degré de perfection & d'unité.

Je passe aux accidents qui communiquent par addition une mauvaise qualité au fer. L'inexactitude du grillage & du lavage des minerais qui les exigent, donne lieu à des substances sulfureuses, métalliques & glaiseuses, surabondantes, qui accompagnent ces mines, d'être présentes à la métallisation du fer au foyer du fourneau ; elles y reçoivent l'action d'un feu véhément qui en combine une portion avec les molécules ferrugineuses, & produisent ensemble une fonte blanche, pultasée, aigre & cassante. Le fer fabriqué avec cette espece de fonte, conserve sa mauvaise qualité. Même accident arrive si l'on surcharge un fourneau dans lequel l'on ne proportionne pas le volume de mine au charbon employé. Pour lors la chaleur nécessaire à une fusion exacte est diminuée par la surabondance des matieres à fondre; la scorification n'est point complette; partie des corps qui accompagnent certaine mine, au point de n'en pouvoir être séparés que par la fusion, & qui auroient dus être vitrifiés, entrent confusément dans la composition de la fonte, qui n'a souvent ni la forme ni l'essence métallique, & qui ne peut donner qu'un fer analogue à son état de pauvreté.

Si dans l'affinage des fontes l'on ne se sert que de charbons violents, soit par l'essence du bois, comme de chêne ou autres bois gommeux crus dans des terreins arides, soit par la cuite; l'abondance de leurs parties sulfureuses forme avec le fer un sel vitriolique qui, se combinant avec les cendres des charbons, entre dans la composition du fer qui est dur, fragile, & brûle plutôt que de chauffer.

Lorsque les charbons sont chargés des débris du sol sur lequel ils ont été cuits, comme des terres bolaires, glaiseuses, sablonneuses des parties de grès, des fragments de différentes mines, tous ces corps se combinent avec le fer, le gorgent de leurs mauvaises qualités, & le rendent intraitable à chaud & à froid, ce qui double la dépense & le travail dont il ne résulte qu'un fer propre à lester un vaisseau. Lorsque les charbons sont surchargés de ces corps étrangers, même des pierres calcaires en surabondance, l'on est obligé de les en séparer par l'immersion. Jean-Baptiste Porte donne ce conseil (qui est suivi) en parlant des mauvaises qualités du fer, qu'il attribue toutes aux corps étrangers mêlés aux charbons par mal-propreté.

Une petite partie du cuivre, mêlée accidentellement à une grosse masse de fer, l'empêche de se rallier & de se fouder au point de ne pouvoir être forgé. Ce fait, qui eft conftant, prouve combien connoiffent peu l'effence du fer des Auteurs qui avancent que les fers les plus doux ne doivent cet heureux caractere qu'à l'abondance du cuivre qu'ils contiennent ; mais la Médecine ne doit point s'alarmer de cette abfurdité. Les Poëtes font tous d'accords que le commerce de Mars avec Vénus eft adulterin. Cette idée leur eft venue de la difficulté d'unir le cuivre au fer, & de l'imperfection du métal mal combiné qui en réfulte.

Tous ces faits, & tant d'autres accidents qu'il feroit trop long de citer, prouvent que toute fubftance unie par addition au fer, même celles qui ont avec lui de l'analogie, l'appauvriffent ; que l'on ne peut obtenir de fer, dans fon degré de perfection, qu'en le privant totalement de toutes les parties étrangeres à fon effence.

Le vin dont la douce ivreffe nous fait goûter délicieufement la jouiffance des chofes actuelles, imprime fur nos organes différentes fenfations, dont les modifications procedent de la variété des fubftances, plus ou moins abondamment mêlées avec l'efprit, & dont la jufte proportion opere la meilleure qualité & les fenfations les plus agréables. Nous ne buvons pas tous les vins avec le même plaifir & en même quantité ; mais l'excès proportionnel de tous les vins occafionne l'ivreffe par l'érétifme des folides, la raréfaction & l'engorgement des fluides, opérés par l'efprit qu'ils contiennent, & qui dans fon principe eft uniforme.

Le vin, que je compare au minerai du fer, eft une des fubftances qui varient le plus. Les caufes de la variété dépendent d'un nombre infini de circonftances qui augmentent ou diminuent les acteurs de la fermentation ; le climat ; le fol ; l'afpect ; la qualité de la terre végétative, fon ameubliffement ; les labours ; les engrais ; la tranfpiration des plantes environnantes ; la feve filtrée & élaborée par les organes de la vigne, différemment difpofés, qui conftituent les innombrables efpeces de raifin ; la culture du bois, fon éducation ; l'abondance du fruit, fes degrés de maturité, les accidents qu'il essuie des différents météores, rosée, pluie, vents, grêle, neige, frimats, chaleur concentrée, la sérénité du temps de la récolte; la pression prompte, ménagée, violente ou rallentie; la concentration du moust; le volume, la qualité & l'état des vaisseaux; le degré de fermentation, légere, vive, longue, interrompue, interceptée; le dépôt exact des parties féculentes; la séparation des corps intégrants, surabondants; la perfection de la combinaison, des principes qui s'operent dans des temps différemment limités, puisqu'il y a des vins qui ne peuvent subsister un an, tandis que d'autres bravent des siecles. Tous ces accidents cooperent à la bonté ou à l'imperfection, & font sensibles à un palais gourmet qui sait apprécier les causes & les suites des sensations qu'il reçoit.

Les vins d'Asie n'ont pas la même seve que ceux d'Europe. Les vins des divers pays d'Europe qui en produisent, font tous caractérisés par un terroir national. Ceux de Hongrie ne ressemblent point à ceux d'Espagne; & ceux-ci different de ceux de France qui font les délices de l'univers.

Parmi tant de vins que la France produit, quelle variété, quelle disparité ! Combien de gradations de nuances de qualité n'y a-t-il pas entre les vins de Brie & ceux de Champagne & de Bourgogne, qui les rendent détestables, mauvais, petits, médiocres, jolis, bons, agréables, excellents, exquis, merveilleux, délicieux; enfin tous ces vins qui ne font différents que par l'arrangement & la combinaison des parties substantielles du vin, que je regarde à l'instar des mines, comme la matrice de l'esprit qu'il contient, sous les enveloppes d'un mucilage, de la partie colorante & d'un phlegme abondant, donnent tous par la premiere distillation un esprit ardent en plus ou moindre quantité. Les vins plats, vapides, durs, austeres, froids, aigrelets, en donnent très peu; les vins légers, agréables, en donnent plus; mais les fumeux, pétillants, capiteux, généreux, moëleux & violents, en donnent beaucoup. Cet esprit ne se sépare pas également dans son degré de perfection. Dans les vins vifs & dépouillés, la féparation eft prompte à un feu léger, & l'efprit qui réfulte d'une premiere diftillation a un degré de concentration. Les vins couverts, enveloppés, chargés de parties extractives, féculentes, tartareufes, demandent un feu violent & continué, ce qui force l'afcenfion de beaucoup de phlegme & d'huile qui entrent dans la compofition d'un efprit foible & favonneux, fouvent empyréumatique ; tel particuliérement celui que l'on tire des marcs du raifin & des lies du vin ; mais toutes les efpeces d'efprits de vin qui ont confervé des parties étrangeres de leurs matrices, peuvent en être dépouillés entiérement par une diftillation lente, par l'élévation de la colonne qu'ils parcourent avant leur condenfation ; l'efprit n'entraîne pour lors avec lui que l'eau de fa compofition. Par l'intermede des terres abforbantes, des alkalis fixes, d'une grande abondance d'eau, on le dépouille de toute fon huile étrangere, & on réduit l'efprit inflammable de tous les vins du monde à une liqueur homogene, une, dans laquelle fe perd la fcience du gourmet.

C'eft ainfi que, par des procédés appropriés, en dépouillant le fer des fubftances hétérogenes qu'il retient des matrices de fon minerai & des matériaux employés à fon traitement, l'on parvient à le perfectionner & à le réduire à l'unité en le rendant homogene.

La France, riche particuliérement en bois & en mines de fer, devroit être dans le cas de fe paffer de toutes efpeces de fer exotique ; même d'en fournir à tous les Etats voifins, comme elle leur fournit fes vins que l'art a perfectionnés ; mais le défaut de connoiffance, le peu de fecours que nous ont laiffé ceux qui nous ont précédés, & la difficulté de la matiere, forment des obftacles aux progrès de la fidérurgie & à l'avantage d'un commerce étendu d'un fer fupérieur en qualité à celui de nos voifins.

Quoiqu'il foit indifpenfable de parvenir à la fabrique du fer par les voies les plus fimples & les moins coûteufes, pour pouvoir en établir le prix à un taux affez modique pour qu'il puisse se prêter à tous nos besoins, nous ne sommes point dispensés de chercher à grands frais le moyen de perfectionner le travail des forges. Lorsque les causes seront connues, que les principes seront certains, les procédés invariables, il sera facile de simplifier le traitement, de remplacer les substances précieuses & difficiles à acquérir, qui seroient nécessaires à perfectionner les découvertes dans la Docimacie, par d'autres substances analogues, communes, qui suppléeroient avec avantage dans le travail en grand. La terre herbue ne remplace-t-elle pas dans la soudure du fer la résine & le borax? la chaux, les alkalis; les cailloux, les différents fondants?

Des vues si avantageuses à l'Etat & aux progrès des sciences, doivent intéresser les personnes qui ont la puissance & l'autorité en main, & les Savants à concourir avec les Artistes au bien commun.

MEMOIRE

SUR LES MÉTAMORPHOSES DU FER,

OU

RÉFLEXIONS CHYMIQUES ET PHYSIQUES,

SUR LES DIFFÉRENTES SITUATIONS DU FER

DANS LA TERRE,

DANS SON TRAITEMENT

JUSQU'A SA PERFECTION ET SA DESTRUCTION;

PARTICULIÉREMENT

SUR LES CRYSTALLISATIONS MÉTALLIQUES

DANS LE FEU,

SPÉCIALEMENT SUR LA CONFIGURATION DU FER,

DE SA MATTE ET DE SON RÉGULE;

SUR DIFFÉRENTS PHÉNOMENES DE SIDÉROTECHNIE;

ET AUTRES PARTIES DE MÉTALLURGIE.

Non hic vana tenet fuspenfam fabula mentem. GEORG. FABR.

LE FER eſt un métal d'un genre ſingulier, en ce qu'il ſe trouve dans des ſituations où on peut le regarder comme demi-métal, dans d'autres comme métal, enfin dans d'autres il ne reſſemble ni aux uns ni aux autres.

La fonte de fer reſſemble à un demi-métal (*a*), en ce

(*a*) Je ne prétends pas dire que la fonte de fer ſoit un demi-métal, au point de faire un genre particulier parmi les demi-métaux. Le reſte du paragraphe prouve que je ne lui donne ce nom que par comparaiſon, & qu'on ne la fait point changer d'état.

qu'elle

qu'elle est opaque, pesante, sonore, fusible & fragile ; elle differe des demi-métaux en ce que par un travail approprié elle change d'état, devient métal en devenant malléable ; & qu'il n'est point de procédés counus qui donnent de la ductilité au bismuth, au zinc, au régule d'antimoine, & aux autres demi-métaux.

Le fer doit son rang parmi les métaux, à son poids, à sa solidité & à sa ductilité ; mais il differe des autres métaux & demi-métaux en ce qu'il n'est point fusible lorsqu'il a acquis son degré de parfaite métallité, sans se décomposer.

Le fer, proprement dit, dans son état de perfection, doit prendre facilement à la lime un beau poli, de couleur d'un gris sombre ; rompre très difficilement ; sa cassure doit être très inégale, obscure, sans brillant ni facette, paroître composée de différents faisceaux de filets recouverts d'une enveloppe commune, bien dépouillée, sans crevasses ni gerçures ; se chauffant également sans grand déchet & sans scintiller par cantons ; se couvrir enfin d'une sueur dorée ; y prendre intérieurement une couleur d'un blanc jaune, tirant sur celle de l'or pâle & non rougeâtre ; forger sans crever ; s'étendre soit en feuilles soit en fil, sans se rompre ; souffrir le marteau à froid, & y prendre du ressort.

Le fer n'acquiert cette perfection qu'en passant par beaucoup de situations différentes les unes des autres, & toutes relatives au temps, à la quantité & qualité des matériaux, & aux degrés de feu employés à sa perfection : c'est le Protée des métaux.

L'on peut considérer le fer sous cinq points de vue différents. Le premier en son état de mine ; le second en celui de fonte ou matte ; le troisieme comme régule ; le quatrieme comme métal ; & enfin le cinquieme en son état d'appauvrissement ou de destruction.

Le fer dans sa mine est ou minéralisé ou sous une forme de dépôt, crystallisé, ou confus, ou incorporé avec d'autres substances terreuses ou pierreuses.

Le fer minéralisé seulement avec le soufre qui constitue

H

les pyrites martiales, est de tous les états qu'il a dans les entrailles de la terre celui qui lui donne la forme la plus métallique ; il est dur comme l'acier & très pesant.

Le fer minéralisé avec l'arsénic, le cuivre & le soufre, forme aussi des pyrites qui different peu des premieres par le tissu. Le fer uni aux autres métaux dans leurs mines, y est toujours sous la forme de guhrs ferrugineux, de pierres incrustées, de cryftallisations minérales ferrugineuses, de dépôts condensés ; & le fer qui accompagne les masses d'or ductiles dans les mines du Pérou, est un dépôt ochral condensé, qui n'a du métal que la possibilité de le devenir, de même que les sables ferrugineux qui roulent avec les paillettes d'or dans le sein des fleuves auriferes.

Les mines de fer par dépôt de la dissolution des pyrites, font plus ou moins pures & plus ou moins riches, suivant les accidents qui les ont accompagnées. Il en est de même des substances pierreuses & terreuses & de tous les sidérolithes. Je ne m'arrêterai pas sur cette matiere : j'en ai déja parlé, & il faudroit encore plusieurs volumes pour l'éclaircir. Je passe à la fonte de fer, qui est le second état de ce métal.

Pour obtenir le fer sous la premiere forme sous laquelle il figure dans le commerce & les arts, l'on pose le minerai, suffisamment nettoyé, sur le charbon (a) que l'on jette dans le fourneau de fonderie par distances périodiques d'environ quatre-vingts minutes de durée. Pendant la premiere période, ou le temps que dure la consommation d'une charge, le minerai perd son humidité & descend environ trente-six pouces. Pendant la seconde, le minerai reçoit une chaleur que l'on peut regarder comme un grillage qui lui enleve quelques parties étrangeres les plus volatiles ; il descend de trente pouces. Pendant la troisieme période, le minerai rougit, ainsi que les matieres calcaires & fusibles

---

(a) Je donnerai les dimensions intérieures d'un fourneau à fondre le fer dans le Mémoire sur l'art de laver & fondre avec économie des mines de fer.

qui l'accompagnent; il descend de vingt-deux pouces. Pendant la quatrieme, le minerai sue une matiere qui est la
partie la plus fusible des corps étrangers qu'il contient, &
qui en colle les morceaux les uns aux autres ; il descend
de dix-huit pouces. Pendant la cinquieme période, il s'amollit, prend du phlogistique; & sans changer de forme extérieure, il reçoit le premier degré de métallisation; & il
descend de quinze pouces. Pendant la sixieme, il entre en
une fusion pultasée, épaisse, qui le pelotone & l'amalgame
avec la castine, qui est devenue chaux; & descend de douze
pouces dans le grand foyer du fourneau, qui est l'endroit où
les deux cônes des parois & de l'ouvrage s'unissent par leur
base, où se fait le mélange des matieres, & où réside la
plus grande chaleur ambiante. Pendant la septieme période,
l'union des matieres se fait plus exacte; la fusion augmente,
les soufres se développent; partie agit sur le minerai & le
fond; partie est absorbée par les matieres calcaires & les
terres absorbantes plus ou moins; le minerai descend de
huit pouces. Pendant la huitieme période, la dépuration
commence à se faire; la fusion vient au point de former
des globules qui s'échappent en gouttes scintillantes; & la
charge descend de quinze pouces; elle se trouve au-dessus de
la tuyere. Enfin pendant la neuvieme & derniere période,
le minerai descend insensiblement de la trémie à mesure de
la consommation des charbons, vis-à-vis la tuyere où il est
intimement pénétré du feu qui fait agir le phlogistique
qu'il a reçu sur ses molécules, les divise au point de le
rendre fluide. L'action du feu est si véhémente au centre du
foyer, que la vitrification des matieres est instantanée; la
fonte pour lors entre dans son degré de fusion, pénetre la
masse vitrifiée ou de laitier, qui est au-dessous, y dépose
celui qui lui est attaché, & reste en bain au fond de l'ouvrage; elle y est dans un mouvement intestin continuel,
d'où résulte la dépuration. Enfin après douze heures qu'a
duré la réduction des neuf charges, on lâche la fonte, ou

H ij

on la puife avec des cuillers, fuivant les différents ouvrages auxquels on la deftine (*a*).

La fonte de fer, ou plutôt la matte de fer, qui eft le nom qui lui eft propre (*b*), fort du fourneau fous différents degrés de pureté, de confiftance, de couleur & de propriété. L'on en diftingue ordinairement deux efpeces différentes, une blanche & une grife; chacune fe fubdivifant en différentes nuances de couleur & de qualité.

En général la fonte de fer n'eft que le minerai fondu qui a retenu une partie des foufres & des autres fubftances qu'il contenoit, & qui s'eft chargé furabondamment du principe fulfureux volatil des charbons dans la fufion; ce qui la réduit dans un état plus ou moins pyriteux. La fonte de fer differe autant du fer, que l'antimoine differe de fon régule.

La fonte de fer blanche, qu'un Auteur a dit être la meilleure (*c*), eft au contraire la plus mauvaife, parcequ'elle eft la plus chargée de matieres hétérogenes. La fonte blanche fort telle du fourneau, pour plufieurs caufes.

La premiere, lorfque l'on furcharge un fourneau de minerai relativement à la chaleur qu'il peut fournir, foit que le défaut de chaleur vienne d'une conftruction vicieufe, de l'impuiffance des foufflets, de la mauvaife effence des charbons, foit qu'ils aient été énervés dans la cuiffon, foit qu'ils aient été pourris dans les magafins (*d*); accidents qui

(*a*) La durée d'une charge, l'efpace qu'elle occupe dans le fourneau, & les changements qu'elle y reçoit, font à-peu-près & relatifs à la conftruction du fourneau & à la façon de le conduire.

(*b*) Des Auteurs donnent à la fonte de fer la dénomination de *fer fondu*. Cette expreffion eft d'autant plus impropre, que le fer, proprement dit, ne fond point; que lorfqu'il a été fondu, il n'eft ni fer ni fonte, & que la fonte n'a pas encore acquis l'état de fer & fes propriétés.

(*c*) M. de Réaumur a pris la partie réguline du fer pour la fonte du fer. Le travail en petit, dans la métallurgie,

fait fouvent prendre l'ombre pour la vérité.

(*d*) La pourriture n'eft pas prife au ftrict phyfique, pour exprimer la deftruction des molécules du charbon, mais pour exprimer l'accident qui lui arrive par l'abondance de l'humidité dont il peut être pénétré; ce qui le rendant très maffif, rallentit le développement des parties ignées. J'ai des charbons enveloppés d'un *fongus* fingulier. Ce n'eft point ici l'occafion d'analyfer toutes les caufes qui font capables d'étonner les Phyficiens, le charbon étant réputé indeftructible par autre agent que le feu.

s'opposent tous à l'exactitude du départ des matieres étrangeres qui restent unies intimement à la fonte.

La deuxieme cause est, lorsqu'un Fondeur n'est pas attentif à travailler son ouvrage, pour faire descendre les
charges doucement, il arrive que les matieres font une
voûte au-dessus de la tuyere, & lorsque les parties, qui
en formoient les voussoirs, viennent à se détacher, les
charges culbutent, descendent confusément. La fusion ne
peut être exacte, parceque la chaleur est trop divisée ; les
matieres sont précipitées dans le bain avant d'y avoir été
suffisamment préparées, & entraînent avec elles les corps
hétérogenes qui n'ont pu être séparés. Le même accident
arrive lorsque les étalages sont trop bombés ; il s'amasse, dans
les angles des fourneaux carrés (a), des matieres qui s'y accumulent jusqu'au point d'y former des masses dont le poids
les précipite soudain dans le bain. Il résulte pareil inconvénient de la vétusté d'un ouvrage trop élargi, qui ne peut
plus soutenir l'équilibre de la colonne des matieres ; tout se
confond alors ; enfin toutes les causes qui peuvent diminuer la chaleur du fourneau en interrompent les opérations
& appauvrissent la matiere qui en résulte. C'est un estomac
bien ou mal constitué, & qui agit différemment sur les
matieres qu'il reçoit. Lorsque les aliments lui parviennent
sans être préparés par le choix, la maturité, la cuisson, la
mastication, trop précipitamment, en trop grande abondance, d'une qualité nuisible, ou que par caducité, les
muscles ont perdu leur ressort, la digestion pour lors ne
peut être qu'imparfaite ; le chile qui en résulte est vicieux.
Un Fondeur, ou plutôt un Maître de forges, doit être attentif à bien régler la diette d'un fourneau, pour prévenir ses
maladies & parer aux accidents nombreux qui surprennent
les plus vigilants. Il n'est pas de mon objet actuel de traiter
des pronostics & diagnostics de l'état d'un fourneau : cela

(a) Pour prévenir cet accident, je
fais les étalages de mon fourneau très
rapides, & l'intérieur de tout l'ouvrage
est construit sur des lignes elliptiques,
contre le sentiment d'Orchal. Voyez les
Planches IV & V.

fera partie d'un autre Mémoire. Je dirai feulement que tous les accidents cités ci-deffus, donnent tous de la fonte plus ou moins blanche, dont il y a trois fortes.

La premiere vient des dérangements violents du fourneau; elle en fort dans un état pultafé, troublé inteftinement par l'effort que font les matieres étrangeres pour en fortir, formant des bulles dont il fort des lances de feu; elle eft pefante, fragile, obfcure au dehors, fouvent rougeâtre, blanche en dedans, fans éclat ni arrangement, rougiffant à la caffure lorfqu'on la rompt encore chaude, elle a un fon aigre & dur. Cette fonte, qui doit porter particuliérement le nom de *matte de fer*, n'eft propre dans cet état à aucun ouvrage : à l'affinerie, elle demande beaucoup de travail pour faire un très mauvais fer.

La deuxieme forte de fonte blanche eft celle qui eft telle, à caufe de quelques légers accidents, ou que les proportions de la mine & du charbon font entretenues de façon à ne pas faire une dépuration plus exacte. Cette fonte, en raifon de la grande quantité des parties métalliques étrangeres & des fulfureufes qu'elle contient, attaque & ronge le creufet qui la reçoit; elle fort du fourneau ardente, avec impétuofité; bouillonne; lance des gerbes de feu très agréables à voir pendant la nuit; fe fige très promptement; eft inégale à fa furface; fe couvre d'une croûte dure, noire, fragile, qui fe détache par écailles (*Pl.* I, *Fig.* 1, 2, 4). Intérieurement cette fonte eft très blanche, difpofée plus ou moins réguliérement en rayons, comme la pyrite martiale cryftallifée, comme l'antimoine, ou plutôt comme toutes les fubftances métalliques unies intimement à beaucoup de foufre, cette fonte caffe avec éclat en refroidiffant, lorfqu'elle eft en volume qui n'a pas une épaiffeur proportionnée à fon étendue, comme plaques, contre-cœur de cheminées, poteries, & autres de ce genre; & lorfqu'elle eft en maffes confidérables, elle caffe dans l'ufage à proportion des efforts qu'elle reçoit, comme marteaux, enclumes & autres. Cette fonte a un fon clair & argentin qui pourroit la faire appliquer à l'usage des cloches avec avantage ; elle est pesante, dure & fragile ; la lime ne l'entame point ; à peine les tranches les plus dures & à gros grains d'orge, ont-elles un léger accès pour l'éclater ; l'abondance des matieres étrangeres & sulfureuses la rend tendre au feu ; elle est très fusible, assez aisée à travailler à l'affinerie ; mais donne un fer fuyard, cassant, dur, rouverin & compact. En général l'usage des fontes blanches devroit être proscrit dans les travaux des forges. La fonte blanche est susceptible d'être purifiée, ce qui double le travail & la dépense. Elle est blanche & d'un tissu serré, à cause de l'intermission des corps étrangers entre ses molécules ; c'est cette contiguité de parties qui la rend sonore. Ses rayons sont des prismes tétragones, très déliés, composés de rhombes posés les uns sur les autres (*Voy. Pl. I. Fig. 3.*).

La troisieme espece de fonte blanche, est celle qui a reçu un degré de dépuration au-dessus de la précédente ; elle est un peu plus parfaite, contient encore des matieres sulfureuses, hétérogenes, & participe de la qualité des fontes grises : ce qui se connoît par les parcelles de cette derniere, plus ou moins abondamment répandues dans ses masses, & qui forment des taches étoilées grises, qui ressemblent assez aux taches de la roussette & de la truite ; ce qui lui a fait donner le nom de *fonte truitée*, ou *mêlée*. Cette espece appartient plus aux fontes blanches qu'aux grises ; parceque cette derniere espece y domine toujours moins.

La fonte truitée sort du fourneau plus fluide que la précédente & plus tranquillement ; cependant elle lance des étincelles éclatantes (a) qui décelent sa qualité & son imperfection. Cette fonte, lorsque le travail du fourneau n'a pas été trop précipité, peut servir à faire de gros ouvrages ;

_____

(a) Ces étincelles sont des globules de fonte, lancés par la raréfaction des corps étrangers, & de l'air dégagé par la grande chaleur. Ces globules étin-cellent, parceque se trouvant dans l'air libre, leur phlogistique les quitte comme il arrive lorsqu'on bat le briquet.

comme poids de balances & autres femblables ; elle eft très propre aux enclumes des forges , & à toute efpece de chofe dont le volume concourt à la folidité. Les affineurs la préferent à toute autre, à caufe de fa facilité à fe travailler ; elle donne un fer meilleur que les précédentes, même par proportion.

L'on peut mettre au rang des fontes blanches une quatrieme forte, qui ne l'eft qu'accidentellement , laquelle doit tenir place ici, parceque fes caufes jetteront beaucoup de lumieres fur la nature des fontes blanches en général.

Lorfque la fonte de fer, *grife de nature*, eft reçue dans un corps froid , humide, compact, elle fe fige précipitamment, devient blanche , dure & caffante ; enforte que fi une piece eft moulée de façon qu'elle foit inégale dans fon épaiffeur, quoique coulée d'une même goutte de fonte grife ; la partie la plus mince eft blanche ; celle qui eft un peu plus épaiffe eft truitée ; & celle qui a le plus de volume eft grife : phénomene fingulier dont je vais tâcher de développer les caufes (a).

L'on ne peut révoquer en doute que la fonte de fer, en quelque fituation qu'elle fe trouve, même la plus parfaite, ne contienne beaucoup de parties fulfureufes furabondantes ; que plus elle en retient, moins elle eft parfaite ; & plus on en facilite l'écoulement, plus elle eft pure. La chaleur, en général, travaille toujours efficacement à cette féparation dans des degrés proportionnés.

Un poële de fonte de fer, qui n'eft échauffé que par le brafier qu'il contient, répand dans l'étuve, qu'il échauffe, une odeur fulfureufe incommode : fon effet eft d'autant plus violent que le feu eft ardent , que le poële eft neuf, & que le lieu eft clos ; puifqu'un poële de terre ne produit pas le

(a) M. de Réaumur n'a pas compris ce phénomene, & parcequ'il affignoit aux fontes blanches la fupériorité, il a confidéré ce défaut effentiel comme une perfection, & y fait cadrer fon raifonnement,

même

même effet, & au même degré ; il faut attribuer cet accident à l'écoulement des principes sulfureux que contient la fonte de fer dont le poële est composé.

Cette exhalation du principe sulfureux est si considérable dans la fonte en fusion, que lorsque dans la même fosse on enterre plusieurs moules de terre de différents objets, tous sans communication, même séparés par une cloison de sable de dix à douze pouces d'épaisseur, comprimé fortement, l'on a introduit la fonte de fer dans un des moules, les voisins sont si pénétrés de la matiere sulfureuse, qui s'écoule de la fonte en fusion, & l'air y est si raréfié, que lorsqu'on approche un boute-feu près d'un des soupiraux des moules vuides, l'air s'enflamme avec explosion, & la flamme sort continuement. Cette précaution de faire feu aux moules est absolument nécessaire ; car si l'on introduit la fonte sans cette attention, l'explosion est si considérable, qu'elle fracture la chappe & fait éclater la fonte avec danger.

Lorsque l'on coule de grosses plaques sur le sable, l'on pratique sous le moule des courants d'air, que l'on nomme *évents :* quand la fonte est coulée, l'on fait feu & il en sort un air enflammé, souvent étincelant. Sans ces évents l'air & le principe sulfureux volatil, trouvant des obstacles à leur écoulement dans la masse & la compression du sable, sont contraints de se faire jour à travers la fonte, y font des trous & des soufflures, ou la plaque casse avec bruit en se réfroidissant.

Enfin toutes les masses de fontes de fer, coulées dans des moules dont la matiere poreuse permet l'écoulement de ce soufre surabondant, sont environnées d'une atmosphere enflammée, bleuâtre, qui dure long-temps après la fixation de la fonte.

Il n'en est pas de même lorsque la fonte est introduite dans des moules dont la substance, trop compacte, trop froide, ou trop humide, s'oppose à l'écoulement du principe sulfureux contenu dans la fonte ; tels que tous les

I

moules de fonte de fer, comme coquilles à boulets, les moules de terre mal recuits, les moules d'un fable trop humeƈté: la fonte grife que l'on y introduit en fort blanche, parceque dans les moules mal recuits & trop humides, les parties extérieures de la piece coulée, font fubitement figées; lorfque la piece eƈt mince, comme chaudieres, marmites, poëles & autres de ce genre, l'intérieur l'eƈt bientôt auƈƈi; le principe fulfureux reƈte uni à la fonte qui, au lieu d'être douce & grife, eƈt dure, d'un blanc d'étain, & fi fragile, qu'elle caƈƈe d'elle-même; elle fe chambre en dedans: accident contre lequel il eƈt de la derniere importance de prendre les précautions les mieux réfléchies, particuliérement pour les pieces d'artillerie (Voy. Pl. I. Fig. 5). Une bombe creve dans le mortier, parce que l'exploƈion de la charge détermine quelques ouvertures, qui communiquent le feu à l'intérieur de la bombe: elle ne décrit pas une parabole néceƈƈaire à fon émiƈƈion, parcequ'elle n'eƈt pas du poids fpécifique à fon diametre, à caufe des chambres répandues dans fa maƈƈe. Les canons de fonte de fer crevent par la même caufe: ces derniers doivent toujours être coulés fans noyau, & forés; parceque le noyau eƈt fujet à fe déplacer, conféquemment caufe des erreurs dans l'épaiƈƈeur; ou ce noyau n'étant pas bien cuit, ou contenant des corps fur lefquels la chaleur ou la fonte ont de l'action, il en réfulte une raréfaction qui chambre le vif de la piece. Les boulets qui fe coulent ordinairement dans des coquilles de fonte de fer, font fujets à être creux, parceque le froid & le tiƈƈu ferré de la coquille ne permettent pas l'écoulement du principe fulfureux & de l'air fixe: ils agiƈƈent dans l'intérieur au centre de la maƈƈe, y occaƈionnent un bouillonnement qui écarte & raréfie la fonte, ce qui produit des chambres. Un tel boulet emplit fon calibre & n'a pas le poids fpécifique à fon diametre (Voy. Pl. I. Fig. 4.).

Je ne prétends pas attribuer tous ces défordres uniquement à l'écoulement du principe fulfureux; l'air dégagé des matieres qui reçoivent la fonte, & raréfié par la grande chaleur, y a aussi beaucoup de part : c'est de l'air fixe combiné avec l'humidité & une très grande abondance de matiere sulfureuse.

Ce seroit ici le lieu de parler des fêlures & fractures des pieces de fonte de fer, accident qui leur arrive long-temps après avoir été coulées, souvent par un petit rayon de soleil qui succede à une pluie orageuse ; des tintements des contre-cœur, des âtres, des poëles, lorsqu'ils sont fort échauffés pendant un grand froid ; de la fracture du bout des gueuses de fonte blanche au feu d'affinerie, & du moyen d'empêcher cet accident qui tient beaucoup au systême de l'électricité : mais ces détails, qu'il est nécessaire d'approfondir dans d'autres Mémoires, me jetteroient dans de longues réflexions éloignées de mon objet actuel. Je terminerai l'histoire des fontes blanches, en disant qu'elles ne le sont que parcequ'elles contiennent beaucoup de matieres étrangeres, hétérogenes, surabondantes, & particuliérement de sulfureuses, en plus ou moindre quantité, suivant qu'elles ont reçu plus ou moins de chaleur dans le fourneau ; qu'elles se sont figées plus rapidement ; que les fontes grises qui ont blanchi par accident, ont acquis cette mauvaise qualité par le refroidissement subit qui a intercepté l'écoulement du principe sulfureux, & leur a donné une trempe qui a troublé l'ordre de l'arrangement symétrique de leurs parties, & leur a acquis quelque chose de commun avec l'acier, outre la dureté & la fragilité ; qu'en général les fontes blanches crystallisent en rayons concentriques, comme toutes les substances métalliques combinées avec le soufre ; que l'on peut leur enlever & leur rendre ce soufre, conséquemment que les fontes blanches ne sont qu'un fer minéralisé de la seconde espece, en prenant les pyrites martiales pour un fer minéralisé de la premiere espece.

La fonte de fer grise est celle que l'on obtient, par une juste proportion du minerai, des fondants, des correctifs & de la chaleur ; d'où il résulte le départ des matieres hé-

I ij

térogenes qui font vitrifiées, & une fufion exacte des parties métalliques. C'eft cette efpece de fonte qui produit le meilleur fer, enforte qu'il eft poffible de tirer de bon fer des plus mauvaifes mines, en obfervant de les réduire en fonte grife.

Il y a en général deux efpeces de fonte grife, l'une d'un gris cendré, & l'autre beaucoup plus foncée, tirant plus ou moins au noir. La premiere eft celle qui eft dans fon degré de perfection, en la confidérant comme fonte de fer utile aux arts. Elle fort du fourneau auffi fluide que de l'eau prenant fon niveau. Ce n'eft pas à cette fonte de fer que l'on doit appliquer la définition de Geber, *non fufibile fufione recta*; car des trous faits par le *lâche-fer*, & dirigés par le hafard en ajutage, donnent des jets de feu qui remontent prefque au niveau du bain, & font un merveilleux effet pendant la nuit. Cette fonte eft tranquille, d'une belle couleur d'un jaune doré, miroitant au foleil; fait flux & reflux lorfqu'elle eft verfée dans un moule horifontal; exhale quelques vapeurs blanches jaunâtres; prend toutes fortes d'impreffions, même de la cifelure la plus déliée, entre les mains d'un habile mouleur; fait une retraite très confidérable (a), fe couvre à fa furface extérieure d'une pellicule de fcories très légere; fa couleur extérieure eft d'un gris ardoifé, éclatant lorfqu'elle eft brute, & argentin lorfqu'elle eft polie; elle rouille très difficilement extérieurement, & très promptement intérieurement; quand qu'elle eft caffée; elle eft au dedans d'un gris cendré vif, lorfqu'elle eft dans le jufte point de fa perfection, qu'elle n'a pas reçu un degré de trempe par un refroidiffement fubit, & qu'on lui a facilité l'éruption des foufres furabondants, raréfiés par la chaleur; elle eft limable, caffe difficilement, a même un peu d'élafticité, le cifeau y a de l'accès, & le marteau y fait des impreffions en comprimant fes molécules. La

---

(a) Les Auteurs qui ont avancé que la fonte de fer ne faifoit point de retraite, ont été duppés par la fufion imparfaite dans leurs fourneaux d'effais.

forme & l'arrangement de fes parties intérieures dépendent des circonftances qui ont précipité, ralenti ou prolongé fon refroidiffement. Lorfque quelque caufe a troublé l'ordre, l'arrangement eft confus d'un grain d'acier plus ou moins gros, moins arrondi ; un refroidiffement très lent procure à fes molécules un arrangement fymétrique : c'eft ce que je vais examiner.

Il n'eft rien dans la Nature qui ne fe caractérife par une forme effentielle individuelle, fur laquelle le hafard n'a aucun empire. Chaque être a une figure déterminée, caractériftique, qui, de concert avec la qualité de fa fubftance & auffi invariable qu'elle, détermine fa propriété. C'eft une *trimonie* dans laquelle je conçois que la figure procede de l'effence de la fubftance, & la propriété des deux ; elles ont reçu l'exiftence dans le même inftant ; car la matiere n'a pu exifter fans forme ; & la matiere formée a eu dès le premier inftant une propriété.

Tous les corps qui font fufceptibles de recevoir de la Nature ou de l'Art une confiftance fluide, en fe condenfant prennent refpectivement une forme fymétrique effentielle. Chaque molécule, femblable à fa voifine, l'approche, s'y unit, & fucceffivement : à mefure que le fluide qui les divifoit, fe diffipe, elles fe dérobent de leurs entraves & referrent les nœuds d'une affinité invariable ; elles s'appliquent les unes fur les autres en nombre toujours refpectif à celui des faces & à l'ouverture des angles de chaque molécule. C'eft pourquoi, lorfque je vois un corps naturel cubique, je conçois que chaque molécule de ce corps eft un cube ; un corps rhomboïdal eft compofé de rhombes, ainfi des autres (*Pl. I. Fig. 6, 7, 8 & 9*). Le fpath & le quartz, qui jouent de fi grands rôles dans le regne minéral, nous donnent des preuves de ce que je viens d'avancer. Toutes les pierres précieufes, qui font pour la plûpart des cryftaux métalliques, ne fe trouvent-elles pas ordinairement fous une forme concrete, réguliere ?

Toutes les fubftances falines, acides, alkalines, diffoutes

dans l'eau, les bitumes dans les huiles, les métaux même dans les esprits acides, se condensent sous des figures régulieres, essentielles, invariables. Toutes ces configurations ont été décrites, mais il n'a encore été rien dit des crystallisations métalliques dans le feu.

Les métaux, qui sont les parties nobles des entrailles de la terre, seroient-ils donc privés d'une propriété commune à tous les êtres? La figure de leurs parties subiroit-elle le caprice du hasard & de l'ouvrier qui les manie? Non, sans doute, ils ont une forme générique, différentielle, suite du principe que j'ai posé ci-devant, & sont soumis à toutes les loix qui en font des conséquences.

Tous les métaux, dissous par les acides, donnent des crystaux d'une figure déterminée, combinée, qui participe de celle de l'acide & de celle du métal, lesquels on peut appeller crystaux *metis*, pour les différencier des crystaux naturels. Quelques-uns ont très bien décrit plusieurs de ces crystaux métis; d'autres manquant de termes & d'attention, ont dit qu'ils étoient en aiguilles.

Nous avons vu, par une suite nécessaire de l'essence des choses, que les fontes blanches crystallisent en prismes déliés & disposés en rayons convergents. Cette situation peut être variée par le refroidissement, parceque le point où se refroidit premiérement la fonte, est celui où s'attache la premiere molécule condensée; ainsi de suite (*Voy. Pl. I. Fig.* 2).

Un boulet commence à se refroidir à sa circonférence; les molécules les plus voisines s'y fixent; & à mesure que la chaleur se retire au centre, les molécules s'accumulent les unes sur les autres, en suivant les progrès du refroidissement, enfin jusqu'au centre, qui est le point de la tendance commune. Si une cause a fait refroidir plutôt un côté que l'autre, tous les rayons se dirigeront par des angles respectifs à la position de leurs bases; ensorte que ceux du côté le plutôt froid seront les plus longs, & les opposés les plus courts (*Fig.* AB). J'ai présumé que la forme des cryftaux de la fonte blanche étoit déterminée en partie par le foufre qu'elle contient. Que l'on fe rappelle la figure intérieure de la pyrite, de l'antimoine, du cinnabre. A mesure donc que la fonte fe dépouillera de fes foufres furabondants, elle doit prendre dans fa cryftallifation une difpofition différente : le fait confirme le raifonnement.

La fonte de fer grife, dans fon degré de perfection, donne une cryftallifation très réguliere, chaque cryftal étant diftinct & ifolé; mais pour l'obtenir, il faut que la fonte fe refroidiffe très lentement pendant plufieurs jours, que la retraite foit confidérable, & que rien ne trouble l'ordre : pour lors chaque cryftal eft une efpece de pyramide dont la bafe eft un rhombe, le long de chaque face de laquelle font appliquées à angle droit & continuement d'autres pyramides dont la bafe eft égale au diametre du point d'incidence de la pyramide principale à laquelle ils font attachés; & comme les diametres diminuent fucceffivement, les pyramides du bas font plus groffes & plus longues, celles d'en haut plus courtes & plus déliées, y ayant une jufte proportion entre le diametre de la bafe & la longueur de la colonne. Les quatre pyramides oppofées crucialement, font en tout égales entre elles, & fucceffivement viennent aboutir, par gradations de diftances, de longueur & de groffeur, fur une ligne fuppofée droite & oblique au haut de la pyramide centrale, dont la pointe très aiguë eft un point de mire, d'où s'apperçoivent toutes les pointes des pyramides inférieures, ce qui conftitue chaque cryftal de fonte, groupé régulierement. Les petites grottes où fe font formés des amas de ces cryftaux, offrent à l'œil armé d'une loupe le fpectacle d'une petite forêt métallique, compofée d'arbres à branches quaternés oppofées. Chaque pyramide eft compofée d'une fuite de rhombes dont les côtés font inclinés, ce qui donne une furface plus large qui s'applique fur la plus petite du rhombe qui le fupporte; ainfi de fuite. Ces cryftaux font plus gros, plus déprimés que ceux de la fonte blanche; ils font ifolés, parcequ'ils procedent d'une fonte plus homogene, & que fa fufion parfaite a favorifé l'arrangement exacte de fes molécules. *Pl. II. Fig.* 11, 12, 13, 14.

La fonte grife eft beaucoup moins fonore que la fonte blanche, parceque fes parties font bien plus continues, & qu'elles font plus fouples ; c'eft pourquoi les marchands charlatans, qui ont de mauvaifes pieces de fonte blanche, les font fonner pour en avoir le débit ; c'eft un trébuchet auquel font pris prefque toutes les ménageres & les ignorants :

Ferro fufurae , nimium ne crede fonoro.

Les petites cloches font plus fonores, relativement à leur maffe, que les groffes, même proportion admifé dans le mêlange de leur matiere, parceque le moindre volume des petites, entretient moins de chaleur lorfqu'elles font coulées : les molécules de la matte fe condenfant plus promptement, plus confufément, font moins continues ; en conféquence font plus fufceptibles de commotion : au lieu que l'on eft furpris que les monftrueufes cloches de Pékin, & tant d'autres en Europe, ne rendent pas le fon que l'on a droit d'exiger du volume énorme de leur maffe. J'en trouve la caufe dans le refroidiffement prolongé de leur matte. Pendant le long efpace de temps qu'il faut pour fixer quarante à quatre-vingt milliers de matte en fufion, les molécules, particuliérement celles de l'intérieur du métal, fe lient étroitement & continuement, en prenant leur configuration naturelle. Chaque cryftal de métal fe trouve plus ou moins féparé de fon voifin, parcequ'étant d'un tiffu plus ferré, plus compact, que lorfque la matte étoit fluide, néceffairement il y a une infinité de petits vuides, enforte que la commotion eft moins prompte & moins générale, puifque chaque molécule faifant l'office d'un martinet à reffort, lorfqu'elle eft ébranlée, elle heurte fa voifine ; fi elle porte à faux, non-feulement fon choc ceffe, parcequ'il n'a point de réaction, mais auffi ne tranfmet aucun mouvement, parcequ'elle n'a rien rencontré dans fa chute :

c'eft

c'eſt un ſemi-ton. L'intelligence de l'ouvrier doit lui ſug-
gérer les moyens de trouver, ſoit dans la forme de la cloche, ſoit dans les proportions du mélange de ſa compoſition, un remede à cette eſpece de défaut ; mais la plûpart des Fondeurs qui courent les campagnes, m'ont paru
ſi peu inſtruits & ſi peu exacts, que je ne ſuis point ſurpris
ſi ſouvent leurs travaux n'ont pas plus de ſuccès. Je reviens
à mon ſujet.

Lorſque dans un fourneau la mine a été trop économi-
ſée, ou que le degré de chaleur a été augmenté par un
vent plus véhément, ou par des charbons plus généreux,
ou enfin que la fonte eſt reſtée trop long-temps dans un
bain chaud, elle eſt pour lors d'un gris très foncé, ſouvent noirâtre, qui eſt la ſeconde eſpece de fonte griſe.
Cette fonte ſort du fourneau avec gravité, parceque ſa trop
grande concentration eſt un obſtacle à ſa fluidité. Elle eſt
triſte, elle ſe couvre de rides formées par les replis d'une
pellicule, qui eſt compoſée de ſa propre ſubſtance, qui
perd promptement ſa fluidité à la ſuperficie, & dont le
mouvement de l'air, excité par la chaleur, entraîne des
particules qui flottent & brillent dans l'atmoſphere. Ces
petits corps, qui ne ſont qu'une fonte très atténuée, ſe
nomment *limaille*, d'où la fonte qui la produit ſe nomme
fonte limailleuſe. Son tiſſu eſt rare, ce qui la rend moins
peſante ; elle eſt douce à la lime ; les tranches y ont de l'accès : mais elle s'égraine plus facilement que la fonte griſe.
Elle ſouffre un effort violent avant de caſſer ; elle eſt très
dure au feu, demande une attention pénible à l'affinerie ;
mais elle donne un fer nerveux & conſiſtant. La configuration de ſes cryſtaux eſt la même que de la fonte griſe ;
mais ils ſont plus courts & groupés irrégulierement à cauſe
de la confuſion qui naît de ſa fixation trop prompte.

Cette fonte donne un très gros déchet dans le produit d'un
fourneau. Les pieces que l'on en coule ſortent rarement
bien réuſſies en petit volume, parceque la limaille qu'elle
forme, l'empêche de prendre les impreſſions des moulures,

K

& de fe réunir parfaitement : enforte que les pieces font galeufes, ridées & fouvent percées. Les tuyaux pour la conduite & l'élévation des eaux n'en doivent point être coulés, car l'eau cribleroit à travers. Cette fonte eft très propre à couler des pieces d'épaiffeur, qui ont befoin d'une grande réfiftance, comme collier d'arbre, tourillons, empoéfes, manivelles des groffes machines, & toutes pieces auxquelles on voudra donner du poli au tour, ou en rechercher au cifeau les rondes boffes, après avoir donné un recuit approprié à cette fonte.

La limaille eft un accident lorfque l'on veut couler des pieces dont elle fait ordinairement manquer la réuffite : pour le reparer, un Fondeur intelligent qui en eft averti par la couleur & la confiftance du laitier, même par la limaille qui s'attache à fes outils dans le travail, une heure avant la coulée, introduit avec précaution des morceaux de fonte blanche en plus ou moindre quantité, fuivant le befoin, ou un peu de plomb. Ce dernier moyen réuffit très bien en le mettant dans les cuilliers avec lefquels on puife le fer. Dans l'un & dans l'autre cas, la limaille fe revivifie, & les ouvrages réuffiffent, parceque les moyens employés lui rendent du foufre & du phlogiftique. La limaille eft donc une fonte qui a perdu prefque tous fes foufres furabondants & un peu de phlogiftique, & n'eft plus fufible fans leur reftitution. Tout ce qui en contient lui fait recouvrer fon état naturel. Plus une fonte eft foufflée, plus elle donne de limaille. Lorfqu'après une mife-hors (a) il refte quelques charbons & un peu de fonte, & que l'on fait fouffler à froid (b) pour accélérer le refroidiffement du fourneau, la fonte qui fe trouve logée dans quelques maffes confufes de laitier & de charbons, fe convertit en limaille, qui eft un amas de petites lames très déliées, d'un noir brillant plus ou moins atté-

_____

(a) Lorfque l'on a fini le travail du fourneau.

(b) C'eft faire mouvoir les foufflets fans matériaux.

nué; les plus minces & les plus petites d'entre elles sont
soyeuses, grasses au toucher, noircissent les doigts en se
brisant; se soutiennent quelque temps dans l'air, réflé-
chissant agréablement la lumiere d'un rayon traversant une
chambre obscure. Elle ressemble à un *mica ferrugineux*,
que l'on pourroit appeller *fer de chat*, en suivant les dénominations vulgaires; elle a aussi beaucoup de ressemblance
à une mine de fer noire brillante, de l'isle d'Elbe, traitée en
Corse. Ces petites lames sont autant de parcelles atténuées
du régule du fer, qui est le troisieme point de vue sous lequel je considere le fer.

Lorsque la fonte de fer reste long-temps en bain sous
une couche de matiere capable d'empêcher la perte de ses
principes essentiels, & qui permet l'écoulement des matieres
hétérogenes qu'elle contient, même les absorbe, la fonte
pour lors se condense en une matiere compacte, dure, brillante, argentée, crystallisée en rhombe hexaedre, en cube,
en parallélipipedes composés d'un tissu de couches appliquées les unes sur les autres, qui se rompent avec effort
rhomboïdalement, comme fait le spath d'Islande, chaque
feuille étant composée de molécules rhomboïdales, intimement unies, & dont la séparation par le feu forme la limaille dont je viens de parler. Cette espece de crystallisation est très difficile à obtenir réguliere; elle est ordinairement confuse; elle tient le milieu entre l'état de fonte &
celui de fer : c'est proprement son régule qui est très peu
malléable, & ne se fond plus totalement; car s'il est poussé
au feu, il passe par différents états, ou il se minéralise, devient mâche-fer, ou il se convertit en amiante ferrugineux,
comme je l'ai démontré (*Voy. Pl. III. Fig.* 19. RO).

Je me sers de ce terme en le généralisant. J'adopte le sentiment de Becher qui définit le régule, *chaos seu medium
inter mineram & metallum; quod nec corpus nec spiritus
est, sed quoddam mirabile quod se ad metalla habet, ut mater.*
Je n'ai point trouvé de nom qui convînt mieux à cette
substance dans laquelle la partie ferrugineuse n'est point

aſſociée au ſoufre pur comme dans la pyrite, n'eſt point décompoſée comme dans les mines par éroſion & par dépôt,
n'eſt point minéraliſée comme dans les diverſes eſpeces de
fontes de fer au point d'être ſuſceptible de fuſion; mais
qui, par une dépuration occaſionnée par une fuſion prolongée, a été réduite au point de fixité de n'être plus ſuſceptible de fuſion, *nec ſpiritus*; mais qui contient encore des
parties hétérogenes interpoſées entre ſes molécules qui s'op
poſent à la ductilité, *nec corpus.*

Lorſque ce régule eſt refroidi promptement, ſes cryſtaux ſont ſi petits, qu'ils prennent un grain d'acier, & pour
lors il eſt analogue au prétendu fer natif d'Allemagne, dont
j'ai vu pluſieurs morceaux caſſés & non rompus.

Le régule de fer paſſé à l'affinage donne un fer doux,
nerveux & conſiſtant; tandis que le fer fait avec la fonte
ordinaire, produite par le même minerai, donne un fer caſſant, aigre, dur à la lime. C'eſt ſur ce principe que, lorſque l'on veut purifier la fonte pour en obtenir un meilleur
fer, on la paſſe au feu de macération, où, après être reſtée
pendant un temps ſuffiſant en bain, on lâche par le chio la
matiere purifiée, qui eſt reçue dans un eſpace limité par un
cordon de fraſin, formant un parallélograme; l'on jette de
l'eau ſur le fer pour en ſéparer le laitier qui le couvre : l'eau
durcit le laitier, raréfie le fer, fait coin entre les deux
ſubſtances & les ſépare; l'on coupe ce macéré par des traits
tirés tranſverſalement avec un morceau de bois; c'eſt à peu
près le travail des gâteaux de Roſette.

La fonte de fer qui a eſſuyé cette refonte, approche par
un degré de pureté plus ou moins exact, de l'état de régule, n'eſt plus fuſible exactement, même à peine peut-
elle être introduite dans des moules, ſur-tout lorſqu'elle
a été trop épurée. C'eſt ce qui fait que ces petits Fondeurs
à la poche, qui refondent la fonte pour en faire quelque
poterie, nomment *fonte enragée* celle qui, ayant déja été
refondue pluſieurs fois, n'eſt plus ſuſceptible de fuſion;
car plus ils lui donnent un feu vif & continué pour la faire

mettre en fufion, plus elle fe grumelle, parceque ce dernier feu, qu'ils s'efforcent en vain de lui donner, eft un feu d'affinage qui la métallife.

Dans le travail en grand, l'ébullition occafionnée par la fraîcheur de l'arene fur lequel ce macéré a coulé, & de l'eau dont il a été arrofé, rend cette fonte réguline plus acceffible au feu par les trous nombreux dont elle eft percée; ce qui la rend femblable en tout au prétendu fer natif du Sénégal, qui a abfolument le caractere de la fonte macérée qu'il a reçue d'un volcan actuel ou éteint. Les certificats des hommes, nés plufieurs milliers d'années après cet accident, ne peuvent prévaloir contre l'expreffion de la Nature. Les principes du fer font fi groffiers, qu'il faut un feu violent pour les pénétrer; leur aggrégation métallique ne peut être opérée par les actes répétés des imbibitions des fucs terreftres, foit aqueux, foit falins, foit fulfureux, ou par la pénétration lente & fucceffive des vapeurs mercurielles qui n'y ont aucun accès. D'ailleurs les fucs qui condenfent prefque tous les autres corps fouterrains, feroient plus capables de détruire l'état métallique du fer que de le lui procurer, puifque les aqueux, en chariant les particules martiales, compofent les ochres & les mines par dépôt; les falins, les vitriols; & les fulfureux, les pyrites. Les vapeurs mercurielles, qui vivifient prefque tous les autres métaux dans leurs matrices (lorfque les circonftances le permettent) ne font point de l'effence du fer, ne font pas même fufceptibles d'union avec la fubftance du fer : donc tous ces agents généraux ne peuvent contribuer à la formation d'un fer vierge. La confommation de cette opération, préparée par la Nature, eft réfervée au feu le plus véhément des volcans, ou de nos fourneaux conftruits à leur imitation.

Je fuis perfuadé de la poffibilité de trouver du fer foffile, comme du bois. Mais conclura-t-on de ce dernier, que la végétation peut avoir eu lieu dans une fituation inverfe ou horifontale, & fans le concours de l'air libre, pour former des forêts fouterraines; que la Nature, pour un phénomene unique, ſe ſera écartée de ſes loix immuables? L'abſurdité d'un tel raiſonnement ſeroit auſſi monſtrueuſe, que la preuve que le requin & la baleine ſont androgéneres eſt que l'on trouve des hommes entiers dans les cavernes de leur eſtomac.

Dans la fabrique du fer en général l'on ne purifie pas la fonte du fer par la macération avant que de l'appliquer à l'affinage. Ce travail eſt réſervé pour les ouvrages de martinet, ſoit pour l'acier, ſoit pour les fers deſtinés aux ornemens. Dans preſque tout autre travail en grand du fer, l'on ſoumet immédiatement la fonte à l'affinage pour en faire le fer par une ſeule opération; enſorte que le feu lui étant appliqué par des actes moins répétés & en des temps plus courts, il a moins de priſe ſur les matieres hétérogenes qu'elle contient, & dont il paſſe une portion plus ou moins abondante dans les maſſes de fer qui ſortent des affineries: plus ces maſſes ſont conſidérables, plus elles contiennent proportionnellement de matieres étrangeres, parcequ'elles ont préſenté moins de ſurface à l'action du fer.

Le fer, au ſortir de l'affinerie, n'eſt donc qu'une louppe d'une matiere ferrugineuſe, plus ou moins pure, dont les parties ſont écartées les unes des autres par une matiere vitrifiée, dont une portion eſt pouſſée au dehors par la preſſion du marteau, qui rapproche les molécules du fer, leſquelles prennent différentes formes, & ſe ſoudent plus ou moins exactement, ſuivant qu'elles ſont plus ou moins homogenes. Celles qui contiennent encore un corps étranger ſurabondant, ſe grumellent & ſe cryſtalliſent plus ou moins réguliérement. Celles qui ſont entiérement privées de toutes parties étrangeres à l'eſſence du métal, ſont atténuées au point de former des filets flexibles : chaque molécule de métal ſe rapproche de ſa voiſine analogue, & ſe cantonne.

Si l'on caſſe une barre de fer, elle eſt brillante dans toute l'étendue de la caſſure, ou par partie, ou enfin elle ne l'eſt point du tout, au contraire elle eſt d'une couleur ſombre. Lorſqu'elle eſt brillante dans toute l'étendue, c'eft par la réflexion d'un nombre infini de facettes qui occupent tout l'efpace circonfcrit. Ces facettes font ou très petites & millionaires, ou plus étendues & moins nombreufes, ou enfin elles font très confidérables, fe nombrent & font paroître leurs dimenfions. Ces trois fituations des molécules du fer font trois degrés d'imperfections qui l'éloignent proportionellement de l'état d'une parfaite métallifation, & prouvent qu'il eft plus ou moins régulin. Plus les facettes font confidérables, plus le fer eft régulin & imparfait; plus elles font petites, plus elles s'éloignent de l'état de régule, plus elles ont d'adhérence & tendent à la perfection.

Une obfervation va prouver que le fer groffier n'eft qu'un régule, puifque ces facettes ne font que des cryftaux de régule rompus.

Lorfque le bout d'une marquette d'encrenée, qui eft un fer crud, eft foumis à la chaufferie à un degré de chaleur affez vif pour faire entrer en fufion le laitier qu'il contient intérieurement, & que les molécules du fer qui lui étoient unies ont pu fe rapprocher, elles prennent une forme réguliere dans ce laitier, qui étoit fon diffolvant, & qui fert de véhicule à fa cryftallifation; fi la chaude eft forcée & qu'elle creve fous le marteau, il s'échappe des groupes de ces cryftaux, que les Forgerons nomment *grumillons*. (*Pl. III. Fig.* 20). Si au contraire la chaude eft ramaffée adroitement, le laitier fue à travers les pores, les cryftaux deviennent irréguliers par la preffion qu'ils reçoivent dans leur état de molleffe, & s'uniffent en tous fens pour former la barre, laquelle étant caffée, préfente des faces brillantes, des angles & des cavités qui ne font que les furfaces de ces cryftaux vus en différents fens.

J'ai trouvé dans des maffes de laitier de chaufferie, des groupes confidérables de ces cryftaux formés par des parties de fer qui s'étoient échappées avec lui par le *chio*, & qui avoient cryftallifés dans le laitier (qui avoit tranché bande), comme dans leur diffolvant naturel. Le laitier eſt aux cryſtaux de fer ce qu'eſt l'eau aux cryſtaux ſalins; c'eſt le diſſolvant dont ils ſe précipitent ſous leur forme eſſentielle, duquel ils retiennent une portion qui lie leur arrangement ſymétrique : & de même que les eaux meres qui reſtent après les cryſtalliſations ſalines contiennent une portion des acides ou des alkalis & de leur baſſes altérées par les ſolutions multipliées & par l'atténuation que leurs molécules ont ſubie par la chaleur répétée ; de même auſſi le laitier contient un réſidu des parties du fer qui ne peuvent plus faire une union métallique, quoiqu'attirables à l'aimant.

Ces cryſtaux de fer ſont rarement bien réguliers, parceque le feu qui leur donne naiſſance les ſoude enſemble, mutile leurs angles par l'action qu'il a ſur leur ſubſtance. Les plus réguliers m'ont paru des polygones, hexaedres, formés de pluſieurs rhomboïdaux unis par leur grande face. (Voy. Pl. III. Fig. 17).

Si l'on caſſe une barre de fer plus épuré que celui dont je viens de parler, c'eſt-à-dire qui ait acquis un degré de perfection au-deſſus d'un fer régulin, la caſſure ſera ſemée par canton de très petites facettes, que l'on nomme grains, & de houpes nerveuſes qui prouvent que le fer touche au point de perfection ; que ce qui la retarde eſt le plus ou moins d'abondance de ces petits grains qui ſont encore imprégnés de matieres étrangeres, & dont le départ fait un fer généreux qui eſt hériſſé dans toute l'étendue de ſa caſſure, d'inégalités de couleur griſe obſcure; ces inégalités ſont formées par un tiſſu de fibres nerveuſes qui, appliquées les unes ſur les autres, forment des muſcles dans le fer qui lui donnent la force & le reſſort. Ces fibres ſont plus ou moins épurées. On apperçoit quelquefois de petits grumeaux, qui interrompent le paralléliſme de la ſituation des fibres du fer, & qui ſont autant de petites parties imparfaites.

Ce ſont ces fibres qui, dans leur état de perfection, m'ont paru capillaires, c'eſt-à-dire tubulées, qui ſont les

parties

parties effentielles homogenes du fer. Tout fer qui, dans une fituation naturelle, n'eft point compofé totalement de fibres, n'eft point fer, mais un fer régulin plus ou moins éloigné de fa perfection. Je dis dans une fituation naturelle; car le travail par lequel on parvient à rendre le fer acier, ne tend qu'à intercepter la continuité de ces fibres, & à leur donner de la roideur; ce qui me fait dire, en attendant que j'ai acquis plus de lumieres fur la nature de l'acier, que ce dernier eft un fer difpofé dans une fituation contraire à la naturelle.

Le fer en général, & plus encore dans fon état de perfection, a, pour ainfi dire, les propriétés d'un corps organifé; puifqu'il contient en foi une matiere fluide, fubtile, qui eft fufceptible de circulation, lorfqu'on lui a imprimé le mouvement, foit naturellement par la pofition dirigée au pôle, foit par un frottement mutuel de deux morceaux de fer, en fuivant la direction de fes fibres, foit par le frottement d'une pierre d'aimant; il a auffi la propriété d'attirer fortement, de contenir & de tranfmettre le fluide électrique, d'anéantir les effets du tonnerre; enforte qu'il eft inoui que la foudre foit jamais tombée fur une forge à fer.

Après avoir obfervé avec attention toutes les nombreufes fituations du fer depuis fon exiftence dans le fein de la terre, & les différentes formes qu'il prend par l'effet du feu, duquel il tient fes différents degrés de pureté, je conclus qu'il n'y a point de métal qui varie plus que le fer dans les opérations de la Nature, & de celles de l'art qui le conduifent à fa perfection; que les parties du fer, en fuivant l'ordre naturel des chofes, ont une forme réguliere, fymétrique, effentielle & caractériftique; que tous les métaux doivent de même prendre une forme diftincte & relative; qu'il ne s'agit pour s'en convaincre que de les faire entrer en fufion exacte & rallentie par une longue gradation.

Je fuis perfuadé qu'ayant acquis une connoiffance exacte

L

de la figure des cryſtaux, où plutôt des molécules de chaque métal, l'on pourroit découvrir, par la forme que prendroient les cryſtaux de pluſieurs métaux confondus, & ſuſceptibles d'union, l'eſpece de métal qui feroit alliage , & les proportions du mêlange, en ſupputant l'ouverture & le nombre des angles, les faces plus ou moins allongées des cryſtaux métis, des métaux alliés; car deux corps unis prennent enſemble un terme moyen de configuration, ſuivant les proportions entre eux.

C'eſt l'idée de ces proportions moyennes & relatives, qui découvrit au ſavant Archimede , par les loix de l'Hydroſtatique , la qualité & la quantité d'alliage dont un Orfevre avoit altéré l'or de la couronne d'Hiéron II. Nous connoiſſons par la ſeule inſpection , par le goût , même par le tact, quelle baſe & quel acide concourent à la formation de preſque tous les ſels neutres : ſi nous n'avons pas les mêmes connoiſſances ſur les métaux, c'eſt que nous y ſommes moins exercés.

Je paſſe à la deſtruction du fer que je parcourrai rapidement. Le fer eſt de tous les métaux celui qui ſe ſoutient le moins dans ſon état. Son principe terreux, abondant, n'eſt lié qu'imparfaitement avec ſon phlogiſtique, à cauſe d'une portion conſidérable de ſubſtance ſaline qui eſt de ſon eſſence, & qui le décele par la ſaveur qu'il imprime ſur la langue; c'eſt pourquoi tous les fluides , excepté le mercure, l'attaquent & le rongent, mais dans des proportions différentes.

L'air fait à la ſurface du fer une rouille légere qui, en durciſſant , fait l'effet d'un vernis fondu, impénétrable, & reſſemble aux vernis précieux des bronzes antiques.

L'eau agit ſur le fer avec plus d'action que l'air, parcequ'elle a beaucoup d'affinité avec les parties ſalines du fer; elle s'y unit, dégage les molécules terreuſes qui ſe condenſent ſous la forme d'une mine ochrale ſi c'eſt à l'air libre, parcequ'il perd ſon phlogiſtique, & ſous une couleur noire, lorſque cette diſſolution ſe fait ſous l'eau.

Plus le fer contient de parties salines sulfureuses, c'est-à-dire plus il est imparfait, plus l'eau a de facilité à le détruire.

Toutes les substances salines ont beaucoup d'accès sur le fer, & le réduisent plus ou moins vîte en rouille; & toute espece de rouille de fer est entiérement analogue aux mines par érosion & par dépôt.

Le soufre a une très grande affinité avec le fer, l'attaque à froid, lorsqu'il se trouve de l'humidité pour faciliter le mouvement: à chaud, le soufre fond le fer dans l'instant & le réduit dans un état de pyrite.

Le feu agit toujours sur le fer; & lorsqu'il contient des parties sulfureuses, surabondantes, il l'en dépouille, & par là le perfectionne; mais lorsqu'il a acquis son degré de parfaite métallisation, le feu attaque sa propre substance & la détruit. Un feu véhément pénetre intimement le fer, écarte ses molécules, les divise: la partie saline du fer se combine avec son propre phlogistique & celui des charbons; il se forme du soufre qui fond & vitrifie la partie terreuse. Ce que j'avance se prouve par une expérience commune: lorsque l'on interpose de l'eau entre le fer bien chaud, prêt à fondre, & l'enclume, que subitement l'on frappe du marteau, il se fait une explosion très violente qui répand une odeur sulfureuse: chaque molécule d'eau très divisée s'est chargée d'une molécule du soufre factice qui l'a suivie dans sa course rapide.

Si le feu est moins violent, mais continué, il réduit le fer en une poudre rouge très atténuée, c'est proprement un colcothar formé par la terre principe du fer, très atténué par les soufres, dépouillé des parties salines, & chargé encore de phlogistique. La vitrification n'a pas eu lieu, parceque le feu n'a pas été assez vif.

J'ai eu une vitrification de ce colcothar, faite dans un feu très violent & éteint lentement; elle étoit crystallisée sous une forme réguliere, & la couleur du rubis-spinelle. Comme elle n'étoit apparente qu'à des yeux intéressés, & qu'elle portoit fur une très groffe craffe, l'on m'en a privé par l'excès d'une fauffe propreté.

Enfin le fer, expofé à un feu moins vif, en perdant infenfiblement fes principes actifs à la furface, fe couvre de feuillets formés par fes parties détruites, & qui fe multiplient en tendant au centre, relativement à la durée de l'action. Le fer en cet état approche beaucoup de celui des fanguines brunes & dures, qui font fouvent des minerais fort riches.

En général le feu, tel vif qu'il foit, ne peut fondre le fer qui eft dans fon état de perfection fans le dénaturer & le minéralifer. L'étincelle qui fort du fufil eft un petit globule de fer qui a été détaché par le choc, rougi & fondu par le frottement vif, au point de perdre fon phlogiftique, par le contact de l'air avec explofion qui fait crever cette petite bombe.

Par la continuité de l'action, le feu & l'eau détruifent l'aggrégation du fer, mais par des voies différentes. L'un lui enleve, & l'autre lui fournit. L'eau en attaquant le fer s'attache d'abord à la partie la plus foible, lui enleve la partie faline & fulfureufe furabondante; ce qui fait que d'un fer expofé à l'impreffion de l'eau pendant long-temps & qui n'eft pas totalement détruit, ce qui a échappé à fon défaftre, eft un fer nerveux & d'une qualité fupérieure. Au contraire, le feu attaque la propre fubftance du fer immédiatement en s'introduifant entre fes molécules, les diftend, les gonfle, fouvent les vitrifie; enforte qu'un barreau de fer qui a été long-temps expofé à une grande chaleur, le contour eft environné d'une croûte dure & fragile, femi-vitrifiée, femblable à du laitier; l'intérieur qui n'a pas été totalement détruit, a été pénétré des parties les plus actives du foufre qui s'eft formé, & eft devenu fi fragile, qu'il eft hors de fervice, n'ayant que la figure du métal.

Il y a des mines de fer qui fe rouillent & s'appauvriffent,

d'autres qui se perfectionnent, suivant les substances dont elles sont pénétrées ultérieurement à leur formation.

La fonte de fer est aussi susceptible de destruction ; l'eau n'a pas autant d'accès sur la fonte que sur le fer, parcequ'il faut considérer encore la fonte embarrassée par une matiere à demi-vitrifiée, & que de tous les états des corps, la vitrification est celui qui les rend les moins accessibles, parceque les parties vitrifiées sont si atténuées, qu'elles font une union si parfaite qu'elles deviennent homogenes & diaphanes.

Moins les fontes sont parfaites, moins l'eau y a d'accès; mais le feu les entame toutes & les détruit plus ou moins exactement, suivant qu'il lui est appliqué. Le premier effet du feu sur la fonte est de lui enlever les soufres surabondants, & l'approche d'autant de l'état de métal en la régulisant; c'est en quoi consiste l'art d'adoucir la fonte de fer & de la rendre limable; mais si le feu est continué, le principe sulfureux que le feu développe, est détaché des parties les plus intérieures de la fonte, repasse dans les parties situées à la circonférence, &, par une espece de palingénésie, il lui rend son état primitif; ou par la surabondance & par les actes répétés du feu, il la détruit & la scorifie. J'ai un morceau de fonte de fer qui a subi ces trois degrés d'altération, & dont le centre est une fonte grise, entourrée d'un cordon brillant blanc, qui est régulin, & enveloppé d'une croûte noire, dure, fragile, composée des débris de la fonte qui s'est minéralisée. (*Voy. Pl. III. Fig.* 21).

Lorsque l'action du feu est aidée par quelques alternatifs d'humidité, la destruction de la fonte est plus prompte & plus totale; parceque l'eau s'insinuant dans les pores ouverts par l'action du feu, fait coin, souleve les parcelles altérées par le feu auquel elles découvrent de nouvelles surfaces; d'ailleurs il se fait une combinaison des parties salines de la fonte avec l'eau qui forme un véhicule d'au-

tant plus puiffant qu'il eft plus analogue, & que la chaleur lui donne de l'action.

Les contre-cœurs des cheminées dans les appartements
à rez-de-chauffée, donnant fur cour ou fur rue, périffent
en très peu de temps, parceque l'humidité du dehors,
fouvent chargée de parties nitreufes ou ammoniacales,
attirée par le feu intérieur, travaille de concert avec la
chaleur du foyer à la deftruction de la fonte de la plaque,
la réduifent en une fubftance brune, friable, & compofée de couches appliquées les unes fur les autres, d'épaiffeur mefurée par les périodes de l'action, ayant d'ailleurs
un coup-d'œil réfineux, tel que ces gros tartres rouges du
Rhin (a). Les vapeurs foûterraines détruifent le fer. J'ai
un morceau des rampes des caves de l'Obfervatoire qui a
pris dix fois fon volume.

Toutes les obfervations répandues dans ce Mémoire
conduifent naturellement à définir le fer : un métal d'un
tiffu rare, dur, & d'une ductilité bornée; d'une couleur
grife, fombre à la caffure, & fon poli tirant à celle de
l'eau du diamant fourd; qui ne parvient à fa perfection
qu'après avoir paffé par nombre de différents états; de qualité, dont chacune a fa propriété dans les arts; qui reçoit
aifément la chaleur par le mouvement, & la conferve
long-temps; qui demande le feu le plus véhément dans
fon traitement; qui fe dilate confidérablement & s'amollit
au feu; fe concentre & fe durcit au froid; qui ne peut
rougir au blanc fans perdre de fa fubftance; qui ne fond
jamais au feu, qu'après avoir perdu fon état de ductilité,
qui eft diffous & détruit par tous les fluides, excepté le mercure; il eft compofé d'une terre vitrifiable abondante, d'un
fel fulfureux, de beaucoup de phlogiftique mal combiné;

_____

(a) Les plaques de fonte qui couvrent la voûte fous l'ouvrage des fourneaux
de fonderie, font fouvent détruites en un an ou deux : elles deviennent plus fragiles que le verre.

affectant enfemble la figure du rhombe, groupés différemment, fuivant leurs proportions, lorfqu'ils n'ont pas encore
acquis le degré de la parfaite métallifation, après laquelle
ils paroiffent arrangés en fils qui m'ont paru tubulés, réunis par faifceaux fous une enveloppe commune.

Tous les récréments des forges, qui portent indiftinctement le nom de laitier, font nombreux; ils different beaucoup entre eux. Leur analyfe pourroit répandre des lumieres dans la fidérotechnie, tant pour leur nomenclature
que pour la connoiffance phyfique des caufes, & pour perfectionner les procédés des manufactures.

EXPLICATION

DE LA PLANCHE PREMIERE.

Figure 1. repréfente le fegment d'un boulet dont le centre de la cryftallifation a été déplacé & pouffé en B, à caufe d'un refroidiffement accidentel arrivé à la partie oppofée fur la ligne ponctuée A.

Figure 2. Segment d'un boulet de fonte blanche dont la cryftallifation s'eft faite naturellement en rayons convergents au centre,

Figure 3. Forme d'un cryftal de fonte blanche.

Figure 4. Segment d'un boulet coulé d'une fonte agitée tumultueufement, ce qui a occafionné des chambres E, & autres répandues dans la maffe ; lefquelles diminuent le poids fans diminuer le volume. La partie C s'eft condenfée confufément fans arrangement : les vuides & le mouvement ayant troublé l'ordre, ont changé la direction naturelle en D.

Figure 5. Segment d'une bombe chambrée dans fon épaiffeur. Souvent une couche légere de fonte couvre les chambres, & la partie F, qui eft celle qui pofe fur la charge du mortier, étant foible, eft fendue par l'effort de l'explofion, alors le feu fe communique à la poudre qui occupe l'intérieur, & fait crever la bombe : fi les chambres font nombreufes, le poids de la bombe eft d'autant diminué, d'où naiffent des erreurs dans fon ufage. Ses anfes G doivent être de très bon fer, parceque la fonte communique une qualité aigre au fer.

Figure 6. Cube compofé de petits cubes (7) entaffés. Si la bafe d'un cube, que l'on peut fuppofer d'une ligne de diametre, eft compofée d'une rangée de 1000 molécules de matiere, chaque couche en contiendra 1 million, qui donneront au total un cube compofé d'un milliard de molécules, conféquemment un cube d'un pouce de diametre

metre en contiendra un billiard, 728 milliards, ainsi du rhombe.

Figure 8. Rhombe qui est la figure des molécules du fer, composé d'une infinité de petits rhombes (9).

PLANCHE DEUXIEME.

Figure 10. Morceau de fonte de fer, dont la surface est jonchée de cristaux de fonte grise ; lesquels sont jettés confusément, & ont des angles moufles, parceque la retraite n'a pas été assez considérable & qu'ils ont été trop portés à la surface.

Figure 11. Cristaux de fonte, vus dans leur situation naturelle sous différents points de vue, & d'une grosseur triplée.

Figure 12. Cristal de fonte grise grossi considérablement & vu en face.

Figure 13. Le même cristal vu perpendiculairement.

Figure 14. Le même cristal vu obliquement. L'opposition cruciale y paroît à la base de la principale pyramide L.

Figure 15. Cristal de régule de fer régulin en rhombe.

Figure 16. Cristal de régule de fer, groupé par des prismes triangulaires M N, qui sont des sections du rhombe.

PLANCHE TROISIEME.

Figure 20. Groupe de petits cristaux hexaedres de fer régulin & grossi considérablement sous la *figure* 17.

Figure 17. Cristal de régule de fer faisant un décatétraedre - exagone. Quoique la base des cristaux de fer soit un rhombe, il n'est pas étonnant qu'ils affectent le poly-hexaedre, qui n'est composé que de plusieurs rhombes & sections de rhombe, ainsi qu'il est démontré en la *figure* 18.

Figure 18. Décatétraexadre-hexagone composé de rhombes & de sections de rhombes. Le trapézoïde O, qui tra-

M

verfe diagonalement le fegment fupérieur de l'hexaedre,
eſt compoſé de deux rhombes & d'une ſection d'un rhombe, ainſi que l'oppoſé Z. Les triangles P & les autres
ſont autant de ſections du rhombe, appliqués ſur le premier, & qui, s'uniſſant tous par leur ſurface rectangle,
donñent un poly-edre hexagone.

Figure. 20 Morceau de régule de fer, où l'on voit différents
rhombes R groupés biſarement; S préſente un exa-
edre; X un priſme triangulaire; O feuillets du régule
rompus à force de bras; Q eſt une cryſtalliſation confuſe, parceque la matiere a été moins purifiée & refroidie
promptement; T fait voir une houpe d'amiante logée
dans l'épaiſſeur du régule. Dans la partie ſupérieure l'on
voit pluſieurs alvéoles A, remplis d'amiante ferrugineux,
ſéparés par des couches concentriques X; les cloiſons des
alvéoles ſont rayées par l'impreſſion de l'amiante V; le
haut de quelques unes eſt taillé en dents aiguës Y; ces
dents ſont autant d'angles de cryſtaux.

Figure 21. Morceau de fonte dont le premier contour extérieur B a été détruit & ſcorifié par la continuité de l'action. Le deuxieme, qui eſt brillant, eſt une partie de la
fonte qui s'eſt réguliſée, tandis que le centre eſt reſté en
ſa nature de fonte, n'ayant pas ſubi aſſez long-temps
l'action du feu pour paſſer à l'état de régule, comme le
cordon brillant qui l'enveloppe, ni pour être détruit
comme le contour extérieur.

Pl. I.

Fig. 1.

A

B

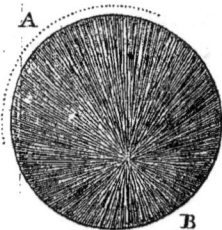

Fig. 2.

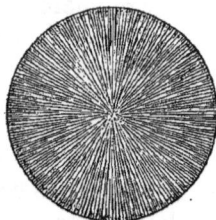

Fig. 3.

Fig. 4.

C

D

E

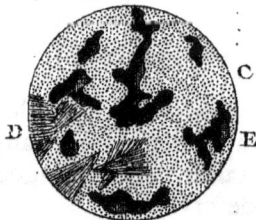

Fig. 5.

G   G

F

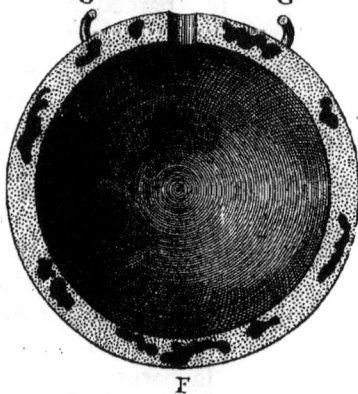

Fig. 6.

Fig. 8.

Fig. 7.

Fig. 9.

Pl. II.

Fig. 10.

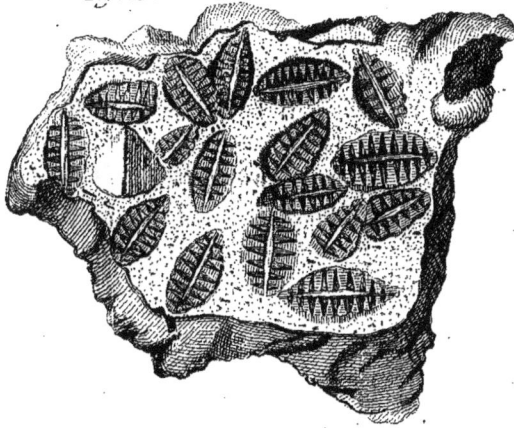

Fig. 11.

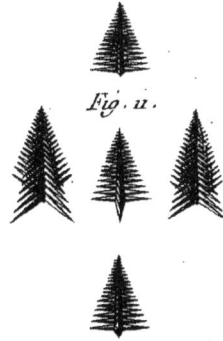

Fig. 12.

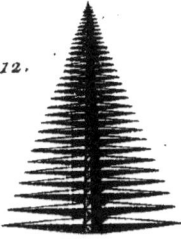

Fig. 13.

Fig. 14.

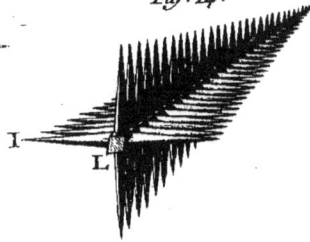

I

L

Fig. 15.

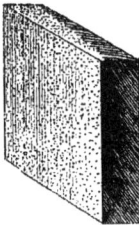

Fig. 16.

M

N

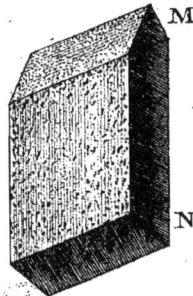

De la Gardette Sculp

Linéavit Grignon.

Pl. III.

Fig. 17.

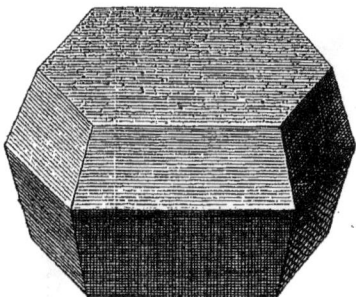

Fig. 18.

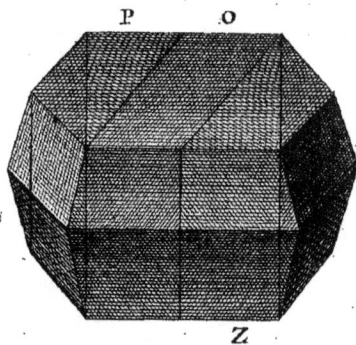

Fig. 20.

Fig. 19.

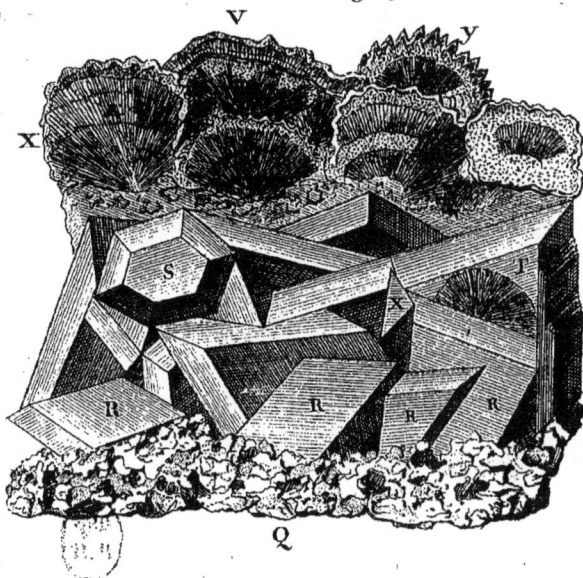

Fig. 21.

De la Gardette Sculp.   *Lincavit Grignon.*

MÉMOIRE

DE SIDÉROTECHNIE,

CONTENANT

DES EXPÉRIENCES, OBSERVATIONS

ET RÉFLEXIONS

SUR LES MOYENS DE LAVER ET DE FONDRE LES MINES DE FER
AVEC ÉCONOMIE.

OUVRAGE DIDACTIQUE.

.... fi quid novifti rectius iftis,
Candidus imperti : fi non, his utere mecum.

AVANT-PROPOS.

DE toutes les opérations de la Sidérotechnie, l'art de
fondre le minerai avec économie, eft celle qui demande
le plus de connoiffance, & le plus d'attention ; cependant
nous voyons avec douleur cette partie abandonnée prefque entiérement à des ouvriers fans principes, & toujours
incertains dans la pratique de leur routine. C'eft à ces
gens, dénués de connoiffances, que l'intérêt de la fociété,
la fortune du Commerçant font livrés. Par leur ignorance,
fouvent par leur inconduite (a), ces diffipateurs confom-

(a) Il y a cependant des Fondeurs qui, par leurs connoiffances locales & par
leur conduite, font au-deffus du commun des Fondeurs.

ment vainement le produit des forêts, dont la perte irréparable énerve les reſſources de l'État. Le défaut de produit prive la ſociété d'un bien néceſſaire ; & le Maître de forges qui a fourni à des dépenſes énormes, pour raſſembler de prodigieux magaſins de matériaux, voit anéantir ſes juſtes eſpérances, & ſent ébranler ſa fortune juſque dans ſes fondements. L'art de fabriquer le fer, les travaux de nos manufactures feront-ils donc toujours incertains & infructueux par le défaut de lumiere des ouvriers qui en dirigent les opérations ?

Les forêts s'appauvriſſent & ſe détruiſent par l'excès d'une conſommation abuſive. Quel intérêt la ſociété n'a-t-elle pas de découvrir des moyens de conſerver un bien ſi précieux, ſi néceſſaire & indiſpenſable à nos Manufactures ? L'on y peut parvenir par une ſage adminiſtration ; mais plus efficacement en économiſant le charbon dans les travaux qui ont pour objet la réduction des mines & leur métalliſation, par la juſte application des loix de la pyrotechnie dans la conſtruction des fourneaux qui en conſomment immenſément ; puiſqu'un ſeul fourneau conſomme ordinairement en une année le produit de deux cents arpents de bois de l'âge de vingt-cinq ans : il y a en France près de ſix cents fourneaux de fonderie, c'eſt cent vingt mille arpents par an.

C'eſt dans ces vues d'économie, que je propoſe les moyens qui m'ont réuſſi, & qui m'ont paru les plus propres à concentrer la chaleur du charbon, & à l'appliquer totalement au minerai ; travail dans lequel j'ai eu à ſurmonter les obſtacles de la dépenſe, des tentatives, & ceux du préjugé ; car quelques principes de Chymie & de Phyſique étoient les ſeules connoiſſances que j'apportai en entrant dans l'ex-

ploïtation des forges, dont je n'avois nulle idée des opérations. Je fus obligé de fuivre d'abord le torrent de la routine ; de donner ma confiance aux ouvriers qui fe préfen-
terent ; de croire que le réfultat de leurs opérations étoit
tout le produit que l'on pouvoit efpérer des matériaux employés ; qu'il n'y avoit point enfin d'autre route pour tendre à la perfection , puifque mes confreres ufitoient les
mêmes voies.

Après avoir débrouillé le cahos d'idées vagues, dans lequel m'avoit plongé le défaut d'ufage, je commençai à calculer & à réfléchir. Peu fatisfait des mauvais raifonne-
ments des différents Fondeurs dont je m'étois fervi ; rebuté
par leur négligence & par leurs vices, je jurai leur exil, qui
n'a point eu de rappel : enfin après diverfes tentatives, fur
différentes proportions que j'avois vu pratiquer à mes myf-
térieux ignorants ; y en avoir joint d'autres qui m'avoient
été communiquées, & avoir fait divers changements, qui
m'avoient femblé parer à certains défauts, j'ai abrogé toute
ancienne pratique, & je me fuis fait un plan entiérement
neuf, qui a eu tout le fuccès que j'ofois en efpérer.

Pour répandre plus d'ordre dans les réflexions diftribuées
dans ce Mémoire, je le partagerai en trois Chapitres di-
vifés en plufieurs Sections.

Le premier aura pour objet principal la conftruction intérieure d'un fourneau qui économife plus d'un cinquieme
de charbon. Après des obfervations générales & de particulieres fur les effets du feu, & fur la nature de la
flamme relativement à mon objet, je poferai des principes
dont je tirerai des conféquences, je décrirai enfuite les
proportions intérieures d'un fourneau, les moyens de les
exécuter, le défaut des conftructions contraires.

Dans le deuxieme Chapitre je propoferai mes réflexions fur la diete & fur la régie d'un fourneau.

Dans le troifieme & dernier, je traiterai du lavage des minerais, de la conftruction d'un bocard compofé, propre à toutes efpeces de minerais.

Je m'eftimerai heureux, fi mes expériences & mes réflexions peuvent être de quelque utilité à la fociété.

CHAPITRE PREMIER.

De la construction d'un fourneau, de la description de ses proportions intérieures, & des effets du feu.

SECTION PREMIERE.

La Pyrotechnie des forges consiste à développer, multiplier, & administrer le feu aux matieres passives qui lui sont soumises ; à écarter toutes les causes qui énervent la chaleur, & à concilier toutes celles qui concourent à son développement, à sa concentration, & à son intensité. La réduction des minerais du fer est, sans contredit, l'opération qui demande le feu le plus actif, le plus véhément & le plus considérable : il est donc de la derniere importance d'y apporter l'attention la plus scrupuleuse. Rien n'est indifférent dans la construction d'un fourneau à fondre les mines ; la position de l'usine, la qualité des matériaux, l'art de les employer, la solidité des masses, les coupes, les pentes, les proportions, toutes ces choses doivent concourir à la perfection d'un fourneau, dont le défaut de produit dépend souvent de leur défectuosité.

Je suis toujours étonné de voir dans presque toutes les forges le fourneau situé dans le lieu le plus bas de l'emplacement, parcequ'étant d'une élévation considérable, on cherche à rendre sa partie supérieure plus accessible aux chargeurs, en diminuant par cette position le nombre des degrés de l'escalier, & l'étendue du rampant qui y conduisent, enfin la hauteur de la roue qui fait agir les soufflets.

De cette position défectueuse il résulte les accidents les plus fâcheux ; car le gonflement des eaux dans les débordements, l'égoût des pluies, & les filtrations des eaux de la riviere, de l'étang, ou des canaux qui fournissent à la dépense de la roue gagnent dans les temps fâcheux le fond

de l'ouvrage, le refroidiffent, & fi la crife qui en eft la
fuite ne force pas fubitement à une mife-hors onéreufe,
au moins elle diminue confidérablement le produit, parceque les fraîcheurs détruifent une grande portion de la
chaleur. Alors le départ des matieres devient moins exact,
la fonte s'appauvrit fouvent au point de fe figer dans fon
bain; l'on eft forcé de diminuer la quantité du minerai,
pour que la proportion du charbon, devenant fupérieure,
augmente la chaleur pour liquéfier la fonte pâmée ou figée;
fouvent même un fourneau, après avoir long-temps langui,
avoir fait un faux produit, & avoir donné des fontes très
défectueufes, s'embarraffe au point de ne pouvoir être fe-
couru : le travail ceffe de lui-même, & la perte eft ineftimable.

Pour prévenir ces funeftes accidents, il eft néceffaire,
pour fonder un fourneau; de choifir un lieu un peu élevé
& ifolé au moins du côté du biez; il faut conftruire au
centre du maffif une voûte de fix à fept pieds de longueur
& quatre de largeur dans œuvre, naiffante de la fondation
des murs & piliers; que la clef du ceintre de cette voûte
à anfe de panier, foit élevée au moins d'un pied au-deffus
du niveau des eaux les plus hautes dans les débordements, &
qu'il y ait une iffue acceffible pour la vifiter. Cette voûte doit
être conftruite avec des briques pofées à bain de mortier, parceque la brique ménage l'efpace, qu'elle réfifte à la chaleur
Voy. Pl. V & VI). Quelques Fondeurs, en place de cette
voûte, pratiquent un petit fouterrain couvert de plaques de
fonte; cette dépenfe demande à être répétée fouvent, par
la prompte ruine des plaques de fonte qui fe calcinent; cette
pratique d'ailleurs ne remplit pas l'indication avec le même
fuccès que la voûte qui eft à préférer à tout autre moyen.

Lorfqu'un fourneau eft conftruit de façon que l'on ne
peut pratiquer une voûte fous l'ouvrage, il faut au moins
y ménager un efpace vuide le plus profond poffible; dont
le fond cependant foit au-deffus de la furface ordinaire
des eaux environnantes; que cette foffe foit formée par deux

canaux

canaux de quinze à seize pouces de largeur, dont l'un soit
tiré diagonalemnt de l'angle entre la rustine & la tuyere,
au pilier entre le contrevent & la tympe ; l'autre canal
doit être tiré du pilier de cœur, & joindre l'autre dans son
milieu, ce qui forme Λ, dont le point de section se trouve
sous le centre du foyer : l'on recouvre ce canal avec des
pierres les plus réfractaires ; l'on scele toute la maçonnerie
avec une couche de deux à trois pouces d'épaisseur d'un
mastic fait avec du sable, du ciment, de la chaux, & du ha-
mecelac de bache, qui prend une consistance très dure ; on
pratique aux trois extrémités de ce canal des ouvertures sur
lesquelles on adapte des tuyaux de fonte, ou de fer battu,
que l'on nomme soupiraux, pour servir d'issue aux vapeurs
humides, & éviter l'explosion qui, sans cette précaution,
naîtroit de leur prodigieuse expansion : il faut en user de
même avec les voûtes.

Si un fourneau est adossé à une monticule pour la facilité
de son service, il est absolument nécessaire de pratiquer autour une petite galerie de dix-huit pouces au moins de largeur, bien murée, ayant une issue pour l'écoulement des
filtrations ou des sources, & dont la voûte soit élevée au niveau des terreins contigus à la tour. J'ai fait construire un
fourneau dans une pareille situation, il y avoit plusieurs
sources abondantes que je détournai par une galerie circulaire qui régnoit au pourtour des fondations, laquelle fournissoit à la boisson des ouvriers & au service du fourneau.

L'on ne doit rien négliger de ce qui peut éloigner d'un
fourneau l'humidité qui est si contraire à l'intensité de la
chaleur, de laquelle dépend la perfection de son produit.

L'élévation du fond & de la totalité d'un fourneau ne doit
point inquiéter sur la hauteur de la roue, parceque, 1°. plus
elle est élevée, plus sa puissance devient supérieure en raison de la longueur de son lévier, & moins elle dépense
d'eau ; 2°. on peut diminuer la hauteur de la roue en la di-
visant par l'engrenage d'un hérisson & d'une lanterne qui
communiquent le mouvement de la roue aux soufflets ;

N

le jeu en est plus uniforme, le travail nécessairement plus exact, & la dépense de l'eau beaucoup moindre.

Je n'entrerai point, dans ce Mémoire, dans le détail des fondations de la batisse des murs extérieurs, & des piliers d'un fourneau : je dirai seulement que l'on ne peut trop prendre de précautions pour la fondation, soit sur bons fonds, soit sur pilotis ; que la pierre de taille, le grès, la pierre de meuliere, & généralement toutes les pierres poreuses, solides, sont préférables à toutes autres ; que les pierres schisteuses n'y sont point propres ; qu'il est nécessaire de donner aux murs & piliers quatre pouces de fruit par toise, depuis la semelle jusqu'à l'entablement où commencent les batailles, qui sont des murs qui s'élevent perpendiculairement tout autour ; que les marâtres du côté des tympes & de la tuyere, coupées en abat-jour, composées de parements-parpaings, de pierres de taille soutenues de 18 pouces en 18 pouces sur des longrines de fonte de fer, ou des gueuses posées horizontalement d'un bout sur le pilier de cœur, & de l'autre sur les piliers qui lui font face, sont très coûteuses ; &, comme les longrines de fonte, augmentent par la chaleur dans toutes leurs dimensions, elles occasionnent des poussées, accident qui n'a pas lieu avec les voûtes coupées. L'on pratique une cheminée au centre de celle des tympes, pour passer les fumées & les étincelles, ce qui empêche qu'elles ne portent le feu dans les toilures de l'hangard du coulage. (*Voy. Pl. XII*). Dans tout le massif, l'on doit pratiquer des courants qui se communiquent & qui aient une issue à l'extérieur pour dissiper les vapeurs, sans quoi la violence du feu, en écartant les murs par sa force expansive, occasionneroit des lézardes & des poussées qui précipiteroient la ruine du fourneau.

Je reviens à l'intérieur du fourneau qui est la partie la plus essentielle, & l'objet principal de ce Mémoire.

L'on divise l'intérieur d'un fourneau en trois parties, qui sont le foyer inférieur, le grand foyer & le foyer supé-

rieur. Le foyer inférieur comprend le bas du creuſet juſqu'à la baſe des étalages : le grand foyer eſt formé par les
étalages, depuis leur baſe juſqu'à leur partie ſupérieure : le
foyer ſupérieur eſt formé par le grand cône appuyé ſur la partie ſupérieure des étalages, & eſt terminé par la bure. Des
proportions de ces trois parties d'un fourneau, dépend le
produit qui eſt relatif au développement & à la juſte application de toute la chaleur que peut produire la quantité de
charbon ſur le minerai employé, & à tous les déſordres
qui naiſſent d'une conſtruction vicieuſe. Pour tirer des con-
ſéquences ſur la néceſſité de certaines proportions de l'intérieur d'un fourneau, il eſt néceſſaire d'entrer dans des
détails ſur le feu & ſes effets, dans la réduction des mines.

SECTION II.

Du développement du feu & de ſon action ſur le minerai.

LES molécules du minerai ne ſe déſuniſſent que par l'action du feu pouſſé avec activité. Elles ne ſe métalliſent que
par la fécondation du phlogiſtique des charbons; le phlogiſtique des charbons ne produit d'effet qu'autant qu'il eſt
appliqué immédiatement; c'eſt un eſprit vivifiant dont la
vertu eſt énervée, même anéantie par la diſtance qui le
ſépare de l'objet qu'il quitte, & de celui qu'il doit animer; il eſt donc eſſentiellement néceſſaire que le minerai
ſoit mêlé avec le charbon pour qu'il reçoive ſon phlogiſtique à meſure qu'il quitte les entraves qui le retenoient
dans le charbon : premiere conſéquence.

La chaleur eſt produite par la flamme plus ou moins
pure.

Je conſidere la flamme comme une maſſe fluide & liquide : elle eſt formée des parties charbonneuſes les plus
atténuées, rendues viſibles par la réflexion du principe de

N ij

la lumiere fur leurs furfaces : ces molécules charbonneufes font extraites du principe bitumineux du corps embrafé, portées fur les ailes d'une fubftance fluide : cette fubftance fluide eft toujours de l'eau dans fon principe, laquelle eft ou unie aux autres parties conftituantes du corps embrafé, ou lui eft adminiftré par un moyen quelconque.

Lorfque le principe aqueux eft furabondant, la flamme eft précédée d'une vapeur blanche, abondante, qui n'eft que l'eau raréfiée, entraînant avec elle une portion des parties de feu néceffaire à fon expanfion; cette vapeur eft fuivie d'une fumée noire qui eft compofée de ces molécules charbonneufes éteintes par l'abondance de l'eau unie à une portion du principe huileux qui n'eft point entiérement décompofé, parceque l'embrafement n'eft point affez total, & font entraînées par le torrent de la réfraction : fi dans la route qu'elles parcourent elles rencontrent des corps folides plus froids qu'elles, elles s'y condenfent & s'y fixent fous une forme bitumineufe qui conftitue la fuie. Cette fumée noire, fi effrayante dans les incendies publiques, eft fuivie d'une autre d'un rouge obfcur; elle eft telle, parceque la fubftance charbonneufe, moins noyée d'eau, eft plus pénétrée du principe du feu; enfin il paroît une flamme qui a des nuances graduées; le rouge qui fuccede au brun eft la fuite d'un dépouillement plus exact de la partie humide qui laiffe appercevoir ces molécules elles-mêmes embrafées & fe décompofant. Le blanc pâle eft l'effet de ces parties plus atténuées, plus liées au principe aqueux, faifant pour ainfi dire un corps diaphane, parcequ'il devient plus homogene à caufe de la ténuité de fes molécules.

La flamme, dans ces degrés & dans ces nuances infinies, eft molle, énervée, n'a qu'une action bornée, la main la traverfe impunément; il n'en eft pas de même lorfque la flamme eft compofée d'une jufte proportion d'eau feulement fuffifante au développement & à l'effor des parties du feu; elle eft alors d'un blanc vif, mêlé de traits bleus azurés, gorge de pigeon, formée par ces molécules charbonneufes atténuées au dernier période, combinées avec la juste proportion d'eau nécessaire à leur développement, à leur expansion, & unie au phlogistique qui la colore en bleu; le phlogistique lui est d'autant mieux uni & plus abondamment, que les molécules charbonneuses qui le contenoient sont plus atténuées & plus décomposées.

Rien ne résiste à l'action de cette flamme pure & multipliée; elle désunit les parties constituantes des corps, les décompose, les fond & les vitrifie. Or comme le minerai du fer est un corps très réfractaire, il faut lui opposer une flamme de cette nature, puissante; nous ne pouvons la trouver que dans le charbon végétal ou minéral, qui sont les substances qui contiennent le plus de parties de feu, & les moins embarrassées, sous un moindre volume.

Le charbon végétal dans son état de perfection ne contient point essentiellement d'eau, aussi ne produit-il point de flamme si on ne lui en procure par un courant d'air qui lui en porte; il est donc important de lui en fournir pour accélérer le développement du principe du feu qu'il contient; il n'est que deux moyens d'administrer l'air au feu, soit par machines ou par des ventilateurs qui font des courants qui, dérangeant l'équilibre de ses colonnes, le force de passer à travers le foyer d'un fourneau par un orifice plus petit que celui de leurs embouchures. Le volume de nos matieres & la chaleur qu'elles exigent ne nous permet pas d'user de fourneaux à grilles; nous ne pourrions recourir qu'au réverbere; mais comme il faut que le minerai touche immédiatement le charbon, il n'est pas possible de construire des fourneaux de réverbere pour fondre le minerai du fer, comme l'a avancé un Anonyme à l'Académie de Besançon. Il est cependant possible de se servir de réverbere pour la fonte de fer, en combinant le minerai avec du charbon de bois, pour lui donner du phlogistique & lui appliquer le feu du charbon de terre. M. de Gensanne a donné un très bon travail sur cet objet; & je suis persuadé qu'il tirera de ses connoissances des moyens de perfectionner son fourneau à ré-

verbere, afin que le minerai ne tombe pas crud dans la fonte
en bain. Il faut que nos fourneaux contiennent dans la
même capacité le principe actif & passif de notre opération, & conséquemment l'air ne peut y être administré que
par des soufflets de nature quelconque. Deuxieme conséquence.

Le bois seché à l'air libre le plus qu'il est possible, même
à un degré de chaleur beaucoup plus fort que celui de l'atmosphere, contient encore une portion d'eau surabondante
qui énerve la chaleur de son feu; mais le charbon, par la
raison contraire, procure la chaleur la plus énergique; il
faut donc employer nécessairement le charbon à la réduction
du minerai de fer. Troisieme conséquence (a).

Le charbon de terre ordinaire, tel qu'on le tire de
ses mines, n'est pas propre seul à la réduction du minerai du fer, pour deux raisons; la premiere, en ce que son
phlogistique est uni à un acide vitriolique, abondant, qui
forme du soufre; l'abondance de ce soufre rendroit la
fonte de fer trop pyriteuse, si l'on ne se servoit point d'intermede pour absorber une partie du soufre que ce charbon contient; la deuxieme, est que le charbon fossile contient ordinairement trop de principe terreux qui ne pourroit être vitrifié qu'avec une perte considérable de sa chaleur, laquelle feroit une soustraction trop grande, peut-être
totale, à celle que l'on se proposeroit d'appliquer à la réduction du minerai : l'abondance de ce principe terreux & des
intermedes ou correctifs pour désoufrer le charbon fossile,
faisant un volume trop considérable, diminueroient l'intensité de la chaleur au point de causer des embarras sans
remedes; inconvénients qui ne permettent pas l'usage du
charbon fossile sans être préparé en coak, suivant la Méthode Angloise, ou selon les procédés de M. de Gensanne.
On peut consulter les Mémoires de M. Jars, de l'Académie

_____

(a) Quelque peu de bois sec, ou plutôt des flammerons qui ne sont que du bois
qui n'a pas été suffisamment cuit par le charbonnier, ne nuisent pas à la fusion,
au contraire ils donnent de l'activité au feu.

des Sciences, & de M. Genfanne, Correfpondant de la même Académie.

La vivacité du feu n'eſt foutenue qu'en multipliant fon action; mais l'action du feu feroit bientôt anéantie par les parties cadavereuſes des corps embraſés, ſi on ne les éloignoit continuellement, en dépouillant la ſurface du charbon de ſa partie terreuſe privée de ſes principes, & ſi l'on ne forçoit continuellement l'introduction des parties aqueuſes pour ſervir de véhicule aux parties ignées à meſure qu'elles rompent leurs cellules. Or comme un corps ne peut être déplacé que par un autre, il faut néceſſairement en fournir un qui, par la ténuité de ſes parties, puiſſe s'introduire dans les retraites du feu, entraîner la cendre du charbon pour découvrir continuellement de nouvelles ſurfaces, & y porter la quantité d'eau néceſſaire à l'expanſion de la chaleur; l'air, par la ténuité de ſes parties toujours accompagnées d'eau, eſt l'agent le plus propre à cette fonction. Il eſt donc inutile de tenter d'exciter un feu violent ſans un grand concours d'air qui ne peut être fourni dans nos fourneaux que par le moyen des foufflets. Or, comme le feu néceſſaire à la réduction des minerais du fer ne peut être trop véhément, il faut y proportionner le nombre & le volume des foufflets ſoit de cuir, ſoit de bois, ſoit des trompes, ſoit des cloches. Or, comme nous avons prouvé la ſupériorité des foufflets de bois ſur toutes autres eſpeces, il faut donc les employer de préférence. Quatrieme conféquence.

La chaleur ſe conſerve dans les vaiſſeaux dans leſquels s'eſt opéré l'embraſement, après la conſommation des principes inflammables dont elle eſt émanée; elle ſe multiplie auſſi pendant l'action, le tout en raiſon du volume des matieres, de la denſité des maſſes, & de la moindre communication avec l'air libre. La chaleur lance ſes rayons par une force centrifuge; la pointe de ſes rayons s'affoiblit à meſure qu'ils s'éloignent du centre d'où ils partent; de là naît la néceſſité d'anguſtier les foyers; mais ſi ces rayons rencontrent des corps aſſez ſolides, aſſez denſes pour les réfléchir, loin de les abforber, alors leurs pointes repliées & comme doublées, formeront des cylindres ou des prifmes de force égale; fi leur pointe eft réfléchie juf-qu'au centre, alors on peut donner plus d'étendue aux foyers en oppofant à ces rayons des matieres qui, par la denfité du tiffu, leur maffe & leur pofition refpective au centre du foyer, loin d'abforber la chaleur, la réfléchif-fent au centre de l'action.

Quant à la denfité des matériaux, ceux qui approchent le plus de l'état de vitrification, font ceux à préférer; telles que les pierres à feu, les ardoifes, les grès, les fables mêlés de parties fablonneufes, talqueufes, quart-zeufes & métalliques : l'hétérogénéité de ces derniers les rend très réfractaires. Il paroîtroit que la pofition la plus avantageufe feroit en forme circulaire, puifque cha-que rayon de feu étant d'égale longueur, & réfléchi en même temps, il doit en réfulter une chaleur plus forte & plus uniforme. J'euffe adopté par cette raifon naturelle cette figure circulaire ufitée en Saxe (a); mais la néceffité de prolonger en avant la bafe du creufet, pour avoir au dehors un accès libre, tant pour introduire les outils né-ceffaires au travail du fourneau, que pour y puifer la fonte & lui donner iffue, m'a contraint d'adopter la forme ellip-tique (*Voy. Pl. IV*); & j'y ai été d'autant plus déterminé, que le vent de deux foufflets, dirigés au même point, ne pouvant expirer que l'un après l'autre, la colonne d'air qu'ils fourniffent alternativement, ne peut être dirigée fur la même ligne, & ne pas excéder le point de la tendance com-mune; au contraire le vent fe croifant au centre du foyer, eft prolongé de côté & d'autre, ce qui, à bien dire, forme trois efpeces de foyer, l'un au centre qui eft le point de fection de leur tendance commune, & le centre principal

(a) M. de Buffon a fuivi cette forme pour fon fourneau de Buffon. Nous at-tendons avec impatience la publication du réfultat des nombreufes expériences que ce Savant fait depuis plufieurs an-nées dans fes forges. Un génie de cette trempe marche à grands pas vers la per-fection.

de l'ellipfe ; la prolongation de leur vent, joint à la divergence qu'éprouve l'air au fortir du mufle du foufflet, les porte l'un à droit & l'autre à gauche, vers les foyers des petits diametre de l'ellipfe ; ce qui fait en total un centre ovoïde, dont les parties extérieures font refpectivement éloignées des points du cercle elliptique (a).

De la forme circulaire, naît l'inconvénient dont j'ai déja parlé, à caufe de la prolongation de l'ouvrage fur les tympes ; ce qui occafionne un canal trop long depuis la tympe jufqu'à la bafe de l'étalage de fon côté dans les fourneaux ronds ; au lieu qu'en dirigeant le grand axe de l'ellipfe de ce côté, je diminue de fix pouces au moins cette maffe, par là j'évite les embarras, & je procure la facilité de porter des fecours dans le fourneau par le travail des croards & des ringards ; d'ailleurs en découvrant cette partie, je procure plus de chaleur à la fonte qui vient baigner la dame, fans négliger l'intenfité de la chaleur.

L'ufage le plus général eft de conftruire les parois intérieures du fourneau, de façon que le vuide qu'elles laiffent entre elles, fuppofé folide, foit un obélifque qui a deux faces égales oppofées, plus larges d'environ fix pouces que les deux autres, c'eft-à-dire que leur bafe eft un parallélogramme dont le côté de la ruftine & celui de la tympe, ont environ quatre pieds fix pouces, & ceux du contre-vent & de la tuyere environ cinq pieds. L'on obferve auffi de rendre plus ou moins curviligne l'angle entre le contrevent & les tympes. Le quarré de la bure, qui forme le gueulard, eft de vingt-deux pouces fur vingt-fix environ ; les plus grands côtés répondant aux plus grand du bas, fans néanmoins que les proportions relatives foient obfervées ; car la diffé-

---

(a) MM. de Courtivron & Bouchu, dans la troifieme fection de l'*Art des Forges*, publié deux ans après la lecture de ce Mémoire à l'Académie des Sciences, ont propofé de donner une forme ovale aux fourneaux des forges, mais en forme de raquette, & dirigée dans un fens contraire à celle que je propofe ici. Nous ne pouvons approuver cette direction, parceque le contrevent fe trouveroit trop éloigné de la tuyere.

O

rence de 22 à 26 n'est pas corrélative avec celle de 54 à 60.
Cette différence, qui a lieu dans la construction de presque
tous les fourneaux quarrés, me paroît un défaut; il se fera
sentir dans les observations subséquentes. Je viens à l'analyse des raisons qui m'ont fait rejetter l'usage des fourneaux
quarrés.

L'on précipite dans un fourneau pour chaque charge beau-
boup de charbon; le hasard en distribue les brins; dans l'é-
tendue qu'ils occupent, ils ne sont point rangés dans des situations paralleles, ensorte qu'ils remplissent les angles des
fourneaux quarrés comme le reste du vuide; au contraire, ils
se croisent plus ou moins réguliérement dans les angles; il
reste donc un vuide entre les charbons & les côtés des angles dont ils forment la base, l'air, poussé avec violence dans
le fourneau, trouvant des vuides, monte rapidement, s'é-
chappe sans avoir essuyé des réactions sur la masse totale,
d'où il résulte moins de chaleur, premier défaut. Le minerai, continuellement agité par ces quatre torrents, se précipite dans ces angles vuides, tombe tout crud dans le grand
foyer, & vient surcharger une masse de charbon qui ne peut
réduire cette quantité de minerai surabondant. Ce minerai
que l'on voit mouliner avec fracas dans ces angles, s'accumule sur les étalages qui ne peuvent être aussi rapides dans
les coins que dans les flancs, & après avoir formé des masses
qui ne peuvent soutenir leur équilibre, à cause de la proclivité de la base qui les supporte, elles se précipitent dans le
foyer inférieur, en troublent l'ordre par des accidents souvent funestes. (*Voy. Pl. VII*).

Si l'on coupe, comme M. Robert, son ouvrage sur huit
pans, les angles en sont encore trop vifs & causent les
mêmes accidents, que l'on ne peut éviter qu'en détruisant
totalement les angles.

L'air, chargé des parties de feu continuellement pressées
par un nouvel air introduit, cherche sans cesse à s'élever;
s'il se trouve des issues telles que celles qu'occasionnent les angles des fourneaux quarrés ou polygones, il s'échappe & fait

une fouftraction confidérable de la maffe de la chaleur néceffaire : fi dans toute l'étendue de l'efpace qu'il parcourt, il
trouve une égale réfiftance, les fpires qu'il forme en s'élevant pour fortir du fourneau, font multipliés; leur gradation
eft lente, la chaleur eft concentrée & recourbée continuellement, elle eft toute mife à profit, parcequ'elle eft entiérement & également appliquée à toutes les parties de la
maffe; l'ordre des charges n'eft point interrompu, le minerai ne fe fépare point de la maffe de charbon qui lui eft
départi. Il eft donc de la derniere importance de détruire
ces angles, fource de tant d'accidents; & comme il n'eft pas
avantageux de faire ufage de la forme circulaire pour les
raifons que j'ai déduites, il eft donc néceffaire de conftruire
un fourneau fur des lignes elliptiques : cinquieme conféquence.

J'ai fuivi pendant quelques années une méthode très vicieufe, quoiqu'accréditée dans l'efprit de nos Fondeurs, par
laquelle on brife l'axe de la colonne d'un fourneau par les
pentes des parois différentes entre elles, la retraite de la
tuyere & de la partie inférieure du creufet; enforte que le
centre du foyer inférieur eft à l'à-plomb du tiers au plus de
l'ouverture de la bure, & que le centre de la bure tombe
prefque fur l'étalage du contrevent; il m'arrivoit, comme à
nos Fondeurs, de brûler fouvent la tuyere, parceque les matieres y étoient continuellement précipitées par la cafcade de
l'étalage du contrevent; d'ailleurs la retraite de la tuyere
obligeoit de donner beaucoup moins d'épaiffeur à fon étalage; ce qui lui donnoit plus de roideur & moins d'épaiffeur,
d'où naiffoit une prompte ruine. (*Voy. Pl. VII, Fig.* 4).
Frappé de ces défordres, je réfolus d'établir le centre du
foyer dans le centre du fourneau, & d'en diriger toutes les
parties intérieures à une égale diftance de l'axe perpendiculaire; j'y fus encore déterminé par le fait que je vais détailler. *Pl. IV.*

En examinant mes vieux ouvrages ruinés, je trouvois que
l'étalage du contrevent étoit toujours fpacieufement excavé,

qu'un plomb defcendu du centre de la bure fe trouvoit
prefque toujours au centre de la dégradation totale. Je penfai que le minerai, prêt à fondre, tombant par la perpendiculaire fur l'étalage du contrevent en plus grande quantité, & y féjournant plus long-temps que fur les autres, à
caufe de la moindre inclinaifon, déterminoit la fufion des
parties conftituantes de cet étalage : d'ailleurs celui de la
tuyere étant à couvert & éloigné de la colonne perpendiculaire, les matieres qui y étoient précipitées par la cafcade du contrevent y fejournoient, parcequ'elles n'étoient
point preffées par le poids de la colonne, elles devenoient
fer de nature & formoient des *mufeaux* monftrueux, qui
caufoient des obftruéts auxquelles le travail ordinaire,
pour la réparation de la tuyere, ne pouvoit remédier. Ces
accidents arrivoient à prefque tous les fondages.

Voilà les confidérations qui m'ont fait abroger cette coutume pernicieufe, qui eft oppofée à toute regle de pirotech-
nie; car puifque l'on doit forcer la réaéction du feu par la réflexion de la chaleur fur les furfaces intérieures du fourneau,
il eft conftant que la chaleur augmentera d'autant plus, que
les rayons tendront dans leur premiere route, à des diftances égales, & par leur retour, à un centre plus commun;
il eft donc effentiel de placer le centre de l'aéction du foyer
au centre total du fourneau. Je vais encore en donner une
raifon bien frappante. Un fourneau de fonderie eft un fourneau à manche dans les principes d'un athanor, dont l'intérieur de l'élévation de la tour eft deftinée, non-feulement
à augmenter la chaleur, mais auffi à contenir une quantité
confidérable des aliments du feu qui fe préfentent au foyer
au fur & à mefure de la confommation de ceux qui les ont
précédés. Il eft de la derniere importance que le mêlange
proportionel de charbon, de minerai, de fondant & de cor-
reétif dont chaque charge eft compofée, parvienne au foyer
inférieur dans l'ordre avec lequel ils ont été introduits par
la bure du fourneau, enforte que l'intérieur fe trouve rempli d'une maffe compofée de parties hétérogenes diftribuées

également. Cet ordre ne peut être exactement obfervé que par un jufte équilibre, ou l'équilibre n'a lieu que par le fecours de la perpendiculaire ; il faut donc, pour entretenir l'équilibre de la colonne des matieres contenues dans le fourneau, que l'axe de fon cône intérieur, foit perpendiculaire au centre du foyer. Sixieme conféquence qui détruit toute autorité de brifer l'axe du cône d'un fourneau, foit par les pentes des parois, différentes entre elles, foit par le bombage ou l'élévation de l'étalage du contrevent, foit enfin par la retraite de la tuyere.

Etablir une grande chaleur avec le moins de matériaux poffible dans un fourneau, eft ce que nous devons nous propofer dans fa conftruction. L'on ne peut, dans tous les cas, réunir trop de circonftances favorables à l'intenfité de la chaleur, conféquemment la différence de hauteur & de proportions pour des mines froides ou chaudes, font des diftinctions puériles qui n'ont aucun fondement. Dans un fourneau bien conftruit, qui développe & concentre toute la chaleur poffible, les mines faciles à fondre y donneront un gros produit : les mines plus réfractaires recevront toute la force du feu qu'il eft poffible de leur faire fubir ; elles donneront un produit moindre, relatif à la proportion du charbon, & en raifon des parties métalliques qu'elles contiennent ; il ne doit y avoir qu'une efpece de fourneau pour fondre les mines de fer que l'on veut réduire en fonte : feptieme & derniere conféquence.

SECTION III.

Defcription des proportions de l'intérieur d'un fourneau, & méthode pour les obferver.

Après avoir parlé des principes généraux de conftruction, il eft néceffaire de décrire les proportions relatives de l'intérieur d'un fourneau, & les moyens de les obferver.

Il eſt très avantageux d'avoir des fourneaux très élevés, parceque les pentes ſont plus inſenſibles dans les hauts fourneaux; que les matieres deſcendant plus lentement, elles ſont mieux digérées; que l'on peut donner plus de capacité aux différents foyers, dût-on multiplier les ſoufflets en volume ou en nombre, pour adminiſtrer un volume d'air proportionnel : de ces circonſtances il réſulte une plus grande chaleur.

J'ai fait conſtruire un fourneau de 24 pieds de hauteur, dont le produit étoit très avantageux. Ceux d'Allemagne ſont ordinairement de cette élévation, mais en France ils ſont plus communément de dix-ſept à vingt pieds. Je n'ai pu élever qu'à dix-huit pieds celui dont je vais donner les dimenſions par des raiſons étrangeres à mon objet. Pour l'intelligence de ce qui eſt contenu dans cette Section, il faut étudier les Planches IV & V, & leurs explications.

Le fond du creuſet a douze pouces d'épaiſſeur depuis le deſſus de la voûte juſqu'au niveau de l'aire; à ſix pieds au deſſus de l'aire du creuſet eſt poſé le cône ſupérieur : ſa baſe eſt une ellipſe dont le grand axe eſt de ſix pieds de la ruſtine au tympe, & le petit axe de cinq pieds de la tuyere au contrevent; il s'éleve perpendiculairement ſur des lignes paralleles concentriques juſqu'à la hauteur de douze pieds où il eſt tronqué. La coupe de ſon ſommet eſt une ellipſe dont le grand axe a trente pouces, & ſon petit ving-cinq; ayant une correſpondance de proportion avec ſa baſe : puiſque 25 eſt à 30, comme 60 eſt à 72.

Sur l'aire du creuſet, à ſept pouces & demi de diſtance de l'axe prolongé du cône, s'élevent ſur deux lignes paralleles, les côtés de la tuyere & du contrevent, de dix-huit pouces de hauteur, formant les deux grands côtés oppoſés du fond du creuſet; la ruſtine coupe ces deux côtés à angle droit, elle eſt éloignée de huit pouces de l'axe commun, & s'éleve également de dix-huit pouces; ſes angles ſont arrondis, enſorte qu'ils forment la portion de l'ellipſe du ſommet du cône qui lui répond.

La tuyere est posée horisontalement en face de l'axe, à dix-huit pouces au-dessus de l'aire ou du fond du creuset; la base de l'étalage du côté des tympes est éloignée de dix-huit pouces de l'axe, à quinze pouces au dessus de l'aire, & trois pouces au-dessous de la tuyere; il coupe aussi en angle droit ceux du contrevent & de la tuyere; ses angles inférieurs sont également arrondis comme ceux de la rustine, il couvre de vingt pouces de longueur la partie du creuset, qui est prolongée jusqu'à la dame; laquelle est éloignée de dix pouces de la tympe comprise dans le massif de l'étalage, l'affleurant au dehors, ensorte que le parallélipipede du creuset a cinquante-six pouces de longueur sur quinze pouces de largeur. Les quatre étalages s'élevent sur des lignes elliptiques, en s'éloignant également de l'axe sur une ligne oblique de cinq pieds de longueur; ils vont s'unir à la base des parois, ce qui donne à l'intérieur du fourneau la forme de deux cônes tronqués, unis par leur base. Pour faciliter les personnes qui voudront adopter mes principes, je vais détailler les opérations par lesquelles je parviens à construire l'intérieur de mon fourneau.

Il faut avant toute chose commencer par examiner l'état des contre-parois qui s'élevent obliquement le long des contre-forts, qui font des murs qui contiennent le massif entre eux & les gros murs extérieurs; y faire les réparations nécessaires. Elles doivent former intérieurement un quarré long, au moins de sept pieds sur six, assis sur la base du fourneau du côté du contrevent & de la rustine, & sur un ceintre, ou sur des planches de fonte, ou sur les deuxiemes gueuses des marâtres des côtés de la tuyere & des tympes.

Je suppose que ces contre-parois ont été construites de façon que le point de section de leur diagonale soit le centre du fourneau, & que sept pieds au-dessus de la voûte, la retraite de ces contre-parois forme un repos de six pouces au moins de largeur pour asseoir la base du cône des parois. Si l'on bâtit les contre-parois exprès pour un fourneau elliptique, il fera néceffaire de les conftruire ou elliptiques ou polygones, pour éviter les rempliffages des angles.

Toutes chofes étant en état, fi l'on n'eft pas familiarifé avec les outils, l'on fera faire une table folide de trente pouces de longueur fur trente de largeur, l'on en cherchera le centre, qui fera le point de fection de deux diagonales tirées du fommet des quatre angles droits; l'on tirera enfuite une perpendiculaire & une horizontale, dont le point de fection foit commun avec celui des deux diagonales, & ce fera le centre principal de l'ellipfe.

Sur la perpendiculaire du grand axe, à fix pouces & demi près de fes extrémités, ou à huit pouces & demi de chaque côté du centre, l'on marquera des points qui feront les deux foyers de l'ellipfe; l'on attachera fur ces points de petits clous, auxquels on fixera les extrémités d'une petite corde de trente pouces de longueur, terminée par deux œillets, l'on promenera la pointe d'un compas fur la furface de la table, dans toute l'étendue que fouffrira la corde, & l'on aura par le trait du Jardinier l'ellipfe cherchée, divifée par huit rayons, formant des angles de quarante-cinq degrés; l'on fciera enfuite la table avec un tourne-fond fur la ligne circonfcrite, pour en abattre les angles; l'on en marquera le centre par un trou fait avec la mêche d'un vilebrequin; l'on marquera les extrémités des lignes par des crenelures perpendiculaires, à un pouce près defquelles, fur chacun des huit rayons correfpondants, l'on fixera à demeure un petit clou dont la tête excédera d'environ trois ou quatre lignes la furface de la table que je nomme un *patron*. Sur la furface & au milieu de la bure, l'on pofera de niveau deux barreaux de fer de même calibre pour fupporter le patron; l'on paffera le cordeau d'un plomb dans le trou du centre; il y reftra fufpendu; l'on promenera le patron jufqu'à ce que le plomb qui defcendra le plus bas poffible fe foit arrêté au centre, & fixera le centre de l'axe de l'intérieur du fourneau; alors on attachera un plomb à chaque

bout

bout du grand axe du patron; l'on décidera de leur justesse; l'on observera que les barreaux ne se trouvent point à l'à-plomb des crénelures du patron; on affermira les barreaux & le patron d'une façon à les rendre stables.

Descendu dans l'intérieur du fourneau, l'on posera sur l'appui des parois une regle de six pieds, dont le milieu sera marqué d'une ligne perpendiculaire sur laquelle tombera sans gêne le plomb central, les deux autres plombs affleureront le même côté de la regle : sûr de la juste position de la regle, on l'assujettira solidement, & on retirera les plombs.

Sur l'angle supérieur de la regle du côté de l'affleurement des plombs, à vingt pouces & demi de chaque côté de son centre, ou à quinze pouces & demi de ses extrémités, l'on attachera des clous pour y passer les extrémités d'une petite corde de six pieds de longueur, terminée par des œillets; l'on tracera avec la pointe d'une cheville de fer l'ellipse sur le repos formé par la retraite des fausses parois : après avoir vérifié l'opération, l'on posera un rang de briques à l'affleurement de la ligne, puis, les levant l'une après l'autre, on les posera à bain de mortier clair; l'on vérifiera encore sur ce premier rang l'exactitude de l'ellipse en promenant le cordeau.

Du milieu de la regle qui désigne le grand axe, l'on tirera à retour d'équerre avec une autre regle, le petit axe dont les extrémités seront marquées avec du charbon sur les briques, ainsi que celles du grand axe; l'on divisera les distances entre les extrémités de ces axes par quatre rayons; & l'on marquera aussi sur les briques l'extrémité de ces rayons : l'on placera ensuite sous les briques, aux endroits marqués par le charbon, huit chevilles, auxquelles on assujettira l'extrémité inférieure des cordeaux qui descendront des huit clous attachés sur le patron, & noyés dans ses crénelures; les cordeaux seront tendus fermes, & d'un coup-d'œil du haut en bas l'on vérifiera la justesse de leur exacte correspondance en les mirant alternativement. Tout étant

P

ainſi diſpoſé, l'on élevera la maçonnerie intérieure à la regle, obſervant le ceintre entre les cordeaux, & ſuivant exactement leur direction, ſans les gêner juſqu'à l'affleurement du patron.

Au lieu de l'opération précédente, on pourra conſtruire au niveau de l'appui des parois un échaffaud bien dreſſé, ſur lequel on tracera le grand ellipſe par la même opération que j'ai indiquée pour le patron ſupérieur, en obſervant les proportions des grandeurs relatives marquées ſur la regle : des chaſſis briſés & à jour pourront être d'une grande utilité pour le haut comme pour le bas, & ſerviront toutes fois que l'on en aura beſoin.

Il eſt néceſſaire d'obſerver qu'il eſt très onéreux de ſe ſervir de pierres calcaires pour la conſtruction des parois intérieures de l'ouvrage d'un fourneau, puiſqu'à chaque fondage, l'on eſt contraint de les reconſtruire de nouveau. Cette dépenſe répétée, jointe aux frais des déblais du vieux ouvrage, eſt non ſeulement très diſpendieuſe, mais auſſi il arrive quelquefois qu'au milieu d'un fondage un peu continué, les pierres calcinées ſe dérangent au point de forcer à une miſe-hors. Si l'on eſt contraint de mettre un fourneau hors de feu, parceque l'ouvrage du creuſet eſt ruiné par un long ſervice ou par des accidents, l'on ne peut (pour peu que les parois ſoient dégradées) riſquer de refaire l'un ſans l'autre, malgré le beſoin urgent de précipiter la réparation d'un fourneau ; cette réparation abſorbe au moins trois ſemaines d'un temps ſouvent très précieux. Il eſt un moyen d'éviter cette dépenſe & ces retards, c'eſt de conſtruire les parois en briques. Toute eſpece de brique n'eſt pas également bonne à ſoutenir un feu auſſi violent, & auſſi continué que celui d'un fourneau ; celles qui ſont d'un ſervice plus aſſuré ſont compoſées d'une terre glaiſe, blanche, d'un ſable blanc, talqueux, & un peu ferrugineux ; cette terre rougit légérement au feu. On a vu des parois de cette brique ſoutenir vingt ans le feu d'un fourneau. Cette brique eſt employée avec un grand ſuccès pour les réver-

beres des fenderies, des ferblanteries, & des verreries. Il
y a un ban considérable de cette terre dans une forêt appellée Verd-Bois, qui sépare, près de S. Dizier, la Champagne d'avec la Lorraine; il se fait une exportation de cette
terre à plus de vingt-cinq lieues; la terre blanche de Champagne dont on fait les pots de verrerie est d'un excellent
usage pour les fourneaux.

Il faut que la pâte des briques ait été bien corroyée pour
en lier exactement les parties, qu'elles soient séchées à l'ombre, & employées sans être cuites, comme toutes celles qui
doivent être exposées à une grande chaleur : je vais en analyser la raison.

La terre qui compose une brique, reçoit par le feu de
la cuisson un degré de vitrification qui donne de la roideur
à ses molécules en raison de la violence & de la continuité du feu; la chaleur qu'elle subit en exprime alors entiérement l'eau & l'air, ensorte qu'une brique cuite est une
substance spongieuse altérée qui saisit avidement l'humidité; lorsqu'on l'emploie dans la maçonnerie, elle happe
avidement l'eau du mortier qui la baigne & s'y colle, ce
qui rend les maçonneries en briques excellentes. Cette perfection de la brique dans les murs exposés à l'air, est un
défaut dans les foyers, parceque le feu pénétrant les masses
de maçonnerie, sur-tout celles qu'il touche immédiatement,
raréfie vivement & immensément l'air & l'eau qu'elles contiennent; la roideur des cloisons des cellules qui les renferment dans la brique cuite ne se prêtant point aux efforts de la raréfaction, la pression devient supérieure à la
résistance, elle brise les obstacles; alors il arrive à la brique
l'accident de la larme batavique, mais moins total, & plus
passible. Il n'en est pas de même, lorsque l'on emploie pour
les grands foyers les briques sans être cuites, elles soutiennent pour lors impunément les efforts du feu, parceque
leurs molécules n'ayant point été collées & durcies par un
feu antérieur, l'effet de celui auquel elles sont actuellement exposées, raréfie sans obstacles l'air & l'humidité

P ij

qu'elles contiennent, & les perfectionne. Les mortiers qui
les entourent leur servent de véhicule & successivement se
cuisent l'un & l'autre au point de faire corps, les molécules
charbonneuses de la flamme devenant des cendres extrêmement subtiles, se collent à leur surface, y sont vitrifiées,
&, dans cet état, les couvrent d'un vernis vitreux impénétrable à l'humidité, qui feroit inutilement des efforts pour y
rentrer dans l'intervalle de l'extinction des feux.

Dans les forges qui ne sont point à portée d'avoir des
terres de la premiere qualité, propres à former des briques
à feu, on pourroit (il me semble) y suppléer en composant
une pâte de trois parties de glaise bien pure, une partie &
demie de sable aride, ou de grès pilé, ou autre équivalent,
une demi-partie de ciment, & autant de hameselac de
bâche criblé. L'on sait que les parties métalliques sont de
puissants liens.

Les briques, pour l'ouvrage que je viens de décrire, doivent avoir douze pouces de longueur, six pouces de largeur
à la queue, cinq pouces sur la face, & deux pouces d'épaisseur,
toutes seches. Il est à propos de construire les contre-parois aussi en briques séchées; si on les fait en pierre calcaire,
il peut arriver que ces pierres calcinées, recevant de l'humidité par quelqu'accident, ruineroient par leur poussée les parois intérieures : pour éviter cet inconvénient, & la dépense
d'une nouvelle construction, j'ai employé des briques de
trois pouces d'épaisseur, douze pouces de longueur sur six
pouces de largeur à chaque bout. Pour cette brique, toute
espece de terre glaiseuse, même toute terre qui a du corps
& qui prend de la liaison, y est propre; l'argille, ou herbue,
dont on se sert à la chaufferie ou au fourneau, seroit excellente, en la mêlant avec du sable. La terre, que l'on nomme
sable d'ouvrage (parcequ'il y est employé), est ce que je connois de plus propre à la composition de ces briques; c'est de
cette terre dont j'ai fait faire les briques dont je me suis servi :
l'on a assez d'emplacement dans les forges, pour que les
Maîtres de forges qui sont éloignés des briqueteries, les
fassent faire sous leurs yeux.

Il est essentiel, dans la construction des parois, d'employer un mortier composé, autant qu'il est possible, d'une terre de la même nature que celle des briques ; que ce mortier soit assez liquide pour souffler dans tous les joints, & n'y laisser aucun vuide ; de ne point employer de briques voilées : pour éviter les irrégularités, il sera facile de redresser les briques qui se seroient déformées en séchant, en les frottant sur une plaque de fonte un peu galeuse. Lorsque l'on aura besoin de portion de brique, il faudra les scier, & non les casser ; l'on ragréera les jointures avec la pointe de la truelle sans crépi ; on réparera avec scrupule les trous des supports des échaffauds ; on couvrira enfin la sommité tronquée du cône avec une plaque de fonte, dont le milieu soit percé d'une ouverture elliptique des mesures données ; cette plaque peut être remplacée par deux autres ceintrées intérieurement, se rapprochant par le petit axe de l'ellipse ; l'on aura l'attention de les poser sur une couche de mortier liquide, pour empêcher la flamme de pénétrer par-dessous.

Après l'entiere construction des parois, on laissera en place le patron supérieur ; l'on formera l'aire du creuset, soit totalement de sable battu à la demoiselle & au maillet, soit partie de sable & d'une pierre à feu ou de grès, soit totalement en pierre ; l'on observera de mettre sur la voûte une couche de sable calcaire, tel celui composé en partie des détrimens des coquilles que les inondations rassemblent ; cette précaution est nécessaire pour empêcher la formation de ces loups monstrueux, formés par la vitrification de la masse totale de la base du creuset, pénétrée de régule & de fonte de fer, & dont l'extraction si pénible entraîne souvent la destruction d'une portion des parties inférieures du fourneau : ce sable calcaire ne formant point d'union intime, fait corps à part, conserve la voûte, & facilite le déblaiement de l'ouvrage : depuis que j'ai pris cette précaution, je n'ai plus de loups.

La surface de l'aire sera bien dressée de niveau, alors on descendra les plombs du centre & des deux extrémités du

grand axe du patron fupérieur; l'on couchera fur l'aire une
regle, dont un des côtés s'ajufte avec les plombs, c'eft-à-dire
que fon alignement faffe l'horizontal à la perpendiculaire des
trois plombs; on trace avec une pointe fur l'aire la ligne qu'elle
donne : à fept pouces & demi de diftance de cette ligne, l'on
tirera de chaque côté, des paralleles, pour pofer les côtés du
contrevent & de la tuyere; à huit pouces de diftance du centre commun ou de l'axe du grand cône, l'on coupera les
deux lignes à angle droit, par une tranfverfale qui tracera la
bafe de la ruftine; l'on enlevera alors les plombs pour conftruire.

Soit que l'on fe ferve de fable, de briques, de différentes
pierres à feu, même calcaires, pour conftruire le creufet,
l'on obfervera de maçonner fur les lignes tracées à la hauteur de 18 pouces perpendiculairement, fur la longueur de
26 pouces, depuis la ruftine jufqu'à la bafe de l'étalage du
contrevent, & de quinze pouces de hauteur depuis cet étalage, jufqu'à dix pouces au par-delà de l'à-plomb de l'angle
fupérieur du premier gueufat de la marâtre, obfervant de
ceintrer la ruftine, comme je l'ai indiqué, de remplir tous les
vuides intérieurs du fourneau, du côté des murs, avec le
dernier fcrupule. Si l'on fe fert totalement de fable, l'on formera avec des planches un chaffis prifmatique de 18 pouces
de hauteur & 15 pouces de largeur hors d'œuvre, & de 60
pouces de longueur : l'on appuiera contre ce chaffis le fable
bien ferré au maillet & à la demoifelle, de façon qu'il faffe
corps maffif. Lorfque ce fable eft trop fec, il ne fe lie pas;
lorfqu'il eft trop humide, il eft indocile, parceque fes parties gliffent l'une fur l'autre, il leve dans l'endroit auprès
duquel on le comprime, ce que l'on appelle *fouffler :* l'ufage
fait connoître fes défauts & fa perfection, que l'on connoît
en le comprimant fortement dans la main; lorfqu'il s'y réduit en maffe avec réfiftance, il eft dans fon degré de qualité.

Des Fondeurs, par un faux préjugé enfant de l'ignorance,
déclinent le bas du creufet pour donner la qualité à la fonte,

& ils annoncent qu'ils feront de la fonte grife lorfqu'ils la retirent du côté de la roue, & blanche à l'oppofé : mais comme ce font ordinairement de faux Prophetes, que le hafard feul donne fouvent lieu à l'événement qu'ils ont annoncé, & qu'ils fe trouvent encore plus fouvent menteurs, je fuis perfuadé que le bas du creufet doit être dans le centre de l'ouvrage fans aucune déclinaifon; la qualité de la fonte procédant uniquement de la proportion relative du feu & du minerai & des accidents en général qui accompagnent l'opération.

La bafe du creufet étant achevée, on defcendra le plomb de l'axe du grand cône, l'on pofera en face du côté des fouf-flets une plaque de fonte, formant un trapeze, dont le petit côté eft formé par une ligne de 6 à 8 pouces; fa furface fera exactement de niveau & à la hauteur de 18 pouces, en-caftrée dans le maffif; fur cette plaque, on pofera la tuyere dont le mufeau doit avoir une ouverture de trois pouces de hauteur fur quatre pouces de largeur; les angles fupérieurs étant légérement arrondis, fon milieu fera exactement coupé par l'axe du cône, obfervant que du côté des oreilles elle ne décline en aucun fens; dans cet état on l'affermira à de-meure; l'on placera enfuite la tympe de pierre à 26 pouces du fond de la ruftine. Si l'on fe fert de fable, l'on pofera fur les côtés du creufet, joignant les retranchements, une pla-que de fonte de vingt pouces en quarré, ou des planches dont les bouts foient enfoncés de leur épaiffeur dans le maffif, afin qu'étant brûlées, l'ouvrage n'ait toujours que quinze pou-ces de hauteur fur cette partie : il faut enfuite pofer la tympe de fer fur le bout de l'ouvrage, de façon que fon centre foit à l'à-plomb de l'angle inférieur du gueufat de la marâtre; fes bouts feront appuyés par deux *pages*, qui font ordinairement deux poids de cinquante, pofés en fens inverfe, & à l'affleu-rement de l'à-plomb de l'ouvrage.

Dans tous les fourneaux, l'on pofe fur la tympe une pla-que de fonte épaiffe, qui eft appuyée à fa partie fupérieure contre le gueufat de la marâtre. L'expérience m'ayant fait connoître les défauts de son usage, je l'ai supprimée depuis quelques années; il arrive que cette plaque s'échauffe bien plus vîte que le sable; elle desseche promptement celui qui lui est adossé, l'oblige à une retraite, souvent à s'égréner, ce qui laisse un vuide, qui donne prise au feu intérieur qui le détruit, & ruine cette partie très promptement. Comme la résistance dépend de la liaison exacte des parties des corps, il est essentiel de procurer à un *ouvrage* toute la solidité dont il est susceptible, par la liaison la plus complete & la plus intime; c'est pourquoi je supprime le *taqueret* & les *muraux*, & je monte ordinairement les quatre étalages ensemble; j'en prolonge les masses totales, depuis le niveau du dessous de la tympe jusqu'à l'à-plomb de l'angle supérieur & extérieur du gueusat de la marâtre, lequel y étant enclavé, en est mieux soutenu. L'ouvrage étant ainsi formé d'une seule piece, a bien plus de solidité & de résistance, que lorsqu'il est composé de différentes parties en différents temps, & de matériaux dissemblables.

La tuyere & les tympes étant posées, on monte ensuite les étalages, suivant les matériaux dont on se servira, de façon qu'ils aillent joindre la racine des parois par une ligne oblique de 5 pieds de longueur; si les étalages sont en sable, l'on courbera cette ligne de façon qu'elle décrive un arc dont le rayon soit de deux pouces, afin qu'après que le sable aura reçu l'impression du feu, sa retraite le réduise presque à la ligne droite.

Les étalages bombés retardent la descente des matieres qu'ils reçoivent, alterent la gradation des charges, & en précipitant soudain dans le bain des masses qu'ils ont retenues, causent les désordres les plus fâcheux; raison qui m'a forcé à leur donner de la rapidité. Il y a à-peu-près autant de différence entre la coupe des étalages de mon fourneau & ceux que construisent la plûpart de nos Fondeurs, qu'il y en a entre la coupe d'un pavillon & celle d'une mansarde.

J'ai été fort surpris de voir, dans le modele d'un ouvrage usité en Saxe, le haut de ses étalages, formant une coupole,

qui

qui est coupée dans son milieu par l'orifice d'un canal perpendiculaire, au milieu duquel est posée la tuyere. Nature des minerais, qualités des fondants, essence des charbons, administration du vent, attentions, soins relatifs, rien de ces choses, supposées concourantes au bien, ne peuvent me persuader que cette forme puisse avoir aucun avantage; je la regarde au contraire comme très défectueuse. (*Voy. Pl. VI. Fig.* 1 & 2.

L'ouvrage étant construit, on le déblaie des rognures que l'on a enlevées avec un outil tranchant; je n'en trouve point de plus commode que le hoyau à bois; l'on en affermit la surface au maillet; on répare les négligences, on le polit avec attention; cela s'entend de la partie qui est en sable, ou de la totalité s'il en est entiérement composé; l'on taille à la partie antérieure & extérieure de l'ouvrage, une petite *chapelle*, dont la base affleure la tympe entre les deux pages, & vient se terminer à la naissance de la marâtre.

J'ai abrogé l'usage de ces monstrueuses dames, formées de vieilles enclumes du sthoc : leur poids énorme contribue ordinairement à leur mauvaise position; elles sont sujettes à s'échauffer au point de fondre, & à laisser échapper la fonte de l'ouvrage. Dans les cas d'accidents, leur remplacement est très pénible, par la difficulté de les manier si près d'un feu aussi actif. Au lieu d'une enclume, je fais servir de dame une plaque de fonte, épaisse d'environ trois pouces; j'y emploie ordinairement des vieux fonds d'affinerie en rebut; si l'on en manque, on en peut couler exprès de 30 pouces de longueur, sur 15 pouces de largeur, & trois pouces d'épaisseur. Il faut poser cette plaque sur un massif du sable dont on se sert pour l'ouvrage, ou sur une maçonnerie; lui donner l'inclination d'un angle de soixante dégrés; que son extrémité supérieure soit éloignée de dix pouces de l'à-plomb de la tympe, & à trois pouces & demi au-dessous du niveau de sa partie inférieure, ou six pouces & demi au-dessous du vent : la dame doit être retenue, à son extrémité inférieure, par un piquet de fer, enfoncé au-dessous de sa surface, & recouvert de

Q

terre battue, pour qu'il ne forme aucun obstacle à la manœuvre.

La dame doit être inclinée pour faciliter l'écoulement du laitier; elle doit être au-dessous de la tympe, pour que le laitier ne fasse point d'obstruction sous la base de l'étalage, & ne remonte point à la tuyere : elle doit être éloignée de la tympe, pour faciliter le travail & pour puiser la fonte au besoin.

Dans le premier cas, la dame trop inclinée attire trop le laitier, en dissipe une trop grande quantité, ce qui intéresse le produit & la qualité de la fonte; lorsqu'elle est trop peu inclinée, elle rend le laitier paresseux, ce qui multiplie le travail.

Dans le second cas, la dame trop surbaissée occasionne une grande dissipation de la chaleur, une trop prompte & trop totale effusion du laitier; si elle est trop élevée, elle rend le fourneau triste & froid, conséquemment dur & d'un travail pénible; dans le troisieme cas enfin, la dame, trop éloignée de la tympe, donne lieu à la fonte de se pâmer dans cette extrémité de son bain; lorsqu'elle en est trop proche, elle rend l'accès du fourneau difficile, tant pour y travailler, que pour y puiser la fonte. D'ailleurs la dame, trop avancée dans l'ouvrage, est sujette à fondre. Les mesures ci-dessus qui la concernent, m'ont paru, par l'usage, constamment les meilleures.

Pour empêcher le laitier de porter le feu dans le magasin de frasin, qu'il est nécessaire d'entretenir pour l'usage du fourneau, l'on enfonce, de champ & perpendiculairement, une plaque de fonte qui regne le long de la dame, lui est contiguë; cette plaque, que je nomme *garde-feu*, doit surpasser la dame de cinq à six pouces.

Entre la dame & l'extrémité opposée de l'ouvrage, il doit y avoir un espace vuide de quatre pouces de largeur, communiquant à l'intérieur pour l'effusion de la fonte hors du fourneau. Cet espace est élargi d'un pouce par un biseau que l'on fait en émoussant l'angle de l'ouvrage, pour donner

de l'évasement à cette ouverture, qui est formée dans sa longueur, d'un coté par le corps de la dame, & de l'autre par le
frayeux ; le frayeux est une plaque de fonte de dix à douze
pouces de largeur, & de vingt-sept à trente pouces de hauteur, enfoncée dans le massif de l'aire prolongé du creuset,
huit à dix pouces au-dessous de son niveau ; il s'éleve perpendiculairement, & sa direction suit celle du biseau dont il fait
la continuité, ce qui forme une section conique d'environ
cinquante degrés. Le frayeux contient & dirige la fonte dans
sa route lorsqu'elle sort du fourneau, & sert de points d'appuis aux ringards pour le travail. Entre le frayeux & la dame,
l'on pose la coulée, qui est une pierre formant un trapeze
qui emplit exactement cet espace : elle doit être posée à
l'affleurement du fond de l'ouvrage sur une pente d'un pouce
en dehors. Les pierres calcaires sont propres à cet usage ; les
apyres sont meilleures, mais les pierres qui décrépitent n'y
sont pas propres. (*Voy. les Planches* IV, V, VI, VII, &
leurs explications).

Je passe aux précautions à apporter dans l'administration
du feu, & aux proportions des aliments du fourneau.

CHAPITRE II.

De la régie & de la diete d'un fourneau.

SECTION PREMIERE.

De la mise en feu.

Il ne fuffit pas de poſſéder l'architecture d'un fourneau, de ſavoir lui donner des dimenſions bien conſéquentes, de bien ſentir le méchaniſme des opérations des machines deſtinées à ſon ſervice; il faut auſſi, pour ſe procurer du travail d'un fourneau un produit conſidérable avec économie, connoître l'eſſence, le caractere des matériaux que l'on doit lui confier; combiner l'action des uns ſur les autres, leurs rapports reſpectifs; prévoir les accidents, les parer, & ſavoir ſur-tout entretenir la liberté de toutes ſes fonctions par une diete bien réglée. Cette ſcience ſi néceſſaire ne s'acquiert que par beaucoup d'obſervations, de réflexions & d'expériences réitérées. Je vais parcourir ces différents objets, & faire les réflexions que l'expérience m'a ſuggérées.

Après la conſtruction complette d'un fourneau, l'on peut le laiſſer ſécher pendant quelque temps avant de l'emplir de charbon : même quelques perſonnes ont l'attention de le fumer, c'eſt-à-dire d'allumer du feu dans l'intérieur avec du bois, pour ſécher les parois, ſans néanmoins les faire rougir. Il faut ſupprimer ce feu préliminaire pour les ouvrages en ſable, car il les gerſeroit & les dégraderoit; mais on pourra l'employer avec avantage, après avoir conſtruit les parois avant de former le creuſet, & dans les ouvrages en pierre, prêts à mettre au feu. Tout étant diſpoſé, on l'emplira de charbon : le mien en contient deux cents douze pieds cubes, ce qui revient à deux muids & demi marchands, ou deux muids un minot bourgeois, ou quarante-deux vans de Bourgogne, ou enfin à soixante-trois feuillettes & demie environ, mesure de la Marne, ou de Bar-Sur-Aube : quantité qui est le produit d'environ douze cordes & demie de bois à la petite mesure, contenant chacune cinquante-un pieds & un tiers cubes.

L'on bouche alors la tuyere avec du mortier d'herbue ; & par l'issue de la coulée qui est libre, l'on introduit une pelle de charbon embrasé. Le feu gagne insensiblement la masse, & perce jusqu'au haut de la bure : plus la maçonnerie est seche, plus il fait de progrès ; plus elle est humide, les charbons menus & l'athmosphere tranquille, plus il est de temps à percer la colonne entiere. Lorsque le charbon de la bure commence à être embrasé, plusieurs maîtres, qui n'aiment pas à voir une consommation sans un produit actuel, font charger en mines aussi-tôt que le fourneau est avalé d'une charge. Je rejette cet usage, parceque l'on ne doit point mettre un fourneau en mine, que lorsqu'il est en état de la bien digérer, & que dans ce moment le fond de l'ouvrage n'est point assez chaud pour recevoir la fonte en bain. Il arrive toujours de l'embarras, lorsque l'on se précipite trop. Je laisse écouler au moins trente-six heures, entre le temps que le feu a gagné le haut, & la premiere charge en mine, pendant lequel temps je fais faire fréquemment des grilles pour échauffer la partie inférieure de l'ouvrage où l'air ne peut donner d'action au feu, pour détacher & enlever les matieres vitrifiées qui distillent sur le bord inférieur de l'étalage des tympes, où le feu est plus actif, parceque l'air extérieur fait en cet endroit plus d'effort pour monter dans le fourneau. Enfin lorsqu'après nombre de grilles répétées, je vois blanchir & étinceller l'ouvrage à la rustine & sur le fond, je fais charger en mine lorsque le fourneau est bas d'une charge : la jauge de ma charge est de trente-six pouces, qui est le quart de la hauteur du grand cône ; elle contient dix-huit pieds un tiers cubes ; elle est remplie par cinq rasses de char-

bon, fur lefquelles je mets deux conges de mine : avant ce
temps, j'ai grand foin que les Chargeurs aient l'attention de
mettre du charbon au fur & à mefure de la confommation
d'une charge à-peu-près, pour que la partie fupérieure des
parois ne foit pas frappée d'une trop grande chaleur, ce qui
les dégraderoit.

Après douze à quinze heures que le fourneau eft en
mine, on voit fcintiller dans l'ouvrage des globules de fonte
imparfaite, qui éclatent en brûlant à l'air libre ; alors je
fais faire, fuivant l'ufage général, la derniere grille, nettoyer exactement l'ouvrage, couvrir le fond, dans toute fon
étendue, de plufieurs couches de frafin féché, que je laiffe
embrafer fucceffivement avant que de les recouvrir d'une
nouvelle couche, lefquelles font enfemble une épaiffeur
de trois à quatre pouces (a) ; ces frafins étant deftinés à recevoir la premiere fonte, il eft néceffaire qu'ils foient bien
fecs, & conféquemment embrafés, pour lui conferver fa
chaleur & l'empêcher de fe figer. Les ringards, formant
la grille, étant retirés, on met le bouchage pour fermer
la coulée ; l'on bouche le devant des tympes avec des braifes
tirées du fourneau, & des frafins mouillés, pour empêcher
la diffipation du vent, puis l'on tire la pale pour faire agir
les foufflets.

Il eft néceffaire que les mufles des foufflets foient éloignés de l'orifice intérieur de la tuyere au moins de dix
pouces dans les premiers huit jours, & qu'ils foient toujours écartés l'un de l'autre, de façon que leur vent fe croife
au centre du foyer. Les ouvrages en fable veulent être très
ménagés dans le commencement du feu ; c'eft pourquoi il
faut modérer l'action des foufflets, & les éloigner pour en
augmenter par gradation le mouvement & l'action, lorfque l'on jugera que l'ouvrage eft affermi & plombé. Les
ouvrages en grès peuvent être plus brufqués.

_____

(a) C'eft ce que l'on nomme en Allemagne & en terme de minéralogie, *brafque
légere.*

Depuis la premiere charge de minerai, l'on augmente sur chacune de vingt-cinq livres de minerai ou d'une demi-conge, ensorte qu'il se trouve à cinq conges lorsque l'on tire la pale. On le soutient pendant quatre charges à ce nombre; on augmente ensuite d'une conge par huit charges, jusqu'à ce qu'il en ait pris huit; alors on n'augmente plus, quel'on ne s'apperçoive qu'il en puisse soutenir, ou plutôt qu'il n'en demande, ce qui se connoît aisément par la couleur de la flamme, des laitiers & leur consistance, & la qualité de la fonte. Par une obstination contraire, il ne faut pas au commencement négliger de mettre du minerai; car la grande chaleur dont on a besoin est considérablement augmentée par la fonte en fusion : l'usage apprend la nécessité de s'écarter de ces deux extrémités.

Il faut en général tenir en fonte grise un fourneau dans le commencement d'un fondage, ne lui donner de minerai qu'à proportion que la chaleur augmente relativement à la durée de l'action & de la qualité des charbons, pour n'être pas obligé d'en retirer subitement. Au bout de douze à quinze jours, un fourneau bien construit est en état de porter toute la proportion de minerai relative à la charge de charbon, alors il faut en déterminer la quantité, qui peut cependant varier, à cause des différents états & qualités de charbon.

Des charbons nouveaux, trop menus, pourris, de mauvaise essence de bois, mal cuits, ne produisent qu'une foible chaleur qui ne peut opérer qu'une action très bornée; au lieu que des charbons de bonne essence, conservés dans des magasins secs & aérés, qui sont d'une grosseur médiocre, qui n'ont point été avariés par l'humidité, qui sont produits par des bois compacts & salins, & qui ont été bien cuits, operent une digestion prompte, abondante par l'énergie de la chaleur qui naît de leur embrasement. Il est nécessaire de jetter un coup-d'œil sur ces différentes situations du charbon.

SECTION II.

De la qualité du Charbon.

LES charbons nouveaux font très contraires au produit d'un fourneau & à la durée du fondage, parcequ'ils se consomment trop promptement, & que le principe de leur chaleur est trop fugace.

Le charbon, au sortir des mains du charbonnier, est une substance qui n'a conservé du bois que la matiere subtile, électrique, phlogistique, le principe du feu, le feu lui-même, lié très légérement à la base terreuse par les entraves d'une substance bitumineuse, fixé par les sels qui ne font point développés, ensorte que le charbon est un pyrophore dont le feu, assoupi pour ainsi dire, est prêt à se développer & à reparoître au premier ébranlement. Lorsqu'il a repris son mouvement, c'est une fusée rapide qui précipite son anéantissement ; parceque la chaîne des parties ignées est entiérement continue, & que rien n'en modere l'activité.

Il n'en est pas de même lorsque le charbon est reposé, c'est-à-dire lorsqu'il n'est consommé qu'après un certain temps écoulé depuis sa cuisson. L'air est chargé de parties aqueuses qui s'introduisent insensiblement dans les pores du charbon nouvellement cuit, & enveloppent les parties du feu : cet effet est sensible dans les magasins, où l'on entend le charbon pétiller. Ce font ces parties aqueuses qui s'introduisent dans les pores du charbon nouveau ; souvent font coin en écartant les molécules avec bruit & éclat, car les brins du charbon nouveau font dans le cas de l'éolipyle, que l'on a fait chauffer au point d'en faire sortir tout l'air grossier, pour qu'en la plongeant dans une liqueur, la colonne d'air, faisant effort pour y rentrer, force le fluide de s'introduire dans la capacité par le trou capillaire de son bec.

L'eau

L'eau que l'air a portée dans les parties les plus intimes du charbon, en bouche les pores ; elle interpose ses molécules entre celles du feu, ensorte que lorsque ce feu vient à être mis en action par une cause extérieure, l'eau arrête la rapidité de l'éruption de ses particules, tant parceque par son interposition elle rallentit la progression de l'embrasement, que parceque par sa liaison & par sa résistance elle modere l'essor des parties ignées. Il n'est point d'ouvrier qui emploie le charbon, qui ne mouille la partie extérieure de son feu ; ce n'est pas pour éteindre seulement la surface du charbon qui brûle sans un effet qui ait rapport à son objet, mais c'est pour augmenter la chaleur ; le charbon de terre ne s'emploie qu'en bouillie (pour ainsi dire) ; les deux opérations tendent à donner aux parties ignées des entraves, & à administrer l'eau nécessaire à la multiplication de son action.

L'air ne porte point dans le charbon une quantité d'eau surabondante & nuisible. Lorsque la réaction de l'élasticité de l'air dans le charbon est épuisée, & que le charbon, relativement au degré d'humidité, est en équilibre avec l'air, il ne s'en charge plus. Il n'en est pas de même lorsque le charbon est submergé ou exposé long-temps sur un terrein humide : alors c'est une éponge qui absorbe un volume d'eau considérable qui anéantit, pour ainsi dire, le développement du feu. L'on appelle, assez improprement, charbon pourri celui qui a été long-temps exposé à l'humidité. L'on conçoit aisément que des charbons, dans cet état, sont peu propres au travail d'un fourneau. Les charbons trop menus, c'est-à-dire brisés, font masse avec la mine, se pelotonnent ensemble & font obstacle à la circulation de l'air ; les charbons pas assez cuits, où qui ont trop flambé, ceux produits par des bois viciés ou usés par fermentation ou par pourriture, ou qui contiennent peu de substance sous un gros volume, sont peu propres à la réduction du minerai du fer. Ces aliments foibles occasionnent de mauvaises digestions.

R

Je fens que toutes les réflexions qu'il feroit néceffaire de faire ici fur le charbon, relativement au produit du fourneau, me conduiroient au-delà des bornes que je me fuis prefcrites. L'on peut confulter l'*Art des Forges*, de l'Académie ; celui du *charbon*, de M. Duhamel ; & l'*Encyclopédie*. On trouvera dans ces Ouvrages des détails fatisfaifants, & auxquels dans la fuite on pourra ajouter.

SECTION III.

De la Compofition & de l'ordre des Charges.

UNE charge eft compofée d'une quantité déterminée de matériaux qui doivent opérer & fubir les effets de la digeftion, & qui s'introduit dans le fourneau dans des temps à-peu-près également efpacés, au fur & à mefure de la confommation. Le charbon qui contient le principe actif en eft la bafe ; fon volume doit être invariable ; je le fixe à cinq raffes, comme je l'ai dit, pefant 230 livres, terme moyen, parceque le poids du charbon dépend de fon effence & de fon état actuel. Le minerai, qui eft le principe paffif de la charge, fe proportionne fuivant fon caractere : les minerais réfractaires doivent être économifés ; les fufibles doivent être employés avec plus d'abondance, & toujours relativement à la qualité du charbon. J'emploie par charge cinq cents de mine de Narcy & du Mont-Gérard, (qui font des minerais en grain) ; la caftine fert de fondant & de correctif ; elle doit être mefurée proportionnellement à la quantité, & relativement à la qualité du minerai. La caftine n'eft point abfolument un corps naturel particulier ; tout corps qui a pour bafe une fubftance calcaire, une terre abforbante qui n'eft point faturée d'acide, y eft propre ; je dis qui n'eft point faturée d'acide, parceque l'effet de la caftine, par un premier degré de chaleur, de-

venue chaux, absorbe les parties sulfureuses du minerai ;
elle fait alors la fonction de correctif ; cette chaux, unie
aux parties quartzeuses, sulfureuses & terreuses du miné-
rai, aux parties argilleuses de l'herbue, aux cendres des
charbons, compose une masse de matieres hétérogenes qui
se servent mutuellement de fondant, & se réduisent en
une substance vitreuse qui perfectionne la fusion, couvre
le métal en bain, par là le préserve de la trop grande action du feu. Cette couche de matieres vitrifiées en fusion,
que l'on nomme laitier, est un filtre à travers lequel se
purifie le métal au fur & à mesure qu'il distille, pour ainsi
dire, en globules de la masse exposée à l'action du vent ; il
y dépose les parties hétérogenes qui lui sont unies ; se précipite au fond du creuset par la différence de sa pesanteur
avec celle du laitier qui le couvre. Si la castine, contenoit
une substance calcaire, chargée d'acide, ainsi que le plâtre,
outre qu'elle ne rempliroit pas l'office d'absorbant, l'acide
fourniroit un corps étranger qui appauvriroit le métal plutôt que de le purifier. On emploie avec succès pour castine, la marne, la craie, les testacées fossiles & vivants,
& le gravier calcaire de riviere. Ce dernier est le plus
commode de tous, par la facilité de s'en procurer & par
son état de comminution ; car il ne faut pas se servir de castine dont les morceaux sont sous un gros volume, 1°. parceque l'on ne peut trop multiplier les surfaces, 2°. parceque les gros marons de castine contiennent nécessairement dans l'intérieur de l'humidité qui, étant raréfiée par
la chaleur, fait une explosion qui dérange l'ordre des
charges qui ne peut être trop paisible. En général toute
espece de pierre calcaire brisée est une bonne castine. Il
est des minerais qui portent avec eux leurs fondants. Celui
que je traite exige un dixieme de son volume de castine ;
l'un & l'autre sont de poids égal, pesant cent vingt livres le pied cube.

L'argille herbue, qui est une terre onctueuse, mêlée à
la terre animale & végétale très atténuée & chariée par

R ij

les eaux, eft employée pour conferver les parois contre la
trop grande impreffion du feu, en fe répandant le long de
leur furface en forme d'un vernis noirâtre qui empêche le
minerai de s'y attacher; elle fert de fondant à la chaux,
elle rafraîchit la tuyere, elle fournit auffi une portion de
phlogiftique. L'argille fablonneufe n'eft pas propre, parcequ'elle eft trop fufible, ce qui fait qu'elle détruit plutôt
l'ouvrage que de le conferver, & aigrit le métal loin de
l'adoucir. Il eft des minerais dont le caractere doux permet de les traiter fans herbue; ceux que j'emploie en
exige un vingtieme de leur volume; enforte que chaque
charge de mon fourneau eft compofé de

Nombre.	Efpece.	Poids particu- lier.	Poids de chaque charge.	Poids général d'une coulée.
5	raffes de charbon p.	46 liv.	230	2070
10	conges de minerai,	50	500	4500
1	conge de caftine,	50	50	450
½	conge d'herbue,	20	20	180
			800	7200

Voici l'ordre que j'obferve dans l'adminiftration des
charges, lorfque la jauge de trente-fix pouces de longueur, introduite perpendiculairement dans différents points
de la bure du fourneau, y entre toute entiere à fleur des
taques qui en forment la furface. L'on jette trois raffes de
charbon, puis une demi-conge de caftine, enfuite deux
raffes de charbon dont la derniere eft remplie des plus menus qui ont paffé dans les dents de la harque, afin qu'ils
s'introduifent dans les vuides des autres, & *enrimés* de façon, avec l'*eftocart*, qu'ils faffent une furface égale, unie
& inclinée du côté des tympes fur un angle de trente degrés; ou, ce qui revient au même, qu'elle foit à fleur des
taques de la ruftine, & fept pouces & demi environ au-
deffous de celles des tympes. Cette inclinaifon eft néceffaire
pour pouvoir enrimer les charbons avec facilité, & parceque la mine, que l'on va mettre du côté de la ruftine, fai-

fant un poids confidérable, furbaiffera bien vîte le charbon
au niveau de l'autre côté. La pente, trop rapide, fait cul-
buter les charges, parceque toute la mine fe porte à l'endroit le plus incliné. Lorfque la charge eft dreffée, on
verfe le refte de la caftine dans le centre de la bure : cette
façon de la mettre en deux temps, la mêle plus exactement.
Dans les ouvrages à pente irréguliere, on jette la caftine
fur le contrevent ; on brife enfuite l'herbue qui a été amon-
celée de part & d'autre de la bure pour y fécher ; enfuite
on la coule fur la tuyere & au contrevent où font les plus
violents effets du feu ; l'on met enfuite les dix conges de
minerai fur la ruftine. Pour n'être point trompé dans le
nombre des conges, il faut obliger le chargeur d'avoir
dans une tuile courbe, ou autre chofe équivalente, dix
petites pierres, afin qu'il en déplace une par chaque conge
qu'il a mife dans le fourneau. Il faut que le minerai foit
humecté de façon à ne pas mouiller la main, mais affez
pour fe foutenir en maffe, afin qu'il ne crible pas à travers le charbon.

Au fur & à mefure que le minerai defcend, pendant que
le chargeur remplit fes raffes de charbon & qu'il prépare la
charge fuivante, il faut qu'il pouffe dans le fourneau le
minerai avec un rable de bois, fans attendre qu'une partie
foit beaucoup defcendue, parceque la chûte élevée de la
derniere dérangeroit celle qui grille fur le charbon ; c'eft
particuliérement pour ce dernier effet que l'on pofe toute la
mine fur tout le charbon de chaque charge.

Pour que chaque charge fe faffe avec toute l'attention
poffible, il faut obliger le chargeur de les fonner, afin
d'avertir le fondeur ou le garde, & qu'il tinte après le carillon, des coups en nombre égaux à la quotité des charges par 1, 2, 3 & 4, dont fa tournée doit être compofée ;
par ce moyen le Maître eft averti de ce qui fe paffe, & le
fondeur ou les gardes montent pour contrôler & eftoquer
eux-mêmes les charges.

Je parlerai plus au long, dans d'autres parties, de la police qui doit régner sur les ouvriers : ce détail, quoique néceſ‑ceſſaire, eſt trop minutieux relativement à mon objet actuel.

Toutes les charges doivent ſe ſuccéder, & être faites avec le même ordre & la même attention. Plus les charbons ſont nerveux, plus elles durent, indépendamment de l'action des ſoufflets rallentie ou accélérée. Je ne peux trop m'élever contre ceux qui font leurs charges trop éloignées les unes des autres, pour y employer plus de matériaux, car il en réſulte de très grands inconvénients, 1°. expérience faite, il ſe fait une plus grande conſommation de charbon; 2°. le mêlange de beaucoup de matieres eſt plus difficile à faire; 3°. l'on eſt forcé de laiſſer deſcendre le fourneau très bas, ce qui occaſionne une perte conſidérable de la chaleur; 4°. les matériaux ſont précipités dans le grand foyer, preſque auſſi‑tôt qu'ils ſont introduits dans le fourneau, conſéquemment ils y arrivent cruds; 5°. le haut des parois ſe brûle bien plus promptement : au lieu que faiſant des charges d'une juſte pro‑portion à la capacité du fourneau & d'un volume bien moins conſidérable, l'on eſt ſûr de bien mêlanger les matieres, de les conſommer avec plus de profit, de les faire parvenir au grand foyer très embraſé, de leur donner un feu prélimi‑naire qui leur vaut en partie le grillage, de contenir la cha‑leur, parceque le fourneau étant preſque toujours plein, elle trouve bien plus d'obſtacles, elle eſt miſe toute à profit par la concentration. L'on ne peut eſpérer de parer tant d'incon‑vénients, & de ſe procurer les mêmes avantages, en couvrant la bure d'un fourneau avec un couvercle ſuſpendu à cet effet à une potence, & qui deſcend & remonte par le jeu d'une poulie; car en interceptant totalement le courant de l'air par la bure, on le force de paſſer par les tympes & d'y en‑traîner une grande partie de la chaleur, ſouvent de faire gor‑ger & déflagrer la myere.

Les ſoufflets ne ſauroient être en trop bon ordre bien ſé‑

lés & huilés, munis de reſſorts flexibles; il faut qu'ils ſoient poſés horiſontalement & parallelement à l'aire du creuſet, que les balanciers ou baſcules ſoient chargés de façon que la caiſſe ſoit entiérement élevée, lorſque la came vient ſaiſir la baſſe-conte; que l'élévation de la caiſſe ne ſe faſſe pas avec précipitation, par contre-poids trop peſant, qui retarderoit la preſſion ſuivante; enfin que l'extrémité des balanciers ne retombe pas ſur un corps ſans réaction, parceque la ſecouſſe qui naîtroit du choc briſeroit bientôt les caiſſes, cremailleres & crochets; c'eſt pourquoi il faut mettre ſur le chapeau de la chaiſe de rechute, un faiſceau de branches, ou un reſſort de bois qui en adouciſſe le choc & le rende inſenſible.

Il eſt néceſſaire que la preſſion des cames ſoit égale & totale; totale afin que les ſoufflets expriment tout l'air contenu dans la capacité de leur caiſſe ſupérieure; égale afin qu'un ſoufflet, n'expirant point trop tôt, le vent ne coupe pas, c'eſt-à-dire qu'il n'y ait point d'intervalle entre les deux expirations; cette diſtance qui, par l'inattention des Souffleurs, cauſe des hoquets dans les jeux d'orgues, eſt un défaut dans les fourneaux, parceque, 1°. cette diſcontinuité fait une ſouſtraction à la maſſe totale du vent néceſſaire, d'où il réſulte une lenteur dans le travail; 2°. la chaleur interrompue cauſe un refroidiſſement qui uſe inutilement une portion du vent pour la rétablir; 3°. la déflagration de la tuyere eſt plus à craindre dans ce moment: trois ſoufflets répareroient cet accident difficile à éviter avec certains ſoufflets; & c'eſt le ſentiment de M. Bouchu, dans l'*Art des Forges*; mais je voudrois un magaſin d'air commun aux trois ſoufflets, dont une ſeule iſſue communiquât le vent au fourneau comme les trompes.

L'on doit examiner fréquemment & avec beaucoup d'attention, la tuyere qui eſt l'œil (*a*) du fourneau; elle doit être tou-

---

(*a*) Le fourneau eſt monoculaire, parcequ'il n'a qu'un œil qui eſt la tuyere; ce qui a fait feindre aux Poëtes que les Cyclopes (Compagnons de Vulcain,) n'avoient qu'un œil. Par une métaphore auſſi ſinguliere, ils ont dit que

jours éclatante fans étinceler; il faut enlever fréquemment; fur-tout aux approches de la coulée, les égoûtures du laitier & de l'herbue, qui font des ftalactites au devant, & qui empêche le vent de paffer; de même que celui qui y remonte du deffous, quelquefois du fer de nature, que le travail du crochet de la tuyere détermine à la métallifation.

Il faut contenir la tuyere toujours dans la même largeur, en la réparant avec du mortier d'herbue, porté fur la fpatule, ou torchette. C'eft par la tuyere que l'on voit en partie ce qui fe paffe dans l'intérieur du fourneau, fi la fufion fe fait exactement, ou fi les charges culbutent; les Gardes doivent apporter beaucoup d'attention à la bien gouverner, & à la fecourir dans les accidents caufés par le gonflement du laitier, & à la rafraîchir dans les déflagrations : on peut l'alonger & la tourner au befoin avec du mortier d'herbue.

Lorfque deux Chargeurs ont fait chacun une tournée de quatre charges chacune, ils en font une neuvieme en commun, pendant laquelle on prépare le moule. Je ne parlerai point ici du travail des ouvrages figurés, moulés, & coulés dans le fable, ou fur le fable, en chaffis ou en terre; la defcription des opérations nombreufes qu'exige l'exécution de ces ouvrages, pour les faire réuffir avec économie, demande un Mémoire entier. Cet Article eft traité avec intelligence dans l'*Art des Forges*, publié par l'Académie. Je ne parlerai que du fondage en gueufe, même fommairement.

Vulcain étoit boiteux, parcequ'un Ferronnier, qui tire un foufflet avec le pied, fait le mouvement de claudication dans l'élévement & l'abaiffement du balancier qui met en jeu le foufflet.

SECTION

SECTION IV.

Des opérations avant, pendant & après la coulée.

PENDANT que les Chargeurs font la derniere charge,
le Garde, nommé communément petit Fondeur, ce qui revient à Fondeur *Aide-Major*, prépare le moule en bêchant
le fable fuffifamment humeété; enfuite le Fondeur fillonne
le fable avec la charrue, qui eft un rable de bois triangulaire;
il affermit le fable, formant les côtés du moule avec une
pelle ronde. Le moule, fait en plus grande partie & numé-
roté, le fous-Fondeur enleve une partie du bouchage; il prépare avec du fable neuf l'entrée du moule, qui comprend
l'extrémité extérieure de la pierre que nous nommons *coulée*,
il l'affermit avec la pelle & le pied, puis il perce avec le ringard, nommé lâche-fer, le refte du bouchage, jufqu'à ce
qu'il ait fait une iffue à la fonte, qui coule fur une pente
douce dans le moule, pour former une gueufe de dix-huit
à vingt-quatre pieds, fuivant l'emplacement & la quantité du
produit du fourneau.

Lorfque toute la fonte eft fortie du fourneau, on détache
des côtés de l'ouvrage fous la tympe & d'auprès de la dame,
les laitiers endurcis qui peuvent y être collés; l'on remet
de nouveau bouchage : il eft néceffaire auffi de rapporter du
charbon fur les tympes, pour remplir le vuide; de les couvrir de frafins mouillés, & de petites craffes, afin de contenir l'air; l'on fait enfuite agir les foufflets, dont l'action
a été interrompue pendant le temps qu'a duré la coulée.
Toutes ces opérations demandent des attentions particulieres & d'économie; il faut qu'elles fe faffent toutes avec
diligence, pour que le fourneau foit moins de temps fans le
fecours des foufflets.

Le moule qui eft tracé dans le fable, doit être tiré en li-

S

gne droite, pour que les gueuſes puiſſent s'entaſſer égaſe-
ment; qu'il ſoit ouvert de façon que la gueuſe forme un
priſme, dont la coupe ſoit un triangle iſocelle, dont le ſommet ſoit émouſſé, & que ſa baſe ait ſoixante & quinze degrés d'ouverture. Si cette baſe étoit celle d'un angle équi-
latérale, ou que ſon ſommet fût trop obtus, la gueuſe tien-
droit trop de place dans l'affinerie dans laquelle l'angle de
la gueuſe, du côté du contrevent, ſeroit trop éloigné de
l'action du feu; ſi le ſommet étoit celui d'un angle trop
aigu, il exigeroit trop de charbon pour le couvrir. Cette
crainte a fait tomber des Maîtres de Forges dans un accident tout contraire, en faiſant ſi fort émouſſer le ſommet
de l'angle de leur gueuſe, que leur coupe formoit une
portion de cercle dont la corde étoit très longue & le
rayon très petit : ces défauts donneront lieu à des obſervations ſur le travail du fer.

La qualité du ſable pour le moule de la gueuſe n'eſt
point indifférente. Les ſables quartzeux n'y ſont point propres ; ils aigriſſent le fer dans le travail de l'affinerie : les
ſables chargés de trop de parties terreuſes, s'ameubliſſent
mal ; ils ſe durciſſent & ſe collent après la fonte ; leur
poids devient onéreux, puiſqu'il fait partie de celui de la
gueuſe ſur lequel le Fermier jouit du droit domanial qui
lui eſt concédé. Le menu gravier de riviere paſſé à la claie,
eſt ce qu'il y a de mieux ; il donne un laitier doux à l'affi-
nérie qui épure le fer. Il y a des forges dans leſquelles on
ſe ſert de laitier de fourneau, paſſé ſous les pilons du bocard pour mouler la gueuſe ; il n'y a que la diſette des
meilleures matieres qui puiſſe autoriſer cet uſage; car ce
laitier rend le travail de l'affinerie pénible.

La préparation du ſable du moule conſiſte à l'humecter
également & ſuffiſamment, pour qu'il ſe ſoutienne dans la
forme qu'on lui donne. On doit être attentif avec ſcrupule à ce qu'il ne ſe cantonne point d'eau dans quelques
parties du moule, particuliérement à l'endroit où l'on
fouille pour placer le levier ou la chaîne avec leſquels on

enléve la gueufe ; car il en réfulte une explofion qui fait éclater la fonte, met la vie des ouvriers en danger, occafionne la perte d'une infinité de grenailles, & caufe une perte confidérable par la quantité de matieres étrangeres qui font confondues dans les maffes informes de fonte, que l'on ne brûle à l'affinerie qu'à grands frais & à perte.

Les premieres mottes de bouchage que l'on détache de la coulée, peuvent être employées pour fervir d'herbue pour les charges ou pour la chaufferie. Lorfqu'un fourneau eft bien en train, il eft inutile d'enlever entiérement le bouchage ; il faut feulement y faire un trou fuffifant au niveau du fond pour couler la fonte. De cette attention il réfulte quatre avantages principaux : le premier eft d'accélérer l'opération ; le deuxieme d'employer moins d'herbue ; le troifieme eft qu'en employant moins de bouchage, l'on fournit moins d'humidité à la bafe du fourneau, dont il eft intéreffant de conferver la chaleur ; la quatrieme enfin, eft lorfque l'ouvrage eft élargi ; & qu'outre la fonte qu'il contient & qui doit former la gueufe, il y a beaucoup de laitier, par ce moyen on empêche ce laitier abondant de fortir du fourneau ; il y entretient la chaleur du bain, & conferve l'ouvrage. D'ailleurs ce laitier, coulé fur la gueufe, s'y colle de façon qu'il eft difficile de l'en détacher totalement ; il la durcit & fait poids. Cette précaution, quoique très avantageufe, doit être fupprimée lorfque l'on s'apperçoit de quelques dérangements dans le fourneau, auxquels il fera difficile de remédier fans le fecours de cette ouverture : mais dans tous les cas il eft effentiel de ne pas trop avancer le bouchage dans l'ouvrage, & de couler en dedans une couche de fraifin fec, de même que devant la dame.

Comme il eft néceffaire de remplir le devant de l'ouvrage vuidé par la fonte coulée, & qu'il n'eft pas poffible d'y attirer avec un crochet des charbons embrafés de l'intérieur du fourneau en fuffifance, il faut y en apporter de menus noirs. Il eft une économie à obferver fur cet arti-

S ij

cle, qui eſt d'ordonner aux Gardes d'amaſſer tous les charbons qui ſortent de l'ouvrage dans les différents travaux,
afin de les employer à boucher. Cette petite économie réi-
térée, devient un avantage aſſez conſidérable pour ne la
pas négliger. Après la coulée, on retire la pale de la roue
des ſoufflets, ou l'on débouche la tuyere qui avoit été con-
damnée pendant la coulée, à cauſe que le feu, qui paſſeroit par les tympes, incommoderoit les ouvriers occupés à
l'opération de la coulée ; on repare la tuyere avec la ſpa-
tule, & l'opération recommence. Il eſt eſſentiel de modérer un peu l'action des ſoufflets dans cet inſtant, juſqu'à la
deuxieme charge, ſur-tout dans les fourneaux dont le creuſet eſt fort rétréci, & ceux dont la tuyere eſt baſſe, parceque le fourneau étant alors ſans laitier, le feu porte une
partie de ſon action ſur l'ouvrage & le dégrade : mais lorſque les étalages commencent à s'évaſer depuis la tuyere, &
qu'elle eſt élevée au-deſſus du bain, cette précaution devient moins néceſſaire, je l'obſerve cependant.

Entre la deuxieme & troiſieme charge, le laitier commence à emplir le fourneau ; c'eſt le temps de relever,
c'eſt-à-dire de faciliter la ſortie du laitier en détachant &
en enlevant de devant la dame & de deſſous les tympes les
craſſes & les matieres dont on s'eſt ſervi pour le boucher,
comme auſſi pour travailler avec le croard & le ringard
dans l'intérieur du fourneau, afin de faciliter la deſcente
des charges & de mettre le laitier en mouvement ; alors il
commence à couler ſur la dame, & il continue juſqu'à ce
que l'on coule une nouvelle gueuſe.

Il eſt des fourneaux triſtes & mornes qui n'ont point de
chaleur ſur le devant, deſquels on ne peut arracher le laitier ; cela dépend de la poſition de la tuyere trop près de
la ruſtine, de l'éloignement du centre du fourneau, de la
poſition reſpective des tympes & de la dame, qui ne laiſ-
ſent pas entre elles aſſez de jeu à l'air, & d'autres circonſtances dépendantes des dimenſions de l'intérieur, même
des mauvaiſes combinaiſons du minerai, des fondants &
des correctifs.

Ces fourneaux font toujours durs fur le devant; il en faut enlever les laitiers à la pelle; d'où il réfulte un travail pénible qui détruit une partie du produit. Au contraire, celui dont je donne ici les proportions, eft toujours gai, il fe releve aifément, quelquefois feul, & eft d'un travail aifé.

SECTION V.

Des Maladies d'un fourneau; des Pronoftics qui les annoncent, & de ceux par lefquels on juge de la perfection de fes fonctions.

Il eft néceffaire de parcourir légérement les différents états d'un fourneau, les fignes qui les annoncent, & ceux qui les manifeftent, les accidents qui en font les fuites, les précautions à prendre, & enfin les fecours que l'on y doit porter.

L'on eft certain qu'un fourneau eft en bon train lorfque fes fonctions font aifées & périodiques, c'eft-à-dire que les charges fe confomment dans le même efpace de temps, que le produit eft à-peu-près égal, que les coulées fe répetent à douze heures de diftance. L'heure la plus commode pour couler eft à fix heures du matin & du foir l'été, & à huit heures l'hiver. Par ce moyen en été les deux coulées fe font de jour & à des heures commodes pour le Maître; en hiver, l'on a une coulée de jour. L'on connoît, dis-je, qu'un fourneau eft en bon train lorfque les laitiers coulent gravement jufqu'au pied de la dame, qu'ils font d'une couleur verdâtre, mêlés légérement de quelques veines lactées, fi l'on veut des fontes mêlées; ou d'une couleur de gris-de-lin lavé, tirant fur le jaune, fi l'on veut des fontes grifes (a). Lorfque l'impreffion du vent des foufflets occa-

---

(a) Les couleurs différentes des laitiers font locales & procedent des différentes fubftances minérales & métalliques combinées avec le minerai & les fondants.

fionne un mouvement d'ondulation fur la couche intérieure du laitier ; ce qui fe manifefte au dehors par une
efpece de reflux doux que l'on nomme la *pouffe de la
taupe* , parcequ'effectivement ce mouvement reffemble à
celui que la taupe communique à la terre qu'elle pouffe à
différentes reprifes ; que la flamme du haut & du bas eft
vive ; celle du bas d'un blanc net avec quelques traits jaune aurore ; que celle du haut eft vive , courte , bleue ,
mêlée de blanc & de traits rouges éclatants ; que les bords
de la bure & fon intérieur blanchiffent ; que l'intérieur du
fourneau retentit d'un bruit caverneux continuel ; tel un
volcan aux approches d'une légere éruption : fi tous ces
fymptômes fe foutiennent , que les laitiers s'épaiffiffent &
deviennent d'un gris de lin plus foncé , l'on peut augmenter d'un peu de mine : cette couleur gris de lin eft l'effet
d'une portion de fer vitrifié : telle eft la couleur des verres
trop chargés de mangaleze.

Lorfque la flamme qui fort du haut du fourneau eft d'un
jaune mourant , mêlé de rouge obfcur , accompagné de
fumée , que la bure eft livide & noirâtre , que les charges
ne defcendent point également , que la tuyere étincelle ,
qu'elle eft trop ardente , qu'elle fe rogne , ou qu'elle eft
obfcurcie , parcequ'elle eft gorgée de laitier , que la flamme
du bas eft pâle-obfcure , mêlée de fumée , que les laitiers
font noirâtres , qui font les pires de tout , d'un verd-ob-
fcur-variant , qu'ils coulent trop abondamment par trop de
fluidité , qu'ils forment des bulles d'où il fort des lances
de feu , que le fourneau eft morne , tous ces fignes annoncent de triftes accidents actuels ou prochains.

Lorfque le laitier eft verriant , c'eft-à-dire qu'il eft comme
poli , qu'il réfléchit la lumiere étant encore rouge , que fa
maffe s'entretient affez chaude intérieurement , pour que
dans le centre il y ait un courant qui perce le bout de fa
traînée , c'eft un figne qui annonce que le fourneau commence à être furchargé de minerai , que la fonte change
de qualité , qu'il faut retrancher par chaque charge un demi

bache de minerai, à moins que l'on n'ait des charbons mieux constitués à employer. Les charbons chauds sont sujets à donner cette espece de laitier ; & cet accident est presque toujours à imputer au défaut de charbon. Les laitiers qui coulent avec trop d'abondance, parcequ'ils sont trop fluides, annoncent une indigestion. La couleur noire la constate ; ce qui est occasionné ou par le défaut des charbons qui ont été mouillés, ou d'une mauvaise essence ; ensorte que la mine entre dans le bain sans avoir essuyé un départ exact, & que par le défaut de chaleur le laitier n'a pas été suffisamment cuit ; que partie du minerai n'a été métallisé qu'imparfaitement, & que l'autre, fondu seulement, reste uni au laitier, & lui donne cette sinistre couleur de jus de reglisse (a). Il faut encore alors retirer du minerai, si l'on veut éloigner des accidents fâcheux.

Des charbons trop gros, qui occasionnent entre eux des vuides considérables, laissent cribler le minerai, lequel se précipite dans le bain, étant à peine rougi ; la raréfaction qu'il y occasionne fait soulever le laitier qui jaillit par la tuyere, s'y durcit, intercepte le vent, brûle souvent les soufflets, donne un laitier noirâtre ; la fonte devient épaisse, pultasée, s'attache après les outils. Il est nécessaire dans ce cas critique d'être continuellement à la tuyere ; de retirer d'un quart de minerai ; de vuider le plus exactement qu'il est possible le bas du creuset, lorsque l'on coule ; d'accélérer le mouvement des soufflets & de faire briser les charbons, ou d'en employer de moins gros, pour qu'ils soutiennent le minerai dans l'ordre des charges. Souvent une charge mal faite, qui culbute, cause ce dérangement ; alors il n'est pas nécessaire de retirer du mi-

---

(a) La couleur du laitier varie suivant la nature des matieres qui sont mêlées avec le minerai. Il y a des provinces où leur couleur dominante est le bleu, d'autre le verd, d'autre le noir.

J'aurai occasion de donner des éclaircissements sur ces accidents qui procedent des substances métalliques étrangeres unies aux mines de fer.

nerai ; le fourneau fe rétablit avec l'équilibre des matieres qu'il contient.

L'humidité des minerais que l'on précipite dans un fourneau au fortir des lavoirs, celle que l'égout des pluies porte
au fourneau mal conftruit, & celle qu'il reçoit par les crues
d'eau, rallentiffant confidérablement la chaleur, caufent des
barbouillages : la fonte fe fige dans l'ouvrage, les laitiers ne
peuvent en fortir, enforte que fouvent l'on eft obligé de
mettre un fourneau hors de feu, parceque l'ouvrage n'a pas
affez de chaleur pour contenir la fonte en bain. Si un fourneau n'eft pas embarraffé au point de forcer à une mife-hors,
il faut redoubler l'action des foufflets, déboucher continuellement la tuyere, employer les meilleurs charbons, & un
moindre volume de minerai, enlever à force de travail les
maffes de fonte qui fe font attachées, fans cependant trop
tourmenter un fourneau. Mais en général je confeille de ne
jamais s'obftiner à vouloir rétablir un fourneau qui languit
depuis long-temps, ou qui a des crifes violentes & fréquentes : il y a bien plus d'avantage de le mettre hors de feu, de
reconftruire un ouvrage neuf, fi les défauts viennent de fa
dégradation, ou d'attendre une faifon moins fâcheufe, fi les
fraîcheurs font la fource de fon dérangement. Il n'eft pas
douteux que la dépenfe d'un nouvel ouvrage eft bien au-
deffous de la perte occafionnée par un faux produit continué.

SECTION VI.

Des Bouchés.

SOUVENT des circonftances imprévues interceptent la
traite des matériaux néceffaires à l'entretien d'un fourneau
actuellement en feu, ou une féchereffe trop conftante réduit
le cours d'eau au point de ne pouvoir fuffire à la dépenfe de
la roue; alors fi le fourneau n'eft point trop endommagé,

&

& qu'il foit en bon train, on fe contente de le boucher, &
il y a quatre façons de le faire.

La premiere eft, après la coulée, de le nettoyer autant
qu'il eft poffible, & de le boucher haut & bas avec des frafins,
de l'herbue, & du fable, & ce, dans l'état qu'il fe trouve.
Cette façon ne peut être utile que pour un bouché de deux
ou trois jours, parceque les laitiers, le peu de fonte qui refte,
le minerai à demi fondu, fe durciroient au point de former
des embarras infurmontables, s'ils reftoient long-temps fans
le fecours des foufflets.

La deuxieme façon eft de laiffer confommer entiérement
les matieres contenues dans le fourneau, de le vuider exactement, & de le boucher dans cet état.

La troifieme eft de l'emplir de charbon après qu'il eft entiérement vuidé, comme lorfqu'il a été rempli pour la premiere fois, & enfuite le boucher.

La quatrieme enfin, qui eft celle que je préfere, eft de
faire autant de charges de charbon feul, fans minerai, que
l'on fait que le fourneau en contient; de laiffer aller les foufflets, jufqu'à ce que l'on s'apperçoive qu'il ne tombe plus de
minerai; de couler alors ce que le fourneau contient de
fonte, de le bien nettoyer, & de le boucher bien exactement.
Par cette méthode je ménage, 1°. aux parois la chaleur violente qu'elles fouffrent dans une mife-hors; 2°. je ne refroidis point l'ouvrage par une maffe totale de charbon noir
précipité dans le fourneau.

Lorfque l'on retire la pale après un bouché, il faut faire
une grille comme pour *une mife en feu*, pour pouvoir vifiter les parties inférieures de l'ouvrage, le nettoyer, l'échauffer, & prendre, relativement à cette opération, les mêmes
précautions qu'à un ouvrage neuf.

Les bouchés ne doivent avoir lieu que dans la belle faifon; les fraîcheurs, qui font une fuite de temps fâcheux de
l'hiver, font des accidents qui détruifent l'efpérance de profiter d'un même ouvrage pour un fecond fondage : j'ai vu
avec furprife donner un avis contraire.

T

SECTION VII.

Démonstration de l'avantage & de l'économie de plus d'un cinquieme de charbon, produite par la forme elliptique d'un fourneau.

IL me reste à démontrer la supériorité de l'avantage qu'un fourneau elliptique a sur ceux qui sont angulaires & à colonnes brisées, dont j'ai fait usage pendant long-temps, & qui sont usités généralement dans la Champagne, & presque par-tout le Royaume.

Je pourrois faire l'analyse de mes fondages anciens sur des dimensions quadrangulaires, mais le temps écoulé pourroit rendre douteuses des observations sur des circonstances; c'est pourquoi il est nécessaire de faire cette comparaison sur des objets actuels, pour rendre plus évidente la vérité de ma démonstration, & pour prouver qu'avec une portion qui tient le milieu entre le quart & le cinquieme de moins de charbon, je produis plus de fonte dans un fourneau elliptique dont je me sers depuis 1758, qu'il n'est possible d'en tirer dans les fourneaux angulaires. Je prends pour acte de comparaison le dernier fondage du fourneau d'Urville, qui est la forge la plus voisine de Bayard, qui use les mêmes minerais patouillés, les charbons des mêmes contrées, de la même forêt.

Le fourneau d'Urville a été mis en feu le 30 Avril 1761, a continué son fondage sans interruption jusqu'au 15 Août, ce qui fait cent huit jours, a produit quatre cents deux mille six cents quarante-six livres de fonte en deux cents vingt-deux coulées, c'est mille huit cents treize livres & demie par chaque coulée, composée de neuf charges, qui donnent chacune deux cents une livre quatre onces de fonte.

Mon fourneau a été mis en feu le 1er Avril, le fondage a été continué au 2 Juin, repris le 15 Juillet, & fini le 12

Octobre courant, ce qui fait cent cinquante-un jours de travail, qui a produit cinq cents cinquante-un mille neuf cents de fonte, en trois cents quatre coulées, qui ont donné chacune mille huit cents quinze livres & demie, c'eſt deux cents une livre une once quatre gros par chaque charge; il y a donc ſept onces quatre gros par charge d'excedent; foible avantage que je néglige abſolument.

Mais chaque charge du fourneau d'Urville eſt compoſée de ſept raſſes de charbon, peſant chacune quarante-deux livres & demie, ce qui fait deux cents quatre-vingt-dix-ſept livres & demie par charge, & deux mille ſix cents ſoixante-dix-ſept livres & demie par coulée, ce qui revient à une livre ſept onces quatre gros vingt-deux grains, un cinquieme de grain pour livre de fonte.

Chacune de mes charges eſt compoſée de cinq raſſes de charbon, peſant chacune quarante-ſix livres, au total deux cents trente livres; les neuf produiſent par coulée deux mille ſoixante-dix livres, qui donnent une livre deux onces deux gros trois grains un dix-ſeptieme de grain par livre de fonte. Ces calculs ſont faits ſur les maſſes totales des fondages pour plus de juſteſſe, à cauſe des fractions. D'après ce calcul, il eſt évident qu'Urville conſomme, par livre de fonte, cinq onces deux gros dix-neuf grains de charbon plus que moi, ce qui eſt plus d'un quart de ce que j'en conſomme.

Pour rendre les choſes plus ſenſibles, il eſt néceſſaire de rapprocher les maſſes totales. D'après l'examen de la différence de la conſommation & du produit tiré des regiſtres de la marque des fers, au bureau de S. Dizier, & le poids des matieres qui en a été fait entre le Maître de forges d'Urville & moi, il eſt conſtant, qu'à produit égal, même ſupérieur, le fourneau elliptique de Bayard a conſommé, avec la même quantité de minerai, ſoixante-ſept livres & demie de charbon par chaque charge, moins que le fourneau quadrangulaire d'Urville, ce qui fait une raſſe & demie par charge, & vingt-ſept par vingt-quatre heures communément, ce qui donne ſur un fondage de cent cinquante-un jours, quatre mille ſoi-

xante-dix-sept raffes ou feuillettes, produisant cent seize
bannes. Si tous les fourneaux de la Province de Champagne
étoient construits sur les mêmes proportions, ils feroient une
économie annuelle de plus de mille trois cents cinquante arpents de bois, de l'âge de vingt-cinq à trente ans, qui augmenteroit la fabrication des fers de plus de trois millions.

Je ne peux me dispenser d'observer, en faveur de mes
principes & de l'avantage du produit d'un fourneau elliptique,
que la comparaison que je viens de faire de son dernier fondage avec celui d'Urville lui est défavorable, en ce que celui
d'Urville a été continué du 30 Avril au 15 Août suivant sans
interruption, & que le fondage du mien a été interrompu
depuis le 2 Juin jusqu'au 15 de Juillet, par des circonstances
qui me forcerent de faire un bouché de six semaines pour des
réparations, après lequel temps il a été nécessaire d'employer
beaucoup de charbon pour le réchauffer, ce qui a occasionné
un foible produit pendant plus de dix jours; ce qui se prouve
par le travail du mois de Mai, qui a produit cent vingt mille
quatre cents cinquante livres de fonte, pour laquelle il n'a
été consommé qu'une livre une once neuf grains un cinquieme, ce qui me fait croire qu'avec des circonstances favorables, il est possible de faire la livre de fonte avec une livre de charbon bien conditionné.

Le produit abondant d'un fourneau ne dépend pas seulement de sa bonne constitution, de la qualité des charbons,
& de son administration, il faut aussi que le minerai que l'on
emploie soit purgé de toutes parties étrangeres autant qu'il
est possible. Comme le lavage est le moyen le plus ordinaire,
& qu'il est nécessaire d'y apporter des attentions, je vais
proposer mes observations dans le Chapitre suivant.

CHAPITRE III.

Du lavage des mines.

SECTION PREMIERE.

Du caractere des minerais.

La connoiſſance ſuppoſée des meilleurs minerais, il eſt néceſſaire de les rendre dans l'état le plus avantageux, c'eſt-à-
dire le plus pur, pour être ſoumis au feu, ſoit en les briſant
ſeulement pour les diviſer, afin que, préſentant plus de ſurface, ils ſoient plus intimement & plus promptement pénétrés par le feu, ſoit en ſéparant de leurs maſſes des corps
étrangers qui abſorberoient vainement une partie de la chaleur, & fruſtreroient d'une partie du produit, ou qui, alté-
rant leur eſſence, communiqueroient une mauvaiſe qualité à
la fonte.

Nous avons en général deux eſpeces de minerais de fer:
l'une en maſſes compactes, dites mines groſſes : l'autre en
grains plus ou moins gros, dites mines menues ou minettes.

Les mines groſſes, en pierres ou en roches, ſont ou pures
ou ſulfureuſes, ou quartzeuſes, ou ſpathiques, ou terreuſes :
les mines pures, c'eſt-à-dire qui ne contiennent rien au-delà
de la ſubſtance métallique, n'ont beſoin, pour être admiſes
au fourneau, que d'être briſées, au ſortir de la miniere, en
morceaux, dont les plus gros n'excedent pas un pouce cubique. Il eſt néceſſaire de griller, concaſſer & laver les minerais ſulfureux, ou mêlangés d'autres ſubſtances : les mines
groſſes purement terreuſes, c'eſt-à-dire qui ſont enveloppées,
& qui renferment dans leurs cavités des parties terreuſes,
n'ont beſoin que des dernieres opérations ſans être grillées.

Les mines menues ou minettes font en grains globuleux, ou déprimées, détachées ou en maffes, agglutinées par un peu de fpath, ou empâtées dans des terres bolaires; les filons ou les amas de ces mines font environnés ou traverfés par des lits de fable, de glaife, de pétrifications ou de caftine, dont la féparation ne peut fe faire que par un lavage approprié. Il eft auffi une efpece de minerai en général, qui eft compofé de mines groffes & de mines menues réunies, plus ou moins mélangées de matieres hétérogenes. Un même fourneau confomme fouvent de toutes ces efpeces de minerais; il eft donc effentiel de trouver une machine qui puiffe s'appliquer à leur différent caractere, c'eft l'avantage de celle que je vais décrire, qui eft un groupe de plufieurs ufitées, & qui rend toute efpece de minerai dans le dernier degré de pureté poffible.

SECTION II.

Defcription du Bocard compofé.

Le bocard que je propofe eft une machine compofée d'un bocard fimple, d'un patouillet, d'un lavoir ou baffin, & d'un crible à l'eau, féparé de la machine principale du bocard. Je n'en donnerai qu'une defcription fommaire, me réfervant d'en parler plus amplement dans d'autres Mémoires concernant la phyfique des Forges.

Le bocard eft compofé (a) de deux jumelles perpendiculaires de bois de chêne, affemblées & arcboutées fur une femelle de même bois. Elles font féparées entre elles par un efpace de vingt-fix pouces pour recevoir cinq montants mobiles, de bois de hêtre ou de charme, de cinq pouces d'é-

---

(a) Il eft néceffaire, pour l'intelligence de tout ce qui va être dit fur la conftruction du bocard, de jetter les yeux fur les Pl. VIII & IX & leur explication.

quariffage, auxquels font affemblés à angle droit des mentonnets de fonte ou de bois, qui répondent à trois rangs
de cames de fer, efpacées à tiers points & alternativement,
lefquelles font affermies dans le maffif d'un cylindre horifontal de bois, mû par l'effet d'une roue verticale, qui reçoit fon impulfion d'un courant d'eau; enforte qu'il y ait
toujours un montant levé entre un qui s'élève, & un qui
retombe; ces montants font garnis chacun d'une frette de
fer à leur bafe, & d'une plaque de fer percée de cinq trous,
pour recevoir cinq fiches forgées fur l'eftampure des trous;
cette plaque eft fouvent remplacée (fur-tout pour les mines groffes) d'un pilon quarré de fonte de fer, du calibre du
montant de quatre pouces de hauteur, pénétré d'une queue
de fer battu qui en occupe le centre, & qui eft terminée
en pointe, laquelle s'enfonce perpendiculairement dans le
montant de bois; ces montants retombent fur une plaque
de fonte de fer de trois pouces d'épaiffeur, encaftrée de fon
épaiffeur dans la femelle, & qui occupe tout l'efpace qui eft
entre les deux jumelles, lefquelles doivent être garnies à
leur bafe intérieurement de deux plaques de fer battu, de
douze pouces de hauteur perpendiculairement, pour éviter
leur prompte ruine, qui naîtroit des frottements continuels.
Les montants font entretenus perpendiculaires par quatre
traverfes qui pénetrent les jumelles haut & bas, & font affermies par des clefs & des coins : les traverfes du haut font
de bois, & celles d'en bas font de fer.

Un courant d'eau d'environ trente pouces de bafe, pouffe
fous les pilons le minerai que l'on précipite dans une auge
qui a la figure d'un cône tronqué, formé par deux joyeres de
bois, boutiffantes aux jumelles, fe refferrant du côté d'amont.
Le minerai brifé, pêtri, & délayé par la chûte alternative
des montants, eft entraîné par le courant d'eau, & forcé de
paffer à travers une grille, avant de parvenir dans la huche
du patouillet. Cette grille ne doit point être formée de barreaux affemblés & foudés fur un cadre. J'ai trouvé un grand
avantage de la former de barreaux qui n'ont aucune liaifon

entre eux, parcequ'ayant différentes efpeces de minerais à travailler, il faut efpacer différemment les barreaux ; pour les mines groffes, il faut fix à fept lignes de diftance, & trois à quatre pour les menues, ce qui obligeroit d'avoir nombre de grilles de différent calibre ; d'ailleurs un barreau d'une grille foudée qui reçoit un accident, met la grille totale hors de fervice.

Pour parer à ces inconvénients, je fais pratiquer une mortaife d'un pouce de profondeur, d'un pouce de largeur, & de quinze pouces de hauteur à la partie inférieure de chaque jumelle du côté de l'aval, depuis le deffous de la traverfe inférieure jufqu'à l'affleurement de la plaque horifontale : je fais ouvrir du côté de l'aval, à la partie intérieure de la jumelle, une mortaife qui a deux pouces d'entrée, & fe termine à un pouce fur une profondeur égale qui fe joint à la partie fupérieure de la couliffe dont je viens de parler. C'eft par cette mortaife que l'on introduit les barreaux, qui font des bouts de carillon de vingt-huit pouces de longueur, de fept à huit lignes de groffeur, bien dreffés, & dont les bouts refoulés font forgés de façon que portant à plat, le refte foit fur fa diagonale. Il faut les introduire dans la couliffe les uns après les autres, & les féparer par de petites calles de bois, d'une épaiffeur proportionnée à la diftance que l'on veut donner entre chaque barreau, qui eft celle qu'exige chaque efpece de minerai. Le dernier barreau eft affujetti à chaque bout par une petite clef chaffée de force dans la mortaife. Lorfque le cas exige que l'on change de grille, un quart-d'heure fuffit au plus pour la rétablir.

La huche du patouillet eft une efpece de cuve hemi-cylindrique, de cinq pieds de longueur & de cinq pieds de diametre, formée de douves faites avec des cartelages de bois, de quatre à cinq pouces quarrés, bien dreffés & joints, affermis fur une charpente, dont chaque bout forme un demi-cercle : les deux bouts de la huche font fermés par des enfonçures faites de madriers, d'environ trois pouces d'épaiffeur.

Dans

Dans la huche il y a trois ouvertures, l'une au centre de la partie supérieure à mont-eau, qui est l'orifice de la goulette, qui apporte l'eau chargée du minerai sortant de la grille; une autre se pratique à l'un des bouts de la huche près l'angle d'amont, dans l'enfonçure; elle sert à dégorger l'eau bourbeuse chargée des impuretés du minerai; elle est à quelques pouces au-dessous du niveau de la précédente. Plus les mines sont pesantes, quartzeuses ou sablonneuses, plus il faut la descendre : l'usage fixe cette regle. La troisieme ouverture est pratiquée dans le centre du fond de la huche, elle sert à conduire le minerai, suffisamment lavé, dans un bassin inférieur. Je donne à ce bassin la forme de deux cônes unis par leur base, & le nomme *lavoir à grain d'orge*. Il a dans œuvre douze pouces de hauteur dans toute son étendue, seize pieds de longueur, un pied de largeur en bas, cinq pieds dans son milieu, deux pieds du côté de la huche lorsqu'il n'y en a qu'une, & quatre pieds lorsqu'il y en a deux; il est foncé d'un plancher en bois de chêne bien joint & très uni, posé sur des traverses solides, & dressé sur deux pouces de pente. Le bout inférieur est bouché par une petite pale mobile. Sur le grand diametre de la huche est posé horisontalement sur ses tourillons & empoeses un cylindre de bois, de quinze pouces de diametre; sur un bout de ce cylindre est assemblée une roue mue par l'effort de l'eau, soit qu'elle reçoive son impulsion de l'eau dans un courcier particulier, ou par l'eau qui sort de dessous la roue du bocard par l'effet d'une cascade dans le même courcier, ou que la roue du bocard lui communique le mouvement par l'engrenage d'un hérisson & d'une lanterne: Je préfere, pour ménager l'eau, la place & la dépense, de faire mouvoir cette roue dans le même courcier de celle du bocard; & pour lui communiquer plus de mouvement, je tire un aquéduc sous le courcier de la premiere roue, qui aboutit sur le plongeon de la deuxieme; alors l'eau sortant de dessous la premiere roue, vient encore sur la seconde, qui a besoin d'un effort plus considérable que celle du bo-

V

card : cette économie ne peut avoir lieu que pour les roues
à aubes. Les roues à cuvier doivent avoir chacune un courant d'eau particulier, où la roue du bocard recevant une
forte impulsion, peut communiquer une partie de son mouvement à l'arbre de la huche par l'engrenage d'un hérisson
& d'une lanterne.

Le cylindre de la huche est garni de barreaux de fer, dont
les bouts le pénetrent crucialement, dans la même direction
que les bras de la roue : ces barreaux, de dix-huit lignes de
grosseur, font repliés à angle droit, ensorte que la partie
qui forme une parallele avec l'arbre, est éloignée de son centre de vingt-neuf pouces & demi hors d'œuvre, pour que
dans les mouvements de rotation, ils descendent jusqu'à un
demi pouce près du fond de la huche ; les angles des coudes de ces barreaux doivent être presque vifs pour entrer
dans les angles circulaires de la huche. Il faut, pour que les
quatre barreaux puissent produire les mêmes effets, que ceux
qui font plus éloignés de la perpendiculaire des bouts de
la huche, soient coudés en crosse, de façon que leurs angles
supérieurs soient prolongés jusqu'à l'à-plomb des bouts de la
huche, afin qu'il ne séjourne point de minerai entre eux &
l'enfonçure.

Chacun des quatre espaces qui se trouvent entre les barreaux, peut être garni de trois cuillers, qui font des especes
de spatules, dont la branche est un barreau de dix-huit lignes de grosseur, & est emmanchée dans le cylindre : l'autre
bout est applati de six pouces en tous sens; il est tors, courbé,
& fendu en trois parties, ce qui forme une espece de main
tridactyle qui s'avance à l'affleureur des barreaux. Le bout
de ces cuillers est tors, pour que la mine coule dessus en
biaisant; il est courbé pour que la mine qu'il rapporte en
montant ne soit point jettée hors de la huche; il est fendu
enfin pour multiplier la collision, & que la cuiller pénetre
la masse de minerai avec moins de résistance.

Il est essentiel que les barreaux, les cuillers, & conséquemment les huches, n'excedent pas les mesures données.

Lorsque les huches sont plus profondes, les barreaux & cuillers étant nécessairement plus longs, ont moins de force, parceque le centre de l'action est trop éloigné du point d'appui; l'opération est plus lente & moins exacte. Lorsque le cylindre hérissé de douze cuillers & de quatre barreaux est mis en mouvement, il naît un tumulte intestin dans la huche qui agite tout le minerai, au fur & à mesure qu'il y est précipité; les cuillers occupent plus le centre, soulevent la masse du minerai toujours prêt à se précipiter; les barreaux, en passant exactement dans tout le contour, empêchent, par le frottement, que le minerai ne se cantonne dans les angles; le frottement qui naît de ce mouvement général, détache les corps étrangers, délaie les terres glaiseuses ou argilleuses qui sont éconduites, unies à l'eau, par la goulette de décharge qui évacue autant d'eau qu'il en entre; les sables fins sont aussi soulevés & entraînés avec l'eau bourbeuse.

Le patouillet à cuillers sans barreaux ne suffit pas, parceque les cuillers ne peuvent aller dans les angles, & qu'elles ne forment qu'une tranchée dans la masse de minerai qui se comprime dans le fond de la huche. Les barreaux ne présentent pas assez de surfaces pour des minerais difficiles à décrasser, & conséquemment ne déplacent pas un assez gros volume de minerai; mais ils passent & repassent sur toute la surface intérieure de la huche. L'utilité nécessaire & distincte des barreaux & des cuillers m'a déterminé à les unir, lorsque les minerais l'exigent.

Dans le lavage, lorsqu'on s'apperçoit que le mouvement de la roue de l'arbre de la huche se rallentit, l'on fait cesser le mouvement des montants du bocard, parceque la huche est suffisamment chargée de minerais. On laisse continuer celui de la roue du patouillet jusqu'à ce qu'on s'apperçoive que l'eau s'éclaircisse : alors on débouche l'ouverture du fond de la huche, en tirant une espece de bonde, formée d'un morceau de bois de figure prismatique-quadrangulaire, dont un bout est garni d'un manche; l'autre est coupé en biseau échancré en portion de cercle, afin qu'il prenne le contour intérieur de la huche.

V ij

Pendant que le minerai se précipite dans le bassin inférieur, un ouvrier, placé obliquement au courant, tire avec
un rable de fer le minerai dans le centre du bassin en le sou-
levant; l'eau, que fournit la goulette de la grille, continue de
donner, jusqu'à ce que l'ouvrier ait amoncelé tout le minerai
dans le bassin. Pendant cette opération, l'eau qui tient encore en dissolution des parties étrangeres, coule par une
échancrure faite à la partie supérieure de la serge du bassin du
côté de l'aval, au-dessus du petit empalement; & lorsque tout
est amassé, l'ouvrier leve la pale du bout du bassin dont j'ai parlé, pour en évacuer entiérement l'eau. S'il reste quelque peu
de sable, il se cantonne dans les angles du pourtour; alors le
bocqueur l'enleve avec une pelle de bois, le conduit par le
petit empalement, ensuite il replace la bonde de la huche :
alors un autre bocqueur fait travailler le bocard, tandis que
le premier enleve du bassin le minerai lavé, & le dépose dans
une place ménagée à côté de la machine.

Lorsque l'on veut doubler le travail d'un bocard pour de
plus amples provisions, l'on fait deux huches placées bout à
bout sur la même ligne; le cylindre est garni à l'endroit de
chacune, de barreaux & de cuillers, comme je l'ai dit;
pour lors le jeu des montants du bocard n'est jamais interrompu, parceque quand une de ces deux huches est suffisamment
remplie de minerai, l'on détourne l'eau bourbeuse chargée
de minerai sortant de la grille, pour la conduire dans l'autre
huche par le moyen d'une planche placée au centre du sous-
glacis, en face de la grille du bocard; un bout de cette planche est fixé à une charniere mobile, au sommet de l'angle
de séparation des deux goulettes; l'autre bout vient s'appuyer
obliquement & alternativement contre une des joyeres de ce
sous-glacis, par ce moyen force l'eau, chargée de minerai, de
se précipiter dans l'une ou l'autre des huches.

Pour ce double travail, il faut ménager des goulettes particulieres pour fournir de l'eau pure dans la huche, où celle
venant de la grille ne se précipite plus; il ne faut pour ces
deux huches, qu'un bassin placé au-dessous & au centre des

deux, & dans lequel chacune dégorge alternativement le minerai lavé; il faut pour lors multiplier la force en raison de la résistance que la seconde huche oppose.

Je donne une longue étendue au lavoir ou bassin inférieur, pour empêcher que le minerai ne soit emporté hors de la goulette par la première impulsion de l'eau qui sort avec force de la huche; ce qui arrive presque toujours dans les bassins quarrés qui n'ont qu'une toise en quarré : la forme conoïde que je lui donne favorise l'expulsion des sables plus légers que le minerai, parceque celui-ci s'accumulant en comble au centre du bassin, il se forme deux goulettes de part & d'autre le long de la base des serges qui forment les contours du bassin où l'eau se porte; elle y forme deux courants qui entraînent les impuretés par le petit empalement du bout inférieur du lavoir. Dans le lavage des mines légeres, on peut construire deux pareils bassins posés bout à bout pour recueillir dans le second, posé plus bas que le premier, le minerai qui seroit entraîné par la force de l'eau.

Il est aussi d'autres moyens de multiplier le travail, en multipliant les piles du bocard; l'on peut en mettre deux, même quatre, & quatre huches, en plaçant les roues dans le milieu des arbres, les bocards & huches de chaque côté des roues; mais il faut avoir une masse d'eau suffisante.

SECTION III.

Observations sur la conduite du travail d'un bocard.

IL est nécessaire d'observer qu'indépendamment de la bonne construction d'un bocard composé, il faut, 1°. beaucoup d'attention de la part des ouvriers qui le conduisent. Un bocqueur doit avoir soin de ne jamais laisser aller *à vuide* les montants; car outre la perte de temps & la ruine des pilons qui frapperoient à nud sur la plaque, le minerai se trouvant en trop petite quantité fous les pilons, feroit atténué au point d'être délayé & entraîné par l'eau; c'eft ce que l'on appelle *ufer la mine.* Cette inattention caufe une perte quelquefois confidérable pour les manufactures éloignées des minieres, fur-tout fi ces forges confomment des minerais légers, friables, & très folubles. 2°. Pour éviter ce premier accident, il ne faut pas gorger de mine un bocard, car il en réfulte deux inconvénients : le premier eft que les pilons ne retombant plus d'affez haut, ils n'ont plus d'effet, ou très peu; la grille fe bouche, le travail eft interrompu : le fecond, l'eau ne pouvant plus s'échapper par la grille qui eft obftruée, devient trop abondante, paffe par-deffus les joyeres du glacis fupérieur, entraîne en pure perte le minerai le plus aifé à détacher. 3°. Il eft néceffaire de nettoyer de temps en temps la grille pour détacher les maffes du minerai qui fe compriment au devant, & pour ôter les pierres, les herbes, les morceaux de minerai qui s'accrochent entre les barreaux & qui l'obftruent. 4°. Il eft effentiel de ne pas furcharger les huches de minerai, parceque non feulement l'opération feroit très rallentie, mais auffi le minerai feroit bien moins purifié, le mouvement étant d'autant moins multiplié. 5°. Il ne faut pas s'obftiner à continuer le travail des cuillers & des barreaux dans les huches, jufqu'à ce que l'eau s'éclairciffe, parceque le frottement multiplié, après avoir dépouillé le minerai de toutes parties terreufes, agiroit fur lui-même, & fes parties atténuées feroient foulevées & entraînées par l'eau. 6°. Pour prévenir en partie ce dernier accident, il faut éviter d'employer aucun ferrement dans la conftruction de la huche, parceque le minerai ne réfifteroit pas à l'action du frottement du fer contre fer. Dans la vue de cette perfection, j'affemble mes bois de façon qu'il n'y a pas une feule broche de fer pour contenir les douves & les enfonçures, tant je crains ce frottement recommandé par d'autres très mal-à-propos.

Je fuis furpris que dans les Manufactures confidérables de faïance, l'on ne fe ferve pas, pour la purification des terres, d'un patouillet au lieu d'un tamis de crin que l'on agite à grands frais & assez mal-à-droitement. L'on seroit sûr, par la *décantation*, d'avoir toujours la terre réduite à ses plus petites molécules & entiérement purgée de toute matiere étrangere & nuisible; au lieu qu'un trou à la toile du tamis, cause des erreurs, rend vain & inutile un travail pénible d'une longueur immense, & souvent discrédite une manufacture par les défauts dans les pieces qui ont leurs principes dans les grumeaux passés par un trou du tamis, dont on a négligé un examen scrupuleux. J'ai suivi les opérations de la préparation de la terre des Manufactures de faïance de Rouen, je les ai trouvées bien imparfaites.

Le grillage nécessaire aux minerais sulfureux & quartzeux, accélere beaucoup le travail de leur lavage. Cette opération, moins indispensable dans nos mines par dépôt, doit être remplacée par une préparation préliminaire & naturelle qui se fait en tirant les mines long-temps avant de les laver. L'alternative des effets de la gelée, de la chaleur, des pluies & de la sécheresse, les ouvre, attenue les terres bolaires, argilleuses, vitrioliques & glaiseuses, les pulvérise au point de céder facilement aux premieres impressions du bocard & du patouillet.

Dans le lavage des minerais, l'on supprime dans plusieurs forges différentes parties de ce bocard le plus propre à nettoyer toutes les especes de mines qui sont venues à ma connoissance. Ceux qui n'ont que des mines menues, unies à des terres argilleuses, aisées à détacher, les lavent au panier ou au chauderon percé, dans un bassin traversé d'une rigole d'eau courante, & agitent ensuite ce minerai avec des rables de fer. Je trouve ce travail de longue haleine & peu exact; les pierres & autres corps étrangers, solides & d'un volume qui excede celui de la mine, restent, il est vrai, dans le panier ou le chauderon; mais ou le minerai souffre un déchet considérable, ou il reste chargé d'impuretés.

Je préférerois de jetter ces minerais seulement dans le patouillet, mais en les passant rapidement sous les pilons du

bocard : le dépouillement en eſt bien plus exact; elles parviennent continuellement dans la huche, où ils reçoivent
plus exactement l'effet d'un frottement néceſſaire pour les dépouiller des terres qui les enveloppent.

Les minerais qui ſont unis à une terre bolaire, compacte,
ne peuvent en être débarraſſés que par le mouvement des pilons du bocard qui, en pêtriſſant la glaiſe, la mettent en diſſolution avec l'eau.

Quelques Artiſtes, au lieu de grille de fer, ſe ſervent d'une
planche criblée de trous de ſix à ſept lignes de diamettre;
mais les trous de cette planche ſont continuellement bouchés, enſorte qu'un ouvrier eſt ſuffiſamment occupé à les
déboucher avec la pointe d'un fuſeau. L'uſage de la grille
mobile eſt bien ſupérieur à cette mauvaiſe économie.

Quelques Maîtres de Forges, ſe contentant de laver les
minerais gros dans des baſſins traverſés d'une eau courante,
en les roulant ſur le fond du baſſin avec des rables de fer,
les font enſuite caſſer à coups de maſſe, pour les admettre
en cet état au fourneau.

Ces Maîtres de Forges prétendent que s'ils ſoumettoient
le minerai au bocard, le frottement de la trituration occa-
ſionneroit un déchet. Je leur réponds, 1°. que leur économie eſt mal entendue, en ce qu'il n'eſt point de minerai
gros par dépôt qui ne renferme en ſoi des cavités, qui ſont
remplies de parties hétérogenes dont il eſt néceſſaire de les
dépouiller.

2°. Qu'il vaut mieux perdre une légere portion de minerai,
que de conſommer une partie conſidérable de charbon à
fondre vainement des matieres étrangeres.

3°. Que les maſſes à bras ne peuvent briſer aſſez exactement le minerai, ſur-tout les mines en roche, pour le mettre en état d'être appliqué au feu avec avantage ; & je conclus que leur lavage extérieur eſt inſuffiſant, que ces minerais exigent un lavage intérieur, conſéquemment qu'ils doivent être ſoumis au bocard & au patouillet à barreaux &
cuillers unis ou ſéparés.

Le

Le lavage à bras dans un baffin avec des tables de fer, est très lent, & ne peut être exact, même pour les minettes chargées de fable; le frottement n'est point affez vif & n'est point égal : les hommes appliqués, comme instruments, aux mouvements des machines fimples, ne rempliffent jamais leurs fonctions avec égalité ; la fatigue, la nonchalance, la pareffe, s'oppofent prefque toujours à la perfection de leurs opérations : le travail des machines est toujours conftant & uniforme.

Il est peu de méthodes ufitées pour laver les mines dont je ne me fois fervi; nulle n'a rempli mes vues, comme l'ufage du bocard & du patouillet à barreaux & cuillers; c'est pourquoi je conclus que toute efpece de minerai de fer doit être foumife au bocard & au patouillet, afin de les brifer & nettoyer au point qu'elle exige pour être traitée avec avantage : il est cependant des mines fi pures que les minerais que l'on en retire peuvent être traités dans l'état qu'ils en font tirés.

Les minerais gros & menus, qui ne font unis qu'à de l'argille légere, ou de la glaife, après avoir fubi le lavage du bocard & du patouillet, ont acquis leur dernier degré de pureté ; mais lorfque ces minerais font unis à des fables quartzeux, des pierres, des foffilles compacts & pefants, il est néceffaire d'en faire le départ par le crible à l'eau, qui est une grille formée par des vergettes de fer en forme de prifmes triangulaires, dont les intervalles qui les féparent, ont une diftance proportionnée au volume relatif du minerai & des corps étrangers, de façon que ces vergettes ne s'approchent que par leurs angles. Les petits corps qui pourroient faire obftruction, échappent facilement par l'évafement inférieur des diftances coniques; cette grille est contenue par deux montants qui forment une auge, dont la grille fait le fond, & est inclinée proportionellement à la célérité de l'opération qu'exige le minerai.

Un courant d'eau tombe fur la grille, & entraîne avec elle le minerai qui defcend d'une trémie au fur & à mefure

X

qu'il eſt entraîné. Si le minerai eſt gros, & que ce ſoit un ſable quartzeux qui lui ſoit uni, ce ſable paſſe à travers la grille, & eſt entraîné par l'eau, tandis que la mine purifiée reſte au pied de la grille, dont elle eſt enlevée par un ouvrier à meſure qu'elle y eſt précipitée.

Si le minerai eſt menu, & qu'il ſoit chargé de caſtine ou de coquilles au-delà de la portion qui lui eſt néceſſaire pour aider la fuſion, alors les pierres & les autres foſſiles tombent aux pieds de la grille, tandis que le minerai bien dépouillé eſt entraîné par l'eau dans un baſſin où il ſe raſſemble; ſi le minerai eſt partie gros ou partie menu, il faut ſe contenter de le bien nettoyer au bocard & au patouillet, car le crible à l'eau ne peut lui être d'aucun avantage.

J'ai ſouvent fait paſſer des minettes mélangées avec de gros ſable, au crible de fil de fer à main, & à celui que l'on appelle communément *crible d'Allemagne*, qui ſert à nettoyer le bled; mais comme il faut pour cette opération que le minerai ſoit ſec pour couler ſur la grille, je ne pouvois m'en ſervir que pendant les beaux jours de l'Été. Le crible à l'eau eſt bien plus commode, en ce que l'on peut en faire uſage en tout temps, & qu'il eſt bien plus expéditif.

Il eſt une autre eſpece de crible dont M. de Buffon fait uſage, qui eſt très commode & très exact; il eſt compoſé d'une trémie qui introduit le minerai dans une cage longue de ſix à ſept pieds, de figure conique, formée de gros fil de fer; cette cage eſt ſoutenue par pluſieurs croiſées qui traverſent un axe qui porte ſur deux empoeſes à ſes deux extrémités; le bout ſupérieur eſt garni d'une manivelle par le moyen de laquelle un homme imprime le mouvement à la machine. Le minerai étant agité dans la cage paſſe à travers les fils de fer, & les parties quartzeuſes & autres ſont conduites par l'inclinaiſon de la machine au bout inférieur d'où ils ſortent par une ouverture pratiquée à deſſein. Cette opération ſe fait à ſec avec beaucoup de frais, de peine & de perte; j'eſtime qu'elle ſeroit plus avantageuſe & plus ex-

péditive en faisant mouvoir la cage dans un bassin rempli
d'eau. Il faut observer que, suivant le volume respectif des
grains du minerai & celui des corps étrangers, ou c'est la
mine qui passe par la grille de la cage, ou ce sont les corps
étrangers; dans tous les cas ce sont les corps qui ont le
plus de volumes qui restent dans la cage & n'en sortent
qu'à la partie inférieure, comme le son sort du bluteau d'un
moulin à farine.

En général un minerai est bien dépouillé de terre, non
seulement lorsque l'œil n'y en découvre point, ni rien d'é-
tranger, mais encore lorsque l'eau jettée dessus, y passe rapidement; comme aussi lorsqu'il *jure* sur la pelle, c'est-à-dire
que quand il est lancé avec la pelle, il fait une espece de
cri, ou enfin lorsque le serrant dans la main, elle n'en
reste point salie.

S'il n'est pas douteux que le lavage des minerais ne peut
être poussé avec trop de scrupule, pour se procurer un produit considérable, & une fonte de qualité, il faut avouer
aussi que leur mêlange est une chose très avantageuse dans
leurs traitements : les minerais argilleux doivent être mêlés avec les sablonneux; ceux qui contiennent des parties
calcaires doivent concourir à la perfection des deux précédents, tant pour faciliter leur fusion, que le départ des
parties hétérogenes respectives. Les minerais qui participent
du sable & du grès, aident la fusion de ceux qui sont argilleux; les calcaires corrigent les deux especes, & purifient les argilleux, en liant leurs parties trop fusibles, &
en se servant mutuellement de fondants.

Les gros minerais, mêlés avec les minettes, operent un
excellent effet, en ce qu'ils soutiennent ces dernieres, & les
empêchent de cribler à travers les charbons.

On doit apporter beaucoup de précautions dans le mêlange des minerais.

La premiere est de les *parquer* séparément, & de les laver de même, pour ensuite en faire le mêlange dans les
proportions qu'elles exigent; suivant les connoissances que

X ij

l'on a acquifes de leurs qualités, foit qu'on les mêle dans le parc en tas, foit en les introduifant dans le fourneau par nombre refpectif des mefures proportionnelles.

Si les minerais de différente qualité font d'un volume femblable, ils n'exigent pas pour leur lavage particulier un changement dans la grille, alors ils fe mêleront parfaitement bien, en faifant une ou deux ou plufieurs lavées de l'une, & une de l'autre, fuivant qu'on le juge néceffaire.

Cette méthode eft une des plus exactes, mais lorfque l'on amoncelle enfemble dans un même parc des minerais de différente qualité, il eft bien difficile que le mélange en foit exact; l'on trouve ordinairement des erreurs dans le produit du fourneau : cependant lorfqu'il eft poffible de les mêler bruts en proportions convenables, ils ne fe préparent que mieux enfemble, & s'entr'aident les uns & les autres à fe dépouiller des matieres étrangeres dans l'opération du bocard.

Il eft très avantageux d'avoir beaucoup de mine préparée avant de mettre un fourneau en feu, afin que l'on ne foit pas obligé ou d'ufer les minerais à mefure qu'ils fortent des lavoirs du bocard, ou de précipiter leur lavage. Du premier accident, il réfulte fouvent un grand dérangement dans un fourneau, à caufe que l'humidité qu'y apportent des minerais qui ne font point affez épurés, diminue beaucoup l'intenfité de la chaleur; moins les minerais font bien lavés, plus ils retiennent d'humidité : enfin lorfque l'on précipite le lavage, il eft rare que les minerais foient bien nettoyés, parceque l'on fupprime fouvent quelques précautions qui dérangent le produit d'un fourneau, rendent vaines & inutiles les attentions que l'on a apportées pour lui donner les proportions les mieux réfléchies & les plus conféquentes.

EXPLICATION

DES PLANCHES DES FOURNEAUX.

L A Planche IV repréfente la coupe horifontale des parties intérieures du fourneau elliptique, vues à vue d'oifeau
fur toutes les proportions relatives.

A. Point central général, qui eft celui de fection des axes
des ellipfes ; celui de la tendance commune des huit
rayons & du vent, le fommet & la bafe de l'axe de tout
l'intérieur du fourneau.

BB, A, BB. Ligne perpendiculaire, ou grand axe des ellipfes.

B, AB. Ligne horifontale, ou petit axe des ellipfes.

BB, B, BB, B. Ligne elliptique qui forme la bafe du cône
des parois intérieures.

C, C, C. Ligne elliptique du fommet du cône des parois
intérieures, formant l'ouverture de la bure.

D, D. Maffif de l'étalage de la tuyere, ou coftiere de l'ouvrage du côté des foufflets, qui fe prolonge en E.

G, G. Maffif de l'ouvrage du contre-vent, ou coftiere de
l'ouvrage au contre-vent, qui fe prolonge en F.

H, 2. Naiffance de l'étalage de la ruftine, qui eft arrondi
par une arc, coupant les lignes perpendiculaires ponctuées G, D.

I. Naiffance & maffif de l'étalage des tympes, échancré
comme celui de la ruftine.

K, K. Tuyere pofée fur la plaque L.

L. Plaque trapézoïdale, fervant de fupport à la tuyere K, K.

M, M. Buzes des foufflets, dont le vent fortant de leurs
mufles N, N, eft dirigé fur les lignes ponctuées, O, O,
au centre commun A, par l'orifice T de la tuyere K, K.

P. Tympe de fer qui termine au dehors l'étalage des tympes.

Q, Q. Pages de la tympe, qui font des poids de cinquante

renverſés, pour appuyer la tympe P & ſervir de points d'appuis aux ringards dans le travail.

R. Pierre de la coulée qui eſt ſerrée entre le frayeux S & la dame V, ſur laquelle paſſe la fonte lorſqu'elle ſort du four-neau pour entrer dans le moule de la gueuſe.

S. Frayeux, qui eſt une plaque de fonte qui contient l'ou-vrage, retient la coulée, & ſert de point d'appui dans le travail.

T. Centre de l'orifice de la tuyere.

V. Dame ſur laquelle coulent les laitiers.

X, X. Prolongation de la baſe des étalages.

Y, Y, Y. Soupiraux communiquant à la voûte pour la diſſi-pation des vapeurs.

Z. Garde-feu qui empêche les laitiers de tomber ſur les fra-ſins que l'on amoncelle en 17.

&, &. Fuite des piliers.

3, 4, 5, 6, 7, 8, 9, 10. Huit rayons formés par les huit cordeaux lorſqu'ils ſont tendus, leſquels doivent s'accorder tous entre eux, & tous enſemble avec celui du centre A.

11. Prolongation du petit axe BAB des ellipſes, qui doit divi-ſer en deux parties égales la diſtance qui ſépare les caiſſes des ſoufflets.

12, 12. Maçonnerie en brique qui s'éleve à la hauteur de la baſe des parois pour les ſupporter. Il y en a autant du côté des tympes, au-deſſus de 12 B, 12 B.

12 B, 12 B. Maſſif de l'ouvrage prolongé au devant en XX par deſſous les marâtres des tympes; la baſe BB de l'ellipſe étant appuyée ſur le gueuſat.

13. Pilier de cœur qui ſupporte le bout des gueuſes des deux marâtres où la naiſſance de la demi-voûte eſt en encorbel-lement.

14. Pilier oppoſé à celui de cœur; il ſe pratique ordinaire-ment à côté de ce pilier un eſcalier ou un rampant, pour l'accès de la bure du fourneau.

15. Pilier oppoſé à celui de cœur, du côté des marâtres des tympes, lequel eſt le commencement de la groſſe maçon-

nerie qui forme le contour extérieur du fourneau par un
retour d'équerre en 16 qui rejoint le pilier de cœur 14.

16. Angle extérieur sur l'extrémité de la diagonale du pilier
de cœur.

17. Place où l'on tient en magasin des frasins pour le service
du fourneau.

EXPLICATION DE LA PLANCHE V.

Cette Planche présente la coupe perpendiculaire du fourneau
elliptique dans toutes ses parties intérieures & extérieures
dans ses justes proportions.

A. Base du fourneau qui forme un entablement sur toute
l'étendue, & dont la surface est au niveau B des eaux
basses.

B. Niveau des eaux basses du dessous de la roue.

C. Niveau des eaux les plus hautes, lorsqu'elles refluent sous
la roue.

D, D. Semelle du fourneau, dans le massif de laquelle est
pratiquée au centre la voûte E, & sur laquelle est appuyée
la maçonnerie des piliers, des murs, & de toute la masse
du fourneau.

E. Voûte pour recevoir l'égoût des filtrations des humidités
qui sont dissipées en vapeurs par les soupiraux, au moyen
de la chaleur qui lui est communiquée par le fond du
creuset.

F. Coupe du bas du creuset ou du foyer inférieur sur la longueur, depuis la rustine 19 jusqu'à la dame R.

G. Marâtre des tympes, formée par cinq longrines de fonte,
qui sont des gueuses 9 coupées de mesure, lesquelles posent d'un bout sur le pilier de cœur H & de l'autre sur le
pilier de retour qui lui fait face.

H. Pilier de cœur qui supporte les deux marâtres & arcboute
tout le môle de la maçonnerie du fourneau.

I. Massif des étalages de l'ouvrage qui posent sur le fond L,
& vont s'unir à la base 5, 5 du cône des parois 7, 7.

L. Fond de l'ouvrage qui se fait de sable ou de pierre, & regne dans toute l'étendue de l'intérieur du fourneau, en
forme l'aire, & repose sur la voûte E; sa partie inférieure
est composée d'un sable calcaire.

M, M. Mur extérieur en grand carodage, qui forme le contour du fourneau.

N, N, N, N. Contre-forts, ou mur qui contient le massif P
entre eux & les murs extérieurs.

OO. Remplissage en moîlons entre les contre-forts N & les
fausses parois 7, 7.

P. Massif de maçonnerie en moîlons, qui remplit l'espace entre les gros murs extérieurs M & les contre-forts N.

Q. Massif qui remplit l'espace entre les contre-forts & les
marâtres G.

R. Dame, qui est une plaque de fonte inclinée, sur laquelle
coulent les laitiers ou *la laye* du fourneau; elle bouche là
partie extérieure de l'ouvrage F.

S. Tympe de fer qui termine la base de l'étalage de l'ouvrage
de son côté.

T, T, T. Grand foyer formé par les étalages qui composent
un cône renversé, dont le sommet tronqué est appuyé sur
le foyer inférieur F à la hauteur de la tuyere V, & va rejoindre, par sa base renversée, celle du cône supérieur &,
&.

V. Tuyere posée en face de l'axe du grand cône &, &, au
niveau de la naissance des étalages I, I.

X, X. Murs de briques, adossés aux contre-forts N pour supporter les parois 6 & les contre-parois 7.

Y. Maçonnerie en brique, assise sur les marâtres 9, G, pour
supporter la base des parois 6 & contre-parois 7, qui leur
répondent.

&, &. Cône supérieur, dont l'axe est perpendiculaire à la
tuyere V, est formé par les parois 6, dont le sommet couvert d'une plaque de fonte 2, 2, forme la bure du fourneau.

2, 2. Plaque de fonte cintrée qui termine le centre de la
bure

bure 3, 3, 3, coupée à huit pants 4, 4, dont quatre grands égaux & quatre petits alternatifs au pourtour extérieur.

3. Bure du fourneau.

4. Pans du maffif de la bure du fourneau.

5. Bafe des parois, affifes fur la retraite de la bafe des contre-parois.

66. Élévation des parois compofées de briques réfractaires, féchées à l'ombre & employées fans être cuites.

7, 7. Fauffes parois formées de groffes briques, compofées d'argille féchée.

8, 8, 8, 8. Batailles ou murs qui font affis fur les gros murs extérieurs; ils font élevés perpendiculairement au-deffus de la bure pour empêcher, dans les gros temps, que le vent ne pouffe la flamme fur les ouvriers pendant qu'ils chargent. Il eft d'ufage, dans les mines bien montées, d'élever fur ces batailles un comble de charpente couvert d'une bonne toiture, au centre de laquelle s'éleve une cheminée appuyée fur la bure du fourneau au moyen de quatre piliers : alors la maffe du fourneau eft à couvert des pluies qui fourniffent toujours des humidités nuifibles & des vents qui, réverberant la flamme fur les ouvriers, les empêchent de manœuvrer exactement; d'ailleurs la flamme les incommode fi fort, que fouvent elle les épile jufqu'au cils (*Voyez Pl. XIII*).

Au défaut de couverture, j'ai élevé fur la bure du fourneau (depuis le deffein que j'en donne dans cette cinquieme Planche) une cheminée de fept pieds de hauteur & de trois pieds d'ouverture, fermée entiérement du côté des tympes de la tuyere & au contre-vent; elle eft ouverte de trente pouces à la ruftine, qui eft le côté du fervice : deux raifons m'y ont déterminé; la premiere pour mettre les ouvriers à l'abri des accidents qu'ils reçoivent de la part de la flamme; la deuxieme pour donner plus d'élévation au foyer fupérieur dont la cheminée forme une continuité, & par-là réparer (quoique foiblement) le peu d'élévation du fourneau.

9, 9, 9, 9, 9. Bouts des longrines de fonte de fer.

10, 10, 10. Canaux expiratoires.   Y

EXPLICATION DE LA PLANCHE VI.

La Figure Ire. repréfente la coupe horifontale à vue d'oifeau d'un fourneau, dont on fait ufage en Saxe. Je l'ai tiré fur un modele exécuté en bois, qui m'a été communiqué par M. Manefle, Officier d'Artillerie au fervice d'Efpagne.

A, A, A. Cercle de l'orifice de la bure ou du foyer fupérieur de 24 pouces de diametre.

B, B, B. Cercle qui forme l'ouverture de la bafe du grand cône ou foyer fupérieur, de 5 pieds 10 pouces de diametre.

C, C, C. Maffif des étalages formant des rayons concentriques curvilignes.

D, D, D, D. Ouverture du creufet ou foyer inférieur depuis les étalages jufqu'à la furface du fond du creufet qui eft prolongé jufqu'à la dame H.

D, D, D. Canal depuis la ruftine jufqu'à la dame qui forme le creufet ou le foyer inférieur dans lequel la fonte refte en bain.

E. Bafe de la partie de l'étalage qui eft appuyée fur les tympes.

F. Prolongation du maffif de l'ouvrage.

G. Tympes.

H. Dame.

I. Frayeux.

L. Tuyere fort éloignée de la ruftine, élevée de 21 pouces au-deffus du fond & dont le vent eft dirigé au centre.

M, M. Bufes des foufflets.

N. Pilier de cœur, portant les émeütes des encorbelements des deux marâtres.

O. Pilier foutenant l'arcade de la marâtre des tympes & faifant l'angle des murs extérieurs.

P. Partie extérieur du pilier de cœur du côté des tympes.

Q. Pilier du côté des foufflets, portant & arc-boutant l'arcade de la marâtre de la tuyere, & faifant l'angle des murs extérieurs.

R. Angle des murs extérieurs arc-boutant le môle de la maçonnerie.

Nota J'ai réduit les mesures de cette figure, & de celles de la précédente à la Françoise, sur le rapport de l'aune de Dresde, composée de 21 pouces de France ; pour éviter l'embarras que laissent presque tous nos Traducteurs qui ne se donnent pas la peine de traduire la valeur des choses.

EXPLICATION DE LA FIGURE II
Planche VI.

La Figure 2e présente la coupe perpendiculaire d'un fourneau dont on se sert en Saxe & dont on vient de voir la coupe horisontale.

A. Ouverture de la bure, formée par l'extrémité du cône du foyer supérieur, formant un cercle de vingt-quatre pouces de diametre, dont le centre est l'extrémité supérieure de la perpendiculaire, de laquelle son extrémité inférieure est le centre du cercle B, B de la base du cône.

BB. Base du cône ou du foyer supérieur S, S, S, formant un cercle de cinq pieds trois pouces de diametre, concentrique avec le centre du sommet A, sans y avoir un juste rapport ; car 63 n'a point de proportion juste avec 44, pas même avec la mesure de Dresde ; la base du cône ayant trois aunes & le sommet une aune un septieme.

C, C, C. Étalages arrondis en portion de cercle, formant une coupole qui doit suspendre les charges.

D, D. Creuset ou foyer inférieur, coupé sur des lignes perpendiculaires depuis le fond jusqu'à trois pieds au-dessus de la tuyere E : cette ouverture est excessivement large.

E. Évasement extérieur de la tuyere du côté des soufflets.

F. Orifice intérieur de la tuyere.

G. Fond de l'ouvrage de dix-neuf pouces de largeur.

H, H. Massif de l'ouvrage dont la surface intérieure forme le foyer inférieur & le grand foyer.

I, I. Base des parois du côté du contre-vent.

L, L. Parois formants le foyer supérieur, élevés circulairement.

Y ij

M. Demi-arcade, ou encorbelement qui soutient le massif
    R & le mur extérieur O du côté du soufflage, y en ayant
    une pareille du côté des tympes.

N. Clef de l'arcade qui est la base du mur O.

O. Mur extérieur du côté des soufflets, supporté dans son
    milieu par l'arc-doubleau de l'arcade; ses extrémités sont
    assises sur la base T du fourneau.

PP. Murs extérieurs du côté du contre-vent.

Q, Q. Massif entre les murs extérieurs & les parties dans les-
    quelles sont comprises les contre-forts & les fausses pa-
    rois, leur épaisseur n'étant pas réduite sur l'échelle qui ne
    concerne que les parties intérieures.

RR. Massif du côté des soufflets.

SSS. Grand cône ou foyer supérieur, ayant pour base les éta-
    lages arrondis, & pour sommet la bure V élévée de 15
    pieds 10 pouces.

T. Base du fourneau.

V. Massif extérieur du quarré de la bure.

EXPLICATION DE LA PLANCHE VII.

La Figure 3e présente la coupe horisontale d'un fourneau
    quadrangulaire tel que celui d'Urville, & dont je me
    suis servi jusqu'en 1759.

A,A,A,A. Quarré long qui forme l'ouverture de la bure qui
    n'est pas concentrique avec les foyers.

B,B,B,B. Quarré long qui forme l'ouverture de la base du
    foyer supérieur; ses angles n'ont point une correspon-
    dance exacte avec le quarré de la bure. Cette ouverture
    est composée de deux triangles unis par leur base, des-
    quels un est rectangle & l'autre curviligne.

C,C,C. Ouverture du foyer inférieur formée par la base des
    étalages à la hauteur de la tuyere.

D. Centre de la base des parois, qui forment le foyer su-
    périeur & qui est le point de section du vent des souf-
    flets M.

E. Tuyere qui eſt trop éloignée du centre D & de la ruſtine C, A.

F. Extrémité antérieure du creuſet, qui paſſe ſous l'étalage des tympes & eſt prolongé juſqu'à la dame N, ſur deux paralleles à retour d'équerre de la ruſtine. Pluſieurs Fondeurs le déclinent tantôt du côté du pilier de cœur P, tantôt du côté de l'autre pilier Q pour donner une prétendue qualité à la fonte.

G. Pierre de la coulée.

H. Tympe de fer poſée ſur l'extrémité de l'ouvrage L : les bouts ſont enfermés dans les mureaux que j'ai ſupprimés.

I. Taqueret qui poſe ſur la tympe H & eſt appuyé à ſon extrémité ſupérieure contre la marâtre : j'ai ſupprimé auſſi cette piece.

L. Extrémité extérieure de l'ouvrage prolongé à la hauteur de la tuyere, pour porter les mureaux, & appuyer la dame N & le frayeux O.

M, M. Buſes des ſouffleurs.

N. Dame qui eſt ordinairement une groſſe enclume de ſtoch : je la remplace par une groſſe plaque de fonte.

O. Frayeux

P. Pilier de cœur.

Q. Pilier de retour des marâtres des tympes.

R. Pilier de retour des marâtres de la tuyere.

S. Pilier angulaire du gros mur extérieur.

Nota. Ces quatre piliers, ainſi que les maçonneries qui les alignent, ne ſont pas deſſinés dans toute leur étendue extérieure.

T. Centre de la baſe des parois au contrevent, qui forment un arc, B, T, B. dont le rayon eſt de trois pouces & demi.

V. Centre de la baſe des parois du côté des tympes qui forment un arc B, V, B, dont le rayon eſt d'un pouce & demi. Cette façon d'excaver inégalement les deux côtés ſe nomme vulgairement, cuver les parois ; l'angle qu'ils forment eſt curviligne irrégulier.

X. Maçonnerie en brique qui ſoutient l'ouvrage & les marâtres, ayant une ouverture pour la conftruction du canal de la tuyere.

EXPLICATION DE LA FIGURE IV
PLANCHE VII.

Cette *Figure* préfente la coupe perpendiculaire d'un fourneau quadrangulaire.

A. Perpendiculaire qui eft la ligne centrale de l'intérieur du foyer fupérieur y y, laquelle tombe fur la naiffance de l'étalage du contre-vent.

B. Perpendiculaire qui eft la ligne centrale du grand foyer formé par les étalages, laquelle fe rapproche de la tuyere à caufe de la pente confidérable que les parois ont de ce côté, excédant de quatre pouces celle des parois du contre-vent.

C. Perpendiculaire qui tombe fur la tuyere D, laquelle eft retirée du centre du total, ce qui rend l'étalage F de fon côté bien plus rapide que l'étalage G du contre-vent.

D. Tuyere qui eft très baffe, pofée à l'à-plomb & au centre du côté de la bure qui lui répond.

E. Foyer fupérieur, formé par les étalages élevés fur des lignes différentes; celui des tympes eft le plus bas & le plus rapide; celui de la ruftine qui lui eft oppofé eft à-peu-près de la même hauteur & plus convexe; celui de la tuyere eft plus élevé que les deux autres, plus rapide que celui des tympes, & moins convexe que celui de la ruftine; celui du contre-vent eft plus élevé que celui de la tuyere; il s'avance jufqu'à l'à-plomb du centre du foyer fupérieur, regagne le bas des parois par une courbe très convexe.

F. Etalage de la tuyere.

G. Etalage du contre-vent.

H, H. Murs extérieurs jufqu'à la bafe des batailles qui ne font point deffinées fur cette Planche.

I. Mur extérieur du côté du foufflage, portant fur les marâtres.

L. Pilier de retour, à côté duquel on pratique ordinairement un escalier, suivant l'emplacement, pour gagner la partie supérieure du fourneau lorsqu'il est construit sur un terrein plat.

M. Parois construites en pierre calcaire.

N. Base des parois & fausses parois, assises sur la fondation, au contre-vent & à la rustine.

O. Mureau que l'on pratique ordinairement du côté de la tuyere, entre les deux piliers, pour construire l'ouvrage.

P. Base des parois bâties sur les gueusats des marâtres, du côté de la tuyere & des tympes.

R. Marâtre construite avec des gueuses qui supportent des parements qui sont appuyés obliquement sur lesdites gueuses.

S. Massif de maçonnerie, entre les fausses parois & les murs portants les marâtres.

T. Massif entre la maçonnerie des gros murs & des contre-parois.

V. Fond de l'ouvrage, ou creuset.

X, X, X, X. Massif des étalages de l'ouvrage.

Y, Y, Y. Grand foyer, ou vuide intérieur formé par les parois.

EXPLICATION DE LA PLANCHE VIII.

La Figure premiere représente le plan d'un bocard composé, vu à vue d'oiseau.

A, A. Biez qui contient l'eau en magasin pour la dépense de l'usine.

B, B. Murs des joyeres du biez.

C. Queue de la petite pale qui pousse le minerai sous les pilons du bocard en passant par l'auge F.

D. Queue de la vanne qui fournit l'eau pour faire tourner la roue Q du bocard & celle 9 du patouillet dans le même courcier 15.

EE. Les Queues des petites pales des goulettes & &, pour donner de l'eau pure dans les huches 3 & 4 alternativement. On a placé différemment les queues de ces pales pour faire connoître les diverses façons de les emplacer. C est dans une coche pratiquée à la partie antérieure du chapeau AB ; celle D est dans une lumiere percée dans l'épaisseur du chapeau, & les deux petites E, E, sont simplement appuyées contre le chapeau.

F. Auge conique dans laquelle on précipite le minerai : elle est foncée d'un plancher, & les côtés sont formés par deux pieces de bois G, G : le minerai est poussé par l'eau qui vient de la pale C sous les pilons de la pile R, R.

G. Joyeres de l'auge F.

H. Arbre du bocard ; il est garni en I de quinze cames de fer qui soulevent les pilons en P ; d'une roue Q posée dans le courcier 15, & chacun de ses bouts porte sur ses tourillons, empoëses & plumefeuils L, L.

I. Partie de l'arbre du bocard garni de cames de fer : cet arbre est cerclé de six frettes de fer pour empêcher qu'il ne se fende.

LL. Plumefeuils qui soutient les bouts de l'arbre du bocard.

M. Patte d'oye contre l'angle de laquelle la planche mobile est assujettie.

N, N. Massifs qui soutiennent les jumelles R, R & qui bordent les sous-glacis des auges inférieures qui reçoivent l'eau bourbeuse chargée du minerai.

O. Crampon de fer dont les extrémités sont pliées en angle droit & appointées pour entrer dans le bout de l'arbre H, pour empêcher que l'arbre ne frotte contre le minerai qui s'accumule en cet endroit.

P. Anneau de la roue terminée par les aubes Q, Q.

Q. Aubes de la roue du bocard H ; elles ne sont appuyées que par un bracon.

R, R. Jumelles qui contiennent les pilons & qui sont entretenues par les clefs & les traverses S, S.

S, S. Clefs de bois qui passent dans les lumieres des traverses de bois qui contiennent les pilons.

T. Partie du sous-glacis en face de la grille ; elle communique

nique alternativement aux deux goulettes V & X en changeant la planche Y sur la ligne ponctuée Z.

V. Goulette qui reçoit l'eau bourbeuse & chargée du minerai qui sort de la grille, & le conduit dans la huche 3 par l'ouverture I.

X. Autre goulette destinée au même usage que la précédente pour conduire le minerai dans la huche 4 par l'ouverture 2 : elle est fermée par la planche Y, lorsque la huche 4, à laquelle elle répond, est suffisamment chargée de minerai, & elle reçoit de l'eau fraîche par le petit courcier &, qui le dégorge en X.

Y. Planche mobile qui sert à boucher les goulettes des sousglacis V X alternativement : cette planche s'appuie d'un bout contre la patte d'oye M, d'autre sur la base des jumelles R, & sur les côtés des massifs N.

Z. Ligne ponctuée qui marque l'emplacement de la planche mobile Y, lorsque l'on ferme la goulette V.

&. Deux petits courciers qui portent de l'eau nette dans les huches 3 & 4 alternativement pendant que le minerai patouille; elles sont recouvertes de planches ou de pierres tant en haut qu'en bas pour qu'elles ne gênent pas les ouvriers dans le travail & qu'il ne s'y précipite rien.

1. Ouverture pratiquée à la partie supérieure de l'enfonçure de la huche 3 pour passer l'eau chargée de minerai.

2. Même ouverture pour la huche 4.

3. Huche du patouillet dans laquelle se précipite le minerai qui vient du bocard par la goulette V : l'on y voit les barreaux dont deux sont dans un sens horisontal, & les deux autres perpendiculaires & les cuillers 6, 6.

4. Huche du patouillet dans laquelle se précipite le minerai qui vient du bocard par la goulette X; elle est dessinée au moment de l'opération qui acheve de laver le minerai; les barreaux y sont représentés obliquement pour faire voir comme ils sont coudés.

5, 5. Les six pieces de charpente qui sont taillées circulairement pour soutenir les fourures & enfonçures des huches.

Z

6, 6. Les cuillers qui font emmanchées dans l'arbre 7.

7. Arbre du patouillet; il pofe fur fes tourillons empoefes & plumefeuils 8 , & eft garni d'une roue 9 9 à aubes, portées chacune fur deux bracons. Cet arbre eft fretté de fept liens de fer, dont un fort entre les deux huches.

8, 8. Plumefeuils de l'arbre du patouillet.

9. Roue du patouillet qui tourne dans le même courcier que celle du bocard.

10. Goulettes qui fervent à conduire le minerai des huches 3, 4 dans le baffin 11 ; ces goulettes font bouchées pendant que le minerai patouille chacune avec une bonde de la forme A, figure 2, dont le manche C eft appuyé par une traverfe, comme on le voit en 10, pour empêcher que le poids de l'eau & du minerai, qui font dans les huches, ne pouffe la bonde avant que l'opération du lavage ne foit achevée.

11. Baffin à grain d'orge; il reçoit l'eau & le minerai par les goulettes 10, 10, & fe vuide en 13 par une petite pale que l'ouvrier leve; il eft foncé d'un plancher & terminé en fon pourtour par des madriers 12 taillés fur une ligne courbe.

12. Madriers qui forment le pourtour du baffin 11 ; ils ont deux à trois pouces d'épaiffeur & douze pouces de hauteur; ils font appuyés par derriere avec du conroi & des remblais bien affermis.

13. Petite pale qui eft plus baffe que la furface des madriers 12. Pour écouler l'eau furabondante qui coule de la huche pendant que l'ouvrier agite & amoncele le minerai dans le baffin 11, l'ouvrier leve cette petite pale entiérement lorfqu'il a fini d'amaffer le minerai pour faire écouler toute l'eau & le fablon qui s'eft féparé du minerai & s'eft cantonné dans la partie inférieure du baffin 11.

14. Maffif en pierre ou en terre contenu par des madriers ou autres pieces de charpente pour foutenir la bafe des huches.

15. Courcier commun aux roues du bocard & du patouillet; on le conftruit en pierre ou en bois; il reçoit l'eau de la vanne D.

FIGURE DEUXIEME.

A. Bonde pour boucher la bafe des huches par les goulettes 10, 10 : fa maffe eft coupée à fa furface fur la courbure des huches; fes côtés font perpendiculaires; la partie antérieure eft plus étroite que la partie poftérieure
qui eft garnie d'un manche C.

B. Rable de fer avec un manche de bois C. C'eft avec cet
inftrument que l'ouvrier agite, amaffe & accumule le minerai, lavé dans le baffin 11, Fig. 1re.

FIGURE TROISIEME.

E. Pelle de bois formée d'un ais de hêtre ou autre bois léger
& folide : cet inftrument eft formé de trois pieces, qui
font l'ais qui forme la piece principale, ou la pelle proprement dite, le manche F qui entre dans une mortaife
d'un plan quarré & oblique dans fa profondeur, & d'une
cheville G qui affujettit le manche à la pelle.

EXPLICATION DE LA PLANCHE IX.

Cette Planche repréfente fur le devant la coupe d'un bocard
compofé. L'on a tiré le derriere en perfpective pour faire
voir la liaifon & l'enfemble des pieces repréfentées dans
le plan deffiné à vue d'oifeau dans la Planche VIII.

A. Bout de l'arbre du bocard, où l'on voit l'emmanchure des
cames B.

B. Cames de fer qui entrent de cinq pouces dans l'arbre
A & s'élevent à onze pouces; elles font courbées par leur
extrémité en épicicloïde.

C. Plancher ou glacis de l'auge dans lequel on jette le minerai qui eft pouffé fous les pilons G par un courant
d'eau qui vient de la petite vanne E.

D. Petite pale garnie de fa queue 24. & qui y eft affermie
par des chevilles de bois.

Z ij

E. Petite vanne qui eſt fermée par la pale D. C'eſt par cette ouverture que l'eau du biez paſſe pour pouſſer le minerai ſous les pilons, & l'entraîne par la grille P dans la huche A B.

F. Jumelle qui eſt garnie de deux liens de fer 3 3, l'un au deſſus de la traverſe & des clefs 3 1 en bois & au-deſſus de la traverſe de fer 3 2 ; elle eſt affermie dans la femelle M par un fort tenon O à queue d'aronde & eſt arrêtée par un bras boutant 3 5.

G. Montant garni d'un pilon de fonte de fer L, d'un mentonnet H, dont la queue I pénettre l'épaiſſeur du montant & y eſt retenue par derriere par deux fortes chevilles de bois.

H. Mentonnet du montant, qui lui eſt fortement affemblé par tenon & mortaiſe, lequel cédant à la preſſion de la came B, ſouleve le montant qui retombe par ſon propre poids.

I. Tenon du mentonnet.

L. Pilon de fonte de fer, qui a une queue pyramidale de fer battu, laquelle s'enfonce dans le centre du montant.

M. Semelle qui eſt établie ſur une miſe Q, & y eſt arrêtée par une entaille : pour la rendre encore plus ſolide on les joint par un mord de chien.

N. Plaque de fonte de fer qui eſt encaſtrée de ſon épaiſſeur dans la femelle M; c'eſt ſur cette plaque que les montants G, garnis de leurs pilons L, triturent & pêtriſſent le minerai.

O. Queue d'aronde de la jumelle F qui l'affermit dans la femelle M & y eſt retenue de force par une clef.

P. Grille compoſée de barreaux de fer mobiles, qui ſont établis les uns ſur les autres dans une couliſſe pratiquée dans le plat de la jumelle F.

Q. Miſe qui ſupporte la femelle M & eſt poſée de niveau ſur trois loirs R.

R. Loirs qui portent la miſe Q de la femelle M.

S. Plancher du ſous-glacis entre la pile & la huche,

T. Bras du chassis qui contiennent l'enfonçure V de la huche ; ils font cintrés en dedans , fur le cercle que doit décrire le dehors de la huche AB.

V. Douves de la huche ; elles font compofées de membrures dreffées & affemblées comme les douves d'une futaille.

X. Chantier du chaffis de la huche ; il eft folidement établi fur trois loirs Z.

Y Arbre du patouillet ; il eft garni de fortes frettes & liens de fer I à fes bouts , & joignant les infertions des barreaux.

Z. Loirs qui fupportent le chantier X de la huche.

AB. Huche du patouillet.

1. Liens & frettes de fer qui fortifient l'arbre du patouillet.

2. Barreaux qui font emmanchés dans l'arbre du patouillet Y & font coudes, les uns à angle droit & les autres en croffe.

3. Cuillers du patouillet ; on les a fupprimés dans la perfpeétive pour éviter la confufion & pour faire voir un patouillet fans cuillers.

4. Bonde conique qui fert à boucher l'ouverture inférieure de la huche AB pendant l'opération ; elle fe retire par le moyen de fon manche 5 qui eft adhérent à fa partie poftérieure.

6. Fond de la goulette qui fert à dégorger le minerai de la huche AB dans le baffin 7.

7. Baffin à grain d'orge qui reçoit le minerai patouillé ; il eft compofé de madriers pofés en travers 8, lefquels font cloués fur des loirs 34.

8. Madriers du fond du baffin 7.

9. Serges ou bordures du baffin.

10. Petite pale pour écouler entiérement l'eau du baffin 7 après que le minerai eft amoncelé.

11. Echancrure à la ferge 9 du baffin 7 pour écouler l'eau qui vient de la goulette S pendant que le bocqueur ramaffe le minerai.

12. Entrée de la goulette de la huche par laquelle fort l'eau

bourbeufe pendant que le minerai eft dans le patouillet.

13. Enfonçures de la huche compofée de madriers bien joints.

14. Courbés de l'anneau du patouillet.

15. Bras de la roue du patouillet.

16. Aubes de la roue du patouillet.

17. Plumefeuil qui fupporte l'empoefe & le tourillon de la roue du patouillet.

18. Roue de l'arbre du bocard.

20. Courbes de l'anneau du bocard.

21. Chapeau de l'empalement du biez.

22. Queue de la pale de la vanne 26 du courcier des roues du bocard 10 & du patouillet 14.

23. Queue de la pale d'une rigole qui fournit de l'eau pure à la huche en perfpective pendant que le minerai patouille: on a fupprimé celle pour la huche coupée.

24. Queue de la pale de l'auge B qui fournit l'eau pour pouffer le minerai fous les pilons.

25. Potilles de l'empalement.

26. Vanne du courcier des roues.

27. Petite vanne de la goulette 16.

28. Bras-boutant de l'empalement.

29. Crampon de fer attaché fur le bout de l'arbre du bocard pour empêcher qu'il ne s'ufe en cette partie par le frottement fur le minerai.

30. Mortaife conique pratiquée dans la jumelle F pour introduire les barreaux mobiles de la grille P dans la couliffe.

31. Traverfes du haut en bois qui affermiffent les jumelles F, & entretiennent les montants G perpendiculairement; elles s'introdüifent dans les jumelles par des coches 36, & font retenues de part & d'autres par des clefs & des coins; elles fe démontent pour faire les réparations journalieres.

32. Traverfes du bas; elles font compofées de groffes bandes de fer retenues par des goupilles.

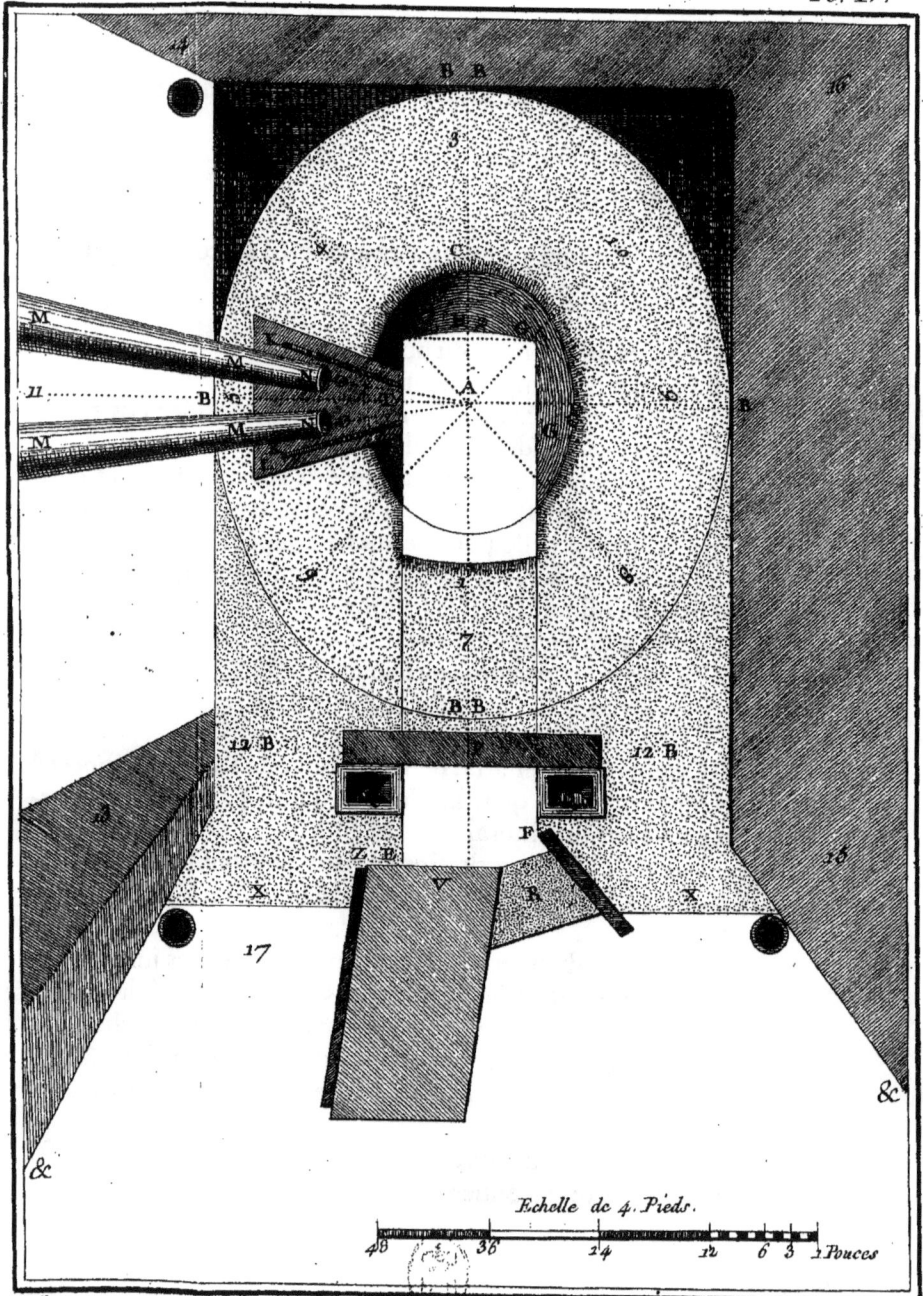

Pl. IV.

Echelle de 4. Pieds.

Pl. V.

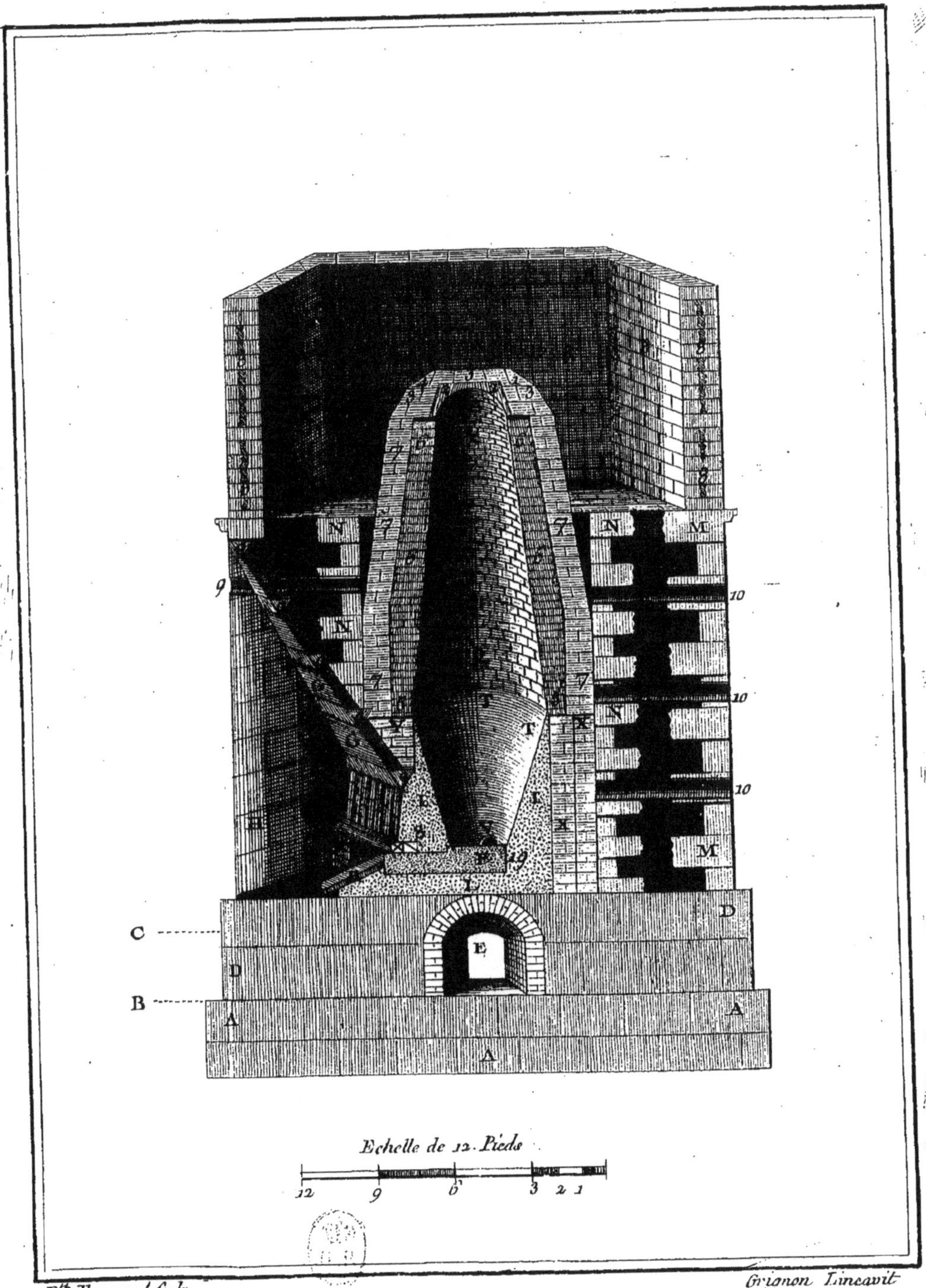

N
M
N
N
M
7
7
7
7
9
10
10
10
T
T
Y
X
X
G
G
H
E
D
D
C
B
A
A
A
Echelle de 12. Pieds
12
9
6
3
2
1

Eth. Haussard sculp.

Grignon Lineavit

Pl. VI.

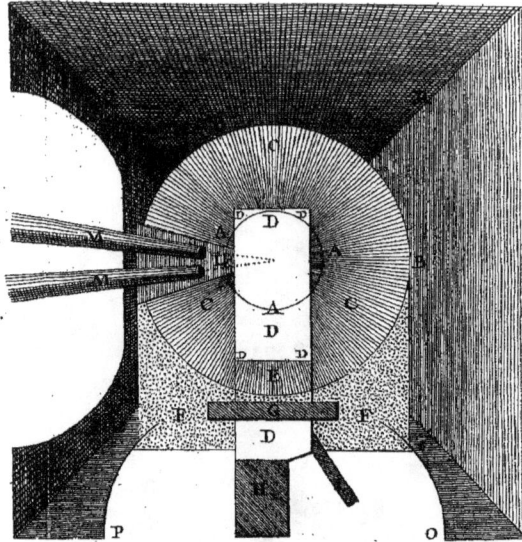

Fig. 1.

Echelle 3 ¼ Ligne pour Pieds.

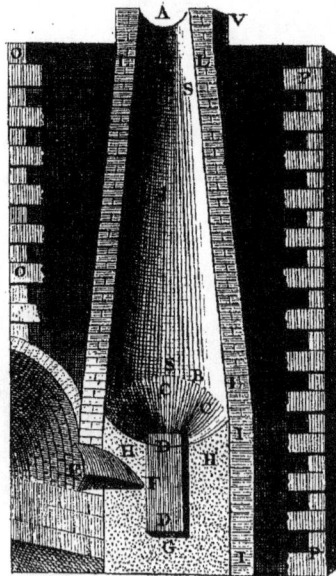

Fig. 2.

Echelle 2 ½ Ligne pour Pieds.

Pl. VII.

Fig. 3.

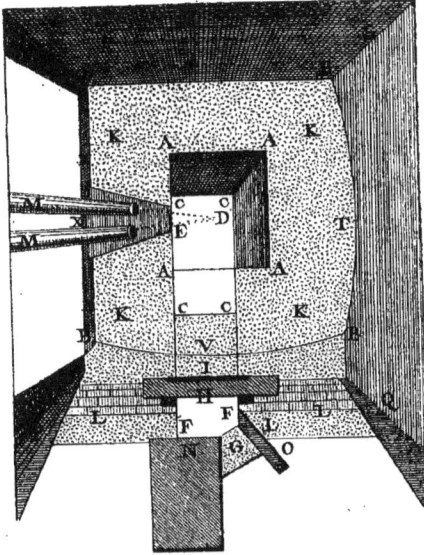

Fig. 4.

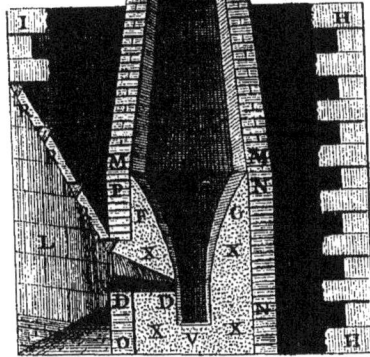

Echelle de 6. pieds pour les Fig. 1.ere et 3.e

Echelle de 12. pieds pour les Fig. 2.e et 4.e

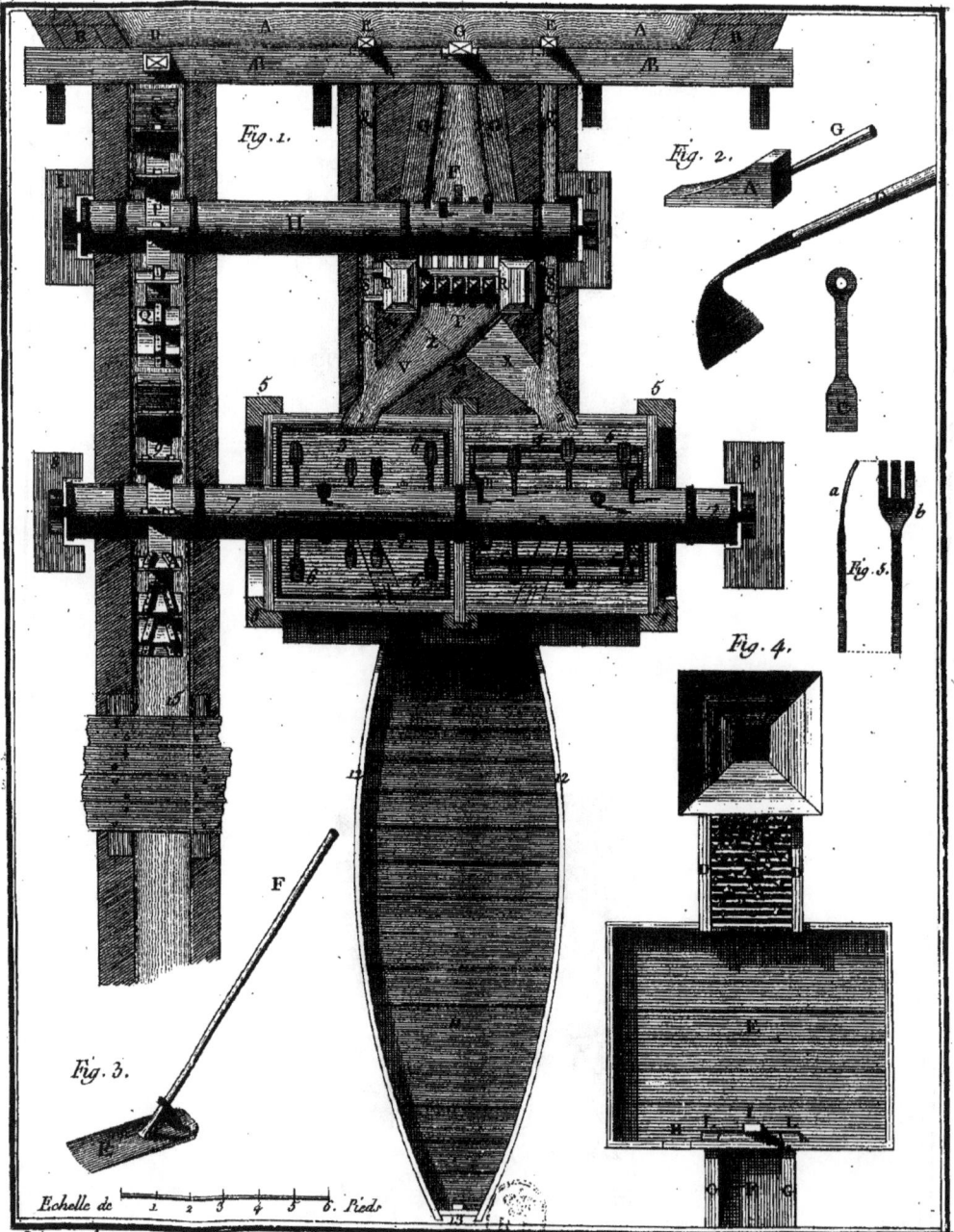

Fig. 1.

Fig. 2.

Fig. 3.

Fig. 4.

Fig. 5.

Echelle de 1 2 3 4 5 6 Pieds.

Grignon del.

de la Gardette Sculp.

Pl. IX.

Inven. Grignon.   de la Gardette Sculp.

33. Liens de fer qui embraffent les jumelles pour empêcher qu'elles ne fe fendent & que le frottement des montants ne les creufe.

34. Goulette qui dégorge l'eau pure dans la huche pendant que le minerai patouille.

35. Bras-boutant qui foutient la jumelle : on a fupprimé celui de la coupe.

36. Coches pratiquées dans l'épaiffeur des jumelles pour placer le corps des traverfes en bois.

MÉMOIRE

SUR

LES SOUFFLETS DES FORGES A FER,

Qui a remporté le Prix proposé par la Société Royale de Biscaye, établie à Bergara en Espagne, sous le nom de Société *des Amis de la Patrie*; sur la question :

Quelle est la meilleure des trois especes de Soufflets employés dans les forges à fer ; ou de ceux de cuir, ou de ceux de bois ; ou des trompes, nommées communément Aysarcas.

. . . . Geminos folles aptare memento,
Qui motu assiduo cava per spiracula ventos
Accipiant, reddantque focis , animasque ministrent.
P. la Sante *Musa Rhetorices.* Liv. I.

INTRODUCTION.

1. La Sydérotechnie, ou l'Art du fer, est de tous les Arts celui qui fait un plus grand usage du feu; ses opérations font immenses, & le minerai qu'elle traite est, de tous, celui qui exige dans sa réduction & dans son affinage, le feu le plus véhément, le plus actif, & d'une intensité la plus soutenue.

La chaleur des fourneaux de verrerie, de ceux où l'on réduit les minerais d'or, d'argent, de cuivre, même ces immenses fourneaux des arsenaux & ceux où l'on tient en bain

une

une fi prodigieufe quantité de bronze pour couler ces cloches énormes, n'approche pas de celle qui eft néceffaire pour
la réduction du minerai du fer, qui eft après la platine le
minerai le plus réfractaire : d'ailleurs la continuité de l'action
augmente beaucoup l'intenfité de la chaleur.

2. Les matieres qui continenent le principe du feu & qui
lui fervent d'aliment, ceffent d'être embrâfées; le feu même
ne peut agir ni fe développer s'il ne refpire pour ainfi dire
dans une atmofphere étendue, même fi fon action ne reçoit
fon impulfion d'un courant d'air : le pyrophore qui, à proprement parler, n'eft qu'un charbon falin, fi prompt às'embrafer, que la moindre communication avec l'air en reffuf-
cite le feu, ne donne pas le moindre figne d'action lorfqu'il
eft dans une bouteille bouchée. Si l'on expofe à l'air libre
un charbon embrafé, feul & ifolé, il s'éteint en fe couvrant
de la cendre qui fe forme à fa furface & qui lui fert de tombeau (a); au lieu que fi dans le même emplacement on approche deux charbons embrafés, il fe forme entre les deux
un courant d'air qui excite l'incendie, lequel eft augmenté
par l'action mutuelle que ces deux charbons ont l'un fur
l'autre; il faut donc un courant d'air pour exciter le feu, en
dépouillant continuellement la furface des charbons de la
cendre qui fe forme de la deftruction des fubftances inflammables, réduites à leurs parties cadavereufes.

3. L'homme fans expérience fentant l'utilité du feu pour fatisfaire fes befoins, chercha à en multiplier l'action. L'air agité

(a) Les bonnes ménageres n'ont pas
befoin d'un étouffoir pour éteindre les
plus gros charbons d'un brafier: elles les
pofent feulement ifolés autour du foyer,
pour fervir enfuite au befoin pour le po-
tager de la cuifine.

par quelques corps en mouvement près d'un foyer lui fit connoître l'avantage de l'employer pour en augmenter l'action & en accélérer les effets; le jeu de la respiration, près d'un corps embrasé, lui fit connoître qu'il pouvoit l'employer avantageusement à cet effet, & sa bouche fut le premier soufflet dont l'homme se servit pour exciter le feu; donc celui qui eut alors la poitrine la plus dilatée & les poulmons les plus sains & les plus élastiques, posséda le meilleur des soufflets (a). Incommodé de l'ardeur du feu, de l'âcreté de la fumée & du tourbillon de cendre qui s'éleve en soufflant, l'homme chercha un moyen d'opposer à ces inconvénients un corps intermédiaire qui porta au feu l'air poussé par ses poulmons, sans éprouver tant de sensations désagréables & dangereuses. Il employa un tube formé sans doute d'un bout de Roseau qui fut le premier modele de tous les tubes.

Et leve cerata modulatur arundine carmen.

Pan en forma sa flûte & ses pipeaux avant que le Luthier sut les imiter avec toutes sortes de bois, à l'aide de la tariere, du tour & du ciseau. L'homme imita ensuite le roseau, en ôtant la moelle des jeunes brins de bois, comme le sureau ou autres. Ces tuyaux, ou porte-vent adaptés à sa bouche, ont modelé la douelle des soufflets artificiels qui ne sont venus que long-temps après, sans détruire ces deux premieres sortes qui sont si naturelles; car nous voyons dans nos campagnes, où la Nature est encore brute, les Paysans n'avoir d'autres

------

(a) Des Voyageurs & des Naturalistes nous apprennent que *l'ourang-outang*, espece de grand singe, qui est la premiere nuance du passage de l'homme à l'animal, fait du feu qu'il allume en soufflant avec sa bouche.

foufflets que leurbouche (*a*), & parmi les moins infortunés, un canon de fufil qui paffe en héritage du pere au fils, & que toute la famille fucceffivement embouche au befoin pour allumer le feu & l'attirer. Le célebre Bouchardon qui deffinoit fi fupérieurement la Nature, a rendu heureufement les *Rudiments des foufflets* dans un des cartouches qui font fous les figures fymboliques qui repréfentent les quatre faifons de la Fontaine de la rue de Grenelle à Paris. Cet Artifte a placé fous la figure qui repréfente l'hiver un groupe d'enfants près d'un feu champêtre : un de ces Génies détaché du groupe, mais pas hors de la draperie qui les garantit des injures de la faifon rigoureufe, fouffle le feu avec un tube qu'il porte d'une main à fa bouche, gonflée par l'effort des poulmons, & de l'autre main il en dirige le bout au foyer. Le méchanifme de ce premier foufflet naturel fut le modele fur lequel on conftruifit le premier foufflet artificiel.

4. Deux ais paralleles joints à charniere imiterent le jeu des mâchoires, garnies fupérieurement du palais & de fon voile, & inférieurement de la langue & de fes mufcles. Pour joindre ces ais, l'on attacha fur leurs bords des peaux d'animaux qui remplirent les efpaces, & produifirent les effets des teguments & des mufcles des joues, par leur reffort & leur flexibilité dans la dilatation & la compreffion de l'air afpiré & expiré, par l'élévation & l'abaiffement de ces ais, auxquels on joignit une douelle, & le premier foufflet artifi-

---

(*a*) Le vulgaire & les enfants foufflent fur leur foupe pour la réfroidir, & fur leurs doigts pour les réchauffer. Jacques Jordans, Peintre célebre de l'École Flamande, a rendu fupérieurement, dans un tableau original gravé par Worfterman, l'indignation du fatyre qui quitte brufquement un Payfan, pour l'avoir vu fe fervir du même moyen pour deux effets fi oppofés. *Fables d'Efope.*

ciel fut conftruit. Si ce premier foufflet n'eut pas l'élégance de ceux que l'on trouve dans les foyers des cabinets de jour de nos palais faftueux, il fatisfit également le befoin de nos premiers ayeux. Ce foufflet (*a*) brut fut perfectionné dans la fuite, & proportionné aux ufages auxquels il devoit être appliqué.

5. Le defir de fimplifier les chofes, d'économifer la dépenfe, de fe prêter aux circonftances & aux pofitions locales, a fait inventer différentes efpeces de machine qui rempliffent plus ou moins exactement la même indication, qui eft d'animer le feu par un courant d'air plus ou moins accéléré. La meilleure fans doute de ces machines, & celle que l'on doit

---

(*a*) Soufflet *Follis* vient du mot fouffle, qui eft l'expiration plus ou moins forte de l'air afpiré par les poulmons : l'on en a fait le verbe *fouffler*, & la machine qui a imité le jeu de cette action a reçu le nom de *foufflet*. Les Hébreux, les Grecs, & les latins ont confidéré l'air agité par quelque caufe que ce foit, comme un efprit, une ame, car le mot *rovah*, qui exprime ame en hébreux, fignifie auffi le fouffle de la vie ; en effet la refpiration & le fouffle de la vie font fynonimes, puifque les animaux ne tirent le principe de leur mouvement que de la refpiration qui produit l'effet d'une pompe qui force, par la compreffion de l'air, les humeurs de fe porter dans toutes les parties de leurs corps jufqu'aux extrémités, pour y entretenir la foupleffe & la chaleur néceffaire.

Le Texte facré dit *Spiritus Dei ferebatur fuper aquas*, pour dire que les eaux étoient agitées par le fouffle de Dieu : dans un autre endroit, pour exprimer

l'approche d'un ouragan, il eft dit *tanquam advenientis vehementis fpiritus*.

L'on dit d'un foufflet qui ne rend point de vent que c'eft un foufflet fans ame, & ce mot ame eft tiré ici du mot grec ανμὸς, qui veut dire vent, haleine, air, dont l'anémone appellée coquelourde a tiré fon nom *herbe du vent*, auffi le Pere la Sante, en parlant des foufflets & de leur effet, a dit, avec autant de jufteffe que de grace, *animafque miniftrent*. Enfin du mot πνῦμα, qui exprime air, fouffle, vent, efprit, ame, nous en avons compofé le mot pneumatique, adjectif que nous appliquons à toutes les machines qui fervent de véhicule à l'air, & nous appellons Art pneumatique la fcience de les compofer & de les diriger.

Les poulmons, qui font les foufflets qui excitent la chaleur des animaux, tirent leur nom du mot πνῦμων, qui vient de πνῦμα, dérivé de πνω, je fouffle, je refpire.

préférer à toute autre, eſt celle, 1°. qui produit un plus grand effet, toutes proportions admiſes, 2°. qui peut s'exécuter dans tous les pays & s'adapter à tout local, 3°. celle qui eſt la moins diſpendieuſe à conſtruire & à entretenir, 4°. enfin celle dont l'effet eſt certain, égal & continuel ; tâchons de la trouver & de la démontrer.

PREMIERE PARTIE

Contenant la description des quatre especes générales de Soufflets usités dans les Forges.

6. LES forges à fer font ufage de quatre fortes de fouf-flets, favoir, 1°. les foufflets de cuir qui font les plus an-ciens; 2°. les trompes qui font venues après; 3°. les fouf-flets de bois qui font plus récents; 4°. enfin les cloches qui font à peine établies en très peu d'endroits. Chaque forte de ces foufflets a fes efpeces particulieres; analyfons-les féparément.

7. Les foufflets de cuir dont l'antiquité eft très reculée, puifque l'on peut fixer leur origine à la naiffance des Arts liés à la pyrotechnie, font encore en ufage pour les forges dans quelques cantons de la France, comme dans le Cler-montois, le Luxembourg, la Lorraine, & quelques par-ties d'autres provinces : mais leur ufage fe profcrit. Ceux de bois ont été introduits par Befort en Franche-Comté, de là en Bourgogne, en Champagne & le Nivervois, & vont être adoptés généralement par-tout. Les foufflets de cuir fe divifent en quatre efpeces dans chaque grandeur ; les uns font compofés de deux tables de bois d'une forme fort allongée & prefque triangulaire, dont les angles du côté de la bafe font arrondis. L'on attache fur les bords de ces tables un cuir fort, bien corroyé, avec des clous dont les têtes font doubles, fort alongées & étroites, pour qu'elles appuient fur une plus grande étendue du cuir & de la courroie qui regne au pourtour des tables, afin de di-minuer par là les dégradations que les tiges des clous oc-cafionneroient au cuir & aux tables, par les trous trop fré-quents. Ce cuir eft coupé de façon qu'étant étendu il a la

forme de deux trapezes unis par leur bafe; & lorfque le fouﬄet eft dans fa plus grande élévation, chaque côté de ce cuir forme un triangle dont le fommet eft joint à la têtiere, dans laquelle eft affermi un tuyau conique, qui fe nomme *la bufe*, & fert de porte-vent. Cette efpece de fouﬄet eft mis en mouvement par l'effet d'une bafcule ou d'un balancier qui éleve la table fupérieure & tend le cuir dans la plus grande extenfion poffible. Cette élévation eft facilitée par une ouverture garnie de fa foupape ou ventau. Cette ouverture eft pratiquée dans la table inférieure qui eft immobile. L'air entre dans le fouﬄet dans le moment de l'afpiration ou de l'élévation de la table fupérieure qui détermine celle du ventau, lequel preffe exactement fur l'ouverture dans le moment de l'abaiffement de la table fupérieure, qui eft déterminé par la preffion de la came de l'arbre d'une roue mue par une chûte d'eau ou par tout autre agent; ce qui force l'air de paffer par la bufe & d'aller au foyer par la tuyere.

8. Une autre efpece de fouﬄet eft compofée comme ceux de la précédente; mais ils font munis intérieurement d'un reffort qui tend continuellement à relever la table fupérieure, & à tendre le cuir comme dans les fouﬄets des bouchers; enforte que pour fouﬄer, il faut feulement preffer fur la table fupérieure.

9. Au lieu de mettre dans les fouﬄets un reffort pour les relever, quelques artifans fe contentent d'attacher à la caiffe fupérieure le bout d'une corde; l'autre bout de cette corde eft attachée à un brin de bois élaftique, planté perpendiculairement derriere le fouﬄet, lequel produit en dehors l'effet du reffort intérieur des autres fouﬄets : ces deux efpeces font en ufage parmi les enclumiers (*a*). Ces ouvriers, pour

(*a*) Le fieur Brefin, Taillandier à Paris, a, dans fes atteliers de l'Arfenal, un pareil équipage de fouﬄets, pour la fabrique des enclumes qu'il traite fupérieurement. Cet habile ouvrier poffede dans un degré éminent l'art de travailler le fer, fur-tout en groffes pieces. Il fe joue de tous les obftacles; & le fer en fes mains eft une cire docile à recevoir toutes efpeces de formes. Il doit monter inceffamment un équipage de Martinet dont nous lui avons donné l'idée pour travailler fes plus fortes pieces.

tirer un vent continué de ces soufflets, en emploient deux à chaque foyer; ils montent deux, trois ou quatre personnes dessus, ayant un pied appuyé sur l'un des soufflets, & l'autre pied sur l'autre soufflet; ils pressent tous ensemble & alternativement en cadence (*a*); tandis qu'ils appuient tous sur un soufflet, le ressort de l'autre l'éleve, & ainsi de suite; lorsque le fer est chaud, il descendent pour prendre le marteau & forger leur piece (*b*). Ce travail pénible rappelle les rudiments du travail du fer avant que l'homme ait appellé à son secours la force de l'eau, du feu ou des animaux, pour servir

---

(*a*) *Alii taurinis follibus auras Accipiunt redduntque.* VIRG. Géo.

Il semble que du temps de Virgile, qui a comparé l'ardeur & la distribution du travail des abeilles à l'activité & à l'ordre des travaux des Cyclopes, l'on ne se servoit pas d'autres soufflets que de ceux de nos Enclumiers. L'épithete de *taurinis* est purement poétique; car le cuir de taureau n'est point propre à faire des soufflets, parcequ'il est mou, qu'il est *creux*, pour parler le langage des Corroyeurs; ce qui fait qu'il ne retient pas bien l'apprêt, qu'il échappe l'air & qu'il dure peu de temps. Le cuir de bœuf est de beaucoup à préférer, parcequ'il est plein, moëlleux, solide, & qu'il tient l'air & l'eau.

(*b*) *Illi inter sese magna vi brachia tollunt In numerum, versantque tenaci forcipe ferrum.* Idem.

Dans les forges où l'on se sert encore de marteau de fer, on renouvelle ce travail à la main des premiers Forgerons & de ces anciens Cyclopes, pour faire & raccommoder les gros marteaux d'Ordon & les martinets, & pour faire les enclumes. En soudant les mises, souvent six ouvriers frappent ensemble sur la même chaude, en faisant faire la roue à leur marteau qu'ils rabattent en cadence avec une égalité de mesure

nécessaire, & qui satisfait l'œil & l'oreille du spectateur.

La manufacture de tapisserie en basse-lisse établie à Beauvais en Picardie, dont ils sort des ouvrages si admirables, a pris pour sujet d'une piece, Vulcain forgeant avec ses Cyclopes par ordre de Vénus les armures de Mars. Rien de si bien exécuté que l'ensemble de ce morceau précieux qui perd beaucoup de son prix à l'œil d'un zélé suppôt de Vulcain, parceque les attitudes des Cyclopes ont été manquées par le Peintre qui a fait le modele. Parmi ces Cyclopes qui sont représentés, les uns saisissent le manche de leur marteau trop près de la masse; d'autres se présentent donnant des coups à faux. Dans la réalité les uns casseroient la tête & les bras de leurs compagnons; d'autres n'attraperoient pas le point de percussion. Les Peintres n'étudient pas assez la Nature.

L'on a vu un Acteur (le sieur Cailleau) de l'Opéra Comique, jaloux de rendre supérieurement le rôle de Forgeron dans la piece du Maréchal, passer près d'un mois dans toutes les boutiques des Maréchaux Grossiers de Paris, pour copier la raucité de leur voix, leurs attitudes, leurs gestes, leurs grimaces & leurs *rebus*, afin de mettre dans son jeu toute la vérité possible; seul moyen d'intéresser le spectateur qui savoure délicieusement la magic de l'illusion.

de

de puiſſance au mouvement des machines qu'il a inventées pour accélérer ſes opérations.

10. Une troiſieme eſpece de ſoufflets de cuir, en uſage dans les forges, eſt mieux compoſée & reſſemble à ceux employés dans les jeux d'orgues. Les tables qui compoſent ces ſoufflets ſont des trapezes allongés; le cuir qui les unit enſemble ne fait point un ſac flaſque (*a*) qui abſorbe une partie du vent, comme dans les autres ſoufflets, malgré les cercles qui contiennent intérieurement le cuir; parceque dans les ſoufflets de cette eſpece, le cuir eſt appuyé ſur des aïs très minces qui forment des plis réguliers qui s'étendent en ſe développant preſque verticalement & ſe replient horiſontalement; opération qui exprime tout l'air contenu dans la capacité du ſoufflet. Cette eſpece que j'ai vu employer dans les forges en cuivre (*b*), eſt à préférer à ceux des précédentes eſpeces; ceux-ci ſont enfermés dans des caiſſes qui leur ſervent de ſurtout pour les garantir des accidents qui pourroient les dégrader.

11. Il y a une quatrieme eſpece de ſoufflet de cuir, qui eſt d'une forme cylindrique : chaque ſoufflet eſt compoſé de deux tables rondes, plus ou moins élevées l'une au-deſſus de l'autre; l'eſpace qui les ſépare eſt rempli par une ſerge de bon cuir ſouple bien couſu, lequel eſt contenu intérieurement par des cercles de bois eſpacés de pied en pied, pour aſſujettir ce cuir & en fixer les plis. La table inférieure eſt poſée horiſontalement ſur une charpente ſolide, & y eſt affermie à demeure. D'un côté cette table eſt percée d'une ouverture,

---

(*a*) Le mot *ſoufflet* s'exprime en grec par le mot φυσα, qui veut dire auſſi ſac, bourſe, veſſie, parceque l'intumeſcence des flancs des ſoufflets de cuir les fait reſſembler à des veſſies enflées, comme celle de la muſette qui porte l'air aux chalumeaux & aux flageolets dont elle eſt compoſée.

(*b*) Dans la forge en cuivre d'Eſſone, au-deſſus de Corbeil, tous les ſoufflets ſont de cette eſpece; ils ſont des mieux conditionnés, produiſent un très grand effet; & ils ſont preſque tous mis en action par le mouvement d'une ſeule roue, au moyen d'une cignole emmanchée au tourillon de l'arbre de la roue : cette cignolle imprime un mouvement d'oſcillation à une *banbelle*, laquelle, au moyen de pluſieurs renvois, fait mouvoir pluſieurs paires de ſoufflets.

B b

pour aspirer l'air; cette ouverture est garnie d'une soupape pour empêcher le retour du vent : au côté opposé il y a une autre ouverture qui communique à un canal qui lui est scellé exactement & par lequel le soufflet exprime le vent qui est conduit à la tuyere : ces soufflets s'élevent perpendiculairement & se replient de même, comme les lanternes de papier cylindriques; & de même que les autres soufflets des forges, tandis que l'un aspire l'air par son élévation, l'autre l'exprime par l'effet de la compression de la machine à laquelle ils sont soumis. Ces soufflets sont très simples & d'un très bon service; ils sont employés au fourneau de la roulette, dans le Fauxbourg du Temple à Paris, où l'on repasse les litharges, cendres & grenailles de la Monnoie. Ils sont mus par des chevaux attelés à des leviers enabrés dans un pilori qui est au centre d'une roue en rochet, dont les dents en échapement pressent le bout d'une bascule qui éleve alternativement chaque soufflet.

12. Enfin pour les petites forges & les travaux de la feronnerie, de la métallurgie en général, & de tous les artisans qui se servent du feu comme instrument, l'on a mis en usage une cinquieme espece de soufflet de cuir que l'on appelle à deux ames; c'est-à-dire que pour éviter la dépense & l'emplacement de deux soufflets qui agissent alternativement, cette espece réunit les deux opérations en une seule, appellée communément soufflet *à double-vent*, & auquel je donne le nom de *soufflet à vent continu*, parceque le vent ne coupe point à la tuyere.

Cette espece de soufflet approprié au travail de l'émailleur lui est très nécessaire, parcequ'il faut que la flamme soit lancée continuellement sur son ouvrage; car si la flamme coupoit & que le soufflet haleta, l'ouvrier manqueroit les opérations qui demandent une continuité d'action pour parfondre exactement les émaux, sans les confondre & sans altérer leur juste dégradation. Le soufflet à double-vent est composé de trois tables, savoir, une supérieure qui s'éleve par la pression de l'air, une inférieure qui descend par son propre poids

& par celui d'un corps quelconque que l'on y fufpend; enfin d'une table intermédiaire qui partage le foufflet en deux parties; cette derniere, qui eft cachée dans l'intérieur du fouf-flet par le cuir qui eft cloué autour de ces trois tables, eft immobile; de fes côtés fortent deux tourillons de fer pour fufpendre le foufflet dans fon chaffis. Cette table intermé-diaire eft le diaphragme du foufflet; elle eft percée d'une ou-verture garnie de fa foupape. Le foufflet afpire l'air par l'ou-verture de la table inférieure, quand elle defcend, & rem-plit la partie inférieure du foufflet; lorfqu'on releve le fouf-flet, l'air de la partie inférieure paffe par le diaphragme dans la partie fupérieure, en fouleve la table, &, par la réfiftance que cette table oppofe, tant par fon propre poids que par celui dont on la charge, elle opere une compreffion de l'air qui paffe en partie par la tuyere; le furplus de l'air eft pouffé dans le foyer par la preffion totale de la table fupé-rieure, pendant que la table inférieure defcend par fon poids pour afpirer un nouvel air. Ces foufflets font mis en mouve-ment par une branloire tirée à la main, ou au pied par une pédale; c'eft ce que les ouvriers appellent communément ti-rer la vache (a). Souvent ces foufflets ont pour moteur une roue dont la puiffance eft un petit filet d'eau, fur-tout dans les pays montueux; dans d'autres endroits, c'eft un chien comme pour les tourne-broches, que fouvent des canards, des lie-vres ou des oies, font mouvoir en attendant qu'ils foient eux-mêmes mis en broche (b).

13. Les foufflets de la feconde efpece font les trompes: ce font des machines compofées de tubes perpendiculaires qui reçoivent des colonnes d'eau, qui entraînent avec elles

---

(a) Le cuir de vache eft celui qui re-çoit mieux l'apprêt de la tannerie & du courroi; c'eft pourquoi tous les cuirs font appellés vaches par les Tanneurs; ce qui a donné lieu au proverbe, tout eft vache à la tannerie, & bœuf à la boucherie.

(b) L'éducation multiplie l'inftinct des animaux, l'on eft parvenu à leur

faire exécuter des opérations qui fem-blent demander des réflexions profon-des. L'homme ne doit-il pas auffi à l'ex-périence qu'il acquiert dans l'hiftoire des actes multipliés de la fociété, la plus grande partie de la perfection de fes opérations: celui qui voit peu de chofes a bien peu d'idées.

des courants d'air qui s'en féparent dans leur chûte par l'effet de la collifion occafionnée par un corps pofé à deffein,
fur lequel fe précipite l'eau; alors l'air dégagé de l'eau eft
obligé de fe porter à la tuyere du foyer, qui eft l'iffue par
laquelle il trouve le moins de réfiftance. Les trompes furent
inventées en Italie environ l'an 1640 : elles fe font répandues depuis chez diverfes Nations.

14. Nous connoiffons en France quatre efpeces de trompes, qui font celles du Comté de Foix, celles du Dauphiné,
celles des Pyrennés, enfin celles qui font employées dans les
travaux des mines comme ventilateur.

Les trompes du Dauphiné font compofées de cylindres formés avec des poutres de chêne ou de fapin, creufées intérieurement, liées fortement à l'extérieur avec des frettes de
fer pour fceller exactement les jointures des deux parties
qui les compofent. Ces cylindres qui font, à proprement
parler, des tubes, ont de vingt-quatre à vingt-huit pieds de
hauteur, ils font pofés verticalement; leur partie fupérieure
eft creufée en cône renverfé dont le fommet, tronqué à un
neuvieme de fa hauteur, eft de quatre à cinq pouces de diametre, & en a trois fois autant à fa bafe qui eft la partie
fupérieure ou l'entrée; c'eft cette partie que l'on nomme
l'entonnoir, & le bas fe nomme *l'étranguillon*. Cet entonnoir reçoit l'eau d'un magafin qui eft commun à plufieurs tubes ou trompes femblables : ce magafin qui reçoit l'eau d'un
aqueduc qui l'apporte de la montagne, eft foutenu par une
charpente folide. Les tubes des trompes font percés obliquement de haut en bas, au-deffus de l'étranguillon, de plufieurs
trous de vingt à vingt-quatre lignes de diametre, pour recevoir l'air que l'eau attire & entraîne avec elle dans fa chûte.
Le refte de ces tubes, au-deffous de l'entonnoir, eft creufé
fur un diametre au moins double de celui de l'étranguillon.
Ces trompes font fupportées à leur bafe chacune fur le fond
d'une cuve conique renverfée, formée avec des douves de
bois liées enfemble avec des cercles de fer; chacune de ces
cuves a environ fix pieds de hauteur fur autant de largeur à
fa bafe, & porte fur un baffin de pierre ou de bois ou d'autre

matiere folide. Sur l'aire & au centre de ce baffin eft fixé un
chevalet qui s'éleve à la moitié de la hauteur de la cuve ;
ce chevalet fupporte une table de pierre ou de fer d'une figure ronde & d'un diametre qui double celui de l'ouverture.
inférieure du tuyau de la trompe, lequel tuyau defcend dans
l'intérieur de la cuve au tiers de fa hauteur, & dégorge l'eau
qui fe précipite fur cette table, fur laquelle elle eft éparpillée.
de façon que l'air s'en fépare par la force de la collifion & par
la différence de fon poids fpécifique d'avec celui de l'eau
qui tombe fur le baffin. Cet air féparé devenu libre occupe
la partie fupérieure de la cuve, & étant continuellement
preffé par un nouvel air introduit, il s'échappe par l'iffue
qui lui oppofe moins de réfiftance : cet air eft conduit par
un canal dans le porte-vent, qui eft un tube commun aux cuves qui compofent enfemble la trompe de chaque feu. Le
porte-vent eft fermé à l'un de fes bouts, l'autre eft terminé
coniquement & s'avance jufque dans la tuyere, pour porter
le vent dans le foyer : l'eau fort par une coche pratiquée au
bas de la cuve ; cette ouverture eft garnie d'une petite pale
qui regle, par le plus ou moins de fon élévation, le volume
d'eau qui doit fortir, afin que la furface de celle qui doit refter fur le baffin dans la cuve, foit toujours à un fixieme de
la hauteur de chaque cuve, pour former une réfiftance fuffifante à l'air, pour que, ne pouvant s'échapper avec l'eau
de la cuve, il foit forcé de fe porter dans le foyer.

16. Les trompes du Comté de Foix font compofées à-peu-
près fur les mêmes principes que celles du Dauphiné ; elles
produifent plus d'effet, parcequ'elles reçoivent des colonnes
d'eau plus confidérables ; elles font d'une conftruction plus
fimple & d'une exécution plus facile. Les tuyaux des trompes
du Comté de Foix font quarrés, formés avec des madriers bien
joints & unis fortement les uns aux autres avec des liens &
des colliers. Le haut de ces tuyaux qui reçoit l'eau du réfervoir
eft divifé en deux branches, qui forment une fourche qui pénetre dans le réfervoir où l'eau eft entretenue à la même hauteur par un petit empalement : l'eau entre dans le tuyau de

la trompe par l'aiſſelle de la bifurcation qui forme une ouverture conique, laquelle fait l'office de l'étranguillon : l'air entre dans la trompe par la partie ſupérieure des deux branches de la fourche qui ſont déprimées & élevées au-deſſus de la ſurface de l'eau. L'eau dans ces trompes tombe de même que dans celles du Dauphiné, ſur des tables de fonte de fer, ou de pierre ou de bois; ces tables ſont poſées ſur des blocs dans des caiſſes de bois qui ſont baſſes, mais fort allongées, ayant juſqu'à dix-huit pieds de longueur ſur ſix à ſept pieds de largeur & trois à quatre pieds de hauteur : cette caiſſe qui remplit l'office de la cuve des trompes du Dauphiné eſt commune aux tuyaux de la trompe; elle eſt de la même hauteur juſqu'à la moitié de ſa longueur, puis elle s'éleve obliquement juſqu'à ſix à ſept pieds. C'eſt à cette partie qui eſt oppoſée à celle dans laquelle deſcendent les tuyaux, qu'eſt pratiquée une eſpece de trémie quadrangulaire, du fond de laquelle il ſort une buſe qui reçoit l'air & le porte dans le foyer : l'eau ſort de la caiſſe de la trompe comme de la cuve du Dauphiné, par une coche garnie d'une petite pale qui en regle l'évacuation. Cette eſpece de trompe eſt bien à préférer à celle du Dauphiné, en ce que celle du Comté de Foix eſt moins compoſée, moins compliquée, conféquemment d'une conſtruction plus facile, moins diſpendieuſe, moins embarraſſante, & qu'elle produit plus d'effet.

17. La troiſieme eſpece de trompes eſt celle que l'on conſtruit dans les forges des Pyrennées; elle ne differe des precédentes qu'en ce qu'elle eſt bâtie en pierre au lieu de bois, mais toujours ſur les mêmes principes, & elle produit à-peu-près le même effet que celles du Dauphiné & du Comté de Foix.

18. Les trompes (a) de la quatrieme eſpece ſont celles

(a) Les trompes ont tiré leurs noms de ces météores qui portent le même nom, & dont il y a deux ſortes, l'une marine & l'autre terreſtre : celle qui ſe forme ſur mer eſt une colonne d'eau immenſe, enlevée par la violence du vent; & celle que l'on voit ſur terre eſt formée par un tourbillon de vent dont le mouvement eſt déterminé par les montagnes : ce tourbillon enveloppe un nuage, le comprime

dont on fait ufage dans plufieurs mines pour porter de l'air pur dans le fond des galeries, & forcer l'air contagieux à fortir au dehors : ces trompes font beaucoup moins compo-fées que les précédentes, parceque l'on en exige moins d'ef-fet. Ordinairement l'eau qui fort des galeries eft conduite par un chéneau dans un tube de bois de fapin qui a quinze à dix-huit pieds de hauteur; l'air que l'eau entraîne avec elle s'en fépare comme dans les autres trompes, lorfqu'elle fe précipite fur la pierre placée au centre d'un tonneau de la forme de ceux que l'on appelle *pipe*. Dans l'enfonçure de la partie fupérieure de ce tonneau on fait un trou, dans le-quel on ajufte une efpece d'anche compofée d'un bout de tube de bois, d'un diametre plus petit que celui de la trompe ; cette anche communique l'air à un tuyau horifontal qui re-gagne la galerie, & y eft ordinairement fufpendu à la partie fupérieure : ce tuyau fe prolonge à mefure que la galerie prend de la profondeur dans le fein de la montagne. J'ai vu de ces trompes dont le vent pouvoit à peine éteindre la lu-miere d'une lampe, & qui étoit cependant fuffifant pour fa-ciliter la refpiration des ouvriers qui travailloient dans des mines de cuivre, de plomb & d'argent, au fond des gale-ries percées à la bouffole fur deux cents cinquante toifes d'é-tendue horifontale. Cette trompe eft de la même efpece que celle qui eft employée dans la forge à cuivre, établie dans le fauxboug de Caffel, en Allemagne : l'on doit fentir que les trompes en général fourniffent d'autant plus d'air , que la chûte d'eau eft plus élevée, & que la colonne en eft plus confidérable.

19. Les foufflets de la troifieme efpece font ceux de bois; ils ont été inventés en Allemagne (*a*), & apportés en France:

& en forme une colonne compofée d'air & d'eau qui fe précipite fur la furface de la terre ou fe brife contre un rocher. En Juin de l'an 1768 je fus témoin de la for-mation d'une trompe de cette efpece, qui paroiffoit avoir 150 pieds de hauteur:

lorfqu'elle toucha terre , elle s'affaiffa infenfiblement & fe diffipa.

(*a*) L'Allemagne eft la patrie des ma-chines. En général les Allemands dimi-nuent la manœuvre confidérablement , par des machines appropriées à toutes

fur la fin du dernier fiecle : ce font des machines fimples ; d'un fervice conftant, uniforme & affuré, dont tout le mé- chanifme confifte à comprimer l'air entre deux caiffes, dont une fixe & une mobile qui s'emboîtent l'une dans l'autre, & qui font unies enfemble par une charniere appropriée. Pour donner une idée des différentes parties de ces foufflets, je vais faire fuccinctement la defcription de ceux employés pour un fourneau de fonderie.

30. Chaque foufflet eft compofé de deux parties princi- pales; l'une fe nomme le gifte, l'autre le volant; le gifte eft une efpece de caiffe plate dont le fond eft compofé de gros madriers de trois pouces à trois pouces & demi d'épaiffeur, affemblés à plats joints & à goujons. Cette caiffe a quatorze à quinze pieds de longueur, quatre pieds & demi de largeur d'un bout, & un pied de l'autre bout, ayant la forme d'un trapeze, compofé d'un triangle fcalene oxygone, dont le fom- met eft tronqué pour former la têtiere du foufflet. L'aire de cette caiffe eft coupée de façon que l'angle intérieur de la bafe du trapeze a quatre-vingt-quatre à quatre-vingt-cinq degrés d'ouverture, & celui que l'on nomme extérieur qui eft oppofé au précédent à quatre-vingt à quatre-vingt-un degrés auffi d'ou- verture; par ce moyen le côté extérieur a plus de longueur que le côté intérieur, afin que les deux foufflets fe préfentent pa- rallelement entre eux & perpendiculairement à l'arbre de ca- mage. Sur les bords autour de cette table l'on attache folide- ment des membrures de trois pouces & demi d'épaiffeur, & de pareille hauteur du côté du culeton, s'élevant jufqu'à fix pouces du côté de la têtiere (a) où il y a une traverfe qui les

---

fortes de mouvements : ce n'eft pas que nous n'ayons de célebres Machiniftes, nous avons le talent de perfectionner les machines inventées par nos voifins. Schlutter, Tome II, dit que c'eft un Evêque de Bamberg en Bohême qui a in- venté les foufflets de bois en 1626 : les Comtois travaillent fupérieurement dans cette partie. Le nommé Caffel, à Chau- mont en Champagne, conftruit fes foufflets avec tout l'art & la précifion poffibles; il a même donné de la perfec- tion à ces machines, & ne cede en rien aux Gaucherots fes maîtres, dans l'Art du Souffletier.

(a) La têtiere du foufflet eft le petit bout où viennent fe réunir toutes les par- ties.

réunit

réunit & qui supporte une piece de bois de la largeur du gîte, les deux côtés & le dessus formant avec le gîte un canal dans lequel on place la buse ou porte-vent. Ce canal est le gosier du soufflet : il n'y a point d'épiglotte comme dans les soufflets des orgues ; il seroit cependant bien avantageux d'y en adapter une, c'est-à-dire une petite soupape pour empêcher que le soufflet n'aspire des charbons ou du laitier embrasés qui portent l'incendie dans l'intérieur. Ces accidents sont très frequents, sur-tout dans la déflagration de la tuyere ou l'intumescence des laitiers.

21. La buse est un tube conique formé ordinairement d'une lame de fer battu, roulée & bien jointe ; les buses sont d'un meilleur usage lorsqu'elles sont en cuivre battu & soudé, ou en cuivre fondu ; celles de cette matiere sont rares à cause du prix : mais celles de fonte de fer réunissent trois avantages essentiels qui les font préférer à toute autre ; elles sont solides & durables, elles ne laissent point échapper d'air, enfin elles sont moins dispendieuses. Les buses des soufflets doivent avoir cinq pouces à cinq pouces & demi d'ouverture au gros boût, vingt-deux à vingt-quatre lignes au petit bout du côté du foyer, & quatre pieds six pouces de longueur, dont on enferme huit pouces dans la têtiere du soufflet : elle y doit être scellée exactement & affermie de façon à ne pouvoir être ébranlée dans les différentes manœuvres qui concernent l'administration du vent. Je donne à ces buses de fonte de fer à-peu-près la forme d'un canon : la partie qui s'enferme dans la têtiere du soufflet & aboutit au gosier est taillée à seize pans ; le reste est rond avec plusieurs renforts terminés par des listels & astragales : le bout à la tulipe est renforcé sur trois pouces de longueur, parceque c'est toujours en cet endroit que les buses s'usent par l'effet du frotement inévitable sur la plaque de fer qui les supporte : on pratique un trou à la gorge de la buse pour la clouer dans la têtiere afin de la fixer.

22. Les trous des buses des soufflets doivent être proportionnés en général, non-seulement à la grandeur des soufflets,

C c

c'eſt-à-dire à la quantité d'air qu'ils doivent adminiſtrer, ayant égard à la ſomme de la puiſſance qui les comprime, mais auſſi à l'eſpece d'opération pour laquelle ils ſont deſti-nés. Les chaufferies demandent un feu plus mou que les affineries qui exigent toute la force du vent pour obtenir une chaleur puiſſante. Lorſque l'on combine dans un même feu les opérations de ces deux feux, comme dans les renardieres, on préſente le fer ſuivant ſon état aux différents degrés de chaleur, c'eſt-à-dire la fonte à affiner ſe met au point d'in-terſection des cônes du vent des deux ſoufflets, qui eſt l'en-droit du creuſet où la chaleur eſt la plus violente; le fer qui eſt affiné & qui n'a plus beſoin de chaleur que pour ſuer & forger ſe place dans le foyer au-deſſus de la tuyere où il reçoit une chaleur plus modérée & qui lui ſuffit.

Pour les fourneaux de fonderie il faut proportionner la quantité & la rapidité du vent, à la capacité en général des fourneaux, il en eſt de bien plus conſidérables les uns que les autres, & à la qualité des charbons & des minerais. Il y a des cantons où les minerais ſont refractaires & les charbons durs, ce qui exige un degré de chaleur bien ſupérieur à celui qu'il faut employer pour les mines fuſibles & pour les char-bons doux; c'eſt ce degré de connoiſſance qui conſtitue le talent du Fondeur.

Dans tous les cas, la dépenſe du vent des ſoufflets preſſés par la même puiſſance, eſt d'autant plus conſidérable, que les trous des buſes ſont plus ouverts. Une buſe qui a vingt-deux lignes de diametre à ſon orifice, pouſſe une colonne d'air dont la baſe a trois cents quatre-vingt lignes deux cinquiemes, & une dont l'ajutage a vingt-quatre lignes de diametre, fournit une colonne d'air de quatre cents cinquante-deux lignes quatre ſeptiemes de baſe, ce qui fait un cinquieme de plus: conſéquemment le mouvement des ſoufflets eſt accéléré d'un cinquieme, mais le vent en eſt d'autant plus mou. Cet affaiſſement plus ou moins multiplié & accéléré des ſoufflets proportionnellement à la dépenſe du vent, eſt bien ſenſible dans ceux qui ſervent aux jeux d'orgues; car lorſqu'il n'y a

que les flageolets, la mufette & la voix humaine qui réfon-
nent, à peine voit-on les foufflets s'abaiffer; mais lorfque le
tremblement, les gros bourdons, & que tous les jeux com-
plettent la fimphonie, les foufflets font auffi-tôt bas que
relevés : à peine le fouffleur peut-il fournir.

23. Les rebords & les parties extérieures du gîte font dé-
graiffées d'un pouce par le bas, c'eft-à-dire coupées en bifeau ou en dépouille, pour écarter tout frottement défavan-
tageux; tout autour de ces rebords on attache intérieurement des mentonnets efpacés de dix-huit pouces en dix-huit
pouces; ils font compofés d'une tige perpendiculaire ouverte
d'un trait de fcie pour recevoir un reffort, de l'ufage duquel il
fera parlé : fur ces tiges font affemblées à angle droit des
têtes qui reffemblent à des marteaux, dont la panne eft tournée en dehors pour appuyer fur les liteaux & empêcher qu'ils
ne s'élevent. Les liteaux font des alaifes de bois doux de trois
pouces à trois pouces & demi de largeur, & dix-huit lignes
d'épaiffeur; ils font pofés à plat fur le rebord de la caiffe du
gîte, & font continuellement preffés par l'effet des refforts
au-delà de l'étendue du gîte en tous fens : ces refforts font
des lames de fer bien écrouis, décrivant une parabole ou une
portion d'ellipfe du côté du grand diametre, & dont les deux
bouts font recourbés fur la ligne de la corde de l'arc qu'ils décrivent, afin d'appuyer parallelement fur les côtés intérieurs
des liteaux. Dans les angles du culeton qui eft le côté large du
gîte, il y a des oreillers qui fervent à contenir fortement les
rebords avec lefquels ils font affemblés; & comme ils s'élevent à la hauteur des mentonnets, ils fervent à pofer un lévier ou autre piece faifant une traverfe pour foutenir la caiffe
fupérieure lorfque l'on démonte ou qu'on remonte les foufflets pour y faire les réparations ordinaires : ces oreillers
fervent en même-temps de porte-reffort : ce font des morceaux de bois de quinze pouces de longueur, fix à huit pouces de hauteur, & trois pouces d'épaiffeur; ils font taillés
quarrément; le haut feulement eft arrondi : quelques ouvriers les remplacent par des planches, defquelles on ne tire
pas le même avantage. C c ij

24. La caiſſe ſupérieure ou le volant forme un trapézoïde de même ouverture que le gîte; mais plus dilaté en tous ſens d'un pouce & demi. Cette caiſſe n'a que trois côtés fermés, les deux coſtieres & le fond, ſans avoir égard à l'enfonçure ſupérieure : le bout du côté du foyer reſte ouvert pour recevoir la têtiere & s'appuyer deſſus : les deux côtés du volant ſont prolongés au-delà de l'enfonçure, pour recevoir la cheville qui forme avec les agraffes de fer qui contiennent les bajoues, une charniere dont cette cheville eſt le centre du mouvement d'oſcillation, lequel ſe communique au volant ſeulement. Cette caiſſe ſupérieure a quatorze pieds de longueur, quatorze pouces ſeulement de largeur à la charniere, & juſqu'à cinq pieds à l'autre bout, ſur quarante pouces de hauteur en cet endroit, où la coupe de cette caiſſe décrit un arc d'un cercle qui a pour centre la cheville ouvriere, & pour rayon la diſtance du centre de cette cheville, juſqu'à la ſurface intérieure de la caiſſe, afin que les liteaux appuient continuellement contre la ſurface intérieure de toutes les parties de la caiſſe en cet endroit, dans ſon abaiſſement & dans ſon élévation, pour ne permettre aucune iſſue à l'air, ſur-tout dans la compreſſion. Cette caiſſe ou volant eſt formée de très larges madriers de bois joints de champ, à plat joint, & à goujons dans leur longueur, & à queue d'aronde par les bouts. On obſerve de faire excéder le bout des côtés pour pouvoir pouſſer, dans tous les ſommets des angles des queues d'aronde, des chevilles triangulaires bien collées qui s'appuient ſur les madriers du fond. La partie ſupérieure de ces caiſſes forme l'enfonçure ; elle eſt compoſée de madriers de bois de vingt lignes d'épaiſſeur, joints entre eux à plat joint, collés ſans rainures ni languettes, & brochés par leurs bouts ſur les madriers des coſtieres avec des broches de fer à tiges minces & larges têtes. Autrefois l'on tiroit au bouvet des rainures dans les fourures pour y paſſer des languettes collées ; cet uſage a été proſcrit comme abuſif. L'on a auſſi ſupprimé les chevilles de bois avec leſquelles on attachoit les fourures ſur les coſtieres: on y emploie des broches de fer.

25. A vingt-six pouces de diftance du bord du culeton eft pofé une chape de fer de fix à fept pouces d'ouverture, dont les deux branches pénetrent la fourure & font affermies en dedans par des clavettes, contre une planche qui coupe à angle droit la direction de celles qui compofent la fourure : cette chape qui fe nomme *le pont* fert à paffer la queue de la *baffe-conte* qui eft une efpece de pelle de fer un peu courbée qui reçoit la preffion de la came ; ces cames font des efpeces d'aluchons ou dents taillées en épycicloïde, efpacées à tiers points, adhérents à un cylindre ou arbre mu par l'effet d'une roue, qui reçoit fon action d'une puiffance quelconque, foit par l'effet d'un courant ou d'une chûte d'eau, ou de tout autre agent. Lorfque la came échappe de deffus la baffe-conte ou falicorne, qui reçoit & communique la preffion à la caiffe fupérieure, cette caiffe eft relevée par l'effet d'une bafcule ou manigau, qui eft une piece de bois taillée en obélifque avec des renforts ; elle eft pofée fur une double potence en charpente que l'on nomme chaife des bafcules ; elle fe meut fur des tourillons & empoezes, comme un canon fur fon affût. Le petit bout de cette bafcule qui répond à la tulipe du canon & qui eft tourné du côté & au-deffus des foufflets, eft ouvert perpendiculairement dans fon épaiffeur, par une mortaife d'un pouce de largeur, & de deux pieds de longueur, pour recevoir une crémaillere de fer qui y eft fufpendue, au moyen d'un boulon qui traverfe la bafcule. Cette crémaillere eft une lame de fer d'environ trois pieds de longueur, & de deux pouces de largeur ; fon bout inférieur eft arrondi & recourbé en crochet ; l'autre bout qui eft plat eft percé de trous efpacés également de pouces en pouces, pour recevoir le boulon ou goupille qui la fufpend aux degrés néceffaires au bout de la bafcule fur laquelle il roule dans une coche pratiquée à la partie fupérieure. Cette crémaillere fufpend par fon crochet inférieur une agraffe de fer pliée en chevron brifé dont les deux bouts inférieurs font recourbés, pour recevoir d'autres crochets adhérents à la caiffe contre laquelle ils font ap-

pliqués, & font recourbés en deffous pour la foulever; l'autre
bout des bafcules qui répond à la culaffe du canon & qui eft
la bafe de l'obélifque eft renforcé pour lui donner du poids.
Souvent on charge ce bout avec des pierres ou des maffes de
fer, en raifon de la longueur du lévier & de la pefanteur des
caiffes; car ces bafcules font, à proprement parler, des balanciers qui doivent céder à la preffion de la puiffance qui
fait écrafer les foufflets & qui, lorfque cette puiffance ceffe
d'agir, doivent relever les caiffes doucement & affez prompt-
tement pour que la came ne la ratrape pas en route, c'eft-à-
dire avant que la caiffe ne foit entiérement relevée, ce qui
diminueroit l'effet & briferoit les foufflets.

26. Lorfque les caiffes des foufflets fe relevent, elles afpi-
rent fortement l'air par un trou pratiqué au gîte vers fa bafe :
cette ouverture quarrée a feize à dix-fept pouces de longueur
fur quinze à feize de largeur & fe nomme *ventau* : cette ouverture fe ferme exactement dans le moment de la compreffion par le moyen d'une foupape que l'on nomme ventillon,
qui eft une planche attachée fur le gîte du côté de la bufe
avec deux bouts de courroie, qui font l'office de charniere :
cette planche, du côté qu'elle s'éleve, eft dégraiffée pour
faciliter fon élévation du côté du culeton; elle eft garnie fur
fes bords avec des bandes de peau de mouton en laine, pour
qu'elle s'applique plus exactement fur les bords du ventau;
& crainte qu'elle ne s'éleve trop au point de fe renverfer, ce
qui rendroit nul l'effet du foufflet, elle eft contenue par une
longue courroie, laquelle eft attachée d'un bout fur le gîte,
vient enfuite traverfer par-deffus le ventillon, & l'autre bout
tourné en cône paffe par un trou jufqu'au dehors du gîte en
deffous & y eft fixé par une cheville que l'on y ferre plus ou
moins. Quelques fouffletiers compofent le ventau de deux
ouvertures & de deux ventillons, ce que l'on appelle lunettes
dans les foufflets d'orgue. Mais cette pratique eft vicieufe; ils
ne la mettent en ufage que pour empêcher que l'on ne puiffe,
fans leur miniftere ou fans démonter les foufflets, remédier
aux défordres qui peuvent arriver. Il faut au contraire que ce

ventau soit formé d'une seule ouverture pour qu'un homme puisse s'introduire dans le soufflet au besoin, soit pour les graisser, soit pour remettre quelques ressorts déplacés. J'ai coutume, dans l'intervalle du fondage, d'y entrer avec de la lumiere pour voir si rien ne se dérange & y porter du remede. Cette possibilité d'entrer dans les soufflets a sauvé la peine de galere à un homme poursuivi par les Employés des Fermes pour quelques livres de sel. Ce Faux-Saunier s'étant glissé dans une forge demanda du secours aux Forgerons qui l'enfermerent par la soupape dans un soufflet du fourneau; il étoit là comme Diomede dans le cheval de Troyes. Les Employés, sûrs de l'avoir vu entrer dans la forge, ne s'imaginerent pas de le trouver dans les flancs des soufflets.

Du côté de la tuyere, le fond du gîte & les côtés sont garnis intérieurement de feuilles de fer blanc ou de tôle, clouées avec beaucoup de clous dont les tiges sont petites & les têtes larges : ces feuilles de fer empêchent que les charbons ardents qui entrent quelquefois par les buses ne brûlent les soufflets. Lorsque l'on s'apperçoit de cet accident, l'on introduit de l'eau dans le soufflet par un trou pratiqué à la caisse supérieure près de la têtiere; on bouche ce trou avec une cheville. On se sert quelquefois de ce trou pour diminuer la force du vent, mais il est plus ordinaire de le modérer en rallentissant le mouvement de la roue.

27. L'épiglotte dont j'ai parlé plus haut seroit une soupape qui empêcheroit le retour du vent par la buse & s'opposeroit à l'introduction des charbons & du laitier; il faudroit que sa charniere fût à la partie supérieure pour ne point gêner le vent.

Quelques souffletiers, pour les mêmes vues, posent de champ, à un pied près de la têtiere, une planche de quatre à cinq pouces de hauteur dont les bouts s'appuient contre les rebords du gîte : mais cet usage ne remplit qu'une partie de l'indication & brise la colonne d'air, ce qui me détermine à le rejetter.

Tous les joints des pieces qui composent les soufflets sont

couverts & calfeutrés avec des lanieres de peau de mouton mégiſſée, que l'on appelle baſannes; elles ſont collées avec de la colle forte mêlée de fleur de froment. Quelques perſonnes, au lieu de baſanne, ont eſſayé par économie d'employer du papier brouillard, mais ſans ſuccès, parceque le papier n'a pas aſſez de ſoupleſſe pour ſe prêter au travail inévitable des pieces qui ſubiſſent des altérations par le ſec & l'humidité.

Toutes les parties qui doivent ſubir des frottements ſont imbues d'huile d'olive, telles que les parties de toute la ſurface intérieure de la caiſſe ſupérieure & les côtés des liteaux qui gliſſent contre elle. De toutes les huiles que l'on emploie pour graiſſer les ſoufflets, celle d'olive eſt préférable parcequ'elle ne fait point de cambouis, ou très peu; on emploie celle de *colſa* & de lin avec aſſez d'avantage au défaut de celle d'olive qui ne peut être remplacée.

28. Le frottement des liteaux contre les côtés des caiſſes, les uſent ſenſiblement l'une & l'autre. Le bois eſt une matiere dont toutes les parties n'ont pas la même ſolidité; les plus dures, tels les nœuds & les cloiſons des utricules, ſont celles qui ſont le plutôt uſées par le frottement qui agit ſur tous les points des ſurfaces reſpectives des caiſſes & des liteaux; enſorte que lorſque des ſoufflets ont travaillé un certain temps, il ſe fait des rainures dans les caiſſes, & les liteaux qui ont une direction corrélative & concentrique avec l'arc du bout le plus éloigné du centre du mouvement, alors les élévations des rainures des liteaux entrent dans les enfonçures de celles des caiſſes, & reſpectivement celles des caiſſes dans celles des liteaux, comme on voit les os du crane des animaux, ſur-tout de celui de l'homme, ſe joindre dans leur future. L'on ſait que les os du crane ont leur germe dans leur centre, qu'ils croiſent dans le fœtus par des augmentations excentriques, que lorſque les bords de ces os ſe rapprochent, & ſont au point de s'unir, les parties qui ont le plus de conſiſtance font impreſſion dans les parties les plus molles & ſe moulent reſpectivement ſur ces inégalités, c'eſt ce qui forme l'engraînage

nage des futures du crâne fur lefquelles les jeunes Anatomif-
tes s'exercent pour les féparer & les rejoindre : de même les
furfaces des liteaux s'engraînent dans celles des côtés des caiffes. Dans les réparations que l'on fait aux foufflets de temps
à autre, il faut avoir égard à cet accident; car lorfque ces
rainures font trop profondes, il faut remettre des liteaux
neufs & redreffer les furfaces intérieures des caiffes avec le
cifeau & la varlope, ce qui peut arriver tous les quinze à
vingt ans, quand les foufflets font bien entretenus.

29. Les foufflets font pofés chacun fur un chevalet dont le
chapeau qui en lie l'affemblage regne le long du ventau;
les pieds font chevillés dans une traverfe qui pofe fur une
piece de bois d'environ dix-huit à vingt pouces d'équarriffage,
& y eft fortement attachée; cette piece de bois fe nomme
belfaire. Le belfaire eft ordinairement enfoncé de fon
épaiffeur dans la terre pour être plus folide. Quelquefois
au lieu de belfaire on pofe les chevalets fur des chaffis traî-
nants pofés horifontalement fur le fol; il faut éviter de mettre un chevalet fous le milieu du gîte parceque ce troifieme
point d'appui eft fujet à faire balancer les foufflets.

De chacun des pieds droits du chevalet il fort un bras qui
y eft affemblé à tenon & à mortaife, &, par une ligne oblique, va fupporter le deffous du gîte auquel il eft joint par une
coche en bifeau; l'autre bout du gîte du côté des bufes eft
pofé fur un bloc de pierre, & pour pouvoir élever ou baiffer
cette partie au befoin, on pofe entre le foufflet & le bloc
de pierre un ou plufieurs bouts de planches plus ou moins
épaiffes : l'on affujettit fortement la têtiere de chaque foufflet par un bidet bandé avec des coins contre la voûte & les
parements de la marâtre de la tuyere afin que les mouvements ne dérangent point la direction du vent.

30. L'effet du méchanifme des foufflets en bois dépend
de la jufte application & de la preffion des liteaux contre la
furface intérieure des caiffes fupérieures. Pour opérer cet
effet, il faut que ces caiffes foient bien dreffées, qu'elles
montent & defcendent par une ligne bien perpendiculaire,

Dd

que le bois dont elles font compofées foit doux, exempt de
nœuds. Les liteaux font d'autant plus parfaits, qu'ils font compofés d'un bois très fec pour qu'ils ne fe coffinent point, bien
doux pour que les frottements foient uniformes; qu'ils foient
bien dreffés, pour qu'ils s'appliquent exactement par toutes
leur furface contre celles des caiffes; qu'ils coulent fans fecouffes fur les rebords des caiffes & fous les mentonnets;
qu'ils foient fuffifamment pouffés par les refforts; & pour que
la preffion fe faffe en tous fens, il faut que les liteaux de chacun des côtés foient coupés, c'eft-à-dire compofés de trois
ou quatre parties, & ceux du culeton & de la têtiere de deux
parties feulement, & qu'ils foient tous pouffés dans la direction de leur longueur par des refforts décrivant des demi-
cercles, lefquels font attachés fur les commiffures des liteaux dont les joints font faits à mi-bois & à languette : ces
refforts pouffent les liteaux dans les angles des caiffes. Sans
cette précaution il y auroit toujours un petit vuide à la bafe
quarrée entre les caiffes & les liteaux dans les quatre angles,
ce qui laifferoit échapper une quantité d'air qui feroit une
fouftraction confidérable du total.

31. Il ne fe fait en grand que deux efpeces de foufflets de
bois, favoir, ceux de fourneau qui viennent d'être décrits, qui
fervent auffi pour les chaufferies, affineries, batteries, &
dans des grandeurs différentes & proportionnées; ceux des
fourneaux de fonderie étant les plus confidérables.

Les foufflets en bois de la feconde efpece font ceux à vent
continu qui rempliffent l'effet de deux foufflets. Cette derniere efpece eft fort en ufage pour les petits feux, comme
aciérie, tôlerie, quarillonerie, fourneaux d'effai, de maréchaux groffiers & autres; ces foufflets font ordinairement mus
par une cignolle & une banbelle; ils font compofés fur les
mêmes principes que les précédents, avec la combinaifon
du diaphragme des foufflets de cuir à vent continu.

32. Les foufflets de la quatrieme & derniere efpece font
ceux que l'on appelle cloches, qui font employés dans quelques fonderies; ils font ainfi nommés parceque ce font des

tubes dont la partie supérieure est jointe à une calotte hemi-
sphérique qui les couvre comme le cerveau des cloches. Il y
en a de quarrées & de rondes; les rondes sont les plus ordinaires. Je vais faire la description de celles qui sont employées dans le fourneau à manche de la fonderie de *Châtel-
Naudren* en Bretagne, d'après les notes & le plan esquissé qui
m'ont été envoyés par le Directeur (*a*) de cette fonderie.

33. Chaque cloche est un tube de huit pieds de hauteur &
de quatre pieds de diametre, formé de douves de bois
d'aulne ou autre, d'un pouce au moins d'épaisseur, assujetties par sept à huit cercles de fer, ce qui forme une espece de
tonne sans fond ni bouge : la partie supérieure de ce tube est
terminée & couverte par une calote hemi-spherique de plomb
fort épaisse, & que l'on est obligé souvent de charger de
barres & de saumons d'autre plomb pour régler le mouvement du méchanisme dont il sera parlé. La calotte ou la
partie supérieure de la cloche finit par une ance de fer qui sert
à suspendre la cloche au moyen d'une forte chaîne de fer.
Elle est percée de deux trous : l'un, de forme trapézoïdale
d'environ trente pouces quarrés de surface sert à aspirer l'air;
il est garni en dedans d'une soupape à charniere qui s'ouvre
dans l'élévation & se ferme dans la compression, ainsi que
toutes celles des autres especes de soufflets : l'autre ouverture
est circulaire de trois à quatre pouces de diametre; elle sert
à passer le vent dans le moment de la compression, & à cet
effet sur son orifice, est appliquée & scellée exactement l'embouchure d'un boyau de cuir de douze pieds environ de longueur; cette cloche se place dans un récipient plein d'eau.

34. Le récipient est une tonne ou cylindre creux de neuf
pieds de hauteur sur quatre pieds six pouces de diametre intérieur, formé de douves de bois assujetties avec de forts cercles de fer; sa base est garnie d'un fond comme une cuve; il

---

(*a*) Monsieur d'Ivry, Directeur de la
mine de Châtel-Naudren, près Saint-
Brieux en Bretagne, a eu la complaisance
de me communiquer ses *Observations sur
les Cloches* dont il s'est servi.

Dd ij

eſt poſé ſur un plan horiſontal & ſolide. Ce récipient eſt toujours rempli d'eau dont la diminution eſt entretenue par un petit cheneau qui en apporte du magaſin ſupérieur qui fournit à la dépenſe de la machine qui met la cloche en mouvement.

35. Le méchaniſme de cette eſpece de ſoufflet s'opere par l'élévation & l'abaiſſement de la cloche, laquelle dans ſon élévation aſpire l'air par ſon orifice ſupérieure garnie de ſon ventau ou ſoupape, laquelle ferme exactement le trou dans l'abaiſſement forcé par la peſanteur de la cloche dont le poids excede ſouvent trois milliers, alors l'air contenu entre la ſurface de l'eau du récipient & la capacité intérieure de la cloche comprimé en raiſon du poids & de la vîteſſe, eſt forcé de paſſer dans le porte-vent &, y eſt conduit par le boyau de cuir qui eſt appliqué à la partie extérieure du cerveau de la cloche; & cette preſſion qui eſt toujours en raiſon de la peſanteur de la cloche s'opere par ſon ſeul mouvement perpendiculaire de gravitation; ce mouvement finit lorſque le bord inférieur de la cloche eſt près de toucher le fond du récipient, alors elle eſt enlevée par un contre-poids des plus ſinguliers appliqué au bout d'un levier du premier genre.

36. Le levier qui ſert à élever la cloche eſt un balancier formé d'une piece de bois de quarante pieds de longueur & de dix-huit à vingt pouces d'équarriſſage, terminé à chacun de ſes bouts par un aſſemblage de charpente formant une portion de cercle. Ce balancier eſt poſé ſur des tourillons dans le point qui le diviſe en deux parties qui ſont inégales dans le rapport de deux à trois. La partie antérieure, c'eſt-à-dire celle qui ſuſpend la cloche, eſt la plus courte; elle a ſeize pieds de longueur depuis le tourillon juſqu'au centre extérieur de la portion de cercle qui eſt taillée ſur la courbe de l'arc que décrit cette partie dans le mouvement d'oſcillation, afin que le point ſupérieur où eſt fixée l'extrémité de la chaîne qui ſuſpend la cloche ne quitte point la ligne perpendiculaire dans l'abaiſſement, & que la partie inférieure ſur laquelle s'appuie la même chaîne dans l'éléva-

tion ne pousse point la cloche hors du centre de son récipient; cette portion de cercle, formée par une espece de
jante, est assemblée dans le bout du balancier & lui est assujettie par deux barres de fer qui s'appuient d'un bout sur ses extrémités, & de l'autre sur le corps du balancier comme deux
arc-boutants opposés.

37. Du centre de l'extrémité du balancier sort une grosse
barre de fer de six pieds de longueur, soutenue par deux
bras de fer brochés contre la jante; cette barre est terminée
par une masse de plomb formant une rotule hemi-sphérique
dont le poids sert à rapprocher l'équilibre du balancier & à
déterminer son abaissement; souvent même on pratique sur
l'extrémité du balancier, derriere la jante, un encaissement
dans lequel on met des barres & des saumons de plomb, ou
autre corps quelconque pesant, pour donner plus d'activité
au vent & le régler avec plus d'uniformité.

38. Le bout postérieur du balancier, qui est le plus grand,
a vingt-quatre pieds de longueur; il est terminé comme le
précédent par un assemblage de charpente qui forme deux
portions de cercles paralleles & d'un diametre en raison de
la longueur du rayon, ce bout devant décrire dans les mouvements d'oscillation une portion de cercle plus excentrique
que l'autre bout, dans la proportion de la différence de leur
longueur respective. Cette partie est terminée par un double
quart de cercle, parcequ'ils doivent supporter chacun une des
chaînes qui suspendent les contre-poids qui se renouvellent
à chaque mouvement, ainsi qu'il sera expliqué.

39. La piece qui supporte les empoeses sur lesquelles roulent les tourillons du balancier est une espece de fourca ou
pas d'écrevisse; elle est formée d'une poutre de vingt-deux à
vingt-quatre pouces d'équarrissage; sa base est une grosse cu-
lotte qui s'enfonce de six pieds dans la terre; elle y repose
sur un plan solide & y est affermie par une croisée de charpente, par des pierres & de la terre bien battue, & à la surface du sol par quatre patins ou semelles disposées en croix
assemblées d'un bout au corps du pied d'écrevisse sur chacune

de ſes faces, à ſa baſe & de l'autre bout ils ſupportent des jambes de force, butant contre la partie élevée de cette piece principale, & l'entretiennent ſolide & perpendiculaire comme le pivot d'un moulin à vent. Ce pas d'écreviſſe s'éleve d'environ vingt-ſix pieds au-deſſus du ſol; ſa partie ſupérieure eſt diviſée en deux branches entre leſquelles ſe place & ſe meut le balancier ſur ſes tourillons qui pénetrent de part & d'autre reſpectivement chacune des branches dans des lumieres qui contiennent les empoeſes ſur leſquelles roulent les tourillons : ces deux branches du pas d'écreviſſe ſont ſolidement aſſemblées par des amoiſes de bois & des liens de fer qui en empêchent l'écartement.

40. La puiſſance qui fait mouvoir le balancier eſt une chûte d'eau entrecoupée qui ſort d'un magaſin par un petit empalement fermé d'une vanne mobile; elle eſt élevée à douze pieds au-deſſus de la ligne horiſontale du balancier. L'eau tombe dans un baſſin ſuſpendu par les deux chaînes qui ſont attachées aux extrémités ſupérieures des jantes des deux portions de cercles qui terminent le balancier.

41. Le baſſin qui forme le poids capable d'enlever, par le moyen du balancier, la cloche de ſon récipient eſt une caiſſe platte quarrée de ſix pieds de face & de dix-huit pouces de profondeur, formée de forts madriers de bois qui compoſent ſon fond & ſes quatre coſtieres, le tout bien aſſemblé & ſcelé, affermie par des barres de fer dont celles des quatre coins ſont repliées en agraffes pour recevoir chacune le bout des chaînes de fer & y être ſuſpendue comme le baſſin d'une balance l'eſt à ſon fléau; les deux chaînes du même côté ſe réuniſſent à huit à neuf pieds de hauteur, enſorte que les quatre n'en forment plus que deux qui s'attachent reſpectivement aux deux parties du quart de cercle du balancier, lequel en s'élevant entraîne avec lui le baſſin dont les rebords rencontrent deux léviers au point de leur plus haute élévation : ces léviers ouvrent la vanne de l'empalement dont il a été parlé; alors il s'échappe de l'empalement un torrent d'eau qui emplit le baſſin d'environ quarante-cinq à cinquante

pieds cubes d'eau : ce baſſin devenu plus peſant que la cloche, entraîne le bout du balancier qui lui correſpond ; au moment qu'il commence à deſcendre, il ceſſe de ſoulever les leviers de la vanne de l'empalement qui ſe ferme par ſon propre poids. La cloche ſort alors de ſon récipient ; elle aſpire l'air dans ſon élévation, dont le période eſt fixé au terme du plus grand abaiſſement du baſſin plein d'eau qui lui eſt oppoſé en contre-poids : ce baſſin deſcend dans un autre baſſin plus grand pratiqué en terre en forme de réſervoir, il reçoit l'eau qui ſort du baſſin mobile par deux petites vannes dont l'ouverture ſe fait au moyen de la tenſion de deux cordes dont chaque bout inférieur eſt attaché à la queue de chacune des vannes qui ſe referment par leur propre peſanteur ; les bouts des cordes ſe réuniſſent à une certaine hauteur où elles ſont fixées à l'extrémité d'une baſcule.

42. La baſcule qui détermine l'ouverture des vannes du baſſin pour en évacuer l'eau eſt une piece de bois brut de vingt-quatre pieds de longueur ſur huit à neuf pouces de groſſeur ; elle eſt fixée à ſon centre ſur un roulet à demeure dont les bouts pénetrent les jumelles d'une double potence à quinze pieds environ de hauteur ; à l'un des bouts de cette baſcule ſont fixées, comme il a été dit, deux cordes réunies qui s'éloignent pour ouvrir les vannes du baſſin auxquelles elles ſont attachées ; l'autre extrémité de la baſcule eſt aſſujettie par une autre corde dont le bout inférieur ſe roule ſur un treuil contenu dans les ſupports d'une chaiſe en charpente. Ce treuil de quatre pieds de longueur & de dix-huit pouces environ de diametre eſt garni d'un cric avec ſon arrêt & d'une manivelle ; il ſert à donner une juſte étendue à la corde & proportionnée à l'abaiſſement du baſſin dans ſon réſervoir, afin que ces vannes s'ouvrent à la fin de chaque oſcillation iſochronique & que ſon étendue qui change en raiſon des variations de l'atmoſphere ſoit alongée dans les temps humides qui la raccourciſſent, & raccourcie dans les ſéchereſſes qui la relachent afin d'opérer un travail uniforme ; ce méchaniſme eſt réglé par le Fondeur qui file ou renvide la corde par

le moyen de la manivelle & la fixe par l’arrêt du cric comme
la foupente d’une voiture, fuivant que l’exige fon opération.

43. Le vent qui s’échappe de la cloche dans le moment de
la compreffion eft reçu par le boyau de cuir de dix à douze
pieds de longueur; il eft lâche & mobile pour obéir au mouvement de la cloche qu’il doit fuivre dans fon élévation, &
à laquelle il eft appliqué d’un bout : l’autre bout communique
à un tube de bois goudronné d’environ quatre toifes de longueur, porté fur des chevalets; ce tube de bois qui eft le
porte-vent eft terminé par une bufe en fer qui aboutit à la
tuyere du fourneau. (*Voy. Pl. X*).

44. Il faut pour chaque fourneau deux cloches, conféquemment une double machine, & pendant qu’une cloche
s’abaiffe, l’autre fe releve pour donner de la continuité au
vent; chaque cloche foule au plus deux fois par minute, ce
qui fait quatre pour les deux. Si elles fe relevoient entiérement & qu’elles plongeaffent dans leur récipient jufqu’à la
calotte, elles donneroient chacune 100 $\frac{4}{7}$ pieds cubes d’air
par chaque preffion, ce qui feroit par minute, pour quatre
preffions, 402 $\frac{4}{7}$ pieds cubes; mais comme elles ne peuvent
s’élever totalement, ni s’abaiffer entiérement, il faut prélever $\frac{1}{7}$, refte 350 pieds cubes, fur quoi il faut faire attention
qu’il eft rare que chaque cloche s’abaiffe deux fois en une minute; il faut ftatuer fur 300 pieds cubes de vent qu’elles adminiftrent au plus par chaque minute enfemble.

L’établiffement de ces cloches coûte environ dix-huit cents
livres; leur entretien eft confidérable à caufe de la complica-
tion de l’enfemble de la machine qui eft fujette à des chocs
& à des fecouffes qui défuniffent les affemblages & brifent
les parties dont ils font compofés. Le vent de cette efpece
de foufflet n’eft ni uniforme, ni égal, il eft coupé & tremblant; la gelée en intercepte l’ufage dans les pays froids,
même tempérés, pendant les rigueurs de l’hiver qui glacent
l’eau des récipients. Cette machine n’a guere été d’ufage en
France qu’à Châtel-Naudren en Bretagne, où M. Danican,
premier Conceffionaire de cette mine, l’a établie; on lui en
attribue

attribue l'invention : cependant on préfume qu'il en a puifé l'idée dans un Auteur Efpagnol fort ancien, où il l'a trouvé gravée. Quoi qu'il en foit, elle a été rejettée comme trop difpendieufe & d'un mauvais fervice; on y a fubftitué des foufflets en bois. M. Danicau avoit pris tant de paffion pour cette machine, qu'il en avoit appliqué le levier au mouvement d'un bocard qui n'a pas réuffi. On pourroit beaucoup fimplifier cette machine en confervant les cloches, & appliquant à leur mouvement une roue mue par une chûte d'eau qui, faifant tourner un arbre fur fon axe, comprimeroit par des aluchons alternativement les cloches qui fe releveroient par l'effet d'un balancier commun, de même que les foufflets en bois. (*Voy. Pl. XII, Fig.* 2).

SECONDE PARTIE.

Comparaison sommaire des différentes especes de soufflets décrits dans la premiere Partie de ce Mémoire, où les avantages des uns & des autres & les désavantages qui résultent de leurs usages respectifs sont analysés ; d'où l'on tire la conséquence, qui est la solution de la question proposée.

45. PARMI les soufflets en cuir l'on doit donner la préférence à ceux qui sont d'une forme quarrée, dont les flancs se replient régulierement au moyen des ais de bois attachés sur le cuir. Mais en général les soufflets de cuir sont d'un prix trop considérable, & d'un entretien trop dispendieux; ils sont très susceptibles d'être dégradés par le feu qui les desseche, & trop sujets à être crevés par les chocs inévitables dans des usines comme les forges, où tout ce qui est en mouvement est dur, roide, tranchant & brûlant. Tous ces inconvénients ont attiré tant de discrédit sur les soufflets de cuir, qu'on les a abandonnés aussi-tôt que l'on a connu les soufflets de bois; & à mesure qu'ils se sont usés, on les a remplacés par ces derniers qui sont adoptés avec succès par-tout où ils sont connus.

46. Quoique les trompes aient un air de simplicité, elles ne laissent pas d'être composées & de former un attirail très embarrassant près des foyers : indépendamment de cet inconvénient, elles sont d'une nature à ne pouvoir être adoptées généralement, parcequ'elles ne sont pratiquables qu'au pied des monts sourcilleux à cause de l'élévation du magasin d'eau qu'elles exigent; conséquemment les mines des pays plats & celles des côteaux arides ne peuvent être traitées avec cette espèce de soufflets, parceque dans le premier cas la

pente néceſſaire manque; & dans le ſecond il y a de la pente
ſans eau. Deux autres accidents inévitables dans l'uſage des
trompes découragent leurs partiſans les plus zélés, tels la
gelée & l'humidité du vent. L'on ſait que l'eau acquiert un
degré de froid d'autant plus conſidérable que ſa chûte eſt
plus élevée parcequ'elle communique dans ſa chûte avec de
nouvelles ſurfaces d'air frais qui abſorbent les parties de feu
qu'elle contient & dont elle tient ſa fluidité. Dans les grandes gelées l'eau s'épaiſſit inſenſiblement à meſure qu'elle ſe
coagule, alors il en paſſe une moindre quantité qui produit
conſéquemment moins d'effet en raiſon de ſon moindre volume : 2°. ſes parties étant plus rapprochées, l'eau entraîne
avec elle une moindre quantité de parties d'air & qui s'en
ſépare plus difficilement, conſéquemment il y a moins d'activité dans le travail : 3°. enfin la forte gelée arrête tout à
coup & ſans reſſource l'effet des trompes.

47. Dans tous les temps le vent des trompes eſt ſurchargé
d'une humidité ſurabondante qui détruit une partie de l'intenſité de la chaleur des foyers ; car il eſt inconteſtable que
l'air qui ſe ſépare d'une chûte d'eau diviſée à l'infini par une
forte colliſion, entraîne avec lui une partie conſidérable de
cette eau qu'il a diſſoute pour ainſi dire ; chargé d'ailleurs de
l'humidité de l'atmoſphere, il les porte l'une & l'autre dans le
foyer, tel un vent du midi qui ſouffle pendant un temps humide. Il eſt très aiſé de ſe convaincre, par la machine pneumatique, de cette ſurabondance d'humidité contenue dans le vent
des trompes, l'on verra que cet air dépoſe plus du double d'humidité contre les parois du récipient, que l'air libre de l'atmoſphere dans un temps ni trop ſec, ni trop humide. L'on ne
peut révoquer en doute cet accident de l'humidité ſurabondante unie au vent des trompes; car indépendamment de
l'expérience que je viens de citer, on conviendra qu'il en eſt
du vent des trompes comme de l'air extérieur proche des
chûtes d'eau conſidérables, & l'on peut conſidérer ces
trompes comme des cataractes dont l'eau eſt diviſée dans ſa
chûte par le frottement avec l'air, & par le choc qu'elle re-

çoit des corps fur lefquels elle eft précipitée, & des parois des tubes dont elle reçoit des frottements ; auffi voit-on auprès des plus petites chûtes d'eau, & à plus forte raifon près des cataractes confidérables, un brouillard (a) qui affecte les perfonnes qui font dans les environs, lefquelles fe fentent couvertes d'une rofée qu'un vent adverfe a pouffé fur elles. Or comme il eft très intéreffant dans les travaux des forges d'avoir un vent exempt d'une humidité trop abondante, il faut donc employer les moyens les plus propres à dépouiller l'air d'une humidité qui lui eft étrangere & qui eft un principe deftructif de la chaleur ; & ce moyen doit être oppofé au méchanifme des trompes. Auffi obferve-t-on que les foyers, excités par le vent des trompes, n'ont ni la même activité, ni la même intenfité que ceux dont le feu eft animé par des foufflets de bois ou de cuir dont on peut accélérer le mouvement à volonté, fuivant l'exigence des opérations.

48. La defcription des foufflets en cloches nous a fait voir combien eft immenfe l'enfemble des équipages néceffaires à leur mouvement : la dépenfe qu'elles exigent pour leur établiffement & celui de leur entretien eft prodigieufe, leur fervice eft inquiétant par les défordres continuels qui y arrivent & qui apportent des dérangements inappréciables dans le travail ; la chaleur de leur vent tremblant & entrecoupé n'a point une intenfité foutenue ; & dans les pays froids, même les tempérés, l'on ne peut efpérer d'en faire ufage pendant les gelées qui, d'un côté, glacent l'eau du récipient, & par cet accident empêchent la cloche de s'y plonger ; d'un autre côté la gelée entaffe, tant autour des cloches que des baffins des contre-poids, glaçons fur glaçons qui en dérangent l'équilibre & le jeu. D'ailleurs ces cloches ont le même inconvénient que les trompes, relàtivement à l'élévation des eaux

---

(a) Les Voyageurs nous apprennent que dans le Canada le Niagara a une cataracte qui forme un brouillard qui s'apperçoit de plufieurs lieues, qu'i s'éleve jufqu'aux nues &, forme, en réfléchiffant les rayons du foleil, un arc-en-ciel. Les roues à aube de nos forges, particuliérement celles du marteau, en font de même, mais en petit.

du magafin : conféquemment dans les pays plats & près des côteaux arides il n'eft pas poffible de les y établir.

49. Après avoir prouvé que les trompes ne peuvent être d'un ufage général, à caufe de la chûte d'eau confidérable qu'elles exigent, qui ne peut avoir lieu dans les pays plats ; que ces trompes ceffent d'adminiftrer leur fervice dans le fort de l'hiver, à caufe que la gelée en arrête le travail ; que leur fervice n'eft pas uniforme, malgré leur modérateur ; accident qui vient fouvent de la fituation de l'atmofphere & des différents météores qui le traverfent ; que leur volume rend leur manœuvre difpendieufe & embarraffante, que les foyers, auxquels elles font appliquées, n'ont pas affez de chaleur pour accélérer certaines opérations qui demandent un feu véhément qui ne peut être excité que par une intenfité foutenue ; ainfi, d'après ces obfervations concluantes, je penfe que l'on doit rejetter l'ufage des trompes foit en bois foit en pierre, ainfi que celui des cloches qui comportent avec elles à peu près les mêmes inconvénients que les trompes, & qui en ont encore de particuliers, tels la dépenfe & les accidents fréquents.

50. Une paire de foufflets de cuir coûte onze à douze cents livres d'acquifition ; ils durent environ cinquante ans en les entretenant bien, pourvu qu'il ne leur arrive point d'accident confidérable ; il faut les réparer deux fois l'an, comme ceux de bois ; chaque réparation qu'on eft obligé de faire à ceux de cuir, coûte cinquante à foixante livres, pour les clous, le cuir, le fuif & l'huile de poiffon dont il faut abondamment : chaque réparation dure non feulement plufieurs jours à faire, mais il eft encore néceffaire de les laiffer autant de temps en repos avant de les faire travailler ; afin que l'huile & le fuif aient le temps de pénétrer les pores du cuir & le nourriffent : ce retard eft un très grand inconvénient & d'autant plus préjudiciable, qu'il caufe des chômages fouvent très fâcheux, fur-tout lorfque l'on eft preffé de fonte pour le travail de la forge, ou que l'on eft obligé de faire cette réparation pendant le temps d'un fondage ;

ce qui occafionne un bouché toujours très difpendieux. Au lieu que ceux de bois coûtent de quatre à cinq cents livres en principal tout montés; ils durent foixante-dix à quatre-vingts ans; que les deux réparations que l'on eft obligé d'y faire ordinairement par chacun an, coûtent au plus dix livres chacune & ne durent au plus qu'un jour de douze heures; en-forte que cette réparation dans un fondage ne produit qu'un retard très léger fans forcer à boucher le fourneau, puifque cette réparation ne fufpend le travail que pendant dix à douze heures.

51. Les Partifans des trompes, qui y font attachées par un ufage invétéré & par défaut de connoiffance des autres ef-peces de foufflets, pourront prétendre que des foufflets auffi volumineux que ceux de bois dont on fe fert pour les four-neaux de fonderies, demandent une puiffance confidérable pour les mettre en mouvement, puifque leur effet réfulte d'un frottement général de toutes les parties agiffantes l'une fur l'autre. Je réponds à cette objection, qui fe préfente natu-rellement, que les frottements des liteaux, preffés par des refforts contre les caiffes fupérieures dans les foufflets de bois font fi adoucis par le poli achevé des caiffes & des liteaux, & par le peu d'huile dont leurs furfaces font imbues, & dont chaque petite globule fait l'effet d'une poulie ou d'un rouleau, que l'eau néceffaire pour un feul tube d'une trompe dont l'é-tranguillon a quatre pouces de diametre, eft plus que fuffi-fante pour faire mouvoir tout l'équipage des foufflets de bois d'un fourneau de fonderie & à une hauteur bien moins confidérable que celle qu'exige les trompes, puifqu'une colonne cylindrique d'eau de quatre pouces de diametre donne un quarré de douze pouces $\frac{4}{7}$ de bafe fuivant les prin-cipes d'Archimede, & que je fais mouvoir les foufflets d'un de mes fourneaux avec une lame d'eau de douze pouces & de-mi quarrés, tombante fur une roue de fix pieds trois pouces de diametre fous une maffe d'eau de vingt-quatre pouces de hauteur. Comme il faut pour un feul fourneau de fonderie jufqu'à quatre trompes, les trompes exigent donc un volume

d'eau trois fois & quatre fois plus confidérable & une élévation quadruple. Or en multipliant le volume par la hauteur, je trouve que la puiffance néceffaire pour faire mouvoir des foufflets en bois n'eft au plus que la douzieme partie de celle qu'il faut pour le jeu des trompes. Quel avantage pour les foufflets en bois fur les trompes, dans les lieux où il y a difette d'eau & peu d'élévation! Conféquemment lorfque le ruiffeau deftiné à la dépenfe de l'eau pour le mouvement d'une forge ne produit que quelques pouces d'eau, il eft impoffible d'y pratiquer des trompes, & l'on peut y appliquer des foufflets de cuir ou de bois & employer le furplus de l'eau au mouvement d'un marteau & des foufflets des autres feux.

52. Tous les bois ne font pas propres à compofer toutes les parties des foufflets : les bois réfineux qui font blancs & légers font les plus propres à cette efpece d'ouvrage, tels (a) le fapin, le pin, la meleze, le peuplier, le tremble, l'aulne pour en compofer toutes les parties; mais les tables des gîtes & leurs rebords peuvent être faites avec des bois durs & pefants, tel le chêne, l'orme, le châtaignier & autres (b) de cette efpece fans nœuds, parceque ces pieces font immobiles & que les tables reçoivent une preffion de l'air comprimé par la caiffe fupérieure ou volant, à laquelle elle doit oppofer une réfiftance invincible. Les côtés des caiffes fupérieures doivent toujours être faits avec des bois légers; le peuplier y eft le plus propre, enfuite l'aulne, le fapin & le tremble fucceffivement : les meilleurs liteaux font de tremble ou d'aulne, les enfonçures doivent être en bois folide, fur-tout débité en planches extrêmement larges, pour éviter les joints. J'ai vu employer des planches d'orme de vingt-quatre & de trente pouces de largeur avec beaucoup de fuccès.

53. Toutes fortes de puiffances peuvent être appliquées au mouvement des machines qui doivent preffer & élever les foufflets; le vent feul femble en être exclu parcequ'il n'eft

(a) *Abies, pinus, larix, populus, tremula, alnus.*
(b) *Quercus, ulmus, caftanea.*

pas continu, conféquemment n'eft pas fufceptible d'une action égale : les animaux de toute efpece, même les hommes,
enfin tout ce qui peut faire agir une pompe peut faire agir
des foufflets (a). Je conçois un moyen qui ne coûteroit que la
conftruction fans aucune dépenfe pour la puiffance; ce moyen
feroit de loger dans les flancs du fourneau la chaudiere de la
pompe à feu des Anglois, il y auroit action & réaction de la
puiffance fur l'effet & de l'effet fur la puiffance, puifque la
chaleur du fourneau feroit agir les foufflets & que les foufflets augmenteroient la chaleur du fourneau.

54. Je penfe qu'il feroit poffible d'abroger l'ufage où l'on eft
de placer les foufflets & les machines qui les font mouvoir contre les fourneaux; car de cette pofition il réfulte un inconvénient qui oblige toujours de bâtir le fourneau dans le
lieu le plus bas, conféquemment le plus humide de l'emplacement de la forge. Il en eft de même des autres feux, afin
de donner plus d'élévation aux roues. L'on adminiftreroit un
vent plus égal & plus continuellement foutenu au même degré que celui fourni par deux foufflets qui coupe quelquefois
& qui eft toujours plus actif dans l'inftant que la camme ne
preffe que fur un feul foufflet, inftant qui fuit immédiatement celui auquel l'autre camme échappe de deffus l'autre,
parceque dans le temps que les deux cammes preffent fur

(a) Eft agitare duos immani pondere folles
Hoc opus hic labor eft, undis famulantibus uti
Preftiterit. . . . .
. . . . . Trabs ipfa duos molimine magno
Tollit & exagitat folles, qui deinde viciffim
Perpetuum irritant alternis flatibus ignem.

P. LA SANTE.

Virgile n'auroit pas mieux rendu que le P. la Sante cette puiffance qui fait agir les foufflets d'un fourneau. Nicolas Bour-bon, fils d'un Maître de Forge de Cham-pagne qui, en 1500, s'exerça à décrire l'Art des Forges dans fon Poëme, intitulé *Ferraria*, n'a pas approché du mérite du Poëme du P. la Sante fur le même fujet, imprimé dans le *Mufæ Rethorices*.

chacun

chacun des foufflets, la puiffance a à vaincre une fomme double de réfiftance formée par le poids des deux bafcules élevées enfemble; alors le vent eft mol & ne perce pas. Mais lorfque la puiffance exerce toute fa force fur un feul foufflet, le vent eft véhément, perce au contre-vent, & preffe avec tant d'activité fur la maffe de matiere en fufion, qu'il y communique un mouvement de flux & reflux qui paroît au dehors fur le laitier; mouvement que l'on appelle *la pouffe de la taupe* qui eft un véritable flux & reflux occafionné par la preffion du vent. Il feroit poffible de corriger ces défauts en plaçant la foufflerie à l'endroit le plus avantageux aux machines hydrauliques, en ajoutant un troifieme foufflet, alors il y en auroit toujours deux agiffants & un en repos. En conduifant le vent par un porte-vent, tel le fommier d'un orgue; ce porte-vent pourroit, comme les conduites d'eau, être formé par des tuyaux de fonte de fer ou de bois bien fcelés; ils apporteroient le vent dans un réfervoir fitué près du fourneau, & de ce réfervoir fortiroit un bout de bufe qui iroit aboutir dans la tuyere; ce réfervoir ou magafin d'air feroit formé à l'inftar de la veffie de la mufette; l'air entrant par un trou garni d'une foupape l'enfleroit comme un balon & un poids confidérable qui le comprimeroit, lui feroit pouffer un vent puiffant & continu dont on augmenteroit l'intenfité en augmentant la maffe du poids dont feroit chargé le réfervoir; ce réfervoir feroit lui-même une efpece de foufflet quarré de quatre pieds en tous fens de largeur, & de fix pieds de hauteur, compofé de deux tables dont une inférieure & immobile qui recevroit d'un côté le vent du fommier; de l'autre qui feroit celui du foyer, il feroit percé pour recevoir une efpece de bufe, ou porte-vent qui conduiroit le vent à la tuyere; la table fupérieure feroit chargée d'une pierre, d'un poids proportionné à la roideur du vent dont on auroit befoin; l'efpace entre les deux tables feroit garni par des ais de bois de neuf pouces de largeur qui fe couperoient par les bouts fur un angle de quarante-cinq degrés & feroient joints enfemble par des cordons de nerf intérieurement & par des

F f

bandes de basannes, lesquelles faisant l'office de charnieres, sceleroient exactement les jointures & ressembleroient beaucoup aux soufflets d'orgues pour la construction intérieure. Ces soufflets seroient contenus dans une espece de caisse qui les garantiroit de tous accidents. On dira qu'il faut que le vent croise, conséquemment qu'il n'est pas possible de le faire croiser avec une seule buse; je soutiens le contraire, car en applatissant le bout de la buse & lui donnant une étendue déterminée par le besoin, le vent en sortant se divergera & portera l'activité dans les différentes parties du foyer.

55. Les soufflets de bois d'un fourneau, dans la proportion que je les ai décrits, poussent chaque fois qu'ils expirent chacun 53040 pouces d'air environ ou 30 pieds $\frac{2}{3}$ cubes ou deux liv. six onc. deux gros deux grains d'air. Ils expirent 312 fois par heure, c'est 16,601,480 pouces cubes ou 9607 pieds $\frac{1}{2}$ cubes qui produisent 1,390,613,120 lignes cubiques qui donnent 159 pieds $\frac{13}{15}$ cubes par minute pour chaque soufflet, 319 pieds $\frac{11}{15}$ cubes pour les deux. Les trous des buses des soufflets, n'ont que vingt-deux lignes de diametre d'ouverture, qui donne un quarré de 380 lignes $\frac{2}{7}$, ou 2 $\frac{1}{2}\frac{1}{7}$ pouces $\frac{2}{7}$ de lignes. En réduisant la masse d'air contenue dans chaque soufflet en une colonne dont la base soit égale à l'ouverture de chacune des buses, cette colonne auroit 1675 pouces de longueur qui est poussée entiérement par chaque compression; conséquemment il passe par chaque minute une longueur de 8700 pouces de cette colonne ou 145 pouces par seconde, & comme chaque compression s'acheve en 11 secondes $\frac{3}{4}$, l'on peut donc dire que la rapidité du vent est, avec la situation naturelle de l'atmosphere, comme 1 est à 1703. M. de Réaumur dans l'*Art des forges*, & d'après lui M. Bouchu, a fait un calcul dont les résultats sont bien plus considérables, puisqu'ils donnent 57 pieds cubiques d'air contenu dans chaque soufflet qui s'écrase huit fois par minute, ce qui donneroit une somme de 456 pieds cubes d'air par minute, conséquemment une puissance trois fois plus forte que celle des souf-

flets dont nous nous fervons dans ce pays-ci (la Champagne). Sans révoquer en doute les opérations de ces deux Savants, je crois pouvoir dire que peut-être l'un a calculé toute l'étendue de la caiſſe fupérieure du foufflet, ſans avoir égard qu'il n'y en a qu'une partie qui comprime l'air; car fuivant fa fupputation, qui monte à 98,280 pouces cubes, il faudroit que les foufflets euſſent 16 pieds de longueur, 5 pieds de largeur, & qu'ils foulaſſent de 25 pouces : je n'en ai point vu de ce volume. A l'égard de la vîteſſe de leur action, il n'eſt pas poſſible avec nos charbons, nos mines & les matériaux que nous employons pour la conſtruction des fourneaux, de pouſſer la violence du vent au point de faire écraſer les foufflets huit fois par minute, & pour y parvenir, toutes choſes admiſes, il faudroit que l'ouverture des buſes ſoit plus grande, ſans quoi il faudroit tripler la puiſſance, d'où il réſulteroit des efforts qui ruineroient bientôt les foufflets.

Pour calculer & trouver au juſte la quantité du vent qui entre dans un fourneau par le moyen des foufflets, il faudroit fouſtraire du total la perte inévitable qui s'en fait & qui a deux cauſes; la premiere, par le défaut de juſteſſe de la jonction des pieces dans les angles & les différents accidents qui peuvent furvenir & qui ne dérangent point aſſez les foufflets pour obliger à des réparations; la deuxieme eſt le reflet inévitable qui ſe fait à la tuyere : l'air qui eſt comprimé dans la buſe & pouſſé avec violence, en ſortant paſſe dans un milieu qui ne le comprime point & l'attire par ſon analogie, ce qui le fait diverger; les parties latérales du cône qu'il forme, dont la baſe eſt à l'embouchure de la tuyere, ſont repouſſées par les parois de la ſurface de la tuyere, en quantité d'autant plus conſidérable que les bouts des buſes ſont plus éloignés de la bouche de la tuyere : cet accident eſt ſenſible par l'impreſſion que le vent fait ſur les mains & ſur le viſage de l'Obſervateur.

Comme l'on a calculé la quantité d'air en volume & en poids, qui entre dans la compoſition d'un mille de fonte de fer, j'ai cru devoir faire cette obſervation, pour prévenir du réſultat ceux qui ſe livreront dans la ſuite à ces ſpéculations, n'ayant égard qu'à l'air extérieur adminiſtré pour animer le feu, ſans avoir égard à l'air contenu eſſentiellement dans les ſubſtances qui ſervent à la compoſition de la fonte de fer, tel la mine, le charbon, la caſtine & l'herbue. Je ſuis entiérement perſuadé que le vent des ſoufflets qui eſt fugace n'entre pour rien dans la combinaiſon de la fonte comme partie conſtitutive; que l'air fixe contenu dans les matériaux que l'on emploie & qui eſt de leur eſſence, eſt le ſeul qui reçoive des entraves aſſez puiſſantes pour faire partie conſtitutive du fer, & même qu'il eſt ſurabondant dans un terme infini. Ce qui fonde ma certitude ſur ce fait, c'eſt la grande diſproportion qu'il y a entre le volume de matiere produite, d'avec celui des matieres employées; car pour faire une toiſe cube de fonte de fer, qui eſt le produit le plus ordinaire d'un fourneau en trente jours de travail, l'on emploie communément

	Toiſes.	Pieds cubes.		Poids.
	54	128	de charbon	162000
	10	326	de mine	275000
	1	17	de caſtine	27500
		116	d'herbues	13700
TOTAL......	65	587		478200

Sur quoi il faut prélever pour les matieres vitrifiées qui ſortent du fourneau 22   18   54000

| RESTE...... | 43 | 569 | | 424200 |

En ſorte que la fonte de fer, qui eſt le produit des matieres employées, n'eſt que $\frac{1}{43}$ relativement au volume, & environ $\frac{7}{24}$ du poids.

CONCLUSION.

Par l'examen de la dépenfe des différentes efpeces de foufflets, tant en principal qu'en frais d'entretien, il eft démontré, que les foufflets de bois ne reviennent par an qu'à trente livres, tant d'achat que d'entretien; que ceux de cuir reviennent au moins à cent cinquante livres par chacun an, ce qui fait une dépenfe cinq fois plus forte que celle qu'occafionnent les foufflets en bois; ainfi il y a beaucoup d'économie à faire ufage des foufflets de bois. Cette économie feroit un foible avantage s'il n'y avoit pas d'autres caufes de préférence : mais puifque l'action des foufflets en bois eft plus puiffante, plus uniforme que celle des foufflets de cuir, des trompes & des cloches; que leur manœuvre eft bien moins embarraffante; qu'ils peuvent fe conftruire par-tout, convenir à tout local, fe prêter à tout befoin; les foufflets de bois ont donc fur toutes les autres efpeces de foufflets des avantages qui leur méritent une préférence exclufive pour l'ufage des forges : c'eft pourquoi je conclus que les foufflets de bois font ceux de la meilleure efpece pour le fervice des forges.

Comme dans les Sections des Arts publiés par l'Académie Royale des Sciences fur les travaux des Forges, dans l'Encyclopédie & dans d'autres Ouvrages en ce genre, l'on trouve des Planches & des explications exactes des différentes efpeces de trompes & de foufflets en bois, j'ai cru inutile de les répéter ici; je donne feulement le plan du foufflet en cloche de Chatel-Naudren en Bretagne, qui n'eft connu que de peu de perfonnes. *Voyez* Planche X & fon explication page 230 & fuiv.

EXPLICATION

DE LA PREMIERE PARTIE DE LA PLANCHE X.

A. Cloche fufpendue à une chaîne de fer: elle eft au moment de fon élévation.

B. Cuve pleine d'eau qui fert de récipient à la cloche A lorfqu'elle eft abandonnée à fon propre poids.

C. Soupape par laquelle la cloche A afpire l'air dans fon élévation.

D. Boyau de cuir qui reçoit le vent de la cloche A & l'introduit dans le porte-vent de bois E.

E. Tuyau de bois qui fert de porte-vent; il le reçoit du boyau de cuir D, & le dégorge dans la tuyere du foyer F.

F. Tuyere qui entre dans le foyer; elle reçoit le vent du tuyau E.

G. Porte du foyer F que l'on démolit, lorfque le fourneau eft hors de feu pour le vifiter & y faire les réparations néceffaires.

H. Cheminée du fourneau.

I. Toîture du halage du fourneau.

L. Balancier compofé d'une groffe piece de charpente mobile fur les tourillons de fon axe.

M. Portion de cercle antérieur du balancier L.

N. Fleche de fer qui fort du balancier L pour fupporter la maffe de plomb O; elle eft foutenue par deux bras de fer P.

O. Maffe de plomb emmanchée au bout de la fleche N pour faire defcendre la cloche A plus promptement dans le récipient B.

P. Bras de fer qui foutiennent la fleche N.

Q. Bras de fer plus longs que les précédents; ils foutiennent l'affemblage du quart de cercle M.

R. Deux quarts de cercle affemblés en charpente au balancier L, & auxquels font fufpendues deux chaînes a.

S. Bras de bois qui foutiennent les quarts de cercle R.

T. Branches de l'attache fourchue V, entre lefquelles fe meut le balancier L.

V. Attache fourchue folidement établie; elle eft affermie par quatre bras-boutans X.

Y. Courcier qui reçoit l'eau d'un magafin fitué derriere le fourneau; il eft fermé par un petit empalement mobile Z.

Z. Petit empalement mobile qui eft levé par le baffin C, lorfque la cloche A plonge dans fon récipient B.

&. Bras fixés à des charnieres; ils levent la pale du petit empalement Z lorfque le baffin C eft entraîné par la cloche A.

a. Chaînes qui fe divifent en deux branches; leur bout fupérieur eft fixé au haut des quarts de cercles R, & leur bout inférieur b à des anneaux qui font placés aux angles du baffin C.

b. Bouts inférieurs des chaînes divifées en deux branches qui fufpendent le baffin c.

c. Baffin mobile. Il eft compofé de madriers affemblés en forme de cuve plate; deux petites vannes d d, pratiquées vers le fond, fe levent lorfque le baffin eft à fon plus grand abaiffement, & ce par l'effet d'un lévier à refforts f; alors il dégorge l'eau qu'il a reçue par le petit empalement Z qu'il ouvre lorfqu'il eft entraîné par le poids de la cloche A.

d. d. Petites vannes du baffin c qui fe ferment par leur propre poids, & font ouvertes par le moyen du lévier à refforts f, auquel eft fixé une chaîne e, qui fe divife en deux parties pour s'accrocher l'une & l'autre à chacune des petites vannes.

e. Chaîne fufpendue au reffort f à fon extrémité fupérieure & par fes bouts inférieurs aux petites vannes d d.

f. Balancier à reffort fixé d'un bout à une chaîne i, qui fe renvide fur le treuil l, de l'autre bout il éleve une chaîne e qui eft fixée aux deux petites vannes d d. du baffin c; ce balancier porte dans fon milieu fur la traverfe h d'un chaffis en bois g.

g. Chaſſis compoſé d'un aſſemblage en charpente pour ſupporter le balancier à reſſorts *f*.

h. Traverſe du chaſſis *g* qui ſupporte le balancier *f*.

i. Chaîne qui eſt arrêtée d'un bout au balancier *f*; l'autre ſe renvide ſur le treuil *l* pour lui donner le degré d'étendue néceſſaire.

l. Treuil par le moyen duquel on donne à la chaîne *i* l'étendue dont elle a beſoin.

m. Manivelle du treuil *l* pour lui imprimer le mouvement : lorſque la chaîne *i* eſt dans ſon degré d'étendue, on fixe le treuil par le moyen d'un cric & de ſon arrêt.

n. Jambes du treuil *l*.

o. Semelle dans laquelle ſont aſſemblées les jambes *n* du treuil *l*.

p. Mur qui ſupporte le courcier qui apporte l'eau du magaſin.

OBSERVATIONS

OBSERVATIONS

SUR L'HISTOIRE NATURELLE

DU CRAPAUD.

1. Le Crapaud eſt réputé un animal hideux, nuiſible & venimeux. Ces imputations, peut-être fauſſes, lui ont attiré le mépris, la crainte & l'animadverſion de la plûpart des hommes. Combien de perſonnes à ſon aſpect ſont ſaiſies d'effroi! Mais les Phyſiciens, qui ſavent apprécier le mérite des êtres, & reconnoître dans le plus petit puceron l'immenſe & merveilleuſe fécondité de la Nature, ne trouvent rien de mépriſable à leurs yeux. Pluſieurs Savants ont publié l'Hiſtoire du Crapaud, mais peut-être que ceux qui m'ont précédé ſur ce ſujet, n'ont pas eu l'occaſion de faire les obſervations ſuivantes qui pourront répandre du jour & détruire des préjugés & des erreurs.

2. Dans le mois de Juin de l'an dernier (1770), je trouvai le long des bords d'un ruiſſeau des Crapauds qui levoient extraordinairement la tête; les uns étoient immobiles, d'autres s'agitoient, d'autres ſe traînoient avec peine. J'en attrapai quelques-uns; je les examinai; je m'apperçus qu'ils étoient tous malades, les uns ayant les narines ſeulement rouges & gonflées, d'autres avoient une narine ouverte & comme rongée par un chancre, l'autre narine intacte; d'autres avoient les deux narines fort endommagées : il y en avoit enfin, & c'étoit les plus malades, qui avoient les yeux preſque hors de la tête, & cependant ils graviſſoient encore. Je reconnus aiſément la cauſe de cette eſpece de maladie épizootique, par l'examen des parties endommagées où j'apperçus un mouvement d'ondulation, & à l'aide de la loupe, j'y découvris des vers blancs qui avoient depuis le ſixieme d'une ligne juſqu'à une ligne de longueur, ſuivant les progrès de la maladie.

G g

3. Je rapportai à la maison plusieurs de ces Crapauds, j'en enfermai de sains avec des malades; mais la maladie ne se communiqua pas. J'en posai deux malades sous des coupes de verre à boire pour examiner les progrès de cette maladie. Les petits vers que j'avois vus grossirent en très peu de temps, en se nourrissant de la substance de la tête du Crapaud. Le premier, qui n'avoit qu'une légere inflammation à la narine gauche, restoit dans l'inaction; mais un second qui avoit les deux narines très endommagées & ouvertes, s'agitoit en élevant la tête, en la tournant en tous sens; les plaies se dilatoient; les vers en trois jours firent tant de progrès qu'ils vuiderent toute la substance de la tête, pénétrerent dans la gueule de l'animal après avoir rongé le voile du palais, la langue; une partie se porta dans les yeux sans en endommager le globe, mais seulement les nerfs & les attaches, de façon qu'ils sortirent de leur orbite, l'un suspendu à un filet en dehors, & l'autre entiérement détaché étoit tombé dans la gueule; alors le Crapaud s'affaissa & mourut; les vers avoient acquis trois lignes de longueur. J'ouvris la tête du Crapaud, je trouvai la cloison qui sépare le cerveau du cervelet très endommagée & leur substance détruite en plus grande partie. J'ouvris le ventre, je trouvai tous les intestins en bon état; les vers n'y avoient pas pénétré; l'estomac étoit presque vuide, il n'y restoit qu'un sédiment sablonneux. J'apperçus un point blanc presqu'imperceptible sur un des boyaux, j'y portai la loupe qui me fit découvrir distinctement un petit ver vivant pointu aux deux extrémités. Je détachai toutes les entrailles & les mis séparément sur un petit ais couvert d'une coupe de verre, & le corps du Crapaud sous une autre. Au bout de quelques jours je trouvai tous ces intestins desséchés sans avoir acquis une forte odeur; le petit ver blanc n'avoit fait aucun progrès, & il étoit mort sans avoir grossi; l'autre partie de l'animal étoit tombée en une dissolution noire des plus fétides. Les vers rongerent toute la substance des muscles, des nerfs, des vaisseaux sans toucher à la peau. Alors ils quitterent le cadavre faute d'a-

liment; ils avoient fix lignes de longueur; leur corps eft formé de treize anneaux; leur tête eft pointue; l'extrémité inférieure eft groffe & tronquée, garnie en deffous de deux efpeces de cornes qui lui fervent de point d'appui pour avancer ou rétrograder; les cornes font en deffous & rentrent ou fortent à la volonté & pour le befoin de ces vers: leur cul eft deffus; il eft formé par une ouverture qui fe dilate plus ou moins; elle eft circulaire dans la plus grande dilatation & ovale dans fa contraction; fes bords font garnis de douze barbillons efpacés de trois en trois. L'on voit un trou tantôt ovale tantôt triangulaire qui eft l'anus pour l'éjection des excréments; cet anus eft le bout du canal inteftinal qui regne dans toute la longueur de l'infecte. L'on découvre auffi à la loupe, à côté de l'anus, deux ftigmates foutenus de leurs pédicules par où ils refpirent. La fubftance de ces vers étoit blanche & affez tranfparente pour voir à travers la nourriture fanglante dont ils fe nourriffoient. Ayant abandonné entiérement le refte de leur curée, ils s'agiterent fortement en grimpant au fommet de la coupe qui les couvroit & retomboient enfuite : ils ne moururent tous qu'au bout de fix jours.

4. L'autre Crapaud périt avant que les vers aient fait autant de progrès & caufé autant de défordre que dans le premier. Je le portai dans un endroit fort ombragé, crainte que la chaleur qui avoit accéléré la putréfaction du premier, ne donnât lieu au même inconvénient, & je ne féparai point les entrailles de celui-ci : les vers alors pâturerent plus amplement; ils en attaquerent toutes les parties & les détruifirent à l'exception de la peau : ils y employerent neuf jours. Je voulois prolonger la vie de ces vers pour tâcher de fuivre leur métamorphofe, mais un accident culbuta le vafe, & me priva alors de la fuite de cette obfervation.

5. Les vers qui avoient détruit le deuxieme Crapaud, quoiqu'ils aient employé un temps bien plus long à ronger toute la fubftance, ce qui auroit pu leur faire acquérir une grandeur bien plus confidérable, n'excéderent pas cependant

dant celle des premiers, & ils étoient tous semblables. Je
crois pouvoir attribuer l'origine de ces vers à des œufs de
mouche, déposés dans les narines des Crapauds; quoiqu'elles semblent bouchées par un tégument qui fait l'office
d'une soupape, qui s'éleve pour la respiration & qui se ferme
au besoin de l'animal; peut-être que les mouches sont invi-
tées à déposer leurs œufs, plutôt sur certains Crapauds que
sur d'autres, par l'infection qui peut naître de l'humeur mu-
queuse qui s'engorge plus dans certains individus que dans
d'autres & se corrompt dans les cornets du nez : le petit ver
des intestins n'étoit point de l'espece des autres, c'étoit sans
doute un acarite qui perdit la vie avec le Crapaud. Ma
conjecture sur la nature du ver qui ronge les Crapauds est
devenue une certitude : car étant enfin parvenu à obtenir des
chrysalides de ces vers, & les ayant exposés dans des boîtes
à une douce chaleur, il en est sorti de grosses mouches bleu-
azur qui sont celles qui déposent leurs œufs sur les parties
cadavéreuses des animaux, soit qu'ils soient morts totalement
ou qu'ils aient quelques parties en destruction ; car j'en ai
vu dans la plaie négligée qu'un homme avoit à la jambe.
Ces mouches les déposent aussi sur les végétaux qui ont une
odeur approchante des chairs en putréfaction, telle la fleur
de la plante que l'on nomme crapaudine : & c'est sans doute
parceque le Crapaud est punais, que la mauvaise odeur de
ses narines invite les mouches à y déposer leur œuf que
nous nommons assise (*Voyez la Planche X*).

6. J'ai ramassé douze Crapauds de différente grosseur, je
les ai mis dans un vase de fer de douze pouces de hauteur
& dix pouces de diametre avec un peu de terre légèrement
humectée, voulant tenter quelques expériences sur leur
longevité, ce qui m'a fait observer différents phénomenes.

7. Ayant ouvert d'autres Crapauds en différents temps,
particuliérement un que j'ai trouvé en 1768 dans le cimetiere de l'Abbaye de Luxeuil en Franche-Comté, qui
avoit 5 pouces de face; j'avois trouvé dans son estomac des
scarabés dorés, de petits limaçons avec leurs coquilles &

des limaces. Je préfentai à mes douze Crapauds enfermés
de ces infectes, je les comptai, je les laiffai huit jours ; & après
ce temps je les trouvai en même nombre & dans leur entier :
je les enlevai.

8. J'attrapai une couleuvre à collier ; elle avoit avalé depuis
peu quelque chofe qui tenoit un volume confidérable dans
fon inteftin ; j'agitai cette couleuvre & lui fis dégorger un
gros Crapaud tout entier, qui étoit à peine légérement glaireux à la furface. Je dépofai cette couleuvre avec mes douze
Crapauds, pour obferver fi elle les attaqueroit. Pendant
huit jours qu'elle y refta je fis de fréquentes vifites, mais je
m'apperçus que les Crapauds ne craignoient point leur en-
nemie ; que la couleuvre fe contentoit de fiffler lorfque les
Crapauds s'approchoient d'elle. J'ôtai cette couleuvre, je
l'ouvris & ne trouvai rien dans fes inteftins. Les douze Crapauds étoient entiers ; elle n'avoit touché à aucun : tant il
eft vrai que les animaux les plus féroces, lorfqu'ils font enfermés n'exercent pas leur cruauté pour fatisfaire leur appétit.

9. Ce fait eft confirmé par la relation fuivante. Dans la
forêt du Val, près S. Dizier, l'on avoit creufé une louviere ;
c'eft une fofſe profonde de 10 à 12 pieds, & à peu près cubique ; on la couvre de branches, de feuilles & de terre ;
on y pratique une trape couverte d'une porte en baffecule,
fur laquelle on attache du carnage. Deux loups affamés,
attirés par l'appât, accoururent pour fatisfaire leur appétit &
furent précipités dans la foffe. Un Chauderonnier colporteur, chargé de quelques pieces de fon métier, s'étant égaré
de nuit, fe précipita dans la foffe où étoient les deux loups ;
le bruit de la culbute de cet homme & de fes chauderons
faifirent les loups de frayeur, leur fit pouffer des hurlements
qui faifirent d'effroi le malheureux Chauderonnier. Le jour
venu, ces trois prifonniers fe regardoient avec plus de crainte
que d'envie ; lorfque les Gardes Foreftiers vinrent pour vifiter leur foffe, ils furent bien furpris de trouver une pa-

reille chaſſe : les loups étoient tapis l'un ſur l'autre dans un coin, grincoient les dents, jettoient des regards effroyables tantôt ſur les Gardes, tantôt ſur le Chauderonnier qu'ils n'oſerent attaquer ; ils reſterent immobiles pendant que l'on tira ce malheureux qui avoit paſſé une terrible nuit. Les papiers publics ont donné la relation d'un pareil accident arrivé à un jeune homme de famille.

10. En viſitant de temps à autre mes Crapauds, j'apperçus que quelques-uns d'entre eux avoient changé de couleur, que ceux qui étoient moins rembrunis qu'auparavant paroiſ-ſoient malades & couverts d'une ſueur froide. Je ne ſavois à quelle cauſe attribuer cet accident ; lorſqu'un jour fixant un de ces Crapauds qui avoit changé de couleur depuis le matin & étoit pour ainſi dire rajeuni, je ne doutai point qu'il n'eût perdu une ſurpeau comme les ſerpents. Je me confirmai dans cette idée, en découvrant au bout de ſes pieds des fragments de ſa dépouille, qui entouroient les ma-melons qui terminoient ſes doigts. Je fis alors des recher-ches inutiles dans le peu de terre qui étoit dans le vaſe, pour trouver cette dépouille ; mais je la trouvai enfin en pouſſant mes recherches juſque dans l'eſtomac de cet animal, d'où je tirai une matiere réticulaire, glaireuſe & grenue, diviſée en pluſieurs lambeaux. Voulant me convaincre de la vérité de ces deux accidents, le premier que les Crapauds quittent leur peau, à la maniere des ſerpents ; le ſecond qu'ils avalent cette peau, je faiſois de fréquentes viſites à mes crapauds. Enfin j'en trouvai un ſur le fait : il travailloit à ſe débarraſſer. Sa ſurpeau s'étoit ouverte longitudinale-ment tant deſſus que deſſous depuis le menton juſqu'à l'a-nus, ſur la ligne de la ſymphiſe générale qui unit les deux moitiés dont tout animal paroît compoſé ; la partie de cette peau du côté droit étoit encore appliquée en entier au corps de l'animal ; celle du côté gauche étoit en partie enlevée. Le Crapaud avec ſon pied gauche la détachoit tandis qu'avec ſa main droite il la pouſſoit dans ſa gueule. Lorſqu'il eut

fini d'enlever & d'avaler fa dépouille d'un côté, il recommença de l'autre en changeant de patte pour procéder à la même opération qui dura environ trois heures. J'examinai enfuite le Crapaud, je vis qu'il étoit foible, languiffant & couvert d'une fueur froide.

11. Dans les *Tranfactions philofophiques* de Philadelphie, année 1771, » l'on trouve un Mémoire de M. Moyfe » Bertrand, fur les vers à foie qui naiffent dans l'Amérique » Septentrionale, dans lequel cet Obfervateur dit que ces » vers quittent plufieurs fois leur peau, & qu'ils la dévo-» rent enfuite ; que cette mue les rend malades, mais qu'ils » en fortent rajeunis & brillants des plus belles couleurs » qu'auparavant «. Accident qu'ils ont de commun avec les Crapauds.

12. Beaucoup d'Auteurs, en parlant des bufonites ou crapaudines, ont dit que c'étoit des pierres que l'on trouvoit dans la tête des vieux Crapauds ; c'eft un fentiment que Lémery & Pomet ont voulu accréditer, & qui a été détruit par des Obfervations modernes, par lefquelles on s'eft convaincu que ces bufonites ne font que des dents de dorade. J'ai voulu auffi contribuer à détruire l'ancien préjugé fur l'origine des bufonites, par l'expérience fuivante fondée fur ce raifonnement.

13. Quelques glandes durcies dans la tête des crapauds ont pu en impofer. On trouve dans la tête des poiffons cruftacés, particuliérement des écreviffes & des homards, lorfque ces poiffons quittent leur cuiraffe, des glandes qui filtrent l'humeur qui fournit la matiere propre à la formation de leur nouvelle croûte. La dureté de ces glandes, lorfque les poiffons font cuits, leur a acquis le nom de pierre : leur forme orbiculaire, & le lieu de leur fite a féduit ceux qui leur ont donné improprement le nom d'yeux ; & comme les bufonites font, ainfi que ces pierres, convexes deffus & concaves deffous, cette fimilitude a fait confondre leur origine par le vulgaire peu éclairé & peu réfléchiffant. Il pourroit arriver

que lorſque les crapauds ſe dérobent, qu'ils aient dans la
tête des glandes gorgées d'humeur, capables de prendre par
la cuiſſon ou par la longueur du temps, de la ſolidité, ce
qui en auroit impoſé. Dans cette vue je jettai dans l'eau
bouillante un crapaud vivant qui venoit d'avaler ſa dépouille;
dans l'inſtant il étendit, dans ſa plus grande longueur, ſes
membres qui ſe roidirent & reſterent tels; l'eau ſe chargea
d'une légere écume qui ſortit de tout ſon corps, & particuliérement de ſa gueule, & fut très peu colorée. Après dix à
douze minutes, lorſque je crus le crapaud ſuffiſamment cuit,
je l'anatomiſai, j'enlevai d'abord facilement la peau, mais
par lambeau, parcequ'elle étoit comme de la colle en partie
délayée. Son corps exhaloit une odeur aſſez appétiſſante, tel
une fricaſſé de poulets. Je trouvai dans ſon eſtomac la ſurpeau que je lui avois vu avaler, mais dans un état ſi glaireux
que je ne pus la réduire dans ſon étendue. Je cherchai exactement dans la tête de l'animal, en ſéparant les parties les
unes des autres, je n'y trouvai aucun glande durcie qui ait pu
fonder la chimere de l'origine [des bufonites dans la tête
des crapauds. La partie que j'ai trouvée dans le crapaud la
plus approchante des bufonites c'eſt l'œil. Ayant arraché celui d'un gros crapaud, & l'ayant mis auprès d'une bufonite
que j'avois tirée d'une pierre qui fait le lit de la riviere de
Marne au-deſſus de S. Dizier, la reſſemblance de la partie
poſtérieure de l'œil du crapaud avec cette pierre étoit frappante, mais il n'en avoit pas la dureté (a).

14. Ayant completté le nombre de douze des crapauds que
j'ai enfermés dans le vaſe de fer dont j'ai parlé, je les ai con-
ſervés pendant un an & plus, ſans qu'ils aient pris aucune autre nourriture que les dépouilles de la peau; le plus gros en a
changé ſix fois; pendant l'hiver je les ai portés à la cave, &
après les gelées j'ai remis le vaſe qui les contient derriere une

---

(a) J'ai trouvé, près Montigny-le-Roi, en Champagne, dans une pierre ſablonneuſe un bout de mâchoire de dorade, ſur laquelle il y avoit ſix petites dents circulaires & déprimées qui étoient des bufonites.

charmille

charmille dans mon jardin. Trois des plus petits de ces crapauds n'ont pu foutenir la rigueur du jeûne, & font morts, l'un fur la fin de l'automne, l'autre pendant l'hiver, & le troifieme au printemps, faifon pendant laquelle ils fe font dépouillés plus généralement enfemble. J'ai obfervé qu'ils faifoient avec leurs pattes de derriere des trous dans la terre pour fe gîter à la maniere des lievres. Un de ces crapauds a été trois mois dans une même attitude très gênante; il étoit accroupi ayant les pattes de devant très tendues pour s'élever davantage; la partie antérieure du corps jufqu'au milieu du pli du dos, étoit tournée de côté fur un angle d'environ trente degrés. Un autre a été fix femaines fur le dos d'un autre crapaud fans prétendre à la copulation. Aucun de ces crapauds n'a été fortement engourdi pendant l'hiver. Lorfque je les allois vifiter, je les appercevois immobiles; mais fi je frappois avec quelque corps le vafe qui les contenoit, le fon les éveilloit & leur imprimoit le fentiment & le mouvement de la furprife; ils levoient la tête & clignottoient les paupieres. Les neuf crapauds qui avoient foutenu déja un an de jeûne ne paroiffoient point maigres & étoient affez vigoureux; je les ai laiffés dans le même vafe jufqu'à leur fin totale; ils y font refté vingt-deux mois; & un accident imprévu ayant culbuté pendant mon abfence le vaiffeau qui les contenoit, ils font fortis de prifon; les trois premiers, qui étoient morts, étoient fort maigris; leurs cadavres fe font moifis.

13. Plufieurs Auteurs ont rapporté des chofes prefque incroyables fur la longevité des crapauds, & fur la poffibilité qu'ils ont de vivre un temps prefque éternel fans prendre de nourriture : l'on en a trouvé dans de vieux murs , dans des trous d'arbres, dans des blocs de pierre, &c. (a). Je dois rapporter ce que je fais à ce fujet. En 1764, des ouvriers des carrieres de Savonieres en Lorraine, vinrent m'aver-

---

(a) MM. Guettard & Hériffant ont donné des Obfervations très intéreffantes fur les Crapauds, dans les *Mémoires de l'Académie des Sciences*

tir qu'ils avoient trouvé un Crapaud dans un banc de pierre, à quarante-cinq pieds au-deſſous de la ſurface du ſol. Je me rendis ſur les lieux; je ne trouvai aucun autre veſtige de ſa priſon qu'une fente dans le lit de la pierre; mais l'impreſſion du corps de l'animal n'étoit point marquée, & le Crapaud que l'on avoit conſervé pour me faire voir étoit de moyenne groſ-ſeur, de couleur griſe, & paroiſſoit dans un état naturel. Sur ce que les ouvriers me dirent que c'étoit le ſixieme que l'on trouvoit depuis trente ans dans ces carrieres, je promis une récompenſe ſi l'on pouvoit m'en trouver un dans la pierre ſans en pouvoir ſortir. En 1770 on en a trouvé un autre dans la même carriere, que l'on porta à un de mes amis dans deux écailles de pierre concaves, où l'on aſſuroit qu'il avoit été trouvé. En examinant les choſes de près, je reconnus que cette cavité étoit l'impreſſion d'un coquillage, & j'ai regardé le fait apocriphe. Mais pour découvrir quelque choſe de cer-tain ſur ce ſujet, j'en enfermerai dans des pierres creuſées avec diverſes précautions dont je rendrai compte dans le temps.

14. La faculté que les crapauds ont de ſoutenir le jeûne vient d'un côté d'une digeſtion très lente, d'un autre peut-être de cette ſinguliere nourriture qu'ils tirent de leurs dé-pouilles, enfin ceux que l'on croit avoir paſſé pluſieurs ſiecles ſans prendre de nourriture ont été dans une inaction ſi to-tale, dans une ſuſpenſion de vie, dans une température qui n'a permis aucune diſſolution, enſorte qu'il n'a pas été né-ceſſaire de réparer aucune perte, & que l'humidité du local a entretenu celle de l'animal néceſſaire ſeulement pour em-pêcher ſa deſtruction par le deſſéchement de ſes fluides.

15. L'on a dit que la bave & l'urine du Crapaud étoient venimeuſes & corroſives, & ce ſans beaucoup approfondir. Je peux aſſurer que j'ai beaucoup manié de Crapauds; ils ont répandu ſur mes mains de la bave & de l'urine en abon-dance, & qu'il n'en eſt jamais réſulté aucun accident. M. d'Au-tel, Seigneur de Lavoncourt, entre Juſſey & Gray, en Franche-Comté, m'a aſſuré qu'un enfant de cinq à ſix ans, nommé

Nicolas Bourgoin, de ce Village, mangeoit tous les Crapauds vivants qu'il pouvoit attraper, fans qu'il lui en foit jamais arrivé aucun accident. M. Duhamel du Monceau m'a
même affuré qu'un homme mangeoit par gageure de la bave
de Crapaud fur du pain. Il eft de fait que les Crapauds font
dévorés par beaucoup d'animaux ; les canards fauvages &
domeftiques en avalent, ils n'en font point incommodés ;
peut-être que l'âcreté que l'on attribue à l'urine du Crapaud
eft un *ftimulus* pour aider la digeftion & donner plus d'action aux fluides ; cependant je ne dois pas taire une obfervation que j'ai faite récemment.

16. Mon chien de baffe-cour eft un dogue de forte race (a) ;
il attrape les couleuvres & les autres reptiles. Plus curieux de
cette chaffe que de celle des lievres, je tranfmets mes goûts à
ceux qui m'entourent. C'eft un divertiffement de voir ce chien
prendre les couleuvres ; la crainte avec laquelle il les approche, les bonds qu'il fait quand il les a faifis par le milieu du
corps, & la paffion avec laquelle il les agite pour les mettre
en piece font autant de mouvements qui intéreffent le fpecta-
teur. Ce chien attrapa dernierement un Crapaud dans une
prairie au bord d'une riviere ; le Crapaud fe fentant faifi la-
cha par l'anus une liqueur âcre, laquelle inonda la gueule du
chien, & fit affez d'impreffion fur les glandes falivaires pour
exciter dans l'inftant une bave blanche, mouffeufe & abondante. Le chien devint inquiet, il faifoit des efforts pour ex-
pulfer cette bave qu'il remouloit fans ceffe entre fes mâchoires. Au bout de quelques minutes, craignant que cet accident n'eût des fuites, je jettai dans l'eau un morceau de
bois ; le chien s'y lança pour l'attraper, par ce moyen il fe
lava la gueule, fortit de l'eau gai & ne bava plus. Cette liqueur que les Crapauds & les grenouilles lancent quand on
les attrape n'eft point pofitivement leur urine, mais je fuis
porté à croire que c'eft une liqueur deftinée par la Nature
pour humecter la fur-peau de l'animal fi fufceptible d'exfic-

(a) Il fe nomme *Cerbere*.

Hh ij

cation, foit que cette liqueur foit portée de l'intérieur au dehors par tranfpiration, foit par afperfion; l'on fait que les
grenouilles que l'on attrape pendant les plus grandes chaleurs
à la campagne font toujours humides. Si le poiffon volant
avoit un pareil réfervoir pour humeéter fes nageoires qui lui
fervent d'ailes, il pourroit s'élever beaucoup plus haut, &
prolonger fon vol qui, à proprement dire, n'eft qu'un faut.

17. J'ai obfervé que les tubercules dont la peau du Crapaud eft remplie, ce qui forme une multitude d'inégalités,
font autant de glandes qui filtrent une liqueur laiteufe, fouvent fi abondante, que cette liqueur en fort pour le peu
qu'on preffe ces efpeces de puftules, fur-tout dans les gros
Crapauds, tel celui que j'attrapai dans le cimetiere de Luxeuil. Si l'on foupçonnoit les Crapauds des êtres galaéto-
phages, on fe perfuaderoit que ces glandes font autant de
mamelles deftinées à la fecrétion du lait pour la nourriture
des jeunes, ce qui pourroit accréditer l'Hiftoire de la geftা-
tion que l'on a publiée fur le pipal qui eft un véritable Cra-
peau d'Amérique, lequel doit produire fes petits comme
ceux d'Europe, c'eft-à-dire que le mâle féconde fa femelle,
la délivre du chapelet de fes œufs; que l'humidité délaie la
glaire qui enveloppe les germes que le foleil fait éclorre en
tétards. Ces tétards à queues font des efpeces de nymphes
qui fe développent infenfiblement à mefure qu'ils prennent
de l'accroiffement; la tête s'ouvre un paffage, les jambes fe
déploient, la queue rentre, le refte de l'enveloppe difpa-
roit, & le petit Crapaud eft né. Je n'ai pu encore faire des
obfervations affez exaétes pour favoir fi le petit Crapaud fe
nourrit de vers ou d'autres infeétes, ou fi, dans fon enfance,
il fuce l'humeur laiteufe que filtrent les glandes répandues
fur le dos de leur pere & mere; lefquels ont en Europe,
comme le Crapaud pipal d'Amérique, deux groffes excroif-
fances en forme de verrues aux deux côtés de la tête, qui font
les organes de l'ouie. Ces glandes, ainfi que celles qui font répandues fur le corps du Crapaud, font tranfparentes lorfque
la peau détachée de l'animal eft féchée, enforte qu'en regar-

dant le soleil à travers cette peau on apperçoit ces glandes
comme des veficules transparentes, de même que celles répandues dans les feuilles de l'*hypericum*, appellée pour ce
mille pertuis, ce dont je me suis convaincu avec une peau
que jai enlevée d'un Crapaud qui avoit quatre pouces de
longueur & deux pouces neuf lignes de largeur; il pesoit vivant quatre onces quatre gros trente grains : la peau fraîche
pesoit quatre gros cinquante-quatre grains; les entrailles une
once six gros dix-huit grains; les os & la chair deux onces
un gros trente grains; la peau desséchée pese un gros & demi
un demi-grain; elle a d'étendue six pouces trois lignes de
largeur sur cinq pouces & demi de longueur non compris
les pattes.

18. L'Auteur de l'article du pipal, dans l'Encyclopédie,
dit : » La femelle du pipal, *ou le pipa*, a le dos fort élevé,
» large & couvert de petits corps ronds comme des pois &
» fort enfoncés dans la peau; ces corps ronds font autant
» d'œufs dans leur coque posés très proche les uns des autres :
» entre ces coques on voit de petites tubercules semblables
» à des perles : lorsque l'on enleve la pellicule qui les re-
» couvre, on distingue les petits Crapauds (*a*) «. Cette histoire est contredite dans l'explication de la Planche XXVI,
figure II du même ouvrage, dans laquelle on voit les petits
pipals nichés dans des alvéoles sur le dos de leur mere,
comme les petits de la sarigue qu'elle réchauffe après leur
naissance dans une poche qu'elle a sous le ventre. L'Auteur
de l'explication de la Planche dit » que le pipal femelle dé-
» pose ses œufs sur le dos du mâle, & que la matiere mu-
» cilagineuse qui accompagne le frai de ces animaux forme
» une pellicule qui recouvre ses œufs & les contient dans
» les alvéoles (*b*) «. Voilà donc deux récits contraires en
faits dans le même ouvrage, puisque l'Auteur du Discours
annonce la naissance des petits pipals sur le dos de la femelle,

---

(*a*) MM. de Mairan & Seba.
(*b*) M. d'Aubenton le jeune.

car il dit qu'on découvre les petits formés dans les tubercules dont elles font couvertes à côté des œufs, autre contradiction avec lui-même; & l'Auteur de l'explication de la planche affure que c'eft le mâle qui eft chargé de la geftation.

19. Un autre Auteur moderne (a) très eftimable, dit » que la femelle procrée fes petits dans fa propre peau, & » fur fon dos, où écloſent les œufs enveloppés de leur coque » & enfoncés profondément dans la peau, recouverts d'une » croûte membranneufe, d'un roux jaunâtre; que la diffi- » culté eft de concevoir comment l'humeur prolifique du » mâle peut percer le dos ofſeux de la femelle pour la fe- » conder; que ce fait eft digne d'admiration «.

20. Je penfe que ces récits copiés, font des jeux fabuleux de l'imagination des Voyageurs peu inftruits qui confignent dans les faftes des Nations des vifions populaires (b). J'ofe les révoquer en doute. Ce qui me détermine à dire auffi ouvertement mon fentiment, c'eft que le pipal eft un véritable Crapaud, conféquemment il doit fe propager à la maniere des nôtres, en fuivant les loix ordinaires de la génération; avec les modifications qui leur font particulieres. 2°. Des Naturaliftes ont vu de petits Crapauds fe jucher fur le dos de leur pere & mere, foit pour y fucer le fuc laiteux des glandes dont j'ai parlé, foit pour fe faire porter lorfqu'ils font fatigués ou par forme d'amufement; enfin ayant vu dans l'accouplement de très petits Crapauds mâles fur de très groffes femelles, ce qui eft affez ordinaire; car j'ai vu des Crapauds

_____

(a) M. Bomare.

(b) M. Maffé dit dans fon **Dictionnaire des Eaux & Forêts** (in-12, chez Vincent 1772) » que la grenouille eft » un infecte qui naît dans les eaux crou- » piffantes; que celle que l'on nomme » _verdier_ eft muette, _rana arborea_; » qu'elle a un venin très dangereux; » que la grenouille fraie avec le Cra- » paud en Mai; que l'on en mange, » mais avec des rifques à caufe du frai » avec le Crapaud; que l'on diftingue la » grenouille du Crapaud par la peau qui » en couvre les cuiffes & qui fe dé- » pouille aifément, au lieu que celle du » Crapaud eft adhérente aux os & ne » peut s'enlever «. Par ce beau raifonnement erroné, M. Maffé fait voir qu'il n'eft pas Naturalifte. Les ignorants publient des erreurs que les Savants ont peine à détruire, & la multitude qui aime à être trompée faifit avidemment le faux.

mâles qui n'avoient pas le fixieme du volume de leurs femelles', qui étoient cramponés deffus pendant plufieurs jours
que duroit l'acte de la fécondation, pendant lefquels la femelle fe promene en portant fon mari dans tous les lieux où
le befoin ou le caprice la conduit. De ces faits, des Obfer-
vateurs peu exacts & qui fe livrent au merveilleux ont fait
peut-être l'*Hiftoire de la Génération du pipal.*

21. En résumant tout ce qui eft contenu dans ces obfervations, j'ai fait voir que les Crapauds étoient fujets à être rongés tout vivants par des vers qui font produits par des œufs
ou affifes de mouches, lefquelles donnent après leur métamorphofe des mouches bleue azur ; que les Crapauds ne
meurent que lorfque le cervelet eft endommagé par ces vers
qui naiffent des œufs dépofés dans leurs narrines par des
mouches qui font attirées par l'odeur infecte de la liqueur
muqueufe corrompue dans les cornets du nez du Crapaud.
J'ai démontré que le Crapaud étoit fujet, comme le ferpent,
à quitter fa peau, mais plufieurs fois dans le cours de l'année,
qu'alors ils étoient couverts d'une fueur ; que leur couleur
étoit plus nette, plus vive, & qu'ils avalent leurs dépouilles ;
que dans cet état de mue ils étoient malades, accident général à beaucoup d'efpeces d'animaux ; car les cerfs qui pofent
leur bois, les oifeaux qui quittent leurs plumes, & les animaux qui renouvellent leurs poils éprouvent dans ces temps
des maladies de langueur.

22. J'ai fait voir que les Crapauds n'ont point de pierre
dans la tête qui ait pu accréditer le fentiment de ceux qui ont
donné à ces pierres la fauffe origine des bufonites ; que les
Crapauds étoient couverts de glandes laiteufes deftinées foit
à la nourriture des jeunes Crapauds, ce que je n'ai pu conf-
tater, foit fimplement pour filtrer une humeur furabondante
& excrémentitielle ; que ces glandes font tranfparentes lorfque la peau du Crapaud écorché eft defféchée ; que le Crapaud d'Europe, comme le pipal qui eft le Crapaud d'Amérique, a deux paquets confidérables de tubercules aux deux

côtés de la tête, qui font les organes de l'ouïe. J'ai fait voir par ma propre expérience que les Crapauds pouvoient vivre long-temps fans prendre de nourriture, puifque j'en ai confervé neuf qui n'ont pas mangé pendant vingt-deux mois, qui cependant étoient fains & bien portants.

EXPLICATION

EXPLICATION

DE LA DEUXIEME PARTIE DE LA PLANCHE X.

FIGURE premiere. Ver qui ronge les crapauds vivants ; il eſt groſſi à la loupe.

A. Eſt ſa bouche.

B. Son cul. C'eſt un trou rond dont les bords ſont garnis de douze barbillons eſpacés de trois en trois.

CC. Cornes, que le ver alonge pour s'aider à marcher.

DD. Stigmates par où le ver reſpire.

E. Anus du ver. C'eſt l'extrémité du canal inteſtinal qui regne dans toute la longueur ſur une ligne droite.

Fig. 2. Ver dans ſa grandeur naturelle.

Fig. 3. Ver en contraction.

Fig. 4. Ver en chryſalide.

Fig. 5. Œuf du ver, groſſi à la loupe : il eſt cannelé.

Fig. 6. Ver vu de profil : il eſt groſſi à la loupe.

Fig. 7. Mouche ſortie de la chryſalide ; elle eſt très groſſe par proportion de celle de la chryſalide ; elle eſt velue par-tout le corps ; c'eſt la mouche bleue qui dépoſe ſes œufs ſur la viande corrompue.

Fig. 8. Mouche groſſie à la loupe ; elle a deux aigrettes ſur deux tubercules qu'elle a au devant de la tête.

OBSERVATION ANATOMIQUE

SUR

UN CHAT MONSTRUEUX,

A DEUX FACES.

1. Le 30 Juillet 1771, une chatte noire de moyenne taille, née d'une chartreufe, âgée de vingt & un mois, a fait de fa troifieme portée quatre chats, dont le dernier eft né monftrueux, ayant en apparence deux têtes unies enfemble par l'occiput, le fommet & les côtés; la mere l'a étranglé en naiffant.

2. Ce chat, femelle, né à terme, pefe deux onces quatre gros quarante-cinq grains; il a de longueur depuis le fommet de la tête jufqu'à l'anus quatre pouces deux lignes; le corps eft couvert de poils fort longs; il eft blanc à la partie antérieure de la tête, fous la gorge & le ventre & aux extrémités des pattes; le refte de fa robe eft jafpée de gris chartreux & de jaune aurore.

3. La tête de cet animal eft la feule partie monftrueufe; le refte de fon corps ne préfente rien d'extraordinaire, fi ce n'eft la racine du cordon ombilical qui eft un peu plus à gauche qu'à droite : tout le refte eft dans l'ordre naturel.

4. La tête, plus groffe que de nature, a dix-fept lignes de face, c'eft un fixieme de plus que celle des chats de la même portée; elle paroît au dehors compofée de deux têtes unies irréguliérement par *l'occiput*, le fommet & les côtés; on fent la direction de la fymphife marquée par une ligne approfondie entre la jonction des os du crane, tel eft la future des fruits à noyau.

5. A ne confidérer cette tête que comme une feule, elle eft compofée de deux parties principales; favoir, l'occiput

Pl. X.

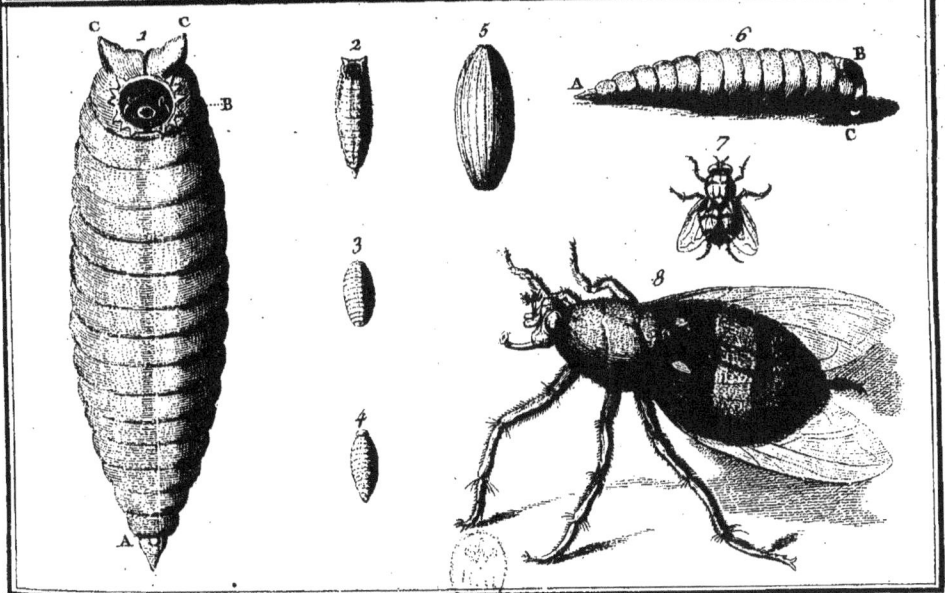

Lineavit Grignon   de la Gardette Sculp.

qui paroît simple & commun, & la face qui est double,
ayant deux museaux très distincts : chaque face a deux yeux,
une oreille, un nez, une bouche; l'ouverture de chaque
bouche du côté extérieur est dessinée & ouverte naturellement, mais la commissure de chaque bouche du côté de la
jonction est difforme comme ce que l'on appelle *bec de lie-*
vre ; la levre supérieure de ce côté étant coupée depuis la
narine jusque dans l'intérieur de la gueule, elle est détachée
de la partie charnue qui recouvre la mâchoire supérieure.
Les deux mâchoires supérieures de ce même côté intérieur
paroissent manquer en plus grande partie; ensorte que ces
deux gueules paroissent chacune n'avoir qu'une moitié de
mâchoire supérieure & extérieure, lesquelles étant réunies formeroient une mâchoire complette.

6. J'ai vu en 1761, à Saint Dizier en Champagne, un enfant mâle qui a vécu six semaines, lequel avoit comme ce
chat la levre supérieure fendue d'un côté jusque dans la narine & la voûte du palais séparée dans toute sa longueur.
Lorsque cet enfant ouvroit fortement la bouche pour crier,
toutes ces parties se divisoient & se dilatoient considérablement, ce qui faisoit un spectacle hideux; cette difformité est
appellée vulgairement *gueule de brochet.*

7. Les yeux du chat dont les paupieres sont fermées sont
placés respectivement dans l'ordre naturel; ceux joignant la
jonction des faces se réunissent en une seule ouverture par
l'angle extérieur & supérieure des paupieres; ensorte qu'ils
ne paroissent en faire qu'un seul posé au milieu du front &
tel que l'on en a vus sur le front de certains beliers nés monstrueux.

8. Les oreilles sont situées de chaque côté extérieur des
faces un peu en arriere, pendantes & trop proches du col qui
est un peu plus gros que le naturel.

9. Les deux parties de la tête ne sont point unies symétri-
quement; celle du côté gauche est dans une position plus naturelle & plus conséquente au reste du corps, elle est la plus
grosse; la partie droite est retirée en arriere; elle est posée un
peu obliquement; elle est aussi sensiblement plus petite que
l'autre.

10. Ce chat monftrueux a beaucoup de rapport avec celui dont M. de Buffon donne la defcription & la figure fous le N°. DXL, Planche VIII, page 70, Tome XI de fon *Hiftoire Naturelle* in-12. Ces deux chats paroiffent avoir l'un & l'autre une double tête réunie par l'occiput, le fommet & les côtés; mais celui dont il s'agit ici differe en apparence de celui du Jardin du Roi, en ce que fes bouches font difformes, qu'il leur manque une partie des mâchoires fupérieures; que les deux portions de la double tête ne font point égales; que l'une eft pofée obliquement à l'autre, & que le cordon ombilical eft attaché plus du côté gauche. M. de Buffon ne donne aucun détail des parties intérieures de ce chat monftrueux confervé dans le Cabinet du Jardin du Roi. J'ai cru devoir plutôt découvrir l'organifation intérieure de ce monftre, que de m'en tenir à une defcription des parties extérieures.

11. Par l'anatomie de ce chat monftrueux j'ai reconnu que tous les inteftins étoient bien conformés & naturels pour un feul individu. Le rectum étoit noir & très rempli de mœconium; les inteftins grêles étoient blancs & ne contenoient rien; une liqueur claire & gluante rempliffoit l'eftomac; le foie & les reins étoient gros; le cœur dans une fituation naturelle; les poulmons petits & affaiffés fembloient n'avoir encore opéré aucune fonction vitale; enfin il n'y avoit dans ces parties intérieures rien de frappant, rien d'extraordinaire; mais par l'ouverture de la tête j'ai découvert des phénomenes dignes d'attention.

12. La partie poftérieure de la boîte offeufe de la tête eft fphérique; elle eft compofée d'un occipital petit, & forme un demi-cercle, au centre du bord duquel vient aboutir la pointe du coronal qui forme un triangle dont le fommet eft un angle aigu; les côtés font curvilignes, les angles de la bafe font mouffes, & au centre de cette bafe eft un cotiledon où devoit fe trouver l'œil commun aux deux faces, mais il eft entiérement oblitéré. Cet enfoncement, deftiné à fervir d'orbite à l'œil commun, eft pratiqué entre le coronal &

les deux frontaux; il eſt formé des replis de ces trois os, d'une figure conique dans ſa profondeur, & elliptique dans ſa baſe. Les deux os pariétaux ſont bombés & très amples. Cette boîte n'eſt diviſée par aucune cloiſon oſſeuſe; l'enfoncement que l'on ſentoit à travers la peau eſt ſeulement marquée, mais il n'y paroît point de ſutures; celles des autres os du crane ſont tracées par des lignes ſaillantes.

13. Le cerveau eſt volumineux; il peſe un gros ſoixante-quatre grains; il eſt compoſé de deux parties principales, ſé-parées & diſtinctes, & chacune en deux portions unies à leur baſe; ce cerveau paroît avoir été formé pour deux animaux. Le cervelet eſt petit & diviſé par une pellicule mince faiſant partie de la dure-mere, & communique à un ſeul canal qui contient la moëlle alongée.

14. L'œil commun aux deux faces n'exiſte que par la ſu-ture de la peau qui forme un demi-cercle compoſé des deux arcs des paupieres réunies; l'organe de l'œil manque totale-ment; l'orbite qui lui étoit deſtiné eſt petit & conique. Les yeux poſés à chaque côté extérieur des faces ſont bien con-formés; ils ſont recouverts de pellicules qui les obſcurciſſent comme ceux de beaucoup d'animaux nouveaux nés, notam-ment les chiens & les chats.

15. J'ai ouvert les deux gueules: j'ai vu qu'elles ſe commu-niquoient par la partie intérieure; que les deux langues étoient unies par leur baſe & n'en formoient qu'une, diviſée depuis les attaches en deux branches dont chacune s'avançoit au centre de chacune des gueules comme leur langue naturelle; que les palais de ces gueules ſont diviſés depuis les foſſes na-ſales dans toute leur longueur par une ouverture qui com-munique tant au dedans qu'au dehors avec celle de l'intérieur du nez; que cette ouverture eſt le long de la baſe de l'os per-pendiculaire du palais que l'on voit à découvert, & qu'elle s'éleve le long du vomer; que le côté extérieur de chacune des gueules avoit une moitié de mâchoire ſupérieure bien conformée, mais que l'autre portion de ces mâchoires, du côté de la jonction, manquoit en plus grande partie, n'y en

·ayant qu'une foible portion qui étoit isolée à côté du conduit nasal qui est ouvert dans toute l'étendue du palais; que l'on n'apperçoit d'arcade du palais que du côté extérieur. Les deux mâchoires inférieures sont plus entieres; elles sont unies ensemble & forment une figure trapézoïdale échancrée qui ne ressemble pas mal à un établi d'orfevre, de dix lignes & demie de largeur & de six lignes deux tiers de profondeur ou longueur. Ces deux mâchoires inférieures sont tronquées seulement dans l'endroit où elles s'unissent au centre de la symphise, où la pression de la soudure a recourbé en avant les deux extrémités intérieures de ces mâchoires, ce qui forme un éperon qui saille obliquemènt, & sur lequel la peau étoit couverte d'un bouquet de poil plus long que l'autre & hérissé.

16. Ces deux gueules ont le pharinx, le larinx & l'œsophage communs; ensorte que si l'animal eût vécu, il eût été indifférent par quelle bouche il eût reçu la nourriture ; mais le mouvement des mâchoires eût été commun à cause de l'adhérence des deux inférieures; cet animal eût été sujet à rendre par le nez les liqueurs dont il se seroit nourri; mais il est possible qu'il eût vécu, puisque l'enfant dont j'ai parlé cidessus a vécu six semaines, quoiqu'il ait eu dans la bouche la même difformité que ce chat avoit aux deux, c'est-à-dire que le palais étoit ouvert longitudinalement & perpendiculairement depuis les fosses nasales jusqu'au dehors de la levre & de la narine, ce qui lui rendoit la succion du tetton pénible & imparfaite, & lorsque le lait couloit du sein de sa nourrice avec abondance, il le rendoit en partie par le côté difforme du nez. Depuis que j'ai donné à l'Académie cette observation, j'ai vu un taureau de l'âge de trois ans qui avoit, à peu de chose près, la même difformité que ce petit chat ; il avoit quatre cornes; les deux du milieu se réunissoient à leur base, ainsi que deux yeux qui n'en forment qu'un au centre du front; il avoit quatre narines, deux oreilles, & le musle divisé crucialement, ce qui résultoit de deux têtes confondues.

17. J'ajouterai une petite obfervation fur la mere de ce chat monftrueux.

18. J'ai élevé cette chatte & l'ai nommée Charbonnette à caufe de la couleur noire de tout fon poil; elle eft fingu-liérement carreffante fans perfidie; elle excelle dans les rufes de la chaffe aux oifeaux du jardin, & fur les pigeons. Ses deux premieres portées ont mal réuffi, parcequ'elle faifoit fes petits en courant & en fautant. Attaquée d'une efpece d'accès de folie caufée par les douleurs & l'épouvante que lui donnoient fes petits pendants à fa matrice, elle les dépo-foit dans tous les coins de la maifon fans leur donner des marques d'affection & de tendreffe. Sa premiere portée a été de quatre; fa feconde de cinq; cette troifieme eût été fans doute auffi de cinq, fi ce chat monftrueux n'eût abforbé une portion du germe du cinquieme.

19. Mais voici une obfervation plus intéreffante; c'eft que cette chatte eft fi facile à électrifer, fur-tout pendant l'hiver avec la main feulement, qu'au moindre frottement il fort de fon poil des étincelles abondantes & bruyantes, & que tenant une de fes pattes dans la main pendant que je l'élec-trifoit de l'autre, j'ai fentis plufieurs fois des fecouffes vives & douloureufes dans les articles des doigts, du coude & de l'épaule : commotions que je n'ai pu obtenir avec d'autres chats, quoiqu'ils produififfent des étincelles électriques.

20. Ayant trouvé dans un pré marécageux un nid de poule d'eau, dans lequel il y avoit cinq œufs, je les appor-tai à la maifon & les dépofai avec les petits chats dans la corbeille qui leur fervoit de berceau. Charbonnette ne les caffa pas; fa chaleur & celle de fes chatons firent éclorre les poulets d'eau au bout de neuf ou dix jours; mais elle fe paya des foins de l'incubation, en croquant les jeunes oi-feaux peu à près qu'ils furent éclos. Ne pourroit-on pas profiter de cette expérience pour faire couver des oifeaux étrangers, en prenant des précautions ?

OBSERVATIONS

DE PHYSIOLOGIE

SUR DES SUJETS SEXDIGITAIRES.

1. QUOIQUE la Nature femble être foumife à une loi générale & invariable, qui affigne à chaque individu d'une même efpece d'animaux, le même nombre de parties organiques, fituées toutes dans des pofitions femblables, régulieres & conféquentes aux fonctions qu'elles doivent remplir pour la confervation & la propagation de l'animal, il arrive cependant des accidents qui troublent fes opérations & femblent la faire écarter de ces loix ordinaires : ce font ces accidents qui donnent l'exiftence à tous les animaux & végétaux monftrueux. Le phénomene dont je vais rendre compte femble être une végétation animale plutôt qu'une partie formée naturellement par la dilatation des germes animaux préexiftents.

2. Je paffois à cheval fur le finage de Bure (a), village fitué dans la Principauté de Joinville, fur la ligne qui fépare au Nord la Champagne du Barrois. Un jeune Pâtre, qui conduifoit au Village quelques vaches, me précédoit, il rappelloit fon chien ; j'apperçus dans fes attitudes, dans fes mouvements, & dans le fon de fa voix quelque chofe d'extraordinaire. Lorfque je l'eus atteint je le fixai ; fa démarche étoit vacillante, fon corps n'étoit point perpendiculaire ; fes geftes étoient peu conféquents & le fon de fa voix étoit clapiffant : je vis qu'il avoit une efpece de fixieme doigt qu'il croifoit fur le bâton qu'il tenoit. Je lui

(a) Longitude 23ᵈ 12″ latitude 48ᵈ 34″.

demandai

demandai ce qu'il avoit à la main ; il me répondit en bé-
gayant : *ha! oui oui, il y a long-temps.* Je le fis approcher, & lui pris la main pour l'examiner. Je reconnus qu'il
avoit un fixieme doigt à la main gauche ; que ce doigt, qui
eft une bifurcation du pouce, prenoit fa naiffance à la bafe
du premier os du métacarpe ; & que ce doigt eft, à proprement parler, un ergot ou une excroiffance en forme de branche de l'os, & non point un doigt prononcé & articulé,
ayant fes attaches particulieres : tels ceux de ce fujet fex-
digitaire fur lequel M. Morand a donné un excellent Mémoire. Ce doigt a la forme d'un pouce plus court & plus
grêle que le pouce naturel auquel il eft adhérent ; il n'a
pas d'articulation flexible, il a feulement deux plis dans le
fens horifontal aux articles des phalanges qui font fans charnieres mobiles ; & le bout de ce doigt, qui eft garni d'un
ongle court & étroit, eft tourné en dedans & vient prefque
toucher le pouce, lorfque ces deux doigts font dans leur
pofition naturelle.

3. Ce pouce furabondant n'a aucun mouvement par lui-
même ; premiérement parceque les jointures des phalanges
ne font point flexibles ; fecondement parceque ce doigt n'a
point fes attaches propres, mais feulement quelques parties charnues recouvertes d'une prolongation des téguments ; troifiémement enfin parceque dans fa naiffance il
eft foudé à l'os du métacarpe au-deffous de la premiere
phalange du pouce naturel, au mouvement duquel il eft fu-
bordonné ; & ces deux doigts ne peuvent être mis en mouvement l'un fans l'autre foit par des corps étrangers foit
par les nerfs & les mufcles du pouce naturel.

4. J'examinai la main droite de ce jeune homme, je n'y
trouvai point de fixieme doigt, mais elle n'eft pas bien conformée, étant torfe, déprimée & allongée. Je lui demandai
s'il avoit quelque chofe aux pieds, il ne répondit pas à ma
queftion ; je compris, par fes geftes & par fon clapiffement
entrecoupé, qu'il vouloit me dire que fon fixieme doigt, qu'il
me montroit avec plaifir, ne lui faifoit point de mal. Ce

K k

jeune homme a quatorze à quinze ans, eſt petit pour ſon âge; il eſt très begue : je le jugeai imbécille; & étant très preſſé, je le quittai ſans plus d'examen.

5. Quelques jours après je rencontrai un Abbé (a) du village de Bure, d'où ce jeune homme ſexdigitaire eſt originaire, & qui le connoiſſoit parfaitement. Sur l'empreſſement que je lui témoignai d'avoir des éclairciſſements ſur ce phénomene, il me dit que ce jeune homme s'appelloit Claude Jaqueau, qu'il étoit fils d'un pere foible, petit, ragot & bazanné; que ſa mere étoit grande & bien conſtituée; qu'ils avoient eu cinq enfants, trois garçons & deux filles; que les filles étoient grandes, bien faites & bien conformées ainſi que leur frere aîné, qui étoit un bel homme, bien conſtitué; mais que le ſecond de leur frere étoit exceſſivement noir, mal fait, petit & d'une ſanté auſſi foible que l'eſprit, & qu'aucun autre enfant de cette famille n'avoit eu ſix doigts, excepté Claude Jaqueau qui n'avoit pas les pieds difformes.

6. Je dois ajouter que dans ma jeuneſſe j'ai connu un jeune homme qui a vécu environ vingt ans, qui avoit ſix doigts aux mains & aux pieds; il ſe nommoit Maulois; il étoit imbécille, muet de naiſſance; n'articuloit d'autres ſons que *guague*, *guague*, qui lui avoit fait donner le ſobriquet *guague*. Il étoit de S. Dizier en Champagne, où il eſt né dans le mois de Juin dernier un enfant qui avoit deux têtes ſur un ſeul tronc, ayant quatre bras comme le Dieu Viſtnou des Indiens, & trois jambes.

7. J'ai vu auſſi à Châlons en Champagne un Particulier, âgé de trente-cinq ans, qui avoit le bout de tous les doigts des mains légérement fourchu, & avoit deux ongles à chaque doigt; lorſqu'il croiſoit tous ſes doigts enſemble par le bout, cette multiplicité d'ongles rendoit la vue incertaine & multiple tels les caracteres doublés d'une feuille d'impreſſion mal tirée.

_____

(a) M. Paturet.

8. Les Obfervations détaillées ci-deffus, préfentent plufieurs fujets de réflexions & plufieurs conféquences à tirer.

9. Les germes, dans le principe de la génération, qui eft celui pour ainfi dire de leur développement par la chaleur & les fucs nourriciers de la matrice, font dans un état fi frêle, que le moindre choc trouble l'ordre de l'arrangement du type des corps qui en doivent réfulter. Si deux germes fe touchent ou fe confondent étant encore en état de liqueur, ou fi une partie de l'un eft amalgamée avec l'autre, ou fi les parties de plufieurs tronqués, font réunies dans leur état de moleffe, il en réfulte des monftres de différentes formes plus ou moins bifares qui s'écartent d'autant des formes naturelles. L'ordre du fyftême des parties organiques ne peut donc être troublé fans que le défordre ne foit communiqué aux principes de nos fenfations, de nos appréhenfions & de nos jugements ; puifque ces deux enfants fexdigitaires, dont je viens de parler, étoient tous deux begues & imbécilles ; c'eft donc que dans les germes les extrémités font fi proches du centre que le moindre ébranlement eft communiqué à toutes les parties, & que les commotions les plus légeres peuvent déranger tout le fyftême & l'économie de l'individu qu'ils doivent former, & changent par là les organes des fens qui perçoivent mal les objets & leurs rapports, d'ou il réfulte de fauffes idées & des jugements inconféquents (*a*); ce qui eft prouvé par ce principe de phyfique & de métaphyfique :

Nihil eft in intellectu quod non prius fuerit in fenfu.

10. Une feconde réflexion tombe fur la férie des enfants de différent fexe dans une même famille. Il eft affez ordinaire que les mâles retiennent plus les traits & les affec-

(*a*) Les coups à la tête qui dérangent l'organifation, troublent les opérations du cerveau, & produifent fouvent l'imbécillité, la folie, la manie. L'ivreffe, produit le même effet par trop de compreffion.

tions du pere que de la mere, & que dans les femelles on reconnoiſſe les inclinations & les formes de la mere plutôt que celles du pere. Ne peut-on pas rapporter la conſtitution du genre & ce rapport de traits à l'appétit plus marqué & plus preſſant dans l'un que dans l'autre individu accouplé ? Le pere de Jaqueau eſt foible, mal conſtitué, il a fait deux garçons mal conſtitués & malvenants. Sa mere eſt grande & bien faite, elle a donné le jour à deux filles auſſi bien conſtituées qu'elle. L'on dira ſans doute, il ſe trouve un autre fils qui eſt grand & bien fait, qui n'a aucun vice radical du pere : mais je réponds, qu'il peut y avoir de l'incertitude ſur la proceſſion du pere, ſi l'on n'eſt aſſuré du contraire. Cet enfant d'une belle forme, ſenſé né d'un pere mal organiſé, peut être le produit d'une ſemence étrangere, car les Phyſiciens n'adoptent pas la loi *ille pater eſt quem nuptiæ demonſtrant*, publiée pour aſſurer l'état des enfants & le repos des familles ; mais ils ſoutiennent la vérité de cet axiôme *par parem generat.* Cet axiôme vient d'être démontré par la femme d'un Cabaretier du village de Faremont, entre Vitry & S. Dizier en Champagne, laquelle eſt accouchée en 1773 de trois enfants dont un blanc, probablement de ſon mari, & de deux negrillons, dont un negre lui avoit fait préſent pour payer ſa dépenſe. Cette même femme, deux ans avant, avoit donné le jour à un enfant bec de lievre, qu'un Chauderonnier, qui avoit cette difformité, lui avoit fait : elle s'eſt diſculpée de ſa facilité à ſe prêter à ſes hôtes ſur les frayeurs que les regards du Negre & du Chauderonnier lui avoient inſpirées dans les premiers inſtants de la conception : mais perſonne ne l'a cru.

OBSERVATION

HIPPOTOMIQUE,

CONTENANT

LA DESCRIPTION D'UN ACCIDENT PARTICULIER

A CERTAINS CHEVAUX ÉTRANGERS,

Et que les Écuyers appellent *COUP DE LANCE*.

Nunc ego nobilium venio fpeétator equorum. Ovid. *Eleg. 3.*

---

1. J'AVOIS befoin d'un cheval de monture : je fus, en Juillet de l'an 1760, à Bar-le-Duc, ville capitale du Barrois-Mouvant : cette ville fait un commerce confidérable d'importation & d'exportation avec l'Allemagne, pays où les vins & les eaux-de-vie du Barrois font en très grande réputation.

2. La France avoit alors une armée nombreufe en Allemagne pour foutenir, de concert avec les Impériaux, une guerre fanglante contre l'Angleterre, la Pruffe & la Ruffie. Ce dernier Empire comprend dans fes provinces une partie de la petite Tartarie, qui eft bornée au Nord par la Mer Noire : la Ruffie eft auffi en relation de commerce avec la grande Tartarie (l'ancienne Scythie) qui confine avec la Chine.

3. Lorfqu'une Puiffance a réfolu d'entreprendre une guerre de plufieurs campagnes, elle fait faire des levées de chevaux chez tous fes voifins, fes vaffaux ou fes alliés, pour remonter fa cavalerie. Les rigueurs de l'hiver fufpendent les opérations de la guerre. Pendant cette faifon, les troupes prennent des quartiers, & les Officiers, des femeftres pour venir dans leurs familles régler leurs affaires domeftiques.

Souvent après avoir perdu tous leurs chevaux & leurs équipages, ces Officiers font obligés d'en achetter d'autres pris
fur l'ennemi. Ce font ces échanges forcés qui tranfplantent
des chevaux d'un bout de l'hémifphere à l'autre.

4. Ayant examiné fur la foire de Bar un piquet de chevaux, j'en diftinguai un qui me plût par fes formes, par la
couleur de fon poil, & fur-tout par fon air de fierté & de
vivacité; il tranchoit fur tous ceux du nombre defquels il
étoit. Je le fis détacher, & après en avoir confidéré les
allures qui me prévinrent en fa faveur, je le fis arrêter pour
faire l'examen de chaque partie, fuivant les confeils des
meilleurs Ecuyers.

5. Ce cheval avoit quatre pieds fix pouces de hauteur depuis la bafe du quartier du fabot jufqu'à la naiffance du gar-
rot, l'encolure forte pour un hongre, la tête médiocrement
groffe, l'oreille courte & fixe, le chanfrein droit & bien perpendiculaire; l'œil gros, faillant & très tranfparent; le gar-
rot élevé, le corps plein, bien traverfé & ramaffé, la côte
ronde, les épaules plates, & leur jeu libre, beaucoup de
reins, la croupe arrondie, les jambes d'une groffeur médiocre & hautes, ouvertes du devant & un peu ferrées à
l'arriere-main; il avoit le nerf gras, le fabot petit, creux,
la corne dure & rayée; il portoit tous fes crins, la queue
longue & touffue, la criniere fournie; le poil de fon corps
n'étoit pas ras, celui des jambes étoit plus long que celui du
corps; fa couleur étoit l'alezan; il étoit zain; avoit alors fept
ans; & j'ai reconnu depuis qu'il étoit bégu.

6. En cherchant fur le corps de ce cheval certaines marques qui font peut-être chimériques, mais que les Maquignons vantent beaucoup, & que les Ecuyers mettent au
nombre des fignes de la bonté des chevaux, je trouvai des
épis à plufieurs endroits, notamment un de chaque côté de
la ganache, montant perpendiculairement fur le col; je découvris auffi *l'épée romaine* qui eft une autre efpece d'épi
couché horifontalement fous la criniere du col du côté droit.
Mais je ne fus pas peu furpris d'appercevoir un *cotiledon*, ou

enfoncement dans les chairs, sur la ligne centrale du col au milieu de l'encolure ; j'y portai le doigt, la peau cédoit, & le doigt pénétroit de plus d'un pouce dans la profondeur de cette fossette, qui formoit une espece de canal dont la direction étoit oblique de haut en bas & de la tête au poitrail. Cet enfoncement présentoit à l'idée l'effet de la cicatrice extérieure d'un abcès avec perte de substance ; mais ayant examiné les choses de près, je ne découvris aucun poil blanc, accident ordinaire aux endroits où le cheval a été blessé, & où la peau a été entamée (a). Je tirai la peau en tous sens ; je n'y reconnus ni adhérence, ni reprises, ni suture. Je passai sur ce prétendu défaut que le marchand me dit être *du naturel de l'animal*, sans pouvoir me donner aucun éclaircissement sur sa nature : il me jura avoir acheté ce cheval d'un Capitaine de Hussards qui revenoit de l'armée, & qui lui avoit assuré que ce cheval venoit de Tartarie. Je conclus marché à ma satisfaction, car les emplettes qui plaisent en ce genre sont toujours au-dessus de la valeur que l'on en a donnée : souvent, peu de temps après, des défauts que l'on n'avoit point apperçus, d'autres cachés qui ne se démasquent que par l'usage & le temps, donnent lieu de penser autrement : mais les bons services que j'ai tirés de ce cheval m'ont confirmé dans la haute idée que j'en avois conçue.

7. Ce cheval, malgré sa grande vivacité, étoit sage : j'en eus une preuve en revenant de la foire sur laquelle je l'avois acheté : car, ayant été surpris en route à dix heures du soir, près de Savoniere, par un orage terrible qui couvrit tout-à-coup la terre de l'obscurité la plus absolue qui inspiroit l'horreur, & qui n'étoit interrompue que par des éclairs dont les trop vives sensations nous ôtoient la faculté de voir ; le tonnere ne cessoit de répandre la terreur par la force de ses explosions continuelles & multipliées dans toute l'atmos-

(a) C'est de cet accident, que les Maquignons tirent parti, pour faire venir une pelotte aux chevaux zains. Pour y réussir, ils brûlent la peau au front à l'endroit de la rosette avec une pomme cuite brûlante, ou avec un fer chaud, pour faire blanchir le poil.

phere qui couvroit l'horifon; une pluie abondante, pouffée par un vent impétueux, nous inondoit; enforte que la maîtreffe de pofte de la Neuville, moi & mon domeftique, fûmes obligés de mettre pied à terre, de refter en pied, la bride de nos chevaux en main, pendant une heure & demie que dura la violence de l'orage & l'obfcurité, fans favoir où nous étions, quoique nous ne fuffions pas à une lieue de mon domicile; pendant tout ce temps, ce cheval ne fit aucun mouvement violent : accoutumé au bruit du canon & du tumulte des armes, le tonnere lui fit peu d'impreffion; il témoigna feulement, par quelques henniffements, fon impatience & le befoin de manger : nous n'en avions pas moins que lui.

8. Lorfque je fus de retour à la maifon, je m'empreffai, pour me tirer d'inquiétude, de m'éclaircir fur la nature & les fuites de cet enfoncement que mon cheval avoit au col. Je lus dans M. de Garfault le chapitre qui traite des fignes particuliers à certains chevaux. Cet Auteur dit, chap. 4, pag. 16, » que quelques chevaux Barbes, Efpagnols & Turcs, » naiffent avec une efpece de gouttiere qui va le long d'une » partie du col fur le côté; que cette marque paffe pour » bonne; qu'elle fe nomme *coup de lance*, & qu'elle eft » fondée fur l'hiftoire fabuleufe d'un cheval Turc, qui reçut » un *coup de lance* à la jonction du col à l'épaule, & que » ce cheval a tranfmis cette marque d'honneur à toute fa » race «. Il paroît que M. de Garfault n'a jamais vu de chevaux qui portaffent le *coup de lance*. M. Bourgelat, dans fes *Eléments de l'Art Vétérinaire*, dit au dernier paragraphe, » que le *coup de lance*, ou cavité fans cicatrice, que l'on re- » marque quelquefois au bas du bras & quelquefois à l'en- » colure, eft plus commun, felon quelques-uns, dans les » chevaux Turcs, dans les chevaux Barbes & dans les che- » vaux d'Efpagne, que dans d'autres, ce qui fembleroit fe » concilier avec la fable ridicule qu'on a débitée à ce fu- » jet «. Cette obfervation n'eft pas lumineufe.

9. Soleyfel entre dans un grand détail fur *le coup de lance*. Il dit, dans fon *Parfait Maréchal* : » Il y a des chevaux » Turcs,

» Turcs, Barbes & d'Efpagne, qui ont le *coup de lance*.
» Tout le monde fait grand cas de cette marque, & les che-
» vaux qui l'ont font extrêmement eftimés; elle eft fituée
» à l'épaule ou à l'encolure, aux uns plus haute, aux au-
» tres plus baffe, qui eft l'endroit où l'on dit que l'étalon
» l'a reçue autrefois; & tant pour la fatisfaction des Cu-
» rieux, que pour l'explication de cette marque, j'en rap-
» porterai l'hiftoire, qu'on eftime véritable : mais qu'elle le
» foit, ou fabuleufe, comme il y a beaucoup d'apparence,
» en voici les termes... Un cheval Turc, des plus excellents
» du Pays, fous un Général d'armée , d'autres difent que
» c'étoit un cheval Barbe, fous un Roi de Tunis, reçut
» dans une bataille, un coup de lance à l'épaule : étant ef-
» tropié du coup, on le mit au haras pour avoir race, comme
» d'un très excellent étalon; tous les poulains qui en font
» provenus ont eu la même marque du coup, qui s'eft tranf-
» mife à tous fes fils & petits-fils, & la marque a toujours paf-
» fé pour avantageufe. On connoît ce coup à l'épaule & au
» col, où il y a un creux fans aucune apparence de cicatrice ;
» il femble qu'il y ait eu une grande plaie, à caufe de la
» cavité qui eft reftée : ce coup fe voit quelques fois au de-
» vant de l'épaule , quelquefois au bas de l'encolure. Il
» y en a qui affurent que le coup traverfa. Voilà ce que j'ai
» appris du *coup de lance* , & je l'ai vu à des Barbes, à
» des Turcs & à des chevaux d'Efpagne tous très excel-
» lents «. Cette longue hiftoire ne m'apprenant rien de l'é-
tat intérieur du *coup de lance*, ni de pofitif fur fon effence,
je cherchai inutilement dans l'Encyclopédie des éclairciffements plus fatisfaifants : il n'eft fait mention du *coup de
lance* dans aucun article de ce Dictionnaire, dans lefquels
il en auroit pu être traité.

10. Je lus avidement l'Hiftoire Naturelle du cheval &
fa defcription par MM. de Buffon & Daubenton. Ce dernier, qui ne laiffe rien à défirer dans fes defcriptions, s'é-
tend plus que M. de Garfault fur le *coup de lance*, & dit
Tome VII, 2e Partie in-12, page 377, d'après Soleyfel &

L l

les Auteurs antérieurs, » qu'il y a des chevaux Turcs, Bar-
» bes & Espagnols, qui ont au col & à l'épaule, ou à la
» jonction du col avec l'épaule, tantôt plus haut, tantôt plus
» bas, un creux affez profond, que l'on appelle *coup de*
» *lance* «. M. Daubenton rapporte enfuite l'hiftoire de fon
origine, citée par Soleyfel & M. de Garfault, & finit par
cette réflexion : » Je crois que cette hiftoire doit paffer pour
» une fable, quoiqu'au fond il ne foit pas impoffible qu'un
» étalon tranfmette aux chevaux qu'il engendre les mar-
» ques qu'il auroit, de quelque efpece qu'elles fuffent ; que
» le *coup de lance* eft plutôt l'effet d'une conformation par-
» ticuliere à certains chevaux, *comme les falieres* ; au refte
» j'e n'en ai jamais vu qui aient cette marque ; & pour fa-
» voir ce que c'eft, il faudroit au moins en avoir difféqué «.
J'ai rapporté ces defcriptions de différents Auteurs, parcequ'elles ont chacune quelque chofe de particulier, afin de
répandre plus de lumiere fur mon objet.

11. M. de Buffon, même volume, page 356, fait une
defcription des formes & des qualités des chevaux Tartares,
que je trouve très analogue au mien ; & d'après les obfervations de ces deux Auteurs célebres, je me perfuadai que
mon cheval étoit Tartare, & qu'il avoit le coup de lance.
Nul Auteur que j'avois confulté n'ayant vu ou difféqué de
chevaux qui aient cette marque, je prévoyois qu'un jour je
pourrois donner des éclairciffements fur la nature de ce
coup de lance. Ces réflexions ne contribuerent pas peu à
relever le mérite de mon emplette.

12. J'ai confervé douze ans ce cheval ; il m'a fervi fept ans
de monture ; il étoit brillant fous l'homme, vif & courageux :
il n'attendoit pas pour partir que je fois en felle, à moins
qu'un palfrenier ne le tînt ferme en bride ; fans cette précaution, auffi-tôt que je pofois le pied fur l'étrier du mon-
toir il partoit. Ses allures favorites étoient le trot & le galop ;
fur la fin il prenoit l'aubin. Il aimoit la compagnie des autres chevaux qu'il animoit en voulant toujours les précéder ;
& lorfque j'étois avec d'autres Cavaliers, qu'il m'arrivoit de
m'arrêter pour confidérer quelque chofe, alors impatient

d'être en arriere, il piaffoit, & en lui rendant la bride, il faifoit un petit henniffement perçant qui n'étoit qu'un feul cri, partoit comme un éclair, & voloit jufqu'à ce qu'il fût en tête des autres chevaux. Ses mouvements étoient doux. Il n'attendoit ni le fouet, ni l'éperon; les feules impreffions de la main, des cuiffes & des jambes fuffifoient pour le diriger. Auffi courageux que vif, j'ai fait avec lui fouvent dix & douze lieues d'une traite fans qu'il marquât d'impatience ni de laffitude. Il avoit la manie, lorfqu'il marchoit de conferve avec d'autres chevaux, de tirer toujours à droite. Il dormoit étendu de fon long fur le côté; il mangeoit avidement l'avoine; cependant étoit fobre dans fes repas : il n'a jamais été malade; toujours gai & gras malgré la fatigue; il a confervé jufqu'au bout de fa carriere toutes fes dents, & fes yeux fains & vifs, mais fes jambes fe font ruinées à quatorze ans. Après m'avoir fervi fept ans de monture, je fus obligé de le mettre à la charrue, parceque fes jambes s'étoient engorgées & redreffées au point qu'il bronchoit fouvent; enfin dans le mois d'Avril dernier (1772) je ne pouvois plus tirer de lui aucun fervice, parceque l'écoulement des eaux de fes jambes, & plufieurs javars, lui caufoient de fi vives douleurs, qu'elles l'empêchoient d'appuyer les pieds affez ferme pour pouffer le collier : malgré fes infirmités, il avoit encore l'air vif & fier.

13. N'ayant pas été élevé parmi les Mufulmans qui fondent des Hôpitaux dans lefquels leurs chevaux de diftinction font hébergés pendant leur vieilleffe jufqu'à leur mort naturelle, je me fuis contenté de faire paffer ce cheval par les armes pour honorer la nobleffe (a) de fon origine fuivant l'opinion vulgaire.

14. Par l'Anatomie, j'ai reconnu que ce creux, nommé *coup de lance*, étoit un petit canal de huit lignes de diametre environ, & de quinze lignes de profondeur, dont la direc-

---

(a) L'on fait avec quel foin fcrupuleux les Arabes confervent la généalogie des chevaux nobles, les attentions qu'ils ont, à leur naiffance, de configner leur état dans des actes fignés du miniftere public.

tion étoit oblique de haut en bas & de la tête au poitrail. Ce
canal étoit situé au centre de l'encolure du côté droit, dans le
milieu & au bord du muscle mastoïdien, du côté de la tra-
chée-artere, formé par l'oblitération d'une portion de la partie charnue de ce muscle, sous l'aile droite de la quatrieme
vertebre cervicale, à laquelle il répondoit. L'on appercevoit
dans le fond des portions des aponévrofes des muscles *sple-
nius* & du sterno-angulaire qui s'épanouissoient sur la vertebre sans parties charnues; & ces fibres tendineuses avoient
au plus une ligne d'épaisseur. L'on découvroit l'attache apo-
névrotique d'un muscle qui communique avec le trapeze;
elle étoit soutenue au-dessus des précédentes par le corps
charnu du mastoïdien, traversant perpendiculairement la
ligne centrale du col, & formoit une espece de cloison qui
fermoit le canal; ensorte qu'en introduisant le doigt en sens
contraire à sa direction, c'est-à-dire du poitrail à la tête, on
sentoit alors de la résistance.

15. Mon fils, en examinant les parties qu'il anatomisoit,
crut appercevoir un enfoncement à la surface du corps de la
vertebre, au point qui répondoit au fond du canal; mais
ayant fait détacher cette vertebre, après l'avoir fait bouillir
vingt-quatre heures dans de l'eau pour en détacher les parties charnues & tendineuses, je n'y ai rien apperçu d'assez
marqué pour le consigner. J'ai observé seulement que les
angles de toutes les vertebres cervicales étoient un peu ar-
rondies comme dans tous les vieux sujets; celui-ci avoit dix-
neuf ans.

16. Il résulte de cette observation, que cette marque en
forme de canal, que l'on nomme *coup de lance*, que certains
chevaux portent dès leur naissance en diverses parties du
corps, peut être, suivant le sentiment de M. Daubenton,
l'effet d'une conformation particuliere à certains chevaux (a);

(a) Je n'ai pas adopté la comparaison
que fait M. Daubenton du *coup de lance*
avec les salieres, parceque ce *coup de*
lance n'est qu'accidentel à quelques especes de chevaux, & qu'il s'apperçoit
en diverses parties du corps; au lieu que

que cette marque peut avoir pour principe un *coup de lance*
ou autre bleſſure, ou enfin une mutilation quelconque, guérie dans un étalon qui en auroit tranſmis l'impreſſion à quelque individu de ſa race. L'on peut même, ſans avoir recours
à l'hiſtoire du *coup lance* que reçut ce cheval Turc, au rapport de Soleyſel qui l'a copié d'après d'anciens Auteurs,
trouver la cauſe de cet accident dans un fait commun à toutes les eſpeces d'animaux. Mais en ne conſidérant ici que le
cheval, il eſt de fait que dans tous les endroits où le poil
fait la roſette ou l'épi, c'eſt-à-dire où il tournoie, où il ſe hé-
riſſe par l'oppoſition de poil à poil, il y a un vuide plus ou
moins conſidérable ſous la peau dans cet endroit. M. de la
Foſſe (*a*), qui eſt de ce ſentiment, a reconnu, par l'anatomie des parties charnues ſituées ſous les tourbillons de poil,
que les aponévroſes des muſcles plongeoient tout-à-coup,
& qu'il ſe trouvoit entre les tendons d'un muſcle & la partie charnue du muſcle voiſin une ſéparation qui va juſqu'à
l'os qui y correſpond. Il y a beaucoup d'endroits ſur certains
chevaux ſur leſquels on peut faire cette obſervation, particuliérement au col, au poitrail, au bras, au graſſet, aux
hanches; & comme au centre du front il y auſſi une roſette
à l'endroit de la pelotte, & qu'il n'y a point en cet endroit de
parties charnues, la peau y eſt bien plus adhérente que par-
tout ailleurs.

Je penſe que les parties d'un fœtus ne prennent leur groſſeur reſpective que par une expanſion ſucceſſive; que dans
leur principe elles ne ſont pour ainſi dire que deſſinées; qu'il
peut ſe trouver dans la matrice des cauſes qui empêchent le
développement total & l'extenſion de ces parties, leur ap-
prochement & leur liaiſon. Les accidents que l'on nomme

---

les ſalieres ſont toujours ſituées au-deſſus
de l'œil du cheval, & qu'elles ſont de
l'eſſence de la conſtruction de ſa charpente en général, que le plus ou moins
d'affaiſſement de la peau & des parties
graſſes dans cet endroit dépend de l'âge
de l'individu ou de ceux qui l'ont en-
gendré.

(*a*) M. de la Foſſe ne parle dans aucun
endroit de ſes Ouvrages du *coup de lance*,
& il m'a dit qu'il n'avoit point vu de
chevaux qui portaſſent cette marque.

bec de lievre, gueule de brochet, les fontanelles, la fuppref-
fion & l'oblitération de quelques portions des extrémités,
les exomphales dans les enfants dont les mufcles de l'abdomen ne font pas réunis fous le nombril, font des preuves
fur lefquelles j'appuie mon principe. Il peut donc être arrivé qu'un cheval ait eu au col un de ces enfoncements,
par défaut d'union des mufcles fous la rofette de poil où il
femble que les parties conftituantes fe font heurtées en
s'approchant; que ce cheval ait tranfmis ce défaut de confor-
mité par gradation aux individus de fa poftérité, ce qui
auroit produit le même effet que le *coup de lance* ou le dépériffement des chairs par un abcès cicatrifé, caufes auxquelles on a recours pour expliquer ce phénomene. Ces diverfes opinions peuvent être fondées, & je vais les appuyer
par plufieurs obfervations fur des faits dont j'ai été témoin.

17. J'ai vu au Château de Ruetz, Commanderie en
Champagne, l'an paffé, un petit chien qui étoit né fans
queue, d'une mere à laquelle on avoit coupé, dans fa jeu-
neffe, la queue fi près du coccyx qu'il n'en paroiffoit aucun
veftige. Une autre chienne à Joinville, n'ayant pas plus de
queue que celle dont je viens de parler, a fait trois portées
de chiens nés fans queue (a). En mil fept cent foixante-trois,

---

(a) Je ne peux mieux faire que de copier ici une bonne obfervation de M. de
Chalette, dont le goût pour l'hippiatrique lui a fait approfondir cette partie.
Dans fa lettre du premier Août mil fept
cent foixante-douze, parlant du *coup de
lance*, il dit : »Ce point d'hippiatrique, en-
» tiérement neuf & tout-à-fait intéref-
» fant, n'avoit été éclairci par aucune
» perfonne avant vous; vous l'avez fait
» de façon à n'y plus revenir. Je fuis de
» votre fentiment fur les caufes de ces
» marques fingulieres & fur leur propa-
» gation. J'ai obfervé plufieurs fois,
» ainfi que vous-même chez moi, des
» chiens fans queue engendrer d'autres
» chiens fans queue. La molette du front
» fe perpétue dans toutes les races de

» chevaux. Le *coup de lance* n'eft peut-
» être fi rare parmi nous, que parce-
» qu'aucun de nos haras n'eft fourni de
» chevaux qui portent cette marque :
» peut-être encore le climat influeroit-il
» fur cette conformation particuliere
» que certaines circonftances détermi-
» neroient dans quelques chevaux plu-
» tôt que dans d'autres; il feroit nécef-
» faire, ce que nous ne pouvons pas,
» de fuivre les premiers depuis leur naif-
» fance jufqu'à leur parfait accroiffe-
» ment. On fait que les chevaux des
» pays chauds ont les os plus durs que
» ceux des pays froids; qu'ils font plus
» nerveux, plus fecs, s'il eft permis de
» le dire, ce qui pourroit peut-être con-
» tribuer à la formation du canal du *coup*

l'on avoit conftruit à l'Hôtel des Invalides un hangard pour des Charpentiers. Des rats venoient manger le lard avec lequel les ouvriers graiſſoient leurs lacerets & leurs tarrieres : un jeune homme en attrapa un, lui coupa la queue & lui rendit la liberté. Quatre mois après on démolit le hangard, & l'on trouva une nichée de ratons qui n'avoient point de queue.

18. Pluſieurs familles conſervent de générations en générations des foſſettes au menton ; d'autres dans d'autres parties du corps : l'on a vu ſe perpétuer des prolongations du coccyx (a) dans quelques-unes. Je connois une famille dont partie des individus porte des loupes à la tête qui ne ſe développent qu'à un certain âge.

19. Varinot, Tiſſerand à S. Dizier, avoit une difformité à la main droite dont il n'y avoit que le pouce & le petit doigt d'articulés, de bien prononcés & de ſéparés ; les trois autres doigts intermédiaires étoient réunis en une maſſe molle, conique, ſans mouvement. Il avoit hérité cette difformité de ſon pere ; il l'a tranſmiſe à un de ſes fils à la même main, & abſolument ſemblable ; ſes autres enfants ont eu auſſi différentes difformités dans les mains, mais moins conſidérables.

20. Un particulier de Joinville, nommé Ballet, porte une gouttiere profonde qui pénetre dans la narine gauche, deſcend perpendiculairement juſqu'au bord de la levre ſupérieure où elle forme une petite échancrure anguleuſe : l'on croit y appercevoir la ſuture d'un bec de lievre ; cependant cet homme

---

» de lance, ou à le rendre plus apparent.
» La perte de la voix des chiens, le chan-
» gement de la laine en poil dans les mou-
» tons tranſplantés ſous les climats très
» chauds, ſont des preuves bien ſenſibles
» des influences de la température ; au reſte
» ces conjectures ſont ſi vagues qu'elles
» ne peuvent être regardées comme cauſe
» efficiente, mais comme accident auxi-
» liaire. Il faut toujours remonter avec
» vous à la première formation «.

Cette réflexion eſt très ſage. M. de Montefquieu, qui penſe de même ſur l'influence des climats, eſt fort mal-à-droitement relevé par M. de Voltaire qui n'eſt pas auſſi bon Naturaliſte qu'il eſt bon Poëte charmant, élégant & ſublime.

(a) L'on m'a aſſuré qu'à Metz il y avoit eu une famille d'hommes à queue, & qu'en 1736 il y avoit deux individus exiſtants avec cette production luxurieuſe de la Nature.

eſt né avec cette légere difformité qui peut venir d'un bec
de lievre d'un de ſes ancêtres auquel on auroit fait l'opération : ce particulier a tranſmis à ſa fille aînée la même marque, qu'elle communiquera ſans doute à quelques-uns de ſes
enfants; car ces tranſmiſſions ſautent ſouvent une ou pluſieurs générations.

21. Les chevaux Eſpagnols, Turcs & Barbes ne ſont
donc pas les ſeuls qui portent *le coup de lance*, puiſque le
cheval dont il eſt ici queſtion étoit Tartare. Les circonſtances de la guerre & de ſon théâtre au temps auquel je l'ai
acheté, jointes à l'affirmation du Capitaine de Huſſards qui
l'avoit vendu au marchand duquel je le tenois; ſes formes
& ſon caractere ſi conformes à la deſcription que M. de
Buffon fait des chevaux Tartares, levent tout doute ſur l'o-
rigine de ce cheval. L'on ſait que les peuples de la Tartarie
cultivent beaucoup de chevaux, & qu'ils y apportent d'autant plus d'attention, qu'une partie de ces peuples qui ont encore pour arme l'arc & la lance, vivent avec leurs chevaux
pour ainſi dire en ſociété; qu'ils en font un ſi grand uſage
dans leurs courſes & dans la guerre, qui eſt leur élément, que
les Hiſtoriens nous diſent que les chevaux Tartares firent la
conquête d'une partie de la Chine; que les peuples de la
Tartarie ſe nourriſſent, par un goût particulier, du ſang &
de la chair des chevaux; qu'ils ſe déſalterent avec le lait de
leurs juments, & s'enivrent avec la liqueur fermentée qu'ils
ſavent préparer avec ce même lait, liqueur que l'on nous
aſſure être auſſi violente que nos eaux-de-vie.

22. Il eſt étonnant qu'aucun Auteur d'hiſtoire naturelle, Ecuyer ou Maréchal, n'ait eu occaſion de décrire,
ex viſu, ce coup de lance; puiſque nous tirons des chevaux
d'Eſpagne, que l'on voit aſſez ſouvent en France des chevaux
Barbes & Turcs. Dans la derniere ambaſſade que le Grand
Seigneur envoya en 1740 au Roi, Mehemet-Effendi remit
à Sa Majeſté, de la part de ſon Maître, de riches préſents,
entre autres des chevaux Turcs des plus nobles races, & ce
magnifique Ambaſſadeur avoit une nombreuſe ſuite d'Officiers

ciers & de valets-de-pied montés fur des chevaux Turcs ;
c'étoit fans doute une occafion bien favorable de voir des
chevaux portant cette marque finguliere, & d'en faire une
defcription anatomique.

23. Je finis par une obfervation qui m'a frappé depuis
que j'ai été en poffeffion d'un cheval qui portoit le coup de
lance. Dans un tableau d'un très grand détail, qui repréfente la bataille que Conftantin livra à Maxence dans les environs de Rome, près du Pont *Milvius*, & au-deffous duquel
Maxence avoit fait conftruire fur le Tibre un pont de bateaux, lequel devoit fe rompre par le milieu en retirant des
chevilles de fer qui en arrêtoient les deux parties. C'étoit
une embufcade que Maxence préparoit à fon ennemi, comptant, par une retraite feinte, attirer Conftantin fur ce pont.
Mais ce ftratagême tourna à fa propre perte ; car en paffant
deffus avec fon armée, ce pont furchargé fe rompit ; Maxence fut précipité avec la plus grande partie de fes Gardes
dans le Tibre. L'on voit dans ce tableau un Chevalier Romain qui, croifant fa lance de droite à gauche, la plonge
dans le col du cheval de fon ennemi, dans l'endroit où mon
cheval portoit le ftigmate de cette bleffure.

MÉMOIRE
DE METALLURGIE,
CONTENANT
DES OBSERVATIONS ET DES RÉFLEXIONS
ANALYTIQUES
SUR LA DÉCOUVERTE
DE
LA CADMIE DES FORGES A FER.

Sudat in ardenti fervens fornace Pyracmon.

---

1. Les métaux, les demi-métaux & toutes les matieres minérales, ne font point contenus dans le fein de la terre dans des mines particulieres à chaque efpece exclufivement, & leurs minerais ne font point des corps homogenes; au contraire prefque toutes les fubftances métalliques font confondues. L'on préfume même que quelques-unes réfultent du mêlange de plufieurs autres; c'eft le fentiment de quelques Naturaliftes fur la *platine* & fur le *zinc*.

2. Le fer eft répandu dans toutes les mines des autres métaux; il leur fert de cadre, de chapeau, & fouvent de bafe; il eft d'un grand fecours dans leur traitement pour aider le départ. L'argent, le plomb, le cuivre, l'arfénic, le cobalt, fe trouvent très fouvent confondus dans le même filon de mine, en des quantités prefque égales. Cependant lorfqu'il arrive qu'un métal abonde plus qu'un autre dans une miniere, la mine prend la dénomination du métal le plus abondant, ou du plus riche.

3. Les mines de fer ne font point exemptes de contenir d'autres fubftances; mais comme ordinairement elles ne contiennent pas une quantité affez confidérable des autres métaux, on s'applique prefque uniquement à en tirer le fer : fi les autres fubftances métalliques qui y font unies en petites quantités font fixes comme l'or, elles reftent unies au fer; les autres qui ne peuvent foutenir l'intenfité & la durée de la chaleur des fourneaux à fondre les mines de fer, font ou diffipées en fumée, ou détruites par la vitrification. Dans ce dernier cas, elles fe trouvent confondues avec les laitiers vitreux dans lefquels elles ne font que peu ou point fenfibles. Cependant les minerais de fer de différentes contrées donnent différents laitiers, comme nous l'avons déja dit; par exemple ceux d'une partie de la Franche-Comté font laiteux; ceux d'un canton d'Alface font bleus; ceux de la Champagne font verds & gris de lin, &c.

4. Les vapeurs, ou plutôt les fumées qui émanent des matieres métalliques unies au minerai du fer lorfqu'elles font détruites par la violence du feu, ne font fenfiblement vifibles dans nos fourneaux de fonderie, que dans leur trajet dans l'athmofphere. Le moment auquel on peut mieux remarquer leur décompofition eft celui d'une *mife--hors*, c'eft-à-dire celui auquel on ceffe d'alimenter le feu d'un fourneau à la fin d'un fondage.

5. Lorfque l'on met un fourneau *hors de feu*, on ne fait ceffer le mouvement des foufflets que lorfque toutes les matieres font confommées & que l'on va percer le fourneau pour en faire fortir la derniere goutte de fonte. Depuis le moment auquel on a ceffé d'introduire des matieres dans le fourneau, jufqu'à celui de la mife-hors totale, il fort de toutes les parties de la capacité intérieure du fourneau des vapeurs qui s'enflamment au bord de la furface de la bure, c'eft-à-dire lorfqu'elles communiquent avec l'air libre, & s'élevent à une hauteur fi prodigieufe, que, lorfque l'air eft humide, le ciel couvert, & encore mieux lorfqu'il regne un léger brouillard, cette flamme prodigieufe & les vapeurs

enflammées qui la furpaffent, rempliffent l'atmofphere d'une lueur qui reffemble à celle d'une *aurore boréale*, au point d'en impofer, & de fe faire appercevoir à des diftances confidérables, parceque chaque molécule aqueufe du brouillard réfléchiffant la lumiere à fa voifine, ainfi de fuite, forme de l'atmofphere un miroir compofé d'une infinité de faces qui multiplient la lumiere à l'infini, fuivant les loix de la catoptrique. C'eft ainfi que l'on a fauffement cru jadis que les aurores boréales étoient l'effet de l'incendie des plantes aquatiques du Nil, que les peuples de l'Egypte brûloient pour fertilifer leurs terres après la retraite des eaux de ce fleuve.

6. Pendant le temps de la mife-hors du fourneau, l'Obfervateur attentif à tous les phénomenes qui accompagnent fes derniers efforts, eft affecté d'une odeur tantôt d'acide nitreux, tantôt d'acide marin, & plus fouvent de ce dernier, laquelle eft affez forte quelquefois pour exciter la toux. Il voit les bords de la bure fe garnir d'une pouffiere blanche ou jaune qui eft une matiere métallique décompofée & fublimée; & pour le peu qu'il foit preffé par l'ardeur de s'inftruire, à l'exemple de Pline l'ancien, les flammes ne font point un obftacle à fa curiofité; il les brave pour découvrir ce qui fe paffe dans l'intérieur du volcan. Il faifit alors un moment calme, & fe fourrant la tête dans une raffe, à travers les interftices obliques des ofiers qui la compofent il parcoure rapidement des yeux les flancs embrafés de la fournaife. Cette curiofité m'a coûté fouvent la perte d'une partie des fourcils, des cils & de la barbe; trop heureux encore de m'inftruire.

7. J'avois apperçu depuis plufieurs années une matiere brune qui s'attachoit aux parois intérieures de mon fourneau, aux trois quarts de la hauteur de fon foyer fupérieur; elle affectoit de décrire une ligne d'une courbure hyperbolique dont le fommet étoit à la partie inférieure du côté de la ruftine. Cette couche étoit légere & fort adhérente aux briques qui compofent les parois ou la chemife du fourneau. J'en détachai peu, crainte de détériorer le foyer; & comme

j'y reconnoiſſois l'effet d'une ſublimation, j'eſpérai que plus cette ceinture ſeroit de temps à ſe former, plus elle ſeroit conſidérable; c'eſt pourquoi je la laiſſai ſe former pendant pluſieurs fondages.

8. Le 28 Juillet 1767, je mis hors le fourneau de Bayard. En examinant ſon intérieur embrâſé, je fixai mes regards particuliérement ſur l'endroit où s'étoient attachées les matieres ſublimées dans les fondages antérieurs : je vis que ce cordon étoit ſaillant & conſidérable; la baſe & le milieu étoient fort embraſés, mais ne réfléchiſſoient pas la lumiere comme la ſurface des briques des environs : la partie ſupérieure étoit plus éclatante & produiſoit une flamme légere, d'un blanc verdâtre qui ſortoit d'une ſubſtance reſſemblante à des fleurs de ſoufre, mais elle n'en avoit pas l'odeur. J'y remarquai des points bien plus brillants les uns que les autres. La prodigieuſe chaleur & le danger ne me permirent pas un plus long examen.

9. Lorſque la derniere gueuſe fût coulée & que toute la fonte fût évacuée du fourneau, je fis continuer l'action des ſoufflets, démolir la partie antérieure de la baſe du fourneau, extraire le réſidu des charbons & des laitiers, & jetter beaucoup d'eau pour accélérer ſon réfroidiſſement total, afin de renouveller promptement le fondage.

10. Le 3 Septembre tout étant réparé, l'ouvrage du foyer inférieur renouvellé, je deſcendis par la bure dans le foyer ſupérieur du fourneau, & malgré la chaleur des parois qui ne permettoit pas d'y appuyer la main, je m'y tins au moyen de deux échelles appuyées l'une par l'autre à la hauteur de la ceinture hyperbolique que décrivoit la ſublimation. Ce cordon avoit environ huit pieds d'étendue, ſur huit & dix pouces de largeur, & depuis un demi pouce juſqu'à deux pouces d'épaiſſeur. La partie la plus conſidérable & la plus ſaillante étoit au-deſſus de la tuyere, puis deſcendoit par une ligne inclinée de deux pieds & demi au centre de la ruſtine où étoit le ſommet du cône, & remontoit de deux pieds au contrevent; il y avoit très peu de choſe du côté des tympes.

11. Cette matiere fublimée étoit d'une couleur brune ferrugineufe, ayant des taches blanches & jaunatres; fa furface étoit unie dans les endroits faillants, & inégale dans les renfoncements; ftriée de lignes perpendiculaires, comme un ouvrage maillé du tricot. Les bords fupérieurs étoient blancs & jaunâtres; l'on y découvroit dans des cavités une cryftallifation d'une finguliere beauté, compofée de cryftaux infiniment déliés, longs, fragiles, blancs, reffemblants aux belles fleurs du benjoin & du régule d'antimoine. En frappant avec un marteau fur cette fubftance, il en réfultoit un fon fourd qui annonçoit une folution de continuité.

12. Je commençai alors à détacher à force de coups de marteaux des morceaux de cette fubftance, que je ne pus dans ce moment examiner exactement à caufe de l'exceffive chaleur; je m'empreffai de détruire tout le cordon, & d'en mettre les fragments dans un panier que j'avois fufpendu à l'échelle & qu'une perfonne retiroit de temps en temps. Pendant cette opération j'apperçus de nombreufes cryftallifations de ces filets blancs argentés, nichés dans des trous d'où il étoit très difficile de les tirer, à caufe de leur ténuité & de leur fragilité, de la folidité des matieres environnantes, & de la grande pouffiere occafionnée par les coups de marteaux, laquelle étoit mife en un perpétuel mouvement par le courant d'air qui entroit par les ouvertures inférieures du fourneau; en forte que je n'en pus amaffer que très peu & très mêlangés. J'employai une demi-heure à détacher cette matiere, dont je tirai environ cinquante à foixante livres; négligeant tous les morceaux qui n'avoient pas au premier coup-d'œil un certain mérite. La chaleur du fourneau me procura une fueur des plus violentes dont je tirai parti pour une douleur de rhumatifme au bras droit, de laquelle je me trouvai foulagé, mais Forgeron ne fut jamais fi noir & plus fuant que j'étois en fortant de cette étuve.

Sudat in ardenti fervens fornace Pyracmon.

13. De retour à la maison, j'étalai dans mon cabinet ma nouvelle collection; j'en examinai attentivement tous les morceaux, les parcourant avec la loupe. Je reconnus une substance métallique sublimée, dont la couleur brune ferrugineuse n'étoit qu'extérieure & superficielle; que sa couleur primitive étoit le blanc, que le jaune lui succédoit, ensuite le verd; que les morceaux les plus chargés de parties ferrugineuses avoient une couleur rouge rembrunie; que cette matiere étoit produite par les fumées, lesquelles en se condensant avoient formé des crystallisations en éguilles longues & déliées; que la continuité de la chaleur avoit fondu les éguilles & les avoit réduites en une crystallisation arborisée demi-transparente & d'une belle couleur de soufre; que ces crystaux refondus avoient perdu leur couleur, leur transparence, avec leur forme réguliere, & s'étoient attachés aux briques des parois du foyer supérieur du fourneau en forme demi-sphérique; que successivement s'étant groupées les unes sur les autres, elles avoient formé des grappes d'une couleur verte *merde-d'oie* & rouillées, sur lesquelles on voyoit les progrès & les degrés de la sublimation; que dans quelques endroits, la sublimation s'étoit faite par couches; mais que l'intensité de la chaleur & les différents périodes de sa durée avoient opéré des altérations à cette substance, dont une partie ayant acquis du phlogistique étoit à demi révivifiée & réduite en globules métalliques, solides, entassées les unes sur les autres : phénomene d'autant plus singulier que l'on ne connoissoit encore aucune substance autre que le mercure & le zinc qui se sublimassent sous une forme métallique.

14. Sept couleurs se font remarquer sur les morceaux de cette substance sublimée; savoir le blanc, le jaune, le verd, le rouge, le brun, le gris & le bleu. Au bord supérieur de ces morceaux, j'observai des éguilles blanches produites par la crystallisation des vapeurs métalliques: ces éguilles sont transparentes, fragiles, ayant très peu d'élasticité, l'air les soutient & les agite; ensuite des grou-

pes de cryftallifation jaune, qui reffemblent à du foufre. La forme arborifée de ces cryftaux approche beaucoup de celle des cryftaux d'argent en métal, foit dans fes minieres, foit dans les creufets où on le fond en grand; tel que je l'ai obfervé dans les mines de S. Marie & les vieux creufets de fer de la Monnoie de Paris. Ces cryftaux font vitreux, n'ont aucune faveur, font folides, fe brifent difficilement fous la dent & réfiftent long-temps à l'action des acides. La maffe des morceaux de cette fubftance eft intérieurement de couleur verte, ou rouge-brune, ou grife, ou bleu-d'ardoife, ou rouillée; l'on y découvre dans les uns des couches uniformes, d'un tiffu ferré & compact; les autres font en grappes; les uns & les autres durs, un peu fonores, fe mettant difficilement en poudre. Je foupçonnai dès lors que cette matiere étoit la cadmie des fourneaux, *cadmia botrides fornacum*, *l'ofen galmen* des Allemands, *le brafs-oar* des Anglois : je tentai dès lors des expériences qui puffent me conduire à la vérité.

15 Un morceau de cette fubftance, contenant environ huit pouces cubiques, pefoit, à l'air libre, une livre quatre onces cinq gros foixante-trois grains ; & à l'eau, quinze onces cinq gros quarante-huit grains. Conféquemment elle perd près d'un quart de fon poids; c'eft-à-dire qu'elle eft en rapport avec l'eau comme 11,943 eft à 2,895. Elle prend en poudre la couleur du verd-brun.

16. J'ai commencé l'analyfe de cette cadmie par les acides. Cette fubftance en poudre, jettée dans l'acide vitriolique concentré ou l'huile de vitriol du commerce, s'eft coagulée à l'inftant en une maffe; j'ai remué, toute la poudre formoit alors une efpece de pierre. J'ai réitéré la même épreuve, qui a opéré le même phénomene avec un peu de chaleur. J'ai retiré un de ces morceaux, l'ai lavé dans de l'eau pure, il s'eft échauffé, & a exhalé une odeur fulfureufe de poudre à canon brûlée; je l'ai rompu avec peine. L'ayant confervé à l'air libre, il a fleuri comme une pyrite qui fe décompofe; la matiere faline qui s'eft

formée

formée à fa furface, avoit une faveur ftiptique défagréable & analogue aux fels vitrioliques.

17. J'ai affoibli l'acide vitriolique avec partie égale d'eau : pendant la chaleur que ce mêlange a fait naître, j'ai jetté de la cadmie en poudre, laquelle à l'inftant s'eft unie en une maffe poreufe & bourfouflée, moins folide que dans l'acide concentré, & la chaleur a continué. J'ai brifé la maffe qui avoit pris la forme du fond du verre qui contenoit le mêlange ; elle eft reftée en morceaux ; la chaleur a été durable ; la liqueur s'eft troublée, & il s'eft formé à fa furface une écume comme fur une matiere muqueufe.

18. J'ai pris un thermometre de mercure, fcélé dans un tube de verre, je l'ai mis dans un vaiffeau de verre ; j'ai verfé à peu près une partie d'acide vitriolique concentré & deux parties d'eau commune, alors le mercure qui étoit à treize degrés au-deffus de o, degré de l'athmofphere de mon cabinet, a monté à 29 degrés. J'ai verfé de la poudre de cadmie, le mercure a monté à 34 degrés ; j'y en ai ajouté une plus forte dofe, il a monté à 49 degrés, exhalant une légere odeur vineufe. La liqueur ne s'eft pas beaucoup agitée ; elle s'eft réfroidie très lentement, eft reftée brune, trouble, couverte d'une écume grife. La liqueur étant encore tiede, j'apperçus, à la furface, des lignes en tous fens, comme tracées par une mouche, laquelle en marchant auroit rompu légérement la pellicule. J'examinai de près & je vis que c'étoit de petits cryftaux qui commençoient à fe former.

19. J'ai jetté de la cadmie en poudre dans l'acide du fel marin, elle y a occafionné une légere chaleur fans fe réunir en une maffe, comme dans l'acide vitriolique concentré ; la liqueur a blanchi légérement, eft reftée trouble fans agitation. Le lendemain la liqueur étoit claire, légérement blanche, fans être limpide. J'ai décanté & verfé quelques gouttes d'une liqueur alkaline, il s'eft formé à l'inftant un *coagulum* confiftant, d'une couleur gris-blanche & opaque.

N n

20. La poudre de la cadmie, verfée dans l'acide nitreux, ne s'eft point réunie en une maffe folide, comme dans l'acide vitriolique concentré. Il s'eft excité une légere chaleur avec de l'agitation. Une heure après il n'a plus paru de mouvement dans la liqueur, laquelle s'eft réduite en une gelée légérement grife, tranfparente, bien tremblante, & plus confiftante qu'une belle gelée de corne de cerf. J'ai délayé dans de l'eau cette efpece de colle ; elle ne s'y eft point diffoute entiérement ; elle eft reftée en partie fufpendue dans la liqueur. J'ai décanté, & verfé de l'alkali fixe ; il s'eft formé un *coagulum* d'un blanc jaune aurore ; couleur produite par une légere portion de fer diffoute par l'acide.

21. Le vinaigre, verfé fur la poudre de cadmie, en a diffous une partie fans exciter ni mouvement ni chaleur ; il s'en exhaloit une odeur à-peu-près femblable à celle qu'exhalent les diffolutions de plomb dans le même acide. L'alkali fixe a précipité de cette diffolution un *coagulum* peu confiftant & de couleur blanche tirant au brun.

22. J'ai examiné le lendemain la diffolution par l'acide vitriolique (18) qui étoit en cryftallifation ; j'ai trouvé des cryftaux confus, formés en aiguilles très déliées, groupés en tous fens ; fe fondant avec beaucoup de facilité, & ayant le goût ftiptique du *gilla vitrioli*, ou vitriol blanc. J'ai fait chauffer & filtrer la liqueur ; j'ai verfé fur une partie de l'alkali fixe ; la liqueur ne s'eft point troublée, mais il s'eft fait un *coagulum* figurant comme une cryftallifation ifolée dans la liqueur limpide. Cette cryftallifation pâteufe étoit blanche, avoit la confiftance & le goût du vitriol blanc.

23. J'ai ajouté quatre parties d'eau au mêlange d'acide vitriolique avec partie égale d'eau (17), dans lequel la cadmie s'étoit réunie en une maffe fpongieufe : cette maffe rompue ne s'eft point diffoute, quoiqu'il foit furvenu de la chaleur ; j'ai ajouté de nouvelle poudre de cadmie & ai agité ; alors il s'eft excité une chaleur très

confidérable, fans qu'il paroiffe de mouvement autre que celui que j'y déterminois : le tout s'eft éclairci & la partie de la poudre qui ne s'eft point difloute, s'eft précipitée fous un volume confidérablement augmenté.

24. J'ai enfin mêlé toutes les diffolutions de la cadmie dans l'acide vitriolique ; je les ai étendues dans beaucoup d'eau & j'ai filtré. Sur une petite portion j'ai verfé quel-ques gouttes d'alkali fixe ; la liqueur eft devenue laiteufe ; & il s'eft formé un *coagulum* qui a flotté long-temps avant que de dépofer fous une forme un peu mucilagineufe, blanche : les parties qui fe font précipitées les dernieres ont pris une légere teinte ochrale.

25. J'ai fait évaporer à feu doux les diffolutions de la cadmie dans l'acide vitriolique ; il s'eft féparé pendant l'é-vaporation de petits floccons de matiere, qui nageoient dans la liqueur fans la troubler ; j'ai retiré du feu la li-queur réduite ; laquelle, en réfroidiffant, eft devenue de la plus grande limpidité, couverte d'une croûte très légere de cryftaux infiniment petits & ayant dépofé abondamment une fubftance blanche, légere & un peu onctueufe. J'ai remis fur le feu & ai pouffé l'évaporation à ficcité ; j'ai obtenu un fel blanc, qui étoit un vitriol blanc analogue à celui de Goflard. Perfuadé que cette cadmie étoit à-peu-près femblable à celle que l'on tire des fonderies de cui-vre, conféquemment qu'elle contenoit du zinc, j'ai tenté de l'en extraire par la voie feche, par différents procédés.

26. J'ai mêlé quatre onces de poudre de cadmie avec quatre onces de nitre & deux onces de poudre de charbon ; j'ai projetté dans un creufet ardent ; la déflagration a été très violente, la flamme confidérable, éclatante, d'une couleur blanche, verte, tirant fur le bleu ; la fumée abondante, épaiffe, blanche. J'ai pouffé le feu, la couleur verte de la flamme a augmenté. Lorfque j'ai cru qu'il pouvoit y avoir une portion métallique revivifiée, j'ai tiré du feu le creufet, l'ai incliné fur un cône ; il n'en eft rien forti. J'ai remis au feu le creufet, j'y ai introduit quatre onces

de cuivre de rosette; j'ai donné un feu de fusion; j'ai
ensuite retiré le creuset & j'en ai tiré un bouton pesant
quatre onces quatre gros trente-neuf grains : il étoie rouge
au dehors ayant des taches jaunes; je l'ai forgé sur l'enclume;
il a acquis une chaleur considérable, s'est rompu; il avoit
intérieurement un grain très fin, cendré & d'une couleur
jaune; c'étoit un vrai laiton qui avoit pris $\frac{1}{7}$ de poids plus
que le cuivre employé.

27. Quatre onces de cadmie en poudre mêlée avec quatre onces de salpêtre & une once de poudre de charbon, ont
déflagré violemment dans un creuset : j'ai poussé au feu de
fusion le résidu; il n'est resté dans le creuset qu'un peu de
scories noires, un petit globule de métal blanc, dur, pesant $1\frac{1}{4}$ grain qui étoit du zinc. Le creuset étoit enduit intérieurement d'un vernis de verre couleur d'émeraude, provenant de la destruction du zinc.

28. J'ai mêlé deux onces de poudre de cadmie avec deux
onces de cuivre de rosette en grenailles, & un peu de poudre de charbon dans un creuset couvert & luté. Après une
demi-heure, j'ai obtenu un bouton de laiton pesant deux
onces cinq gros trente six grains; c'est $\frac{1}{3}$ d'augmentation du
poids du cuivre employé.

29. J'ai mêlé deux onces de cadmie en poudre avec deux
onces de poudre martiale de la forge, & j'ai placé dans un
creuset deux onces de cuivre de rosette en lame lit par lit,
avec le mélange de la poudre. J'ai couvert & luté le creuset;
j'ai poussé au feu de fusion; j'ai obtenu un bouton de laiton
pesant trois onces deux gros; c'est près de $\frac{2}{3}$ d'augmentation:
ce laiton étoit plus dur que le précédent.

30. J'ai fondu ensemble ces deux derniers boutons de
laiton (28,29) qui pesoient cinq onces sept gros trente-six
grains; j'en ai tiré un métal combiné pesant cinq onces cinq
gros trente grains; ce qui prouve une once cinq gros trente
grains d'augmentation sur quatre onces de rosette employées, faisant près de $\frac{3}{7}$ d'augmentation, & dans la refonte

deux gros six grains de perte, faisant $\frac{2}{13}$ en déchet de l'augmentation.

31. J'ai présenté ce laiton à un Fondeur en cuivre de S.
Dizier, lequel est fort intelligent; il l'a trouvé d'un beau
grain, prenant bien le poli, doux au marteau, très propre à
former des pieces qui doivent réunir la force & la souplesse.

32. J'ai mêlé deux onces de poudre de cadmie avec deux
onces de poudre martiale; j'ai poussé au feu de fusion; je
n'en ai obtenu qu'une matiere pultacée qui n'étoit autre
chose que des scories ferrugineuses parmi lesquelles on
voyoit des points blancs qui étoient des indices du zinc
revivifié qui se réduisoit en fleur à mesure qu'il recevoit du
phlogistique.

33. La poudre martiale dont je me suis servi est une
poussiere noire, pesante, très subtile, qui se dépose sur les
charpente de cordon du marteau de la forge, particuliérement sur le drome qui est une poutre très considérable qui
affermit la charpente de la machine du gros marteau. Cette
poudre est en partie attirable par l'aimant. Elle est composée de fer très atténué, de scories de fer en poudre très subtile, & d'un peu de poussiere de charbon; le fer y est dans
l'état de l'éthiops martial.

34. Enfin j'ai tenté la révivification du zinc contenu dans
la cadmie, dans un fourneau qui donneroit moins d'intensité
au feu, mais une chaleur suffisante pour fondre. Pour ce, je
me suis servi du fourneau du fondeur en cuivre, dont le
feu n'est excité que par un courant d'air qui traverse le cendrier, & dont la rapidité est accélérée par un tuyau élevé.
J'ai placé dans ce fourneau un creuset recuit, contenant
deux livres & demie de cadmie, une demi-livre de suie
grasse, & une demi-livre de flux noir : ce mêlange a pris
une consistance pultacée après trois heures d'un feu assez vif;
il n'est entré en bain aucune partie métallique; tout le zinc
s'est dissipé en flamme & en fleur très abondante; le résidu
étoit composé de scories parmi lesquelles on voyoit quelques points blancs & brillants qui étoient des molécules de
zinc qui se détruisent à mesure qu'elles se forment.

35. J'ai mis au même fourneau, dans le même creuset nettoyé, deux livres & demie de cadmie mêlée avec quatre onces de flux noir & une demi-livre de poudre martiale. J'ai difposé deux livres & demie de cuivre rofette en lame, lit par lit avec le mélange ci-deffus; j'ai obtenu après deux heures un bouton de laiton pefant trois livres. J'ai pilé les fcories, & lavé; il s'y eft trouvé deux onces de grenailles de laiton. J'ai refondu le tout, & en ai coulé des médaillons du Roi, lefquels ont pefé avec les jets & réfidus trois livres une once deux gros, ce qui n'opere que $\frac{1}{9}$ d'accroiffement : produit bien inférieur au $\frac{1}{7}$ d'augmentation que j'ai trouvé (30) au feu de la forge excité par le foufflet.

36. J'ai tenté la révivification du zinc fuivant les procédés indiqués dans l'Encyclopédie, avec le creufet enduit de cire; premiérement, avec la poudre de charbon feule; fecondement avec la fuie & le flux noir, avec le même creufet luté, enduit de cire & couvert, & toujours fans fuccès.

37. Enfin j'ai fuivi le confeil de M. Margraff. J'ai mis dans une cornue lutée huit onces de cadmie en poudre, mêlée avec une once & demie de poudre de charbon. Après trois heures d'un feu vif, j'ai laiffé réfroidir les vaiffeaux; & ayant caffé la cornue, j'en ai tiré cinq onces un gros de zinc qui étoit attaché au col.

38. J'ai préfumé que les parois intérieures du fourneau n'étoient pas le feul endroit où je pourrois découvrir des preuves de l'exiftence du zinc dans nos mines de fer, lequel fe décompofoit, & étoit fublimé par la violence de la chaleur. Pour m'en convaincre j'ai amaffé fur une plaque de fonte de fer, dont j'ai coutume de me fervir pour boucher en plus grande partie la bure du fourneau, lorfque je le mets dehors, une poudre blanche très douce au toucher, qui eft la même chofe que la tuthie qui s'éleve dans les fourneaux des fondeurs en cuivre, & qui s'attache après leurs tenailles & autres outils. Cette tuthie martiale s'eft diffoute en partie dans les acides, ne s'eft pas durcie comme la cadmie dans l'huile de vitriol; mais elle a fait la gelée dans l'acide ni-

treux, & a donné, avec l'alkali, les précipités comme la cadmie & les mêmes phénomenes que la tuthie des boutiques.

39. J'ai obfervé des grappes à la chapelle du fourneau, c'eft-à-dire en face du taqueret, efpace qui eft entre la tympe & le premier gueufat de la marâtre antérieure ; j'ai reconnu que cette matiere contenoit une poudre grife mêlée avec beaucoup de parties vitrifiées. Je l'ai réduit en poudre, & en ai jetté dans l'acide de vitriol concentré ; elle ne s'y eft pas réduite en maffe comme la cadmie ; mais ayant affoibli confidérablement l'acide vitriolique, il s'eft fait une vive effervefcence, & l'alkali fixe a précipité de la diffolution un *coagulum* femblable à celui provenant de la cadmie.

40. Dans l'acide nitreux, cette fubftance a donné une gelée un peu moins confiftante que la cadmie ; mais au furplus les mêmes phénomenes : elle contenoit conféquemment du zinc.

41. J'ai remarqué auffi qu'il s'attachoit aux marâtres des tympes du fourneau, c'eft-à-dire depuis le gueufat jufqu'à l'entablemeut du fourneau qui en fait l'abajour, & plus particuliérement aux parements de pierre de taille qui font ruftiqués, de petites grappes d'une efpece de fuie grife, en poudre très fubtile qui retombe quelquefois lorfqu'elle eft abondante, & même qui prend feu lorfque les étincelles embrafées du fourneau s'y portent avec abondance, ce qui arrive cependant rarement. J'ai amaffé de cette poudre adhérente à la poitrine du fourneau, pour parler le langage des Métallurgiftes. J'en ai mis dans l'acide nitreux ; elle a fait effervefcence comme la cadmie, & la diffolution s'eft coagulée en gelée, de laquelle diffolution l'alkali fixe a tiré un précipité blanc. Cette poudre s'eft diffoute auffi en partie dans l'acide vitriolique, ne s'y eft point durcie, & a produit les mêmes accidents que la cadmie en poudre.

42. Perfuadé de la préfence du zinc & de fon abondance dans nos mines de fer, j'ai préfumé qu'il n'étoit pas entiérement diffipé par le feu de fufion par lequel nous donnons

au minerai du fer une premiere préparation en le réduisant
en matte. Des taches blanches à la surface de quelques pieces de fonte de fer réfroidie sans le contact de l'air, une
couleur matte à la cassure d'autres, & une disposition des
parties régulines, m'ont fait soupçonner dans la matte du
fer un mélange de substance métallique encore minéralisée. D'ailleurs le déchet considérable que souffre la fonte
de fer dans son affinage, les vapeurs qui s'exhalent pendant
cette opération, les grouppes considérables qui s'attachent
en grappes au-dessus de la tuyere, tant au mureau qu'au
mur supérieur des affineries, ne sont que le produit des corps
étrangers unis à la partie métallique du fer dans sa matte.
J'ai cru que le zinc entroit pour beaucoup dans tous ces accidents.

43. Pour démontrer le principe de mes soupçons, j'ai
détaché des grappes de mes affineries, & les ai examinées;
j'y ai trouvé une poudre extrêmement fine, rouge, semblable à du colcotar, des molécules grises & jaunes vitrifiées, & beaucoup de globules ferrugineuses. J'en ai réduit
en poudre grossiere. J'en ai versé dans l'acide nitreux; elle y
a fait effervescence ; il s'en est dissous une petite portion
qui a donné de la consistance à la liqueur, laquelle étant
étendue & mêlée avec la dissolution d'alkali fixe, a donné
un précipité blanc abondant comme celui de la cadmie.

44. Dans l'acide vitriolique concentré, cette poudre s'est
dissoute avec chaleur sans grande effervescence & sans prendre de consistance. Mais en affoiblissant l'acide avec de l'eau,
la chaleur & l'effervescence ont augmenté considérablement. La liqueur étant éclaircie & étendue de beaucoup d'eau,
j'y ai versé de l'alkali fixe qui a occasionné un précipité considérable de couleur bleue d'ardoise foncée, prenant à sa
surface, après quelques jours, une couleur ochrale ferrugineuse.

45. J'ai enveloppé le coagulum du papier sur lequel il a
déposé. Je l'ai fait sécher & mis dans un creuset couvert
& luté. J'ai poussé au feu de fusion; il n'est resté dans le
creuset qu'un enduit noir & bleu gorge de pigeon. Le zinc
qu'il

qu'il contenoit a été entiérement détruit & le fer qui, quoi-qu'en petite quantité & dans l'état de celui qui colore en bleu le dépôt de l'alun dans le bleu de Prusse, a formé ce vernis ferrugineux.

47. De toutes les observations & expériences dont je viens de rendre compte, l'on peut conclure que dans nos mines de fer le minerai est uni à celui du zinc; & comme la réduction du minerai du fer demande un feu de la derniere véhémence, que le zinc est un demi-métal imflammable & volatil, ce dernier est continuellement détruit à mesure qu'il reçoit du phlogistique, & porté en partie au dehors du four-neau par les issues par lesquelles la flamme s'échappe, c'est-à-dire par la bure qui est l'ouverture du foyer supérieur, & par les tympes qui est l'ouverture du foyer inférieur; que ce zinc est dans différentes situations à raison des degrés de chaleur qu'il a reçu; que les parties qui ont reçu un feu moins vif étant plus proches de l'état de métal, s'élevent moins haut en raison de leur pesanteur spécifique & s'atta-chent à la surface des parois intérieures du fourneau où elles reçoivent encore une portion de phlogistique, & elles y for-ment la véritable cadmie que quelques-uns ont appellé *verte fraîche*, pour la distinguer de celle des anciens travaux. Les parties du zinc, qui ont reçu un degré de feu plus considérable, plus dépouillées de leur phlogistique & ré-duites à leur principe, sont portées dans les airs en va-peur blanche que l'on appelle *laine philosophique* par un abus de termes, ce qui forme la tuthie que l'on ramasse à l'ouverture supérieure du fourneau sur les plaques dont on la couvre à dessein.

48. Les fumées qui passent par l'ouverture inférieure du fourneau se fixent depuis les bords de cette ouverture jusqu'à la partie la plus élevée du fourneau. Celle qui s'attache en grappe sur la chapelle du fourneau, espace que l'on pourroit appeller son *abdomen*, y est continuelle-ment exposée à la pointe de la flamme pressée par la force des soufflets, elle y reçoit comme un feu de lampe qui la

O o

vitrifie. Les vapeurs qui s'élevent plus haut, & qui s'attachent à la poitrine du fourneau que nous appellons marâtre, est en poudre très subtile. C'est une suie grise métallique qui contient encore assez de phlogistique pour s'embraser & fuser sans déflagration, lorsque mêlée au poussier du charbon, elle est frappée par un torrent d'étincelles qui s'élevent des tympes quand on couvre les laitiers avec du frasin sec, pour entretenir leur consistance fluide, cette suie de zinc est le pompholix.

49. Les minerais de fer que je traite à Bayard, & qui le font dans les forges voisines, ne font pas les seuls qui contiennent du zinc : les mines en roche de cette province de Champagne en contiennent. J'en ai remarqué aussi des indices dans celles de Bourgogne, Franche-Comté, Alsace, Lorraine & Luxembourg, lorsque j'ai jetté un coup-d'œil sur leurs travaux; de même que j'ai reconnu dans le traitement des mines de ces provinces, de l'amiante ferrugineux qui échappe aux yeux de la plûpart des Maîtres de Forges qui les exploitent.

50. J'ai dit dans le *Mémoire sur l'Art de fondre les minerais de fer* » qu'un fourneau de fonderie étoit en bon
» ordre, lorsque la flamme supérieure étoit vive, courte,
» bleue, mêlée de blanc & de traits rouges éclatants;
» lorsque les bords de la bure & de son intérieur blan-
» chissoient; qu'au contraire, les accidents à craindre
» étoient annoncés par des signes sinistres, qui sont la
» flamme d'un jaune mourant, mêlée d'un rouge obscur,
» accompagnée d'une fumée abondante, qui imprime à
» la bure du fourneau une couleur livide & noire «. Je
ne savois pas alors que le zinc étoit l'agent de ces pro-
gnostics. Les fleurs du zinc qui viennent enduire les bords
du fourneau d'une poudre blanche annoncent que la chaleur du fourneau est proportionnée à la quantité de matiere & que le zinc est très dépouillé de son phlogistique.
Au contraire quand les vapeurs sont abondantes, qu'elles
sont noires & livides, c'est une preuve que la chaleur n'a

pas eu affez d'intenfité pour dépouiller ce métal de fon phlogiftique.

51. Si dans les fourneaux des forges voifines où font traitées les mêmes mines de fer qu'à Bayard, il ne s'y amaffe pas une ceinture de cadmie dans l'intérieur, comme il s'en eft amaffé dans le mien, ce n'eft pas une raifon de conclure que le minerai traité dans ces forges ne contienne pas du zinc; parceque la fublimation de la cadmie a été déterminée à fe fixer dans le mien par plufieurs caufes; la premiere eft que mon fourneau a une forme elliptique qui offre une continuité qui eft interrompue par les angles des fourneaux quarrés de mes voifins; la feconde eft la vitrification de la furface des briques dont mon fourneau eft conftruit, laquelle, s'amolliffant par la chaleur, retient plus aifément les corps qui cherchent à s'accrocher, ce que la furface dépouillée des pierres calcaires dont les autres fourneaux font conftruits, ne permet pas; la troifieme enfin eft la durée de l'action, puifqu'il y a quinze ans que les parois de mon fourneau fervent, au lieu qu'à chaque fondage des fourneaux voifins, qui dure cinq à fix mois, les parois intérieures font démolies & reconftruites : mais ces fleurs de zinc font auffi fenfibles à la bure, à la chapelle & aux marâtres de ces fourneaux, que dans le mien, donc les mines qui y font traitées contiennent de même les principes élémentaires du zinc. Les minerais de Mont-Gérard en contiennent plus que ceux de Narcy qui ne font éloignés que d'une lieue l'un de l'autre.

52. Dans les analyfes de la cadmie il s'eft préfenté différents phénomenes finguliers, dont le premier eft l'endurciffement de cette fubftance réduite en poudre & plongée dans l'acide du vitriol concentré. Je penfe que cet acide, avide de phlogiftique, a faifi rapidement celui contenu dans la poudre de la cadmie, & en a formé du foufre qui a comme fondu & amalgamé toutes les molécules de la cadmie & en a formé une efpece de pyrite. Le foufre,

qui s'eſt formé, n'a été ſenſible que par l'effet de la chaleur occaſionnée par l'eau verſée ſur cette nouvelle pyrite qui a exhalé une odeur ſulfureuſe, ſemblable à celle qu'exhale la poudre à canon brûlée; & cette eſpece de pyrite a fleuri un ſel vitriolique.

53. Le ſecond phénomene eſt la gelée conſiſtante & tranſparente que forme la diſſolution de la cadmie dans l'acide nitreux; phénomene que produit la zéolite. L'extrême diviſion dont les parties du zinc ſont ſuſceptibles ſoit dans les diſſolvants ſoit par le feu, la liaiſon de ſes parties, même diſſoutes, prouvée par les vapeurs flottantes comme des floccons de neige ou de coton, ces parties, dis-je, de la cadmie, unies avec le phlogiſtique abondant contenu dans l'acide du nitre, ont compoſé une matiere graſſe, mucilagi-neuſe comme tous les corps capables d'une grande dilatation dans les fluides dans leſquelles ils reſtent ſuſpendus.

54. Le troiſieme phénomene eſt l'odeur du ſel de Saturne de la diſſolution de la cadmie dans le vinaigre. Il ſe pourroit que la cadmie contînt du plomb comme M. Margraf en a trouvé dans la calamine qui eſt le minerai du zinc, mais je n'en ai apperçu aucun autre indice & pas un veſtige dans les expériences que j'ai tentées par voies ſeches.

55. Il eſt à préſumer que le zinc, diſſous par les acides, y tient peu, puiſque leur diſſolution ſans aucun mêlange qui puiſſe occaſionner un dépôt, laiſſe échapper un précipité d'autant plus flottant & plus léger que la liqueur eſt plus éten-due, ce qui fait qu'il eſt très difficile d'obtenir des cryſtaux de vitriol de zinc; parcequ'à meſure que l'évaporation s'a-cheve d'un côté, il ſe forme une croûte ſaline confuſe à la ſurface de la liqueur, & d'un autre coté un dépôt conſidé-rable au fond du vaſe.

56. J'ai employé ſans ſuccès, pour revivifier le zinc con-tenu dans la cadmie, les matieres les plus réductibles, dans des vaiſſeaux ouverts, même dans des vaiſſeaux clos. Il n'y a eu que l'appareil de la cornue de terre lutée à laquelle on adapte un balon empli à tiers d'eau, par lequel, en ſuivant le

procédé de M. Margraf, j'ai réussi à tirer une certaine quantité de zinc de la cadmie des forges à fer, & en stratifiant la cadmie avec le cuivre de rosette, j'en ai obtenu du laiton de la meilleure qualité. L'augmentation, par le feu de la forge, a été de $\frac{3}{7}$ (32); au lieu que par le fourneau de fusion des fondeurs (37), il n'a été que de $\frac{2}{9}$, conséquemment on ne peut employer un feu trop actif pour accélérer la fusion ; puisque le produit a été d'autant plus foible, que le feu a été moins actif & l'opération plus lente, ce qui a favorisé d'autant la dissipation du zinc en fleur, & a diminué le poids du laiton, résultant de la combinaison de la rosette avec la cadmie, laquelle n'a occasionné aucune altération à l'étain avec lequel je l'avois voulu fondre.

57. Si la cadmie des forges pouvoit former l'objet d'une branche de commerce utile à l'État, il seroit un moyen très facile d'en recueillir beaucoup, en construisant au-dessus de la bure du fourneau un canal oblique qui détermineroit la flamme, les vapeurs & les fumées à passer dans une petite chambre voûtée qui feroit l'office d'un grand ballon, où, après avoir circulé, elles s'échapperoient par une cheminée. Comme il y a beaucoup de mines de fer en France qui contiennent une grande quantité de zinc, d'après les expériences dont j'ai rendu compte, il seroit possible d'établir des fourneaux comme à Goslard pour l'en extraire, ce qui produiroit une matiere nécessaire à nos fabriques & que nous sommes obligés de tirer de l'étranger.

58. J'ai consulté quelques Auteurs (a) sur la nature de la cadmie & de ses analogues. J'ai trouvé dans les uns peu de lumieres, beaucoup de confusion dans d'autres. M. Geoffroy, dans sa *Matiere Médicale*, est celui qui m'a paru avoir mieux traité cette partie avec plus d'ordre & de précision en rapportant le sentiment des anciens. Depuis Pline &

(a) Pline, Becher, Schindlers, Henkel, Merret & Kunkel; Lechman, Schlutter & M. Helot; Lemeri, Pomet, Geoffroy, le Dictionnaire de Chymie, l'Encyclopédie & Vallérius.

Dioſcoride, l'on n'avoit pas acquis beaucoup de connoiſſance ſur cette matiere, juſqu'à ces derniers temps où le zinc a été reconnu pour un demi-métal. L'Auteur de l'article *tutie*, dans *l'Encyclopédie*, prétend que Pline a eu tort d'avancer qu'il y avoit une eſpece de cadmie rouge, & qu'il n'a point parlé d'une bleue citée par Dioſcoride, parceque ſans doute, dit-il, Pline aura pris le mot grec χυανίζωσα qui exprime une couleur bleue, pour cet autre mot φοινίσσωσα qui exprime une couleur rouge. Mais il y a apparence que cet Auteur s'eſt trompé lui-même, puiſque nous trouvons de la cadmie rouge de pluſieurs nuances, & que Pline parle d'une eſpece, qu'il appelle *onichitis extra pene cærulea*, que j'ai trouvée auſſi. Mais au ſurplus toutes ces couleurs ne ſont que l'effet de différentes modifications de la ſubſtance du zinc altéré par diverſes circonſtances qui ne changent rien à l'eſſence des choſes. La ſuie qui s'attache à la poitrine du fourneau eſt cette eſpece de cadmie que Pline appelle *capnitis ſimilis favillæ*. Enfin les fleurs de zinc ont reçu des Arabes, des Grecs, des Latins & des François, des noms & des épithetes différentes qui caractériſent ou leur état actuel, ou les endroits différents des fourneaux où elles s'attachent, ou enfin la forme qu'elles affectent. M. Margraf a répandu beaucoup de lumieres ſur la nature de la cadmie.

59. J'ai commencé l'examen des minerais de fer que je traite à la forge de Bayard. Je n'y ai encore reconnu, par les procédés ordinaires, aucun veſtige de zinc. Mais cette matiere demandant des recherches exactes & plus étendues, ſera l'objet d'un autre Mémoire pour déterminer, parmi les minerais de fer traités dans cette partie de la province de Champagne, quels ſont ceux qui contiennent le plus de parties de zinc; & ſi leur traitement eſt avantageux ou nuiſible par les quantités reſpectives des différents métaux qu'ils contiennent.

60. Comme nous avons vu que le zinc, contenu dans le minerai du fer, n'eſt pas totalement détruit par le feu de fuſion, quelque véhément qu'il ſoit; qu'il entre encore une por-

tion confidérable de zinc dans la matte du fer, ce qui fe manifefte par les analyfes des recréments de l'affinage des
fontes , que je foupçonnois même que le régule du fer
dont j'ai parlé dans le *Mémoire fur les Métamorphofes du
fer*, contient encore du zinc; que je pouffe même mes
doutes jufquà confidérer l'acier que l'on obtient par cémentation comme un fer entiérement dépouillé de zinc ou autre
alliage de parties métalliques volatiles : je me propofe de
faire fur ces objets des recherches qui puiffent me conduire
à des connoiffances utiles.

MÉMOIRE

DE CHYMIE MÉTALLURGIQUE,

CONTENANT

DES OBSERVATIONS ET DES EXPÉRIENCES

SUR LA FRITTE DES FORGES A FER.

1. Dans le traitement des mines de tous les métaux, l'on obtient, par la fusion, deux substances principales; l'une est le métal extrait du minerai par la violence du feu, à l'aide des fondants que l'on y ajoute, ou qui lui sont unis ; l'autre est le résidu de toutes les parties du minerai qui ne sont point métalliques, des portions métalliques décomposées & vitrifiées, des fondants & même des aliments du feu : cette derniere se nomme dans les forges, *laitier*, ce qui répond au mot générique *scories*, employé par les Chymistes.

2. L'on abuse dans les forges du terme de *laitier*, pour exprimer généralement toutes les matieres qui ne sont point métalliques & qui sortent fluides, soit du fourneau de fonderie, soit de ceux de macération, soit de ceux d'affinage, soit enfin de ceux de chaufferie; quoique ces laitiers different beaucoup entre eux en nature, couleur, consistance & en qualité.

3. Pour répandre plus d'ordre & de jour dans l'examen des travaux des forges, je nomme *laitier*, proprement dit, la matiere qui sort fluide des fourneaux d'affinage & de chaufferie. Cette espece est pyriteuse. Les sornes de ces feux sont de la même qualité. Je donne le nom de *scorie* à celle qui coule des fourneaux de macération. Cette espece

efpece eft plus métallique que la précédente: enfin je donne
le nom de *lave* à cette matiere gluante qui furnage la
fonte en bain dans les fourneaux de fonderie. Cette derniere forte eft vitreufe. Ces trois fubftances ont chacune
leur efpece particuliere. Je jetterai un coup-d'œil fur les
efpeces de laves des fourneaux de fonderie, & je m'arrêterai à l'analyfe d'une feule.

4. Je donne le nom de *lave* aux matieres vitreufes qui
fortent des fourneaux de fonderies, par analogie aux laves
des volcans, avec d'autant plus de raifon qu'elles contiennent
à-peu-près les mêmes fubftances, & que j'en ai qu'il feroit
difficile de diftinguer fi elles font forties des bouches d'un
volcan ou des creufets de nos fourneaux : & de même que
parmi les laves de volcans, il y en a de différentes fortes,
qualités & couleurs; de même auffi les fourneaux de fonderie des forges à fer, produifent des laves qui different
entre elles en couleur, en confiftance, en poids & en
folidité ; & ce, en raifon de l'état de perfection du
travail du fourneau, de la combinaifon plus ou moins
exacte des matieres minérales & métalliques, & de l'intenfité de la chaleur. Une efpece de ces laves approche
beaucoup de la pierre ponce par fa porofité, fa légéreté
& fa friabilité, mais elle en differe à certains égards :
c'eft ce que nous verrons dans le détail de mes expériences.

5. En général les laves des fourneaux font des matieres
vitreufes; même plufieurs font dans un état qui touche à la
perfection du verre propre à être foufflé, ayant de la folidité,
de la tranfparence, & un poids confidérable. Celles qui
approchent le plus de ce degré de perfection, fur-tout en
Champagne, font de couleur améthifte plus ou moins foncée
à caufe d'un peu de fer qu'elles contiennent, tel le verre
cryftal trop chargé de manganefe. Dans les forges où l'on
ufe des mines de montagnes en galerie, comme en Alface,
cette efpece de lave eft bleue à caufe d'un peu de fafre qui
y eft uni. D'autres laves chargées de parties de chaux, foit

P p

ſpatiques ou métalliques, ſont moins tranſparentes; elles ſont laiteuſes, verdâtres, & en général ces eſpeces de laves approchent beaucoup de la nature de l'émail : d'autres contiennent beaucoup de parties de minerai qui n'a pas ſubi une fuſion aſſez exacte pour faire le départ des ſubſtances métalliques; alors elles ſont ou brunes & poreuſes, ou noires & bourſoufflées, tantôt friables, tantôt ſolides. Celles-ci approchent beaucoup des laves, proprement dites, dont on pave les villes qui avoiſinent les Volcans.

6. Lorſqu'enfin la lave du fourneau eſt ſimplement vitreuſe, qu'elle contient une certaine terre dont nous tâcherons de découvrir la nature, que l'humidité raréfiée par la chaleur la ſaiſit dans ſon état de fluidité au ſortir du fourneau, elle ſe bourſouffle conſidérablement : c'eſt cette derniere eſpece que j'ai pris pour ſujet des obſervations & des réflexions contenues dans ce Mémoire.

7. Lorſque le fourneau eſt en bon train, que toute la ſubſtance métallique du minerai ſubit une fuſion aſſez exacte pour paſſer entiérement dans le bain ſans ſe décompoſer, la lave qui ſurnage la fonte ſort par les tympes ſur la dame, en une conſiſtance épaiſſe. Si l'on a jetté de l'eau ſur la dame pour la rafraîchir, la vapeur de l'eau, raréfiée par la chaleur, pénetre la lave, augmente la faculté qu'elle a de ſe bourſouffler, lui fait preſque centupler ſon volume, alors cette ſubſtance eſt blanche, exceſſivement poreuſe, & ſi légere, qu'elle flotte ſur l'eau. Elle a ſur-tout, lorſqu'elle eſt nouvelle, une odeur de leſſive alkaline; elle eſt ſi friable qu'elle ſe réduit par un frottement léger en ſablon blanc, tranſparent & brillant. C'eſt un verre imparfait compoſé d'un ſable vitrifiable & d'une terre particuliere qui a ſubi la vitrification à l'aide d'une grande quantité de cendres & d'alkali fixe produits par les charbons employés pour la réduction du minerai. J'ai donné à cette lave le nom de *fritte des forges à fer*, à cauſe de ſon analogie avec la fritte des Manufactures de verre, de porcelaine & de faïance.

8. La fritte des forges à fer eſt donc une ſubſtance vi-

treufe, blanche, poreufe, légere & friable, laquelle étant agitée, fait entendre le crépitement des corps électrifés Cet accident eft caufé par des particules d'air enfermées entre les lames vitreufes qui la compofent & qui fe rompent au moindre ébranlement, & produifent en petit & fucceffivement ce que la larme batavique produit tout d'un coup en totalité: c'eft la même caufe phyfique.

9. Plufieurs Maîtres de forges prennent de cette fritte réduite en poudre fine pour en faire du fable pour l'écriture ; mais ce fable eft d'un mauvais ufage, parcequ'il eft rude & tranchant au toucher, qu'il s'attache fortement au papier & à l'écriture, qu'il s'accumule au bec de la plume.

10. J'ai tenté de découvrir la nature de cette fubftance. Pour ce, j'en ai réduit beaucoup en poudre en frottant deux morceaux l'un contre l'autre & contre une plaque de fonte de fer bien nettoyée.

11. J'ai mis de cette poudre fur ma langue ; je l'ai roulée & mâchée ; &, contre mon attente, je l'ai trouvée infipide ; car je croyois que fon odeur étoit l'effet d'un alkali fixe furabondant ; mais celui de fa compofition eft mafqué.

12. Huit onces de cette poudre, bouillie dans deux livres d'eau, m'ont donné une liqueur qui, étant filtrée, étoit lympide, teinte d'une nuance brune prefqu'imperceptible. Cette liqueur, par évaporation, m'a donné trois grains & demi d'un fel brun qui imprimoit de la fraîcheur fur la langue, fufoit fur les charbons ; c'étoit du nitre.

13. J'ai mis de cette fritte en poudre dans du vinaigre diftillé ; il s'en eft diffout une partie ; l'autre s'eft précipitée au fond du vafe ; la liqueur filtrée & évaporée, réduite aux cinq fixiemes, a donné une gelée coulante couleur d'opale, laquelle étant entiérement defféchée, a laiffé une matiere brune faline qui imprime fur la langue une chaleur confidérable femblable à celle que produit la terre foliée de tartre.

14. J'ai verfé de l'acide nitreux fur la fritte en poudre ; elle s'eft diffoute entiérement avec effervefcence. J'ai faturé

P p ij

& filtré la liqueur qui, en réfroidiſſant, a produit une gelée très ſolide. En évaporant cette gelée au bain de ſable,
elle a pris une légere couleur de ſoufre, a donné enſuite une
cryſtalliſation confuſe, formée de cryſtaux grumeleux,
blancs, empâtés d'un peu d'eau mere citrine, épaiſſe &
gluante; le tout reſſembloit a du beau miel de Mahon ou de
Narbonne un peu coloré. Ce ſel a un goût acide, ſtiptique,
ne fuſe point ſur les charbons; au contraire il y perd ſon
humidité, ſe bourſouffle, y acquiert une ſaveur très cauſ-
tique; il ſe réſout facilement en attirant l'humidité de l'air.
J'ai refondu ce ſel; la ſolution n'a point donné de gelée
comme la liqueur premiere, & par l'évaporation, elle eſt
devenue citrine très huileuſe, n'a point donné de cryſtaux;
elle s'eſt deſſéchée ſous une forme ſaline blanche, & peu
après qu'elle a été retirée du bain de ſable, elle s'eſt réſo-
lue en liqueur citrine.

15. L'acide du ſel marin diſſout totalement la fritte, mais
avec moins d'effervefcence que l'acide nitreux. La liqueur
ſaturée & filtrée donne auſſi une gelée moins ſolide qu'a-
vec l'acide nitreux. Cette gelée a pris inſenſiblement, pendant l'évaporation, une couleur jaune dont l'intenſité a augmenté à meſure de l'effet de l'évaporation; lorſque la liqueur eſt devenue ſyrupeuſe, elle a pris une couleur aurore
foncée, & a paſſée enſuite à celle du rubis de ſoufre, enſuite
a donné une cryſtalliſation confuſe, grumeleuſe & ſans figure bien caractériſée. Ce ſel, en ſe deſſéchant, blanchit,
mais il attire, comme le ſel nitreux, très promptement l'humidité de l'air; alors la liqueur reprend ſa couleur de rubis de
ſoufre. Ce ſel ne décrépite point ſur les charbons; il y perd
ſon humidité & la plus grande partie de ſon acide, après
s'être gonflé, il ſe réduit très facilement en poudre.

16. La fritte en poudre a donné différents phénomenes
avec l'acide vitriolique: d'abord j'ai verſé ſur cette poudre de
l'huile de vitriol du commerce; elle n'a point été attaquée par
cet acide; mais après avoir verſé ſur le mêlange autant d'eau
commune que d'huile de vitriol, & remué promptement

avec une spatule de verre, il s'est fait un mouvement intestin si violent qu'il en est résulté une chaleur des plus forte, tel le bouillonnement pâteux & impétueux de la chaux très vive, humectée d'un peu d'eau, enfin la matiere s'est boursoufflée considérablement & s'est réduite en pâte; après que la chaleur en a enlevé toute l'humidité, il est resté une poudre blanche acide qui étoit cette fritte réduite à ses plus petites molécules, & qui avoit presque doublé son volume.

17. La fritte se dissout avec beaucoup d'effervescence dans l'acide vitriolique affoibli; lorsque la liqueur est saturée, le surplus de la fritte forme au fond du vase un sédiment blanc, lequel étant seché reste sous la forme d'une poudre blanche très subtile. La liqueur en réfroidissant donne une gelée transparente très blanche, plus solide qu'avec les autres acides; ensorte que cette gelée ne tombe pas du verre, quoi qu'on le renverse perpendiculairement. Si l'on verse, sur la dissolution de la fritte dans l'acide vitriolique, de l'huile de tartre par défaillance, il se forme des nuages qui s'épaississent en floccons : c'est une matiere blanche onctueuse & grumelleuse qui se précipite.

18. La dissolution de la fritte dans l'acide vitriolique filtrée, soumise à l'évaporation, donne d'abord des crystaux en prismes déprimés, dont les bouts sont fourchus; ces crystaux nagent d'abord sur la liqueur; ils se précipitent ensuite lorsqu'ils ont acquis un plus grand volume : en poussant l'évaporation, on obtient d'autres crystaux qui sont des prismes quadrangulaires équilatéraux terminés par des piramides quadrangulaires tronquées. Ces crystaux ont le goût stiptique & la forme de ceux de l'alun; ils attirent un peu l'humidité de l'air; exposés sur des charbons ardents, ils se boursoufflent & se calcinent en perdant toute l'eau de leur cryftallisation, même leur acide; car il ne reste qu'une poudre blanche friable & très peu acide; la liqueur restante qui est une espece d'eau mere poussée par l'évaporation, donne des cryftaux confus, disposés en lames, ayant le goût stiptique de l'alun & l'odeur du résidu de la

matiere qui refte dans les cucurbites dans lefquelles on a
fublimé le fel fédatif.

19. J'ai refondu ces fels; j'ai obtenu d'abord comme
ci-devant des cryftaux quadrangulaires équilatéraux, terminés par des pyramides tronquées, c'étoit de l'alun; le refte
de la liqueur, en fe defféchant, a laiffé une maffe faline de
couleur tranfparente blanche, attirant légérement l'humidité de l'air, s'empâtant fous la dent; mais imprimant fur
la langue une vive impreffion de feu & développant une
faveur acide, acre & auftere alumineufe, des plus fortes &
très défagréable. Ce fel fe bourfouffle fur les charbons ardents, y perd fon humidité & fon acide en plus grande
partie, & ne laiffe qu'une maffe blanche, poreufe, friable,
légere & prefque infipide.

20. De toutes ces expériences nous pouvons conclure
que la fritte des forges à fer eft un verre mal combiné,
qui n'a pas fubi un degré de cuiffon fuffifant pour acquérir le degré de perfection du verre qui ne doit être attaquable par les acides que lorfqu'on le réduit en poudre
impalpable, ou que, lorfque les parties alkalino-falines, qui
entrent dans fa compofition, ne font que mafquées & non
parfondues. J'ai un exemple de ce fait dans mon cabinet;
c'eft une bouteille de pinte de verre ordinaire, dans laquelle
un Fondeur en cuivre avoit acheté d'un colporteur de l'eau
forte: un jour voulant prendre fa bouteille qu'il avoit déja
entamé, il la fentit fléchir fous fes doigts; il prit alors des
précautions pour la furvuider; quelques jours après étant
allé le voir travailler il me parla de fon accident, me donna la bouteille qui n'en étoit plus que le fquelette, l'eau
forte en ayant pénettré & diffout prefque toutes les parties fans déplacement total. Cette bouteille faline eft un
hygrometre; dans les temps humides elle fe diffout & dans
ceux de féchereffe elle ne contient point d'humidité. Cette
matiere faline eft une félénite nitreufe.

21. La fritte des forges à fer eft attaquable par tous
les acides, mais n'eft point foluble dans l'eau; car le fel

nitreux que j'ai tiré de la liqueur réfultante de la fritte bouillie dans de l'eau, doit être attribué à l'eau que j'ai employée, fi la fritte eût contenu des principes attaquables par l'eau, c'eût été fans doute un fel alkalin; mais il n'y en a paru aucun veftige.

22. La diffolution de la fritte donne différents phéno-menes dans l'acide nitreux : l'acide marin & l'acide vitrio-lique. Dans les deux premiers elle donne des fels acres, ftiptiques contenant un acide fur-abondant , qui ne peuvent conferver leur forme feche & faline; ils attirent fi fortement l'humidité de l'air, qu'ils tombent promptement en *deliquium*; même l'alun, qui réfulte de la combinaifon de la fritte avec l'acide vitriolique, attire auffi l'humidité de l'air, ce que ne fait pas l'alun ordinaire lorfqu'il a acquis fon degré de perfection dans les fabriques, ce qui me fait penfer que ces fels ont une bafe terreufe. Mais les fels que donne la fritte avec l'acide nitreux & l'acide marin font accompagnés de circonftances fingulieres; car avec l'acide ni-treux, il fe forme une liqueur mielleufe tenace, de couleur ci-trine; avec l'acide marin, cette liqueur eft huileufe, de couleur du rubis de foufre, ce qui me fait préfumer que ce font des parties métalliques qui donnent naiffance à ces accidents. Mais une autre propriété contraire, c'eft que l'efpece de terre foliée à bafe terreufe qui réfulte de la diffolution de la fritte dans le vinaigre diftillé, laquelle, comme la terre foliée de tartre, imprime une faveur de feu fur la langue, n'attire point l'humidité de l'air comme les fels alumineux, même comme la terre foliée de tartre fi fufceptible de déli-quefcence : voilà un grand contrafte; ce qui me fait croire que dans la combinaifon de ces deux terres foliées, l'une de fritte, l'autre de tartre, la cohéfion de l'acide du vi-naigre eft très foible avec l'alkali & la bafe terreufe, que les parties de ces fels ne fe touchent que foiblement; en forte que les bafes confervent leur propriété, favoir dans la terre foliée de tartre, l'alkali fixe, celle d'attirer l'hu-midité de l'air, & dans la terre foliée de fritte, la terre conferve fa propriété d'être feche.

23. Les gelées formées par la diſſolution de la fritte dans les acides, ſont un phénomene qui m'eſt déja arrivé dans l'analyſe de différents récréments des forges, particuliérement de celle de la cadmie des forges dont j'ai parlé dans le Mémoire précédent. J'ai attribué alors la cauſe de ces gelées au gluten métallique du zinc contenu dans la cadmie. La fritte des forges peut auſſi en contenir quelque portion. L'on me dira que les pierres zéolites donnent de même des gelées; mais l'analyſe de ces pierres n'a point démontré qu'elles ne continſſent pas du zinc ou quelques particules d'autres métaux capables de produire le même effet.

24. La ſubſtance alumineuſe eſt démontrée dans la fritte par les cryſtaux d'alun qui ont réſulté de ſa diſſolution dans l'acide vitriolique. La fritte contient donc cette terre ſinguliere de l'alun que l'on ſoupçonne être métallique, puiſque la ſaturant d'acide vitriolique, on en retire de l'alun qui n'attire l'humidité de l'air qu'en raiſon d'un acide ſurabondant dont on dépouille l'alun dans les travaux en grand par une manipulation particuliere. L'alun de la fritte, comme celui du commerce, ſe bourſouffle ſur les charbons, y perd d'eau de ſa cryſtalliſation & preſque tout ſon acide.

25. Nous avons apperçu dans le deſſéchement du ſel alumineux de la fritte, l'odeur du réſidu du ſel ſédatif qui ſe forme de la combinaiſon du borax décompoſé par l'acide vitriolique. La fritte a donc du rapport avec le borax à certains égards, ſoit par leur baſe alkalino-terreuſe, ſoit par les portions métalliques; car le borax eſt un ſel alkalin réputé contenir des parties métalliques. Il eſt bien difficile que la fritte des forges n'en contienne pas auſſi. Des expériences ultérieures, que je me propoſe de faire, pourront le démontrer. Je ſuis conduit à développer dans la ſuite cette préſomption, par les floccons gras & grumeleux que l'huile de tartre précipite de la diſſolution de la fritte dans l'acide vitriolique, par la couleur citrine de l'eau mere du ſel avec l'eſprit de nitre, & par celle de rubis avec le ſel marin, enfin par la cryſtalliſation feuilletée qui réſulte de l'évapora

tion

tion derniere de la liqueur de la fritte diſſoute dans l'acide vitriolique.

26. J'obſerve encore, relativement à la couleur que prend la liqueur concentrée de la fritte avec l'acide marin, qu'il y a dans le commerce une eſpece d'alun qui a une lé-gere teinte couleur de roſe; que cette différente couleur, que l'on doit attribuer à une faculté particuliere à la baſe de l'alun, prouveroit qu'il y a différentes combinaiſons d'acide.

27. La cauſe de la raréfaction de la fritte au ſortir du fourneau, vient de la terre alumineuſe qu'elle contient, qui donne à l'alun cette même propriété. Cet état poreux & raréfié de la fritte qui lui donne ſa grande légéreté, l'appro-che de la pierre-ponce, de laquelle elle differe en ce qu'elle n'eſt pas auſſi ſolide, qu'elle ſe diſſout dans les acides, ce que ne fait pas la pierre-ponce; c'eſt pourquoi je lui ai plu-tôt donné le nom de fritte, par rapport à ſon analogie avec la fritte en général, & particuliérement celle de verrerie, que celui de pierre-ponce des forges, quoiqu'elle ait beau-coup de rapport avec celle des Volcans.

REFUTATION
DE L'USAGE DE LA SCIE,
APPLIQUÉE
A L'ABATTAGE DES ARBRES DE FUTAIE.

Felices essent artes, si de illis soli artifices judicarent.
QUINTILIEN.

LES papiers publics ont annoncé l'invention d'une scie pour l'abattage des futaies, par M. Genneté, qui veut proscrire la cognée des forêts; » parceque, dit ce Méchanicien, » la cognée détruit le dixieme du produit des futaies des » forêts «: perte effrayante dont il veut annéantir la cause. La scie, qu'il propose pour moyen, est, dans la spéculation, un présent à l'Etat, à l'Univers entier, qui augmentera d'un dixieme le produit des forêts existantes & futures, & qui lui eut mérité, jadis, un rang distingué parmi les Dieux fondateurs des Arts de premiere utilité. Mais comme les hommes s'égarent dans la profondeur de leurs méditations lorsqu'ils ne connoissent pas les premiers éléments des Arts qui en font l'objet, les systêmes, les machines, les projets qu'ils enfantent font des chimeres qui disparoissent & s'anéantissent en sortant du cabinet de leurs Auteurs.

Les exploitations des bois, inséparables de mon état, m'ont fourni matiere à des observations de pratique qui détruisent totalement le systême de M. Genneté, & m'autorisent à désapprouver l'usage de la scie pour l'abattage des arbres de futaie; parceque, 1°. il est faux, contre l'assertion de l'Auteur du nouveau systême, que la cognée opere une perte notable dans le produit des arbres; 2°. le calcul de M. Genneté, portant sur une base défectueuse, le résultat en eft néceffairement vicieux; 3°. il eft facile de prouver que la nouvelle fcie doit occafionner une perte de bois que la cognée feule peut éviter. Conféquemment l'ufage de la cognée eft préférable à celle de la fcie pour abattre les arbres de futaie. Je vais effayer de démontrer ces vérités.

M. de Genneté, par une hypothefe, réduit la hauteur des arbres de futaie à vingt pieds de fervice, même à douze pieds. Je trouve au contraire, par un relevé exact de plus de cinquante mille chênes que j'ai exploités dans les forêts du Roi & des particuliers en différents cantons, qu'ils ont produit chacun trente & un pieds un pouce réduits de bois de charpente de bon fervice, non compris la longueur des récepes qui leur ont été faites à la bafe du tronc pour les nettoyer des roulures, ventures & pourritures; ce que l'on peut évaluer au moins à trois pieds pour chacun. Plufieurs n'en ayant pas eu befoin parcequ'ils étoient fains de bout en bout; d'autres ayant été récepés de quatre, fix, huit, dix & douze pieds pour les rendre propres aux ouvrages de charpenterie & de menuiferie. L'on fait que les récepes que l'on fait aux arbres qui ont quelques défauts, font débitées en bois de chauffage lorfque le bois en eft trop vicié : quand il eft plus fain, l'on en fabrique des lattes, contre-lattes, merrains, douvelles, échalas pour les vignes & autres ouvrages de fenderie. L'on peut donc évaluer la hauteur commune des arbres de futaye des forêts à trente-quatre pieds de fervice, non compris les branches. Je veux bien encore, en faveur du nouveau fyftême, fuppofer que la hauteur commune des futaies eft de trente pieds de bois de fervice. Cette hauteur, réduite, excede encore de moitié & plus celle donnée par M. Genneté, qui fuppofe gratuitement tous les arbres des forêts nains, rafauts & rabougris, comme les arbres fruitiers d'un verger mal entretenu.

Analyfons actuellement la prétendue perte occafionnée par la cognée dans l'abattage des futaies. Pour partir d'un principe, il eft néceffaire de confidérer les arbres en coupe fous le volume depuis un jufqu'à quatre pieds de diametre.

En négligeant la rigueur des loix d'Archimede, nous dirons qu'un arbre d'un pied de diametre donne trente-six pouces de circonférence, & produira une piece de charpente qui fera un prifme tetragone dont deux faces oppofées auront fept pouces, & deux autres huit pouces; ce que l'on appelle, en terme foreftier, *bois meplat*. L'arbre de quatre pieds de diametre donnant une circonférence de cent quarente-quatre pouces, produira une poutre de trente pouces de chaque face. L'on fent parfaitement que cette réduction n'eft point le réfultat d'un calcul géométrique du rapport du quarré à la circonference, mais qu'il eft la fuite des obfervations de ceux qui nous ont précédés dans l'exploitation des bois, qui ont affigné pour regle invariable & qui fait loi, que le fixieme déduit de la circonférence d'un arbre, le quart du furplus, donne les dimenfions de chaque face de la piece quarrée de charpente qui en provient. Ainfi fi de cent quarante-quatre on retranche le fixieme qui eft vingt-quatre, il reftera cent vingt, dont trente eft le quart. Dans quelques provinces, l'on prend fimplement le cinquieme de la circonférence qui donne la groffeur demandée, mais avec moins de juftefie; car dans l'efpece dont il s'agit ici, fi on cherche le quarré de cent quarante-quatre par le cinquieme, on n'aura au quotient que vingt-huit, & il reftera quatre pouces furnuméraires indivifibles. La réduction, au cinquieme du pourtour, eft cependant affez jufte pour les groffeurs depuis fix pouces jufqu'à douze; il faut faire ufage de la réduction au fixieme pour les arbres de treize pouces jufqu'à trente; & quand ils paffent cette derniere groffeur, on procede à leur réduction par d'autres principes, parceque plus les arbres font gros, moins ils ont d'aubier & d'écorce par proportion au volume de leur bois dur. Ce n'eft pas ici le lieu d'entrer fur cette matiere dans de plus grands détails : on peut confulter à ce fujet les ouvrages de M. Duhamel du Monceau, qui ne laiffent rien à défirer fur cet objet.

Lorfqu'un Bucheron intelligent veut abattre un arbre dé

futaie, il l'attaque de deux côtés oppofés avec fa cognée. L'un de ces côtés fera celui de fa chûte qu'il aura jugée être ou la plus naturelle par l'inclinaïfon de l'arbre, ou par le poids de fes branches, ou qu'il croit être la plus avantageufe pour empêcher la fracture du corps & des principaux membres de l'arbre. Les deux ouvertures que le Bucheron fait avec la cognée au pied de l'arbre pour l'affoiblir, & qui doivent fe réunir au centre de la fouche, font chacun une angle de quarante-cinq degrés d'ouverture, ce qui donne à l'éperon de l'arbre la figure d'un angle curviligne de quatre-vingt dix degrés; enforte que pour des arbres d'un pied de diametre, ces entailles ont fix pouces d'ouverture, & pour des arbres de quatre pieds de diametre, elles en ont vingt-quatre. Cette perte de bois feroit prife totalement fur le corps de l'arbre au-deffus du fol, fi l'abatteur ne creufoit dans la fouche à proportion de la groffeur des arbres, c'eft-à-dire d'un fixieme de diametre, fuivant l'ufage le plus ordinaire : enforte que ces entailles font réduites à quatre pouces pour un arbre d'un pied de diametre, & à feize pouces pour un arbre de quatre pieds auffi de diametre. Le terme moyen de ces deux fommes eft dix pouces d'entaille, qui femble être en pure perte par chaque pied d'arbre : mais pour réduire au quarré un arbre en grume, l'équarriffeur trace fur le corps de l'arbre deux lignes droites également éloignées du centre, lefquelles retranchent chacune plus du fixieme de fon diametre, ce qui le réduit à moins des deux tiers, puifqu'un arbre de quatre pieds de diametre ne fournit, fuivant l'u-fage ordinaire d'équarrir, qu'une piece de trente pouces d'équarriffage; car trente font les deux tiers de quarante-huit moins un feizieme ; conféquemment l'équarriffage prolonge la piece dans fon quarré avivé de plus d'un tiers, dans l'éperon, en le fuppofant même d'une forme angulaire rectiligne, ce qui réduit la perte de dix pouces fur chaque pied d'arbre par l'ufage d'abattre à la cognée à fix un quart de pouce; car fix un quart eft à-peu-près à dix comme trente eft à quarante-huit.

J'ai dit que l'angle de l'éperon d'un arbre abattu à la cognée étoit curviligne, parceque l'abatteur, pour économiser le bois & diminuer son travail, donne une courbure hyperbolique au dehors, ce que l'on appelle *taille ronde*. Cette économie prolonge le vif de la piece encore d'un tiers, ce qui réduit la perte supposée à quatre pouces deux lignes; & comme l'éperon de l'arbre est souvent entiérement de service, soit que le bout d'une piece de charpente soit destiné à former une éguille ou un tenon, même une assiette sur les faces que la cognée n'a point endommagé; en conséquence, dans le toisé le plus rigoureux, l'éperon se compte pour moitié; il faut donc encore réduire la perte supposée sur les arbres abattus à la cognée par l'usage ordinaire à deux pouces une ligne, qui est un cent soixante-douzieme de la hauteur commune des pieces de service qui se tirent des arbres réduits à trente pieds de hauteur commune.

Il est nécessaire d'observer que la pourriture, venture & la roulure dont j'ai parlé, qui sont des vices qui affectent communément les gros arbres, sont plus fréquentes & plus abondantes à leur base qu'en toute autre partie de leur tige; conséquemment la prétendue perte, occasionnée par la cognée, porte plus ordinairement sur un bois de peu de valeur, ce qui doit faire encore une soustraction au moins de moitié sur la destruction que l'on attribue à la cognée. Je néglige cette circonstance, toute favorable qu'elle est.

Examinons actuellement les prétendus avantages de l'usage de la scie, ou plutôt les inconvénients qui en résultent. L'on dit » que la scie rasera l'arbre à fleur de terre «. Cela n'est pas possible dans presque tous les cas : car 1°. le terrein qui entourre la souche des arbres dans les forêts n'est jamais ou assez uni ou assez de niveau pour pouvoir espérer cet avantage. Si on étoit obligé de se le procurer pour faciliter l'usage de la scie; ou il faudroit essarter les souches des cepées de taillis qui environneroient les arbres, ou niveler le terrein & l'épierrer pour faciliter la traction horisontale de la scie. Ces manœuvres sont dispendieuses & contraires à l'emmenagement des forêts.

2°. Il eſt d'uſage que les ſouches des arbres qui doivent être livrées à l'adjudicataire pour être abattus, ſoient frappés du marteau des maîtriſes ou grueries, pour en repréſenter l'empreinte lors du récolement après l'exploitation des ventes. Dans ce cas, il arrive ſouvent qu'un arbre ſort de terre d'une forme circulaire, ſans avoir de groſſes racines hors de terre, ſur leſquelles on puiſſe aſſeoir l'empreinte du marteau. Pour lors, en ſe ſervant de la ſcie, on ne peut éviter au moins quatre à cinq pouces de perte de bois au-deſſus du niveau du terrein, puiſque l'on ſera obligé de faire paſſer la voie de la ſcie au-deſſus de l'empreinte du marteau, pour pouvoir la repréſenter au récolement; au lieu qu'avec la cognée, on laiſſe ſimplement une petite maſſe de bois qui ſoutient l'écuſſon du marteau pour en conſerver l'empreinte, & enſuite on plonge profondément la taille dans la ſouche.

3°. Cette ſcie, dont on ne donne point la deſcription, pour faire une voie *d'un bon demi pouce* (c'eſt ainſi qu'on s'exprime) & pouvoir ſcier des arbres de quatre pieds de diametre, doit être compoſée d'une lame d'environ ſix pieds de longueur, cinq pouces de largeur, & trois lignes d'épaiſſeur, ce qui donne quatre-vingt-dix pouces cubes de fer peſant environ trente livres : en ſuppoſant que la monture de la ſcie ne peſe que ſix livres, la machine entiere peſera donc trente-ſix livres; conſéquemment chaque ouvrier aura continuellement à ſupporter un poids de dix-huit livres, & ſera obligé de faire de continuels efforts pour contenir la ſcie horiſontalement afin d'empêcher les frottements. Joignez à toutes ces réſiſtances la force néceſſaire pour ouvrir une voie de ſix à ſept lignes, au progrès de laquelle, loin que le poids de la machine coopere comme dans les ſcies à moulin ou les ſcies à bras verticales, elle eſt au contraire un obſtacle. Si pour vaincre tant de réſiſtances il faut augmenter la puiſſance par le nombre des ouvriers, la dépenſe décuplera le bénéfice propoſé.

4°. Cette ſcie, d'après l'énoncé de l'Auteur, eſt cenſée

être compofée au point d'être une machine compliquée, difpendieufe dans fon principe & d'une grande fujettion dans fon entretien. Une cognée de trente fols peut abattre une forêt, & le prix commun de l'abattage eft de trois fols par pied d'arbre de futaie.

5°. Pour tirer un plus grand avantage des arbres de qualité, lorfqu'on les juge fains au pied, on les fait déraciner ou fimplement abattre à cul-noir s'ils font pivotés. Par ce moyen on obtient depuis un jufqu'à deux pieds de longeur fur une belle piece, avantage confidérable que l'on ne peut fe procurer qu'avec la cognée. La fcie ne pouvant au plus qu'égaler au fol, fruftre conféquemment de ce bénéfice important, & que l'on peut fe procurer à peu de frais par le moyen de la cognée, puifque les plus gros arbres ne coûtent pas plus à déraciner qu'à abattre.

6°. Dans le penchant d'un terrein efcarpé, la fcie ne peut être d'aucun ufage dans l'abattage des arbres à caufe de la difficulté de la faire manœuvrer, & parcequ'elle ne pourroit au plus couper qu'à la hauteur la plus élevée du collet de la fouche, conféquemment elle opéreroit alors une perte confidérable.

7°. Si dans l'intérieur de la fouche d'un arbre, des pierres ou des craffes des forges à bras, qui font répandues dans beaucoup de nos provinces, fe trouvent logées & recouvertes, ce qui eft affez ordinaire, pour lors la voie de la fcie fe trouvera arrêtée fans reffources. La cognée au contraire fe joue de tous les obftacles; elle évite les écueils, elle fe plie à tous les befoins & à la volonté de celui qui en fait faire ufage.

8°. Il n'eft pas poffible, en fe fervant de la fcie pour abattre les arbres, d'en diriger la chûte avec juftelſe, parcequ'un arbre féparé de toute part de fa fouche cédera à toutes les caufes phyfiques qui lui donneront une impulfion quelconque; un coup de vent plus ou moins violent le fera pirouetter fur fa fouche, ou fon inclination naturelle le fera tomber fur des éminences, ou fur d'autres arbres déja
abattus

abattus; alors ou il fe brifera en portant à faux, ou il écra-
fera dans fa chûte des baliveaux & des cadets deftinés à repeupler la forêt : *corruit & multam proftravit pondere fil-*
vam : au lieu qu'avec la cognée on attaque un arbre de façon à le faire tomber avantageufement pour la confervation des arbres fur pied qui l'entourent, & pour celle de
toutes fes parties. L'ufage des coins, que l'on propofe pour
diriger la chûte de l'arbre, eft infuffifant; ces coins ne peuvent
fervir au plus qu'à empêcher foiblement la compreffion de
la fcie.

D'après ces obfervations, il réfulte qu'à exploitation
égale, la fcie ne peut avoir d'avantages fur la cognée, que
de procurer, par une dépenfe beaucoup plus confidérable,
un cent foixante-douzieme de la longueur des pieces que
l'on peut tirer d'un arbre; que cette perte prétendue doit
être diminuée de plus d'un tiers, en la fuppofant, avec M.
Genneté, appliquable à l'arbre total, dont les débris, tant
en bois de chauffage ou à charbon provenant des houppiers,
qu'en copeaux, font au moins un tiers du produit commun
des arbres; ce qui réduit le bénéfice procuré par l'ufage de
la fcie à un deux cent cinquante-neuvieme : avantage bien
éloigné d'un dixieme comme l'a avancé M. Genneté, par
un principe portant à faux. Mais cet avantage fpécieux de
l'ufage de la fcie fur celui de la cognée, devient au-deffous
de zéro dans une infinité de circonftances dans lefquelles
l'ufage de la fcie ne peut avoir lieu aucunement ou qu'avec
une perte confidérable, & l'on verra (en fuivant le calcul
de M. Genneté) que l'avantage du produit du dixieme des
forêts, attribué à la fcie, eft totalement réverfible à la cognée, fi l'on fait attention à mon obfervation cinquieme,
dans laquelle je fais voir qu'avec la cognée on peut gagner
deux pieds de longueur de plus à une belle piece en coupant, fur fes racines, un arbre jugé d'une bonne conftitution; opération pour laquelle la machine de M. Genneté
devient impuiffante. En fuppofant donc, comme ce Méchanicien, les arbres de vingt pieds de hauteur commune; dans

R r

ce dernier cas, la cognée donnera un dixieme de produit de plus que la scie. D'ailleurs l'incertitude de la chûte des arbres abattus par la scie, le danger de la vie des ouvriers, les délits des arbres voisins, la dépense & la longueur d'une exploitation pénible & ruineuse, toutes ces considérations doivent faire rejetter l'usage de la scie horisontale; car d'après l'expérience, je pose en fait qu'un ouvrier seul fera à la cognée ou à la hache, qui est la dénomination vulgaire de cet outil, plus d'ouvrage que deux avec la scie, dans le bois verd, qui est l'état de celui en exploitation.

L'on est donc forcé de conclure que le bénéfice, produit par la scie, est chimérique; que celui de la cognée est évident: conséquemment l'usage de la cognée est préférable à tous égards à celui de la scie qui est prohibée pour l'abattage des arbres, par l'article V, du titre XXXII de l'Ordonnance des Eaux & Forêts qui a prévu avec sagesse combien il est intéressant d'écarter les moyens de dévaster les forêts par des délits clandestins pour lesquels la scie est si favorable aux voleurs forestiers.

M. Genneté dit qu'on lui a objecté » que les arbres coupés » par la cognée peuvent repousser, & que ceux qui sont » sciés ne repoussent pas, *étant brûlés par la scie*. Personne n'ignore, dit cet Auteur, que de tous les gros arbres » coupés par la cognée, aucune de leur souche ne repousse, » & que les racines meurent toutes, ce qui fait tomber l'ob- » jection «. L'objection faite à M. Genneté est fondée sur la pratique & est en place; sa réponse est contraire aux faits, & démentie par la Nature. Ce n'est point parceque la scie brûle, que les souches des arbres, abattus par la scie, ne repoussent plus. Ce terme *brûler* est impropre & mal appliqué; mais c'est que la scie (instrument cruel qui déchire) ébranle, divise & rompt les fibres de l'écorce & du bois qui lui est contigu, faute de point d'appui pour résister à l'effort de ses dents, qui ne coupent qu'en arrachant. Cette défunion interrompt le cours de la seve, donne accès à l'air qui desseche les parties & empêche l'effet de la végé-

.tation. Cet effet pernicieux de la scie oblige le Jardinier de réparer, par un outil tranchant, la surface des plaies qu'il fait à un arbre lorsqu'il en retranche à dessein quelques membres avec la scie, afin, 1°. de polir la surface du membre récépé pour empêcher l'accès de l'air & de l'eau du ciel qui pourriroient bientôt de proche en proche la partie découverte & effrangée par les dents de la scie; 2°. pour raser les fibrilles déchirées & découvrir le vif du bois, que la seve puisse cicatriser la plaie & bourgeonner tout autour, ce qui n'arriveroit point sans cette précaution.

Puisque la scie empêche de repousser les souches, elle doit être proscrite pour l'abattage des arbres de futaie; car il est incontestable (malgré l'assertion contraire de M. Genneté) que les souches des gros arbres abattus avec la cognée, repoussent en plus grande partie, particuliérement celles qui ne sont point viciées totalement ou qui n'ont point passé l'âge de cent cinquante ans; quoiqu'il arrive que des souches de plus vieux arbres repoussent après l'abattage à la cognée. Ce fait est si vrai, que, 1°. j'ai vu souvent, dans des récollemens après des exploitations, chercher des souches considérables cachées par des rejets abondants & vigoureux qu'elles avoient repoussés; 2°. qu'il est ordinaire de voir des arbres à grosses culottes, que l'on appelle communément *chênes sur étau*, parcequ'ils recouvrent en partie, ou en totalité, les anciennes souches qui les ont produits; 3°. qu'il est ordinaire de rencontrer dans les forêts des arbres jumeaux qui ont pris naissance de 2, 3, 4, 5, 6 brins & plus, provenants d'une ancienne souche; 4°. qu'il est très commun de trouver au centre de l'éperon d'un arbre abattu, du bois pourri qui n'est point un débri de sa propre substance, mais qui provient de l'ancienne souche qui lui a donné l'existence; 5°. que j'ai vu un très grand nombre de souches d'arbre anciennement abattus, enclavées & couvertes totalement par le nouvel arbre qu'elles ont produit; même depuis quelques jours, en allant surveiller mes exploitations, j'ai vu une souche ancienne dont l'aubier & l'écorce étoient entiérement pourris, ainsi qu'une partie du bois voisin de l'aubier, & qui avoit encore quinze pouces de diametre, ce qui me fit conjecturer que cette souche pouvoit avoir eu vingt-sept à vingt-huit pouces de diametre, conséquemment qu'elle provenoit d'un arbre de l'âge d'environ cent quarante-cinq à cinquante ans. Cette souche étoit élevée d'un pied au-dessus du sol, parceque l'arbre avoit été mal abattu anciennement; elle étoit logée & imprimée dans l'intérieur du chêne nouvellement abattu. Il n'est pas douteux que cet arbre qui contenoit cette souche n'avoit pas d'autre principe de son existence qu'une pousse nouvelle de cette souche : conséquemment il est évidemment faux de dire » que » toutes les souches meurent, qu'aucune ne repousse «. Je conviens que, quoiqu'une très grande partie des souches repoussent, elles ne réussissent pas toujours, mais assez fréquemment pour ne pas en négliger le produit, & pour écarter tous les moyens contraires. La scie, de l'aveu de M. Genneté & du consentement unanime des Forestiers, étant un des plus grands obstacles à la repousse des souches, ne doit-on pas conclure contre son usage, en faveur de la cognée pour l'abattage des chênes & autres arbres de futaie ?

Lorsque les arbres sont d'un âge si avancé que l'on ne peut espérer de nouvelle pousse de leurs souches, il n'y a point d'inconvénient de les déraciner; au contraire, on se procure, par cette manœuvre, deux avantages notables; le premier résulte du bénéfice du bois au-dessous du niveau du sol, si l'arbre est sain, & il tourne au profit de l'adjudicataire ; le second est de pouvoir ameublir le terrein pour recevoir du jeune plant ce qui augmente l'étendue de la forêt au profit du propriétaire qui en jouit par anticipation. La scie ne peut être appliquée à cette espece d'abattage, conséquemment elle est défavorable ou impuissante; elle doit donc être réservée pour d'autres usages que pour celui de l'abattage des futaies; & on doit conclurre avec Politianus. *Quercus & audaci fagus sonet icta securi.*

REFLEXIONS

Sur la ruine prématurée des poutres des bâtiments de l'Ecole Royale-Militaire; sur les moyens de prévenir pareil accident, & sur des principes économiques pour équarrir les bois dans les forêts.

Le Roi, en fondant un asyle & une Ecole Militaire pour les jeunes Gentils-Hommes de son Royaume, a élevé un monument éternel à sa gloire & à sa bienfaisance : mais, par une fatalité attachée aux choses humaines, à peine une partie des bâtiments de ce vaste édifice est-elle achevée, qu'ils sont menacés d'une destruction prochaine, par la pourriture prématurée de toutes les poutres qui en soutiennent l'édifice. Cet accident est un événement extraordinaire aux yeux du vulgaire. Ceux qui se persuadent en connoître la cause sont divisés de sentiment; les uns prétendent que l'Entrepreneur en est l'auteur, parceque, par cupidité, il a employé des bois viciés ou déja caducs; d'autres essaient de persuader que ces poutres ne se sont si promptement détruites, que parcequ'elles ont été abattues & exploitées dans les forêts dans les mois pendant lesquels la seve des arbres est en action.

Fondé sur une longue expérience acquise dans des exploitations majeures & nombreuses que j'ai faites dans les forêts du Roi & des particuliers, & sur celle que j'ai acquise dans l'entreprise & la direction de constructions considérables, je vais essayer de détruire les principes de ces deux raisonnements, & prouver que la pourriture prématurée des poutres de l'Ecole Royale-Militaire est une suite nécessaire du défaut de précaution que l'on a apporté dans la construction; qu'elle est dans l'ordre des choses. Je donnerai ensuite un moyen physique de prévenir à jamais pareil accident.

Les poutres que l'on a employées dans les bâtiments de

l'Ecole Royale-Militaire font formées chacune d'un feul gros arbre de chêne équarri fous une forme prifmatique qua-drangulaire. Le chêne eft une effence de bois compofée de trois parties principales; qui font, 1°. le bois dur qui occupe le centre du cône; il eft d'une couleur rembrunie en général; 2°. l'aubier qui entoure le bois dur; il eft d'une couleur blanche; 3°. l'écorce qui eft compofée de plufieurs parties qui renferment l'arbre comme dans une gaîne.

Si dans les mois de Mai, Juin, Juillet & Août, l'on exa-mine les fouches des chênes qui ont été abattus à la cognée pendant l'Automne, l'Hiver, & particuliérement au com-mencement du Printemps, on voit fortir la feve, comme des fources abondantes de tous les points de la furface de l'au-bier qui forme un anneau entre l'écorce & le bois dur, tan-dis que l'on n'en voit fortir aucune larme de la furface du bois dur. Si au contraire on examine de pareilles fouches des ar-bres de hêtre & de charme, on remarque que la feve fort indiftinctement & avec la même abondance de toutes les parties de la furface, tant du centre que du contour. Pour-quoi cette différence d'agir de la feve dans ces arbres de dif-férente nature? C'eft que le hêtre & le charme font des ef-fences de bois qui different de celles du chêne en ce qu'ils n'ont point de bois dur, & qu'ils font au contraire compofés entiérement d'aubier. De ce fait, qui eft inconteftable puifqu'il eft pris dans l'effence de la nature, il faut conclurre que la feve ne monte & ne circule que dans l'aubier du chêne, & ne monte point dans le bois dur, qui eft d'une couleur brune, rougeâtre ou jaune noyée de gris, fuivant l'efpece de chêne & la conftitution du terrein dans lequel il eft planté. Ce bois n'eft pas plus humide lors du temps de la circulation de la feve, que dans les temps où elle eft dans l'inaction. Il n'en eft pas de même de l'aubier. Cette partie du bois eft rare, légere, fpongieufe & d'une couleur blanche: elle n'eft dans cet état fi différent de celui du bois dur, que parceque la *xulification* (a) ne s'acheve que lentement & par une

_____

(a) N'ayant point trouvé de mot dans notre langue pour m'exprimer, j'en ai fait un de ξυλόω, je change en bois, & de fieri, devenir.

gradation mesurée sur la qualité & la quantité de la seve condensée, & le nombre d'années employées à cette opération. L'état rare & spongieux de l'aubier donne un libre cours à la seve qui, en se desséchant & se condensant dans les tubes & les utricules, le fait passer successivement à l'état de bois dur, c'est-à-dire à celui de perfection. Conséquemment dans les mois de l'année pendant lesquels la seve est en action, cet aubier en est gorgé; & si un chêne est abattu dans ce temps, nécessairement son aubier contient une très grande quantité de seve susceptible d'une fermentation destructive : même si les chênes abattus dans les temps de l'année pendant lesquels la seve ne circule pas, restent long-temps dans leurs écorces, qui empêchent l'air de dessécher l'aubier; ou s'ils sont exposés à une alternative d'humidité & de séchereſſe, quoique dépouillés de leur écorce, alors la partie de la seve qui est en liqueur ou qui n'est qu'en état d'extrait susceptible de diſſolution, entre en une fermentation qui détruit non seulement l'aggrégation des parties conſtituantes, mais encore l'odeur de cette putréfaction attire des inſectes qui y viennent dépoſer leurs œufs dont le développement fait naître une multitude d'autres inſectes qui travaillent à completter la deſtruction de l'aubier en y cherchant le principe de leur ſubſiſtance juſqu'à leur métamorphoſe. Le ver, que l'on nomme tarriere, pénetre rarement dans le bois dur, à moins que ce ne ſoit dans celui des arbres roulés qui contiennent une ſeve extravaſée dans les lames détachées des couches concentriques ; mais ils ſont de grands ravages dans l'aubier qui eſt encore couvert de ſon écorce.

Le bois dur d'un chêne mort dans toutes ſes parties ſur pied par une cauſe quelconque, ſe conſerve long-temps ſain lorſqu'il ſe dépouille de ſon écorce, s'il n'eſt pas taré d'un vice local; mais ſi ſon écorce ne ſe détache pas & qu'il contienne une ſeve extravaſé ou qu'une gouttiere y ait introduit de l'humidité étrangere, les vers de diverſes ſortes de ſcarabées le perforent juſqu'à des profondeurs qui pénetrent quelquefois juſqu'au cœur de l'arbre.

L'aubier des chênes pelards, c'est-à-dire de ceux dont on enleve l'écorce pour faire du tan, se durcit à l'air & se conserve, mais il se fendille. Cette propriété, que le bois écorcé a de durcir à l'air, a déterminé les Anglois à faire écorcer sur pied des chênes plusieurs années avant de les abattre, pour les employer à différentes constructions.

Les bois abattus dans la seve des mois de Mai, Juin, Juillet & Août, sechent promptement & se durcissent si on ne les laisse pas long-temps sous leur écorce, c'est-à-dire si on les équarrit aussi-tôt qu'ils sont abattus. Le seul accident qui leur arrive est une grande quantité de gerçures, même de fentes souvent profondes, parceque la chaleur excessive de cette saison raréfie la seve & l'humidité radicale du bois, & cause des écartements dans la direction des fibres. Il n'en est pas de même des arbres abattus dans le mouvement de la seve de Janvier, parceque le froid de la saison fixe la seve dans le bois dans un état d'inertie; mais la chaleur du printemps & de l'été mettant tous les fluides en action, agit sur la seve contenue dans les bois coupés en Janvier, & la fait entrer en une fermentation qui détermine une portion de cette seve à une végétation posthume & forcée qui détruit d'autant la substance de l'aubier, l'autre communique son action à l'humidité radicale du bois, & elles agissent de concert à la destruction de ses parties constituantes; ensorte que des bois, destinés à faire du charbon, qui ont été coupés en Janvier, quoiqu'ils aient été depuis exposés long-temps à l'air le plus hâleux, ne peuvent non seulement sécher au point d'être cuits avec avantage, mais même ces bois, sur-tout ceux de tremble, de tilleul, de saule & d'orme, poussent au printemps des jets qui énervent leur substance qui pourrit sans sécher; ces bois ne produisent plus qu'un charbon sans vertus. Ce même accident arrive à toute espece de bois plus ou moins sensiblement.

L'altération que reçoit le bois de chêne, soit sur pied, soit dans les chantiers, ou employé dans les bâtiments, se manifeste en général sous trois formes différentes. Ce bois
devient

devient spongieux, léger, humide, blanc avec perte de subs-tance, & donne un phosphore, c'est *le pourri blanc*. Si le bois de chêne est atténué plus ou moins sensiblement sous une couleur rouge, souvent rayée de lignes blanches diver-gentes sans perte de substance, cet accident se nomme *pourri rouge*. Lorsque ces deux accidents sont combinés par des causes communes, le bois qui en est vicié est criblé de trous tubulés dont les cloisons sont veinées de rouges & de blanc, c'est ce que l'on nomme *pourri plume de geay*.

Le pourri blanc, qui est une gangrene, est occasionné par une gouttiere faite à l'arbre sur pied, ou par une cause quelconque pour les charpentes, qui introduit dans l'un & l'autre cas l'eau du ciel, & opere une fermentation lente qui arrête, dans les arbres sur pied, l'action de la seve, & détruit l'organisation des parties constitutives. Le principe huileux du bois se dissipe par la communication avec l'air libre. Cette pourriture fait ses progrès de la circonférence au centre, ou des surfaces à l'intérieur.

Le pourri rouge, qui est une maladie inflammatoire, fait au contraire des progrès du centre à la circonférence. Il est occasionné par la fermentation intérieure d'une liqueur su-rabondante & stagnante, soit qu'elle soit de l'essence du bois, comme une seve dont la marche a été interrompue par des engorgements, ou que cette humidité ait été adminis-trée par une cause étrangere, & que dans l'un & l'autre cas elle ne puisse surmonter les obstacles qui s'opposent à son évaporation au dehors de la masse de bois qui la renferme : alors cette liqueur stagnante est disséminée dans les parties organiques obstruées du bois, elle entre en fermentation, agit sur les parties solides, les atténue & détruit l'organi-sation. La partie huileuse, exaltée par le mouvement de la fermentation, colore les parties cadavereuses en rouge obs-cur. Les trachées, que l'on nomme mailles en terme d'Ar-chitecture, sont d'un tissu plus serré & plus compact que les parties intermédiaires du bois ; elles résistent plus long-temps à l'action de cette fermentation destructive : les par-

S s

ties qui leur font appliquées s'en féparent & laiffent un intervalle qui fe remplit quelquefois d'un fongus blanc, mince, qui occupe tous les interftices , & forme les lignes blanches divergentes que l'on apperçoit dans le bois pourri rouge, lorfqu'après une longue fuite d'années des accidents ont permis à la femence de ce fongus de s'introduire dans ce pourri. Ce fongus peut être détaché en feuilles minces , fouples & moëlleufes comme un cuir hongroyé : j'en ai des lanieres qui en impofent aux fens. Ce pourri rouge eft celui qui fait les progrès les plus rapides & les plus fâcheux.

Les arbres fur pied font affectés du pourri rouge, lorfqu'une caufe quelconque a interrompu la marche de la feve, foit par l'effet d'un membre mutilé, foit par celui d'un corps étranger introduit dans le corps de l'arbre, & que l'écorce recouvrant infenfiblement la partie découverte, en a cicatrifé la plaie; ou enfin foit par l'effet d'une maladie, telle la paralyfie ou apoplexie qui ont arrêté la circulation des fluides dans les arbres affectés de gelivures, ou dans ceux qui font fur le retour & qui s'affaiffent fous le poids des années.

Dans les charpentes des édifices, le pourri rouge eft produit par une autre caufe d'où réfulte le même effet; mais c'eft toujours une caufe quelconque qui empêche la defficcation de l'humidité radicale du bois ou de celle qui lui a été fournie par une caufe étrangere. Je le démontrerai plus bas.

Comme le pourri rouge plume de geai n'affecte que les arbres fur pied, je ne m'étendrai pas beaucoup fur ce fujet. Je dirai feulement qu'il a lieu, lorfqu'un accident découvre une partie de l'arbre qui eft affecté du pourri rouge qui n'eft pas à fon dernier période; alors l'eau du ciel qui vient abreuver les parties des trachées & des cloifons des tubes qui ne font pas en dégradation totale, y occafionne l'effet du pourri blanc qui détruit la fubftance intérieure des tubes; alors ils s'élargiffent & forment des tuyaux multipliés dont les parois font blanchies par le pourri blanc combiné avec le pourri rouge. Le bois, en cet état, n'eft propre qu'à faire de la potaffe. Je reviens aux charpentes qui font l'objet principal de ce Mémoire.

Les bois, dont l'Architecte compose ses charpentes, sont dans des situations différentes : ou ces bois sont mis en œuvre au sortir des forêts, immédiatement après qu'ils ont reçu leur premiere forme dans l'exploitation : ou ces bois sont à peine sortis du flot des rivieres, au moyen desquelles on les a exportés dans des ports plus ou moins éloignés des forêts, qu'ils entrent dans les constructions : ou enfin ces bois ont été emmaganisés dans des chantiers un certain temps avant que de passer dans les atteliers du charpentier.

Les charpentes civiles sont, ou exposées au grand air comme les combles des pavillons & des mansardes, & toutes les parties des hangards & des hallages, sans que rien s'oppose au courant d'air qui leur enleve leur humidité; ou ces charpentes sont couvertes d'eau ou d'un terrein qui en est toujours abreuvé, tels les pilotis, les assemblages sous œuvre des usines & des machines hydrauliques, même leurs parties qui sont continuellement imbibées de l'eau qui est la puissance de leur action, quoiqu'elles s'élevent au-dessus du sol; ou enfin les diverses pieces de charpente sont comprises dans des murs, enveloppées & couvertes d'enduit de chaux, de plâtre ou de peintures & de vernis, qui empêchent non seulement leur dessication, mais même fournissent une humidité surabondante & étrangere, à l'évaporation de laquelle ces enveloppes forment des obstacles.

Dans le premier & le second cas où se trouvent placés ces charpentes, les bois, au sortir des forêts, y sont employés avec avantage. Parceque celles qui sont exposées au grand air, à l'abri cependant des pluies & de l'ardeur du soleil, sont bientôt dépouillées, par l'air passant, de la partie la plus fluide de leur feve, & la portion la plus grasse de cette feve s'unissant aux fibres du bois, leur donne du nerf & de la souplesse.

Les charpentes qui doivent être placées sous l'eau, ou qui doivent composer celles de toutes les machines hydrauliques qui sont perpétuellement abreuvées d'eau, doivent être composées de bois sortant des forêts ou du flot des rivieres, parceque l'humidité qui les environne dans leur établissement les entretient dans leur volume : il n'y a point de retraite ni de gonflement. Elles subsistent toujours dans les proportions & les dimensions qu'elles ont reçues de l'art pour leur appropriation. L'on sait que le bois de chêne résiste aux efforts du temps, pendant plusieurs suites de siecles, sans se décomposer, lorsqu'il est sous l'eau ou dans la terre, pourvu, dans ce dernier cas, que ce soit à des profondeurs considérables où l'air grossier de l'atmosphere ne puisse pénétrer. Si l'eau des rivieres tient en dissolution un principe vitriolique ferrugineux, le bois de chêne y prend une couleur noire d'ébene & presque sa dureté. Si l'eau est chargée d'un principe calcaire, il se forme autour du bois une incrustation qui remplace son écorce & en perpétue la durée. Enfin si le bois est mis en œuvre dans un terrein imprégné d'un suc spathique ou de silex, ce fluor lapidaire s'introduit dans les pores de son organisation, & le transformant en pierres & en cailloux, en éternise l'existence. Le fluor vitriolique des pyrites travaille seul à sa destruction, en le convertissant en charbon.

Il n'en est pas de même des bois de charpente qui sont destinés à être compris dans des murs, & enveloppés de couches de plâtre, de mortier, de peintures métalliques & de vernis huileux & résineux, enfin auxquels on intercepte toute communication avec l'air libre : si ces bois ne sont employés très secs, & si on ne seconde pas, par des précautions, l'évaporation de l'humidité qu'ils repompent des mortiers qui entrent dans les murs & les plafonds, ces bois sont bientôt détruits par l'effet du pourri rouge dont j'ai développé la cause, & c'est cet accident qui a précipité la ruine des poutres de l'Hôtel de l'Ecole Royale-Militaire. Appliquons nos principes, & développons les vices de construction qui ont donné lieu à cet accident, lequel a fait des progrès d'autant plus rapides & plus généraux, que l'on a d'un côté apporté moins d'attention dans la préparation des bois, & de l'autre que l'on a multiplié les causes destructives dans les appropriations des parties de l'édifice construit.

Le Roi ayant réfolu de fonder une Ecole pour les jeunes Gentils-Hommes dont les peres ont immolé, à la gloire de fes armes, leur fang & leur fortune, le Confeil a donné des ordres pour élever rapidement ce monument de fa juftice & de fa bienfaifance, pour en former un féminaire de Héros. Les Architectes & les Entrepreneurs, qui ont été chargés de l'exécution, ont fait des efforts pour accélérer les différentes opérations, & en préparant féparément chaque partie, les ont combinées de façon que toutes puffent s'achever enfemble fous l'efpace de temps le plus court. Pour remplir ces vues, l'on a employé des matériaux qui fortoient du fein des carrieres, des forêts & des rivieres, premiere caufe de deftruction. Pendant que l'Architecte faifoit élever la maçonnerie, les poutres, fufpendues aux cordes des engins, attendoient le moment d'être pofées à la hauteur des étages fur des murs très épais, & liés à force de mortier qui contient toujours une quantité immenfe d'eau, au-delà de celle qui eft néceffaire à la cryftallifation de fes parties féléniteufes; & par un excès de propreté & de décoration extérieure, on a mafqué le bout de ces poutres qui n'avoient nulle communication avec l'air extérieur; deuxieme caufe de leur dépériffement.

A peine les poutres & les folivaux étoient-ils en place, que les Plafonneurs & Carreleurs fe font empreffés de remplir leurs fonctions, & de charger tous les bois des mortiers néceffaires à exécuter les parties de leur art; troifieme caufe deftructive.

Enfin pendant que l'on plaçoit les vitres dans les fenêtres & les portes dans leurs baies, les Peintres cuiraffoient à force de peinture métallique & huileufe, les poutres & poutrelles pour répandre plus de clarté & de propreté dans les appartements; & de fuite l'on a introduit des poëles, des lumieres & des perfonnes en grand nombre, quatrieme caufe du dépériffement des poutres.

Les poutres de l'Ecole Royale-Militaire, employées au fortir du flot qui avoit fuivi de très près leur exploitation dans les forêts, étoient encore remplies d'une grande quantité d'humidité provenante de celle qui eft de leur effence & de celle qu'elles avoient reçue dans le trajet par eau. On les a pofées fur des murs gorgés de l'eau des mortiers, & on en a mafqué les bouts par une continuité de maçonnerie à l'extérieur; quand même ces poutres auroient été des plus feches, elles auroient, dans cette fituation, repompé l'eau des mortiers qui les a pénétrées dans toutes leurs parties, & qui y a porté un principe d'autant plus deftructeur, que de tous les alkalis celui de la chaux eft le plus corrofif & celui qui agit avec plus d'énergie fur le bois. Cette humidité, concentrée dans l'intérieur de ces poutres par la peinture & le vernis, ayant été mife en action par la chaleur des poëles, des lumieres & de la tranfpiration d'un grand nombre de perfonnes réunies dans un même endroit, même par fa feule action fur les parties les plus mucides du bois, n'ayant point d'iffues, non-feulement par le bout des poutres, fuivant la direction des fibres des tubes du bois, mais même par les furfaces extérieures par lefquelles les ouvertures des trachées ont un accès ainfi que les tubes des couches concentriques qui, étant coniques, font coupées en partie par des lignes paralleles entre lefquelles les pieces de charpente s'équarriffent, il a fallu néceffairement qu'elles périffent, fuivant les principes que j'ai pofés, par l'effet du pourri rouge qui a détruit toute organifation, l'adhérence & la flexibilité des fibres de l'intérieur, & les a réduites dans un état pulvérulent.

Toutes les poutres de l'Ecole Royale-Militaire font actuellement dans un état de dépériffement provenant d'une même caufe. Ces poutres n'ont pas été toutes tirées de la même exploitation de la même forêt; en fuppofant que quelques-unes aient été coupées dans le temps de feve par une prévarication contre l'ordonnance que les Officiers des maîtrifes ont grand foin de faire obferver, il n'eft pas à préfumer, & il eft moralement impoffible, que les arbres dont toutes ces poutres font formées aient tous été coupés dans le temps de feve. Toutes ces poutres ne proviennent pas d'arbres affez fur le retour pour avoir apporté en elles des forêts un principe de deftruction : mais toutes ces poutres font indiftnctement ruinées par le même accident & prefque dans toute leur étendue. Il faut donc conclure que c'eft une même caufe qui a fait germer le principe deftructif dans chacune de ces poutres, & il eft conftant que ce principe eft un pourri rouge.

J'ai prouvé que la feve ne circuloit dans le chêne que dans fon aubier; que cette partie du bois, qui n'a encore que les premiers rudiments du bois parfait & dur, étoit fufceptible d'une prompte deftruction dans toutes fortes de fituations , foit que l'arbre dont il fait partie ait été coupé dans le temps de feve ou hors de feve; que le pourri blanc & le ver font des agens de fa deftruction qui fait des progrès du dehors au dedans. Les poutres de l'Ecole Royale-Militaire ont été nettoyées de leur aubier par l'équarriffage dans les forêts; il n'a donc eu aucune part à leur ruine: la fermentation qui les a fait périr a pris fon foyer au centre, & a pouffé fon action à la circonférence, puifque leurs faces extérieures paroiffent faines, tandis que leurs parties intérieures font détruites de bout en bout par le pourri rouge. Il ne faut donc point imputer la deftruction de ces poutres à la feve que les arbres dont on les a formées auroient pu contenir pour avoir été abattus en temps de feve, ni à l'infidélité de l'Entrepreneur qui auroit employé des arbres fur le retour : car il faudroit que tous les arbres, dont elles ont été formées, euffent été attaqués du même vice, puifqu'elles font toutes en dégradation; d'ailleurs un arbre fur le retour & dont la fubftance fe dégrade, n'eft jamais vicié de bout en bout; fes maladies font locales & non générales; au lieu que ces poutres font dépéries dans toute leur longueur. Il faut donc fe dépouiller des idées de feve & de retour, & conclure que ces poutres ont fouffert généralement une ruine totale & prématurée, parceque l'on a concentré, par tous les moyens poffibles, l'humidité naturelle du bois qui ne peut s'en féparer, fur-tout dans de groffes pieces, que par un laps de temps très long; que non feulement ces poutres contenoient une humidité qui leur étoit propre, mais qu'elles en ont encore confervé du flot; que quand elles auroient été deffechées fous des hangards, les murs fur lefquels elles ont été pofées, les plafonds & les enduits dont elles ont été recouvertes, leur en ont communiqué une étrangere plus corrofive que celle qui eft de leur effence; que fi on eût voulu travailler efficacement à leur confervation, il eût fallu les laiffer ifolées pendant un certain temps dans les bâtiments, & n'en point obftruer les bouts; mais au contraire on les a claquemurées de toute part; il ne leur reftoit qu'une foible reffource pour tranfpirer au dehors leur humidité intérieure par les pores extérieurs des furfaces; mais on les a cuiraffées avec des enduits & des vernis épais; il falloit donc qu'elles périffent.

Puifque la deftruction prématurée des poutres de l'Hôtel Royal-Militaire ne peut être imputée à l'Entrepreneur pour avoir employé des bois prétendus fur le retour ou coupés en feve, & que l'unique caufe de cet accident procede des inattentions de la conftruction, il faut donc prendre toutes les précautions puifées dans les principes que j'ai déduits, afin d'éviter à jamais un dépériffement auffi général & auffi prompt des poutres qu'il eft néceffaire de remplacer dans toutes les parties déja conftruites de ce monument, & de celles que l'on emploira, non feulement pour le parachever, mais encore pour tous les édifices, foit publics foit particuliers.

L'on doit veiller à l'exploitation des futaies de chêne deftinées tant pour la marine que pour les édifices publics; en interdire l'abattage dans le mois de Janvier (a), avec plus de rigueur qu'en temps de feve. Les futaies deftinées

_____

(a) Le Corps des Architectes de Paris, quelques mois après que j'eus envoyé ces réflexions au Confeil de l'Hôtel de l'Ecole Royale-Militaire, publia une petite brochure dans laquelle ils recommandent de faire abattre les futayes dans le mois de Janvier; nous les affurons qu'ils ont tort, & que leur théorie, à cet égard, n'eft pas fondée fur l'expérience qui eft la bafe de ces réflexions.

pour être débitées en ouvrage de ſcierie, n'exigent pas la même attention, parceque la ſcie, en diviſant le bois en parties minces, & coupant en grande partie le paralléliſme de ſes fibres & des tubes vaſculaires, facilite la deſſiccation du bois; l'air ayant plus de priſe ſur ſes ſurfaces multipliées, il en abſorbe l'humidité en très peu de temps.

Il faut enlever tout l'aubier par l'équarriſſage des pieces dans les forêts, parceque ce bois qui n'a pas acquis ſon degré de perfection, eſt ſuſceptible d'une fermentation qui non ſeulement en détruit les parties, mais encore attire des vers qui en précipitent la ruine, & que cet accident peut ſe communiquer de proche en proche à l'intérieur des pieces.

L'on ne peut apporter trop de précautions dans l'examen des morceaux de bois deſtinés à faire des poutres avant de les employer, pour reconnoître s'ils ne ſont point tarés de quelques vices eſſentiels : voici les plus ordinaires.

Un arbre, par l'inattention de l'ouvrier qui l'abat, eſt en but dans ſa chûte à deux accidents qui dégradent la piece pour laquelle il eſt deſtiné. Si un gros arbre tombe ſur un autre arbre déja abattu, ou ſur un terrein dur, ou des pierres plus élevées que le ſol, ou ſur ſes plus groſſes branches, lorſqu'il eſt fourchu, alors la plus grande partie de ſa maſſe portant à faux, il ſe fend ordinairement. Une fente conſidérable dans une poutre eſt un défaut qui l'affoiblit, ſur-tout lorſqu'elle ſe trouve dans une direction horiſontale avec le fardeau. Si lorſque l'entaille, néceſſaire pour ſéparer le tronc d'un arbre d'avec ſa ſouche, eſt preſque achevée, le bûcheron n'a pas piqué au cœur de l'arbre avec ſa cognée pour prolonger au-delà du centre de l'arbre ſon entaille; l'arbre en rompant ſa taille s'énerve, c'eſt-à-dire que des faiſceaux de fibres, plus adhérents à la ſouche qu'à la partie centrale du tronc, ſe détachent du centre & reſtent perpendiculaires à la ſouche, ce qui occaſionne un vuide plus ou moins conſidérable dans le centre de l'intérieur de la piece, ſouvent de cinq à ſix pieds de longueur. Ce vuide eſt un magaſin où ſe raſſemble l'humidité qui prépare la ruine de la piece.

T t

L'on connoît, dans un morceau de charpente, si l'arbre qui l'a produit étoit sur le retour, par la couleur d'un rouge rembruni, le tissu rare, & la consistance molle de son bois dans différents cantons de son étendue.

Un arbre qui est mort sur pied par partie l'une après l'autre, & qui est resté long-temps debout dans les forêts dans cet état, est affecté ordinairement de pourri rouge d'espace à autre, plus souvent piqué de vers, & très ordinairement taraudé par le gros ver qui produit le scarabé cornu que l'on nomme communément *cerf volant.*

Si dans une pièce on apperçoit quelques nœuds pourris blancs ou noirs qui ne soient pas profonds, on doit les nettoyer avec la tarriere & la cuiller, & les remplir de bois neuf pour empêcher que la partie pourrie ne communique sa carrie au bois sain. Ces défauts ne sont pas ordinairement essentiels, mais l'on doit rejetter tous les morceaux dans lesquels on apperçoit du pourri rouge ou plume de geai. On purge ordinairement les bois dans les ventes des vices de roulures, ventures & de cadran ; mais si on en trouvoit dans les chantiers qui soient affectés de ces vices, il faudroit les mettre entiérement au rebut.

Les bois les plus sains & les mieux constitués, qui sont destinés pour les parties intérieures des édifices, doivent avoir été, préalablement à leur emploi, exposés au grand air sur des chantiers, même sous des hangards ; il est très dangereux de les mettre en œuvre au sortir des forêts, du flot, même des chantiers où ils sont enrimés à plate terre sans être à couvert.

Enfin le seul moyen de procurer l'entier desséchement des poutres placées dans les édifices, & empêcher que l'humidité naturelle ou accidentelle dont elles peuvent être imbues ne fermente & ne prépare leur ruine, il faut les établir de façon que leur bout communique avec l'air libre sans être exposé à la pluie ni au soleil, en laissant en face de leur bout un carneau ouvert pendant plusieurs années. Il faut aussi laisser aérer & dessécher toutes les parties de charpente avant que de les charger d'enduits, de plafonds, de peinture & de vernis, pour qu'elles puissent pousser au dehors, tant par les bouts que par les points de leurs surfaces extérieures, l'humidité dont elles peuvent être chargées.

Je conseille d'user de toutes ces précautions si l'on veut conserver les poutres des édifices & en prolonger, autant qu'il est possible, la durée. Ce n'est pas assez que de tirer d'un arbre une poutre de qualité, & de savoir en augmenter la durée; il est avantageux pour l'Etat de tirer d'un arbre tout le solide qu'il peut donner sans en diminuer la qualité : c'est l'objet des réflexions suivantes.

C'est un abus bien préjudiciable de réduire au quarré parfait ou légérement méplat le corps des arbres dans les forêts, en les préparant à être employés dans les différentes parties de la charpenterie. L'équarrissage dans les forêts, qui n'est que le travail brut & élémentaire, ne devroit être appliqué qu'au dépouillement de l'écorce & de l'aubier des arbres, particuliérement du chêne : ces deux parties d'un arbre forment deux cercles concentriques plus ou moins larges, suivant l'âge & la qualité du chêne. Les bois tendres ont beaucoup d'écorce & peu d'aubier; les chênes durs & rustiques au contraire ont beaucoup d'aubier & peu d'écorce. L'opération la plus naturelle qu'il faudroit employer pour séparer du corps des arbres ces deux parties qui ne sont pas propres à entrer dans la charpente, feroit de les préparer dans les forêts sous une forme cylindrique, pour metre à profit toute la partie dure & de qualité du bois, c'est ce que pratiquent les Hollandois pour leur bois de sciage, même pour une partie de leur marine, & nous-mêmes lorsque nous faisons ébaucher, dans les forêts, les arbres tournants & autres pieces de bois cylindriques des usines & des grosses machines. Comme il faut que les poutres & les autres pieces destinées à porter des fardeaux, aient de l'assiette, il faut nécessairement les battre à pans; mais au lieu de quatre seulement qu'on donne ordinairement, je pense qu'on doit battre sur huit pans les arbres dans les forêts, & qu'il faut que ces pans foient inégaux, favoir, quatre grands & quatre petits alternatifs.

Je propofe quatre pans plus grands, parcequ'il eft très difficile de trouver des arbres qui n'aient, dans leur longueur, quelques inégalités, ou qui foient bien circulaires; car le cône, fous la forme duquel tout arbre s'éleve, eft bien rarement régulier. Il faut donc diriger les quatre grands pans fur les côtés méplats ou qui font finueux, ce qui oblige de rentrer dans le corps de l'arbre pour le dreffer fur des lignes plus régulieres : les quatre pans plus petits abattent feulement l'écorce & l'aubier des angles. Si on m'objecte qu'une poutre équarrie fous cette forme polygone ne fupportera le fardeau que fur la largeur de fes grandes faces, & que le poids de fon folide ne fera pas totalement fupporté par fes extrêmités fur fes points d'appuis; je répondrai qu'en fixant des calles de bois angulaires fur les faces des petits pans, on fera alors appuyer le fardeau fur toutes les parties de la poutre, & en fuivant ce principe, on tirera d'un chêne une piece dont le folide excédera plus du quart celui que l'on en peut tirer en le réduifant en prifme quadrangulaire. Pour convaincre de ce principe, je vais citer un exemple.

Soit un arbre en grume, c'eft-à-dire qui foit encore fous écorce, qui ait neuf pieds fept pouces de pourtour, donnant environ trois pieds deux pouces de diametre. Si on équarrit cet arbre fuivant l'ufage ordinaire, on ne pourra en tirer qu'une piece quadrangulaire de vingt-quatre pouces de face, ayant cinq cents foixante-feize pouces ou quatre pieds quarrés de bafe. Si j'exploite cet arbre pour en tirer toute la puiffance qu'il peut fournir, je le ferai battre fur vingt-huit pouces de face que je réduirai enfuite à dix-huit pouces, en abattant les angles de cinq pouces à chaque extrémité, ce qui donnera une diagonale de fept pouces de face; j'aurai alors une piece qui aura vingt-huit pouces de hauteur, taillée fur huit pans dont quatre de dix-huit pouces chacun d'étendue, & quatre de fept pouces, & dont la bafe du prifme octogone qu'elle formera, aura fept cents

trente-quatre pouces quarrés, équivalent cinq pieds quatorze pouces quarrés, ce qui donne d'excédent un pied
quatorze pouces de bafe. Un arbre de cette groffeur fur fix
toifes feulement de longueur, équarri fur vingt-quatre pouces de face, ne donnera que cent quarante-quatre pieds cubes de bois, au lieu que je tire d'un pareil morceau de bois
cent quatre-vingt-trois un douzieme pieds cubes en le
battant à huit pans; j'obtiens donc fur un feul arbre de
moyenne groffeur & longueur un excédent de trente-neuf
un douzieme pieds cubes, qui fait plus de treize quarante-
huitieme du total. Je dois ajouter que la piece fera encore
mieux nettoyée de l'aubier, & que cette façon de traiter les
arbres, pour en compofer des poutres, eft bien plus avantageufe, parcequ'il eft de principe que la force du bois réfide
dans l'application de fes fibres entaffées en fens perpendiculaires, & ne réfulte pas de leur adhérence latérale; enforte
que plufieurs madriers réunis, & contenus de champ, compofent une poutre auffi forte que s'ils ne faifoient qu'un feul
morceau.

Par cette nouvelle façon de préparer les bois dans les forêts fous une forme polygone, je procure donc deux grands
avantages; le premier de fournir une poutre de vingt-huit
pouces de hauteur avec un arbre dont on ne peut tirer, par
l'ufage ordinaire, qu'une piece de vingt-quatre pouces, &
par conféquent bien fupérieure en force quand même elle
feroit réduite fur dix-huit pouces d'épaiffeur; mais il y refte
à fes côtés deux parties dont le folide a deux cents trente
pouces de bafe. Le fecond avantage que je tire en équarrif-
fant fous une forme polygone, c'eft de ne pas entamer les
arbres fi près du cœur, ce qui diminue confidérablement la
force du bois; au furplus je conferve & mets à profit le bois
le plus fain qui tombe, par l'équarriffage ordinaire, en pure
perte dans les copeaux.

Il n'eft pas hors de place de faire connoître, par un tableau, l'avantage de cette façon de battre les bois à huit
pans, relativement au produit d'une exploitation.

Le nombre d'arbres, néceſſaires pour produire trois mille pieds cubes de charpente équarrie en priſmes quadrangulaires équilateraux ſuivant l'uſage ordinaire , produiſent trente-trois cordes de copeaux qui contiennent chacune environ cent ſoixante pieds cubes, & ſe vendent communément trois livres chaque corde. Si je prépare la même quantité d'arbres & de même volume en les faiſant battre ſur huit pans, je tirerai trois mille ſept cents ſoixante-douze un demi un quatorzieme pied cube de charpente, & je n'aurai que vingt-quatre cordes d'écailles ; c'eſt donc ſept cents ſoixante-douze un demi un quatorzieme pieds cubes de charpente que je gagne à l'avantage de l'Etat, & ſept cents ſoixante-douze livres onze ſols de bénéfice pour le propriétaire ou l'adjudicataire ſur une très petite partie de bois, ſauf à diminuer vingt-ſept livres pour neuf cordes de copeaux de moins, qui produiſent mille quatre cents quarante pieds cubes ; ce qui fait voir qu'un pied cube de charpente mis en copeau en produit environ deux par la comminution des parties.

Les futaies s'éclairciſſant inſenſiblement dans les forêts, on ne peut trop prendre de précautions pour, d'un côté, en diminuer la conſommation ; de l'autre pour tirer tout l'avantage poſſible de celles que l'on fait abattre annuellement pour les beſoins de l'Etat. Je deſire que l'on ſente comme moi la néceſſité d'abroger un uſage pernicieux & abuſif qui fruſtre de plus d'un quart du produit des arbres de futaies qui s'exploitent journellement dans les forêts.

OBSERVATIONS

SUR

L'HISTOIRE NATURELLE,

PARTICULIÉREMENT fur la nature de certaines pierres ; fur l'arrangement de quelques métaux dans leurs minieres ; fur la caufe de la chaleur des eaux thermales de Bourbonne, de Bains, de Luxeuil, de Plombieres & de Remiremont ;

Tirées de l'Itinéraire d'un voyage fait fur les frontieres des provinces de Champagne, de Lorraine, d'Alface & de Franche-Comté.

Mobilitate viget, viresque acquirit eundo.

C'EST de la Nature même, qu'il faut prendre des leçons fur l'origine de fes productions qui font répandues avec autant d'abondance que de variété fur la furface de la terre. C'eft dans fes entrailles qu'il faut pénétrer pour découvrir les fecrets & lever le voile qui couvre le méchanifme de fes opérations, & arracher de fon fein les fubftances minéralogiques dans leur propre matrice.

Le Naturalifte qui contemple les corps naturels claffés dans une collection, qui les confidere fuperficiellement pour en découvrir les parties intégrantes, leur tiffu, leurs propriétés ; qui identifie fes idées avec les fyftêmes des différents Auteurs de fa bibliotheque, & fe contente de promener fes regards dans l'efpace circonfcrit de fon cabinet, n'a que des idées bien foibles & prefque toujours fauffes des objets de fes méditations.

Il faut voir, toucher, fentir les chofes dans leur lieu natal ; confidérer l'origine, la filiation, l'enchaînement, les nuances, les gradations, les rapports, les difparités, la monotonie & l'uniformité des homogenes, & les cahos formés par des amas de corps hétérogenes confondus par des crifes. Des morceaux ifolés, mutilés, fouvent même falfifiés, entaffés dans une collection, ne peuvent procurer ces avantages. C'eft d'après ces principes que je me fuis décidé à faire des voyages, & à rédiger par écrit mes obfervations locales fur la defcription des lieux, les faits hiftoriques qui y ont rapport, les mœurs, les ufages des pays, la defcription des mines, de leurs travaux & ceux des manufactures, les objets d'économie rurale, enfin fur tout ce qui peut piquer la curiofité d'un voyageur, & ce à l'imitation de plufieurs Savants. Il ne fera queftion, dans ce Mémoire qui n'eft qu'un extrait de mes obfervations, que des objets d'hiftoire naturelle, de l'analyfe de quelques-uns, qui pourront me conduire à fonder fur leur origine des conjectures que j'appuierai par des probabilités.

Les côteaux qui délimitent de part & d'autres la vallée de la riviere de Marne, depuis Bayard en remontant, font compofés de pierres calcaires de différentes fortes. L'on découvre au midi un ban d'environ huit pouces d'épaiffeur, qui eft compofé de nautiles empâtées dans un fpath très dur & coloré, qui forme une efpece de marbre fufceptible de poli & qui n'eft pas fans agrément. Cette couche de pierre, après s'être inclinée de quarante-cinq degrés fous l'horifon, reprend fon parallélifme au-delà de Gourzon & s'obferve fur plufieurs lieues d'étendue. Le pavée de la ville de Joinville eft, en partie, compofé de cette pierre moins chargée de nautiles. Ce pavé eft très dangereux pour les chevaux, parcequ'il prend trop de poli.

Les côteaux oppofés fur les territoires de Fontaine, de Sommeville & de Chevillon, font compofés d'une pierre

blanche

blanche difposée en couches horifontales très épaiſſes, ſur-
tout dans l'enfoncement de ces plages élevées de leur ſommet, où l'on trouve des carrieres exploitées depuis ſept à
huit cents ans, à ciel découvert, & deſquelles on tire des
quantités immenſes d'une très belle pierre de taille formée
d'oolithes compoſées de couches concentriques, empâtées
avec des fragments de coquilles dans un ſpath calcaire. Il ſe
fait une exportation de cette pierre par toute la province de
Champagne, parcequ'elle joint la ſolidité & la beauté au
mérite d'être propre aux ouvrages hydrauliques.

On remarque dans l'Egliſe Collégiale du Château de
Joinville, parmi les tombeaux des Princes de la maiſon de
Guiſe, qui étoient Seigneurs de cette principauté, le mau-
ſolée magnifique de Claude de Lorraine, qui eſt ſoutenu par
quatre figures caryatides qui repréſentent les quatre vertus;
elles ſont d'albâtre blanc d'une grande beauté ; elles ont
été exécutées à Paris par des ouvriers Florentins.

Le Château de Joinville eſt bâti ſur le pied d'un côteau
élévé & iſolé, quoique commandé par les côteaux d'alentour;
l'air y eſt ſi vif que pluſieurs étrangers qui ſont venus y demeu-
rer, y ont été attaqués de maladies graves, de gratelles, & d'autres y ont éprouvé la chûte de leurs ongles. L'on avoit établi,
dans les dépendances de ce château, un hôpital pour les en-
fants-trouvés, à la charge du Seigneur; mais en très peu de
temps ils y ſont tous péris, parceque ces petites victimes de
l'ignorance & de la cupidité des ſubalternes mercénaires,
n'ont pu ſoutenir la vivacité de l'air que l'on y reſpire. Près
de Joinville, au Midi, on a fait une excavation pour le rem-
pan de la nouvelle route. L'on y remarque des couches de
pierres qui ont été inclinées par quelques cataſtrophes; les
unes ſont précipitées perpendiculairement, d'autres obliquement ſous différentes ouvertures d'angles; d'autres font des
zigzags multipliés, ce qui ſemble annoncer qu'elles recouvrent des mines de charbon de terre.

En remontant la riviere de Marne, les côteaux continuent
d'être compoſés de pierres calcaires. Entre les fentes des ro-

V y

chers qui compofent ceux du territoire de Thonance, Montreuil, Poiffon, Noncourt & Saint-Urbin, on fouille une mine de fer en pierre très abondante, fort riche & donnant un fer d'une bonne qualité. J'ai déja parlé de ces mines, c'eft pourquoi je n'en ferai pas ici de détail. En faifant une percée dans les rochers des côteaux fur lefquels eft bâti le château de Donjeu, l'on a trouvé des bancs d'une pierre argilleufe, dans l'intérieur de laquelle on trouvoit de petites grottes tapiffées de grouppes de cryftaux de fpath rhomboïdal, fur lefquels on remarque beaucoup de petites pyrites cubiques ifolées, lefquelles produifent un très bon effet.

Tout le phyfique, depuis Donjeu jufqu'à Vignori, préfente l'idée d'un très grand défordre caufé par les eaux ; des rochers coupés perpendiculairement, d'autres culbutés, grouppés & entaffés les uns fur les autres, d'autres ifolés ; des bois languiffants fur des côteaux arides faute de fubfiftance, & dirigés en tous fens, offrent le coup-d'œil d'un pays fauvage où les torts de la Nature n'ont point encore été réparés.

Le principe de la pierre calcaire des environs de la forge de Fronque communique aux bois & aux charbons qui font crus & cuits fur le fol, la propriété de donner une qualité douce & nerveufe aux fers qui fe fabriquent dans la forge de ce village, & qui les rend fupérieurs à ceux des forges fituées fur d'autres rivieres, quoiqu'ils ufent les mêmes mines.

L'on trouve, dans les environs de Vignori, dans une recoupe que l'on a faite pour adoucir la pente du chemin, des roches qui renferment des cryftaux de fpath fufible, lequel a la propriété du cryftal d'Iflande, de faire appercevoir les objets doubles. Nous y avons trouvé auffi des pyrites cryftallifées en tombeaux, en décaedres. L'épine-vinette croît abondamment fur les côteaux de Vignori, & y produit du fruit : cependant je n'ai pas réuffi en la cultivant à S. Dizier & à Bayard à en obtenir, quoiqu'il n'y ait que fept lieues de diftance de Bayard à cet endroit fitué fur la même vallée.

Le territoire des environs de Chaumont eft très pierreux :

l'on en tire, à peu de profondeur, une pierre argilleuse calcaire difposée en couches horifontales d'un & deux pouces d'épaiffeur, dont on fe fert pour couvrir les toitures. Il n'y a point, dans ces cantons, de fources fur les hauteurs, où l'on creufe inutilement des puits; le fol ne retient point les eaux; il faut recourir à l'ufage des citernes; & dans les bois voifins de Chaumont où je fais des exploitations, je fuis obligé de faire conduire dans des futailles de l'eau à mes ouvriers. J'ai remarqué dans ces bois un chêne de neuf pieds de circonférence, dont l'écorce doubloit en épaiffeur celle des arbres voifins. Elle avoit deux pouces fept lignes depuis l'épiderme jufqu'au liber.

Dans le coteau au Levant, qui eft féparé par la riviere de Marne de celui fur lequel la ville de Chaumont eft fituée, on exploite une carriere de pierre de taille qui eft employée dans toutes les conftruċtions de cette ville. Nous avons parcouru toutes les galeries qui compofent l'étendue de cette carriere divifée en différentes rues par des maffes & des piliers que les ouvriers laiffent pour en foutenir le toît. Nous y avons obfervé particuliérement trois chofes, 1°. la pierre, 2°. une végétation finguliere; 3°. qu'il ne s'y forme aucunes ftalaċtites ni ftalagmites.

La pierre de cette carriere en général eft très blanche & d'un grain fin; elle eft compofée en plus grande partie de petites oolithes, quoiqu'il fe trouve des bancs de pifolithes qui n'ont prefqu'aucune adhérence. Cette pierre fe tire en parpins de moyenne groffeur fous une forme alongée & déprimée. Les voitures vont l'enlever fous la main des ouvriers qui y font à l'abri de toutes les injures de l'air, auffi font-ils plus affidus à leur travail pendant l'hiver que dans la belle faifon.

Les ouvriers fe rendent le matin dans cette carriere; ils parcourent les différentes finuofités des galeries, & fe rendent à leur attelier par la force de l'habitude fans lumiere, malgré l'obfcurité qui y regne : ils fe muniffent feulement, pour fe guider dans ces routes ténébreufes, d'un bâton qu'ils laiffent le foir à leur retour à l'entrée de l'iffue de la carriere qui eft à mi-côté, pour le reprendre le lendemain. Nous avons trouvé, vers le milieu de l'intérieur de ce fouterrein, deux bâtons des ouvriers; c'étoient des plançons de faule de fix pieds de hauteur, & d'environ fix pouces de pourtour. Ces brins de faule avoient été coupés fur l'arbre avant la pouffe des feuilles, & avoient paffé dans la carriere le temps des récoltes des foins; faifon pendant laquelle les ouvriers quittent le travail de la carriere. Ces brins de faule étoient appuyés contre un pilier au pied duquel étoit un peu d'eau qui avoit diftillée de la voûte. Leur état verd, la fraîcheur & l'humidité du lieu, leur avoient facilité une abondante végétation de bout en bout, & dans toute leur circonférence : mais au lieu d'avoir produit des branches & des feuilles, ces brins n'avoient pouffé que des filets blancs étiolés, veinés de rouge. Ces filets formoient autour de ces brins des rayons divergents dirigés horifontalement dans leur plus grande étendue, & légérement inclinés dans leurs bouts : c'étoient, à proprement dire, des racines pouffées dans l'atmofphere. Ce n'eft pas le feul phénomene en ce genre que nous y ayons eu occafion de remarquer ; car quelques années auparavant, nous avons vu dans la grotte d'Aufel, fur le Doux en Franche-Comté, à trois lieues de Befançon, un liferon (*convolvulus*) qui avoit pouffé des tiges abondantes le long de la rampe du pont fur lequel on traverfe une abîme profond : ce liferon n'avoit pouffé aucune feuille, toute la plante étoit en racine. Nous avons auffi remarqué pareil accident dans les tuyaux qui apportent à Paris les eaux d'Arcueil, defquels on eft obligé de retirer de temps à autre des entortillages volumineux de plantes en végétation qui les obftruent, & je n'ai apperçu aucune feuille fur ces plantes. D'après ces trois obfervations faites dans des lieux différents, nous faifons une réflexion. L'air n'eft donc pas un milieu, un véhicule fuffifant à la végétation pour que les plantes pouffent des feuilles complettes? il faut donc encore le concours de la lumiere? car dans cette carriere de

Chaumont, dans la grotte d'Aufel, il y a une maffe d'air confidérable, même quelquefois en mouvement. On ne peut pas douter que dans les tuyaux de la conduite d'Arcueil il n'y ait auffi un courant d'air qui accompagne la colonne d'eau qui eft courante; donc ce n'eft pas le défaut d'air qui a contribué au défaut du développement des feuilles de ce faule & du liferon. On peut même dire que ce ne font pas les parties folides de la terre qui, en comprimant les racines des plantes, empêchent le développement du parenchime des feuilles, puifque ces bâtons de faule n'étoient comprimés par aucun corps que par l'air ambiant. Cependant ils n'ont pouffé que des racines forties des parties deftinées à ne produire que des branches garnies de feuilles.

Les remarques que plufieurs Savants ont faites fur le fommeil des plantes qui s'endorment dans l'obfcurité naturelle & artificielle qu'on leur procure, vient à l'appui de mon fentiment; & ces deux obfervations fe prêtent des fecours mutuels pour prouver que la lumiere agit vifiblement fur les plantes, & qu'elle eft abfolument néceffaire au développement des feuilles & au complement de la végétation. Si l'on enferme des légumes pendant l'hiver, dans un caveau obfcur, la chaleur du lieu fait pouffer aux plantes des tiges étiolées qui font dégarnies de feuilles; s'il y a un carneau par lequel une foible lumiere pénetre dans le fouterrain, on voit les fomnités des tiges de ces plantes qui fe dirigent toutes vers ce carneau, & celles qui en font plus près développent des feuilles plus ou moins complettes. La lumiere eft donc néceffaire à la formation des feuilles.

Nous n'avons point trouvé de ftalactites ni de ftalagmites, ni même aucunes concrétions pierreufes dans toute l'étendue des fouterrains de la carriere de Chaumont, qui fe prolonge un quart de lieue environ fous les terres cultivées. L'eau qui diftille des fuintements de la toiture & à travers les rimes de la pierre, eft pure, bonne à boire, & ne dépofe aucune partie calcaire par l'intermede d'une diffolution métallique. Nous avons cherché la caufe de ce phéno-

mene., & nous avons cru la trouver : car en parcourant avec
attention l'étendue du terrein qui couvre la carriere, même
celui des environs, nous n'y avons trouvé aucunes pyrites en
nature, pas même aucuns vestiges de décompositions pyriteuses : de-là nous avons pensé que l'eau de la pluie, en traversant le massif des terres, ne rencontrant dans son trajet
aucun corps composé qui contienne un acide vitriolique dont
elle ait pu se charger, elle n'avoit pu, par elle-même, dissoudre les parties de pierres calcaires, pour en former des
substances spathiques qui se seroient cryftallisées aux voûtes
de la carriere en ftalactites ou en ftalagmites dans les bassins
creusés dans le sol, & qui contiennent un peu d'eau. Les
spaths & autres fluors que l'on trouve dans les grottes &
les autres souterrains, qui sont formés d'une substance quelconque dissoute dans l'humidité qui suinte & distille des
voûtes, sont donc des especes de sels combinés d'un acide
avec une base terreuse que les eaux pluviales & souterraines
déposent sur les pierres à travers lesquelles elles filtrent,
après les avoir entraînés des masses de terres & bancs de
pierres qui sont au-dessus, & viennent meubler les grottes
& les cavernes de toutes ces magnifiques décorations que le
Naturaliste admire avec tant de satisfaction.

En suivant la route qui conduit de Chaumont à Bourbonne-les-Bains, nous avons passé par le village de Biel,
où nous avons examiné le travail d'une Manufacture de poëles
& poëlons de fer, qui est divisée chez neuf différents Maî-
tres-Ouvriers qui ont entre eux trente-six compagnons. Ils
tirent, des batteries situées sur la riviere du Rognon, les
platines de fer qu'ils emploient. Ce sont des plaques minces,
rondes, de différent diametre, auxquelles le Marteleur de la
batterie a laissé une petite partie saillante hors la circonférence pour souder une queue à la poële lorsque son bassin
est fini. Ces ouvriers ébauchent ces pieces à chaud dans une
coquille, les finissent à froid en les écrouissant, puis ils y
soudent la queue. Chaque ouvrier acheve par jour une douzaine de poëlons qui se vendent de 6 à 7 livres, & ne font

qu'une demi-douzaine de poëles qui font du prix de quinze à dix-huit livres la douzaine.

Nous avons vu dans ce même endroit un Fondeur en fer, lequel, avec de vieilles fontes, couloit différentes petites pieces, comme poids de balance, chauderons, marmites, chenets, & de la dragée pour la chasse. Comme son travail est très différent de celui des petits Fondeurs ordinaires, & qu'il est analogue aux principes sur lesquels font fondés les travaux des forges de Corse, de Catalogne & de Gudane en Dauphiné, je vais en donner une description succinte.

Son fourneau est portatif, se construit à chaque fondée qui est de quatre-vingt livres de fonte ; elle dure une heure ; il y emploie trente livres de charbon. Le fond du fourneau, ou le creuset, est composé d'une poële de fer ronde, d'un pied de diametre, & de neuf pouces de profondeur, ayant deux manches pour l'enlever & l'apporter sur les chassis qui contiennent les moules des pieces qu'il veut couler. Il commence la construction de son fourneau par faire, dans le terrein, un enfoncement plus large que la poële : il range dans le fond un lit de crasses pilées & mêlées de frasin pour écarter l'humidité : il place ensuite sa poële de façon que ses bords supérieurs soient au niveau du sol : il l'emplit de menus charbons après l'avoir luté intérieurement avec du mortier d'herbue, mêlé de crotin de cheval & de frasin : il remplit exactement l'intervalle qui se trouve entre la poële & les parois du creux qui la reçoit, avec des crasses pilées mêlées de frasin. Il est approvisionné de morceaux de fonte de fer provenant de vieux chauderons, marmites, contre-cœur de cheminée & autres : il en fait un triage en séparant les plus épais des plus minces. Il commence la seconde partie de son fourneau en élevant un petit mur demi-circulaire, de trois pouces & demi d'épaisseur, composé de morceaux de fontes qu'il a brisés, employant les plus épais pour le bas, & les plus minces pour les parties supérieures qui s'élevent à douze pouces de hauteur. Il réserve, au centre intérieur de ce mur, un espace quarré de cinq pouces de largeur, sur six pouces

de longueur dans la direction & en face de la tuyere, vers
laquelle viennent se terminer les bouts de l'arc que forme
ce mur. Il ferme son fourneau au contrevent par une plaque
de fer battu d'un demi pouce d'épaisseur, & d'un pied en
quarré d'étendue, qu'il pose de champ, & l'appuie par derriere
au dehors avec des pierres & des crasses; il ferme les deux
côtés par deux autres plaques de fonte de fer des mêmes
dimensions, lesquelles s'appuient contre la plaque de fer,
& sont soutenues de même au dehors par des pierres & des
crasses. Il ferme le côté du soufflage avec des pieces de fonte
échancrées, de façon qu'elles embrassent la tuyere qui est
composée d'une plaque de fer battu, roulée en cône, dont le
sommet forme la bouche, d'un pouce de diametre, & se prolonge de trois pouces dans le foyer jusqu'à l'affleurement du
bout du mur de fonte qui laisse un intervalle de pareil distance dans l'étendue du fourneau du côté de la tuyere; alors
il lutte, avec du mortier d'herbue & de crotin, tout l'extérieur de son fourneau, & particuliérement le côté de la
tuyere, pour que la chaleur n'endommage pas les soufflets. Il
a ménagé, à l'angle du contrevent à droite, à fleur des bords
de la poche qui est le creuset, un trou d'environ deux pouces de diametre pour l'écoulement des scories & pour passer
un fourgon afin d'aider le travail du fourneau, qui est construit d'une forme cubique d'un pied de dimension. Après avoir
rempli le vuide intérieur avec des charbons menus qu'il
range à la main, il en forme au-dessus un comble. Son compagnon alors fait agir deux soufflets de cuir de trois pieds
de longueur sur dix-huit pouces de largeur, établis solidement sur un chassis. La manœuvre, pour le mouvement de
ces soufflets, est des plus simples; car le souffleur, au moyen
de deux manches de bois attachés après la table supérieure
de chaque soufflet, les éleve & les comprime alternativement; & lorsque le fourneau commence à s'échauffer, qu'il
faut donner plus d'activité au feu, le Fondeur aide son compagnon; ils font alors agir chacun un soufflet, observant
l'alternative nécessaire pour que le vent soit égal & ne se
coupe

coupe pas. Il a foin, pendant l'opération, de remplacer le charbon à mefure qu'il fe confomme, de déboucher le trou des laitiers pour faciliter leur écoulement, & d'entretenir fa tuyere brillante. Au bout d'une heure environ, lorf-qu'il voit que toute fa fonte eft en bain, il démolit le fourneau en enlevant les plaques de fer & de fonte qui en délimitent l'extérieur : il écume avec un rable de bois le bain, & enleve promptement la poche pour jetter en moule les différentes pieces qu'il a préparées, ou il fait de la dragée à l'eau au moyen d'un ballet compofé de jeunes brins d'ofier qu'il tourne & agite avec vîteffe pour divifer en grenaille le jet de fonte qu'il verfe deffus, & qui eft reçue dans un tonneau rempli d'eau. Ce dernier travail, qui eft prohibé par l'Ordonnance, eft un des plus lucratifs de cet ouvrier, parceque dans ce pays qui eft très montueux & couvert de bois, le gibier y eft très abondant, & conféquemment les braconiers. Mais les dangers que l'on court à manger du gibier tué avec de la ferraille, & la dévaftation des chaffes, font des caufes qui devroient réveiller l'attention du Miniftere public fur un art auffi deftructif que celui du Fondeur en dragées de fer. Si j'en fais quelquefois à mon fourneau, c'eft pour divifer de la fonte en de très petites parties, pour des expériences. On en fait auffi, en répandant fur la terre couverte d'une légere couche de fable, de la fonte de fer très fluide. Il faut que l'ouvrier qui la verfe ne craigne pas la brûlure, qu'il la jette de fort haut pour que le choc qu'elle reçoit fur le fol la divife & l'éparpille. Cette opération eft très agréable à voir faire dans l'obfcurité : c'eft le fpectacle d'un joli feu d'artifice dont la matiere ne fe confomme pas en pure perte, comme la compofition de toutes les petarades de nos Artificiers.

L'on a fait une fouille fur le territoire d'Is en Baffigny, près de Montigny-le-Roi, de laquelle on a tiré une pierre fchifteufe, teffulaire, de couleur d'ardoife. Quoique cette pierre contienne quelques parties calcaires, elle m'a paru être le chapeau d'une ardoifiere. L'on fait que les bancs de la meilleure ardoife font couverts, même fouvent traverfés d'un *chat* & d'un *feuilletis* reffemblant à cette pierre d'Is. Je fuis d'autant plus perfuadé que ce territoire recele des carrieres d'ardoife, que j'ai trouvé, 1°. dans plufieurs lieues d'étendue de ce pays, des pierres & des pétrifications d'animaux du même caractere & des mêmes familles que celles que l'on remarque dans les environs des carrieres d'ardoife de cette province; 2°. que le territoire d'Is eft en tête des fources de la Meufe, riviere qui baigne, dans prefque toute fon étendue, un terrein riche en ardoife, telle celle que l'on tire près de Meziers, Charles-Ville en Champagne, & de Fumay en Flandre, qui font trois villes fituées fur les bords de la Meufe.

Il feroit avantageux, pour la partie fupérieure de la province de Champagne, particuliérement pour les villes de Langres, Chaumont & Bourbonne, qui forment un triangle dont Is eft le centre, de tirer de cette carriere de l'ardoife pour couvrir les maifons & les édifices qui font furchargés par des montagnes de laves entaffées fans agrément, ou par de mauvaifes tuiles. Il eft toujours avantageux pour l'Etat d'employer les matieres premieres qui ne demandent, pour leur préparation, que la main-d'œuvre. Une carriere d'ardoife eft un fond de richeffe réelle & inépuifable; & pour la mettre en valeur, il ne faut que des bras dont l'action eft le germe de la population. Il n'en eft pas de même des différents métaux, tel le cuivre, la fonte de fer, la tôle de fer, le plomb & le zinc que l'on emploie à la couverture des grands édifices; car outre que ces couvertures font très difpendieufes, la préparation de ces métaux, que nous tirons en partie de l'étranger, abforbe une très grande portion du produit des forêts qui s'épuifent par l'emploi abufif que l'on en fait, malgré les efforts de la Nature. La tuile, quoique bien inférieure en prix aux matieres métalliques, exige de même une cuiffon qui confomme beaucoup de bois; & cette confommation eft d'autant plus énorme, qu'il faut renouveller fouvent les couvertures en tuile, particuliérement celles en tuile courbe qui devroit être profcrite. La défectuosité de la tuile procede de deux causes; la premiere & la plus essentielle, est le défaut de préparation de la terre , dont la pâte est composée. Les Tuiliers ne se donnent pas la peine de purger leur terre des pierres calcaires, des pyrites & des grumeaux de minerai de fer qui se trouvent confondus avec certaines glaises qui sont employées dans les briqueteries. La pierre calcaire réduite en chaux par le feu qui cuit la tuile ou la brique, exposée ensuite à la pluie, absorbe avec avidité l'eau qui transpire à travers les cloisons qui l'environnent; elle s'échauffe & est dilatée par une force expansive à laquelle nulle puissance ne peut résister; la tuile éclate, & est hors de service. Les pyrites & les grumeaux de minerai de fer se fondent pendant la cuisson de la tuile ; leur substance devenue fluide pénetre la masse poreuse de la tuile, & laisse vuide la place qu'ils occupoient dans la pâte de la tuile. Ces abus mériteroient l'attention du Gouvernement; & il est étonnant qu'on laisse entrer dans Paris une quantite immense de tuiles qui se fabriquent en Bourgogne, lesquelles sont criblées de trous faute d'avoir été préparées avec les soins les plus communs & les plus indispensables. La seconde cause de la défectuosité de la tuile, procede de la cuisson. Le trop de cuisson rend la tuile vitreuse & fragile ; une cuisson trop foible la rend gelise, de façon qu'elle se feuillete & se décompose lorsqu'elle est exposée à la gelée.

Je ne dois pas quitter cet article sans revenir à l'ardoisiere d'Is ; en assurant que les travaux que l'on feroit pour l'approfondir ne seroient point infructueux; que le gissement du terrein est favorable pour faire une percée latérale au flanc du côteau, pour éconduire hors des galeries les eaux souterraines, ce qui éviteroit en partie la dépense des pompes; que si l'on apporte de l'attention, de l'intelligence & de la persévérance, on découvrira, à peu de profondeur, une carriere abondante d'ardoise qui fera la richesse & l'ornement du pays.

Les pierres qui continuent d'être calcaires sur les territoires de la Neuville-aux-Bois & de Laneque, où l'on voit des rochers coupés perpendiculairement, dont les angles ont été émouffés, & les furfaces ufées par les flots & les vagues de la mer, deviennent pyriteufes fur le territoire de Mandre & de Montigny-le-Roi; elles font pêtries d'une grande quantité de belemnites, de cames, d'huîtres & de vis. L'on y trouve des pierres globuleufes alongées ou parfaitement fphériques depuis fix pouces jufqu'à deux pieds de diametre; les unes font compofées d'un fable fin uni à une glaife grife; d'autres font des efpeces de grès nommés pierres de fables : en defcendant, l'on rencontre beaucoup de *ludus helmontii* de diverfes groffeurs. Il y en a qui ont jufqu'à trois pieds de diametre. L'on apperçoit des cryftallifations de fpath, terminées par des pyramides triedres dont chaque face eft un pentagone. A mefure que l'on avance, l'on voit changer les familles de coquillages dont les pierres font remplies : il y en a qui ne font compofées que de nautiles empâtées dans de l'argille & du fable uni par un *gluten* fpatique. Ces nautiles ont un pouce de face fur deux pouces de longueur. Nous avons trouvé quelques aftroïtes empâtées dans du grès rouge qui s'égrife aifément & qui contient en outre des vertebres de poiffons, beaucoup de crapaudines dont nous avons une qui n'a qu'une ligne de diametre, beaucoup de gloffopetres très petits, bruns & luifants, qui ne font que des dents de poiffon. Nous avons trouvé un bout de mâchoire d'un petit requin, qui étoit garnie de fix dents de même forme & grandeur que les gloffopetres répandus dans le refte de la pierre. M. l'Abbé Blanchard, Curé de Serqueux, a une de ces dents qui a trois pouces & demi de longueur, & deux pouces neuf lignes de largeur à fa racine. Tout le territoire de ces cantons reffemble beaucoup à celui des environs de Carignan, pays du Luxembourg François; car j'y ai trouvé les mêmes pierres, les mêmes pyrites & les mêmes pétrifications.

A Montigny-le-Roi l'on fait ufage, dans la conftruction des bâtiments, d'une pierre anguleufe qui fe tire des carrieres qui font fituées entre ce village & celui de Meufe, où la rivière qui porte ce nom prend fa fource. Ces pierres forment des rhombes réguliers & de dimenfions variées ; il y en a qui ont jufqu'à cinq pieds de face fur douze & dix-huit pouces d'épaiffeur, & fept à huit pieds de diametre d'un angle aigu à l'autre. Cette pierre eft très dure, & participe du grès rouge. Cette forme rhomboïdale eft obfervée dans le fyftême général de toutes les pierres de différentes nature & qualité, jufqu'à Bourbonne & au-delà. Nous y reviendrons lorfque nous détaillerons le phyfique de Bourbonne.

Depuis Dammarin jufqu'au territoire de Bourdon, les pierres en général font compofées d'un grès ferrugineux. Avant d'arriver à Bourbonne, l'on traverfe le bois de Bourdon dans lequel on découvre, dans le maffif des terres qui bordent le rempant de la colline, ainfi que dans les vignes qui font plantées du côté de Coefi au Nord-Eft, fur le pendant des côteaux qui forment le baffin au milieu duquel Bourbonne eft fitué, différentes couches d'un gyps très beau, dont une partie a à l'extérieur le coup-d'œil du fel ammoniac; l'autre celui du cryftal minéral; enfin la pierre féléniteufe des bancs inférieurs reffemble à du marbre.

Sous la terre végétale, qui a peu de profondeur, eft un banc de fable mêlé de pierres triturées, qui couvre un autre banc fort épais, compofé d'une terre noire, fchifteufe, qui tombe en efflorefcence, & contient de l'alun. Cette terre eft découpée en tous fens, & fes fentes font remplies d'une félénite cryftallifée en petits prifmes tranfparents & d'une grande blancheur; elle eft fort différente de celle de Montmartre, près Paris; elle reffemble beaucoup à celle que l'on tire près de Neuf-Château en Lorraine, & à celle de Berken en Alface. Celle que j'ai dit reffembler à du marbre eft un alabaftrite qui fe fouille à une plus grande profondeur; il eft opaque, veiné de gris, de jaune & lavé de brun : il a prefque la dureté du marbre : il en a la propriété pour la fculpture. Le retable d'autel, les baluftres, les colonnades, l'arbre de la croix du Chrift de l'Eglife de Bourbonne, ainfi que les tombeaux des anciens Seigneurs du pays en ont été faits. On pourroit tirer un très grand parti de cette carriere d'alabaſtrite, ſi elle étoit exploitée; mais elle eſt entiérement négligée.

Bourbonne eſt ſitué au fond d'un entonnoir dont le pavillon évaſé eſt formé par des côteaux d'environ cent huit toiſes d'élévation, d'un riant aſpect. Leur ſommet eſt couvert de bois. Leur pendant, expoſé à l'Eſt-Oueſt, Oueſt, & Oueſt-Sud, eſt garni de vignes. Les parties ſituées à l'autre expoſition au Nord-Eſt, ſont en terres labourables dans leſquelles on trouve une terre à foulon, *ſmectris*, d'une couleur griſe, veinée de blanc, très onctueuſe. Cette terre eſt employée par les foulons du pays pour dégraiſſer les étoffes : il s'en fait une exportation conſidérable : les ſoldats en font des pierres à détacher. Le banc de cette terre n'a que ſept à huit pouces d'épaiſſeur, & ſe fouille a deux pieds & demi de de profondeur. La petite riviere d'Apance, qui arroſe le pays, eſt formée de deux ruiſſeaux qui ſortent de deux gorges fort ſerrées, & après avoir traverſée le territoire, va porter ſes eaux, d'une couleur rembrunie, dans la Saone.

En parcourant la campagne & les ravins des environs de Bourbonne, nous avons reconnu que toutes les pierres qui en compoſent le maſſif, affectent toutes une forme rhomboïdale; que la plus grande partie forme des rhombes parfaits comme la pierre de Montigny; qu'en briſant ces pierres leurs fragment ſont des rhombes ou des éléments de rhombes : enſorte qu'en parcourant les ravins creuſés par les eaux dans des maſſifs de carrieres, les pierres qui en forment les parois coupées à pic préſentent un angle aigu & ſaillant dirigé obliquement au ravin. Ce n'eſt pas ſeulement la pierre trouée & calcaire qui affecte cette forme; les pierres argilleuſes & les grès ſemblent être des cryſtalliſations opaques, figurées en rhombes dans une étendue d'environ quarante lieues quarrées de pays. J'ai rapporté un morceau de grès de trois pouces & demi de longueur, & de deux pouces & demi d'épaiſſeur, qui forme un rhombe parfait en tous ſens; c'eſt un hexaedre-tetragone. M. Romé de l'Iſle poſſede, dans ſa précieuse collection, un grouppe de cristaux rhomboïdaux qui se sont trouvés dans le centre d'un bloc de grès à Fontainebleau, & qui est la seconde preuve de la cristallisation du grès, en prenant le morceau dont je viens de parler pour la premiere qui ait été connue ; car personne avant nous n'avoit observé ce phénomene, & ne l'avoit décrit. Il est donc possible que des corps opaques, tels que les pierres dont je viens de parler, qui n'ont point été formées par une cristallisation composée de parties homogenes dissoutes primordialement par un dissolvant quelconque qui leur soit analogue, puissent prendre une forme symétrique qui leur est propre, lorsque leurs parties, par une force attractive d'affinité, ont pu se rapprocher en se précipitant des fluides qui tenoient leurs parties flottantes & suspendues par le seul mouvement.

Je dois observer que presque toutes les terres & les pierres des environs de Bourbonne, quoique de nature calcaire, font peu d'effervescence avec les acides ; que la chaux que l'on en compose en les calcinant, après avoir été fondue, ne forme pas une masse onctueuse & butireuse comme celle de toutes les pierres calcaires en général, mais elle prend en très peu de temps de la consistance ; ensorte qu'un Procureur des Bénédictins de l'endroit ne connoissant point la propriété singuliere que cette chaux a de se durcir promptement, fit fondre une grande quantité de chaux, plusieurs mois avant de commencer un bâtiment auquel il la destinoit. Mais il fut bien étonné, lorsqu'il voulut découvrir sa chaux fondue, pour en composer des mortiers, de ne trouver qu'une masse solide & dure propre à faire du moîlon comme les plâtras desséchés. Il se repentit alors de n'avoir pas suivi les conseils d'une personne éclairée qui lui avoit fait part de ce qu'elle avoit éprouvé elle-même. Il paroît que cette propriété particuliere de la chaux, faite avec les pierres des environs de Bourbonne, procede d'un principe gypseux, combiné avec le fluor-spathique, qui liaisonnent de concert les parties constitutives des pierres. Nous avons vu une carriere où l'on avoit pratiqué un trou profond, dans lequel on avoit fondu de la chaux qui y avoit été oubliée peut-être depuis plusieurs siecles ; cette chaux qui n'avoit pu se dessécher parceque son humidité avoit été entretenue par celle qui l'environnoit, avoit conservé sa consistance butireuse & sa qualité ; car on s'en sert avec succès dans les bâtiments. Il faut donc conclure que cette derniere chaux ne contenoit que des parties purement calcaires, & que celle de Bourbonne est imprégnée d'un principe gypseux répandu plus ou moins dans ce canton.

Nous avons remarqué sur des pierres de différente qualité répandues à la surface du sol de Bourbonne, de petits fongus noirs, durs & très adhérents à la surface des pierres. Ce phénomene est commun à presque toutes les pierres qui sont exposées long-temps à l'air libre. Ce sont ces fongus qui colorent les faces extérieures des bâtiments & les pierres qui séjournent à la surface de la terre. Ces fongus affectent différentes couleurs, tel que le rouge, le brun, le noir & le gris ; j'en ai remarqué même sur le fer dont la surface se décompose par la rouille. Il croît plus communément sur ce métal exposé plus long-temps au Sud-Nord des *lichen* de couleur verte & orangée. Nous remarquerons une particularité sur les fongus que nous avons observés sur les pierres de Bourbonne ; c'est qu'ils forment un disque bien circonscrit par un cercle plus ou moins régulier. Le champs est sémé indistinctement de ces fongus, qui forment des ponctuations isolées ; mais il reste une bande entre ceux du disque & ceux du cercle, sur laquelle il n'y en a aucuns d'implantés. Cet ordre circulaire, qu'observe ce fongus, ne lui est pas particulier. Nous avons observé depuis long-temps, que les champignons qui croissent abondamment dans les forêts & dans les pâturages, forment des cercles souvent d'une étendue prodigieuse, dont aucun corps ne dérange l'orbite. J'ai vu de ces cercles qui avoient plus de six toises de diametre ; il étoit décrit par une suite de champignons qui étoient plus ou moins serrés les uns contre les autres.

autres. Si de gros arbres fe trouvoient plantés dans la ligne circulaire qu'ils décrivoient, elle étoit alors feulement interrompue dans cet endroit, mais elle fe continuoit fur le même centre des deux côtés des arbres. J'ai quelquefois, par curiofité, fur la fin de l'Eté & le commencement de l'Automne, parcouru des cantons confidérables dans différentes forêts; j'ai toujours vu le même phénomene pour ces champignons fauvages & vénéneux; même j'ai remarqué plufieurs de ces cercles qui anticipoient les uns fur les autres, & fe faifoient mutuellement des fections. Les champignons que l'on mange & qui croiffent à la campagne dans les pacages où les troupeaux vont pâturer, ne décrivent pas des cercles fi réguliers; mais on peut obferver, comme je l'ai fait, dans ces pâturages, de diftance à autre, des places délimitées par un cercle, & dont le champ eft couvert d'une herbe plus vivace & plus verdoyante que les parties intermédiaires; & c'eft dans ces endroits que l'on eft sûr de trouver les champignons. J'ai queftionné les Payfans qui, au point du jour & le foir, en vont faire la cueillette. Leur expérience leur avoit appris ce que je tenois de mon obfervation. Pourquoi les champignons de différentes efpeces croiffent-ils dans un efpace délimité circulairement par un cordon d'autres champignons? Eft-ce parceque le premier champignon qui a crû fur le centre de ce difque qui n'a pris que fucceffivement de l'étendue, a abforbé, de la terre qu'il couvroit, tous les principes qui pouvoient feconder fa végétation, & que fa femence tombant de fes bords circulaires, n'a développé fes germes que dans la terre neuve qui l'environnoit, ainfi de fuite? que d'année à autre, ce difque a pris une étendue excentrique, & que la terre du centre recevant dans la fuite des principes qui étoient propres à la végétation du champignon, a reçu des femences qui ont pu pulluler ultérieurement pour repeupler le centre? Les conjectures font difficiles à étayer fur cet accident qui n'en eft pas moins vrai, quoique nous n'en connoiffions pas la caufe.

Y y

J'ai amaſſé dans les environs de Bourbonne des cailloux d'une forme ronde plus ou moins parfaite; ils ſont preſque tous encroûtés d'une couche en décompoſition. Ils préſentent, tant à l'extérieur qu'à l'intérieur, différents phénomenes remarquables. La ſurface des uns eſt liſſe; on voit des mamelons qui hériſſent celle des autres; enfin il y en a qui préſentent des enfoncements d'une forme réguliere. Tous les cailloux de cette eſpece que j'ai caſſés, ſont veinés de lignes rouges concentriques, tracées circulairement plus ou moins réguliérement ou comme des guillochis. Dans la coupe d'un que j'ai fait polir, on voit que ces linéaments ſont d'une couleur rouge vive, que la ſubſtance intermédiaire eſt un ſilex qui eſt à demi tranſparent, laiteux dans des endroits, rembruni dans d'autres, & l'on apperçoit dans des cantons des parties de fer en décompoſition. Il y a lieu de préſumer que la couleur de ces zônes, d'un rouge vif, eſt due à des parties de fer décompoſé, qui ont été diſſoutes par le fluide qui a formé le caillou qui reſſemble en partie à l'agathe-onix, & qui a beaucoup de rapport avec le caillou d'Egypte, dont il n'a pas l'opacité.

Il eſt naturel de penſer que ces cailloux ont été formés par des couches additionelles : mais une ſingularité remarquable, c'eſt que l'on apperçoit, tant à l'extérieur qu'à l'intérieur de pluſieurs de ces cailloux, une partie de ces lignes rouges circulaires, qui forment des ordres diſtincts & ſéparés, ayant chacune un centre particulier, en ſorte que ces centres ſont ou collatéraux, ou en oppoſition, ou inclinés l'un ſur l'autre, quoiqu'ils concourent tous à former une maſſe commune, ce qui ſembleroit indiquer que dans leur principe tous ces centres étoient particuliers à des cailloux diſtincts & ſéparés qui avoient leurs éléments propres, mais qu'ils ont été réunis & confondus ſous une enveloppe commune.

Les enfoncements réguliers que l'on apperçoit à la ſurface de quelques-uns de ces cailloux, ſe préſentent de façon que l'on y reconnoît les alvéoles de pluſieurscryſtaux qui ſont détachés, lesquels étoient grouppés ou isolés & posés en toutes sortes de sens. Ces crystaux formoient des cubes, ou des parallélipipedes déprimés ou réguliers, ou des prismes; les uns y étoient implantés de champ, d'autres sur leur base, d'autres sur leurs angles. Il ne reste dans les alvéoles formées par l'impression de ces crystaux, aucun vestige de leurs parties constituantes; leur substance a cédé à l'action des dissolvants qui ont pu les attaquer, ou à des frottements qui les ont détruits; leur impression seule est restée dans le vif des cailloux sur lesquels ils étoient grouppés, & qui a seul résisté aux agents. L'on ne peut prononcer avec certitude sur la nature de ces crystaux; je ne pense pas que ce soient des pyrites qui se soient décomposées : il est plus probable de croire que c'étoient des crystallisations d'un spath cubique qui n'avoit pu former une union intime avec le caillou, &, n'ayant pas la densité & la résistance du caillou, a cédé à l'action des causes qui ont eu quelque prise sur lui. Si ces crystaux eussent été du quartz, ils n'auroient pas laissé des impressions cubiques, parceque cette substance crystallise ordinairement en prismes hexagônes, terminés par des pyramides hexaedres; d'ailleurs le quartz ayant la dureté du filex, il eut résisté comme lui à l'effort de la puissance qui les a détachés : on peut donc présumer avec fondement que ces crystaux parasites, dont les grouppes hérissoient ces cailloux, étoient du spath cubique.

La forme globuleuse de ces cailloux n'a pu leur être imprimée par le balottement des eaux, puisque plusieurs sont hérissés de mamelons qui n'ont souffert aucun frottement; que les angles extérieurs des alvéoles des crystaux, qui se sont détachés de leur surface, ne sont point émoussés : d'ailleurs les zônes rouges concentriques dont ils sont traversés, prouvent qu'ils ont été d'une forme arrondie dans leur principe.

En parcourant les bois des environs de Bourbonne, nous avons visité particuliérement le canton en réserve dépendant des bois communaux de ce bourg. Ce bois étoit en exploitation, le defaut de débouchés, de chemins & l'éloignement des ports des rivieres navigables, avoit fait négliger depuis long-temps la coupe des futaies de cette partie de bois : enforte que nous y avons observé des arbres d'une groffeur monftrueufe. L'on y voyoit communément des chênes de trente-cinq & quarante pieds de tour, qui n'étoient pas d'une élévation proportionnée à leur groffeur ; les hêtres furpaffoient les chênes en hauteur, mais étoient inférieurs en groffeur : les plus gros avoit feize à dix-fept pieds de tour fur quatre-vingts pieds d'élévation des tiges. Ces hêtres se débitoient en fabot, & les chênes en merrain & bardeau feulement. Ce bois trop tendre n'étoit pas propre à faire de bon merrain, parcequ'il n'avoit pas affez de reffort : mais l'on en eût fait du fciage auffi beau que celui de Hollande, parceque ces arbres avoient le grain fin, bien ouvert & maillé. L'on n'apportoit pas affez d'intelligence dans cette exploitation majeure. Une grande partie des chênes fur le retour étoient affectés du pourri rouge. L'abondance du bois & le défaut de débouché faifoient négliger & donner à vil prix les débris des arbres, ce qui fait que l'on ne tire aucun ufage d'une tourbiere qui eft fituée au pied du côteau du côté du village de Serrequeux.

Nous avons remarqué, dans le jardin de l'Hôpital de Bourbonne, un phénomene affez fingulier. C'eft un poirier fort & vigoureux qui fleurit annuellement & porte fon fruit, lequel, au lieu de devenir bon à manger en mûriffant, prend la confiftance & le tiffu du bois ; il pouffe du centre du calice une branche garnie de feuilles : c'eft ainfi que cet arbre, en fruftant l'efpérance du gourmet fenfuel, offre au Naturalifte un fujet de méditation. Je crois que fi l'on retranchoit à cet arbre une partie de fes racines, on parviendroit à lui faire porter un fruit édule, parcequ'une trop grande abondance de feve, dont la partie la plus fluide tranfpire à travers les pores de la peau du fruit encore tendre, peut déterminer la métamorphofe de fa partie pulpeufe en fibres ligneufes.

J'ai vu dans mon jardin un rofier copier en partie ce poirier; car il a pouffé une rofe bien double qui fortoit du centre d'une autre rofe, ayant l'une & l'autre de l'éclat, de l'odeur, & tous les avantages que cette fleur a fur tant d'autres. La végétation offre tous les jours à l'œil obfervateur des phénomenes dont il eft difficile de deviner la caufe. En voici encore un dans ce genre. La route qui conduit de S. Dizier à Joinville, eft garnie de part & d'autre de files d'arbres dont la plus grande partie font des noyers. Un de ces noyers, qui a été pris dans la même pepiniere que les autres, planté en même-temps, dans le même fol, fous le même afpeét, ne pouffe fes feuilles que fur la fin de Juin : & lorfque les fruits de fes voifins (à trente pieds de diftance) font en parfaite maturité, les fiens ne font encore remplis que d'eau mucilagineufe : cependant ils mûriffent parfaitement, mais il n'ont acquis leur entiere maturité que vers la fin d'Oétobre. Ils ont la même groffeur, la même qualité de ceux des autres arbres. Ce noyer reffemble à ces hommes dont les organes de l'intelligence ont été affoupis long-temps dans une enfance prolongée au-delà du terme ordinaire. Leurs talents tardifs ne font pas moins précieux à la fociété que ceux de ces génies prématurés qui fuccombent à trente ans fous les efforts de la nature, épuifés par les prodiges de leur enfance. La Nature a fes écarts dans toutes fes efpeces de produétions.

Nous finirons nos obfervations fur Bourbonne par fes eaux thermales qui font très fréquentées. Leurs vertus pour guérir les paralyfies, les fuites des fraétures, les obftruétions & généralement toutes les maladies qui procedent d'un défaut de circulation des humeurs engorgées, leur ont mérité la réputation dont elles jouiffent depuis des temps très reculés. Les Romains ayant conquis les Gaules porterent leur attention fur les termes qu'ils y trouverent, particuliérement fur ceux de Bourbonne. Ils y conftruifirent des bains qui ont été détruits, ce qui s'eft confirmé par une infcription que l'on a trouvée en creufant près de la principale fource; elle eſt conçue en ces termes, quoique pluſieurs lettres ſoient mutilées.

NORVONICO, MONÆ. C. IA. TINIVS. ROMANVS. IN G. PRO SALVTE. CONCILIÆ. HIC EX VOTO.

Les Romains appelloient les peuples de ce canton *VERVONNES*, au rapport d'Aimoin. Ce pays rentré ſous la domination de la France, les Rois l'affectionnerent. Theodebert & Thierry y firent bâtir le château dont on voit encore des veſtiges ſur la croupe d'un des côteaux qui environnent cet endroit ſitué au quarante-ſeptieme degré cinquante-cinq minutes de latitude, & au vingt-troiſieme degré vingt-trois ſecondes de longitude.

La principale ſource eſt couverte d'un petit bâtiment quarré fermant à clef; elle ſort d'un trou fait en maçonnerie de trente-ſix ſur trente pouces en quarré, & d'environ cinq pieds de profondeur : elle fournit par heure quinze pieds & demi cubes d'eau dont la chaleur a fait monter mon thermometre de mercure à cinquante-deux degrés , quoiqu'en général on lui donne cinquante-cinq degrés du thermometre de M. de Réaumur, ſur les principes duquel le mien eſt gradué. L'on ne peut y tenir la main ni la boire en la puiſant dans la ſource. Une grenouille jettée dedans y eſt périe à l'inſtant. Un crapaud s'y eſt agité fortement, & au bout de cinquante ſecondes y eſt péri en expirant beaucoup d'air. Lorſqu'il fut tiré de l'eau ſa peau ſe détacha ; ſon cœur conſerva encore près de cinq minutes ſon mouvement, & celui des inteſtins ne finit qu'au bout de trois minutes.

L'eau de cette ſource fournit toujours le même volume d'eau ſous le même degré de chaleur. On n'a jamais obſervé de variation dans ces deux propriétés. Elle conſerve très long-temps ſa chaleur, tranſportée chez les Baigneurs, ce qu'elle a de commun avec toutes les eaux qui tiennent des fels en diſſolution : c'eſt ſur ce principe que les chapeliers chargent de lie de vin, qui contient beaucoup de tartre, l'eau de leur foulerie, pour en augmenter la chaleur qui, en criſpant les poils & les laines, en facilite le feutrage.

Il s'éleve continuellement, au-deſſus de la ſurface de cette ſource, de petites bulles d'air ; mais réguliérement, de cinq minutes en cinq minutes, il en ſort une plus grande quantité qui, s'élevant avec précipitation, ſoulevent quelquefois la boue que ſes eaux dépoſent au fond du baſſin, & viennent crever à la ſurface, en élevant de petits jets d'eau accompagnés de crépitements qui ſe font entendre à quinze pieds à la ronde. L'air qui forme ce bouillonnement périodique & iſochrone eſt ſans doute un air fixe mis en liberté au centre du foyer qui communique à ces eaux ſa chaleur. En calculant la vîteſſe du mouvement d'aſcenſion de cet air, ayant égard à l'accélération graduée qui augmente à meſure qu'il approche de la ſurface de l'eau par la raiſon inverſe de l'accélération de la chûte des corps ſolides, on pourroit trouver l'éloignement ou la profondeur du foyer qui échauffe ces thermes.

Le grand bain qui eſt public ſe remplit de l'eau que pouſſent différentes ſources, diſtribuées par la Nature dans l'étendue du parallélogramme de ſon baſſin : ces ſources ont le même degré de chaleur que celle dont nous avons parlé ; mais la ſurface du bain n'a que quarante-huit degrés. Ces ſources réunies dans ce baſſin, donnent par heure cinquantequatre pieds cubes d'eau. Près de ces ſources chaudes, il en jaillit une d'eau froide qui eſt bonne à boire, quoiqu'elle ſoit ſéléniteuſe : elle donne ſeulement deux pieds cubes d'eau par vingt-quatre heures. Les eaux du bain particulier n'ont que quarante-neuf degrés de chaleur à leur ſource.

Pluſieurs Savants, qui demeurent ſur les lieux, ou que la curioſité y a conduits, ont fait l'analyſe de ces eaux : mais comme le réſultat de leurs opérations ne cadre point avec la mienne, je vais rendre compte de mon analyſe & du produit.

Lorſqu'on reſpire les vapeurs qu'exhalent les eaux chaudes de Bourbonne, on eſt affecté d'une odeur de foie de ſoufre; leur ſaveur eſt ſalée & légérement nauſéabonde : elles dépoſent dans leurs ſources une boue noire, ayant l'odeur d'œuf pourri. Ces eaux puiſées à leurs ſources & conſervées pendant pluſieurs années bien bouchées , ne ſe corrompent point, & ne dépoſent aucun ſédiment; elles conſervent leur limpidité. Leur poids ſpécifique eſt en raiſon avec l'eau, comme ſix mille huit cents ſoixante-onze eſt à ſix mille huit cents quarante-cinq, & peſent par pinte ſoixante-dix grains plus que l'eau commune. Pluſieurs perſonnes qui les ont peſées chaudes & miſe en comparaiſon avec l'eau commune froide, n'ont trouvé que deux grains d'excédent. Mais ils n'ont pas fait attention que l'eau chaude contient plus de volume que l'eau froide; conſéquemment leur rapport étoit en raiſon de la concentration de l'eau froide, & de la raréfaction de l'eau chaude de Bourbonne. J'ai fait la comparaiſon au même degré de la température : mon aréometre ſe plonge de dix degrés dans les eaux de Bourbonne, & de neuf degrés & demi dans l'eau commune.

Les vapeurs des eaux de Bourbonne corrodent le fer très promptement; ce qui a été éprouvé par la prompte deſtruction de l'armure d'une pompe que l'on avoit placée au-deſſus de la principale ſource pour en tirer l'eau & l'exporter chez les Baigneurs.

L'alkali fixe trouble l'eau de Bourbonne. Les diſſolutions métalliques y occaſionnent un précipité blanc. La teinture de noix de galle ne les colore pas. Le ſyrop de violette n'y ſouffre aucune altération. Les acides minéraux n'en changent pas ſenſiblement la couleur. Après le réſultat de leur analyſe, nous connoîtrons la cauſe de ces différents phénomenes.

J'ai pris ſoixante-dix livres d'eau que j'ai miſe à pluſieurs repriſes dans un grand vaſe de verre expoſé à un bain-marie & couvert d'un linge, obſervant de remplacer avec de nouvelle eau, celle qui ſe conſommoit juſqu'à la concurrence

des

des foixante-dix livres, & de tenir toujours le vafe rempli
au plus aux deux tiers, parceque la liqueur, en s'évaporant,
dépofe aux parois du vaiffeau un fel qui, en cryftallifant,
forme une croûte fpongieufe qui attire la furface de la liqueur, laquelle montant infenfiblement, va porter au dehors du vafe une partie du produit de l'analyfe. Cette précaution eft donc néceffaire pour éviter les erreurs. Lorfque
la liqueur a été concentrée fous le volume d'une pinte de Paris, je l'ai laiffée réfroidir, & l'ai mife dans une bouteille pour
l'emporter, afin d'achever chez moi plus commodément mon
opération. Cette pinte de liqueur concentrée pefoit deux
livres cinq onces.

De retour à la maifon, j'ai fait évaporer cette liqueur,
prefqu'à ficcité, dans un vafe de faïance au Bain-Marie ; la
maffe qui en eft réfultée étoit d'un gris fale, grumeleufe,
d'une faveur très falée, ayant des grains qui réfiftoient plus
que les autres fous la dent. J'ai enfuite rediffous le tout dans
une livre & demie d'eau de Bourbonne que j'avois rap-
portée. J'ai laiffé réfroidir la liqueur qui étoit trouble ; elle
s'eft éclaircie promptement ; il s'eft dépofé au fond du vafe
deux fubftances, l'une grenue & blanche, l'autre brune &
onctueufe. J'ai décanté & filtré ; j'ai lavé enfuite le précipité
plufieurs fois avec demi-livre d'eau de Bourbonne qui a completté les foixante-douze livres, & en agitant le vafe, j'ai
verfé fur le filtre tout ce qui a fuivi l'impulfion de la liqueur.
J'ai lavé avec de l'eau commune le réfidu, & l'ai fait fécher.

Il s'en eft trouvé une once un gros deux fcrupules dix-
huit grains & demi : c'eft une félénite. La matiere grife &
onctueufe qui étoit reftée fur le filtre étant fechée fous une
forme pulvérulente, étoit d'une couleur gris-perlé, douce
au toucher, infipide, & pefoit trois gros deux fcrupules,
treize grains & demi. C'eft une terre abforbante.

J'ai fait évaporer la liqueur filtrée jufqu'à ce qu'elle ait
bien grainé fon fel qui cryftallifoit à fa furface, & lorfque la
liqueur a été réduite de plus des trois quarts, je l'ai dé-
cantée dans une affiette de faïance que j'ai portée à la cave

Z z

pour tenter une cryſtalliſation, en cas que cette eau-mere contînt un ſel cryſtalliſable à la fraîcheur. Le ſel grainé a été exposé au ſoleil & enſuite à une chaleur douce pour le ſécher entiérement, il peſoit cinq onces ſix gros deux ſcrupules ſix grains. C'étoit un ſel marin à baſe terreuſe.

La liqueur miſe à la cave n'avoit donné aucuns cryſtaux; pendant la nuit elle avoit dépoſé un ſédiment grumeleux & griſâtre. J'ai décanté la liqueur claire, & l'ai fait évaporer ſur le feu; elle a donné quatre gros un ſcrupule trois grains de ſel un peu moins blanc que le premier. Le ſédiment bien lavé, il s'en eſt ſéparé une partie comme dans la premiere opération qui a été entraînée par l'eau, & qui, expoſée ſur un filtre, enſuite ſéchée, a peſé douze grains; enfin la partie grenue & blanche peſoit treize grains. En réuniſſant les trois produits de chaque opération, j'ai retiré de ſoixante-douze livres d'eau de Bourbonne, ſix onces trois gros neuf grains de ſel marin à baſe terreuſe, une once deux gros ſept grains & demi de ſélénite, & quatre gros un grain & demi de terre abſorbante. Enſorte qu'en répartiſſant ces quantités de différentes ſubſtances ſur chaque livre d'eau, il paroît que les eaux chaudes de Bourbonne contiennent par livre cinquante & un grains un huitieme de ſel marin à baſe terreuſe, dix grains un dixieme & un cent quarante-quatrieme de grain de ſélénite, & quatre grains un quarante-huitieme de terre abſorbante.

J'ai dit que le ſel marin que contiennent les eaux de Bourbonne eſt à baſe terreuſe, c'eſt que l'alkali fixe en liqueur, verſé ſur le ſel fondu dans de l'eau, le décompoſe, parceque la terre abſorbante a moins de rapport avec l'acide marin qu'avec l'alkali fixe. La ſélénite, que contiennent les eaux, ſe connoît parceque cette ſubſtance eſt inattaquable aux acides, qu'elle cryſtalliſe en grains & en feuillets rhomboïdaux, & qu'elle ſe diſſout en très petite quantité dans beaucoup d'eau bouillante. La terre qui eſt la troiſieme ſubſtance que l'on tire des eaux de Bourbonne eſt en plus grande partie ſoluble dans les acides, conſéquemment eſt abſorbante. Une petite portion de cette terre, qui n'eſt point attaquée par les acides, peut être conſidérée comme une portion de ſélénite qui y eſt unie.

Dans les temps que les eaux de Bourbonne ne ſont point fréquentées, l'on voit fleurir ſur le ſol & ſur la ſurface des murs qui environnent les ſources & les bains, un ſel blanc que l'on ramaſſe comme le ſalpêtre de houſſage; mais il n'eſt pas poſſible de l'enlever pur; il eſt toujours ſali par les parties terreuſes ſéléniteuſes qui ſe détachent des murs & du terrein ſur lequel on l'amaſſe, en ſorte que ce ſel brut eſt brun : il a outre la ſaveur du ſel marin un peu d'amertume; il attire l'humidité de l'air, & ſe réſout en liqueur. J'ai recueilli pluſieurs onces de ce ſel; j'en ai jetté ſur des charbons ardents; une partie a décrépité, l'autre s'eſt calcinée & je n'ai apperçu aucunement qu'il en ait fuſé comme le ſalpêtre. J'en ai fondu dans de l'eau; après avoir filtré la liqueur, je l'ai fait évaporer en plus grande partie; le ſel marin a grainé confuſément avec de la ſélénite. Comme la liqueur mere avoit une ſaveur plus amere, j'ai cru qu'elle pourroit contenir du ſel de Glaubert ou d'Epſom; mais le peu de ſel que j'ai obtenu par la cryſtalliſation étoit du ſel marin à baſe terreuſe, & pour m'en rendre ſûr, j'en ai fait fondre dans de l'eau chaude; je l'ai précipité avec une diſſolution de mercure dans l'acide nitreux; j'ai verſé à pluſieurs repriſes, ſur le précipité blanc, de l'eau bouillante, il n'a point changé de couleur : & pour m'aſſurer plus particuliérement que ce ſel ne participoit en rien de l'acide vitriolique, j'ai fait un eſſai de comparaiſon en faiſant fondre du ſel d'Epſom dans de l'eau tiede; puis l'ayant précipité avec la ſolution de mercure, & édulcoré avec l'eau bouillante, le précipité du mercure, fait par le ſel d'Epſom, a pris, dès la premiere édulcoration à l'eau bouillante, la couleur jaune du turbith minéral. Il faut donc conclure que les eaux de Bourbonne ne contiennent d'autre ſel que de la ſélénite & du ſel marin à baſe terreuſe, combiné avec une terre abſorbante qui peut provenir de la décompoſition de ces ſels.

J'ai dit que les eaux de Bourbonne dépoſoient une boue

noire dont on fait des bains & des embrocations pour ranimer des membres paralyſés. Cette boue ſeſépare de l'eau
dans les baſſins de ſes ſources: auſſi-tôt qu'elle communique
avec l'air libre, elle eſt noire & a une légere odeur de foie
de ſoufre: en ſe ſéchant, elle perd cette odeur & ſa couleur,
elle conſerve une légere odeur muriatique & une couleur
griſe; elle paroît homogene: dans des cantons qui happent
à la langue, on y remarque des points blancs, des brillants
& des noirs. Si on calcine cette terre entre des charbons
ardents, elle exhale une odeur déſagréable de tourbe & devient noire; alors en la pulvériſant l'on ſent des parties qui
réſiſtent plus que d'autres, ce ſont des grains de ſélénite &
de fer. En paſſant ſur cette poudre l'aimant, on en enleve
beaucoup de particules de fer qui n'ont aucune forme réguliere. Si on pouſſe cette terre au feu, elle prend diverſes
couleurs cantonnées; on y voit des parties ſalines & ſéléniteuſes qui ſont blanches, des parties griſes, d'autres qui ont
pris une teinte rouge colorée par le fer, d'autres enfin de
la couleur du colcotar qui ſont les parties nues du fer cal-
ciné, même quelques particules charbonneuſes. Quelques
Chymiſtes ont dit avoir tiré du ſoufre de ces boues; cependant en les calcinant dans un fourneau approprié, j'ai expoſé à la vapeur qui s'en exhaloit le baſſin d'une grande
cuiller d'argent avivé, je n'y ai pas apperçu l'impreſſion du
ſoufre: ce qui eſt contraire à ce qui eſt rapporté dans l'*Hiſtoire de l'Académie des Sciences*, année 1724.

Si l'on jette de la poudre de ces boues deſſéchées dans les
acides minéraux, elle préſente différents phénomenes. L'a-
cide vitriolique l'attaque avec une vive efferveſcence, il s'en
éleve dans l'inſtant des vapeurs pénétrantes d'eſprit de ſel;
& ſur la fin on reſpire une odeur vineuſe. Le ſel marin que
contiennent ces boues eſt décompoſé par l'acide vitriolique
à raiſon de ſon moindre rapport avec ſa baſe terreuſe, c'eſt
ce qui donne les vapeurs d'eſprit de ſel. La combinaiſon
de l'acide vitriolique avec la matiere graſſe, donne l'odeur
vineuſe. L'acide marin n'occaſionne pas une ſi grande ef-

fervefcence, parcequ'il n'attaque que la terre libre. L'acide nitreux fait une diffolution dont l'effervefcence eft encore moins tumultueufe, mais elle eft périodique, c'eft-à-dire que de temps en temps le mêlange fe trouble, puis s'éclaircit pour fe troubler de nouveau. Ces trois acides ne diffolvent pas entiérement ces boues; il refte un réfidu qui eft compofé de félénite & de fable.

D'après cette analyfe, on peut dire que le fer, que contiennent les eaux de Bourbonne, y eft avec fon phlogiftique; que ne fe trouvant aucun acide furabondant, il n'eft point vitriolifé; conféquemment lorfque les eaux ont fait leur dépôt, elles ne contiennent aucune particule ferrugineufe; que le foufre n'y eft apparent que par une légere odeur de foie de foufre que l'on refpire au-deffus des fources, & qui peut leur provenir d'une combinaifon d'un acide gafeux combiné avec du phlogiftique qui, enfemble, volatilifent la portion d'alkali qui leur eft uni pour former le foie de foufre dont l'odeur fe fait fentir. Que l'acide vitriolique qu'elles contiennent eft combiné avec la terre dans la félénite, fans que l'on en apperçoive aucune partie libre ou unie à la bafe du fel marin. Que la terre que l'on trouve dans les boues, & celle que l'on retire par l'évaporation des eaux éclaircies, peut provenir de la décompofition du fel marin & de la félénite dans l'évaporation naturelle ou artificielle; car en diffolvant nombre de fois, & faifant évaporer fucceffivement ces fels, on parvient à les décompofer en partie. La Nature d'ailleurs emploie un procédé dans la compofition de ces eaux qui nous eft inconnu, & qu'il me paroît impoffible d'imiter par l'art. Je donnerai quelques conjectures fur la chaleur de ces eaux en parlant de celles de Bains, de Plombieres, de Luxeuil, de Remiremont, & d'après un coup-d'œil fur le maffif des montagnes des Vôges.

L'on ne peut douter que les fources de ces eaux traverfent, dans l'intérieur de la terre, des bancs de fel gemme qui lui communiquent fa falure; & cette préfomption eft d'autant mieux fondée, qu'un particulier faifant une excavation il y a environ quarante ans, dans l'intérieur de cet endroit, pour construire un puits, étant parvenu à un banc de glaise, il parut une source d'eau douce très peu abondante. Mais à peine les ouvriers eurent-ils percé le banc de glaise, que l'eau jaillit avec tant d'impétuosité qu'elle rompit la couche, & s'éleva si subitement, quils coururent le plus grand danger de leur vie. Le propriétaire ayant goûté cette eau, la trouva si fort chargée de sel, qu'elle en étoit âcre & amere, & craignant que cette source fournissant l'idée de rétablir des salines qu'autrefois les Romains y avoient construites, on ne lui prît sa maison pour les bâtir, il combla le trou. Une crainte aussi contraire au bien public prive l'Etat de la jouissance des mines de charbon de terre, que l'on a recouvertes, crainte que cette matiere ne fît baisser le prix des bois des environs.

En descendant la riviere d'Apence par Fresse & Châtillon où elle conflue avec la Saone, l'on trouve des masses de rochers d'un grès rouge talqueux, qui s'égrise assez facilement. Il se tire en bloc depuis quinze jusqu'à trente pieds de longueur, sur huit à dix pieds de largeur, & de deux à quatre pieds d'épaisseur : c'est de cette pierre que l'on construit les édifices de Bourbonne & des environs; elle souffre les moulures, mais ne se polit pas bien à cause du peu d'adhérence de ses molécules. L'on trouve dans l'intérieur de ces pierres des empreintes de roseaux & de bois, ce qui prouve que ce grès n'est qu'un amas de sable formé par les eaux & dont les grains sont soudés par un fluor quartzeux.

Dans les environs de Vauviliers & du Pont de Bois, l'on remarque une très grande quantité de cailloux roulés de toutes sortes de couleurs, comme dans la plaine de S. Nicolas en Lorraine. Ce sont des fragments de quartz usés par le roulis des eaux, & qui ont formé autrefois les graves de la mer. L'on voit aussi beaucoup de bancs de grès de couleur rouge rembrunie, d'un grain serré : on en fait des meules à émoudre, dont il se fait une grande exportation.

La forge du Pont de Bois est composée de quatre affineries en renardieres, & du fourneau de fonderie; il s'y fabrique six à huit cents milliers de fer très cassant, mal fabriqué, qui s'exporte dans les fenderies du Dauphiné. Le
fourneau use des mines de Jussey qui sont en grosses pierres
que l'on brise à la main, & on la traite au fourneau sans la
la laver. On n'emploie point de castine, parceque ce minerai
contient une très grande quantité de spath; c'est ce qui rend
le laitier-vitreux du fourneau si laiteux, & l'on ne peut
imputer la mauvaise qualité du fer qui s'y fabrique qu'à un
principe séléniteux contenu dans le minerai. L'on charge
le fourneau à la grande charge, c'est-à-dire que l'on compose chaque charge de douze rasses de charbon, & de vingt-
quatre conges de minerai; ce qui est un très grand abus,
comme je l'ai démontré.

En remontant la petite riviere du Coney dont les eaux
sont brunes, je suis parvenu à la forge des bains érigée en
1733 par Lettres-Patentes de François III, Duc de Lorraine.
Elle est située à l'extrémité d'une grande forêt sur un ruisseau qui est une des sources du Coney, à peu de distance
du Bourg de Bains. Cette forge est une Manufacture complette de fer blanc dont nous avons examiné le travail avec
satisfaction, parcequ'il regne beaucoup d'ordre dans les manipulations des différents atteliers, & une grande intelligence dans les opérations des machines nombreuses qui la
composent. Le Directeur qui y préside est instruit, complai-
sant & honnête.

Les fontes que l'on emploie dans cette ferblanterie se
tirent des forges de Franche-Comté, particuliérement de
celle de Vreux & de Montheureux qui fournissent d'excellents fers. Ces fontes sont affinées dans une forge voisine
de la Manufacture & dans deux renardieres qui en font
partie; on les convertit en fer plat de vingt-sept à vingt-
huit lignes de largeur, sur huit à neuf lignes d'épaisseur. Ce
fer brut est remis à des ouvriers qui le chauffent de nouveau
dans une petite chaufferie & l'étirent sous un martinet très

tranchant, ainsi que son enclume, & réduisent ces barres à trois lignes d'épaisseur sur trente-deux à trente-trois lignes de largeur, les coupent ensuite par bouts de dix-huit pouces de longueur, & les plient en deux parties qui sont réduites à neuf pouces, & leur opération est finie.

D'autres ouvriers se saisissent de ces doublons ou de ces plis (c'est ainsi qu'ils les nomment), les passent au feu d'une petite chaufferie, & les étendent sur six à sept pouces de largeur, entre un martinet & une enclume dont les aires sont planes : alors ces plis prennent le nom de semelles. On en rassemble trente en un paquet composé de soixante feuilles, que l'on assujettit avec un crochet de fer, & on les plonge dans un bache contenant une terre bolaire dé-layée avec de l'eau en consistance de syrop. Cette opération a pour but de couvrir les surfaces du fer d'une couche de terre réfractaire, qui, d'un côté, empêche que le feu ne décompose la surface du fer, de l'autre, que les feuilles ne se soudent ensemble dans les opérations subséquentes. Les paquets en cet état sont introduits dans un four de reverbere, chauffé à un haut degré avec du bois. La voûte de ce four est construite de voussoirs de pierre de grès gris qui abonde dans le canton. Cette pierre résiste puissamment à l'action du feu ; cependant moins que les briques réfrac-taires que je compose pour mon fourneau : ce grès prend une couleur blanche & éclatante lorsqu'il est embrasé. L'on pourroit, par des vues économiques, chauffer ce four avec des fagots formés des cimaux des bois taillis & des futaies, au lieu de se servir de bois de corde.

Lorsque les paquets de semelles sont chauffés presque à blanc, le Chauffeur, chargé de la manœuvre du four, les retire avec une longue tenaille ; le Marteleur alors, avec une tenaille plus facile à manœuvrer, les saisit d'une main, de l'autre il détache le crampon qui les assujettissoit, les arrime de façon que les paquets soient unis en tous sens, & les porte promptement sous un marteau du poids de sept à huit cent Ce marteau est acéré & taillé circulairement, en-

forte

forte que fon aire au lieu d'être plat comme tous les gros
marteaux de forges, prend au contraire d'un angle à l'autre
du bloc, la coupe d'une portion d'ellipfe du côté d'un des
petits diametres. L'enclume fur laquelle frappe le marteau,
eft plate, large & acérée : c'eft une efpece de *tas* de Pla-
neur en métaux. Le marteau frappe affez lentement, c'eft-
à-dire environ quarante coups par minute fur toute l'étendue du paquet de femelles dont le Marteleur préfente fucceffivement toutes les parties des furfaces à la percuffion du
marteau. Ces femelles s'aminciffent avec une vîteffe & une
facilité furprenante ; car il femble voir du plomb obéir do-
cilement fous l'impreffion du marteau. Cependant une feule
chaude ne fuffit pas pour pouvoir leur donner leurs dimenfions en épaiffeur & en étendue ; il faut les paffer plufieurs
fois au feu de reverbere & fous le marteau pour completter
leur forme ; & lorfqu'elles font réduites fous les dimenfions néceffaires, elles prennent le nom de fer noir ; elles
ne paffent plus par les opérations de la forge, & c'eft alors
que commence la ferblanterie.

Un ouvrier eft chargé de vifiter le fer noir & d'en faire
le triage ; il fait trois lots ; les feuilles les plus dégradées
& les plus défectueufes font mifes au rebut total ; celles
qui ont des défauts qui ne permettent pas de prendre bien
le *tain*, font mifes à part & paffent dans le commerce fous
le nom de fer noir. Les plus parfaites enfin font féparées
pour être mifes au tain ; mais elles doivent y être préparées
par plufieurs opérations fucceffives, qui font le rognage, le
décapage & l'écurage.

Le Rogneur prend les plis les uns après les autres ; il les
préfente à une cifaille mue par l'eau, pour les équarrir fur
des dimenfions juftes & auxquelles il donne de la précifion
par le moyen d'un chaffis qu'il applique deffus & autour
duquel il dirige l'incifion. Les feuilles deftinées pour paffer
dans le commerce en fer noir, font équarries de même.
Les rognures & les feuilles en rebut total, font mifes en
place pour être paffées à la chaufferie, pour en faire des

A a a

loupes d'étoffe, qui est le fer de meilleur qualité, & qui est préparé de même que le fer fait immédiatement avec la fonte, pour servir à faire d'autres semelles.

Les feuilles ainsi équarries, sont portées à l'étuve où on les fait tremper pendant plusieurs jours dans des eaux sûres. Ces eaux sont composées avec de la grosse farine de seigle que l'on a fait germer & sécher avant de le moudre, comme on fait le malt avec l'orge pour la biere. On délaie la farine de seigle dans une quantité suffisante d'eau chaude ; on y fait fondre de l'alun pour accélérer la fermentation acéteuse. Chaque ouvrier a sa composition pour son eau sûre. Ces eaux acéteuses ont la saveur stiptique de l'alun & l'acide d'un mauvais vinaigre de biere un peu éventé ; l'odeur en est aigre & fade comme celle des cuves de l'Amidonnier. La chaleur de l'étuve est soutenue à un degré suffisant pour entretenir une continuelle fermentation, & pour aider l'action de l'acide de ces eaux sur le fer. Le but de cette opération est d'enlever des surfaces des feuilles de fer les parties en destruction, le laitier que le fer a sué pendant les dernieres chauffes, afin d'aviver les surfaces du fer, pour qu'il puisse saisir le tain. Cette opération se nomme *décaper* ; elle se rapporte à l'effet du grattoir de l'Etameur en cuivre. Ces eaux sûres n'ont point d'action sur la crasse qui couvre les feuilles de fer ; mais en s'insinuant entre le fer & la croûte légere qu'elle forme, leur acide attaque légérement le fer & le sépare de la crasse qui, n'ayant plus de point d'appui, se détache du fer. Les feuilles qui paroissent les plus galleuses, sont fortement écurées avec du gros sablon avant d'être portées à l'étuve pour y être décapées.

Les feuilles suffisamment décapées sont livrées aux Blanchisseuses. Ce sont des femmes & des filles qui gagnent peu & font un travail très pénible. Leur occupation est d'écurer les feuilles sur les deux faces avec du sablon & des torches de paille ou de foin. Elles y emploient de la force & de l'activité, parcequ'elles sont à leur compte. Les feuilles étant bien blanchies, sont plongées dans de grandes auges remplies d'eau, dans lesquelles on les agite pour les dépouiller du sable qui a servi à les écurer & pour les empêcher de rouiller : on les tire de l'eau pour les faire sécher à l'étuve & les porter à l'étamoir.

L'opération de l'étamage est la plus délicate & la plus essentielle de cette Manufacture. L'étamoir est un grand hangard fermé de murs, sous lequel il y a deux fourneaux, l'un pour étamer, l'autre pour séparer les égouttures. Sur le plus grand de ces fourneaux est posée une caisse de fonte de fer, composée à-peu-près comme le trempoir du Chandelier à la baguette. Cette caisse est scellée dans le fond d'une espece de trémie formée par quatre plaques de fonte de fer, inclinées à-peu-près comme le fouloir du Chapelier. Cette caisse contient quinze à dix-huit cents livres d'étain, que l'on entretient fondu plusieurs heures avant d'y plonger les feuilles. Comme l'étain se réduit aisément en potée, lorsque fondu, la surface de son bain est exposée à l'air libre, celui qui est dans cette caisse est toujours couvert d'une couche de suif de plusieurs pouces d'épaisseur. Chaque art a son secret particulier, même chaque Artiste affectionne certaine pratique mystérieuse, l'Etameur a aussi les siennes. Son secret consiste à mettre dans l'étain une certaine quantité de cuivre par quintal d'étain, & de la suie grasse de cheminée dans le suif. Le cuivre donne du corps à l'étain, le rend moins fluide & le fait mieux mordre sur le fer. La dose doit varier suivant la qualité de l'étain. La suie, qui est une espece de résine qui approche de l'état charbonneux, donne de la consistance au suif, l'empêche de se dissiper si promptement & rend du phlogistique à la surface du bain. Cette couche grasse de matieres combinées, imbibe la surface des feuilles de fer, en enleve ce qui pourroit y être encore adhérent, d'étranger, &, comme la résine, elle aide la soudure de l'étain au fer. Quoiqu'il y ait un peu de routine & de caprice dans les doses de ces différents mêlanges, on peut les réduire à des principes qu’une pratique confommée fuit fouvent fans s’en appercevoir. Le fuif qui fume continuellement fur la furface de l’étain, répand dans l’attelier une odeur qui n’eft fupportable que par la force de l’habitude.

Lorfque l’étain eft dans fon degré de chaleur, l’Etameur prend avec une tenette les feuilles de fer les unes après les autres, les plonge à plat dans l’étain, les retourne plufieurs fois avant de les tirer, puis il les met égoutter fur des barres de fer divifées par des féparations qui foutiennent les feuilles perpendiculaires & de champ au-deſſus de la trémie qui reçoit les égouttures ; un fecond ouvrier les reprend avec une pareille tenaille, les replonge perpendiculairement dans l’étain & les remet égoutter toujours au-deſſus de la trémie dans d’autres crochets de fer pour éviter les erreurs. Un troifieme ouvrier s’empare de ces feuilles, les vifite & en fait un triage ; il met de côté celles qui ont bien pris l’étamage pour les paſſer à un quatrieme chargé de les achever ; celles auxquelles il remarque quelques défauts, comme des grumeaux, des endroits où l’étain n’a pas pris, il gratte les places avec un outil tranchant, les rend au fecond ouvrier qui les replonge dans l’étain, & les met égoutter.

Les feuilles au fortir de l’étamoir, conſervent aſſez de chaleur, pour que l’étain furabondant ait encore aſſez de fluidité pour fe précipiter à la marge inférieure qui eft toujours celle d’un des grands côtés du quarré-long que forment ces feuilles ; mais l’étain avant que de parvenir juſqu’à la partie la plus baſſe, perd de fa fluidité & fe fige en partie avant que d’arriver juſqu’au bord où il fe forme des égouttures ; un quatrieme ouvrier eft chargé d’enlever cet étain fuperflu, qui, d’un côté, feroit une perte pour l’entrepreneur, d’un autre formeroit un défaut à la feuille qui auroit plus d’épaiſſeur en cet endroit que dans le furplus de l’étendue. Pour parer à ces défauts le quatrieme ouvrier qui eft aſſis devant une autre caiſſe de fonte de fer moins confidérable que la premiere poſée fur un fecond fourneau, prend les feuilles étamées l'une après l'autre & les plonge à la main d'environ un pouce de profondeur dans l'étain fondu sous la couche de suif & les retire. Cette troisieme immersion des feuilles de fer dans l'étain, laisseroit encore des bavures ou des égouttures aux bords de la marge qui a été plongée : pour les empêcher, l'ouvrier tient de la main gauche la feuille suspendue en la tirant de l'étain fondu ; de la main droite il tient une poignée de mousse fine entre le pouce & l'index dont il saisit le bas de la feuille & coule la main de droite à gauche dans un sens incliné en la comprimant avec les doigts ; par cette opération il emporte tout l'étain superflu, mais il trace des lignes qui restent imprimées à la surface des feuilles sur un des côtés. Alors les feuilles étamées touchent à leur perfection ; il ne faut plus que les dégraisser, & redresser celles qui ont besoin de l'être.

Les feuilles étamées sont remises à des femmes qui les frottent avec des torches de foin & du son pour enlever le peu de suif qu'elles ont retenu en sortant de l'étamage & les remettent à des ouvriers qui les battent sur des blocs de bois posés de bout, avec des maillets pour effacer les ondes & les volutes que ces feuilles ont pris à l'étamage ; alors elles sont finies ; on les emballe dans des bariques tarées, cottées & numérotées, de diverses grandeurs, pour passer dans le commerce.

Le fer blanc de la Manufacture de Bains, nous a paru d'une très bonne qualité & d'une belle fabrique. Nous avons remarqué que les machines sont bien composées & bien économisées, que la dépense de l'eau est distribuée avec tout l'avantage qui résulte d'une belle chûte d'eau, de beaucoup de dépense & d'intelligence. La huche qui porte l'eau sur les roues est remarquable par son étendue, sa construction & le nombre des roues qui en tirent l'eau par le moyen des clapets. Il y a dans cette ferblanterie quatre marteaux battants & leurs feux sous le même halage avec le reverberes deux autres ordons de marteaux avec leurs chaufferies sou; un autre hangard : il s'y fabrique par jour pour mille livres de fer-blanc.

Nous croyons qu'il manque cependant, outre ce que nous avons obſervé plus haut, deux points d'économie & de perfection dans cette Manufacture. Ce ſont des cylindres pour préparer les ſemelles & pour polir le fer-blanc fini. Car quoique le marteleur, dans le travail extenſeur, ait ſoin de changer de place, les ſemelles qui compoſent chaque trouſſe ou paquet formé de ſoixante feuilles, afin que celles qui ont reçu immédiatement les impreſſions des coups de marteau, en rentrant dans l'intérieur de la trouſſe, ſe planent pour ainſi dire, il reſte toujours des inégalités ; d'ailleurs les chaudes multipliées que l'on eſt obligé, par les procedés uſités, de faire ſubir aux feuilles, les uſent, même les dégradent ſans que le travail s'accélere : au lieu que ſi l'on paſſoit les ſemelles entre des cylindres acérés ou d'acier fondu, le travail extenſeur doubleroit en vîteſſe & en perfection. Les feuilles au ſortir de l'étamage ne ſont pas unies, leurs ſurfaces ſont inégales ainſi que leur épaiſſeur : ſi au ſortir de l'étamage on les paſſoit au cylindre, elles en ſortiroient planées & unies. Ces opérations de perfection n'ont point échappé aux Anglois, auſſi leur fer-blanc eſt-il plus recherché que le national par les ouvriers qui ont à exécuter des pieces dont la propreté & la préciſion ſont les qualités eſſentielles.

Le Bourg de Bains tire probablement ſon nom des bains d'eaux thermales que l'on y prend depuis un temps immémorial. Les Romains qui ne portoient pas de linge, faiſoient un très grand uſage du bain par néceſſité, pour cauſe de ſanté, & par molleſſe ; ils y conſtruiſirent des bains publics, principalement ſous les Empereurs Veſpaſien, Tite & Domitien : car en 1754, lorſque l'on reconſtruiſit le grand bain, l'on trouva une très grande quantité de médailles de ces Empereurs.

La petite riviere de Bagnerol, dont les eaux ſont rouſſes, traverſe cet endroit aſſez négligé, qui eſt dans le fond d'une gorge fermée par deux côteaux fort élevés. Il y a pluſieurs ſources d'eau chaude & une de froide ; cette derniere eſt très ſavoneuſe, auſſi les bonnes ménageres en font-elles

ufage avec beaucoup de fuccès pour blanchir le linge : les
fources d'eau chaude ne font pas du même degré de température, l'un eft à quarante-cinq degrés, l'autre eft à trente-
neuf, & la troifieme, qui eft réfervée pour les buveurs & le
bain des honnêtes gens, eft à trente-trois degrés & demi.
La chaleur de ce dernier bain eft fi analogue à celle du corps
humain, qu'en entrant dans le bain on ne fent pas l'eau toucher la peau. Nous n'avons pas fait l'analyfe de ces eaux qui
font à dix degrés un quart de mon aréometre : l'alkali fixe
ne les trouble pas : elles font peu d'impreffion fur la langue : on dit qu'elles ne contiennent que cinq grains de fel
neutre par livre ; que ce fel eft du fel marin & de Glaubert,
& que pendant l'hiver il s'amaffe, à la furface du fol & fur
les murs, des effloreffences falines. L'eau du grand bain dépofe une boue blanchâtre qui a une légere odeur de foie
de foufre.

Le Médecin de l'endroit prétend que les eaux de Bains
font fi falubres, que leur qualité influe fur la couleur blonde
des cheveux de tous les enfants. Nous avons bien remarqué cette couleur prédominante des cheveux ; mais nous ne
prétendons pas attribuer entiérement cet accident à la qualité des eaux du pays.

Dans les environs de Bains & de la route qui conduit
à S. Loup on remarque beaucoup de grès rouge & de gros
cailloux roulés de toutes couleurs, uniformes & de veinés,
ce font des graves anciennes de la mer.

Avant d'arriver à S. Loup, nous trouvâmes en pleine campagne un four à chaux qui eft perpétuellement en feu. C'eft
une tour quarrée adoffée à une monticule ; fa bafe eft percée de trois ouvertures, tant pour le paffage de l'air que
pour en tirer la chaux à mefure qu'elle eft cuite. L'intérieur de ce fourneau eft d'une forme circulaire, fe rétré-
ciffant par le bas & fort évafé par le haut, comme une
cloche renverfée, de quinze pieds de profondeur, fur douze
pieds de diametre dans fon plus grand évafement. Lorfque
l'on charge ce fourneau pour la premiere fois, on l'emplit

de charbon de terre & de pierres concaffées, rangées lits
par lits. Lorfqu'il eft comblé, on met le feu par les trois
ouvertures inférieures. A mefure que le feu gagne la partie
fupérieure du fourneau, la pierre du fond eft calcinée, &
l'on en tire la chaux, ce qui fait furbaiffer le maffif des matieres
que l'on remplace prefque continuellement en chargeant le
haut d'une couche de charbon couvert d'un lit de pierres, &
cette manœuvre fe perpétue tant que s'étend le befoin ou
la provifion de matieres. L'on a foin de percer le maffif des
matieres embrafées avec de grands ringards, dans les endroits où le feu paroît fe rallentir, afin d'y attirer fon activité en divifant les maffes, & d'entretenir un embrafement général & uniforme.

Le charbon que l'on y confomme fe tire des mines qui
font aux environs de Befort, qui en eft éloigné de douze
lieues. Ce charbon eft de trois qualités, l'un feuilleté &
léger, traverfé de veines ferrugineufes : c'eft celui qui a
moins de chaleur. La feconde efpece eft d'un tiffu ferré,
pefant, noir, luifant, & coloré d'iris : c'eft celui dont le
feu a le plus d'activité : il fe tire des bancs les plus profonds. La troifieme efpece eft très pyriteufe : c'eft le moins
propre à cette opération, parceque le foufre qu'il contient
diminue la qualité & la quantité de la chaux.

La pierre que l'on emploie fe tire d'une carriere fituée
à quelques pas du fourneau ; elle eft argilleufe, d'un tiffu
ferré, & n'eft que médiocrement propre à cet ufage.

Nous avons trouvé un défaut effentiel dans les proportions intérieures de ce fourneau, d'où il réfulte deux grands
inconvéniens. Le premier eft que fon grand évafement à
fa partie fupérieure dérange & affoiblit la colonne d'air qui
doit toujours être preffée par une fortie plus étroite que
celle de fon entrée, d'où il réfulte moins d'activité dans
le foyer. Le fecond, c'eft que dans les orages, la furface
trop étendue reçoit une trop grande quantité d'eau & de
bourafque de vent, ce qui caufe un ralentiffement de
chaleur & un trouble fâcheux dans le foyer. Le propriétaire

eft

eſt convenu de ces défauts, & promit, lors de la conſtruction de ce fourneau, qu'il le rebâtiroit ſur les dimenſions que nous lui proposâmes, qui ſont de donner aux parties intérieures de ce fourneau la forme d'un œuf tronqué aux deux tiers de ſa hauteur du côté de la pointe.

Ce fourneau produit tous les jours deux cents pieds cubes de chaux, qui équivalent à trente poinçons qui ſe vendent trente ſols aux cultivateurs qui l'exportent à dix lieues à la ronde, pour l'engrais des terres. Quoique cet uſage ne ſoit pas adopté dans la partie de la Champagne que nous habitons, nous en avons éprouvé pluſieurs fois un très grand ſuccès dans les terres matérielles, argilleuſes & glaiſeuſes, en y faiſant répandre les déblais du fourneau, avant que j'aie pris l'uſage de le conſtruire en briques réfractaires.

Saint-Loup eſt un gros village ſitué dans un baſſin de deux lieues de diametre, qui eſt limité par des côteaux bien boiſés. Il y a apparence que ce baſſin a été couvert par une étendue d'eau fort agitée; car le fond eſt couvert d'une grande quantité de cailloux roulés : auſſi le ſol eſt-il très ſtérile. L'on n'y cultive que du ſeigle, du ſarrazin, peu d'orge & de la garence. Le vallon eſt traverſé par la riviere de Sainte-Mouſſe, qui vient du ru de Plombieres & de celui de Fougerol; elle ſe jette dans l'Engrogne pour rejoindre la Lanterne : les eaux de ces petites rivieres ſont rouſſes.

En entrant dans S. Loup, nous apperçûmes dans un gros bloc de grès, d'une couleur griſe rembrunie, beaucoup de feuilles & de tiges de l'iris de marais (*iris lutea paluſtris*). Ce grès avoit été tiré d'une carriere au-deſſus d'un marais voiſin. Il étoit adoſſé à la boutique d'un Taillandier qui faiſoit des lames d'étrilles de Palfrenier dont il formoit les dents avec un emporte-piece qu'il faiſoit agir par une baſcule & un contrepoids avec autant d'adreſſe que de célérité.

Nous remarquâmes ſur la foire qui ſe tenoit ce jour-là, que l'immenſe quantité de bêtes à cornes qui y étoient expo-

Bbb

fées, étoient d'une haute branche, bien conformées & de couleur rouſſe. Dans la ſuite nous avons obſervé en général que dans les pays montueux les bœufs ſont de couleur rouſſe-fauve; que dans les plaines ils ſont noirs, & dans les pays intermédiaires ils ſont chamarés ou tiquetés. Il y a de légeres exceptions à cette regle. Ceux qui ſont gris-éléphant & blancs-zains, ſont rares & d'une mauvaiſe qualité. La dépouille des noirs eſt la plus eſtimée à la tannerie, parceque le cuir que l'on prépare eſt plus ſouple, plus nerveux & moins creux que celui des autres poils. Il y a donc une cauſe phyſique relative à la couleur & à la force des animaux en général. Les chevaux noirs ſont plus forts & plus courageux que les bais qui ſont ardents & délicats.

Il y a à S. Loup un fourneau à fer de fonderie; il eſt conſtruit ſur 25 pieds d'élévation, ce qui eſt très avantageux. L'on y charge à la grande meſure, abus qui eſt preſque généralement ſuivi en Franche-Comté. L'on ne fait dans ce fourneau que des marmites & des chauderons. L'on y traite deux eſpeces de minerai, l'un en roche & l'autre en feves. La premiere ſe tire de Conflans en Lorraine, en groſſes pierres d'un grain ſerré, d'une couleur brune tannée. Il eſt rempli de cryſtalliſations de ſpath, & eſt compoſé en plus grande partie de bélemnites & de cornes d'ammon, de diſproportions ſi différentes, que j'en ai vu de ces derniers du poids depuis un gros juſqu'à deux cents livres, avec toutes les fractions intermédiaires; c'eſt-à-dire qu'il y en a qui ſont 25,600 fois plus groſſes les unes que les autres. Ce minerai eſt très riche & d'une bonne qualité. L'autre minerai en feves eſt moins riche que celle en roche; mais il ne lui cede rien en qualité; & ſa combinaiſon avec le premier qui lui ſert de fondant, produit une fonte très propre aux ouvrages de poterie auxquels on l'emploie.

En ſortant de S. Loup pour gagner Luxeuil, nous traverſâmes le Village de Charme, où nous remarquâmes une grande quantité de petits fours à potier, d'une forme aſſez ſinguliere. Ce ſont des berceaux de voûte ſerrés & allongés fur un plan incliné d'environ vingt-deux degrés ; du côté inférieur eſt une ouverture pour la chauffe ; au côté oppoſé eſt une autre ouverture par laquelle on introduit les pieces de poterie : on rebouche en partie cette derniere ouverture, ne laiſſant d'eſpace vuide que ce qu'il en faut pour le paſſage de la flamme, & on la démolit lorſque l'opération de la cuiſſon eſt finie pour défourner.

Luxeuil eſt ſitué dans une plaine arroſée par la riviere du Brunchin dont les eaux ſont rouſſes. Cette Ville ancienne tire ſon nom de *Lixivium* à cauſe de la chaleur de ſes eaux que l'on compare à la leſſive. Les Romains augmenterent la célébrité des Thermes de Luxeuil, particuliérement ſous Jules Céſar, en y faiſant conſtruire des bâtiments conſidérables & des baſſins dont un taillé dans une ſeule pierre ſubſiſte, des canaux ſouterrains remarquables par leur étendue & leur ſolidité qui braveront encore les ſiecles futurs. L'époque des monuments que les Romains éleverent pour les embelliſſements des Thermes de Luxeuil eſt fixée par deux inſcriptions que l'on a trouvées dans les ruines & que nous avons copiées ici.

LIXOVII. THERM. REPAR. LABIENUS. IUSSU. IUL. CAES. IMP.

LIXIVIO ET BRIXIAE C. IUL. FIRMAR. IUSSU, V. S. L. M.

On ſe propoſoit de replacer ces deux inſcriptions ſur les nouveaux bâtiments que la Ville de Luxeuil a fait élever ſur ſes Thermes par les ſoins de Mᵉ. Pinet, Maire de la Ville, au zele duquel l'humanité eſt redevable de ces ſecours. Ce Savant, d'une complaiſance & d'une affabilité ſinguliere, nous a fait voir un grand nombre de médailles Romaines, particuliérement du Bas-Empire & des fragments de vaſes de poterie qui ont été retirés des fouilles qu'il a fait faire dans l'emplacement des nouveaux édifices. Parmi ces vaſes, nous en avons beaucoup reconnu d'analogues à ceux que nous retirons des fouilles de la ville Romaine que nous avons découvertes fur la petite montagne de Châtelet en Champagne, entre S. Dizier & Joinville; fur d'autres, nous avons remarqué dans les ornements dont ils font chargés, des figures qui caractérifoient les mœurs les plus diffolues du fiecle.

Attila, ce Roi barbare, qui arma le fanatifme & la fuperftition pour affouvir fon ambition & fa cruauté, couvrit les Gaules dans le cinquieme fiecle de fang & de ruines. Les édifices que les Romains avoient conftruits pour l'embelliffement & l'utilité des Thermes de Luxeuil, furent égalés au fol. Colomban, dans le fixieme fiecle, éleva fur ces ruines le Couvent qui fubfifte encore aujourd'hui; nous avons remarqué fur les murs du cimetiere de cette Abbaye une lanterne de pierre, dans laquelle on allumoit pendant la nuit un fanal, pour éclairer les moines qui rentroient à toutes heures : ce fanal s'eft éteint avec le fcandal. Nous trouvâmes dans le même cimetiere un crapaud femelle qui avoit quatre pouces & demi de largeur; fa peau, très rude au toucher, étoit couverte de tubercules dont on exprimoit une liqueur laiteufe : nous en avons parlé dans notre obfervation fur le crapaud.

Le nouveau bâtiment des Thermes de Luxeuil eft bâti en grès gris & brun : il eft divifé en trois parties; le corps principal, en face de l'efcalier, renferme les fources principales; les deux autres font détachés & forment des aîles : le comble de ces bâtiments eft couvert en fer blanc fuivant l'ufage de la province. On defireroit que l'on eût évité la bigarrure qui naît de la difparité de la couleur de la pierre, & que les corridors de ces bâtiments magnifiques, fuffent plus fpacieux.

Trois fources d'eau chaude font diftribuées dans ces Thermes : elles ont différents degrés de chaleur; celle des étuves eft à quarante-deux degrés du thermometre & à dix de l'aréometre. La feconde fource, appellée celle des Capucins ou des petits bains, eft à trente-cinq degrés du thermometre & dix de l'aréometre. Enfin la troifieme eft à trente-deux degrés du thermometre & neuf de l'aréometre. Ces eaux font analogues à celles de Bains : leur plus grande vertu eft une chaleur douce & pénétrante. Outre les fources chaudes, ces bâtiments renferment deux fources d'eau froide ; l'une favonneufe, l'autre ferrugineufe. La fontaine d'eau favonneufe étoit fi fort infectée des égoûts des mortiers des bâtiments neufs, que nous ne pûmes en faire même la déguftation : l'eau ferrugineufe eft à neuf degrés & demi de l'aréometre. L'alkali fixe la trouble & la noix de galle lui communique très promptement une couleur noire, ce qui prouve que cette eau eft fort chargée de félénite & de fer vitriolifé.

Nous fûmes invités à porter du fecours à une fille qui portoit un cancer ulcéré : nous obfervâmes que ce cancer avoit pris naiffance dans les glandes mammaires ; il avoit fait des progrès fi terribles, qu'il lui couvroit toute la poitrine jufqu'aux clavicules, les parties axillaires, hypochondriaques & lombaires, l'abdomen, le bras & l'avant-bras droit, & s'arrêtoit à la racine de l'ongle du pouce : nous fûmes faifis de l'odeur cadavéreufe qu'exhaloit cette plaie effrayante, & ne pûmes confeiller à la malade que quelques topiques adouciffants, & une patience dont le terme devoit être une mort prochaine.

L'on nous a affuré qu'il y avoit dans les environs de Luxeuil des mines métalliques & de charbon de terre qui n'étoient point traitées ni ouvertes, ce qui ne nous a pas permis de les vifiter.

Le long du chemin de Luxeuil à Plombieres, par Fougerol, on trouve beaucoup de pierres quartzeufes, de grès pur, de grès ferrugineux & de micacé. Avant d'arriver à Plombieres, on paffe fur une montagne fort efcarpée dont le flanc, du côté de la filerie, eft couvert d'une très grande quantité de pierres culbutées dans le plus grand défordre ; accident qui eft fans doute l'effet d'une explofion ou d'un torrent confidérable.

La filerie à fer de Plombieres n'a rien de remarquable ni qui lui foit particulier ; elle eft compofée d'une petite chaufferie; de deux bâtiments qui renferment quinze paires de tenailles, d'une tréfilerie & d'un four à recuire : le fil en est de bonne qualité, mais il feroit à défirer que l'on n'apperçût pas les impreffions des mors des tenailles fur les fils. Il me femble que l'on pourroit remédier à cet accident pour les fils déliés qui ne fe tirent pas au touret, en remplaçant les tenailles par un cylindre de fonte de fer poli, mu par l'effet d'une roue.

Il y a plufieurs fources d'eau chaude à Plombieres de différents degrés de température; elles font très abondantes puifque celles qui fe réuniffent dans le bain public donnent treize cents quatre-vingt-fix pieds deux tiers cubes par heure, ce qui fuffit pour faire tourner un moulin fous dix pieds de chûte. La fource des buveurs eft appellée communément la fontaine du Crucifix, parcequ'elle eft enfermée dans un endroit voûté où il y a un Crucifix accompagné de deux infcriptions où l'art & le génie n'ont eu aucune part. L'eau de cette fource eft à quarante-fept degrés du thermometre & à onze degrés de l'aréometre.

L'une des fources qui eft reçue dans le grand bain, qui eft un grand baffin découvert au milieu de la rue, eft à foixante & un degrés du thermometre & à douze degrés de l'aréometre; cette fource eft la chaudiere publique, où les cuifinieres viennent échauder les langues, les têtes de veau, les cochons de lait & les volailles; pour cet ufage il y a un filet d'eau qui communique au dehors, & eft éloigné du baffin qui a vint-fix toifes deux tiers de longueur, fur fix toifes & demie de largeur; & comme il occupe plus que la largeur de la rue, fes parties latérales font recouvertes par des galeries pratiquées fous les maifons où les baigneurs fe fouftraient aux yeux des curieux.

Le bain des Dames eft un endroit fermé dont l'eau fort d'une fource de quarante degrés de chaleur : celui que l'on appelle des Capucins, parcequ'il avoifine l'hofpice de ces Moines, eft des mieux approprié. L'eau de quarante-neuf degrés de chaleur fort de trois fources diftribuées dans l'étendue du baffin, particuliérement d'un trou rond de fept pouces de diametre, percé dans une pierre de vingt pouces d'épaiſſeur, poſée par les Romains qui porterent une attention ſérieuſe dans les conſtructions qu'ils firent pour ſe procurer l'utilité de ces Thermes. La vapeur qu'exhale ce trou eſt en très grand crédit dans l'eſprit des femmes ſtériles, qui vont le couver pendant la nuit pour féconder le preſſant deſir qu'elles ont d'être meres : mais les vapeurs & l'écume des eaux, ni les étincelles du feu, ne font plus naître des Dieux. Il ſubſiſte encore un canal très conſidérable, voûté avec art, pavé ſolidement, que les Romains conſtruiſirent pour l'écoulement de la riviere d'Engrogne qui y coule avec beaucoup de rapidité à cauſe de la proclivité du terrein. Près de ce canal coule la ſource la plus chaude, elle fournit peu d'eau qui ſort de deux tubes de fer; & quoique l'on aſſure que ſa chaleur aille juſqu'à quatre-vingts degrés, qui égalent celui de l'eau bouillante, nous n'en avons reconnu que cinquante-neuf : mais il eſt vrai qu'elle coule ſi lentement, que l'air & l'évaporation doivent diminuer beaucoup ſa chaleur : elle eſt à douze degrés de l'aréometre.

Outre ces ſources il y en a beaucoup d'autres ſur leſquelles on a pratiqué, près des maiſons, des étuves dont la chaleur eſt exceſſive, & ſi la raréfaction de l'air, occaſionnée par la chaleur, n'étoit modérée par les vapeurs aqueuſes; il ne ſeroit pas poſſible d'y reſpirer. Il eſt ſurprenant d'y voir des femmes d'un tempéramment très délicat & fort délabré, ſoutenir une heure, même deux, cette chaleur. Il faut que la Nature ait bien des torts, ou que nous l'ayons fort offenſée pour être condamné à un pareil ſupplice.

Outre les ſources chaudes, il y en a de froides ou d'un degré au-deſſus de la température ordinaire de l'eau. Parmi ces dernieres, il y en a de ſavonneuſes, l'une dans le jardin des Capucins, l'autre ſur la rue. La premiere eſt une grotte tapiſſée de pluſieurs plantes, particuliérement d'un lichen (*lichen ſive hepatica fontana*) d'un beau verd qui produit un effet agréable ; & quoique les jeunes gens dégradent de temps en temps la verdure de ce beau tapis naturel, la plante vigoureuſe qui le forme, répare ces torts en très peu de temps. L'autre fource, qui tire fon origine de la première & lui eſt analogue, eſt fermée. L'alkali fixe en trouble l'eau, & lui fait dépoſer un ſédiment blanc qui eſt le principe minéral de ces eaux. L'on nous a aſſuré que, lorſque l'on a reconſtruit cette fontaine, l'on a tiré des environs de ſa ſource des maſſes conſidérables d'une terre molle, blanche, douce au toucher ; enfin ayant l'extérieur & une partie des propriétés du ſavon : & en effet ayant fait ouvrir la fontaine, nous en avons tiré, au moyen d'un outil de fer, du fonds de ſon baſſin, un morceau de cette ſubſtance ſavonneuſe qui eſt très blanche : elle a la conſiſtance d'un ſavon qui n'eſt pas bien affermi, elle en a le *gliſſant*, elle adhere aux dents, ne fait aucune efferveſcence avec les acides & reſſemble à du quartz mol & opaque ; c'eſt un ſmectris pur qui ne participe aucunement du fer & qui n'eſt point mélangé de matieres hétérogenes. Cette terre eſt le dépôt que ces eaux ont fait des principes ſavonneux qu'elles ont diſſous dans l'intérieur de la terre.

Quoique les eaux du ruiſſeau de Plombieres ſoient rouſſâtres, accident commun à toutes les petites rivieres des environs, cependant le papier qui ſe fabrique avec cette eau au bout du promenoir eſt aſſez beau.

A une demi lieue de Plombieres eſt une mine abandonnée, parceque le minerai en a été reconnu pauvre & réfractaire : c'eſt une blende reſſemblante à la mine de plomb dite galene ; elle eſt cryſtalliſée en lames paralleles dont les grouppes ſont ſéparés par des couches d'une ſubſtance blanche quartzeuſe. Il y en a auſſi une eſpece qui eſt rouge qui eſt la fauſſe blende rouge. Ce minerai ſe briſe facilement, reſſemble au mica ferrugineux, n'eſt point ſoluble dans les acides. Cette blende, d'après l'eſſai que j'en ai fait contient du fer, du ſoufre, de l'arſénic, & du zinc. L'on trouve auſſi dans les environs de Plombieres, dans différent cantons, du quartz phoſphorique, qui donne une lueur de différentes couleurs.

En traverſant les montagnes pour aller à Remiremont l'on

l'on trouve beaucoup de grès graniteux, enfuite des granits micacés; plus on avance & plus les maffes de granit font confidérables. Avant d'arriver à Remiremont, l'on rencontre des poudingues rouges, gris & jaunes, ils font d'une très grande dureté & fufceptibles d'un poli éclatant. On defcend par gradation dans une vallée dans laquelle les fluctuations de la mer font fenfiblement rendues par des amas de gros cailloux roulés, tels on en voit fur les graves de la mer. Ces amas recouverts de terre végétale, forment des bandes tranfverfales de figure prifmatique qui barent toute la vallée feche qui rejoint celle de la Mozelle, en tirant à Epinal.

Près de Remiremont, les forêts de fapin commencent à couvrir la cime des montagnes. Nous avons vu dans ce canton trois fortes d'arbres d'une forme & d'un caractere bien difparates qui garniffoient le pendant d'une montagne expofée au couchant. La cime étoit hériffée de fapins qui s'élevoient avec fiéreté pyramidalement à une hauteur qui fembloit excéder celle des nues; fur le flanc, des bouleaux, dont les rameaux grêles, trop foibles pour porter leurs feuillages épais, s'inclinoient mollement, ce qui leur donnoit un air de nonchalance & de trifteffe. Au pied du mont, régnoit un cordon de chênes dont les membres robuftes fe foutenoient horifontalement malgré leur poids énorme.

Remiremont, ville fituée fur la Mozelle, tire fon nom de Romaric qui fonda en ce lieu, dont il étoit propriétaire & Seigneur, un Couvent pour les deux fexes : indépendamment de cette étymologie, cette ville pourroit tirer fon nom de fa fituation, car de tous les côtés elle regarde les montagnes, *mirans montes*; elle eft bâtie en pierres de grès, de granit, de poudingue, & d'une autre, rouge tachetée de blanc : cette derniere reffemble beaucoup à une terre cuite, telle la brique; nous fommes même perfuadés que cette pierre eft une terre argilleufe dont la partie rouge eft ferrugineufe, qui a reçu fa folidité du feu d'un volcan.

Sur le mont Saint, qui eft une montagne fort élevée, qui

C cc

commande la ville, eft une très bonne mine de cuivre, à l'exploitation de laquelle s'oppofent les Bénédictins, dont le couvent, fondé par Romaric, occupe partie de la furface de la miniere; toutes les autres montagnes qui environnent la ville font compofées de granit dépouillé & aride, d'un accès très pénible : quelques-unes même font fi efcarpées qu'elles font inacceffibles.

En remontant la vallée de la Mozelle, à une lieue au-deffus de Remiremont, l'on trouve dans la plaine, au pied de la montagne, une fource d'eau chaude, que l'on nomme *chaude fontaine*. Ses eaux font négligées, elles font de la qualité de celles de Plombieres. Dans les bois de Rupt, avant d'arriver à Roche, il y a une fontaine acidule ferrugineufe. Cette vallée eft une gorge fort ferrée par de très hautes montagnes, dont les unes ne font que des rochers chenus & arides, d'autres font couverts, fur le haut, de forêts de fapins & autres effences de bois; l'on n'y voit pas, fur plus de douze lieues d'étendue un feul noyer, parcequ'il y fait trop froid; l'on y cultive une efpece de feigle qui fe feme au Printemps. Roche eft un village qui tire fon nom de monftrueux bancs de rochers qui traverfent la vallée dans cet endroit. L'on voit fur la route, à Vauviliers, une percée fur le flanc de la montagne; c'eft l'ancienne galerie d'une mine de cuivre qui eft abandonnée, & fon état en ruine ne nous a pas permis de la vifiter.

L'on rencontre le long de ce vallon beaucoup de troupeaux de chevres que des jeunes gens conduifent fur les montagnes où elles fe difperfent fur les rochers, dans les buiffons qui les couvrent, pour y chercher leur pâture. Si ces jeunes pâtres s'apperçoivent que quelques-unes de leurs chevres fe foient trop écartées du centre du troupeau, ils les raffemblent, crainte que les plus volages ne deviennent la proie des loups, & lorfqu'ils veulent les reconduire à la ville, ils donnent le fignal de la retraite, en frappant avec des pierres fur une boîte, en forme de tambour de quatre à cinq pouces de diametre, qui pend à leur ceinture; au bruit de cette boîte de fapin, on voit accourir de toute part les chevres qui viennent environner leur conducteur; alors il ouvre fa boîte & leur diftribue une partie d'un mélange de fon & de fel qu'elle contient & dont elles font fort friandes. C'eft le plaifir de ce petit régal qui les raffemble au bruit qui en eft le fignal : nous ne pûmes nous éclaircir de la caufe & de l'effet, que lorfque nous fûmes arrivés au village ; mais dans nos courfes ultérieures ayant rencontré fur un rocher un troupeau de chevres, éparfes fans conducteurs, nous frappâmes avec une clef fur une tabatiere de racine de buis, dans l'inftant toutes les chevres accoururent en cabriolant & fautant de roche en roche, elles vinrent nous entourrer dans des attitudes pittorefques : leur erreur établit notre certitude.

Nous ftationâmes au village de l'Eftrey, parceque nous apprîmes qu'il y avoit dans les environs beaucoup de mines, dont quelques-unes étoient exploitées. Nous pafsâmes la Mozelle dont les fables & les graves font fpathiques, graniteux & quartzeux, d'une grande beauté par leur éclat & la variété de leur couleur. Nous traversâmes, en graviffant la montagne, les bois de Remonchamp qui font peuplés d'une feule effence de bois qui eft le hêtre, de même que quelques autres petites forêts voifines qui font fituées fur le genou de la montagne. Le terrein entre les arbres, eft couvert de mirtilles ou airelles, qui étoient partie en fleurs & partie chargées de fruits que les enfants mangent. Il fe fait cependant une exportation de ces baies fechées, dans les vignobles, pour charger la couleur des vins. Il feroit à fouhaiter que les taverniers ne frélataffent pas leurs vins avec des chofes plus nuifibles à la fanté.

Arrivés au haut de la montagne, nous la traversâmes, en pénétrant dans le territoire de la Franche-Comté. Parvenus fur la croupe qui regarde de front la vallée de l'Ognon qui defcend à Lure, nous trouvâmes l'entrée de la galerie de la mine de Body, fes déblais, la trompe & la cabanne des mineurs. Il eft néceffaire de donner un détail de cette mine.

Au midi de la montagne, fur le pendant, à fix cents pieds plus bas que fon fommet, la mine eft ouverte par une galerie de fix pieds de hauteur & de quatre pieds environ de largeur. N'ayant point de lumiere pour y entrer, nous ouvrîmes inutilement la chambre des mineurs, mais le fergent arriva avec une lampe & deux jeunes gens qui pouffoient chacun un chariot chargé de minerai & de déblais. Nous étions alors fix perfonnes, ces trois ouvriers, notre conducteur, mon fils & moi; une lampe ne peut éclairer qu'une perfonne, je la fis prendre à mon fils que je mis en troifieme; j'ouvris la marche, je faifis un chariot vuide & le pouffai pour me diriger dans ma route: mais pour entendre ceci, il faut connoître le chariot & fa manœuvre.

Le chariot qui fert à tranfporter les décombres de la galerie, eft une caiffe de bois de fapin de douze pouces de largeur, de quatorze à quinze pouces de hauteur devant, & de dix-fept à dix-huit pouces derriere: cette caiffe eft fupportée fur deux petits aiffieux de fer traverfant quatre roulettes de quatre pouces de diametre. Au centre de l'aiffieu de devant, defcend une broche pendante dont le bout inférieur fe prolonge de deux pouces plus bas que la bafe des roues: cette broche fert à diriger la courfe du chariot en fuivant l'efpace vuide d'environ un pouce & demi de largeur que forment deux madriers pofés horifontalement fur le fol de la galerie à côté l'un de l'autre, & qui font multipliés bout à bout dans la direction de toute fon étendue; enforte qu'en appuyant plus ou moins fortement les deux mains fur le derriere du chariot, on lui imprime un mouvement progreffif, dont la vîteffe fe mefure fur la marche de celui qui le conduit, & le poids de la puiffance, par l'ouverture de l'angle formé par les mains, les pieds & la courbure du corps du moteur; le train de devant du chariot eft mobile en tous fens pour pouvoir le braquer dans les retours des galeries, alors les roues de devant paffent fous la caiffe du chariot.

Je pris donc un chariot vuide, & je pénétrai le premier

dans l'intérieur de la mine, ayant en suite les autres personnes ; nous marchâmes dans l'obscurité la plus profonde sur une ligne de deux cents toises, au milieu du bruit des chariots, répété mille fois par la voûte de la galerie : ce petit voyage nous parut très long. L'attitude pénible, les gouttes d'eau froide qui nous tomboient d'espace à autre, de la voûte, sur le corps, & le défaut d'habitude de parcourir cette route ténébreuse, nous faisoit écarter des madriers & porter à droite & à gauche les pieds dans les courants d'eau qui s'échappent au dehors ; une respiration pénible dans un air stagnant, toutes ces choses nous faisoient désirer d'arriver à l'atelier : enfin nous atteignîmes la croisée de la galerie. Là nous trouvâmes un filon qui coupoit le principal à angle droit ; nous suivîmes celui sur la droite sur la longueur de quinze toises, & nous trouvâmes un mineur qui détachoit la roche, la gangue & le minerai. Le filon de la mine avoit en cet endroit neuf pouces de largeur sur trois pieds de hauteur. Le filon à gauche, opposé au précédent, étoit poursuivi par un autre mineur & étoit à-peu-près des mêmes dimensions que celui sur la droite. Le filon principal étoit attaqué par le sergent en ligne droite sur dix toises de profondeur depuis la croisée ; il étoit près du bouillon qui est l'endroit le plus riche du filon, & sous deux cents pieds du massif de la montagne.

Beaucoup de quartz compose une partie de la gangue de cette mine ; du fer cristallisé en dodécaèdre en forme le chapeau ; elle est encadrée de verd de gris & de roche vitreuse ou fondue ; l'on y trouve du quartz contenant du cuivre, du quartz tenant du plomb pur, du plomb tenant argent, enfin du spath feuilleté. On ne peut rien détacher que par le moyen de la poudre à canon dont l'explosion fait retentir ces cavernes d'un bruit épouvantable qui se propage dans l'étendue de la galerie, capable de saisir d'effroi : mais notre curiosité nous avoit armé contre tout événement inattendu.

Après avoir bien examiné le fond des mines, nous nous

munîmes chacun d'une lampe garnie de fa meche & de fuif
pour nous éclairer dans le retour & pour pouvoir remarquer les différents accidents des galeries. Nous obfervâmes
dans différentes parties de l'étendue, des branches de filons
qui n'étoient point attaquées ; elles coupoient tranfverfale-
ment. Nous remarquerons ici que tout le maffif de la roche
vive, eft une matiere vitreufe fondue : ce que nous rapelle-
rons dans nos réflexions phyfiques fur les différentes parties de ce mémoire.

Le fond des galeries eft rempli d'un air fi rarefié, qu'il
ne feroit pas poffible aux ouvriers d'y refpirer ni d'y conferver des lampes allumées. Pour remédier à cet inconvénient,
on a imaginé deux moyens pour y porter un air pur & nouveau qui facilite non feulement la refpiration des ouvriers
& l'inflammation des lampes, mais encore qui preffe la maffe
d'air appauvri & chargé des vapeurs minérales, à fortir
hors des galeries. Cette opération fe fait par le moyen des
trompes ou d'un ventilateur. La trompe dont nous avons
parlé dans le *Mémoire fur les foufflets des forges*, eft le
moyen le plus fimple & le plus utile pour adminiftrer l'air,
puifque l'on y emploie les eaux qui font éconduites des
galeries par une pente infenfible, & portées par un cheneau
dans l'entonnoir de la trompe ; lorfque les eaux des galeries
ne font pas fuffifantes, on en raffemble de la furface de la
montagne que l'on détermine par des rigoles à fe réunir
dans le baffin d'une trompe placée dans un puits de trente
pieds de profondeur percé à côté de la galerie & qui y communique par fa bafe. Mais lorfqu'après de longues féche-
reffes, les fources intérieures ou des furfaces ne produifent
pas affez d'eau, on emploie le ventilateur qui eft placé dans
une excavation pratiquée à l'un des côtés de la galerie. Ce
ventilateur eft un arbre garni de plufieurs aîles formées de
planches minces, enfermé dans une grande caiffe percée de
trous. Deux hommes, au moyen de deux manivelles, mettent ces aîles en mouvement ; elles attirent l'air extérieur
& le forcent de paffer par un tuyau de bois qui fe prolonge

à mesure que la galerie prend de l'accroissement. Malgré ces secours, nombre de personnes éprouvent dans le fond de ces mines des respirations laborieuses & des défaillances. Mon fils & notre conducteur souffrirent de ces accidents : nous n'en fûmes nullement affectés.

Tout ce que l'on détache de la mine est guerché dans les chariots, conduit confusément hors des galeries, & précipité en un monceau, d'où on le transporte dans des voitures à la fonderie. Les morceaux les plus riches & qui ont un mérite distingué, sont portés au Directeur. Nous nous en procurâmes quelques-uns par les voies ordinaires. Le filon de la mine de Body est perpendiculaire ou de midi ; car on distingue la situation des filons par les heures du jour. Un filon de midi est dirigé au méridien. Un de six heures du matin tourne à l'Est-Sud. Celui qui est dirigé à l'Est-Sud-Est, se nomme un filon de neuf heures. Celui qui regarde le Sud-Sud-Ouest, est de trois heures : ainsi de suite. Ils les dénomment aussi par *perpendiculaires*, *obliques*, *plats* & *horisontaux*. En parcourant la surface aride de la montagne, nous en découvrîmes un qui étoit oblique & de six heures. Ce filon n'est point attaqué ; c'est la suite de quelques-uns qui s'élèvent. Il est bien plus commode d'attaquer ces filons par le flanc de la montagne que par la cime, parceque les épuisements d'eau, la conduite des déblais, le jeu des machines & la manœuvre en générale est plus expéditive, plus facile, moins dangereuse & moins dispendieuse.

Nous parvînmes à la cime de la montagne à travers les rochers parmi lesquels il y a de petits étangs remplis de truites & de carpes. Sur le lieu le plus élevé, on a arboré trois croix de bois sur les ruines du Château-Lambert, qui a donné le nom au Village situé à mi-Montagne, où nous arrivâmes à vol d'oiseau par des précipices fort fâcheux. Ce Village est entouré de hautes montagnes riches en mines. C'est la retraite de tous les Mineurs du pays qui exploitent les mines des environs. Le ruisseau qui le tra-

verfe & qui eft la fource de l'Ognon, fait mouvoir deu
ufines; l'une fert à faire du tan pendant une partie de l'ar
née, & au Printemps à pêtrir de la glu d'écorce de houx
aquifolium. L'autre eft un bocard ou bocambre, qui fe
à concaffer les mines des environs. Cette machine, con
pofée de trois piles, à trois pilons chacune, n'eft pas con
truite avec intelligence, & eft fort négligée.

Toutes les montagnes qui environnent Château-Lam
bert, ont été percées de galeries, même par les Romains
pour en tirer les mines de cuivre & de plomb, riches d'ar
gent, qu'elles recelent. Les décombres que l'on en a tirés
forment de nouvelles montagnes confidérables. Ces mine
font en partie abandonnées & affez mal-à-propos; car i
nous a paru qu'il feroit avantageux de traiter les déblai
de ces mines qui font le rebut de ce que l'on a trié pou
être exploité autrefois. Nous avons trouvé dans ces décom
bres de beaux morceaux de mine de plomb cubique, d
mine jaune de cuivre, tenant argent, & beaucoup de mi
nes de fer cryftallifées.

Un Mineur, de Château-Lambert, fort curieux & in
telligent, nous a conduits dans les mines de Tillot où nou
avons parcouru beaucoup de galeries pratiquées dans l'in
térieur de la montagne, pour tirer le minerai de cuivre
des filons obliques horifontaux de ces mines, dans les dé
blais defquel nous avons trouvé des morceaux de mifpikkel,
qui a été fort recherché pour purifier le verre des verreries des environs.

Nous nous fommes procuré des échantillons des mines
de Gyromagny, qui contient du plomb riche d'argent; de
cuivre & de charbon de terre, de Campanés; de cuivre tenant argent, de Frefe; de plomb riche d'argent, de Pont-de-
Saux, parceque nous n'avons pu en vifiter les minieres.

En defcendant la montagne, nous fommes entrés dans
une huilerie fur la Mozelle, dont tout le travail fe fait
par la puiffance de l'eau. La meule, le baffin, les empoefes de tous les tourillons font de granit.

Toute

Toute la vallée depuis Remiremont jusqu'au village de Leſtrey, eſt remplie de granit gris, rouge, jaune & noir, de quelques poudingues ; même une partie des rochers des montagnes en ſont compoſés, excepté la plûpart des roches qui contiennent des mines ; celles-ci ſont brunes, tranſparentes ou opaques, tranchantes & très compactes ; elles reſſemblent au ſable vitrifié de nos fourneaux de fonderies des forges. Nous nous permettrons quelques réflexions ſur ces objets intéreſſants, à la fin de ce Mémoire.

En remontant la vallée de la Mozelle, au Pont du Lait, près S. Maurice, il y a une mine fort riche en cuivre tenant argent ; elle eſt abandonnée ainſi que celle de Buſſan, qui contient du cuivre, du plomb & de l'argent. Près du village de Buſſan eſt une ſource d'eau acidule, fort célebre : nous l'avons examinée avec d'autant plus d'attention, que ſon uſage nous avoit été conſeillé.

La fontaine de Buſſan eſt diviſée en deux ſources principales qui ſont enfermées dans une grande chambre fermant à clef, & dont l'eau ſe diſtribue ſous l'inſpection & au profit d'un Médecin, réſident ordinairement ſur les lieux. La ſource, la plus en réputation, donne ſeulement deux lignes d'eau ; elle ſort d'un grand coffre de pierre, couvert, qui en forme le baſſin ; on la tire dans des bouteilles comme d'un tonneau, par le moyen d'une anche. L'eau laiſſe ſur la pierre ſur laquelle elle ſuinte, un dépôt ochral de couleur vive aurore. Elle eſt à ſept degrés de l'aréometre. Elle fait une très vive ſenſation ſur les organes du goût, en la buvant à ſa ſource, telle une liqueur vineuſe en fermentation. La noix de galle rapée la colore en un inſtant d'une belle couleur pourpre très exaltée. La ſeconde ſource n'eſt pas plus abondante que la première. La couleur que la noix de galle lui communique, eſt rembrunie ; elle picote beaucoup moins les organes du goût : elle eſt à huit degrés de l'aréometre. Ces eaux perdent beaucoup de leurs vertus dans le tranſport, ainſi que nous le prouverons par les réſultats de l'analyſe.

D dd

Dans les environs de cette fontaine il fort plusieurs autres sources qui n'ont pas les qualités des premieres ; les unes sont négligées & s'écoulent dans la Mozelle ; d'autres sont employées à des usages économiques ; une, particuliérement, est introduite dans la cuisine du Médecin par un petit canal dont le bout est mobile ; au besoin on le dirige sur une petite roue à godets de fer blanc, dont le mouvement se communique par une chaîne à une poulie de renvoi qui fait tourner la broche.

Les eaux minérales de Bussan s'envoient dans des bouteilles de terre dans une partie de l'Alsace, pour l'usage de la table, tant parcequ'elles sont saines & agréables à boire seules, que parcequ'elles réveillent les vins foibles & vieux. On les envoie plus communément dans le reste du royaume pour l'usage médical, dans des bouteilles d'un verre brun, soufflées dans les verreries des environs, & qui sont d'une qualité bien supérieure à celles qui viennent des verreries du Clermontois. Les bouteilles contiennent communément deux livres d'eau, se vendent vingt-sept livres dix sols le cent, bouchées, goudronnées & encaissées sur le lieu.

L'analyse de ces eaux nous ayant présenté différents phénomenes qui ont pu échapper à ceux qui l'ont faite avant nous, nous allons en rendre compte. L'eau de Bussan est en proportion de poids avec l'eau commune, comme 18450 est à 18467; conséquemment elle pese 22 grains par pinte de plus. Lorsque l'on débouche une bouteille nouvellement arrivée, & dont le bouchon est bien conditionné, il se fait une explosion, & il sort du goulot une vapeur légere formée par des jets nombreux. Versée de haut dans un verre conique, elle éleve une mousse qui tire promptement le rideau. Les bords de la surface de l'eau se garnissent de globules perlées, qui se dissipent insensiblement ; & il s'éleve du fond du centre une chaîne de globules qui se multiplient & se succedent sans interruption jusqu'à ce que l'air soit dissipé en plus grande partie. Si l'on jette dans le

verre quelques petits fragments d'un corps étranger plus
pesant que l'eau, on voit une bulle d'eau s'attacher à chaque parcelle, l'élever à la surface; alors la bulle, en communiquant avec l'air extérieur, se creve & laisse retomber
le corps qu'elle avoit soulevé, & qui est bientôt ressaisi par
une autre bulle ou petit balon qui lui prête des ailes; ce qui
se renouvelle à la satisfaction de l'Observateur jusqu'à ce
que l'air soit dissipé presque totalement.

L'eau de Bussan la mieux bouchée, après un transport
de trente à quarante lieues, a perdu au moins un tiers de
sa saveur. Si une bouteille a pris l'air par le défaut du bouchon, après un temps très court, l'eau est insipide. Une
singularité plus remarquable, est que cette eau, après le
transport, ne donne pas le moindre signe de la présence
du fer par l'intermede de la noix de galle. Si l'on y en met,
elle reste plusieurs jours sans changer de couleur; ensuite
elle devient roussâtre, dépose ensuite un léger sédiment
gris-jaunâtre: cette couleur n'est due qu'à la partie ex-
tractive de la noix de galle, & à un peu de fer en état
d'ochre. L'alkali fixe rend laiteuse l'eau de Bussan, & en
précipite une terre blanche. Lorsqu'on boit ces eaux dans
leur état de perfection, la chaleur de l'estomac en développe l'air avec si grande abondance, qu'elle donne des renvois, des hoquets & des crochets dans le nez, comme
font la bierre & le vin mousseux de Champagne, mais
avec moins de violence: enfin ces eaux nouvelles sont dans
l'état d'une liqueur en fermentation, comme toutes les
eaux minérales appellées spiritueuses.

Six livres d'eau de Bussan, soumise à une évaporation
lente, n'ont donné que vingt-six grains de ces résidus al-
kalins & terreux. Le premier degré de chaleur occasionne
une grande agitation dans la liqueur, par la dilatation de
l'air que cette eau contient. Lorsque l'air, qui lui étoit
uni, est dissipé, la liqueur s'évapore tranquillement, en se
couvrant continuellement d'une légere pellicule qui se
brise & se précipite au fond du vase; sur la fin de l'évapo-

ration, on apperçoit une matiere saline qui s'attache aux
parois du vase. Le résidu est d'un gris salé un peu jaune :
il contient du fer en état d'ochre, du sel alkali minéral,
& une espece de substance calcaire.

Ayant examiné une bouteille contenant environ deux
livres d'eau de Bussan, que je gardois depuis six ans dans
la collection de mon cabinet, je crus appercevoir à la surface de la liqueur une couche de moisissure; j'inclinai la
bouteille; cette couche se détacha; & au lieu de flotter,
elle se précipita dans le fond de la bouteille. Lorsque je la
redressai, j'apperçus que cette couche avoit laissé un cordon autour de l'intérieur du col de la bouteille. En examinant cette substance qui s'étoit précipitée sous une forme
circulaire sans s'être rompue, je vis qu'elle réfléchissoit la
lumiere; alors je survuidai l'eau dans une autre bouteille;
& cette substance, sans se rompre, vint se rendre dans le
col & ne pouvoit en sortir; j'introduisis une pointe de porc-
épic pour la rompre & la tirer dehors. Lorsqu'elle fut sé-
chée sur un papier gris, j'examinai cette crystallisation
dont je rapatronai les morceaux pour connoître l'étendue
& la disposition de cette croûte blanche, saliforme. Elle
avoit seize lignes deux tiers de diametre, un dixieme de
ligne d'épaisseur, & ses bords se relevoient de trois quarts
de ligne; ensorte qu'elle formoit une petite capsule plane
dans sa plus grande partie; la surface étoit lisse & resplendissante; le dessous, qui touchoit l'eau lorsqu'elle le
surnageoit, étoit légérement hérissée de petits crystaux
prismatiques quadrangulaires, terminés par une pyramide
quadrangulaire dont les faces étoient inégales : elle pesoit
en total cinq grains un quart. Cette croûte s'étoit formée
sur la surface de la liqueur, & avoit pris la courbure que
les fluides prennent lorsqu'ils sont dans des tubes dont les
parois, qui excedent la surface des liqueurs, en élevent
les contours au-dessus du niveau du centre; au lieu que si
une liqueur est contenue dans un tube ou un vaisseau dont
elle excede les bords, alors l'excédant, plus élevé, s'ap-

platit dans le centre, & le contour prend en bas une courbure qui regagne la surface des bords du vase qui se trouvent au-dessous du fluide. En examinant l'intérieur de la
bouteille, j'y apperçus trois petits grouppes de crystaux,
l'un fixé sur la partie déclive du ponti, à moitié de sa hauteur; le second, au bas du premier, mais dans les replis
de la base de la bouteille; le troisieme enfin dans la même
partie, mais presque en opposition. J'essayai avec le tuyau
d'une plume de détacher un de ces grouppes de crystaux,
je trouvai de la résistance; & craignant, en forçant avec
quelque corps dur, de briser leur arrangement symétrique,
je pris le parti de couper la bouteille; ce qui me procura
la connoissance de deux phénomènes également instructifs.
Le premier est un dépôt adhérent à la surface intérieur de
la bouteille dans toutes ses parties. Ce dépôt ne se détache
qu'en appuyant le doigt assez fortement, & le coulant sur
la surface du verre. On le retire chargé d'une poussiere
très fine de couleur d'ochre : c'est la partie ferrugineuse que
les eaux contiennent, qui ne se dépose qu'à mesure que
le gaz de cette eau se dissipe. Le second est cette crystallisation dont on appercevoit, outre les trois plus gros
grouppes, d'autres petits crystaux disseminés sur les surfaces du verre.

En examinant avec la louppe ces crystaux, j'ai reconnu
parfaitement qu'ils formoient des rhombes, dont un particuliérement est fort considérable, ayant une ligne & démie
de diagonale. Toutes ses surfaces sont mamelonnées d'autres crystaux de même forme. Très indécis sur la nature
de cette singuliere crystallisation faite à la surface & dans
le fond d'un fluide si volumineux par rapport au peu de résidu que m'avoit donné l'analyse par l'évaporation de cette
eau, j'en portai sous la dent; les lames de la pellicule se
briserent avec la résistance des fragments d'une coquille
d'œuf : la langue n'y découvrit rien de salin. J'en jettai
dans de l'acide nitreux & dans de l'acide marin. A peine
y fût-elle précipitée, qu'elle fut dissoute entiérement avec

la plus grande effervefcence. Dans l'acide du vinaigre, la diſſolution fut lente, mais totale. Il n'en eſt pas de même de l'action que l'acide vitriolique a ſur cette ſubſtance. Lorſqu'on la préſente à cet acide, il ſe fait dans l'inſtant un léger mouvement d'effervefcence; enſuite elle tombe au fond du verre, y reſte dans ſon entier, même en graduant les degrés de concentration de l'acide à froid, qui ne diſſout cette ſubſtance totalement qu'en le faiſant bouillir. Si l'on verſe ſur cette diſſolution, faite par l'acide vitriolique ſur le feu, de l'alkali fixe diſſous, on obtient un ſédiment qui ſe précipite par floccons gélatineux. Des parcelles des cryſtaux que j'ai détachées de ceux qui s'étoient formés dans le fond de la bouteille, m'ont préſenté les mêmes phénomenes que cette croûte cryſtalline qui bouchoit la bouteille d'eau de Buſſan, comme l'opercule dont le limaçon ſcelle l'entrée de ſa maiſon aux approches de l'hiver.

Quelle peut-être cette ſubſtance finguliere dont la cryſtalliſation ne s'opere que par une fuite de plufieurs années, qui cryſtallife à la ſurface & dans la liqueur qui la tient en diſſolution? Ce n'eſt point une félénite puiſqu'elle ſe diſſout facilement dans les acides nitreux, marin & végétal, & dans l'acide vitriolique en le chauffant. Ce n'eſt point une terre abforbante, une terre calcaire pure, puiſque l'acide vitriolique a fi peu de priſe ſur elle. C'eſt donc un ſpath. Et en effet j'ai pris du ſpath, des ſtalactites des Grottes d'Auſel en Franche-Comté, je l'ai préſenté aux mêmes acides, & il en eſt réſulté les mêmes phénomenes.

Il faut conclure de l'analyfe des eaux de Buſſan, qu'elles contiennent de l'air, de l'acide volatil, du fer, du ſel alkali minéral & du ſpath; que l'union combinée de ces ſubſtances eſt fi foible, qu'elle ſe rompt d'elle-même ſans aucun agent. L'air eſt abondant; il ſe manifeſte par le bouillonnement; il s'échappe promptement lorſque l'eau eſt expoſée à l'air libre : cet air lui a été uni par la décompoſition de quelques ſubſtances dans des opérations ſou-

terraines de la Nature. L'acide se manifeste par la saveur
pongeante que ces eaux impriment sur tous les organes
du goût, lorsqu'on la boit, particuliérement à sa source.
Cet acide est combiné avec l'air & le phlogistique du fer.
Ce sont trois substances volatiles qui composent ce gaz
incoercible dont parle Vanhelmont. Le fer, qui se trouve
combiné avec l'air & l'acide volatil dans les eaux de Bussan à leur source, bientôt privé de son phlogistique & de
l'acide volatil qui le tenoit en dissolution, se précipite sous
une forme d'ochre pulvérulente ; & la preuve que cette séparation s'opere à mesure que l'air & l'acide l'abandonnent, est que chaque molécule ferrugineuse s'attache à la
partie du vaisseau qu'elle touche au moment de cette séparation, puisque les bouteilles qui contiennent de l'eau de
Bussan décomposée, sont enduites dans tous les points de
leur surface intérieure d'une couche légere d'une poudre
ochrale.

L'alkali minéral que j'ai retiré par l'évaporation des eaux
de Bussan, étoit combiné avec une portion de cet acide
volatil qu'elles contiennent. Il ne se dépose pas dans la
bouteille, parcequ'il reste dissout & uni à la liqueur devenue vapide. Le spath, qui crystallise à grande eau, s'est
réuni en une croûte à la surface de la liqueur, & en
groupe de crystaux en différentes parties du fluide ; accident que j'ai observé dans la vaste Grotte d'Ausel, où l'on
voit des millions de stalactites suspendues aux voûtes immenses de ces cavernes, des incrustations qui en tapissent
les piliers & les lambris ; elles sont formées de ce spath qui
crystallise dans l'air comme la croûte spathique des eaux de
Bussan. On voit dans les vastes bassins de cette Grotte magnifique les plus beaux groupes mamelonnés de spath
rhomboïdal tessulaire, sous plusieurs pieds d'eau. J'en ai
retiré qui tiennent un rang distingué dans ma collection
par leur volume, par leur ordre symétrique & par les détails de leur crystallisation. Les crystaux spathiques des eaux
de Bussan sont donc des especes de stalagmites que l'on

doit rapporter à la claſſe des ſpaths cryſtalliſés dans les baſſins de la Grotte d'Auſel.

Combien de fois des opérations commencées & négligées ; des choſes conſervées à deſſein par une prévoyance & une patience ſi néceſſaires à faire des découvertes, d'autres entiérement oubliées, nous ont fourni des découvertes utiles : celle-ci eſt du nombre. Si ma carriere n'eſt point trop bornée, je me propoſe de dépoſer dans un lieu ſûr & à l'écart différentes eaux, particuliérement de Buſſan, pour répéter des opérations pour leſquelles il faut une longue ſuite d'années. Preſque toutes les opérations de la Nature n'obtiennent leur degré de perfection que de la lenteur & de la durée de ſes procédés.

La cryſtalliſation des eaux de Buſſan m'a fait faire des recherches dans ma collection d'eaux minérales, & autres que je conſerve. Je n'ai rien découvert de ſemblable que dans de l'eau de chaux de quatre ans. Une bouteille, ſimplement bouchée d'un cône de papier, m'a préſenté à-peu-près le même phénomene que l'eau de Buſſan. Il s'étoit formé à la ſurface une croûte, quoique beaucoup plus mince, qui étoit aſſez continue & adhérente aux ſurfaces du verre pour empêcher de paſſer l'eau. Je l'ai rompue. Elle s'eſt précipitée avec d'autres lames qui s'étoient formées auparavant & qui s'étoient dépoſées au fond de la bouteille. Après l'avoir ſéparé de l'eau, je l'ai fait ſécher, & j'en ai mis dans les trois acides minéraux & dans le vinaigre diſtillé : elle s'eſt diſſoute avec la plus grande efferveſcence dans les acides nitreux & marin. La liqueur de l'acide nitreux étoit claire. Dans l'acide marin, un nuage blanc a pris le fond du verre. En mêlant les deux liqueurs il s'en eſt formé une eau régale limpide, le nuage de l'acide marin ayant diſparu. En verſant de l'alkali fixe en liqueur, il s'eſt formé un dépôt blanc & onctueux. L'acide du vinaigre a diſſout cette ſubſtance plus rapidement que celle des eaux de Buſſan ; mais elle a préſenté avec l'acide vitriolique le même accident, c'eſt-à-dire que cette croûte

ſaliforme

faliforme de l'eau de chaux a commencé par faire une vive effervefcence, & puis s'eft précipitée au fond du vafe fans fe difloudre à froid; il n'y a eu que l'ébullition qui l'a entiérement difloute comme celle des eaux de Buffan. On peut donc regarder ces deux fubftances comme analogues ; quoiqu'avec le fecours d'une excellente loupe, je n'aie pu découvrir la forme de la cryftallifation à caufe de l'exiguité des cryftaux de l'eau de chaux, & qu'elle n'eft pas auffi blanche que celle des eaux de Buffan.

On pourroit compofer une eau analogue à-peu-près à celle de Buffan, en mettant un peu d'alkali minéral & de limaille de fer dans de l'eau de chaux nouvelle, & y introduifant de l'acide volatil & de l'air fixe par le moyen de l'alkali fixe & de l'acide vitriolique en effervefcence, fuivant les procédés connus. Par cette opération on imiteroit celle dont la Nature fe fert dans l'intérieur de la terre pour compofer la plûpart de ces eaux aigrelettes, gazeufes ou fpiritueufes.

L'une des fources de la Mozelle fort des rochers de granit qui compofent les montagnes des environs de Buffan ; l'on trouve en remontant quelques pierres qui participent du principe calcaire ; & lorfque l'on eft paffé le pas de la hauteur, on voit de toutes parts des précipices au milieu des rochers les plus efcarpés, entre lefquels fortent les fources de la Thur, qui coule en Alface par la colline d'Orbeil, qui eft le premier village de cette province de ce côté, & en tête duquel on voit les reftes d'un ancien bocard, d'un lavoir & d'une fonderie, qui ont fervi jufqu'en 1761 à traiter les mines de cuivre qui font très riches & très abondantes dans les montagnes des environs. L'on prétend même qu'une de ces mines contient de l'or, & qu'une autre eft riche d'argent. Nous n'avons pu vifiter ces mines parceque l'on nous a affuré qu'il y avoit un très grand danger de pénétrer dans les galeries abandonnées. Nous avons feulement examiné les montagnes énormes de déblais qui en ont été tirés, & parmi lefquels nous avons trouvé, 1°.

Eee

la roche vitreuse fondue, comme à Body, Tillot, Château-Lambert, S. Maurice, Buſſan & autres; mais cette roche affecte particuliérement dans ſa caſſure une forme rhomboïdale dont les angles aigus ſont très vifs; 2°. des mines de fer ſervant de chapeau aux mines de cuivre; le fer y eſt reſſemblant à de la ſuie, à des ſcories de volcan, cryſtalliſé en grappes, en tubercules, en ſtalactites, ſur du ſpath, ſur du quartz, ou ſur la gangue, & reſſemble à du mica. Le minerai de cuivre le plus riche & le plus abondant de ces minieres, eſt la mine jaune.

J'obſerverai que ſur toutes les montagnes dont j'ai parlé juſqu'alors, je n'ai rencontré aucun autre reptile qu'un aſpic, près Château-Lambert; que toute la roche, qu'environnent les filons des mines, & qui compoſent le maſſif de l'intérieur des montagnes de tous ces cantons, eſt une ſubſtance vitreuſe, ſe caſſant en tous ſens, de couleur rouge-brune, quelquefois d'un gris-blanc & verdâtre en certains cantons; que la roche qui approche le plus près du filon qui lui ſert de ſalbande & en compoſe en partie la gangue, eſt remplie de parcelles de cuivre, de verdet, de lames de blende ou de cryſtaux de plomb cubiques; que les petits interſtices, qui ne ſont point remplis de matieres métalliques, ſont occupés par des cryſtalliſations de ſpath ou de quartz; que les ſubſtances ferrugineuſes occupent la partie ſupérieure du filon, & lui ſervent de chapeau; que le filon principal ſe diſtribue en différentes branches, qui ont pour centre de tendance le bouillon, qui eſt l'endroit le plus dilaté, le plus riche de la mine; que les filons principaux ſont traverſés par d'autres filons inférieurs qui ſe diſtribuent ſous différentes inclinaiſons, qu'ils ſont ou interrompus, où ſe ſuivent juſqu'à de grandes profondeurs, ou s'élevent à la ſurface de la montagne; que cette roche vitreuſe qui accompagne les filons eſt abſolument ſemblable aux laitiers vitreux recuits des fourneaux de fonderie à fer; enfin que cette roche vitreuſe, pilée par les bocards, & dépoſée ſur les tables des lavoirs des fonderies en cuivre, reſſemble entiérement à du verre pilé. Nous reviendrons ſur ces obſervations dans nos concluſions.

En deſcendant la vallée d'Orbeil, nous avons viſité la forge de Virh, compoſée de deux renardieres, ayant un bel ordon de marteau à drôme & une carrillonnerie à double martinet ſur le même arbre. L'on y fabrique des fers en barre & quarrés, bandelettes, carrillons, verges crénelées, cercles, fers de charrues, coutres & enrayages de la plus belle fabrication & d'une excellente qualité. Cette forge étoit en chômage, parcequ'on eſt dans l'uſage de fermer le ſamedi à midi, pour raccommoder les outils. L'on n'uſe que du charbon des corps des ſapins. L'on ne fait point d'uſage des branches. Deux bœufs, d'une haute branche, qui ont les pieds ferrés, deſcendent les charbons des montagnes dans des bannes contenant dix-huit à vingt poinçons, environ 200 pieds cubes. Ces bannes ſont compoſées de brancard dont les fuſeaux ſont enlacés de petits ais minces de ſapin; elles ſe déchargent par des vanteaux qui s'ouvrent en-deſſous. Cette forge tire ſes fontes du fourneau de Picheville, qui eſt ſitué une demi-lieue au-deſſous.

Le fourneau de Picheville ne conſomme que des charbons de ſapin comme la forge de Virh. Il fond deux eſpeces de minerai qui ſe tire des mines en galeries dans les montagnes des environs. Ces deux minerais, quoique tirés de la même miniere, ſont très différents entre eux. L'un eſt blanc, & d'autant plus eſtimé qu'il eſt plus brillant; l'autre eſt noir : il y en a de ce dernier qui reſſemble à de la ſuie, d'autre qui imite le jais à ſa caſſure, d'autre enfin eſt ſtrié. L'on ne lave ni ne bocarde point ces minerais; on les concaſſe ſeulement à la main. La charge de ce fourneau eſt compoſée de neuf raſes de charbon, de dix-huit conges de minerai & de quatre de caſtine, qui rendent deux cents cinquante livres de fonte très bonne : mais c'eſt un foible produit. Le laitier de ces minerais eſt très bleu, ce qui donne lieu de ſoupçonner qu'il y a du cobalt dans la mine. L'on n'ufe point d'herbu dans ce fourneau. La caftine, qui y eft employée, eft une pierre calcaire qui fe tire des montagnes en groffe roche très dure, que l'on brife fous les pilons d'un bocard. Un courant d'eau, comme dans nos bocards à mine, pouffe la caftine brifée à travers les barreaux d'une grille ; & l'eau bourbeufe qui en fort eft reçue dans de grands réfervoirs, où elle dépofe la pierre délayée. Ce dépôt eft enlevé & féché pour être employé avec la caftine concaffée. Cette manipulation eft abufive ; il faudroit feulement brifer la pierre à fec, comme on pile la brique pour faire le ciment ; on s'épargneroit beaucoup de peine & d'embarras.

En pénétrant dans la haute Alface par Rufach & Ifenheim, nous avons retrouvé des noyers, & nous avons reconnu dans cette plaine la même température que dans les plaines de Châlons en Champagne, quoiqu'il y ait trois degrés de latitude orientale de différence. Nous en avons ainfi jugé, parcequ'en très peu de temps nous avons vifité ces deux contrées où nous avons trouvé les mêmes productions au même degré de maturité ; quoiqu'elles foient plus tardives dans d'autres parties plus méridionales : ce qui vient des courants d'air déterminés par les montagnes.

Nous fommes entrés dans la gorge de Sainte-Marie dont les montagnes, compofées de rochers de granit, font très élevées, & fi ferrées, qu'à peine laiffent-elles en certains endroits le paffage au Leber, petite riviere qui traverfe Sainte-Marie, & fépare les provinces de Lorraine & d'Alface. Ces montagnes contiennent des mines très riches en différents métaux & autres minéraux. L'on y trouve des mines d'argent pur, de plomb riche d'argent, de cuivre, & de plomb tenant argent, de plomb feul, de cuivre de cobalt d'arfenic, de feret d'Efpagne & de fer, des cryftallifations de fpath, de quartz & métalliques d'une grande beauté.

Les mines de Sainte-Marie, quoique très riches, ne font pas traitées avec beaucoup d'activité. Il y en a cependant plufieurs ouvertes & en exercice. La premiere, qui eſt une mine de plomb, eſt ſituée au midi, au tiers de la hauteur de la montagne. La galerie eſt percée horiſontalement, mais avec pluſieurs ſinuoſités, ſur deux cents toiſes environ d'étendue, ſous environ trente-ſix toiſes de maſſif. Le filon eſt coupé à pluſieurs endroits par des branches qui ont été épuiſées, & par d'autres qui n'ont point encore été attaquées. La galerie a ſix pieds de hauteur ſur cinq pieds de largeur : l'on y reſpire facilement : l'on y trouve des cryſtalliſations de quartz hexaedres & de ſpath dodecaedre. Le plomb de cette mine contient quelques onces d'argent par quintal. Le filon a pour chapeau, & quelquefois pour compagnon, une mine de fer cryſtalliſée. Dans cette galerie, qui eſt très difficile à pratiquer à cauſe des différentes inclinaiſons du filon & de l'égoût des eaux, nous avons remarqué des ſuintements ferrugineux qui dépoſent ſur la roche vitreuſe, qui en forme les côtés, un ſédiment ochral, & au toît de la galerie des ſtalactites de fer minéraliſé, leſquelles par la ſuite des temps pourront remplir cette galerie d'un nouveau métal.

La mine d'argent ſe fouille dans la montagne oppoſée ſous différentes formes, & eſt différemment mélangée. Il y a du minerai qui eſt uni au plomb, au cuivre, à l'arſénic, au cobalt. Le filon a toujours le fer pour chapeau. L'on y trouve l'argent vierge en cryſtaux, en cheveux ; l'argent corné, la mine d'argent rouge, la mine d'argent griſe, & la galene. Cette mine eſt ouverte par trois galeries, une haute extérieure, une moyenne intérieure & une baſſe, ayant communication avec la haute extérieure par la moyenne. L'on y entre moins difficilement par la plus élevée, qui eſt percée à plus de moitié de la hauteur de la montagne, & eſt ſuivie horiſontalement ſur une ligne fort tortueuſe de deux cents vingt toiſes de longueur ſous cent toiſes de maſſif. Le filon, à cette profondeur, s'incline à différents endroits de cinquante à quatre-vingts degrés ; puis il s'enfonce perpendiculairement de cent pieds de

profondeur fur quinze à feize pieds de largeur & d'un pied
ou un pied & demi d'épaiſſeur. Nous ſommes deſcendus
par ce ſoupirail avec beaucoup de peine, comme font les
ramonneurs de cheminées, aidés cependant d'échelles perpendiculaires; mais nous nous froiſſions ſouvent les genoux
& le dos. Nous ſommes deſcendus à la moyenne galerie
& en avons reconnu diverſes autres anciennes qui ont été
percées pour épuiſer des rameaux du filon, & qui ſont actuellement impraticables. Après avoir parcouru environ
trente toiſes dans cette ſeconde galerie, l'on deſcend de
vingt pieds; puis un peu plus loin de douze pieds; & enfin après avoir ſuivi le filon ſur vingt toiſes de longueur
dans une attitude des plus pénibles, à cauſe de l'inclinaiſon de la percée qui ſuit le filon, on ſe rend à un puits
perpendiculaire où l'on jette tout le minerai que l'on a détaché des diverſes galeries adjacentes, pour le précipiter
dans la galerie inférieure, d'où on l'exporte avec les petits
charriots hors de l'intérieur de la montagne.

Ces voyages ſouterrains ſont très pénibles & effrayants
pour tous ceux qui n'ont pas le courage qu'inſpire le véritable deſir de s'inſtruire. Ces antres profonds forment le
ſanctuaire de la Nature. C'eſt là qu'elle rend ſes oracles.
Pour la conſulter il faut y pénétrer. Mais les puſillanimes
n'y ont point d'accès. Il faut pour parcourir ces ſentiers
tortueux & ténébreux, être muni d'une lampe garnie de
ſuif, d'un double chapeau ravalé, & d'habits qui puiſſent
garantir des eaux qui découlent des toîts des galeries. Ceux
dont ſe ſervent les mineurs, & leur tablier clunaire, ſont
très propres pour pratiquer ces minieres.

Le minerai, détaché par le moyen de la poudre, mêlé
confuſément avec les déblais, eſt conduit hors de la galerie avec les charriots, comme à Body; enſuite tranſporté
avec des voitures ſous les hangards où ſont les bocards.
Là on fait un triage. Le minerai pur eſt ſéparé pour être
rôti & fondu ſans être pilé ni lavé. Tous les autres morceaux ſont viſités, caſſés à la main ſur un tas avec un mar-

teau de fer ; les plus gros morceaux font paſſés fous les bocards, & enſuite reçoivent le lavage, les autres préparations & la fonte. Il rend depuis fept juſqu'à neuf onces de
fin par quintal. Il s'attache au couvercle du fourneau à purifier l'argent, une matiere blanche arſénicale dont on ſe
ſert dans le pays pour faire mourir les rats.

La mine de cuivre ſe traite à Sainte-Marie par grillage,
fondage & purification. Lorſque le cuivre eſt purifié par
une refonte, on le fait couler dans une eſpece de jatte pour
former le pain de roſette. Les mines de cuivre ſont en
priſmes feuilletés, en maſſes jaunes & en verdet.

Les mines de plomb de Sainte-Marie ſont auſſi de différentes eſpeces. Il y en a de cubiques, de feuilletées, de
vertes cryſtalliſées, de blanches & de violettes.

Les mines de fer, qui ſervent de chapeau à tous les filons
des mines de Sainte-Marie, ſont en houppes, en mamelons, en feret d'Eſpagne, en hématites, en ſtalactites, en
herboriſations, en incruſtations & en grappes ; quelques-
unes ſont adhérentes à la roche ſous le filon, & lui ſervent de ſalbande, même de cadre.

J'ai trouvé dans les ravins des montagnes de Sainte-Marie, à des hauteurs conſidérables, des laves de volcans de
différentes eſpeces, des granits contenant du mica noir
participant du fer & de la blende, du gris, du blanc, du
rouge, du verd, du violet & du brun. Ces granits compoſent en partie les dehors, & la roche vitreuſe l'intérieur de toutes ces montagnes, juſqu'à S. Diey, où elles
commencent à diminuer conſidérablement en maſſe & en
hauteur. L'empiétement des côteaux au midi de cette ville,
eſt compoſé d'une terre rouge délayable ; & la plaine de la
riviere de Meurtre, qui y paſſe, eſt fort ſablonneuſe.

En ſortant de Raon-l'Etape, où finiſſent les montagnes avant d'arriver à Baccarat, l'on apperçoit ſur la droite
des rochers antiques, giſſés en couches horiſontales, rongés par le frottement des vagues des eaux, ce qui prouve
qu'ils ont fait autrefois partie des falaiſes de la mer, lorſ-

qu'elle couvroit le pays, & que les montagnes citérieures formoient les rochers & les isles de cette partie de mer. Des circonstances bien frappantes viennent à l'appui de ces conjectures; c'est que dans toutes les montagnes dont j'ai parlé, je n'ai point trouvé de coquilles ni de pétrifications, si ce n'est dans un ravin très profond de Sainte-Marie, où j'ai trouvé une pierre pyriteuse, pêtrie d'entroques & de bélemnites; qu'à S. Diey l'on commence seulement à appercevoir des masses de terre dans l'empiétement des montagnes; que dans la vallée où sont situées les villes de S. Diey, Raon, Baccarat & Luneville, & dans les monticules adjacentes, on trouve une quantité prodigieuse de graves de mer en cailloux roulés d'une grosseur considérable, & des sables qui ont été le jouet des fluctuations des eaux, ainsi que nous en avons remarqué dans la plaine de S. Loup, les environs de Luxeuil, de Bains, & dans tous les cantons adjacents.

J'ai vu employer à la Verrerie de Baccarat, pour la composition d'un verre d'une belle eau & d'une bonne qualité, un sable très fin & très blanc, qui m'a paru être lui-même un verre atténué, qui a été autrefois préparé par la Nature en grandes masses compactes dans le sein des montagnes, brisé ensuite par des crises, atténué par des frottements, amoncelé par des fluctuations, & contenu dans des dépôts.

L'intérieur des fours de cette Verrerie est construit avec des briques composées d'une terre blanche qui se tire du territoire de Briele, près de Troyes en Champagne. Cette terre, mêlée avec du sable blanc, prend une semi-vitrification comme la porcelaine, & résiste puissamment au feu. Les pots à verre sont composés avec la même terre, mais préparés avec plus de précautions. Les vieux pots, ainsi que les briques qui proviennent de la démolition des fours, sont pilés sous une meule verticale pour rentrer dans les compositions nouvelles.

Nous avons vu dans cette Verrerie une manœuvre bien
abusive,

abufive; ce font des fours uniquement occupés à fécher du bois, & dans lefquels on en confomme une cinquieme partie pour fécher les quatre autres, tandis qu'il y a tant d'efpace fur les fours pour en faire fécher immenfément fans confommation.

L'on a conftruit nouvellement à Azerailles un fourneau & un martinet. L'on y traite deux efpeces de mines quartzeufes; l'une en feve, & l'autre en roche, qui donnent un foible produit, parceque ces mines font mal préparées. L'Entrepreneur ne connoît pas les premiers éléments des forges.

Réfumé des principales Obfervations contenues en ce Mémoire.

J'AI fupprimé dans ce Mémoire la defcription des lieux & des travaux des mines d'une infinité de Manufactures, & toute la partie géographique qui n'avoit point de trait à mon but, ainfi que la partie de mon voyage dans la plaine d'Alface, ne voulant pas rompre la chaîne des montagnes des Vôges Lorraines, Francomtoifes & Alfaciennes, que j'ai quittée en rentrant dans la Lorraine Françoife. Il eft néceffaire actuellement de réfumer les principaux faits contenus en ce Mémoire, de rapprocher mes obfervations, & de terminer, par l'expofition des idées qu'elles m'ont fait naître, par les réflexions qui en font des fuites, & par les conjectures que j'en ai tirées.

J'ai obfervé, 1°. que toute la vallée de Marne, depuis Bayard jufqu'à Chaumont, étoit bornée par des côteaux dont le maffif étoit compofé de pierres calcaires formées par dépôt en couches horifontales; que le parallélifme de ces couches étoit interrompu, particuliérement près de Joinville, par une cataftrophe qui avoit caufé un affondrement qui avoit précipité le maffif du côteau, & qui fembloit annoncer des charbons de terre. Je dois ajouter que depuis

Bayard, en defcendant la Marne, jufques vers Château-Thiery où commencent les grès, les maffifs des côteaux font auffi calcaires, même cretacés.

2°. Qu'en tirant fur la gauche à l'Eft vers les fources de la Meufe, les pierres font pyriteufes & pêtries de coquilles. En général, le paffage des terres calcaires aux apyres eft toujours une pierre fufible, telle le filex ou la pyrite. Au levant de la Champagne, c'eft la pyrite; & à l'extrémité de la province, au couchant, c'eft le filex.

3°. Qu'à Bourbonne & fes environs, le fyftême général des pierres & des eaux participe d'un principe féléniteux qui y forme différentes couches de félénite pure & d'alabaftrite; que les eaux chaudes de cet endroit pouffent réguliérement des bulles d'air qui foulevent les eaux & crevent avec bruit dans des efpaces périodiques de temps de cinq minutes de durée. J'ai donné le poids & la chaleur fpécifique de ces eaux, ainfi que les produits de leur analyfe.

4°. Qu'en fuivant du côté de Bains, on trouve beaucoup de grès homogenes, de grès talqueux, mêlés de plantes pétrifiées; des cailloux roulés quartzeux.

5°. Qu'en tirant à Plombieres, & en gagnant enfuite les montagnes, on commence à rencontrer les granits & les roches vitreufes.

6°. Que les eaux de toutes les rivieres qui coulent des montagnes, à une lieue defquelles font fitués les Thermes de Bourbonne, Bains, Luxeuil & Plombieres, font d'une couleur rouffe ou rembrunie.

7°. Que les rochers qui compofent la charpente des hautes montagnes, foit de granits foit de roche fondue, n'ont aucune pofition réguliere; que leurs maffes énormes n'obfervent aucune correfpondance avec l'horifon; que ces pierres fe brifent en tous fens; que les fentes qui les traverfent dans toutes fortes de directions, font ou l'effet de la retraite de la matiere fondue en fe réfroidiffant, ou des fractures occafionnées par des fecouffes violentes, comme par des tremblements de terre.

8°. Que les matieres minérales qui remplissent les fentes des rochers y sont comme ayant été fondues, elles s'y trouvent aussi en forme de dépôt ou cryftallisées.

9°. Que les métaux ne sont point seuls dans leurs minieres, puisque le cuivre, le plomb, l'argent, le fer, l'arsénic, le cobalt, sont souvent confondus; tantôt ils sont minéralisés, tantôt diffous & cryftallisés; enfin sous leur forme métallique, tels que l'argent & le cuivre.

10°. Que les granits contiennent des micas qui sont teints des couleurs qui appartiennent aux subftances métalliques dont les mines sont dans les environs.

11°. Enfin que les eaux qui diftillent dans les galeries des mines de haut en bas, soit par le toît, soit par les parties latérales, forment souvent des courants confidérables; qu'en général ces eaux abondent plus après des temps de pluies qu'après les fécheresses, & ce sous cent & deux cents toises de maffif.

D'après le résumé de ces observations, je pense que la vallée de la Marne & les parties limitrophes jufqu'à l'empiétement des hautes montagnes, ont été long-temps couvertes par les eaux de la mer qui y ont dépofé successivement leur limon, qui a compofé les bancs de pierre calcaires de différente épaiffeur & qualité; qu'en tirant du côté de Nogent & Montigny-le-Roi, vers les sources de la Meufe, les nombreux coquillages que l'on y rencontre annoncent une grande deftruction d'animaux dont la partie muqueufe s'étant développée & changée en acide, s'eft jointe à la partie phlogiftique, d'où il eft réfulté une combinaifon fulfureufe qui a déterminé la formation des pyrites; que ces pyrites, en fe décompofant dans des terres calcaires mêlées de parties vitrefcibles très atténuées, ont formé le gyps que l'on trouve à Bourbonne & dans les environs; que les grès que l'on rencontre en fuivant font le produit des roches fondues qui ont été brifées & amoncelées, enfuite réunies en des maffes folides & dures, par la pénétration de l'eau qui charioit des par-

ticules de cette même fubftance très atténuée, même diffoute ; que les granits micacés font des fragments de quartz
brifé, qui ont été entraînés confufément avec des particules talqueufes, colorés par les métaux dont ils ont été
extraits par la fufion ; peut-être même ces micas talqueux
contiennent-ils des parties élémentaires de ces mêmes métaux, telle la limaille de nos fourneaux à fer, qui eft un
micas noir ferrugineux ; que les roches vitreufes de diverfes couleurs ne font que des matieres vitrifiées par le feu des
Volcans qui a opéré, foit la métallifation de diverfes fubftances métalliques qui étoient unies confufément aux matieres de la compofition de ces roches, foit feulement une fufion de plufieurs fubftances métalliques de différentes efpeces
combinées, lefquelles fe font rapprochées fuivant leur affinité
& leur rapport refpeêtif, & fe font logées dans les intervalles que la matiere en ébullition leur a permis d'occuper ;
que le fer occupe toujours la partie fupérieure des filons des
mines métalliques, parcequ'il eft décompofé & formé, à
proprement dire, la fcorie de cette fufion fouterraine, laquelle fcorie, tant par le rapport du poids fpécifique du fer
avec les autres métaux, que par la raréfaêtion de la fubftance fcorifiée, devient plus légere ; enfin que la fubftance,
que l'on appelle roche pourie, eft formée par des matieres
qui n'ont point fubi la vitrification dans le temps de la crife
générale & locale.

J'ai remarqué que toutes les direêtions que prennent les
filons métalliques dans les entrailles de la terre, étant une
fuite des opérations du feu, font imitées par nos fourneaux de fonderies des forges. Le loup, ou cette maffe
de matieres vitrifiées & métalliques, dont j'ai donné la defcription dans le *Mémoire fur l'Amiante ferrugineux*, eft
une des preuves de ce que j'avance, preuves mille & mille
fois répétées, c'eft-à-dire, toutes les fois que l'on veut jetter
les yeux fur ces fortes de maffes qui réfultent de la vitrification des matieres employées à faire le creufet des fourneaux de fonderies, dans lefquelles on diftingue une ma-

tiere vitreufe, brune, jaune, blanche ou verdâtre, qui eft
ou tranfparente ou opaque, fe brifant en tous fens fans affecter de forme réguliere, & qui eft abfolument analogue
à ces roches vitreufes qui enveloppent les métaux dans le
fein des montagnes.

Dans ces maffes qui fe trouvent au fond des fourneaux
à fer après un fondage d'une certaine durée, fur-tout fi
on a employé, pour faire le creufet, un fable fufible mêlé
d'argille, on trouve comme dans le maffif des montagnes,
tantôt une couche horifontale de métal, tantôt un bouillon qui n'a de communication avec un autre que par un
filet délié, ou par une feuille très mince. Ici le fer eft
logé dans les fentes de cette matiere vitreufe, fans obferver d'autre direction que celle que le hafard ou les circonftances ont déterminée. Toutes ces obfervations particulieres me déterminent à croire, que toute cette chaîne de
montagnes, qui renferment dans leur fein tant de filons de
mines métalliques, ont été embrafées par des volcans; ce
qui eft attefté par les laves que j'ai trouvées dans les ravins
élevés des montagnes de Sainte Marie, & par la fubftance
vitreufe des roches; que ces volcans font de l'antiquité la
plus reculée; que la mer a fuccédé à leur embrafement, &
en couvrant ces contrées d'un élément plus puiffant que le
feu par fon volume, a fait ceffer la plus grande partie de l'embrafement; que le principe qui a allumé ces volcans dans
leur origine n'étant pas détruit radicalement, il fubfifte encore dans la bafe de ces montagnes un foyer qui communique fa chaleur à des eaux fouterraines qui filtrent dans
fon voifinage, principe qui eft celui de la chaleur des Thermes de Bourbonne, de Bains, de Luxeuil, de Plombieres &
de Chaude Fontaine, au-deffus de Remiremont.

L'on ne peut douter que la couleur rouffe qui s'obferve
conftamment dans les eaux de toutes les rivieres qui circu-
lent autour de ces eaux chaudes, a pour caufe des mines de
charbon de terre, délayées dans les fources de ces rivieres
qui ne tiennent point leur couleur de la réflexion de celle

des fubftances qui compofent leur lit & leurs bords, ni des matieres qu'elles charient dans leur débordement; car elles confervent conftamment cette couleur, lorfqu'elles font les plus limpides & puifées dans des vafes fans couleur. Ce font fans doute ces mines de charbon dont plufieurs branches paroiffent au dehors de la terre près de Luxeuil, & de Befort, qui alimentent le foyer de ces eaux.

Je fuis perfuadé que le fyftême qui admet des courants d'eaux chaudes, circulant comme des zônes dans l'intérieur de la terre, eft démontré faux par la pofition de tous les Thermes de l'Europe, qui fuivent plutôt le giffement des chaînes des montagnes, qu'une direction réguliere. C'eft une erreur groffiere d'affurer que les eaux des pluies ne pénetrent pas plus de trois pieds de profondeur dans l'intérieur de la terre, & qu'en conféquence les fources des fontaines ne proviennent point des eaux pluviales qui s'amaffent dans les cavernes des montagnes; qu'aucontraire les fources ont pour principe des eaux élémentaires de l'effence de la compofition du globe, renfermées dans l'intérieur de la terre, lefquelles font pouffées à fa furface par une force centrifuge imprimée ou par la chaleur centrale, ou par le mouvement de rotation. Pour détruire ce fentiment, qui a encore quelques partifans, il fuffit de faire quelques voyages dans l'intérieur de la terre; l'on y voit des fuintements & des courants d'eau qui fe précipitent de la furface du globe, & y remontent par les loix de l'hydroftatique; courants qui ne font formés que par les eaux pluviales & par les neiges fondues qui, filtrant à travers les premieres couches de la terre, s'infinuent dans les fentes des rochers, & fe raffemblent dans des cavernes fouvent immenfes. J'en ai parcouru d'une demi-lieue d'étendue, dont le plafond, formé par des bancs de rochers énormes, inclinés les uns fur les autres, transfudoient continuement une eau limpide-fpathique dont la partie pierreufe fe congeloit en cryftallifations magnifiques; & les portions, purement aqueufes, fe rendoient dans un antre profond, comme dans un magafin immenfe qui fournit fans doute plufieurs fources dans les vallées voifines.

J'ai remarqué en général que fur les montagnes, les angles de toutes les productions font plus aigus que de celles des plaines où les formes s'arrondiffent. Les hommes montagnards ont les traits faillants, prononcés fortement ; les mufcles marqués, la peau épaiffe, grenue, le tein brun ; leurs femmes font fveltes ; elles ont les membres grêles, les os des épaules, du menton, des pomettes & des hanches, faillants. Les feuilles des arbres & des plantes des montagnes font plus découpées que celles qui croiffent dans les vallées profondes & les plaines. En général toutes les parties extérieures des productions des montagnes tendent à former des angles, tandis que dans les plaines elles concourent à former des arcs ; parceque les angles s'émouffent.

Je finis par des réflexions fur les avantages que l'on retire de la fréquentation des montagnes.

A mefure que l'on s'éleve fur le rempant des montagnes, & que l'on gagne la cime de ces grouppes immenfes de rochers qui atteftent l'antique exiftence de la terre, & femblent élever leur tête orgueilleufe dans la haute région des airs, on fent fon ame s'aggrandir par la contemplation de la Nature qui fe multiplie fous nos yeux : avide de fcruter toutes les merveilles que l'on découvre, on devient malgré foi Aftronome, Géographe & Naturalifte. Le Ciel, entiérement découvert, déploie de toute part le fpectacle majeftueux de tous les corps céleftes, dont la vive lumiere embellit les objets qu'elle frappe, & nous en tranfmet l'idée par un fentiment dont elle eft le principe ; leur marche conftante & leur révolution périodique, en divifant les parties du temps, reglent le cours de nos opérations. Elevé fur ces colonnes de l'Univers, l'on découvre l'hémifphere prefque entier, comme une famille immenfe compofée de Villes, de Bourgs & d'une multitude de lieux habités que l'on réunit fous un point de vue enchanteur. L'on juge la fituation de ces fociétés, l'on diftingue leur diftance fictive, réelle & refpective, leur alignement & leur correfpondance. De toute part l'on entend jaillir des fources qui forment ici

des cataractes qui précipitent leurs ondes écumeuses & fu
mantes du haut des roches dans des antres si profonds
qu'une partie est repompée par l'air avant que le reste de
leur colonne ait achevé sa chûte ; là ce sont des cascade
qui semblent animer les rochers par les mouvements accé
lérés de leur course entrecoupée , & par le bruit de leur
eaux, répété mille fois par des échos éternels. Ces eaux
se réunissent pour former des lacs, des rivieres, des fleuve
distribués sur la surface de la terre pour perpétuer sa fécondité & fournir à nos besoins. La Nature déploie à no
yeux ses richesses aussi variées qu'inépuisables ; elle est toujours prête à nous initier dans ses mysteres, lorsque nous la
consultons avec circonspection, & que nous l'écoutons avec
attention & sans prévention.

Qui est l'homme, lorsqu'il est parvenu sur le sommet
d'une très haute montagne, qui ne sent pas tout à coup s'é-
vanouir, la fatigue telle qu'elle puisse être, qu'il a ressentie
pendant la route pénible qu'il a fallu gravir pour y arriver ?
Au spectacle magnifique qui se présente, il reste immobile ;
toutes ses facultés intellectuelles sont suspendues, & il ne
sort de cet engourdissement que par l'effet de l'enthousiasme
qui naît de l'impression que le sublime fait toujours sur les
ames sensibles ; alors il réveille tous ses organes, développe
toutes ses facultés, & leur service est toujours au-dessous de
ses desirs.

L'homme, foible molécule organisée, lorsque suspendu,
pour ainsi dire, entre le ciel & la terre, sur la pointe escar-
pée d'un rocher, il contemple une partie de l'Univers,
l'homme, dis-je, sent alors toute l'importance & la digni-
té de son état, & le néant de son individu ; il est persuadé
que toutes les choses qu'il découvre au loin & au-dessous
de lui, sont de son domaine ; il ne desire rien, parcequ'il
ressent le plaisir de la domination & de la propriété : il voit
l'orage se former sous ses pieds, la foudre briser les nues
qui obscurcissent & inondent les plaines, & y portent la
frayeur, la mort & la désolation, tandis qu'il jouit de la
sérénité

férénité d'une lumiere pure, & que les vents temperent l'ardeur des rayons du foleil qui prolonge fon cours pour augmenter la durée de fa jouiſſance & de fa fatisfaction.

C'eſt fur les montagnes, que doivent habiter les Phyſiciens, les Poetes, les Peintres, les Muſiciens, les Légiſlateurs, enfin tous ceux dont les productions émanent du génie, & qui doivent exprimer fortement les choſes; ou du moins ils doivent les fréquenter fouvent, pour en rapporter le feu du génie, le germe des talents, & des connoiſſances utiles.

OBSERVATION

SUR LA VIPERE.

Sous les climats brûlants de l'Afrique & de l'Amérique, la classe des serpents est aussi nombreuse qu'elle est redoutable par la force, la voracité & le venin mortel de leurs différentes especes. Sous le Ciel tempéré de l'Europe, nous n'en connoissons que quatre sortes, qui sont la vipere ordinaire, l'aspic des Modernes, l'orvet & la couleuvre. La seule vipere est venimeuse, encore n'emploie-t-elle ses armes offensives que pour saisir la proie nécessaire à sa nourriture, & pour défendre son existence. L'aspic est méchant pour défendre sa vie & sa liberté; il mord à plusieurs reprises jusqu'au sang celui qui veut la lui ravir; mais il n'injecte dans les blessures qu'il fait, aucune liqueur dangereuse; il ne résulte jamais de sa morsure plus grand mal que celui d'une piquure d'épingle. L'orvet est un joli petit serpent qui ne peut mordre, parcequ'à peine ses dents surpassent ses gencives; qu'il a la gueule très petite; qu'il est d'une humeur douce & susceptible d'être apprivoisé. La couleuvre mord rarement; encore plus rarement peut-elle blesser jusqu'au sang, parceque ses dents sont très petites & recourbées en arriere.

La terreur qu'inspire la seule idée de ces reptiles, n'est donc pas fondée; elle ne prend sa source que dans le vice d'une mauvaise éducation qui inspire des préjugés, & fomente des erreurs dont l'homme est si souvent le jouet & la victime. Nous pouvons, par notre propre expérience, rassurer les esprits prévenus sur les prétendus risques que l'on court en s'approchant de ces serpents, particuliérement l'aspic, l'orvet & la couleuvre, & indiquer un remede prompt & assuré, que l'on peut se procurer soi-même dans le cas où l'on seroit mordu par une vipere dans l'instant de l'accident.

L'afpic que nous connoiſſons n'eſt pas probablement celui des Anciens, qui étoit ſi redoutable. Les deſcriptions que l'on nous en a laiſſées ne conviennent point à l'eſpece de notre climat. Celui qui ſe rencontre ſur nos côteaux & ſur nos montagnes eſt grêle, de dix-huit à vingt pouces de longueur, d'environ dix lignes de diametre, d'une couleur griſe verdâtre, plus uniforme que celle de la vipere & de la couleuvre, quoique légérement tiĉtée de points rembrunis. J'en ai attrapé pluſieurs, & en ai été mordu plus de dix fois, même juſqu'au ſang, ſans que la plaie m'ait cauſé d'autre douleur que celle d'une piquure d'épingle; elle n'a jamais été ſuivie d'enflure locale, & s'eſt guérie ſans aucun topique. C'eſt donc inutilement qu'un Curé, dans les papiers publics, a publié un remede ſpécifique contre la morſure de ce ſerpent. Et peut-être ce Paſteur ne connoît-il ni la vertu du remede, ni l'aſpic; c'eſt entretenir mal-à-propos le public prévenu & inſtruit, dans l'idée d'un mal qui n'exiſte pas, en lui indiquant un remede pour le guérir.

L'orvet ou orvert, ou ſerpent aveugle, eſt ſi doux qu'il carreſſe celui qui l'attrappe; il le leche avec ſa langue à trois filets; il s'entortille autour de ſa main; & ſi on le force dans ſes replis, il ſe caſſe net; il eſt ordinairement de neuf à douze pouces de longueur, de ſept à huit lignes de diametre, de forme preſque cylindrique, ayant la tête peu dégagée du reſte du corps, les yeux petits, mais très clairvoyants, quoiqu'il ait été appellé aveugle par ceux qui ne ſe donnent pas la peine d'examiner les choſes; car quoique bien moins volumineux que la taupe à tous égards, il a les yeux auſſi grands; ſa robe eſt de couleur vineuſe, tiquetée de gris & de blanc, moins foncée ſous le ventre que ſur le dos, comme tous les ſerpents; ſa queue eſt obtuſe, & l'on en trouve beaucoup qui l'ont tronquée, parcequ'ils en ont perdu une partie. Il n'eſt point de fable que le menu peuple n'ait débitée gratuitement ſur ce joli petit ſerpent, juſqu'à dire qu'il eſt capable de déſarçonner un cavalier quoiqu'il ſoit aveugle. Il faut être ſoi-même bien aveugle pour ſe

G gg ij

repaître de pareilles chimeres. J'ai fait ce que j'ai pû pour me faire mordre par l'orvet, jamais je n'y ai réuſſi.

La couleuvre eſt le plus gros de nos ſerpents d'Europe. J'en ai vu qui avoient juſqu'à cinq pieds de longueur, & un pouce & demi de diametre; elles fuient devant l'homme en ſiflant; toutes traverſent les rivieres, ayant la tête élevée en formant des ſpires multipliés avec leur corps; cependant il y en a qui habitent plus particuliérement les eaux. J'en ai trouvé qui dormoient dans un ruiſſeau clair au ſoleil ſous un pied d'eau, & les en ai tirées à la main. Elles ſe plaiſent beaucoup dans les endroits humides & chauds; elles ſont très communes dans les forges à fer; elles ſe fourrent dans les paillaſſes des couchetes des ouvriers, en ſortent pour dormir à côté d'eux ou ſur eux-mêmes, montent ſur les toitures des halles, nichent près des foyers. En détruiſant un pont conſtruit en bois, recouvert de beaucoup de terre près d'une affinerie, j'ai trouvé, dans le printemps, plus de quinze cents œufs de couleuvre, attachés les uns aux autres par pelottons : j'en ai trouvé une pareille quantité dans un remblais du terre-plein d'un fourneau, entre la bure & les batailles. Quoique l'habitude de voir fréquemment ces reptiles aguériſſe quelques-uns de nos ouvriers, pluſieurs en ont de grande frayeur, & les font rôtir quand ils en peuvent attrapper; cependant la grande facilité avec laquelle ils voient que je ſaiſis les couleuvres vivantes, en en prenant pluſieurs à la fois, les familiariſe avec ces reptiles, & les guérit d'une peur qui eſt toujours une maladie qui peut avoir des ſuites, quoiqu'elle ne ſoit pas fondée. Je me ſuis fait mordre cent & cent fois par de groſſes couleuvres, ſans qu'il ſoit ſorti du ſang, & que j'en ai ſouffert le moindre mal. Les couleuvres à collier, dans le printemps & l'automne, répandent une odeur ſi forte & ſi déſagréable, qu'elles ſe font ſentir à trente pas à la ronde. On devroit faire la chaſſe aux couleuvres pour les manger; car lorſqu'elles ſont cuites en matelotte, elles font un mets qui n'eſt point déſagréable & qui eſt ſain.

La vipere eſt un ſerpent de moyenne grandeur; il en eſt peu qui ſurpaſſent vingt-quatre à trente pouces de longueur & un pouce de diametre. Comme leur morſure peut avoir des ſuites dangereuſes, il faut les connoître pour les diſtinguer des autres ſerpents, & ſavoir quels ſont les remedes les plus ſimples, les plus faciles & les plus prompts à adminiſtrer pour guérir ſa morſure. La vipere ſe diſtingue de la couleuvre & des autres ſerpents, en ce qu'elle eſt plus courte que la couleuvre, plus ramaſſée, qu'elle a la queue plus pointue, & le bout du muſeau tronqué & relevé; que ſon corps eſt chamaré de taches qui ſont diſpoſées en chevrons briſés, bien plus rembrunies que le fond de la couleur de leur robe, qui eſt quelquefois blanchâtre, plus ordinairement d'un gris verd ſombre rembruni.

La vipere rarement mord l'homme qui l'apperçoit, car elle fuit. J'ai vu un homme en apporter trois groſſes dans ſes mains nues à la maiſon; il les remit à une perſonne qui les reçut de même, & les tint très long-temps juſqu'à ce que j'arrivaſſe. J'avoue que je fus ſaiſi d'effroi lors que j'apperçus ces viperes, reſpectant, pour ainſi dire, l'imprudente confiance de ceux qui leur prodiguoient des careſſes; & j'eus beſoin de toute la prudence poſſible pour ne pas faire appercevoir d'un côté le danger, & de l'autre pour ne pas le rendre effectif.

J'ai fait, pendant deux ans, une exploitation dans un bois ſitué ſur le pendant d'un côteau élevé, expoſé au midi près de Joinville en Champagne. Il y avoit dans le côteau une ſi grande quantité de viperes, que j'en ai vu ſortir pluſieurs fois trois & quatre, des braſſées de bois à charbon, que le charbonnier prenoit dans les cordes pour le poſer dans ſa brouette. Aucun ouvrier, employé à l'exploitation de ce bois, ni leurs chiens, n'ont eu aucun accident.

Il ne faut pas conclure de ces faits que les viperes de ces cantons ne ſont pas venimeuſes; car j'ai fait des expériences ſur des chiens qui m'ont prouvé qu'étant irritées, elles mordoient, & que leurs morſures ont eu les ſuites les plus tragiques & les plus complettes.

La vipere emploie particuliérement fes armes & fon venin pour faire mourir la proie qu'elle eft obligée de chaffer pour fa fubfiftance. J'ai vu dans un bois, fur une place
à fourneau, une vipere s'élancer fur un oifeau (le pinçon,
fringilla), le faifir par la tête. Dans l'inftant je tuai la vipere, en la coupant avec une hachette; mais l'oifeau étoit
déja mort; la vipere lui avoit paffé fes deux dents à crochet
par les yeux. S'il paroît étonnant qu'un oifeau qui a tant
d'avantage pour s'élever rapidement dans les airs, pour fe
fouftraire à la pourfuite d'un reptile qui ne peut quitter la
terre, en devienne la proie, il doit l'être encore plus de voir
un poiffon, une anguille, pourfuivre & faifir un oifeau. J'ai
trouvé dans le ventre d'une un martin - pêcheur qui a le vol
affez rapide; mais apparemment que l'anguille l'avoit guetté
au moment où cet oifeau vole à la furface de l'eau pour pêcher les petits poiffons qui s'élevent quelquefois hors de l'eau.

J'ai vu une petite vipere attraper une fouris pefant un
tiers plus qu'elle. Je faifis les deux petits animaux par le
bout de la queue, & j'effayai inutilement de les féparer; la
fouris mourut, & la petite vipere ne lâcha pas prife.

Lorfque la vipere eft chaffée, & qu'elle ne peut échapper
aux pourfuites qu'on lui fait, fur-tout fi elle fe fent bleffée,
alors elle entre en colere, & fe jette fur fon ennemi, lui
imprime une morfure profonde, dans laquelle elle diftille
un venin d'autant plus terrible, que le fujet qui le reçoit a
les fibres & le fyftême nerveux irritable, & le fang difpofé
à la coagulation.

Si le féjour de la campagne eft favorable à l'Obfervateur
qui veut fe livrer à de profondes méditations, il lui offre, dans
l'économie ruftique, des occafions de diffipations utiles &
néceffaires pour relâcher, de temps en temps, les fibres tendues par une étude trop continuelle. J'allai un jour, en 1757,
vifiter mes moiffonneurs, & partager la gaieté qu'infpire
une bonne récolte : c'étoit fur le plat d'un côteau bordé d'un
côté par un bofquet, & d'un autre par un terrein inculte
où il croît des génievres. J'excitai les jeunes gens de la

Bande à me régaler de quelques chanfons champêtres : bientôt le chœur ceffa, & je vis s'élever du trouble dans le centre. J'y courus : c'étoit une vipere qui, en s'échappant de deffous la faucille, avoit effrayé deux jeunes payfannes, defquelles une l'avoit voulu tuer avec fon fabot. Je tâchai de faifir la vipere près de la tête ; mais elle s'élança fur ma main, & me mordit fortement.

Le crochet droit de la mâchoire fupérieure de la vipere me fit à nud une ponction perpendiculaire de deux lignes de profondeur dans le milieu de la feconde phalange de l'index de la main droite du côté du pouce : il en fortit fur le champ du fang abondamment. La nature du reptile, & les fuites fâcheufes que fa morfure pouvoit avoir, me firent faire dans l'inftant mille réflexions. Ifolé dans la campagne, je me décidai à faire une ligature au bas du doigt avec un brin de paille d'avoine, qui fut la premiere chofe qui s'offrit. Je fuçai la plaie fortement, appuyant de part & d'autre avec les dents incifives pour exprimer tout le fang & la lymphe, efpérant qu'ils ferviroient de véhicule pour poufler au dehors le venin. De retour à la maifon, je renouvellai la ligature avec un fil de foie. Le fang extravafé dans la piquure m'en fit connoître la fituation. Je fis de bas en haut, avec la pointe d'une lancette, une légere incifion pour dilater la plaie, & faciliter l'iffue des humeurs. Il s'étoit élevé, à la partie fupérieure du doigt, deux ampoulles, telles celles qu'occafionne l'application des cantharides. Je les ouvris ; il en fortit une eau rouffe : je fentis auffi des bouilles à la partie antérieure de la voûte du palais : elles étoienr, de même que celles du doigt, l'effet de la forte fuccion, & non du venin de la vipere. Comme dans ma petite pharmacie je ne trouvai plus d'alkali d'aucune efpece, j'appliquai fur la plaie de la cendre ; je l'y laiffai contenue avec un linge pendant le temps de mon dîner ; la douleur du palais fe paffa en mangeant, parceque la maftication des aliments creverent les bouilles. J'eus, pendant le refte du jour, la tête embarraffée ; mais fentant qu'il ne furvenoit aucun accident, je lavai la plaie,

& ne mis plus deſſus aucune choſe : elle s'eſt réunie ſans aucun topique.

Je me ſervis de cendres, n'ayant pas ſous la main aucune autre matiere qui contînt de l'alkali fixe, & avec d'autant plus de confiance que la lymphe animale volatiliſe l'alkali fixe; que le venin de la vipere eſt une eſpece d'acide qui coagule; & que les alkalis, ſur-tout le volatil, parcequ'il eſt plus pénétrant que le fixe, eſt un ſpécifique aſſuré contre l'effet du venin de la vipere, & les accidents de ſa morſure. J'en avois acquis une connoiſſance théori-pratique, par les nombreuſes expériences que j'avois faites en 1745, ſur un homme qui avoit été mordu à la jambe, & en 1743 & 1744, ſur plus de vingt chiens que j'avois ſoumis à des expériences déciſives qui prouvoient que le venin agiſſoit très promptement, leur cauſoit des ſtupeurs, des vomiſſements, des abcès qu'ils rendoient par les narrines, des convulſions, & enfin la mort ſi on ne leur donnoit aucuns ſecours; que ſi on mettoit un intervalle entre la morſure & le remede qui étoit l'alkali volatil en liqueur pure ou unie à l'huile de ſuccin dans l'eau de Luce, les accidents s'aggravoient; que ſi dans l'inſtant on leur verſoit ſur la plaie de l'eau de Luce, & qu'on leur en fit prendre intérieurement à pluſieurs repriſes, il ne leur arrivoit ſouvent aucun accident.

J'ai vu des hypochondriaques, des gens vaporeux mordus par des viperes, & malgré des ſecours prompts & bien adminiſtrés, en reſſentir des accidents très graves qui les ont réduits aux dernieres extrémités. Je crois que s'ils avoient eu le courage (quoiqu'il en faille bien peu) de ſucer leurs plaies fortement, le venin de la vipere n'auroit pas eu le temps de communiquer à la maſſe du ſang, d'y porter l'épaiſſiſſement & le trouble dans tout le ſyſtême nerveux. Ce remede, ſi ſimple, ſi facile à s'adminiſtrer, ou par ſoi, ou par d'autres lorſque la bouche ne peut ſe porter ſur la partie offenſée, eſt un remede des plus ſûrs & du plus grand effet. La dilatation de la plaie n'eſt peut-être pas indiſpenſable : elle peut être utile; & ceux qui n'ont point de lancette, ont

des

des canifs, des cifeaux, des aiguilles avec lefquelles on peut faire la même opération; par-tout il y a de la cendre, qui, peut-être non plus, n'eft pas néceffaire après une forte fuccion. Il n'eft donc perfonne qui ne puiffe éviter les fuites fâcheufes de la morfure de la vipere.

Comme tous les animaux, & en général comme toutes les productions de la Nature, la vipere eft fujette à produire des monftres : j'ai vu une jeune vipere de huit pouces de longueur, qui avoit une feule queue d'où fortoit deux corps ayant chacun une tête; le tout étoit bien conformé & bien proportionné. La queue feulement étoit un peu plus forte à la jonction des deux troncs.

L'on fait combien les efprits animaux de la vipere confervent une efpece de vie après la féparation de la tête du refte du corps. J'ai vu des têtes enfilées avoir encore, après vingt-quatre heures de féparation, le mouvement d'ofcillation de la mâchoire, & mordre les corps qu'on leur préfentoit.

La vipere tire fon nom, qu'elle a commun avec beaucoup d'autres ferpents, tel le boccininga, de ce que, comme eux, elle produit fes petits vivants. J'en ai beaucoup ouvert de pleines : je n'ai jamais trouvé plus de quinze vipereaux dans leur ventre; cependant on dit que la vipere en porte jufqu'à trente.

H hh

MÉMOIRE

D'ARTILLERIE,

SUR UNE NOUVELLE FABRIQUE

DE CANONS DE FONTE ÉPURÉE,

OU DE RÉGULE DE FER.

Ferrea Lodoïci victricia fulgura fundam.

1. DEPUIS l'invention de la poudre, l'Artillerie est devenue la partie la plus essentielle de l'art de la guerre. Elle forme aujourd'hui une science divisée en deux parties; l'une s'occupe de l'art de composer les pieces que l'on nomme *bouches à feu*; l'autre s'étudie à en diriger l'effet. Cette derniere n'est point de mon objet: je ne m'occuperai dans ce Mémoire que de la fonte des canons.

2. Les bouches à feu les plus ordinaires sont de deux sortes, qui sont les canons & les mortiers : ces pieces sont composées de différents métaux; l'on en fait de cuivre de rosette, de laiton, de bronze, de fonte de fer, de fer battu, mariés ensemble. Le cuivre de rosette est un métal mou, très ductile & peu dense; les pieces qui en sont composées se déforment promptement par l'effet du tir, tant par l'explosion de la poudre, que par l'effort du boulet; & lorsqu'une batterie de ces canons est exposée aux coups de l'ennemi, les boulets qui les choquent les dégradent bientôt au point d'être hors de service. L'on a remédié à cet inconvénient, en composant un alliage de plusieurs métaux combinés, tels le cuivre, le zinc & l'étain, lesquels se péné-

trant l'un l'autre, forment une maffe plus denfe, plus dure, conféquemment capable de réfifter à de plus violents efforts. Mais l'étain, mêlé dans la compofition du bronze, cede facilement à l'impreffion d'une vive chaleur; il fe détruit, & entraîne la dégradation des autres métaux auxquels il eft allié; d'où il arrive que le calibre des pieces s'élargit, que la charge fe chambre, & que la lumiere fe dilate & fe déchire après très peu de fervice. On remédie bien actuellement au dernier inconvénient, en forant une lumiere dans une maffe de rofette fcellée à vis dans le vif de la piece: mais on ne peut corriger la qualité aigre que donne l'étain à tous les métaux auxquels il eft uni, tant à caufe de la partie arfénicale qu'il contient, que parcequ'il défunit l'aggrégation des molécules des autres métaux, en s'interpofant entre elles fans faire une liaifon intime en raifon de fon peu d'affinité. C'eft un corps hétérogene qui affoiblit la liaifon, ce qui rend les pieces de bronze promptes à crever. Ces confidérations ont fait fupprimer, dans quelques fonderies, l'ufage de l'étain; & l'on y coule les pieces avec du laiton. Cet alliage, en proportion différentes, paroît être la plus folide & la plus propre des matieres pour la compofition des canons, parceque jufqu'alors on n'a pas connu l'art d'en fabriquer avec du fer battu, qui réuniffent toutes les propriétés dont ils font fufceptibles, lefquelles font néceffaires pour le fervice & pour la fûreté. Ce feroit donc rendre un fervice important à l'Etat, que de trouver les moyens de compofer des canons de fer qui aient toutes les perfections que l'on pourroit defirer; & ce fervice feroit d'autant plus avantageux, que le cuivre & le zinc, avec lefquels on compofe le laiton, font deux métaux qui nous font, pour ainfi dire, étrangers. Car quoique nous ayons nombre de mines de cuivre en France, leur produit ne peut fournir à nos befoins; & nous fommes obligés de tirer de l'étranger la majeure partie du cuivre employé dans nos arts. Le zinc eft encore moins connu en France, quoiqu'il foit poffible d'en tirer beaucoup de nos mines de fer, ainfi que je l'ai détaillé dans mon *Mémoire*

sur la découverte de la Cadmie des forges. Mais nous avons
du fer en abondance, & susceptible de la meilleure qualité, en employant des procédés analogues aux caracteres des
différentes mines, ce que j'ai prouvé dans mon *Mémoire
sur l'Unité du fer.*

3. La disette du cuivre, son grand prix, les dangers fréquents de la mer, ont fait recourir à la fonte de fer, particuliérement pour l'Artillerie marine, pour en fondre des canons & des mortiers : mais on a porté si peu de précaution
dans le choix des mines & dans l'art de les fondre, pour
détruire, autant qu'il est possible, la qualité aigre & fragile
du demi-métal qui en résulte, que l'on en compose des canons qui sont tarrés de tous les vices de la matiere dont
ils sont composés. Aussi crevent-ils bientôt, & tuent ou
mutilent les hommes employés à leurs services, quand
même on multiplieroit la résistance par les masses. Je vais
analyser les défauts de ces pieces, & ensuite chercher les
moyens de les éviter, & de fondre des canons de fonte de
fer, susceptibles de résister aux plus violents efforts.

4. Pour exprimer les choses par des noms qui leurs soient
propres, & ne pas les confondre, j'appellerai *matte de fer,*
la fonte crue & blanche; *fonte de fer,* la fonte grise qui est
plus épurée; *régule de fer,* la fonte de fer qui a été épurée
par une nouvelle fusion & par la macération; enfin *fer,* le
fer battu. Je rejette l'expression de *fer fondu,* parcequ'elle
répugne. J'ai détaillé les raisons physiques de ces dénominations dans mon *Mémoire sur les Métamorphoses du
fer.*

5. Toutes les mines de fer peuvent donner, il est vrai,
un fer de bonne qualité; mais ce n'est pas par un premier
travail ordinaire, que l'on en obtient de tel des mines aigres :
il faut préparer les minerais, les combiner après en avoir étu-
dié le caractere, leur joindre des fondants & des correctifs,
& les affiner une ou plusieurs fois, suivant qu'ils sont plus
ou moins impurs, & relativement à la qualité du charbon
que l'on emploie.

6. La fonte de fer, produite des mêmes mines, & par les mêmes procédés, n'est jamais de la même qualité dans toute la durée d'un fondage ; elle varie du blanc au noir, & du doux à l'aigre, par toutes les nuances intermédiaires, suivant la juste proportion du degré de chaleur avec la quantité de minerai employé, indépendamment des accidents du travail, & de ceux amenés par les circonstances qui naissent, & qu'il n'est pas toujours au pouvoir des hommes les plus experts & les plus attentifs d'éviter. Je dis plus : une masse de fonte de plusieurs milliers en bain n'est pas, dans sa totalité, de la même qualité. Que l'on se rappelle que la réduction de la mine de fer ne se fait point par partie séparée, mais par une continuité d'action. Le bain reçoit continuement, pendant douze ou vingt-quatre heures, la fonte à mesure qu'elle y tombe, au-dessous de la tuyere ; ensorte que lorsque l'on perce le fourneau pour couler, celle du fond du bain a séjourné depuis la derniere coulée jusqu'à ce moment ; au lieu que celle de la surface ne fait que d'y arriver. Elle n'a donc pû, en si peu de temps, s'épurer des parties hétérogenes : au contraire, celles qui se séparent de la fonte qui occupe le fond du creuset, en s'élevant à la surface en raison de leur plus grande légéreté, augmentent la masse des impuretés de celle qui occupe le dessus du bain. Cette fonte n'est donc ordinairement que de la matte, parcequ'elle n'a point acquis le degré de perfection nécessaire. Cet accident est prouvé lorsque l'on coule des enclumes pour les forges. Ces enclumes font des tas d'environ dix-huit pouces de face, & du poids de deux mille deux à quatre cents : la partie inférieure est bien plus douce & plus tendre que la partie supérieure ; conséquemment la masse totale de la fonte d'un bain n'est point homogeme. Cet accident est encore très sensible lorsque l'on coule sur le sable des plaques de fonte. Celles qui font coulées les premieres avec la surface du bain font très souvent plus fragiles ; elles fleurissent, levent la croûte ; tandis que celles qui font coulées avec le fond du bain épuisé avec les cuillers, font d'un grain plus serré, plus fin, & d'une très grande solidité.

7. Un fourneau de fonderie de forges, conftruit fur les dimenfions ordinaires, ne contient que deux mille cinq cents de fonte en bain au plus ; encore n'eft-ce que lorfque l'ouvrage ou le creufet a été entamé & qu'il s'eft déformé en s'élargiffant. Conféquemment pour couler de groffes pieces d'artillerie, un fourneau de cette efpece eft infuffifant, & d'autant plus que toute la maffe du bain ne peut entrer dans le moule, puifque les rigoles, les jets, les évents & la maffelote, en abforbent plufieurs quintaux. On eft donc forcé de conftruire plufieurs fourneaux qui, fondant féparément des maffes de fonte diftinctes, fourniffent en commun la quantité de matiere néceffaire pour couler un canon. Le feul avantage qui réfulte de ce moyen eft d'avoir une quantité fuffifante de fonte : mais les pieces qui en font fondues font-elles d'une qualité requife? J'affirme que non, & qu'il eft phyfiquement impoffible qu'elles le foient, parceque la matiere de cette compofition, premiérement n'eft pas épurée fuffifamment dans chaque fourneau, comme je l'ai démontré ; fecondement parcequ'il eft auffi phyfiquement impoffible que la fonte de chacun des fourneaux employés à fournir leur contingent refpectif, foit abfolument de même qualité. Il réfulte de ce mêlange une maffe de fonte compofée de parties diffemblables hétérogenes, qui ne peuvent former une liaifon intime, principe néceffaire à la réfiftance que les canons doivent oppofer à la force de l'exploffon & des frottements, qui ont d'autant plus de prife fur ces pieces, que dans le tir les coups font répétés à quelques fecondes de diftance, principalement fur mer.

8. L'hétérogénéité de la matiere des canons coulés avec la fonte de plufieurs fourneaux, a été reconnue en en faifant fcier par tronçons ; on y voyoit diftinctement les colonnes féparées, formées par chaque efpece de fonte ; la liaifon n'en étoit que par juxta pofition, par engraînage ; & ce défaut, qui fait crever les canons, eft dans l'ordre des chofes. Revenons fur les caufes.

Nous avons vu plus haut qu'un fourneau ne peut fournir,

pendant un fondage, une fonte d'une qualité toujours égale :
des veines de minerai, quoique tiré des mêmes minieres,
font souvent de qualité variante ; les minerais font plus ou
moins exactement purifiés par le lavage : les charbons qui
different par leur essence, leur qualité, leur situation ;
le jeu des foufflets accéléré ou rallenti par les accidents de
la puiffance ou des machines ; quelque négligence dans la
manœuvre des ouvriers employés à l'adminiftration des
charges & du travail ; la dégradation des ouvrages plus ou
moins accélérée, enfin la fituation de l'atmofphere ; toutes
ces caufes, que j'ai développées dans mon *Mémoire fur l'Art
de fondre les mines de fer avec économie*, occafionnent des
accidents différents à chacun de ces fourneaux, dans des
temps diftincts, qui rendent leurs produits diffemblables
entre eux. J'ai fuivi le travail de deux fourneaux unis dans la
même tour, chargés l'un & l'autre avec les mêmes matériaux mefurés en poids & quantité, également conduits par
les mêmes ouvriers ; cependant ils donnoient conftamment
un produit diffemblable en qualité & quantité ; on ne pouvoit apporter plus de précaution. Le mal eft donc inévitable.

9. Les défauts des canons coulés en fonte de fer provenante de plufieurs fourneaux, étant connus, ainfi que leurs
caufes, on s'eft déterminé à conftruire, dans quelques fonderies, des fourneaux fur des dimenfions plus grandes que
les fourneaux ordinaires, pour que le creufet pût contenir
une plus grande quantité de matiere, afin de couler d'une feule
goutte la piece entiere. Il fembloit que ce moyen devoit porter dans le travail la perfection defirée ; mais non, il fubfifte
toujours, dans les pieces qui en proviennent, un vice que
ce moyen ne pourra détruire, parceque la fonte, produite
avec la mine immédiatement, non feulement ne peut-être
continuement d'une qualité égale, mais encore, comme je
l'ai démontré, la maffe d'un même bain n'eft jamais homogene, & la fonte provenant d'un fondage avec la mine immé-
diate, n'a pas affez de folidité. D'ailleurs ces fourneaux
immenfes font de grands confommateurs, dont il eft très

difficile de bien régler le régime, & de prévenir les accidents.

10. En vain a-t-on voulu augmenter la réfiftance de la fonte, en compofant l'ame des pieces avec du fer, & en formant, autour de la chemife de fonte, des cordons de fer placés à ce deffein dans le moule avant de les couler : le fer & fa fonte font deux matieres qui n'ont pas affez de rapport pour s'unir. Ces fubftances métalliques font dans des fituations fi différentes, qu'elles font inalliables; on ne peut, par aucun moyen, les fouder parfaitement enfemble. M. de Jonville, Officier de marine, a cru y avoir réuffi par l'intermede *du foie de foufre*; mais cette fubftance eft l'agent le plus deftructif du fer, il ne peut fe fouder à la fonte qu'en détruifant fon nerf, & en le réduifant lui-même à l'état de fer minéralifé : alors fes parties ont moins de liaifon & moins de confiftance que la fonte. Qui eft-ce qui ne connoît pas l'effet de l'action du foufre combiné avec le fer? Au furplus le fer qui eft placé dans le moule pour être enveloppé de fonte, repouffe celle qui vient pour s'appliquer deffus pendant la coulée; & la retraite refpective & différente de ces deux fubftances, les défunit & les écarte dans le réfroidiffement, ce qui fait qu'elles n'ont pas feulement une union par contiguité : d'ailleurs la fonte aigrit le fer & l'approche de l'acier ainfi que le cuivre; car il y a certains fers qui s'acerent en les trempant plufieurs fois dans de la fonte de fer; & j'ai trouvé dans des maffes de cuivre des grains de fer qui avoient reçu, pendant la fufion du cuivre, une trempe fi dure, que les meilleures limes n'y avoient aucune prife, au contraire ils les rayoient. Ces faits d'obfervations fuffifent pour faire rejetter l'ufage peu réfléchi & dangereux, de couler des canons de fonte alliée avec du fer.

11. Je n'entrerai point dans le détail de l'avantage des différentes formes de canons : je dirai feulement que c'eft un abus, défavoué par la phyfique & l'expérience, de compofer les canons de plufieurs parties différentes & féparées, puifqu'il eft de principe que la force de la réfiftance

dépend

dépend de l'unité de l'enfemble, & que plus les bouches à feu font compofées & compliquées, plus elles font foibles & dangereufes dans le fervice. Je reviens au moyen de donner à la fonte toute la denfité & la cohérence poffibles, afin d'en compofer des bouches à feu capables de foutenir les plus violents efforts. Il n'en eft qu'un feul : c'eft de la faire paffer à l'état de régule.

12. Dans mes autres Mémoires j'ai défini la fonte de fer, une fubftance pefante, argentine, fonore & fragile, qui a l'aigreur des demi-métaux. Cette fragilité lui vient des parties hétérogenes qu'elle contient, qui font interpofées entre les molécules du fer, defquelles elle peut être purgée graduellement par l'affinage, au point de lui donner l'état métallique. Nous ne connoiffons pas encore la nature de toutes les fubftances hétérogenes qui font unies dans la fonte : nous favons feulement qu'elle contient quelquefois de l'or, du cuivre, toujours du foufre & du zinc, ce que j'ai démontré dans les expériences détaillées dans mon *Mémoire fur la Cadmie des forges*; j'y foupçonne de l'antimoine que je n'ai pu encore parvenir à démontrer. Mais un principe certain, c'eft que les parties métalliques qui font confondues avec l'élément du fer dans fa matte, font en fi grande quantité, que, dans l'affinage, cette matte perd près de quatre dixiemes de fon poids, malgré la grande diminution du poids de la mine pour la réduire en matte ; enforte qu'il faut trois cents quatre-vingts livres de mine préparée, qui rendent cent quarante livres de matte à quelque fraction près, pour produire un quintal de fer poids de marc. Ce réfultat eft d'après les dernieres expériences que j'ai faites avec les mines en grains & tapées de Champagne fur des maffes confidérables. Tout ce déchet de la matte convertie en fer ne doit pas être imputé totalement aux matieres étrangeres, car les fcories de nos forges contiennent beaucoup de parties élémentaires du fer, qui ont été entraînées dans le départ de l'affinage, mais c'eft la moindre quantité de la fouftraction.

13. Il eft un moyen de départir & d'affiner la fonte fans

I ii

lui enlever la propriété d'être fluide, en la faisant passer à l'état de régule par la macération. Cette espece de purification, dont les vues & les procédés sont analogues à ceux que la chymie emploie pour réduire l'antimoine en régule, & encore plus à la purification du cuivre noir, ou matte de cuivre pour la réduire en rosette, s'opere par une seconde fusion : on laisse alors la fonte en bain jusqu'à ce qu'elle ne donne presque plus de scories noires qui surnagent & s'écoulent, au fur & à mesure qu'elles se forment, par une issue pratiquée à ce dessein. Ce moyen est employé avec succès dans les travaux des aciéries & carillonneries. C'est par cette opération, que l'on parvient en France à fabriquer un fer nerveux, consistant & très ductile, avec des mines qui ne donnent, par l'affinage ordinaire, qu'un fer rouverain & intraitable. La fonte perd, par la macération qui la réduit en régule, son état grenu d'un tissu lâche, & la propriété de crystallifer en arbrisseaux formés par des pyramides composées de rhombes articulés, posés les uns sur les autres : alors le régule forme des cryftaux qui sont des tétradécaedres dont les éléments sont des cubes, des rhombes & des segments de rhombes, ou il cryftallise en parallelipipedes ou en cubes. Ces cryftaux sont formés par des lames très déliées, pressées les unes sur les autres, d'une couleur blanche argentine, & en des masses souvent très considérables. Cette couleur blanche a fait dire à M. de Réaumur que la fonte blanche étoit celle de la meilleure qualité : il péchoit seulement dans l'expression, parcequ'il ne connoissoit pas le régule de fer ; car la fonte blanche que j'appelle matte de fer est la plus mauvaise de toutes les especes. Le régule differe de la matte & de la fonte, 1°. par la configuration de ses cryftaux ; la matte cryftallise en rayons convergents comme la pyrite martiale ; 2°. par sa couleur, qui est plus éclatante, parceque son tissu est plus serré ; 3°. par son poids spécifique, qui augmente en raison de sa proximité à l'état de fer ; 4°. parcequ'il est plus traitable à la lime & au ciseau, & qu'il a un commencement de ductilité ; 5°. enfin parcequ'il eſt très difficile, lorſqu'il a acquis ſon état régulin parfait, de le refondre; car alors il devient fer lorſqu'on le préſente au feu : c'eſt ce que les ouvriers qui refondent la matte de fer pour en faire de menus ouvrages, appellent *fonte enragée*, parcequ'ils ne peuvent venir à bout de la refondre. C'eſt ce régule de fer qu'il faut employer à fondre des canons de bonne qualité, capables de réſiſter aux épreuves. Je vais entrer dans le détail néceſſaire pour y parvenir avec ſuccès & avec peu de frais.

14. Malgré les précautions dont j'ai prévenu, & celles que je vais indiquer, il faut, pour réuſſir à faire de bons canons, choiſir les mines de la meilleure qualité : telles celles qui ont un principe calcaire, celles qui ſont unies à une terre douce & onctueuſe. Il eſt de ces dernieres eſpeces en roches, en piſolithes, en oolithes, même en hématites, qui ſont d'un très bon caractere, en Lorraine, en Alſace, en Franche-Comté, dans les Pirennées, le Comté de Foix, la Bourgogne, le Berri, le Nivernois, la Normandie, le Poitou & autres provinces. Il faut rejetter les mines pyriteuſes & les quartzeuſes, celles qui participent du grès, de la calamine, & celles qui ſont unies à des ſables vitrifiables, ſurtout lorſque ces ſubſtances aigres ſont les baſes, auxquelles elles ſont unies, ſans pouvoir en être exactement ſéparées par le bocard, le patouillet, le crible & le grillage.

15. Il eſt très avantageux de griller les minerais avant de les ſoumettre à la fonderie : cette opération préliminaire ouvre les minerais, les dépouille des parties volatiles & nuiſibles, & des grappes trop adhérentes. C'eſt par le ſecours du grillage, que les Suédois préparent de très bon fer avec des mines aigres & réfractaires.

16. L'on traitera à l'ordinaire le minerai dans des fourneaux elliptiques, tel celui dont je fais uſage & dont j'ai donné les dimenſions dans mon *Mémoire ſur l'Art de fondre les mines de fer.* On aura attention d'entretenir la proportion de la mine & du charbon, de façon que le produit ſoit une fonte griſe très fluide ſans limaille; de ne pas trop

furcharger le charbon de mine, parceque la fonte qui en
réfulteroit ne feroit qu'une matte ou fonte crue qui feroit
plus difficile à purifier, & donneroit un trop gros déchet.
Dans mon travail, la proportion de la mine avec le charbon
eft comme 4050 eft à 2484, ce qui donne 1798 liv. de fonte.
Chaque coulée de neuf charges & de douze heures de
durée produiront de dix-huit cents à deux mille au plus, fi ces
mines font très riches. Pendant le fondage, l'on aura foin d'a-
giter la fonte en bain avec le croard &le ringard, pour la mettre en mouvement afin de la faire épurer. L'on ne moulera
point la fonte en gueufes, qui font de longs prifmes triangulaires ; mais on la fubmergera dans une grande cuve conique traverfée par un courant d'eau, afin de la réduire en
groffes grenailles, telle qu'on la divife dans les fourneaux
fitués près des montagnes fur lefquelles font bâties les forges,
pour l'affinage defquelles ces fontes font deftinées, & auxquelles on ne peut tranfporter les matériaux qu'à dos de
mulet, parceque les chemins font inacceffibles aux voitures.

17. L'on aura plufieurs fourneaux en feu à la fois pour
produire la quantité de fonte néceffaire : ou fi la fonderie n'eft
pas confidérable, l'on amaffera la fonte d'un ou plufieurs fondage d'un feul fourneau : on mêlera exactement tout le produit, pour qu'il en réfulte une maffe de la même qualité.
Cette fonte, obtenue par une premiere fufion, fera portée
dans un fourneau de macération pour y recevoir fon degré
de perfection, & y être réduite en régule, enfuite être coulée dans les moules qui feront enterrés dans des foffes ci-
culaires conftruites en face & près du fourneau de macération.

18. Le fourneau dans lequel on purifiera la fonte pour la
réduire en régule, fera une tour quarrée de vingt pieds de diametre bâtie en groffes pierres. On pratiquera des canaux expiratoires dans la maçonnerie pour le paffage des vapeurs des
mortiers : on laiffera au centre un efpace vuide de huit pieds
en quarré, pour conftruire les parois intérieures de l'ouvrage.
Cette tour aura dix pieds de hauteur : fur fa platte forme,

on élevera au pourtour un mur de deux pieds d'épaisseur & de cinq pieds de hauteur : sur ces murs on établira un comble avec sa couverture : au centre de ce comble on laissera une ouverture pour le tuyau d'une cheminée qu'on élevera au-dessus de la bure du foyer supérieur du fourneau. La marâtre antérieure, ou la poitrine du fourneau, sera coupée en encorbellement, formant une demi-voûte de huit pieds de hauteur : au centre de cette voûte, dans l'épaisseur des voussoirs, on pratiquera une ouverture en forme de cheminée pour le passage des vapeurs, des fumées & des étincelles qui sortiront par les tympes : la marâtre de la tuyere, ou l'œil du fourneau, sera ouverte de même que celle du côté des tympes, mais il n'y aura point de cheminée. L'intérieur du fourneau sera composé de trois parties ; savoir, du foyer supérieur, des étalages ou grand foyer, & du creuset ou foyer inférieur. Le foyer supérieur, composé de briques réfractaires, formera un cône elliptique de la hauteur de cinq pieds ; sa base aura aussi cinq pieds d'ouverture dans son grand diametre, dans la direction de la rustine aux tympes, & quatre pieds deux pouces dans son petit axe : son sommet sera coupé par une ellipse de vingt-cinq pouces sur trente, les axes se correspondant par leurs rapports avec ceux de la base. Les étalages seront construits avec des briques ou des pierres ou des sables réfractaires : ils auront trois pieds de hauteur perpendiculaire, & formeront une trémie ou cône renversé, elliptique, dont la partie supérieure aura les dimensions de la base du grand foyer, & sa partie inférieure qui posera sur le creuset aura les dimensions de l'ouverture de la bure. Ce creuset, ou l'ouvrage, aura vingt-quatre pouces de hauteur, formant un parallelipipede irrégulier de vingt-cinq pouces de largeur, & de quatre pieds six pouces de longueur, parcequ'il se prolongera sous l'étalage du devant, pour parvenir jusqu'à la dame qui occupera le centre de l'ouvrage en dehors entre deux espaces qui seront réservés pour deux coulées. Toute la maçonnerie, tant de la partie intérieure du fourneau, que des fosses à couler, sera fondée sur

des voûtes, pour éviter toutes fraîcheurs : on construira deux
fosses à couler, afin d'y laisser plus long-temps les pieces s'y
réfroidir en plus grande partie; par ce moyen on en aura
toujours une libre.

19. On aura soin de bien échauffer le fourneau, sur-tout
le creuset, avant que de charger en fonte : alors on propor-
tionnera graduellement le charbon, à raison de vingt-cinq
livres par quintal de fonte. L'on chargera du côté de la tuyere, lorsque le fourneau sera baissé par la bure de quinze pouces : on emploiera par charge deux paniers de charbon pesant ensemble cent livres. Après avoir bien enrimé les charbons, on inclinera la charge de quatre à cinq pouces du côté
du contrevent, & alors, sur ce côté seul, on posera doucement quatre cents de grenailles de fonte. L'on en emploiera
une quantité suffisante pour couler une piece, c'est-à-dire deux
cinquiemes en sus de son poids pour remplacer le déchet du
départ, le poids des coulées, évents, jets & masselotte, &
pour parer à quelques accidents, ensorte que pour une piece
de quatre milliers, il faudra employer environ cinq mille
six cents de grenailles & bocages de fonte. Lorsque l'on
aura employé la quantité nécessaire de grenaille pour une
fondée, on laissera baisser le fourneau d'une charge que
l'on fera en charbon seulement; & ensuite, pour les charges suivantes, on emploiera la fonte & le charbon dans
les proportions ci-dessus, qui pourront souffrir quelques
légeres variétés suivant le degré de force des charbons
dont on se servira : l'usage apprendra la regle qu'il faudra
suivre.

20. Pendant que la fonte sera en bain, on aura soin de
faciliter l'écoulement des scories dont elle se dépouillera :
on travaillera le bain en l'agitant avec des ringards & des
croards de fonte & non de fer; on en fera provision, parcequ'on en usera beaucoup qui n'occasionneront aucune dépense; on pourra même y suppléer en partie avec des perches de bois verd: le crochet & la truelle, pour le service de
la tuyere, seront aussi de fonte. Je recommande expressé-

ment de n'employer aucun outil de fer battu pour ce travail, parceque la moindre parcelle de fer qui s'échapperoit dans le régule feroit capable de déterminer des parties confidérables à paffer à l'état de *fer de nature*, ce qui cauferoit des embarras fâcheux & la ruine du fourneau. Cette propriété que le fer battu a de faire paffer le régule à l'état de *fer de nature*, eft auffi fenfible & auffi prompte, que l'effet de la prefure dans le lait; c'eft un point de phyfique que je n'ai pas encore pu approfondir.

21. Il fera néceffaire, en trois temps différents, c'eft-à-dire lorfque le bain fera à demi, aux trois quarts & entiérement plein, d'y introduire un tube de bois emmanché au bout d'un ringard de fonte, lequel tube contiendra du falpêtre purifié de fon fel marin & exempt d'humidité. On promenera ce tube dans toutes les parties du bain, pour qu'il y occafionne une effervefcence vive par la déflagration du falpêtre. Cette opération, 1°. privera la fonte d'une portion du principe fulphureux furabondant qui approche la fonte de l'acier & duquel elle tire en partie fon état de fragilité : 2°. elle enlevera le peu de zinc qui ne fe feroit pas fublimé : 3°. elle occafionnera un mouvement inteftin dans toute la maffe du bain qui s'épurera des matieres hétérogenes les plus légeres, & rapprochera les parties fimilaires régulines ; 4°. enfin le fondant que produira l'alkalifation du nitre, donnera plus de fluidité aux fcories, & favorifera leur vitrification dont il réfultera un départ d'autant plus exact. Je fuis bien éloigné d'adopter le fecret des Fondeurs en bronze, qui introduifent dans le bain environ deux onces, par quintal de métal, d'une poudre dont la compofition eft l'extrême de leur ignorance & de l'inconféquence de leurs opérations. Cette poudre eft compofée de racine de raifort, de poix noire, d'antimoine, de mercure fublimé corrofif, de bol, d'un peu de nitre : fur cette poudre, ils verfent une certaine quantité d'une eau régule, auffi monftrueufement compofée que leur poudre : car quel effet peuvent produire le bol, la poix, la racine de raifort, en fi petite quantité? L'acide marin du fublimé

corrofif ne détruit-il pas l'étain du bronze en le volatilifant?
L'antimoine augmente la quantité des matieres hétérogenes,
& le peu d'acide détruit une portion du phlogiftique qu'ils
cherchent à augmenter par la poix. C'eft fans doute avec ce
beau fecret, qu'un Anglois s'eft vanté, fans preuve, de purifier la fonte de fer. Les propriétés du falpêtre dans la purification des métaux font connues de tous les bons Métallurgiftes, c'eft pourquoi j'en recommande l'ufage dans la macération de la fonte de fer : l'expérience en fixera la dofe relativement à la qualité des fontes: huit onces par quintal font
fuffifantes pour les fontes de bonne qualité.

22. Lorfque la fonte fera à fon degré de macération,
qu'elle aura acquis fon état régulin, ce qui fe connoîtra par
la diminution des fcories, on débouchera le fourneau par
la coulée correfpondante à la foffe ; on fera enterrer le
moule du canon folidement affermi ; le régule fera introduit,
premiérement, par deux conduits qui le porteront dans la
bafe du moule où fera la culaffe ; & lorfque la matiere fera à
la hauteur des tourillons, on débouchera deux autres conduits
d'un moindre diametre que les premiers, qui apporteront auffi
concurremment avec les autres la matiere en fufion dans le
moule par les tourillons, pour éviter la chûte trop précipitée
de la fonte, la trop grande raréfaction de l'air qui caufe des
foufflures, des écartements & fouvent l'explofion de la piece ;
pour que la furface de la fonte qui entrera dans le moule
foit continuellement dépouillée de la pellicule qui fe forme
par le contact de l'air, accident qui empêche le vif des
moulures : enfin la piece fera coulée maffive, & furmontée
d'une chambre conique pour contenir le régule de la maffelotte qui fera d'un vingtieme du poids de la piece, afin
qu'elle puiffe fournir, 1°. au remplacement du régule que la
retraite de la matiere abforbe; 2°. à celui que l'écartement
accidentel de la chappe exige pour ne pas manquer la
piece; 3°. enfin pour comprimer les parties métalliques. Je
la prefcris conique pour avoir plus de facilité de la féparer
de la piece. Il faut confulter, pour l'intelligence de la
manœuvre

manœuvre, les Planches XI & XII avec leurs explications, page 444 & suivantes.

23. Lorsque le moule sera plein, on nettoyera l'issue de la coulée; on visitera l'ouvrage, & on enlevera ce qui pourroit causer de l'embarras; on rebouchera le fourneau, & l'on affermira le bouchage par une plaque de fonte solidement établie; on redonnera de l'action aux soufflets dont le jeu aura été interrompu pendant le temps employé à couler; & le travail recommencera comme avant.

24. On laissera dans la fosse la piece coulée, jusqu'à ce que l'on soit obligé de la tirer pour y placer le moule d'un autre canon : alors on l'enlevera promptement; on détachera toutes les parties de la chappe & de son armure; on coupera les jets, coulées & masselote; on l'introduira encore chaude dans un four de réverbere à nasse, où elle subira un recuit d'un feu de bois qui la tiendra rougie seulement pendant douze heures : on cessera alors le feu du tocage; on bouchera toutes les issues du fourneau pour y laisser réfroidir la piece : alors on la tirera du four pour la porter à l'alezoir, & ensuite au forêt pour y recevoir sa perfection des mains des ouvriers de ces atteliers. Les pieces auxquelles on desirera donner une plus grande netteté, seront tournées à l'eau pour en polir les champs, vuider les gorges, & aviver les angles des différents ornements.

25. L'on ne mêlera point aux grenailles de fonte, destinées à être portées au fourneau de macération, le régule qui sera provenu des coulées, rigoles, jets, évents, masselottes, ni les copeaux du tour, & la limaille du foret. On pourra seulement en introduire quelques parties dans le bain, une heure avant la coulée, mais avec beaucoup de prudence, ce que l'usage apprendra, parceque le régule devient souvent fer de nature à la refonte, ce qui feroit manquer des coulées, & embarrasseroit l'ouvrage. On emploiera avec plus davantage ces parties de régule pour en faire de très bon fer propre à la fabrique des essieux d'Artillerie, des ancres & autres pieces qui exigent un fer doux, nerveux & solide.

K k k

26. Le régule de fer ainsi préparé est la matiere la plus dense, la plus solide & la plus propre à couler des canons en ce genre, même des mortiers, pétards, boîtes d'artifice, & autres machines de guerre. Les boulets qui ont souffert un feu violent pour les tourner de calibre, ont acquis un recuit avantageux qui les rend dans l'état mitoyen entre la fonte & le régule de fer. En affinant le régule de fer, on en composeroit un fer très propre à fabriquer des canons supérieurs à tous autres coulés de différentes matieres, surtout si on les fabriquoit de fer contourné : je ferai part dans un autre Mémoire de mes observations sur cet objet.

27. Il est nécessaire que le fourneau de macération soit placé sur un terrein fort élevé, pour que l'on puisse approfondir les fosses à moule sans courir les risques qu'elles soient humectées par les filtrations des magasins d'eau, ou des pluies, ou des sources : cette précaution est indispensable. On ne doit point être embarrassé de l'action des soufflets, parceque, par le moyen des lanternes & des hérissons, on éleve le mouvement à la hauteur qu'on le juge à propos : d'ailleurs on peut substituer à la puissance de l'eau employée plus communément à la compression des soufflets, toute machine qui peut faire agir un corps de pompe, tel qu'un pilori avec une roue en rochet ou un pendule ; on peut enfin, comme je l'ai décrit dans mon Mémoire couronné à l'Académie Royale de Biscaye, appliquer à cet effet, & ce sans autre dépense que la construction de la machine, la pompe à feu. On placeroit alors la chaudiere dans le mur du fourneau ; ensorte qu'un de ses flancs formât la partie correspondante de l'intérieur du fourneau dont elle recevroit assez de chaleur pour entretenir l'eau bouillante : il y auroit alors action & réaction de la puissance sur l'effet, & de l'effet sur la puissance, parceque la chaleur du fourneau feroit agir les soufflets, & que les soufflets entretiendroient la chaleur du fourneau.

28. L'art de couler des canons, des mortiers & autres machines de guerre avec le régule de fer, n'a sans doute

encore été pratiqué en aucun lieu & imaginé par personne; c'est le fruit de mes expériences dans les travaux des
forges depuis vingt-cinq ans. J'aurai touché à mon but, si
en présentant à l'Académie une invention qui mérite son
approbation & l'aveu du Ministere, j'ai pu concourir à conserver la vie à ces hommes utiles à l'Etat, voués à la pro-
fession périlleuse du service des batteries. Si le Gouvernement adoptoit mes principes, & s'il vouloit former un établissement de cette nouvelle Artillerie, je me soumets d'en
diriger les opérations sous sa protection.

EXPLICATION

DE LA PLANCHE XI.

A. Foyer inférieur, ou creuset, formé de fable battu.

B. Grand foyer formé par les étalages composés de fable battu.

C. Foyer supérieur composé de briques réfractaires.

D. Tuyere.

2, 2. Contre-parois élevées en pierres ou en briques.

3, 3. Parois ou chemife du fourneau; elles font composées de briques réfractaires fur des lignes elliptiques.

4, 4. Maffif de l'ouvrage, ou creuset du fourneau; il fe conftruit en fable battu, ou en pierre de grès ou autre réfractaire.

E. Bure ou gueulard; c'eft l'orifice fupérieur par lequel on introduit les matieres dans le fourneau; il eft terminé par une plaque de fonte de fer fcellée dans le maffif du fourneau.

F, F, F, F. Quatre piliers de fonte de fer, qui fupportent la cheminée.

G, G. Longrines de fonte de fer, qui affujettiffent les piliers de la cheminée.

H. Cheminée qui termine l'édifice total du fourneau.

I, I. Toiture qui couvre toute la tour du fourneau, & la garentit des pluies & des bourafques des vents.

L, L, L, L. Murs qui compofent les batailles du fourneau.

M, M. Cordon de l'entablement.

N. Vouffoirs de l'encorbellement de la marâtre des tympes.

O. Mur du pilier de retour des tympes.

P. Mur de la tour du côté de la ruftine.

Q. Fond de l'ouvrage ou du creufet; il fe compofe en fable ou en pierre de grès.

R, R. Fondation de la tour.

S. Voûte sous l'ouvrage du fourneau pour éviter les fraîcheurs.

T. Dame. Piece de fonte de fer sur laquelle coulent les scories.

V. Taqueret, composé d'une plaque de fonte de fer pour soutenir la poitrine du fourneau.

X. Longrine de fonte de fer pour porter la naissance des contre-parois 2, 2, des parois 3, & de l'encorbellement des tympes : il y en a une pareille du côté de la tuyere.

Y. Tympe composée d'un parallélipipede de fer battu.

Z. Canal par lequel le régule fondu, en sortant par la coulée du fourneau, est conduit dans le moule du canon *a*.

a. Moule du canon placé au centre d'une des fosses à couler.

b, *b*. Canaux des coulées qui apportent le régule par les tourillons.

c. Canal de la coulée qui apporte le régule par la culasse du canon qui est au fond de la fosse à couler; il y a un pareil canal au côté opposé.

d. Fond du moule du canon où est sa culasse.

e, *e*. Mur circulaire qui forme les fosses à couler.

f. Fond de la fosse à couler.

g. Voûte pratiquée sous les fosses à couler.

EXPLICATION DE LA PLANCHE XII.

A, A. Ellipse qui forme l'ouverture du gueulard ou du foyer supérieur.

B, B, B. Ellipse qui forme la base du grand foyer à la hauteur des étalages.

C, C. Fond du creuset du fourneau où le régule est mis en bain.

D. Naissance de l'étalage de la tympe.

E. Dame. Grosse plaque de fonte de fer sur laquelle coulent les scories; elle se place en face du fourneau entre les deux coulées.

F, F. Deux frayeux. Ce sont des plaques de fonte de fer, pofées perpendiculairement & obliquement pour délimiter les coulées.

G. Plaque de fonte de fer pour foutenir le bouchage, crainte que le poids du régule en bain ne le pouffe cette piece fe place après que l'on a coulé.

H. Canal de la coulée pour conduire le régule dans le moule du canon : il fe forme chaque fois que l'on veut couler.

I. Ligne ponctuée qui défigne l'emplacement de la coulée de la foffe, de laquelle on a tiré le canon qui y a été coulé.

K. Évent pratiqué au-deffus de la maffelotte pour évacuer l'air raréfié du moule.

L, L. Trous des coulées qui correfpondent aux tourillons : on ne les débouche que lorfque le régule eft à la hauteur des tourillons dans le moule.

M, M. Trous des coulées qui correfpondent à la culaffe du canon. C'eft par ces coulées que l'on introduit d'abord le régule dans le moule : on double chaque coulée pour parer aux accidents des engorgements.

N, N. Maffif de fable qui remplit les foffes à couler.

O, O. Maffif des murs des foffes à couler.

P, P. Soufflets de bois où l'on voit les chappes, les bouts des baffe-contes & les trous des modérateurs.

Q. Maffif du pilier de cœur.

R. Pilier de retour des tympes.

S. Pilier de retour de la tuyere.

T. Angle de la tour quarrée du fourneau.

V. Maffif de fable du creufet ou de l'ouvrage.

X. Bafe des parois & contre-parois.

Y. Canaux expiratoires pratiqués dans la maçonnerie du mole du fourneau.

Z. Rempliffage en moîlons entre les parements en pierres équarries.

Pl. XI.

Echelle de $\frac{1}{4}$ 1 2 3 4 5 6 7 8 9 10. Pieds

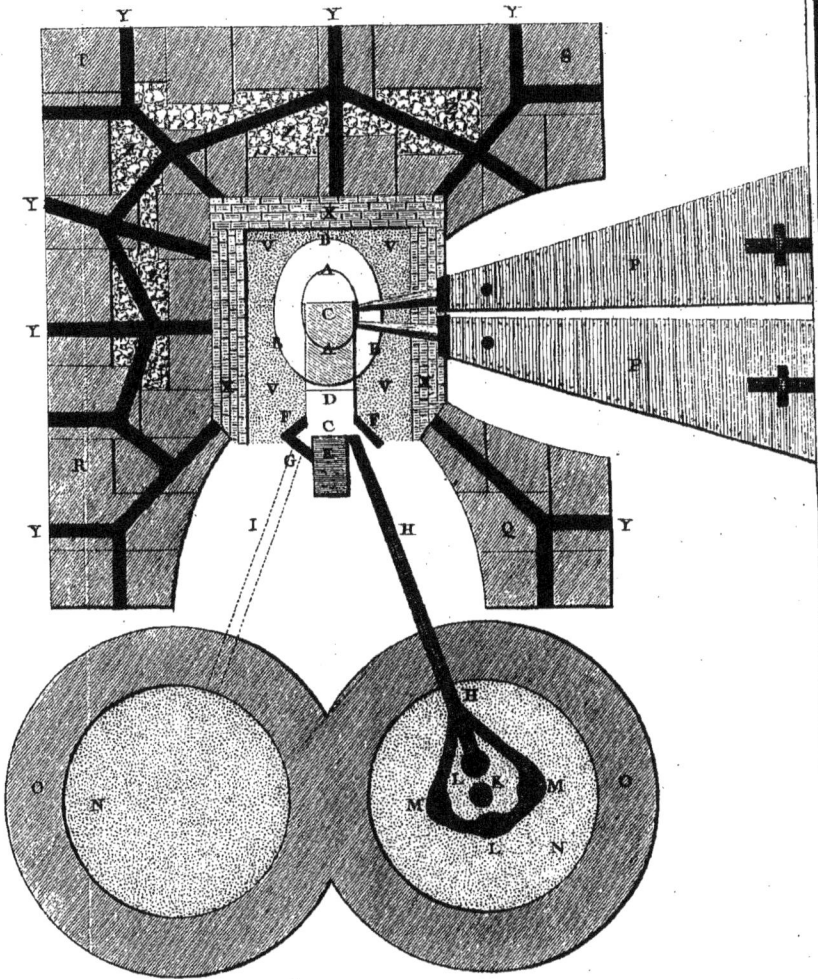

Pl. XII.

ESSAI

D'UNE THÉORIE D'ARTILLERIE

DE FER CONTOURNÉ OU A RUBANS.

Edocet intorti vulcania cudere ferri
Fulgura,

DEPUIS la naiſſance de l'Artillerie pyrique, l'on cherche
les moyens de perfectionner la compoſition des métaux dont
on fond les bouches à feu. L'on a tenté différents procédés
pour ſuppléer, au cuivre ſeul ou combiné, un métal plus
ſolide, plus durable & moins coûteux : l'on a tenté de ma-
rier des maſſes de cuivre & de fer pour en former des canons : l'on en a même forgé de fer ; mais l'on n'a pas encore
atteint le point de perfection du travail. La marche des
connoiſſances humaines eſt lente ; il faut des ſiecles pour
perfectionner une opération dont on a ſpéculé la théorie ,
& dont on a apperçu la poſſibilité de la réuſſite. Pluſieurs
Grands Hommes ſe ſont occupés de la matiere importante
que je traite. M. le Chevalier d'Arcy, dans ſa *Théorie
d'Artillerie*, a développé les vues les plus étendues ſur la
néceſſité de perfectionner la compoſition des bouches à feu.
Ce Savant ne laiſſe rien à deſirer ſur la poſſibilité d'en diminuer les maſſes ; répond victorieuſement à toutes les objections que pourroit faire le préjugé ; fait connoître tous
les avantages d'une Artillerie légere, tant pour le ſervice de
terre que pour celui de mer, & fait ſentir combien il ſeroit
important pour l'Etat de pouvoir fabriquer des canons de
fer battu. Animé du même zele, je viens ſur les pas de ce
Savant propoſer un moyen de remplir ſes vues & celles de

tous les Artilleurs. J'aurai rempli mon vœu si mes réflexions, qui sont fondées sur une longue expérience dans l'art de forger le fer, méritent l'attention du Gouvernement & l'approbation des Savants & des Artistes.

J'ai développé dans le *Mémoire d'Artillerie sur une nouvelle fabrique de canons de régule de fer*, les différents accidents qui concourent à la destruction des canons d'Artillerie composés de cuivre de rosette, de bronze, de laiton & de fonte de fer. Ces matieres fondues n'ont pas la densité d'un métal forgé ; elles conservent l'aigreur que communique aux parties métalliques la fusion qui ne peut lier les parties que par juxtaposition. Pour augmenter la résistance nécessaire aux efforts que les canons doivent subir, on est forcé d'accumuler les masses, encore crevent-ils malgré cette précaution qui triple la dépense du travail, de la matiere, & multiplie les obstacles du transport & de la manœuvre.

Le fer est susceptible de recevoir de l'Art un degré de perfection qui lui donne sur tous les autres métaux, une supériorité qui doit lui mériter la préférence dans la fabrique des canons d'Artillerie, parceque les parties constituantes de ce métal sont roides, dures, & ont entre elles une liaison capable de résister aux plus violents efforts sans se rompre ; d'ailleurs ce métal est abondant en France & à bas prix ; il est donc possible & avantageux de fabriquer des canons d'Artillerie de fer battu, qui réuniront toutes les qualités que l'on exige dans les bouches à feu.

Quoique l'essence du fer soit la même par-tout l'Univers, cependant celui du commerce varie en qualité. L'on sait que chaque mine, chaque pays, chaque fabrique, disons plus, chaque affineur, produisent du fer qui varie du doux à l'aigre, du mou au ferme, par toutes les nuances intermédiaires, ce qui procede uniquement des différentes manipulations usitées dans les Manufactures, où le minerai du fer ne reçoit pas toujours un traitement analogue à son caractere.

D'après les principes que j'ai établis dans mes Mémoires
précédents,

précédents, fur la nature du fer, il eſt démontré qu'il eſt poſſible d'amener au même degré de perfection le fer produit des diverſes ſortes de minerai. C'eſt ce fer, dans ſon degré de pureté, qu'il faut employer pour compoſer des canons d'Artillerie, qui réuniront la réſiſtance de la matiere à la légéreté des maſſes. Ces deux qualités eſſentielles du fer ſont connues par l'uſage des canons de Mouſquetterie.

Il eſt de fait qu'un fuſil qui n'a ſouvent que deux lignes & demie d'épaiſſeur au tonnere, & qui, diminuant dans ſa longueur, n'a qu'un tiers de ligne à la bouche, réſiſte ſans accident, lorſqu'il eſt de bon fer, à l'effort du tir le plus multiplié. Si l'on compoſoit les canons de Mouſquetterie avec de la roſette, du laiton ou du bronze, ils creveroient à demi-charge au premier coup. Il faut donc conclure que le fer oppoſe à l'effort une réſiſtance incomparable à celle dont les autres métaux, employés dans l'Artillerie, ſont ſuſceptibles.

Puiſque toute la Mouſquetterie eſt compoſée de fer, & qu'autrefois l'on en forgeoit de petits canons d'une demi-livre de balle dont on conſerve encore pluſieurs dans de vieux Châteaux & dans divers Arſenaux; pourquoi n'emploieroit-on pas aujourd'hui ce métal pour en compoſer des pieces de rempart, de campagne & de marine?

Pour employer le fer avec ſuccès dans l'Artillerie, il ſuffit de réunir, dans la fabrique des pieces, les moyens qui doivent concourir à la perfection des canons, qui conſiſtent en trois choſes principales: 1°. il faut ſe procurer le meilleur fer poſſible; 2°. augmenter la réſiſtance du fer par la combinaiſon de ſes parties nerveuſes; 3°. en ſouder exactement toutes les parties, afin que les pieces qui en ſeront compoſées ne ſoient tarées d'aucuns vices intérieurs, & d'aucuns défauts à l'extérieur.

Les défauts que l'on reproche au fer, ſont l'aigreur, les pailles, les gerſures, les fendilles ou éventures, les travers, les grillots, les chambres, enfin la rouille. Analyſons ces défauts afin d'en connoître les cauſes: j'indiquerai enſuite des procédés pour les éviter & pour forger des canons d'Ar-

L l l

tillerie, auxquels non-feulement, on ne puiffe remarquer ces défauts, mais même qui réuniffent toute la force & la perfection que le fer eft fufceptible de recevoir par un travail éclairé par la phyfique.

L'aigreur d'un métal eft toujours un accident qui trouble l'ordre, l'arrangement & la contexture de fes parties féparées par un corps interpofé. L'aigreur du fer n'eft point une imperfection qui lui foit propre; elle lui eft toujours communiquée par d'autres fubftances minérales & métalliques qui, étant difféminées entre fes molécules, rompent l'aggrégation de fes parties conftitutives. J'indiquerai, dans l'ordre des opérations néceffaires pour fabriquer des canons de fer, des procédés capables d'opérer le départ des matieres étrangeres unies au minerai du fer, & de fe procurer le fer de la meilleure qualité.

Les pailles font des parties de fer, féparées en plus grandes parties des maffes auxquelles elles ne font adhérentes que par quelques points. Ce font des portions grumeleufes de la loupe, lefquelles fe font réfroidies à l'extérieur avant d'être foudées par la percuffion du marteau. Les furfaces en décompofition de ces grumeaux n'étant plus dans un état de fluidité, n'ont pu fuer la fcorie qui s'eft oppofée à la foudure. Les pailles font des défauts accidentels dans la fabrique : j'indiquerai non feulement les moyens de les éviter, mais encore de les réparer.

Les gerfures font des ouvertures finueufes peu dilatées ; elles pénetrent profondément dans l'épaiffeur des maffes. Ces défauts font au fer ce que la roulure eft au bois : ils font occafionnés par un corps intermédiaire qui fait une folution de continuité entre les parties mufculeufes du fer. Ce vice de fabrication eft dans l'épaiffeur des maffes ce que les pailles font aux furfaces ; il eft occafionné par des fubftances minérales, terreufes, ou pierreufes, lefquelles font mêlées avec les charbons par le défaut d'attention du charbonnier qui les a cuits, ou des ouvriers chargés du foin des magazins, qui n'ont pas arqués fuffifamment les charbons pour les nettoyer des parties des couvertures des fourneaux & du sol sur lequel ils ont été cuits. Les fers que l'on castine trop sont sujets aux gerçures, parceque la partie calcaire de la castine, qui n'a pas été vitrifiée à l'aide des scories, reste interposée entre les masses des loupes, & empêche les surfaces de leurs parties intérieures de se réunir & de se souder. Les fers nerveux sont plus fréquemment gerçés que les rouverains, parceque ces derniers contiennent beaucoup de laitier qui vitrifie les substances hétérogenes qui peuvent être confondues avec les charbons dans les foyers. On évite en plus grande partie les gersures, en plongeant dans l'eau les charbons chargés de pierres, de mine ou de terre, avant de les employer dans les affineries, & en arrosant le feu avec du lait de chaux, au lieu de se servir de pierres calcaires crues (de la castine) pour aider le départ des substances quartzeuses & sulfureuses combinées avec les différents minerais du fer.

Les fendilles ou éventures sont des ouvertures plus dilatées que les gersures; elles sont dirigées dans la longueur des masses de fer, & n'ont ordinairement pour cause qu'un vice de fabrication dans le forgeage. Lorsque l'enclume est creusée dans la longueur de son aire, ce qui arrive lorsqu'elle est composée d'une fonte trop douce, & que l'on a forgé de suite beaucoup de petits quarrés, ou de bandes de petit échantillon, qui n'occupent, dans le dressage & le parage, que le centre de l'aire de l'enclume & du marteau, il arrive alors en dressant, & plus encore en parant des bandes larges, qu'une partie de l'eau que l'on fait couler sur l'enclume pour dépouiller le fer du laitier, se trouvant comprimée dans cet enfoncement, est dilatée avec tant de violence par la chaleur & par les efforts des coups redoublés du marteau, qu'elle agit comme une multitude de coins qui attaquent la surface de la barre de fer, s'y introduisent en écartant les parties qui sont disposées à se gerser par la courbure de l'enclume. Les fendilles ne procedent point d'un vice du fer, mais des défauts de fabrication : on les évite en dressant exactement l'aire de l'enclume à mesure qu'il ſe creuſe par le forgeage. Un ſecond feu répare les fendilles. Les fers nerveux y ſont plus ſujets que les fers aigres & rou-verains, qui caſſent en travers & ſe fendent rarement.

Les travers ſont des crevaſſes qui coupent tranſverſale-ment les fibres du fer. Ces défauts notables proviennent de quelques parties de fer pamé par une chaude forcée, ou de portions de matte de fer qui n'a point été affinée, & ſe trouve confondue dans la louppe, mais plus ordinairement de parties de cuivre mêlées au fer, ſoit naturellement ſoit accidentelle-ment. Les travers ſont plus fréquents dans les groſſes pieces de fer qui ſe travaillent par miſes, c'eſt-à-dire par parties additionnelles ſoudées les unes ſur les autres en grandes miſes, comme gros marteaux de forges, tas, enclumes, an-cres de vaiſſeaux, tiers-points & manivelles de groſſes ma-chines. Ces défauts, qui ſont ſouvent imperceptibles immé-diatement après la fabrication, ſe découvrent dans la ſuite, ſur-tout lorſque les pieces qui en ſont affectées ſouffrent de violents efforts de percuſſion & de chaleur. L'air & l'eau qui ſe ſont inſinués dans ces ouvertures par une force ex-panſive que le feu leur imprime, font dilater & prolonger ces ouvertures.

Le cuivre eſt uni au fer naturellement dans les mines des hautes montagnes, mais plus ordinairement dans celles qui ſont diſpoſées en filons ; il y eſt mêlé accidentellement lorſque, par la mal-adreſſe d'un ouvrier, le muſeau d'une tuyere ſe brûle & tombe dans l'ouvrage de l'affinerie, ou que l'on uſe de vieilles ferrailles parmi leſquelles il ſe trouve quelques mitrailles. Ces deux accidents portent dans les maſſes de fer des portions de cuivre qui s'oppoſent à la réunion des mo-lécules du fer, & y occaſionnent une ſolution de continuité. Il ſembleroit que le cuivre, à l'égard du fer, ait deux pro-priétés contraires ; ſavoir, celle de réunir à feu doux deux maſſes de fer ſéparées par une caſſure, ce que l'on appelle brâſer ; & celle de rendre le fer dur & rouverain, c'eſt-à-dire caſſant à chaud lorſqu'il eſt pêtri avec le fer dans le travail de l'affinage. Dans la premiere opération, le cuivre n'eſt qu'interpofé entre les maffes du fer; c'eft un corps médiateur dont les furfaces, fimplement adhérentes à celles du fer qui leur font voifines, les accrochent l'une à l'autre : au lieu que dans l'affinage le cuivre fe trouve diffeminé entre les molécules du fer, & les empêche de fe rallier & de former une union intime d'où il puiffe réfulter un corps homogene. Cette propriété du cuivre à l'égard du fer eft analogue à celle de l'étain à l'égard du cuivre. L'étain fert à fouder les maffes de cuivre; mais lorfqu'il y eft mêlé par la fufion, il le rend aigre, dur & caffant. J'ai mêlé du cuivre & du fer en proportions différentes; je leur ai donné différent degré de chaleur jufqu'au feu le plus vif; jamais je n'ai pu réuffir à former de ces deux métaux combinés une maffe homogene & ductile. Il faut donc rejetter les fers cuivreux dans les fabriques des canons & pour tous les ouvrages qui demandent un fer fouple, ductile & nerveux. On évitera auffi les travers en ne furchauffant point les fers.

Les grillots font des enfoncements multipliés & cantonnés, que l'on apperçoit à la furface d'un fer qui paroît grenu; en l'examinant à la louppe, on apperçoit dans ces endroits une infinité de petits grumeaux fans liaifon. Cet accident auquel les fers aigres, fulfureux, font plus fujets que les autres, a pour caufe la négligence du chauffeur qui n'a pas foin de préfenter alternativement au centre du foyer, les différentes faces des pieces de fer qu'il chauffe : alors le feu, pouffé trop vivement & trop continuement par le vent de la tuyere dans un feul point de la maffe de fer qui lui eft préfentée, agit avec trop d'énergie; il attaque la fubftance du fer, en change l'organifation, en fond des portions qui fe décompofent au point de ne pouvoir plus former de liaifon. On connoît dans le travail, qu'une piece eft grillottée, lorfque l'ouvrier retire fa chaude du feu; on apperçoit des cantons où il y a perte de fubftance, qui brillent & lancent avec une forte de fulguration des étincelles éclatantes. Cet accident eft rarement bien réparé par l'effet de la percuffion du marteau qui pêtrit & foude l'étoffe du fer.

L'ouvrier tâche de réparer sa négligence ou en plongeant sa chaude suante & presque fondante dans l'eau pour en raffermir les parties, ou en saupoudrant le grillot avec des menus laitiers, pour ranimer les parties pâmées du fer; mais c'est presque toujours sans succès. Lorsque l'essence du fer est altérée, il reprend difficilement son état naturel, si ce n'est par une nouvelle opération d'affinage, en employant des matieres capables de le ranimer.

Les chambres sont de petits espaces vuides dirigés en tous sens dans l'intérieur des grosses pieces qui se fabriquent par couches additionnelles. Ces défauts procedent de plusieurs causes. Une chaude incomplette ou forcée ne se soude qu'imparfaitement. Les parties qui n'ont pu contracter de liaison laissent entre elles des espaces vuides plus ou moins étendus. Si les ouvriers laissent introduire entre les mises des parties de fer en destruction, du poussier de charbon, ce sont des corps étrangers qui forment une solution de continuité; s'ils soudent les bords des mises avant le centre, le laitier que sue la piece se réunit au centre & se cantonne; & comme il est dans un état de bouillonnement, il contient de l'air qui souleve les parties, les empêche de se rapprocher & de se souder. Ces défauts, qui ruineroient bientôt des canons d'artillerie, n'auront pas lieu si l'on observe les précautions que j'indiquerai plus bas dans le manuel des opérations.

La rouille enfin est le défaut le plus général dont le fer est susceptible; mais la rouille n'atraque que les surfaces exposées à un agent quelconque qui a prise les parties du fer & les réduit en chaux. L'on a cherché une infinité de moyens de préserver le fer de la rouille, sans beaucoup de succès. Les vernis résineux ne sont pas suffisants, parcequ'ils se décomposent à l'air. Les vernis gras charbonneux, tel celui dont on enduit les épingles noires, & tout le meuble de deuil qui appartient au fer, sont plus durables; mais outre que ces vernis s'écaillent & se détachent par une suite de temps, ils ne conviennent pas à toutes especes de ferrements; d'ailleurs les grandes pieces ne font pas fufceptibles de le recevoir, à caufe de la manipulation néceffaire pour l'appliquer. La chaux conferve le fer & le préferve de la rouille. J'ai retiré des ruines de Châtelet beaucoup de ferremens qui, depuis environ quatorze cents ans, étoient enfouis dans des décombres humides; ceux qui fe font trouvés enveloppés de chaux, n'étoient nullement dégradés par la rouille; ils avoient toute la fraîcheur du neuf, tandis que ceux qui n'étoient éloignés des premiers que de quelques pieds, & n'avoient point été entourés de chaux, avoient été fi fortement attaqués par la rouille que l'humidité des eaux pluviales avoit occafionnée, qu'ils étoient totalement ou en plus grande partie décompofés. La chaux qui eft un moyen de préferver de la rouille une infinité de ferremens qui ne doivent pas recevoir de mouvement, n'y être expofés à aucun frottement ni à l'air, n'eft pas praticable pour les canons. Mais il eft deux autres moyens sûrs de préferver le fer de la rouille, au moins d'empêcher qu'elle n'y occafionne des dégradations notables; l'un eft naturel & l'autre artificiel: mais pour que leur effet foit plus certain, il faut que le fer foit pur & poli. Le moyen de préferver le fer de la rouille par l'art, eft de lui donner un recuit fuffifant qui le couvre d'un vernis bleu plus ou moins foncé. Ce vernis n'eft formé que par les parties des furfaces du fer converties en une efpece de vitrification brillante. Le moyen naturel eft une roüille fondue, pour ainfi dire, qui fe forme lentement à la furface du fer expofé à l'humidité de l'atmofphere. Ce vernis brun, fouvent luifant, reffemble par fa contexture au vernis précieux des bronzes antiques; c'eft une couche d'hématite dure, fur laquelle l'humidité & les acides n'ont point de prife; & quoique la couleur en foit obfcure, elle a une forte d'agrément par le poli dont ce vernis eft fufceptible; mais il n'y a que le bon fer & l'acier qui s'en couvrent à la longue. Tous les fers vitrioliques & combinés d'autres parties métalliques hétérogenes, fe décompofent lorfqu'ils font expofés à l'humidité qui les couvre d'une rouille pulvérulente qui les détruit radicalement en attaquant de préférence les parties les plus impures ainsi que je l'ai démontré dans mon mémoire sur les métamorphoses du fer. Le vernis brun de la rouille fondue naturellement est un préservatif assuré contre les progrès d'une rouille ultérieure, pour toutes les pieces de fer qui en sont couvertes, particuliérement pour toutes les pieces d'artillerie : pour prouver ce fait je vais en citer un exemple dans l'espece:

Dans un préau du Château de S. Dizier en Champagne, on voit un pierrier énorme qui y est resté depuis le dernier siege que cette ancienne forteresse a soutenu en 1544, contre l'armée combinée de l'Empereur Charles-Quint. Cette piece est dans son genre un chef-d'œuvre d'artillerie, remarquable à plusieurs égards, tant pour sa forme que pour les différentes parties dont elle est artistement composée : ce qui m'engage à en donner ici la description.

Le pierrier de S. Dizier a retenu l'ancien nom de *bombarde* qui fut le premier que l'on donna aux bouches à feu. Sa longueur totale est de huit pieds deux pouces, sa bouche a vingt pouces trois quarts d'ouverture. Je me souviens que dans ma jeunesse, je me suis fouré, moi troisieme, dans l'ame de cette piece. Ce pierrier est non-feulement composé de beaucoup de parties jointes étroitement ensemble, mais encore de matieres différentes. Toute la volée est composée de fer battu, & la charge qui compose le massif de la chambre & de la culasse est de fonte de fer. Cette derniere partie est un cylindre de trente-six pouces & demi de longueur dont on ne voit que trente-deux & demi. Il a dix-huit pouces de diametre à l'extrémité qui est coupée à angle droit, & vingt pouces à la jonction de la partie inférieure de la volée, près du premier renfort. Ce cylindre peut être considéré comme composé de trois parties, sçavoir le fond de la culasse, le vif de la charge & la chambre. La culasse a six pouces & demi d'épaisseur; le vif de la chambre, de cinq deux tiers à sept
pouces;

pouces ; il eſt percé, à ſept pouces de diſtance de l'extrémité, d'un trou perpendiculaire de ſix lignes de diametre,
qui forme la lumiere, laquelle eſt évaſée à ſon orifice en
forme de cul d'œuf. La chambre eſt une ouverture cylindrique de ſix pouces deux tiers de diametre & de trente pouces de profondeur. Il falloit unir cette partie, qui forme
la culaſſe & le tonnerre, à la volée, & les aſſujettir l'une
à l'autre par une union capable de la plus grande réſiſtance.
Pour y parvenir, l'on a commencé par poſer, à chaud, ſur
les bords de la piece de fonte de fer, un cercle de fer
battu de quatre pouces de largeur & d'un pouce d'épaiſſeur. On avoit ſans doute pratiqué ſous l'emplacement de ce
cercle une gorge pour en recevoir une portion qui pût faire
la baſe de l'aſſemblage. Cette précaution ne peut être que
préſumée, parceque l'état des choſes ne permet pas de la
découvrir. Sur ce lien l'on a ſoudé ſucceſſivement dix-neuf
douves de fer battu d'un pouce d'épaiſſeur, dont l'autre extrémité a été ſoudée ſur la ſurface intérieure d'un grand
cercle de fer de vingt-deux pouces trois quarts de diametre,
de trois pouces de hauteur & de dix-huit lignes d'épaiſſeur,
lequel forme la couronne du pierrier. Les douves bien
dreſſées, avant que d'être ſoudées, ont été jointes exactement entre elles, & enſuite contenues, recouvertes & fortifiées, par trente-deux liens & cordons de différentes épaiſſeurs & largeurs, dont les uns doublent les autres & forment
les renforts, plattes-bandes & aſtragales. On remarque ſur
ces liens différents ornements qui y ont été imprimés ; les
uns ſont l'écu de France pluſieurs fois répété ; les fleurs-
de-lys ſont maigres & allongées ; d'autres ſont de doubles
roſettes eſpacées entre les armes de France : l'on y remarque auſſi des monogrammes gothiques difficiles à déchif-
frer.

J'eſtime que ce pierrier peſe environ ſix mille huit cents
trente & une livres ; que ſa charge eſt de quarante-huit
livres de poudre, & qu'il pouvoit lancer huit pieds cubes
de pierres à deux cents toiſes de longueur, en diminuant

M m m

environ un tiers de la capacité intérieure de l'ame de sa
volée, pour les vuides que l'on ne peut éviter dans l'entaf-
fement des pierres dont on le chargeoit.

La construction de cette énorme piece a exigé beaucoup
plus de connoissances, d'intelligence & de peines, qu'il
n'en faudra employer pour fabriquer les canons que je propose. En perfectionnant les opérations & les procédés de
sa fabrique, nous sommes en état de forger des canons
qui seront d'une seule piece & d'un seul calibre dans chaque grosseur; au lieu que la chambre de ce pierrier n'a que
le tiers du diametre du calibre de la volée.

Pour rapprocher nos idées sur les effets de la rouille,
je ferai observer que les surfaces extérieures de la bombarde
de S. Dizier, qui paroît avoir été fabriquée dès la naissance
de l'Artillerie pyrique, se sont couvertes d'un vernis brun
fondu, qui a intercepté toute communication à l'eau, &
par ce moyen a empêché la dégradation des parties qu'il
recouvre, quoique ce pierrier soit resté exposé à toutes les
influences de l'air. Les seules parties extérieures qui touchent la terre & les intérieures sur lesquelles l'eau a séjourné, sont légérement dégradées. Trois des douves de sa
volée qui n'ont pas été préparées avec le même soin que
les autres, ont poussé en dedans des louppes qui sont produites par des portions d'un fer impur qui s'est décomposé:
accident qu'il est aisé de prévenir, 1°. en préparant un fer
homogene, 2°. en ne laissant point séjourner d'eau dans
les bouches à feu, 3°. en les élevant sur des affûts pour
qu'elles ne touchent pas la terre.

Pour parvenir à fabriquer des canons de fer d'une bonne
qualité, il faut y procéder par différentes opérations qui
doivent se succéder, & que l'on peut diviser en trois especes principales. La premiere est la préparation de l'étoffe
dont le canon doit être composé; par la seconde on par-
viendra à réunir & à souder successivement plusieurs parties qui constitueront un canon massif & brut; enfin la
troisieme donnera l'ame & le poli. Ces trois opérations se

ſubdiviſent en d'autres ſecondaires dont nous verrons le détail dans l'analyſe du travail que je vais décrire.

Dans mes Mémoires précédents j'ai indiqué les moyens d'obtenir d'un minerai de fer quelconque un bon fer. Je les rappellerai ici ſommairement, & je donnerai des moyens de pratique dans l'affinage, le départ & le forgeage, qui ſont les ſeuls par leſquels on puiſſe obtenir un fer fort, nerveux, homogene & bien corroyé.

Quoique ce ſoit un principe certain qu'il, eſt poſſible de préparer un excellent fer avec les minerais les plus ingrats, les plus refractaires & les plus chargés de ſubſtances métalliques & minérales étrangeres, il eſt avantageux, pour économiſer le travail, la dépenſe & les matériaux, de choiſir les minerais les plus purs & les plus ouverts ; tels ſont ceux que l'on tire des mines par dépôt, qui ſont ſeuls ou mélangés avec du ſpath calcaire, des terres bolaires & calcaires, des mines en roche calcaires, brunes ou rouges.

Il eſt rare que les minerais tirés des entrailles de la terre ne ſoient mélangés ou encroûtés d'une terre étrangere qui n'eſt point métallique, ou qu'ils n'en contiennent intérieurement. Il eſt néceſſaire de les en dépouiller par le lavage, & de les briſer en morceaux dont les plus gros n'excedent pas un pouce cube. Je ne répéterai pas ici ce que j'ai dit ſur l'art de bocarder & de laver les minerais. On peut conſulter la troiſieme ſection du troiſieme Chapitre du Mémoire ſur les moyens de laver & fondre les mines de fer, page 157.

Le grillage eſt une préparation qui eſt avantageuſe aux minerais les plus purs, & qui eſt indiſpenſable pour tous ceux qui contiennent des principes volatils étrangers, même des parties ſpathiques trop abondantes. Il faut donc ſoumettre au grillage tout minerai de fer deſtiné à la fabrique des canons, ſoit avant, ſoit après qu'ils auront été bocardés & lavés, ſoit entre ces deux opérations. Les minerais qui contiennent une terre argilleuſe capable de ſe durcir au feu, doivent être lavés avant d'être grillés. Je

ne confidere pas comme indifférente la matiere du feu du
grillage préparatoire. Je préfere le bois au charbon, & le
charbon végétal au charbon minéral; parceque ce feu préliminaire doit être doux & non de fufion. Le caractere du
minerai doit en fixer l'intenfité & la durée.

Si l'on a des minerais en pierre d'une qualité douce,
on pourra les traiter par la liquation, c'eft-à-dire en fabriquer le fer immédiatement avec le minerai dans une affinerie appropriée à ce travail avec des charbons provenant
de bois réfineux, ainfi qu'il fe pratique dans le Dauphiné,
dans la Catalogne, l'Isle de Corfe, & une partie de la Navarre & de l'Efpagne. On obfervera de féparer exactement
l'acier qui fe trouve ordinairement dans l'intérieur des
loupes faites par liquation. On procédera pour le forgeage
avec les précautions que j'indiquerai pour les fers fabriqués
dans les renardieres, afin d'en lier & d'en fouder exactement toutes les parties.

Les minerais qu'il eft néceffaire ou avantageux de traiter
par la fufion pour les réduire en matte ou fonte de fer
(telles les mines en pouffiere, les minettes, celles en pifolithes, & celles de marais), feront fondus dans des
fourneaux elliptiques avec les attentions que j'ai indiquées
dans le Mémoire cité ci-devant. L'on aura foin d'entretenir le fondage, de façon qu'il ne produife que des fontes
grifes d'un grain fin & ferré, parceque cette efpece de
fonte eft la plus pure. La blanche étant trop chargée d'alliage, donne un gros déchet à la refonte. La fonte noire
contient des parties en deftruction qui operent une diminution de produit. La fonte fera moulée en gueufe, ou en
guife ou en floff, fuivant les ufages locaux. Je préfere cependant la forme prifmatique des gueufes. On réduira la
fonte en régule dans un petit fourneau de macération,
dans lequel, par une refonte, on l'épurera de tout ce
qu'elle peut contenir d'hétérogene. On pourra employer
le falpêtre pour accélérer le départ; on écouvillonnera le
feu avec du lait de chaux; l'on emploiera à cette opéra-

tion des charbons d'eſſence mêlée. Lorſque l'on s'appercevra que les ſcories qui couvrent le régule en bain, diminueront en quantité, & qu'elles ceſſeront de couler, ce qui
eſt une preuve que la dépuration de la matte eſt achevée,
on lâchera, par le chio, le régule qui ſe moulera en une table d'un pouce & demi d'épaiſſeur, dans un moule formé
avec un rable de bois, dans des fraſins que l'on approvi-
ſionnera en face du foyer, au-deſſous du niveau du fond
du creuſet. On diviſera le régule par des traces profondes
tirées tranſverſalement avec la pointe d'un morceau de bois
qui ſert à bouger le feu, & de ſuite on jettera pluſieurs
ſeaux d'eau ſur ce régule encore mou, pour faire détacher de ſa ſurface les ſcories qui ſeront coulées avec lui.
Lorſque la plaque de régule ſera conſolidée, on l'enlevera, on la diviſera à coups de maſſe en gâteaux d'environ
quinze pouces de longueur ſur huit à neuf de largeur, qui
ſe ſépareront dans la direction des lignes que l'on y aura
tracées, lorſqu'il étoit encore preſque fluide : ces gâteaux ſe
nomment fer macéré & par corruption *maʒeré*.

Le fer macéré ſera affiné & réduit en fer dans une renardiere bien laitineuſe ; l'on emploiera dans cette opération des charbons doux qui ne ſoient pas mélangés de terre, de pierre ou de mine ; le feu ſera écouvillonné avec du
lait de chaux ; on donnera de la fluidité au laitier avec de
l'herbu en poudre ; l'on rafraîchira le fer avec du laitier riche qui provient du ſthoc, avec les copeaux du tour & la
limaille du foret qui proviendront des canons finis par des
opérations précédentes. L'affineur aura l'attention d'avaler
le fer à meſure que les gâteaux de régule s'amoliront ; de
le piquer fortement en pouſſant ſon ringard dans la piece,
du chio à la haire ; de relever au vent tout ce qui pourroit
s'écarter dans les angles du creuſet ; de ne lâcher le laitier
par le chio, que lorſqu'il ſera trop abondant, enſorte qu'il
pourroit gêner le vent, en remontant dans la tuyere ; d'entretenir le feu ſerré & non creux ; & lorſque ſa loupe ſera
faite, de la lever promptement de crainte qu'elle ne ſoit brû-

lée par un feu trop continu, afin qu'un autre ouvrier lui fuccede incontinent pour recommencer la même opération &
que le travail ne languiſſe pas.

La loupe, ſortie du foyer, ſera refoulée ſur toutes ſes
parties extérieures, avec une maſſe platte, que l'on nomme
communément *bocard*, elle ſera portée chaude ſous le marteau. Il eſt avantageux d'avoir dans les forges bien montées de petits marteaux d'ordon du poids de quatre à cinq
cents, pour cingler les loupes. (Ces marteaux tirent de leur
uſage le nom de cinglars.) Dans les forges où il n'y a qu'un
marteau du poids de huit à douze cents, on eſt forcé, pour
cingler les pieces, de rallentir ſa vîteſſe, & de ne pas le faire
relever juſqu'au rabat, crainte qu'il n'écraſe la loupe, qui
n'a pas encore aſſez de conſiſtance pour réſiſter aux efforts
multipliés par la vîteſſe de la roue, par l'élévation du marteau & par la réaction du reſſort ou rabat. La loupe ſera
cinglée ſur toutes ſes faces ſous une forme ovoïde, & enſuite ſous celle d'un renard taillé à huit pans inégaux, dont
quatre plus grands & quatre plus petits, égaux entr'eux,
d'une longueur qui triple ſon diametre.

Le renard, après ſa premiere ébauche, ſera reporté au
feu pour y être chauffé à blanc,& être enſuite cinglé de nouveau; l'on aura attention de refouler les bouts du renard
avec des maſſes à bras, en l'aſſujetiſſant ſur l'enclume par
le poids du gros marteau; enſuite il recevra ſur toutes ſes
faces l'impreſſion des coups du marteau, pour en ſouder
exactement toutes les parties tant intérieures qu'extérieures,
& il tiercera de longueur aux dépens de ſon épaiſſeur : alors
il prendra le nom de piece recinglée.

Dans les travaux ordinaires des forges, pour préparer un
fer brut pour le commerce, on ne recingle pas ordinairement les pieces : c'eſt toujours un accident fâcheux qui oblige de répéter cette opération, qui retarde preſque toujours
le travail de l'affinerie. L'on y eſt forcé dans les forges ſituées ſur de petits ruiſſeaux qui, dans des temps de ſeche-
reſſe, ne fourniſſent pas un volume d'eau ſuffiſant pour don-

ner aux machines affez de mouvement; enforte que la loupe fe réfroidit & fe durcit avant que le marteau, qui frappe trop lentement, ait pu en raffembler & fouder toutes les parties. Le même accident arrive lorfque l'affineur a rompu fa piece fous le marteau, pour l'avoir voulu cingler trop vîte, trop chaude, ou trop dure, ou enfin lorfqu'elle contient intérieurement de la fonte crue, ce qui l'oblige d'en ramaffer les morceaux, de les entaffer les uns fur les autres, pour les réunir en une maffe informe qui fe durcit au point de ne pouvoir plus faire de liaifon : dans ces deux cas on eft obligé de reporter au feu la loupe qui n'eft qu'un renard informe, pour lui donner une feconde chaude capable de l'amolir au point que le marteau puiffe en exprimer les fcories, & en lier toutes les parties tant intérieures qu'extérieures.

Si je prefcris ici la néceffité de recingler toutes les pieces, pour préparer un fer capable d'entrer dans la fabrique des canons, c'eft que de cette opération dépend la liaifon de toutes les parties conftituantes du fer : en recinglant les pieces, on évite les chambres, les travers & les pailles. Une piece mal cinglée donne toujours une barre défectueufe ; & l'on ne peut apporter trop de précaution pour avoir un fer plein, bien corroyé & uni, pour être employé dans des ouvrages d'une auffi grande importance.

La piece recinglée fera reportée, fuivant l'ufage, au feu pour y être chauffée au-deffus du vent, plus dans fon milieu que dans fes extrémités; on en ébauchera enfuite fous le marteau l'échantillon, en lui donnant la forme d'une barre méplate de dix-huit lignes de largeur, fur douze d'épaiffeur : on continuera, par des chaudes fucceffives & par l'effet du marteau, de lui donner les mêmes dimenfions dans toute l'étendue que pourra fournir la maffe. On obfervera de baigner les chaudes dans le laitier; de les forger fuantes fans grillots; d'en ramaffer les maffes fous le marteau avant de trancher; de faire ratiffer le laitier qui s'attache au collet de la chaude, pour éviter les gravures; de ne pas trancher profondément & inégalement, pour éviter les crans; de dreſſer chaud & de parer à l'eau avec juſteſſe, pour que la barre ſoit dreſſée ſur des lignes bien parallèles, & qu'elle ſoit bien dépouillée. L'on aura un grand ſoin que l'aire de l'enclume & celle du marteau ſoient bien dreſſées, pour ne pas faire tordre les barres; que l'enclume ne ſoit pas creuſe, crainte de faire fendre le fer; que le marteau ne pince pas, mais qu'il talonne légérement; & pour conſerver au fer toute ſa ſoupleſſe, on laiſſera réfroidir naturellement le fer, ſans plonger les barres dans le bac, pas même les maquettes.

Lorſque les barres ſeront entierement réfroidies, on s'aſſurera de la qualité du fer en les ſoumettant à deux épreuves. La premiere ſera de les couper aux deux bouts, pour en ſéparer ce qui pourroit être reſté d'écru, & en reconnoître le grain; pour ce, on entamera les ſurfaces, avec une tranche, ſur des lignes correſpondantes, puis on achevera de ſéparer les bouts, en les rompant à coups de maſſe : l'on examinera le fer à la caſſure, s'il eſt charnu ou grenu, s'il s'arrache ou ſe rompt : le plus nerveux ſera mis en un lot, & le grenu dans l'autre; & ſi dans le nerveux il s'en trouve d'un grain trop ſombre, on le mettra dans le lot du grenu, pour compoſer celui de la deuxieme qualité. Le lot de la premiere qualité ſera compoſé du fer dont le nerf ſera long, bien charnu, d'un grain cendré argentin bien tordant.

Cette premiere épreuve ne ſuffira pas pour s'aſſurer de la qualité du fer dans toute l'étendue de la barre : on lui en fera ſubir une autre, qui eſt celle du tour & du détour. Pour y procéder, on établira ſolidement un cabeſtan vertical ou horiſontal, dont la fuſée, de fonte de fer, aura huit à neuf pouces de diametre & environ quatre pieds de longueur. A un de ſes bouts prolongé hors de l'épaiſſeur de ſes jumelles, on appliquera une puiſſance motrice quelconque; on pratiquera ſur une des extrémités du corps du treuil une lumiere qui pénetrera ſon diametre, laquelle ſera de dimenſion ſuffiſante ſeulement, pour recevoir le bout des

barres :

barres : on assujettira contre les jumelles du treuil une forte piece de fonte de fer percée dans son étendue, d'une ouverture de dix-huit lignes de largeur dont les angles extérieurs seront abattus & qui correspondra au centre du treuil.

Lorsque l'on voudra opérer, on commencera par plier légerement le bout de la barre, sur une longueur de trois à quatre pouces ; on la passera par la coulisse de la piece de fonte de fer, pour l'introduire dans la lumiere du treuil ; alors on fera agir la puissance, qui imprimera au treuil un mouvement de rotation, qui attirera la barre & la forcera de s'appliquer en spires sur sa surface ; elle sera dirigée par les bords de la coulisse, par laquelle elle filera. Lorsque la barre sera presqu'entierement passée, on imprimera à la machine un mouvement contraire, qui fera dévider la barre de dessus le tour, laquelle se redressera en passant par la coulisse. Si le fer sort de cette épreuve sans se rompre, on est assuré qu'il est de la qualité requise. Toutes les barres subiront cette épreuve. Celles auxquelles on remarquera quelques défauts seront mises à part, & prendront le nom de *fer de noyau*; & celles qui résisteront à l'épreuve seront séparées, & s'appelleront *fer de mise*. Ces deux qualités auront chacune leur emploi particulier dans la composition du canon, dont je vais détailler la manœuvre.

Toutes les expériences que l'on a faites pour reconnoître d'où procédoit la force du fer, ont prouvé, que plus un fer étoit composé de fibres nerveuses rangées par faisceaux plus ou moins sinueux, dirigés dans la longueur des masses ; plus le fer étoit susceptible de résister aux plus violents efforts : que la force de ses fibres ne procédoit pas de leur adhérence latérale, puisqu'ils peuvent se désunir ; mais de la liaison intime de leurs parties constitutives qui sont accrochées les unes aux autres, par continuité, comme les fibres du bois, les mailles d'une chaîne, ou les filaments des cordages. Puisque plus un fer est nerveux plus il a de force ; que la force de tous les corps fibreux & nerveux réside dans leur étendue, & qu'elle se multiplie par le nombre des ré-

N nn

volutions qu’on leur fait faire : il faut donc dans les maffes du canon, diriger les fibres du fer dans le fens où elles peuvent oppofer la plus grande réfiftance. Il n’eft point de moyen plus avantageux que de les contourner en fpirale, pour en former des canons d’artillerie de fer contourné, à-peu-près comme on en fait de moufquetterie. Pour éviter les répétitions & les ambiguités, je vais procéder pour un canon de douze livres de balle.

L’on commencera par monter une feconde chaufferie munie de deux bons foufflets de bois, mus par l’eau. Le creufet des foyers fera élevé de deux pieds au-deffus du fol; la partie antérieure de la cheminée & les côtés feront foutenus par des potences de fonte de fer qui s’appuieront contre la bafe du mur de la tuyere, afin que rien ne gêne la manœuvre. On établira des potences tournantes garnies de leurs poulies & de leurs crémailleres, pour retirer de la chaufferie, porter fous le marteau, & pour reporter au feu, les pieces qu’il n’eft pas poffible de faifir à la tenaille, à caufe de leur volume & de leur poids; l’ordon du gros marteau fera à bafcule, garni d’un reffort placé fous la queue du manche; l’aire de l’enclume & celle du marteau auront fix pouces de largeur fur quinze pouces de longueur : l’on aura un nombre fuffifant d’ouvriers pour alimenter le feu, le bouger, foigner les chaudes & pour toutes les manœuvre du forgeage.

Toutes chofes étant difpofées, on prendra des barres de noyau que l’on coupera de dix pieds de longueur; on en affemblera fept en une trouffe, contenues par trois liens pliés à chaud comme ceux des bottes de fenderie; on en placera un au centre & les deux autres à un pied près des extrémités. Ces barres feront rangées dans la trouffe de façon que les trois centrales foient pofées, de champ, fur deux mifes de plat, & recouvertes par deux autres rangées dans le même fens; par ce moyen les joints feront recouverts comme les liaifons de la maçonnerie. On chauffera cette trouffe par partie, en commançant par le milieu :

lorfqu'elle fera chauffée fuante, ou la portera, au moyen des machines, fous le gros marteau, pour fouder les barres enfemble; & l'on ébauchera ainfi un cylindre de trois pouces de diametre en refoulant les angles. On continuera à chauffer & à forger de fuite un bout entiérement, jufqu'à ce qu'il foit fini, avant de recommencer l'autre, en partant du milieu qui aura été chauffé & forgé le premier. Lorfque ce cylindre fera fini fur le même échantillon dans toute la longueur de la trouffe, il aura augmenté environ d'un quart fur fa longueur. L'on foudera fur chaque bout une croffe, dont la tige aura deux pouces de groffeur, & qui fera terminée par un œil pour y paffer un levier; on obfervera de fixer les deux croffes de façon que les deux leviers faffent la croifée, afin d'avoir quatre points d'appui pour tourner le noyau dans les différentes opérations de la manœuvre : même il eft avantageux de percer la tige de chaque croffe d'un fecond œil, pour que l'on puiffe manœuvrer avec un plus grand nombre de leviers, à mefure que la piece prendra plus de volume & qu'elle exigera, en conféquence, plus de force pour la mouvoir.

Lorfque le noyau fera fini, on fe préparera à le charger : pour cette opération, il faut une petite chaufferie, devant laquelle on placera, très près du creufet, deux fupports de fonte de fer : le haut de ces fupports mobiles, que je nomme *chambrieres*, fera coupé en forme de croiffant, formant un demi cercle de dix pouces de diametre, lequel aura un pouce d'épaiffeur; leurs cornes tronquées feront échancrées en dehors, fur des lignes elliptiques : en fe réuniffant à leur bafe elles fe termineront en une tige de quatre pouces de hauteur & de quatre pouces de diametre : cette tige s'élevera fur une efpece de focle de dix pouces en quarré & de fix pouces d'épaiffeur, les côtés feront coupés en chanfrein, fur la moitié de leur hauteur. Ces chambrieres feront pofées à huit pieds de diftance l'une de l'autre, dans un enfoncement d'un pouce de profondeur, pratiqué dans l'épaiffeur d'un fort madrier de bois porté fur deux petits rouleaux.

On divifera le noyau en trois parties, le corps & les deux bouts : le corps aura dix pieds trois pouces de longueur pris dans le centre. On le délimitera par deux petits crans faits à la tranche. Les bouts prendront les noms des parties du canon, auxquelles ils correfpondront; l'un fe nommera le bout de la bouche, & l'autre du bouton.

On commencera par fouder le bout d'une barre de fer de mife, fur le cran du bout de la bouche : on pofera enfuite le noyau fur les chambrieres, de façon que la foudure de la barre foit en deffus. Sa direction avec le noyau fera oblique; enforte qu'elle ne décline de la perpendiculaire du côté du bouton, que de fon épaiffeur, pour qu'elle puiffe former des hélices autour du noyau. On aura foin que la barre traverfe le foyer dans fon grand diametre; qu'elle foit placée dans le feu à trois pouces de la tuyere, un peu au-deffus du vent, qui fera rendu divergent par l'applatiffement de la bouche de la tuyere : alors on fera agir mollement les foufflets. A mefure que la barre rougira au feu, des ouvriers tourneront le noyau au moyen des leviers paffés dans les tiges des deux croffes; un autre ouvrier, avec un marteau à main, frappera fur les révolutions que fera la barre autour du noyau, pour empêcher qu'elles n'occafionnent des chambres en formant des ondes, ou en mordant fur leurs voifines, & pour les forcer de s'appliquer exactement fur le noyau, & de fe ferrer de très près. L'extrémité de la barre, qui fera oppofée au cylindre, fera fixée à une maffe mobile du poids d'environ deux cents livres, qui, faifant effort contre les révolutions du cylindre, forcera la barre de s'appliquer fur le noyau avec plus d'exactitude. Ce poids produira l'effet du chariot du Cordier, lorfqu'il commet plufieurs torons enfemble. A mefure que la barre fera des révolutions fur le noyau, un ouvrier aura foin d'imprimer un mouvement progreffif au madrier qui fupporte les chambrieres, pour que la barre de mife foit toujours dans la même pofition dans le foyer.

Comme à la forge on ne pourra donner une longueur

fuffifante aux barres, pour qu’une feule puiffe envelopper le noyau dans toute l’étendue néceffaire, on amorcera en bifeau les bouts de ces barres; on les percera d’un trou au centre du bifeau, & on les affujettira enfemble avec une goupille à mefure qu’il en fera befoin. On fera enforte que les bouts de ces barres n’excedent pas à leur jonction leurs dimenfions. Lorfque la derniere révolution de la barre fera parvenue au cran du bouton, on la coupera avec une tranche; on fera ceffer l’action des foufflets, & le noyau fera couvert de fa premiere charge.

Les révolutions de la barre de mife n’auront pu fe fouder, parceque dans l’opération de la charge le fer aura reçu une chaleur douce, capable feulement de le faire plier. Il fera néceffaire de procéder à la foudure par une feconde opération; elle fe fera dans la grande chaufferie où l’on tranfportera le noyau chargé; il fera fupporté fur deux chambrieres pareilles aux deux que j’ai décrites précédemment; mais elles feront pofées dans un fens contraire: l’une fera en face du chio, & l’autre derriere la haire. Ces deux pieces du creufet feront échancrées hemicirculairement fous l’emplacement du noyau, afin que les chaudes puiffent baigner dans le laitier, qui ne fe lâchera que lorfqu’il gênera la tuyere. On commencera à chauffer par le bout de la tulipe; on tournera le noyau dans le feu afin de le faire chauffer également fans le brûler, autour d’une portée d’environ douze pouces de longueur. On faupoudrera le feu de temps en temps avec de l’herbu & du laitier; & lorfque l’on s’appercevra, par la couleur de la flamme, que le fer fera chaud, on enlevera la piece du feu au moyen des machines, pour la porter fur l’enclume, & l’on fera agir le marteau; on roulera la chaude d’un bout à l’autre de l’aire de l’enclume; on avancera & on reculera la chaude pour la préfenter dans toutes fes parties aux coups redoublés du marteau. Cette opération demande beaucoup de célérité. Lorfque l’on verra que les fers feront bien foudés, on en applanira les furfaces. Cette opération finie, on reportera la piece au feu pour lui donner une seconde chaude en suivant la premiere, ainsi successivement jusqu'à ce que la premiere charge soit entiérement soudée : alors le noyau sera revêtu de sa chemise. Il s'agira de le couvrir d'une deuxieme charge, pour laquelle on procédera comme pour la premiere, en observant de la commencer par le bout de la culasse, afin que les secondes révolutions de la barre de mise croisent celles de la premiere charge. L'on continuera à charger & à souder jusqu'à ce que la piece forme un cylindre d'un diametre plus fort d'un demi-pouce que celui que le canon massif doit avoir dans la partie la plus foible de la volée : on s'assurera des épaisseurs avec le compas à branches courbes.

Si le cylindre étoit la forme d'un canon, sa masse seroit complette après ces opérations ; mais l'expérience a démontré qu'un canon devoit avoir une forme pyramidale composée de plusieurs cônes tronqués, de dimensions différentes, unis ensemble bout à bout, pour donner plus d'épaisseur à ses diverses parties, en raison de la résistance qu'elles doivent opposer à l'effort de l'explosion, du frottement & du choc : c'est pourquoi il faut continuer de charger le noyau successivement dans les différentes parties des renforts. On commencera par la culasse ; on prolongera la premiere charge des renforts jusqu'à moitié de la volée, pour donner plus d'épaisseur à cette partie qui commence au bout du second renfort. L'on continuera de charger & de souder jusqu'à ce que le premier & le second renfort aient une épaisseur respective qui excédera d'un quart de pouce celle qu'ils doivent avoir après le travail complet. L'on observera à chaque charge de croiser les volutes des bandes de mise, pour lier d'autant mieux les parties nerveuses du fer.

Lorsque le canon aura acquis en grosseur ses différentes dimensions, on roulera des bandes de mise en forme d'anneau sur l'emplacement de la platte-bande & de la moulure de la culasse, de l'astragale de la lumiere, des plattes-bandes

& des moulures du premier & du deuxieme renfort, de l'aftragale de la ceinture, de celui du colet, de la tulipe & de la couronne. Lorfque tous ces ornements feront foudés, on examinera exactement les furfaces de la piece, pour voir fi l'on n'y obferve point de défaut : s'il y en paroiffoit quelques-uns, on chaufferoit la piece dans l'endroit où il y en auroit, pour y fouder un bout de bande de mife. L'on procédera enfuite à placer les tourillons près de la platte bande du deuxieme renfort. Les tourillons feront formés de tronçons des noyaux des canons qui auront été forgés auparavant : ils auront un diametre & demi en longueur, parcequ'en les foudant ils feront refoulés : on leur donnera, ainfi qu'aux emplacements de la piece, qui doivent les recevoir fucceffivement, une chaude fuante, & on les foudera avec des marteaux à main. Lorfque cette opération fera finie, on laiffera refroidir le canon.

Le canon, au fortir des mains des Forgerons, ne fera encore qu'une maffe brute & adhérente aux bouts du noyau & aux croffes. Il fera porté dans cet état à l'alezoir, pour y recevoir les formes extérieures. Les ouvriers de cet attelier commenceront par en féparer, par la fcie, les bouts du noyau, qui feront coupés, l'un où doit fe terminer la couronne, & l'autre à l'extrémité du bouton, ce qui donnera au canon une longueur de dix pieds. Les bouts de noyau feront remis aux Forgerons pour en féparer, à la tranche à chaud, les croffes auxquelles on fera les réparations néceffaires. L'on montera le canon fur un tour à l'eau, pour y recevoir le poli & le fini extérieur. L'on y brafera enfuite les anfes, des plaques & des banderoles, pour y fculpter des armes & des devifes fi on le juge à propos.

La piece dans cet état fera foumife à la machine du foret pour former l'ame, avec une fuite de quarrés d'un excellent acier & de groffeur graduée, jufqu'à quatre pouces quatre lignes que doit avoir de calibre une piece de douze livres de balle, pour recevoir un boulet de quatre pouces deux lignes, afin qu'il ait fuffifamment de vent pour la chaffe. L'on forera

auffi la lumiere, qui pourra dans la fuite, être ouverte dans
une maffe de fer battu, fcellée au vif de la piece par vis &
écrous, quand la premiere lumiere qui aura été faite, fe
fera déformée par un long ufage.

Lorfque le canon fera complet dans toutes fes formes,
on le fera rougir légérement dans toute fon étendue. Cette
opération remplira deux vues. Le premier avantage que l'on
en tirera, fera de le couvrir d'un vernis bronzé qui fortira
de fa propre fubftance, lequel le garantira de la rouille. Le
fecond fera une des meilleures épreuves que l'on puiffe faire
fubir à un canon, parceque s'il eft taré de quelques défauts, la chaleur, en dilatant les parties qui ne feroient pas
foudées exactement, les feroit paroître, tant au dehors par
la feule infpection, qu'au dedans par le moyen du miroir en
y réfléchiffant les rayons du foleil, & en y paffant la griffe.
Après l'épreuve du feu, lorfque le canon fera refroidi, il fu-
bira celle du tir à double charge, à charge & demie & à
charge ordinaire avec le boulet, avant d'être placé dans le
parc.

En fuivant les procédés que j'ai indiqués dans ce Mémoire; en confiant les opérations à des ouvriers intelligents,
travaillants fous les yeux d'un Infpecteur qui foit exercé dans
les travaux du fer, j'ofe affurer que l'Etat fe procureroit
des canons, d'Artillerie & de mer, de fer contourné, qui
réuniroient tous les avantages que l'on defire fe procurer depuis long-temps. Pour s'en convaincre, il fuffit de faire quelques réflexions fur les accidents qui rendent notre Artillerie
actuelle dangereufe & de peu de durée.

Tous nos canons d'Artillerie, & généralement toutes les
bouches à feu, font compofés de métaux fondus, feuls ou
combinés. Il eft de principe reçu en Métallurgie, que la
fufion aigrit en général les métaux, & que le forgeage leur
donne du corps & de la denfité. La fonte de fer eft une des
fubftances les plus aigres. Dans le Mémoire précédent, j'ai
donné un moyen de lui donner de la liaifon, & d'en augmenter la réfiftance en la purifiant par la macération pour la
réduire

réduire à l'état de régule, qui l'approche de celui du fer : mais le régule n'a pas la force & la ténacité du fer battu, qui, de tous les métaux, est celui dont les parties sont les plus roides & les mieux liées les unes aux autres.

Tous les métaux fondus, en se refroidissant, deviennent criblés d'une infinité de petits vuides irréguliers. Ces vuides sont formés par la retraite respective de chaque molécule métallique, qui prend une configuration qui lui est naturelle, & reste isolée. Les métaux forgés, au contraire, font leur retraite, qui est beaucoup moins sensible, dans la totalité de leur masse, parceque leurs parties plus liées se touchent toutes, ce qui constitue leur densité. La liqueur corrosive, que produit la poudre enflammée, ne peut les pénétrer ; elle transpire au contraire à travers les masses des canons de cuivre fondu, les corrode, & les met hors de service en peu de temps. Les canons de fer forgé contourné ne donneront pas la même prise à la liqueur corrosive de la poudre : elle endommagera au plus légérement leurs surfaces intérieures. Elle ne pourra pénétrer dans l'intérieur des masses, parceque le tissu de l'étoffe est serré & continu. Ces canons ne creveront pas lorsqu'ils seront exécutés avec les attentions nécessaires, parcequ'ils opposeront à l'effort du tir une résistance dix fois plus forte que les canons de fonte cuivreuse, même sous un volume beaucoup inférieur.

De la faculté que l'on aura de diminuer l'épaisseur du vif des bouches à feu, en les composant de fer contourné, il résultera une foule d'avantages inappréciables pour la célérité de la manœuvre, & la facilité du transport. Une Artillerie légere diminue immensément la dépense, parceque son service exige moins d'hommes & de vivres ; moins de chevaux, de fourrages & d'équipages. Une Artillerie lourde ne permet pas l'exécution des opérations qu'exigent des circonstances imprévues, dans une affaire dont la réussite dépend de la promptitude de l'exécution. Combien de batailles perdues, par la difficulté de faire arriver l'Artillerie dans ces moments critiques qui décident du sort des Nations. Les avantages d'une Artillerie légere ne font pas moins précieux fur mer que fur le continent. Combien d'accidents funeftes & d'inconvéniens n'ont d'autre caufe que le poids énorme de l'Artillerie marine, qui force de diminuer le nombre des bouches à feu dont un vaiffeau pourroit être armé; de jetter à la mer une partie de l'Artillerie, lorfque des voies d'eau ne peuvent être arrêtées qu'en allégeant le vaiffeau, parcequ'il eft entr'ouvert près de la furface de l'eau. En armant nos vaiffeaux avec des canons de fer battu & contourné, qui feront d'un tiers plus légers, & dix fois plus réfiftants, non feulement ces inconvéniens ne fubfifteront plus, mais auffi l'on évitera les accidents fi ordinaires avec les canons dont on fait ufage actuellement, & qui crevent fi fréquemment.

L'on ne manquera pas de faire, contre cette nouvelle théorie d'Artillerie de fer forgé contourné, les objections fuivantes : 1°. que l'on n'a pu réuffir jufqu'à préfent à forger des canons de fer qui aient les qualités requifes; 2°. que les canons de fer feront fujets à la rouille; 3°. que ces canons étant plus légers, leur recul fera plus fort, conféquemment leur portée plus foible; 4°. que lorfque les canons de fer feront hors de fervice, leur matiere fera en pure perte. Il eft néceffaire de détruire ces objections.

Si l'on n'a pû parvenir jufqu'à ce jour à fabriquer des canons de fer battu, qui réuniffent toutes les perfections exigibles dans les bouches à feu, il eft probable que l'on n'a pas apporté, dans la fabrication, toutes les précautions néceffaires, 1°. pour fe procurer un fer exempt de matieres étrangeres; 2°. pour en lier exactement toutes les parties; 3°. pour en augmenter la force par la contexture de fes fibres contournés comme les torons des cables, & pour ainfi dire, ruftés les uns fur les autres. On réuffit en petit pour la moufquetterie. Pour obtenir en grand le même fuccès, il ne faut que de l'expérience, de l'activité dans le travail, & de la précifion dans les opérations.

La rouille qui attaquera plus particuliérement les furfaces de l'ame des canons de fer forgé contourné, n'eft pas un argu-

ment invincible, puisqu'il est constant que la liqueur corrosive de la poudre enflammée, de laquelle on a le plus à
craindre, aura moins de prise sur les canons de fer forgé
contourné, qu'elle n'en a sur ceux de cuivre, & à deux égards,
puisque le cuivre cede plus facilement que le fer à cet agent
corrosif, & que le cuivre fondu est non-seulement poreux
par la contexture de ses parties propres, mais encore parceque les parties métalliques qu'on lui unit, tel le zinc & l'é-
tain, l'abandonnent souvent, & ne laissent qu'un squelette
métallique, à travers lequel la liqueur corrosive pénetre
comme dans une éponge, ce qui fait suer les pieces. La
densité du fer bien corroyé opposera une résistance invincible à la liqueur de la poudre, qui ne pourra pénétrer les
canons qui en seront composés; & pour empêcher qu'elle
ne fasse des progrès sur les surfaces, il suffira d'apporter de
l'attention & de la propreté pour laver les bouches à feu
après leur service.

S'il arrivoit que l'ame des canons de fer forgé contourné,
par l'effet d'un long service, vînt à s'élargir, il seroit possible de
tirer avantage de cet accident, attendu la solidité de la matiere. On augmenteroit alors le poids des boulets, que l'on
pourroit graduer plus foiblement qu'il n'est d'usage, comme
de livre en livre; ensorte qu'un canon du calibre de douze
livres de balles, dont l'ame se feroit élargie par un long
service, seroit chargé avec un boulet de treize, pour qu'il
n'ait que le vent nécessaire à sa chasse; ensuite de quatorze,
de quinze & de seize. Dans le cas où il seroit besoin de réparer des inégalités, des rayures occasionnées par le frottement des boulets mal calibrés, il seroit facile de faire cette
réparation au moyen du foret, d'un calibre auquel on esti-
meroit que le canon pourroit être porté. N'a-t-on pas, dans
les dernieres guerres, foré avec succès des canons de fonte
de cuivre de huit livres, sur le calibre de dix, même de douze;
d'autres de dix-huit sur celui de vingt-quatre? Cet expédient
n'est donc point un paradoxe; & puisqu'il a été pratiqué pour
des canons de cuivre, il peut l'être, à plus forte raison, pour

des canons de fer forgé contourné, dont les maſſes oppoſeront une réſiſtance bien ſupérieure à celle du cuivre fondu, ſurtout avec le zinc & l'étain. Le prétendu accident de la rouille ne peut donc donner au fer battu l'excluſion pour en fabriquer des canons.

Si l'on objecte que les canons de fer battu étant plus légers, ils ſeront d'autant plus ſujets à reculer, parceque la vîteſſe du recul eſt en raiſon du poids du canon, conſéquemment que la portée du boulet ſera moins longue; je répondrai, 1°. que l'action de la poudre étant une puiſſance qui agit entre deux points qui oppoſent chacun une réſiſtance proportionnée à leur maſſe, le poids du canon ſera toujours ſi ſupérieur à celui du boulet, quand même on diminueroit d'un quart le poids du canon, que ſa force d'inertie réagiſſant ſur le boulet par ſa réſiſtance à l'effort de la poudre, en raiſon de la ſupériorité de ſa maſſe, rendra le recul preſque nul; 2°. que la réſiſtance du canon à l'effort du recul étant augmentée par le poids de l'affut, parceque les tourillons du canon appuyant exactement ſur l'affut, ſa maſſe devient une ſomme de réſiſtance additionnelle à celle du canon, & que dans le cas où ces deux maſſes combinées du canon & de ſon affut, ne ſuffiroient pas pour annéantir l'effet du recul, l'on pourra charger les flaſques de l'affut d'un poids quelconque, qui ſera égal ou plus fort que celui dont on aura diminué la maſſe du canon de fer; alors le recul n'aura plus d'effet, & l'objection ſera ſans fondement.

J'obſerve que pour les pieces de rempart, il ſeroit avantageux de leur donner l'épaiſſeur que l'ordonnance exige pour les canons de cuivre, appellés canons de fonte, par la raiſon que j'ai déduite plus haut, parceque ſucceſſivement on leur donneroit différents calibres, à meſure que le long ſervice en déformeroit l'ame.

Les canons de fer forgé contourné, lorſqu'ils ſeront entiérement hors de ſervice par un très long uſage, ne ſeront point des maſſes inutiles en pure perte, à charge à l'Etat. On les ſciera par tronçons, pour être forgés & réduits en barres

pour fervir dans le commerce : on pourroit même le faire
fervir à la fabrique de nouvelles bouches à feu, en rani-
mant le fer avec du laitier riche dans une bonne chaufferie.

Le fer battu n'eſt pas feulement propre à faire des canons
d'Artillerie, il peut être employé à faire des boulets d'un
meilleur fervice que ceux de fonte de fer : la Ruſſie en
fait forger. Ces boulets ont plus de vîteſſe en raiſon de la
denſité de leur maſſe qui, fous un moindre volume, a un
poids égal à celui de la fonte : la proportion de leur poids
fpécifique eſt comme 528 eſt à 580. D'ailleurs le fer battu
ayant plus de foupleſſe que la fonte, le boulet de fer pénetre plus avant dans les corps qu'il atteint : de même
qu'une balle de plomb paſſe à travers une plaque de fer
mobile, fufpenduë, qui repouſſe une balle de fonte du
même poids, tirée avec la même charge de poudre.

Il n'eſt pas difficile de forger des boulets de fer entre
une enclume & un marteau, dans chacun deſquels on pratique un enfoncement hemi-fphérique, bien correſpon-
dant & du calibre du canon, pour que le boulet y
reçoive les dimenſions de fon diametre. Les boulets de fer
fe finiſſent par la feule opération du forgeage, parceque le
mouvement du marteau & le trémouſſement de l'enclume
les retournent en tous fens. Ils reçoivent un poli fuffifant
pour ne pas rayer l'ame des canons; au lieu que pour finir
les boulets de fonte de fer, quoiqu'ils aient été bien ébar-
bés, il faut les tourner après les avoir fait rougir au feu :
il y en a beaucoup qui périſſent dans cette opération.

Il eſt auſſi très facile de faire des balles de mouſque-
terie avec du fer forgé. Pour réuſſir, il faut forger de petits cylindre de fer doux, les ébaucher fous un martinet
dont l'aire & celle de fon enclume foient planes, & les
finir fous un autre martinet dans lequel il y ait, comme
dans l'enclume, un goulot creufé dans le travers de l'aire.
On peut encore les finir en les faifant paſſer par une groſſe
filiere. Ces cylindres feront coupés à froid, au moyen d'une
forte cifaille muë à l'eau, d'une mefure déterminée qui ad-

mette les proportions du cylindre à la sphere, qui sont comme 113 est à 144. L'on commencera par ébaucher la rondeur des tronçons, entre deux mandrins, à coups de marteaux, & on finira les balles à froid sous un fort balancier semblable à celui des monnoies, dans deux coquilles d'acier très dures & bien correspondantes. On sait que l'on fait jusqu'à soixante pieces de monnoie par minute, ainsi cette opération se fera avec presque la même célérité.

LES OBSERVATIONS contenues dans ce Mémoire présentent plusieurs moyens d'employer avantageusement le fer, qui est un métal abondant en France; celui de tirer un plus grand avantage des pieces d'Artillerie qui en seront fabriquées, en les rendant plus légeres, plus durables & moins dangereuses dans le service; de supprimer le cuivre, le zinc & l'étain, que nous tirons en plus grande partie de l'Etranger, & dont on a fait usage jusqu'alors pour la composition du métal combiné dont on fond les bouches à feu; enfin de remplir les vues d'utilité, d'économie & de perfection que l'on desire se procurer depuis long-temps.

L'on fait de grandes choses quand on veut se dépouiller des préjugés si contraires à l'avancement des Arts, & quand on est fortement passionné du desir de la perfection. Un Etat ne doit point négliger les projets des Savants & des Artistes. Il est au contraire de son intérêt de faire exécuter ceux qui présentent des avantages aussi réels que celui que je propose, ayant fondé la théorie de cette nouvelle Artillerie sur une expérience acquise par un grand nombre d'années dans les travaux en grand du fer. Je ne m'occupe jamais de la fabrication de ce métal sans beaucoup d'intérêt.

Est Deus in nobis, agitante calescimus ipso.

MÉMOIRE

SUR DES

CRYSTALLISATIONS MÉTALLIQUES,

PYRITEUSES ET VITREUSES ARTIFICIELLES,

FORMÉES PAR LE MOYEN DU FEU.

1. Un Auteur (1), eftimable par fes nombreufes connoif-fances, a publié l'an paffé, » que l'on peut établir pour » principe, que l'eau tenue dans fon état de fluidité & ai-» dée du fecours de l'air, eft le principal & peut-être l'uni-» que inftrument de la Nature dans la formation des cryf-» taux métalliques : qu'on ne peut attribuer la génération » des cryftaux métalliques à des fufions violentes qui s'o-» perent dans le fein de la terre au moyen des feux fou-» terrains que l'on y fuppofe : qu'inutilement on tenteroit » d'imiter ces cryftaux dans nos Laboratoires *par le fe-» cours du feu ou par la voie feche*, plutôt que par la voie » humide : qu'il ne faut pas confondre les figures ébau-» chées par l'art avec les vraies formes cryftallines, qui » font le produit d'une opération lente de la Nature par » *l'intermede de l'eau* «.

2. Je vais demontrer par des faits, que ce principe établi ne doit être confidéré que comme une conjecture fondée fur les connoiffances acquifes jufqu'alors pat l'Au-teur, & que l'art peut faire paroître les métaux, les miné-raux & les fubftances vitreufes, fous des formes de cryf-taux parfaitement réguliers.

3. Dans mon Mémoire fur les métamorphofes du fer,

---

(1) M. Delisle, *Cryftallographie*, pages 321 & 322.

j'ai ébauché cette matiere, j'y ai décrit la configurattion des cryſtaux de la fonte de fer & de ſon régule; mais je n'a-vois pas encore découvert des cryſtalliſations ſi parfaites de la fonte de fer, que celles dont je m'occupe dans ce Mémoi-re. C'eſt un morceau qui s'eſt trouvé niché dans une maſſe de fonte & de laitier, qui eſt reſtée en fuſion pendant plu-ſieurs jours, & dont le refroidiſſement a été prolongé pen-dant plus de quinze dans mon fourneau; en ſorte que les ſubſtances environantes ont eu le temps de faire leur re-traite, & les molécules de la fonte, celui de prendre leur for-me cryſtalline réguliere. Ce morceau eſt irrégulier dans ſon enſemble; ſa baſe eſt encore adhérente à des parties de lai-tiers qui forment une gangue artificielle. L'on y apperçoit deux cryſtaux cubiques de régule de fer : la partie du milieu s'éleve comme une crête percée à jour; elle eſt formée d'une multitude de cryſtaux de fonte de fer. Chaque cryſ-tal eſt compoſé de pluſieurs autres, grouppés réguliérement. Le premier élément eſt un rhombe qui eſt ſurmonté en ligne perpendiculaire d'autres rhombes articulés, qui vont toujours en décroiſſant, juſqu'à former une pyramide à baſe rhom-boïdale. Sur les quatre côtés de cette pyramide principale & centrale, ſont implantées à angle droit, depuis la baſe juſqu'au ſommet, d'autres pyramides de même forme, & qui décroiſſent en groſſeur & longueur ſelon le rang qu'elles y occupent; en ſorte que la coupe d'un cryſtal compoſé eſt une étoile quadrangulaire, & dans le profil de ſon éléva-tion, il préſente des arbriſſeaux reſſemblants à de petits ſapins à branches quaternes oppoſées. Quelques-uns de ces cryſtaux ſont ſurcompoſés à l'infini, c'eſt-à-dire, que ce ſont des grouppes de cryſtaux réguliers & complets implantés ſur des pyramides latérales du premier cryſtal. Ces cryſtaux ſont tous abſolument ſemblables, ils ſont réguliers dans toutes leurs parties; & s'il y en a qui different entre eux, ce n'eſt que par leur volume : ils ſont donc parfaits (1).

---

(1) Voyez les Planches XI & XIII.

4. L'eau n'a eu aucune part à la génération des cryſtaux que je viens de décrire. La diviſion primordiale de la matiere dont ils ſont compoſés, a été opérée par le feu qui a réduit la ſubſtance métallique dans une fuſion parfaite; les autres agents n'y ont pas concouru : l'art les a conduits à leur perfection, en procurant à la matiere le degré de feu le plus violent, & le refroidiſſement le plus lent : donc l'art peut parvenir à la génération des cryſtaux métalliques, en employant des moyens convenables. Je conçois que ces opérations ne peuvent réuſſir que très difficilement dans nos Laboratoires de Chymie : car leurs feux ſont foibles en comparaiſon des feux de nos fourneaux à fondre le fer, & leur refroidiſſement eſt trop prompt, les maſſes n'étant que des minicules relativement aux travaux en grand de la Sidérotechnie : cependant les Chymiſtes ſont parvenus à obtenir des cryſtaux par la voie ſeche, & par celle de l'amalgame (1).

5. En obſervant les mêmes attentions & les mêmes précautions par leſquelles j'ai obtenu des cryſtaux de fonte, je me ſuis procuré des cryſtaux de régule de fer, qui ſont des tétraédres, ou des cubes ou des parallelipipedes. Ces cryſtaux ſont abſolument ſemblables à ceux des mines de fer & des pyrites qui affectent ces formes; ils n'en different que par la couleur : ceux de régule ſont d'une couleur blanche argentine, les pyrites ſont jaunes, & les mines de fer ordinairement ſont d'un brun plus ou moins foncé. Voyez, planche XIII.

6. Les fourneaux de fonderie des forges, ſont les inſtruments avec leſquels l'art peut approcher le plus près des opérations de la Nature pour imiter les produits des volcans. Si nos fourneaux ne peuvent pas embraſſer des maſſes énormes de matieres, j'oſe dire qu'ils donnent à celles qui leur ſont ſoumiſes le dernier degré de chaleur poſſible, puiſque les corps les plus réfractaires s'y fondent, s'y décompoſent & ſe combinent, tant par l'effet de la chaleur

---

(1) MM. Rouelle & Sage.

pouſſée au dernier degré par le métal en fuſion, & par la continuité de l'action, que par le mélange des corps différents qui ſe ſervent les uns aux autres de fondants. Il ſort de nos fourneaux des laves de toutes les eſpeces, des vapeurs, des fumées, des ſublimations de différente qualité, & qui varient par leur odeur & leur couleur. L'œil exercé d'un obſervateur attentif découvre dans tous ces objets des choſes dignes de ſes recherches, & qui lui indiquent la marche de la Nature. Si l'on introduiſoit dans nos fourneaux, en qualité proportionnée à leur puiſſance, toutes les eſpeces de matieres qui ſe précipitent dans les gouffres des volcans, il en réſulteroit les mêmes produits; les faits ſuivants en ſont une premiere démonſtration.

7. Les laitiers, qui ſont le produit des ſubſtances étrangeres unies au minerai, leſquelles en ſont ſéparées par la fuſion en ſe combinant avec les cendres produites des charbons & avec les débris des parties qui compoſent le creuſet du fourneau, ſe changent en des corps qui ont le coupd'œil extérieur des gangues & du quartz opaque ; & lorſqu'ils ſont plus épurés, ils forment des cryſtalliſations de différentes ſortes, telles que celles que j'ai tirées de mon fourneau. J'en poſſede un morceau intéreſſant par ſa nature & par ſes formes ; il eſt chargé de cryſtaux teſſulaires à demi-tranſparents, d'une couleur d'un brun jaune, formant des priſmes hexaédres à deux grandes faces & quatre petites. Il y a pluſieurs de ces cryſtaux qui ne ſont que les éléments des autres; ceux-ci forment des priſmes quadrangulaires, dont la baſe eſt un trapeze. Quelques-uns de ces priſmes ſont terminés par une pyramide quadrangulaire tronquée, qui forme un pentaédre rhomboïdal : deux de ces priſmes réunis par leurs grandes faces forment des priſmes hexagones. On voit quelques-uns de ces cryſtaux complets, dont la baſe eſt coupée à angle droit, qui reſſemblent à des topazes par la forme & la couleur.

8. Ces cryſtaux ont un éclat vitreux à leur caſſure, ils font feu avec le briquet, ſont inſolubles dans les acides, ne décrépitent point dans le feu, ils y perdent leur tranſ-

parence & s'y fondent à la maniere des grenats ; le verre qui
en réfulte eft brun, couvert d'un vernis martial chatoyant : ils
n'attirent point les cendres comme la tourmaline ; leurs
propriétés fembleroient avoir quelque rapport avec les fubftances mommées fchorl par MM. Delifle & Sage, d'autant
plus que ce dernier définit le fchorl une fubftance participant d'un métal, particuliérement du fer, combiné avec un
principe falin & phofphorique. Mais il vaut mieux, avant de
prononcer fur la nature de ces cryftaux, attendre qu'un examen
plus réfléchi ait répandu plus de jour fur cette cryftallifation & fur le fchorl : peut-être que cette cryftallifation artificielle eft l'effet d'une combinaifon qui fait un corps particulier formé dans l'élément du feu, contre le fentiment de
ceux qui refufent la génération d'une infinité de fubftances
aux volcans, & qui foumettent toutes les opérations de la
Nature à l'empire de l'eau. Le feu & l'eau donnent à-peu-
près les mêmes produits par des procédés différents, avec
des fubftances qui peuvent fe modifier également par ces
deux agents. Mais l'eau, qui peut diffoudre & cryftallifer les
fels, charier & faciliter la condenfation d'un métal minéralifé, ou en état de décompofition, élever la charpente des
corps organiques, ne peut concourir à donner à aucun métal, en fon état de métallité parfaite, une forme réguliere,
le cryftallifer enfin, puifque l'on généralife cette expreffion. C'eft au feu, l'agent le plus actif, le plus puiffant de
la Nature, que font réfervées ces importantes opérations :
le feu acheve en des inftants très courts le réfultat de ces
opérations ; au lieu que l'eau y emploie une longue fuite de
fiecles. Voyez, planche XIII.

9. Je poffede auffi une cryftallifation d'une couleur &
d'une configuration un peu différente ; c'eft une craffe
de chaufferie de forge qui contient beaucoup de fer décompofé, & qui eft reftée long-temps à refroidir dans le foyer.
La furface intérieure de cette maffe eft hériffée de cryftaux
teffulaires, d'une couleur rouge rembrunie qui tire à celle
du grenat ; leur forme réguliere & complette eft un prifme

déprimé décaèdre, compofé de deux pyramides tronquées & très déprimées, unies par leur bafe, en forte que les quatre grands pans de chacune forment des trapezes alongés. Tous les cryſtaux de ces morceaux ne font pas complets. L'on voit des cubes déprimés, des priſmes quadrangulaires & triangulaires iſolés, qui font les éléments des cryſtaux complets & réguliers. La ſubſtance de ces cryſtaux préſente les mêmes phénomenes que ceux dont j'ai parlé plus haut; ils en different par une couleur plus exaltée, parceque ſans doute ils contiennent plus de chaux de fer vitrifiée. Les formes font à-peu-près les mêmes, puiſque dans ces deux cryſtallifations on y remarque également des priſmes quadrangulaires à baſe trapézoïdale; c'eſt pourquoi je confidere ces deux ſubſtances comme analogues. Ces cryſtallifations pourront donner lieu à fonder une nouvelle théorie de la génération de la plupart de certains cryſtaux gemmes.

10. Une cryſtallifation cubique de couleur d'or, que j'ai recueillie parmi les produits de mon fourneau, n'eſt pas moins intéreſſante que les précédentes : ces cryſtaux font ſemés à l'intérieur & à la ſurface des morceaux d'une ſubſtance vitreuſe & ferrugineuſe; ils font infiniment petits, ayant au plus la deuxieme partie d'une ligne de face ; mais ils forment, tous, des cubes abſolument réguliers. J'avois obtenu, il y a quelques années, un cryſtal de la même nature, qui s'étoit formé ſur un charbon, il avoit une ligne & demie de face ; il avoit donc 5832 fois le volume de ceux-ci. Mais il s'eſt éclipſé dans les mains des curieux qui ont viſité mon cabinet.

11. Dans les fourneaux où l'on exploite les mines en grain de Champagne, on apperçoit ſouvent à la ſurface des pieces qui en font coulées, & ſur les gueuſes, un vernis de couleur d'or, même cuivreux; les cryſtaux dont il s'agit font compofés de la ſubſtance qui forme ce vernis. Ces cryſtaux font fort adhérents à la matiere vitreuſe, ſur laquelle ils ſe font formés, en ſorte qu'il eſt très difficile de les en détacher : ils font attirables à l'aimant; ils n'ont point de ductilité, ils ſe briſent ſous le marteau. J'en ai jetté dans les trois

acides minéraux & dans l'eau régale, ils y font reſtés in-
tacts ; le mercure ne les attaque point, non plus que l'alkali
volatil : leur couleur n'eſt pas ſeulement ſuperficielle, elle
eſt auſſi intrinſeque, & elle n'eſt point altérée par le feu,
en ayant fait rougir pendant pluſieurs minutes à la flamme
d'une lampe.

12. Il m'a paru d'abord difficile de fixer la nature de la
ſubſtance de ces cryſtaux cubiques jaunes ; ils ne ſont point
d'or, puiſqu'ils ſont durs & friables, quoiqu'ils ſe briſent
avec réſiſtance ; que l'eau régale ne les attaque point, &
qu'ils n'entrent point en amalgame avec le mercure. Cette
ſubſtance n'eſt point du cuivre, puiſque l'acide nitreux ne la
diſſout pas, & que l'alkali volatil n'en extrait aucune couleur bleue ; ou ſi elle contient du cuivre, c'eſt en très
petite quantité, & il y eſt abſolument maſqué. Mais comme ces cryſtaux ſont attirables à l'aimant, il eſt néceſſaire
de les rapporter au fer, & de les conſidérer comme des pyrites cubiques formées dans l'élément du feu. Je ſens que
l'on peut objecter qu'il eſt de l'eſſence des pyrites & des
marcaſſites de contenir du ſoufre inflammable ; qu'elles ſont
diſſolubles en plus grande partie dans l'acide nitreux ; que
ces cryſtaux factices ne le ſont point, & qu'ils ne ſe décompoſent ni à l'air ni au feu. Et comment, dira-t-on, peut-
on ſuppoſer que des pyrites qui ſe ſont formées dans le feu
puiſſent contenir du ſoufre ?

13. Pour répondre à ces objections, je dirai : 1°. qu'il y
a des pyrites & marcaſſites qui ſont attirables à l'aimant.
2°. Je rappellerai l'altération des pyrites martiales qui perdent, par le contact de l'air, tout le ſoufre ſurabondant
qu'elles contenoient, ſans que leur forme ſoit altérée. Leur
couleur, il eſt vrai, change en paſſant du jaune au brun,
qui eſt la couleur la plus ordinaire du fer décompoſé & qui
a perdu ſon phlogiſtique ; ces pyrites ainſi déſoufrées ne
ſont plus diſſolubles dans les acides ; de même que ces petits
cryſtaux pyriteux factices. 3°. Que la fonte de fer contient
du ſoufre & eſt attirable à l'aimant : que ce ſoufre combiné,
avec les molécules de fer dans la fonte, eſt ſi fort engagé par

une union intime, que la violence du feu qui lui a donné l'e-
xiſtence n'a pu lui faire lâcher priſe. D'où je conclus que les
pyrites cubiques jaunes, que j'ai obtenues par la violence
du feu, ſont des pyrites martiales ou marcaſſites attirables
à l'aimant, qui ſont colorées en jaune par une petite portion
de ſoufre qui eſt intimement uni au fer qu'elles contiennent.

14. Toutes ces cryſtalliſations artificielles que j'ai obtenues
des opérations de mon fourneau, ne doivent point être attribuées au haſard ſeul. Perſuadé, par l'expérience, de la puiſſance de l'action du feu ſur les corps, & des modifications
qu'ils reçoivent de ſes impreſſions, j'ai ſecondé la réuſſite de
ſes opérations par des meſures convenables, toutes les fois
que j'ai mis mon fourneau hors du feu, lorſque les beſoins
de la forge n'exigeoient pas un prompt rétabliſſement. Pour
réuſſir avec plus de certitude, je fais charger avec du charbon ſeul après la derniere charge, je fais agir les ſoufflets
après la derniere coulée, afin de fondre toutes les ſtalactites & amas de fonte de fer & de laitier qui s'attachent aux
ſurfaces de l'ouvrage. Je bouche enſuite avec une plaque
de fonte la bure du fourneau, ſans ceſſer le jeu des ſoufflets, afin de concentrer la chaleur ſur les matieres. Lorſque
je m'apperçois qu'il ne reſte plus de charbon que ce qu'il en
faut pour couvrir ce qui eſt fondu, je ceſſe de ſouffler, je
bouche la tuyere & toutes les iſſues du fourneau, avec du
ſable & du mortier d'argile: je laiſſe enſuite écouler quinze
à vingt jours, toutes choſes en cet état, pour réfroidir lentement tout ce que le fourneau contient; alors je fais travailler à la démolition; & quand on eſt parvenu au creuſet,
j'en examine la ſituation, les ſurfaces, & je parcours d'un
œil attentif tous les morceaux qui proviennent de ſes débris.

15. Il ſeroit bien intéreſſant pour les progrès de la Phyſique, que tous les hommes qui emploient le feu en grand
comme l'inſtrument des arts, portaſſent dans leurs travaux
des vues d'obſervation & d'analyſe: nous verrions bientôt
groſſir la maſſe des connoiſſances, & diminuer le nombre des
ſyſtêmes *hydrogeneres.*

EXPLICATION

DES FIGURES DE LA PLANCHE XIII.

La *figure premiere* repréfente une cryftallifation de fonte de fer, d'une grande beauté. On y voit dans la partie fupérieure A,A,A, & fur la furface de la maffe, comme dans les cavités, une infinité de cryftaux grouppés régu-liérement, & fimples comme ceux repréfentés dans la Planche II. L'on y en reconnoît d'autres furcompofés, comme les figures C,D.

A,A,A. Cryftaux réguliers & grouppés, de fonte de fer.

B. Cryftal cubique de régule de fer, niché dans la gangue artificielle, qui eft adhérente à la fonte de fer.

C. Cryftal de fonte de fer, furcompofé. Il eft incliné pour en faire voir la difpofition cruciale de l'implantation des cryftaux grouppés fur les pyramides principales & fur les fubordonnées, qui font toutes quadrangulaires par leur bafe & par la difpofition des grouppes des cryftaux additionnels.

D. Cryftal de fonte de fer, furcompofé. On l'a repréfenté feulement fur deux parties oppofées de la colonne prin-cipale, avec les cryftaux additionnels implantés fur les colonnes latérales. On voit que les pyramides fubor-données du milieu, font les feules qui foient garnies de part & d'autres de cryftaux additionnels. Les autres, qui vont en décroiffant jufqu'au fommet, ne font hériffées de ces cryftaux que du côté qui regarde la pointe. L'on peut obferver que tous les cryftaux dans toute l'étendue de la diftribution de leurs différentes parties, forment des lofanges dans leur coupe, & leur maffe des rhom-bes, figures des éléments de ces cryftaux articulés les uns fur les autres.

La *figure* 2 repréfente une cryftallifation vitreufe d'une

lave ferrugineufe d'un fourneau à fondre les mines de fer. Ces grouppes de cryftaux font implantés fur une maffe de gangue artificielle, qui contient du régule de fer cryftallifé en cube G, & réduit en amianthe en F: la forme des cryftaux vitreux eft développée dans les figures H, I, R, L, M.

H. Cryftal vitreux régulier. C'eft un prifme hexaèdre qui a quatre petites faces & deux grandes : il reffemble à ceux de la topaze.

I. Le même cryftal, divifé par le milieu, ce qui le fait paroître compofé de deux cryftaux K, tétraèdre, dont la bafe eft un trapeze.

K. Cryftal vitreux dont la forme eft un prifme tétraèdre à bafe trapézoïdale : c'eft un élément des cryftaux H & I.

L. Cryftal vitreux en forme de prifme tetraèdre, comme le précédent, & terminé par une pyramide tronquée.

M. Le même cryftal vu dans un fens différent.

N. Cryftal d'un verre ferrugineux, formé fur du laitier de chaufferie : c'eft un decaèdre formé par deux pyramides unies bafe à bafe.

O. Cryftal de même fubftance, dont la forme eft un cube déprimé qui eft un élément du cryftal précédent, N.

P. Cryftal de même fubftance, dont la forme eft un prifme triédre : c'eft un élément du cryftal complet, N.

R. Cryftal de même fubftance, dont la forme eft un prifme tetraèdre régulier, formé de plufieurs cubes : c'eft encore un élément du cryftal, N,

S. Cryftal complet, comme celui N. Il paroît décompofé par des lignes pour en faire connoître la compofition par les cryftaux O, P, R, qui en font les éléments, & qui y font apperçus.

T. Cryftal octangulaire de cuivre jaune ou de laiton. La bafe de chaque colonne eft un octogone, & fur chaque face font implantées d'autres colonnes octaèdres ou tetraèdres, grouppées à-peu-près comme celles de la fonte de fer.   V.

V. Cryftal de laiton grouppé quadrangulairement & vu de profil.

X. Cryftal de laiton, grouppé fur trois faces feulement de la colonne principale, & tronqué fur l'autre face. L'on y voit feulement un élément de cryftal fimple , qui eft ordinairement un octaédre adhérent par fa bafe à une des faces de la pyramide principale.

Y. Cryftal de laiton, furcompofé.

Nota. J'ai deffiné les figures des cryftaux ifolés, groffis confidérablement à la louppe , afin de rendre plus fenfibles leur forme & leur compofition. Les feuls morceaux des figures 1 & 2 , ont été deffinés de grandeur naturelle.

P p p

Pl. XIII.

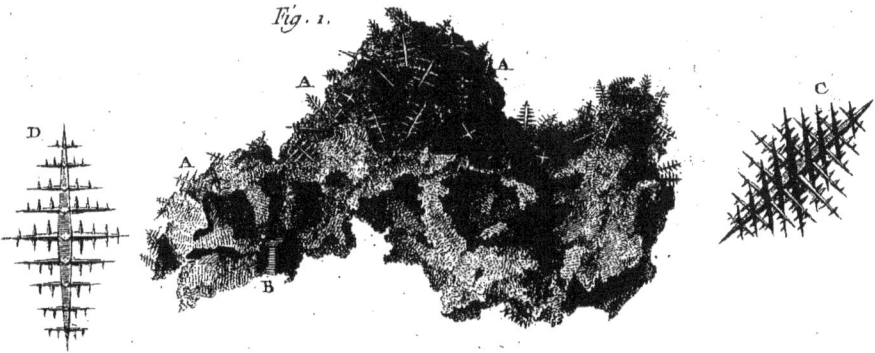

Fig. 1.

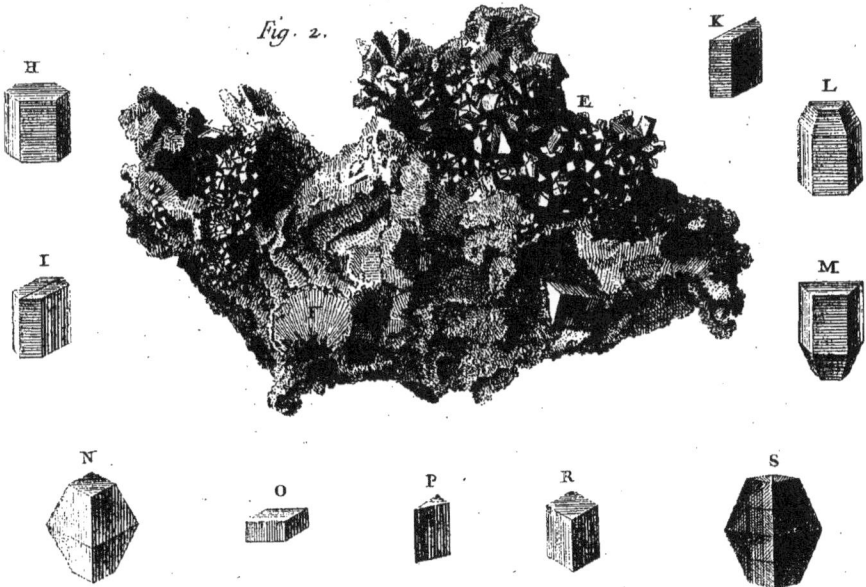

Fig. 2.

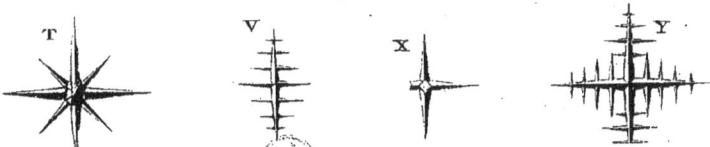

OBSERVATIONS

SUR LE VINAIGRE FRELATÉ.

Deterrere nefas aliquis ex omnibus audet. O v i d.
Et per aperta latens deprehendere figna venenum. M a n t.

L a Chymie a donné l'exiftence aux Arts qui emploient
le feu comme inftrument, comme agent,& comme principe.
La Chymie fe fert du feu comme inftrument, lorfqu'elle
l'adminiftre par des corps étrangers embrafés, pour communiquer un degré de chaleur plus ou moins violent aux fubftances foumifes à fes analyfes, comme dans la Métallurgie.
Elle l'emploie comme agent, lorfqu'elle applique le feu par
la déflagration & l'inflammation des corps mêmes qu'elle
veut réduire à leurs parties élémentaires. Enfin le feu principe vient feconder fes opérations, lorfque la chaleur procede de l'action des parties des fubftances qui fubiffent une
altération tendante à leur perfection ou à la formation de
nouveaux compofés, telles celles en fermentation, comme
les fucs mucides ou fucrés. Ces dernieres opérations font
du reffort de la Zymotechnie : c'eft fur cette partie de la Chymie que nous fixerons notre attention.

A mefure que la Chymie a fait des progrès, que la fphere
de fes découvertes utiles s'eft aggrandie, elle s'eft déchargée
des foins d'une opération particuliere, généralifée pour les
befoins de la Société ; & elle l'a confiée à une claffe d'hommes
qui en a fait fon occupation particuliere, tels font les Vinaigriers, &c. Mais elle s'eft réfervée le droit de les furveiller,
afin de les contenir dans la pratique des principes fur lefquels elle a fondé leurs travaux, foit pour la qualité des
matériaux qu'ils doivent employer, foit pour le manuel qu'ils

doivent obferver, foit enfin concernant les vaiffeaux dont ils doivent faire ufage.

La Zymotechnie eft l'art de faire fermenter les fucs mucides ; foit que ces liqueurs foient extraites par expreffion des plantes ou de leurs fruits fucculents, gelatineux, fyrupeux ou pulpeux ; foit que les principes fufceptibles de fermentation, contenus dans les graines farineufes, légumineufes ou autres parties des plantes féculentes, foient délayés dans un fluide ou un menftrue approprié. Ces liqueurs expofées à l'air libre fubiffent par gradation trois degrés d'altération qui les rendent ou vineufes, ou acides, ou putrides. L'opération qui les conftitue telles, fe nomme fermentation. Son méchanifme s'opere par un mouvement inteftin, qui reçoit de l'atmofphere la premiere impulfion, laquelle excite une chaleur dont l'action fe communique aux parties élémentaires atténuées fous une forme fluide ; défunit leur aggrégation, les décompofe & en forme, par un nouvel arrangement, de nouveaux compofés qui fe perfectionnent par la continuité de l'action. Les liqueurs vineufes font le premier produit de la fermentation. Les acides font le deuxieme ; c'eft-à-dire que les liqueurs vineufes, expofées à une chaleur de vingt-trois à vingt-cinq degrés, fubiffent une décompofition : alors l'huile douce du vin quitte en partie l'acide qui fe montre à nud : cet acide n'ayant point comme le tartre une bafe qui puiffe favorifer fa cryftallifation, refte flottant dans le fluide, uni à la partie colorante huileufe qui lui donne de la volatilité. Je paffe fous filence les liqueurs putrides, troifieme produit de la fermentation continuée. Je ne m'occuperai plus des liqueurs vineufes : je m'arrêterai aux acides, au vinaigre, comme mon but principal & l'unique objet de ce Mémoire.

Le vinaigre eft une liqueur qui contient un acide végétal agréable à prefque tous les hommes : il eft employé dans une infinité d'opérations des Arts ; la Médecine en fait un fréquent ufage ; la fenfualité & la propreté de la toilette en ont multiplié les fortes & les ufages : mais il eft fpécialement employé dans l'apprêt des aliments des hommes de toutes les claſſes & de tous les ordres. Il eſt donc inconteſtable que la connoiſſance des choſes qui peuvent perfectionner le vinaigre ou en altérer l'eſſence, a le droit d'intéreſſer la Société entiere; notre vœu eſt de lui être utile.

Je ne donnerai pas ici de regles & de préceptes pour faire le vinaigre, parceque je ne pourrois que répéter ce que nombre de Savants ont publié ſur cet objet. Je dirai ſeulement que les liqueurs les plus parfaites dans chaque eſpece donnent les meilleurs vinaigres; que ceux qui ſont produits des ſucs végétaux exprimés, ſont ſupérieurs à ceux que l'on compoſe avec les liqueurs vineuſes préparées avec les graines farineuſes; parceque le feu néceſſaire à la préparation de ces dernieres liqueurs, altere toujours les points de contact des parties conſtituantes. Il faut un degré de chaleur plus conſidérable pour faire le vinaigre, que pour le vin. Il eſt avantageux, dans les opérations en grand, d'interrompre la fermentation. Enfin il eſt néceſſaire de bien boucher le vinaigre lorſqu'il a acquis ſon degré de perfection, pour lui conſerver ſon acide qui eſt volatil.

C'eſt mal-à-propos que ceux dont la profeſſion eſt de faire & diſtribuer du vinaigre, font chacun un myſtere de leurs procédés. Celui qui poſſede un talent utile à la Société, & ne le lui communique pas, eſt un traître & un ingrat envers la Patrie (a). Les Vinaigriers, qui ne dérobent aux yeux du Public le manuel de leurs opérations, que pour compoſer un vinaigre ſain & généreux, ſont les moins répréhenſibles. Mais ceux qui s'enfoncent dans les ténebres pour compoſer des liqueurs pernicieuſes, en mêlant à leurs vinaigres des

_____

(a) Un fait d'obſervation conſtante, eſt que dans toutes les claſſes des hommes, les plus myſtérieux ſont les plus ignorants. Les Prêtres du Polythéiſme ne couvroient d'un voile impénétrable leur prétendu commerce avec les Dieux, que pour tromper les malheureuſes victimes de leur cupidité, de leurs débauches & de leur ignorance.

subſtances étrangeres & nuiſibles, ſont des homicides contre leſquels les loix ont prononcé des Arrêts dont ils doivent ſubir la rigueur.

Pluſieurs Savants (a) ont publié différents ouvrages pour dévoiler l'infidélité des Marchands de vin qui frelatent les vins avec des ſubſtances vénéneuſes pour les rendre potables, & par-là remplir les vues de leur cupidité. Je viens de montrer que les Vinaigriers ſont auſſi répréhenſibles, en mêlant dans leur vinaigre des liqueurs pernicieuſes qui en augmente l'acidité ; & que ce poiſon eſt d'autant plus perfide, qu'il eſt caché ſous des fleurs. Je commencerai par rendre compte de l'accident qui m'a fait découvrir l'altération d'un vinaigre deſtiné pour l'uſage de la table. Je ferai connoître enſuite la matiere avec laquelle il eſt altéré ; les moyens de la découvrir facilement ; le lucre que les Vinaigriers retirent de leur prévarication ; les ſuites funeſtes d'un abus auſſi répréhenſible ; enfin les moyens d'augmenter l'acide du vinaigre, ſans en altérer l'eſſence.

En Janvier 1770, je fus attaqué d'une fievre violente continue, procédant d'un engorgement dans la tête J'étois menacé d'un dépôt dans cette partie. Je ne vis mon ſalut que dans le nombre des ſaignées promptement répétées. Je m'en fis moi-même huit tant au bras qu'au pied en ſoixante heures. Après la derniere, je voulus me baiſſer pour ramaſſer mon mouchoir ; je me trouvai mal : une diete auſtere, & l'évacuation d'environ ſix livres de ſang, m'occaſionnerent une ſyncope. Mes yeux s'éteignirent : une ſueur froide, & le bourdonnement des oreilles, ſembloient annoncer l'eſſor de mon ame. Les eaux ſpiritueuſes & odorantes ne m'avoient procuré aucun ſecours, lorſque l'on m'apporta un linge imbibé de vinaigre commun. Cette liqueur, par ſon acide balſamique & volatil, fixa mes ſens, en criſpant les fibres du cerveau, de la trachée artere & du poulmon, leur donna du

_____

(a) Entre autres M. Sage, de l'Académie des Sciences.

ton, & raccordant toutes les parties, les força, par une nouvelle impulfion, à recommencer infenfiblement leurs fonctions. A mefure que je refpirois ce vinaigre vivifiant, je fentois pour ainfi dire les morceaux de ma charpente fe rem-
mancher, les fluides rentrer dans leur cours, les vuides fe
remplir, enfin chaque partie reprendre fa place & fon action.
Je demandai du vinaigre plus fort, comptant fur un fecours
plus prompt & plus complet. L'on m'apporta du vinaigre
furard dont on fait ufage pour la table dans toutes les bonnes
maifons de la Champagne où il fe compofe. Ce vinaigre a
ufurpé la préférence fur le commun, par l'odeur de fon aro-
mat, fa couleur ambrée & fa limpidité; mais encore plus
par la force de fon acide concentrée fous un petit volume.
Je refpirai à plufieurs reprifes & avec précipitation, fur le
linge imbu de ce vinaigre. Mais quelle fut mon erreur & ma
furprife! au lieu de recevoir le fecours que j'en efpérois, je
ne fentis que l'odeur étrangere du parfum qui lui étoit uni :
mes fens ne favourerent pas ce chatouillement voluptueux
& bienfaifant qu'opéroit le vinaigre commun. Je les flairois
alternativement : le premier ne ceffoit de m'être agréable.
J'allois jetter au loin le linge imbu de vinaigre furard, lorfque le portant au nez pour la derniere fois, je fus frappé
d'une légere odeur d'alumette, c'eft-à-dire d'acide fulfureux
volatil : tel un homme ivre qui eft faifi fubitement d'une
frayeur, ou qui eft frappé tout-à-coup d'un grand froid, recouvre dans l'inftant l'ufage de fa raifon; de même cette
odeur fulfureufe produifit une fi vive fenfation, que je fortis
de mon anéantiffement, & je raifonnai.

Je me perfuadai que l'odeur fulfureufe que je fentois ne
pouvoit procéder que de l'union de l'acide vitriolique avec
le phlogiftique. Je foupçonnai avec une forte de certitude
la préfence de l'acide vitriolique dans ce vinaigre, parceque
cet acide étant fixe, il n'a point d'odeur, ou plutôt il n'exhale
point de particules acides au degré de la chaleur de l'atmofphere, & ce vinaigre n'en exhaloit que très peu. La matiere

huileufe du peu de vinaigre, ou plutôt des matieres colorantes & odorantes unies à cet acide, fourniffoit du phlogiftique : il devoit donc néceffairement réfulter de cette combinaifon l'odeur d'acide fulfureux volatil que je fentois, & cette odeur fe développoit & croiffoit à mefure que je maniois le linge imbu de ce vinaigre, & que l'humidité fe diffipoit. L'on me vit occupé de ce linge, on me l'ôta. Mais on ne put m'enlever la faculté de penfer : bien fuprême dont l'homme jouit en toute propriété.

Je penfai, 1°. qu'il étoit bien difficile, fans le fecours de l'évaporation ou de la congellation, de pouvoir concentrer l'acide végétal du vinaigre au point d'acidité que le vinaigre furard imprimoit fur la langue; & j'avois lieu de préfumer qu'il n'avoit pas reçu ces préparations. 2°. Je me rappellai que chaque fois que j'avois fait ufage de ce vinaigre, foit en boiffon, foit en falade, qu'il m'avoit fait une impreffion âcre & mordicante au pharynx, action qui ne pouvoit être produite par les aromats incififs que l'on a coutume de mêler avec les vinaigres, impreffion que ne fait point le vinaigre commun. 3°. Qu'ayant fait du fyrop avec le vinaigre de Châlons, & ayant voulu l'aromatifer avec de l'efprit ardent de framboifes, dans l'inftant du mêlange il s'étoit fait une vive efferveſcence & un bouillonnement confidérable qui devoit réfulter de l'action de l'acide vitriolique fur l'huile éthérée de cet efprit ardent. Je fus forcé de fixer ici mes réflexions, & d'attendre le retour de ma fanté, & que mes affaires me permiffent de me livrer aux expériences qui devoient établir ma conviction.

Je me fuis procuré des vinaigres de différentes efpeces & de divers cantons, tous pour l'ufage de la table, comme des vinaigres rouges & blancs communs du pays, de l'Orléanois, du vinaigre blanc commeftible du Vinaigrier de Paris le plus en réputation; du vinaigre blanc commun & furard de Châlons en Champagne, pour en faire l'analyfe que j'ai commencée par la déguftation.

Le

Le vinaigre rouge a une faveur acide végétale, un léger arriere-goût auftere, une odeur balfamique pénétrante & légerement vineufe.

Le vinaigre blanc commun a une faveur acide plus développée, un arriere-goût moins auftere que le rouge; fon odeur eft plus aromatique, moins balfamique & plus pénétrante.

Le vinaigre blanc de Châlons a une faveur acide mordicante qui fait une impreffion tranchante fur les organes du goût; elle participe de la pyrethre, n'a pas une odeur forte de vinaigre; mais quelque chofe de fubtil & de fulfureux.

Le vinaigre furard de Châlons a la même faveur, même plus forte que le précédent; il exhale de même une odeur fulfureufe, combinée avec le parfum des fleurs de fureau.

Le vinaigre blanc de Paris fait fur la langue une impreffion moins tranchante que le vinaigre blanc de Châlons : fon acide eft moins pénétrant & moins pongeant. L'on diftingue dans fa faveur plus âcre, ce qu'il emprunte de la racine de pyrethre, du poivre long ou *macropiper*, du poivre d'inde ou *capficum*, lefquels laiffent dans la bouche une impreffion de feu qui dégorge abondamment les glandes falivaires.

J'ai procédé enfuite, par des expériences de ftatique & d'hydrométrie, fur différentes liqueurs comparées avec diverfes fortes de vinaigre : pour y apporter de l'exactitude, je me fuis enfermé dans mon cabinet; j'ai fupprimé tout courant d'air. Le thermometre de M. de Réaumur étoit à foixante un degré, & le mercure du barometre à vingt-huit pouces trois lignes. Je me fuis fervi pour ces expériences d'un grand flacon de cryftal garni de fon bouchon de même matiere fermant exactement; & après l'avoir taré, je l'ai empli fucceffivement des diverfes liqueurs, du poids defquelles j'ai tenu regiftre pour en former le Tableau de comparaifon qui fuit, qui préfente fous un point de vue beaucoup de combinaifons.

Q q q

Pour l'intelligence de ce Tableau, il faut obferver que dans la colonne cottée A eft le poids de chaque liqueur que contenoit le flacon; ce poids total eft réduit en grains dans la colonne B: dans la colonne C eft marqué l'excédent de poids d'une liqueur fous le même volume que la liqueur du n° précédent. Le nombre de grains marqué dans la colonne D eft le poids excédent de la liqueur du n°. correfpondant avec celle du n° 1, enforte que le flacon contenoit n° 3 vin de Bourgogne, A, 11 onces, fix gros, 1 fcrupule & 16 grains. Ce poids reduit en grains dans la colonne B fait un total de 6808 grains qui excede de 591 grains le poids de l'efprit de vin n° 2, & de 699 grains celui de l'effence de térébenthine n° 1, laquelle peze 108 grains moins que l'efprit de vin rectifié. La colonne E donne le poids d'une pinte de Paris de chaque liqueur, réduit en grains, lequel eft divifé en livres, onces, gros, fcrupules & grains, dans la colonne F. La colonne G fait connoître la différence de poids d'une pinte de la liqueur précédente. Dans la colonne H cette différence eft marquée pour une pinte de chaque liqueur avec celle n° 1: enfin dans la colonne I qui eft la derniere, on voit fucceffivement combien une pinte de vinaigre furard de Châlons n° 15 peze plus que chaque liqueur des n° correfpondants: conféquemment la pinte de vin de Bourgogne peze, A, 18332 grains, ou F 1 livre, 15 onces, 6 gros, un fcrupule 20 grains; ce qui fait, G, 14 gros 7 grains plus que l'efprit de vin n° 2, & 2 onces, 2 gros 10 grains plus que l'effence de térébenthine n° 1, & peze 1 once, 2 fcrupules, colonne I, moins que le vinaigre furard de Châlons n° 15.

J'ai vérifié, par leur confiftance, le poids de toutes les liqueurs raportées dans le tableau ci-contre, au moyen de l'hydrometre, lequel m'a donné par fon enfoncement plus ou moins profond, une graduation abfolument conforme aux raports prouvés par les opérations de ftatique précédentes: conféquemment l'on peut conclure que les vinaigres blancs de Champagne étant beaucoup plus pefants que ceux des

ABLEAU D'HYDROSTATIQUE,

éfente la différence, les rapports & la comparaison de diverfes Liqueurs ; leur poids fpécifique & refpeſtif dans un même vaiſſeau & par pinte de Paris.

LIQUEURS e de pefanteur fpécifique.	A Poids de chacune dans un flacon. Onces.	Gros.	Scrup.	Grains.	B Poids réduits en Grains. Grains.	C Différence fucceſſive. Grains.	D totale. Grains.	E Poids de la pinte en grains. Grains.	F Réduit en Livres.	Onces.	Gros.	Scrup.	Grains.	G Différence graduelle. Gros.	Scrup.	Grains.	H Différence totale. Onces.	Gros.	Scrup.	Grains.	I Différence du vinaigre ſurard par piare avec les autres liqueurs. Onces.	Gros.	Scrup.	Grains.
NCE de téréthine.	10	4	2	13	6109	..	..	16450	1	12	4	1	10	..	.	.	.	.	.	.	4	2	2	10
it-de-vin rec-	10	6	1	1	6217	108	108	16741	1	13	.	1	13	4	.	3	.	4	.	3	3	6	2	7
rouge de Bour-gne.	11	6	1	16	6808	591	699	18332	1	15	6	1	20	14	.	7	2	2	.	10	1	.	2	.
rouge de Bar-Duc.	11	6	2	16	6832	24	723	18397	1	15	7	1	13	..	2	17	2	3	.	3	.	7	2	7
de fource pure.	11	7	.	5	6845	13	736	18432	2	..	.	.	..	..	1	11	2	3	1	14	.	7	.	10
x minérales de flan.	11	7	.	12	6852	7	743	18450	2	..	.	.	18	..	.	18	2	3	2	8	.	7	.	2
igre rouge com-un.	11	7	.	18	6858	6	749	18467	2	..	.	1	11	..	.	17	2	4	.	1	.	6	2	9
blanc de Cham-gne.	11	7	1	3	6867	9	758	18491	2	..	.	2	11	..	1	.	2	4	1	1	.	6	1	9
minérale de urbonne.	11	7	1	9	6871	6	764	18502	2	..	.	2	22	..	.	11	2	4	1	12	.	6	.	22
aigre blanc com-eſtible de Paris.	12	.	2	1	6961	94	852	18744	2	..	4	1	..	5	1	2	2	7	2	14	.	2	2	10
naigre blanc à foudre de Paris.	12	.	2	4	6964	3	855	18752	2	..	4	1	8	..	.	8	2	7	2	22	.	2	2	12
de mer de la nche près Diepe.	12	1	.	12	6996	32	887	18838	2	..	5	2	8	1	1	.	.	3	1	.	.	1	1	12
naigre blanc de hampagne.	12	1	.	18	7002	6	893	18854	2	..	6	.	.	.	1	.	3	2	.	16	.	1	.	20
rre de Dieuloir.	12	1	2	1	7033	31	924	18938	2	..	7	.	12	1	.	12	5	3	1	4	.	.	.	8
naigre ſurard de hâlons.	12	1	2	4	7036	3	927	18946	2	..	7	.	10	..	.	8	3	3	1	12	.	.	.	.

différents pays, ils contiennent une matiere étrangere &
furabondante. Ceſt ainſi qu'en peſant l'eau de la mer on
connoît par l'excédent de ſon poids, comparé avec celui de
l'eau commune, la quantité de ſel qu'elle contient. L'opération dont le tableau précédent préſente le réſultat, prouvé
que la pinte d'eau de mer de la Manche entre Dieppe &
S. Vallery peſe cinq gros, deux ſcrupules, huit grains plus
que l'eau commune : cette différence de poids donne donc
la quantité de ſel, à peu de choſe près, que contient cette
pinte d'eau de mer. Puiſque le vinaigre ſurard de Châlons
peſe par pinte deux gros, deux ſcrupules vingt grains plus
que le vinaigre blanc comeſtible de Paris, il contient donc
une ſubſtance étrangere ſaline, égale à cet excédent de poids,
qui n'eſt point de l'eſſence du vinaigre. Je reviendrai ſur
cette matiere lorſque, par d'autres expériences, j'aurai démontré ſa nature & ſes propriétés.

Soupçonnant avec fondement que cette matiere ſurabondante, que contient le vinaigre ſurard de Châlons, étoit de
l'acide vitriolique, j'ai voulu en établir la démonſtration :
c'eſt pour quoi j'ai dirigé toutes mes opérations chymiques
vers ce but.

J'ai commencé par verſer de ce vinaigre ſur de la terre
foliée de tartre très blanche : d'abord l'acide du vinaigre
concentré dans cette terre foliée, s'eſt fait ſentir un peu
plus fortement que dans le vinaigre ſeul. Alors j'ai fait quatre liqueurs de comparaiſon. Celle ſous le n° 1 étoit du vinaigre de Châlons ſeul ; le n° 2 étoit ce vinaigre tenant en
diſſolution de la terre foliée de tartre. Du flegme d'acide
vitriolique tenant en diſſolution de la terre foliée de tartre
compoſoit le n° 3 ; enfin j'ai formé celle n° 4 avec du vinaigre & du flegme de vitriol tenant en diſſolution de la
terre foliée de tartre. Voici ce que j'ai obſervé.

Le vinaigre de Châlons ſeul n° 1 exhaloit peu d'acide
végétal ; celui n° 2 uni à la terre foliée de tartre, exhaloit un acide plus fort & plus ſulphureux que le vinaigre
ſeul du n° 1, mais moins pénétrant que la liqueur n° 3 qui

étoit de la terre foliée diſſoute dans du flegme de vitriol.
Celle n° 4 qui étoit du flegme de vitriol uni à du vinaigre
tenant en diſſolution de la terre foliée, n'exhaloit preſque
pas plus d'acide que le vinaigre n° 2 qui tenoit ſeul en diſſolution la terre foliée. Cette action ſi foible du vinaigre
n° 2 ſur la terre foliée, m'avoit preſque diſtrait de l'idée
de la préſence de l'acide vitriolique dans ce vinaigre, parce que je le voyois agir ſi foiblement en comparaiſon du
n° 3 qui étoit le flegme du vitriol : mais ayant mêlé à ce vinaigre du flegme de vitriol, & m'appercevant qu'il n'agiſſoit
pas plus ſur la terre foliée, j'ai jugé que les parties huileuſes
& tartareuſes qui ſont flottantes dans le vinaigre étoient
des milieux qui éloignoient l'action de l'acide minéral ; ce
qui faiſoit moins ſentir l'acide végétal : cependant on ſai-
ſiſſoit l'effet de l'acide vitriolique ſur la terre foliée, par
l'intenſité de l'odeur qui étoit plus forte dans le vinaigre
qui tenoit en diſſolution la terre foliée. Cette décompoſition de la terre foliée, qui n'eſt que de l'alkali fixe neutra-
liſé par l'acide végétal, opérée par le vinaigre blanc de
Châlons, ne peut être attribuée qu'à l'acide vitriolique qu'il
contient ; puiſque l'acide végétal de la terre foliée n'en
peut être chaſſé que par un acide plus puiſſant, c'eſt ce qu'o-
pere l'acide minéral vitriolique.

J'ai fait évaporer, dans un vaiſſeau de verre, du vinaigre
de Châlons ; je l'ai goûté lorſqu'il a été réduit au tiers,
je l'ai trouvé plus acide. J'en ai verſé ſur de la terre foliée :
il l'a décompoſée plus exactement ; & alors il s'eſt précipité
un ſédiment blanc au fond de la liqueur, ce qui arrive lorſque l'on y verſe de l'acide vitriolique. J'ai pouſſé l'évaporation du ſurplus du vinaigre & l'ai concentré juſqu'à la
conſiſtance de ſyrop, même de *rob* ; alors l'odeur ſulphureuſe
s'eſt développée au point d'exciter la toux en la reſpirant
légerement. Cette odeur ne peut procéder que de la combinaiſon de l'acide vitriolique concentré avec les matieres
graſſes & extractives du vinaigre.

J'ai ſaturé de l'alkali fixe de tartre avec du vinaigre de

Châlons. J'ai obtenu, par l'évaporation & la cryſtalliſation de la liqueur, un ſel amer, en cryſtaux hexaédres, durs, noyés dans une matiere graſſe, fétide : ces cryſtaux ſont devenus blancs après avoir été lavés. Ce ſel étoit analogue au *ſel de duobus* ou tartre vitriolé, qui eſt le réſultat de la combinaiſon de l'acide vitriolique avec l'alkali fixe végétal, par quelque voie que l'on parvienne à unir ces deux ſubſtances. La matiere graſſe, ou l'eau mere de cette cryſtalliſation, étoit une eſpece de terre foliée formée de l'acide végétal de ce vinaigre uni à une portion de l'alkali fixe que j'avois employé, & diſſoute dans l'huile empireumatique du vinaigre. Il réſulte de cette expérience, que le vinaigre de Châlons contenoit de l'acide vitriolique qui a été ſaiſi par l'alkali fixe, & dont il a réſulté un ſel analogue au tartre vitriolé.

J'ai diſſous du mercure dans l'acide nitreux : je l'ai ſuperſaturé. J'ai étendu cette diſſolution avec de l'eau de neige, & j'en ai verſé ſur le vinaigre de Châlons. Alors la liqueur s'eſt troublée, s'eſt épaiſſie & a formé un grand dépôt. J'ai filtré ; le dépôt eſt reſté ſur le filtre ; le vinaigre eſt paſſé clair ſans que ſa couleur fût altérée. J'ai verſé de nouvelle diſſolution de mercure, & j'ai filtré alternativement juſqu'à ce que la liqueur ne parût plus ſe troubler ni dépoſer. Par ces procédés, j'ai obtenu un précipité très volumineux. Ayant laiſſé ces liqueurs tranquilles, j'ai apperçu que, quoiqu'elles fuſſent ſorties très limpides du filtre, elles ſe troubloient à meſure que la matiere graſſe ſe ſéparoit & laiſſoit priſe à l'acide vitriolique ſur le mercure. Ce précipité, que le vinaigre de Châlons opere ſur la diſſolution de mercure, eſt onctueux & léger ; il n'eſt pas blanc, ne ſe dépoſe pas auſſi promptement & auſſi exactement que lorſque l'on précipite le mercure par le flegme de vitriol : même en édulcorant ce précipité avec l'eau bouillante, il ne prend point la couleur jaune verdâtre du turbith minéral fait par l'acide vitriolique pur, parceque la matiere graſſe & huileuſe du vinaigre empêche que l'acide vitriolique qui lui eſt uni n'attaque le mercure à nud & auffi exactement; leurs molécules huileufes, interpofées entre celles de l'acide qu'elles émouffent, & celles du mercure qu'elles foulevent, empêchent un effet auffi prompt & auffi exact. C'eft pourquoi le mercure précipité par le vinaigre vitriolifé eft gras, onctueux & léger : il refte bruni par les matieres colorantes. L'on m'objectera peut-être que ce raifonnement eft fpecieux; que puifque le vinaigre dont eft queftion ne précipite point le mercure diffout dans l'acide nitreux, fous la forme & la couleur du turbith minéral, c'eft que ce vinaigre ne contient point d'acide vitriolique qui précipite toujours le mercure fous la forme d'une poudre blanche pefante, laquelle devient jaune par l'effet des lotions avec l'eau bouillante. A ce raifonnement, j'oppofe les conféquences des deux expériences fuivantes.

J'ai, 1°. mêlé de l'acide nitreux avec ce vinaigre; ce mélange n'a ni troublé ni changé de couleur. Ce n'eft donc point une décompofition du vinaigre, qu'opere la diffolution du mercure avec l'acide nitreux dans les expériences précédentes. 2°. J'ai verfé de l'acide vitriolique fur du vinaigre que j'étois affuré n'en point contenir. Sur ce mélange j'ai verfé de la diffolution de mercure. Les accidents & les réfultats de cette nouvelle combinaifon ont été abfolument les mêmes que dans l'opération faite avec le vinaigre de Châlons, c'eft-à-dire que le mercure féparé de l'acide nitreux a été divifé à l'infini; rediffout même en partie par l'acide du vinaigre, a flotté long-temps dans la liqueur avant de dépofer, & a laiffé fur le filtre un fédiment gras & onctueux, qui n'a point pris la couleur du turbith minéral, lorfqu'il a été édulcoré avec l'eau bouillante.

De ces deux expériences & des précédentes, on doit conclure que le vinaigre de Châlons contient de l'acide vitriolique, puifqu'il précipite le mercure diffout dans l'acide nitreux; parceque l'acide vitriolique ayant plus d'affinité avec le mercure que l'acide nitreux, il fait lâcher prife à ce dernier qui refte flottant dans la liqueur, tandis que l'acide vitriolique

lique, uni au mercure sous une forme saline, se précipite au fond de la liqueur.

J'ai saturé de l'alkali volatil de sel ammoniac avec du vinaigre de Châlons : j'ai obtenu, par une évaporation lente de la liqueur, des crystaux de sel ammoniac de Glaubert, que j'ai ensuite décomposés par l'alkali fixe, ce qui prouve que ce vinaigre contenoit de l'acide vitriolique.

Enfin j'ai versé des gouttes de ce vinaigre, de vinaigre ordinaire & de flegme de vitriol, sur des spaths, des pierres calcaires, des marnes & autres terres analogues. J'ai toujours vu que l'effervescence, causée par le vinaigre de Châlons, a été plus forte & plus durable que celle du vinaigre ordinaire & du vinaigre de Paris; que les bulles étoient plus multipliées & plus pressées; cependant moins vives & moins abondantes que celles produites par le flegme de vitriol.

J'ai répété toutes les expériences, dont je viens de rendre compte, avec des vinaigres rouges ordinaires. Je n'y ai découvert aucun indice certain qu'ils continssent de l'acide vitriolique. J'ai cru que les Vinaigriers ne frelatoient pas leur vinaigre rouge avec l'acide vitriolique crainte de leur enlever la couleur ; mais je me suis convaincu du contraire par le mêlange que j'en ai fait. Depuis que j'ai communiqué ce Mémoire, quelques personnes ont fait des recherches qui leur ont prouvé, comme à moi, que quelques vinaigres blancs de l'Orléanois étoient sophistiqués aussi avec l'acide vitriolique.

De toutes les expériences que j'ai faites, il résulte la conviction de la présence de l'acide vitriolique uni au vinaigre blanc & surard qui se fait à Châlons; que les Vinaigriers y mêlent cet acide minéral pour donner plus de force & d'intensité à l'acide du vinaigre, afin de pouvoir composer, avec des vins foibles & vapides, des vinaigres prétendus plus forts. Ils achetent des vins plats & gatés à deux sols la pinte, qu'ils vendent vingt-cinq & trente, quand ils y ont mis pour deux sols d'huile de vitriol. C'est une fraude & une contra-

R r r

vention qui, d'un côté, favorise leur cupidité ; d'un autre communique à ces vinaigres frelatés une qualité nuisible & contraire à tous les objets de sa consommation. Jettons un coup-d'œil sur les différents usages auxquels on emploie le vinaigre dans la Société ; l'avantage que l'on se propose d'en retirer, & les accidents qui peuvent résulter de l'usage d'un vinaigre vitriolisé.

L'acide du vinaigre ne ressemble point à l'acide naturel des végétaux, tels les sucs d'oseille, de citron, de verjus, de groseille, d'épine-vinette & autres semblables : ces sucs acides font l'ouvrage de la Nature. Celui du vinaigre est le produit de l'Art par le moyen de la fermentation : c'est un acide spiritueux qui monte dans les vaisseaux distillatoires ; au lieu que celui des sucs par expression ne donne que du flegme insipide. L'acide du vinaigre ne se montre nulle part dans la Nature, si l'on en excepte celui que donne la fourmi, qui a beaucoup d'analogie avec celui du vinaigre. D'après plusieurs Auteurs, M. Margraff nous a démontré l'acide végétal dans le regne animal ; & je pense que cet acide végétal que donne la fourmi, est le résultat d'une fermentation digestive des sucs des plantes dont se nourrit cet insecte.

Le vinaigre est employé intérieurement par les Médecins comme tonique, stomachique, incisif, aperitif, sudorifique & calmant : il calme l'ivresse, les accès de la rage & les accidents de la peste. Il est employé extérieurement comme astringent, vulnéraire, répercussif, & comme parfum pour détruire les miasmes putrides qui flottent dans un atmosphere contagieux. Si dans tous ces cas on employoit du vinaigre qui contint de l'acide vitriolique, à combien de danger n'exposeroit-t-on pas les malades auxquels on l'administreroit, loin de leur porter les secours que l'acide végétal du vinaigre peut seul procurer.

Les jeunes filles qui n'ont pas encore ressenti, au temps prescrit par la Nature, les effets des secretions nécessaires à leur maturité, font un grand usage du vinaigre qu'elles boivent en cachette : elles en tirent un soulagement apparent contre la langueur qui les accable & qui leur fufcite des apétits capricieux & furnaturels. Ce n'eft pas feulement contre le chlorofis qu'elles en font ufage ; elles en boivent auffi pour fe rendre plus fveltes. J'ai connu une jeune per-fonne qui jouiffoit de la fanté la plus brillante : elle tiroit un fi grand avantage du peu d'aliment qu'elle prenoit, qu'un embonpoint général fembloit lui annoncer qu'elle deviendroit trop puiffante : fon fein fur-tout prenoit un vo-lume immenfe. Elle eut defiré, qu'à l'exemple des Amazones, on lui eut brûlé les germes de ces réfervoirs précieux aux-quels l'homme, encore pour ainfi dire embryon, refte après fa naiffance attaché par la fuccion, comme une plante l'eft à la terre principe de fon exiftence. Le defir de grandir & de plaire fit prendre à cette jeune fille une réfolution conftante de faire diminuer fon embonpoint par toutes fortes de moyens. Le vinaigre lui parut le plus facile à employer pour repouffer l'exuberance de la Nature. Elle en but fi affidument & fi abondamment, que bientôt une grêle de boutons effa-cerent l'éclat de fon tein ; fon fein fe rida, toutes les parties charnues perdirent leur ton & s'affaifferent : elle maigrit fi fort qu'elle feroit tombée dans le marafme fi, cédant enfin à des avis falutaires, elle n'eut quitté l'ufage immodéré du vi-naigre. Alors fa fanté fe rétablit par les fecours de la jeu-neffe, qui réparerent les torts de fes vues imprudentes. Si le vinaigre, dont cette jeune perfonne fit ufage avec tant d'abondance, eut été vitriolifé, elle eut fans doute fuccom-bé fous les effets du poifon qu'elle avaloit à longs traits comme un remede qui flattoit fes fens & fes préjugés.

Le vinaigre eft ordonné en topique aux femmes travail-lées par des pertes furnaturelles ; d'autres l'emploient pour donner du reffort & rendre le ton à des mufcles trop dif-tendus par des efforts violents & paffagers, ou qui font af-faiffés par les excès de la volupté ou par le poids des an-nées : dans prefque tous ces cas, le vinaigre vitriolifé, par une crifpation trop forte, tariroit, fans doute, les fources de l'humanité ; dans l'autre cas il produiroit l'effet contraire des cosmétiques que les femmes emploient pour prolonger la durée des avantages de la jeunesse.

L'Art de faire la Porcelaine, la Teinture, la Peinture, la Pharmacie, la Chymie & une infinité d'autres Arts emploient le vinaigre dans leurs opérations & dans les préparations dont ils font usage; si le vinaigre qu'ils emploient étoit vitriolisé, ils commettroient des erreurs, & manqueroient le but de leurs opérations. Quelle source de désordres dans l'économie animale ne découleroit pas de l'usage du vinaigre vitriolisé dans la préparation des aliments; puisque l'acide vitriolique attaque & dissout tous les métaux dont on fabrique nos ustensiles de cuisine, même l'émail de la faïance & les couleurs dont elle est ornée & qui sont composées, la plûpart, de substances venéneuses & mortelles. Il est donc nécessaire d'attaquer dans son principe l'abus des vinaigres vitriolisés, & pour l'anéantir, d'imposer des peines & des châtiments rigoureux à ceux qui les composent.

Il est facile de rendre le vinaigre violent, en augmentant son acide sous un moindre volume; les moyens d'y parvenir n'ont rien de nuisible, puisqu'il ne faut que concourir à multiplier l'acide végétal du vinaigre. On parvient à faire un vinaigre puissant & généreux, en mêlant au vin destiné à faire le vinaigre, dans le temps qu'il subit l'effet de la seconde fermentation, des matieres qui contiennent la substance sucrée, seule susceptible de la fermentation vineuse & acéteuse; ou de l'esprit de vin : ce dernier augmente si puissamment la force du vinaigre, que deux pintes d'esprit de vin bien rectifié, mêlées à un tonneau de vinaigre, suffisent pour le rendre très violent. Les bons Economes qui font des ratafiats domestiques, jettent dans leur mere-vinaigre les marcs de leurs liqueurs qui contiennent & la matiere sucrée & la partie spiritueuse; ils en augmentent par ce mélange l'acidité : ces deux moyens s'emploient très efficacement sur-tout lorsque les vins dont on se sert pour faire le vinaigre sont peu spiritueux.

La distillation n'est pas un moyen avantageux pour aug-

menter l'acide des vinaigres comestibles; cette opération
le diminue sensiblement, même elle en altere l'essence en
le dépouillant d'une partie huileuse, & en lui communiquant ordinairement un goût de feu désagréable. Mais il
est un moyen connu & pas assez employé pour concentrer
le vinaigre à un point d'acidité très violent : on y procede
en exposant au grand froid le vinaigre dans des vaisseaux
qui présentent beaucoup de surface. Le froid fait glacer la
partie flegmatique; & l'acéteuse reste en liqueur entre les
lames que forment les glaçons : on la sépare par la décantation. On peut procéder à cette concentration par un froid
artificiel, lorsque la saison ne procure pas le moyen de la
faire naturellement. On obtient par ce procédé un vinaigre
des plus violents qui ne contient d'autre acide que le végétal, qui exhale un parfum agréable, & qui est un spécifique
contre toutes les maladies putrides contagieuses, que l'air
qui en est le véhicule, porte d'une partie de l'univers à
l'autre, en y semant les germes de la dépopulation.

L'on peut distinguer un vinaigre vitriolisé d'avec un vinaigre naturel, par le goût & par l'odorat. On le reconnoît
par le goût, si en avalant du vinaigre on sent une impression tranchante qui ne tienne point des aromats acres que
l'on y mêle quelquefois, & qui differe de la sensation qu'imprime l'acide végétal du vinaigre ordinaire : on doit conclure que ce vinaigre contient un acide étranger. On s'en
assurera encore plus parfaitement par l'odorat, en imbibant
un linge de vinaigre que l'on chauffera légérement; si en
le respirant on ne sent pas une odeur pénétrante, en raison
de son acidité, & s'il répand une odeur sulphureuse plus
ou moins forte, qui ne manquera pas de se développer à
mesure que le linge se séchera, on doit être assuré que ce
vinaigre contient de l'acide vitriolique. Si en versant du
vinaigre sur une pelle à feu rougie légérement au feu, on
ne sent pas le parfum de l'acide végétal se développer en
raison de la concentration de son acide; qu'au contraire on
soit saisi d'une odeur sulphureuse, on ne pourra se refuser

d'être perfuadé que ce vinaigre contient de l'acide vitriolique. A toutes ces preuves on pourra ajouter l'effai à l'efprit de vin. Si en verfant de l'efprit de vin dans du vinaigre chaud, il fe fait une effervefcence, elle ne peut être que le réfultat de la combinaifon de l'acide vitriolique contenu dans le vinaigre, avec l'efprit de vin que l'on y ajoute.

L'acide vitriolique a pu être uni au vinaigre de Châlons de plufieurs manieres & avec diverfes fubftances qui le contiennent, foit en mêlant au vinaigre fait, de l'huile de vitriol en dofe plus ou moins fuivant le degré d'acidité que le vinaigrier veut lui donner, & en raifon du degré de force des vins avec lefquels il l'a compofé. 2°. Le vinaigre a pu retenir une portion d'acide vitriolique de la décompofition du foufre que l'on fait brûler dans les tonneaux que l'on deftine à contenir des vins que l'on confidere comme trop liquoreux. Le foufre n'eft pas la feule fubftance minérale qui contienne l'acide vitriolique, & que l'on emploie mal-à-propos dans la Zymotechnie. L'alun eft un fel vitriolique à bas prix, que les Vinaigriers peuvent imprudemment, ou plutôt méchamment employer pour augmenter l'acide de leur vinaigre; il peut même fe faire que cet alun provienne des vins qui auroient manqué la mouffe & qu'ils auroient achetés pour faire du vinaigre, lefquels vins auroient été frelatés avec l'alun : car il n'eft plus permis d'ignorer les procédés pernicieux avec lefquels on prépare les vins moufleux de Champagne, fur-tout ceux que l'on foupçonne qui feront rebelles. Si les vins que l'on deftine à faire mouffer font gras & trop doucereux, l'on y fait fondre de l'alun pour fournir un acide qui, agiflant continuellement fur la partie mucide, renouvelle le mouvement de fermentation, lorfque la liqueur aura communication avec l'air extérieur : fi au contraire le vin eft trop acide, l'on y ajoute du fucre candi pour adminiftrer une matiere graffe mucide, fur laquelle l'acide furabondant ait prife & puiffe prolonger la fermentation. Il feroit bien à defirer que ce fût avec ce feul dernier moyen que l'on frélatât seulement le vin mousseux, liqueur perfide que la cupidité fournit à la volupté, & qui n'a d'autre mérite que d'imprimer sur les premiers organes une sensation si vive, qu'elle est souvent douloureuse ; de dessécher & d'altérer, loin de rafraîchir. La pétulance de ce vin gazeux plaît infiniment aux femmes qui le sablent voluptueusement.

Nous avons vu dans ce Mémoire, que l'art du Vinaigrier, comme une infinité d'autres arts, est sorti du sein de la Chymie qui veille continuellement à ce qu'ils ne s'écartent point des principes qu'elle leur a donnés : qu'une circonstance critique amenée par le hasard, auteur de presque toutes les découvertes physiques, m'a fourni l'occasion de connoître qu'il y avoit des vinaigres frélatés : que mes présomptions sur la nature de l'acide minéral uni à celui du vinaigre, se sont fortifiées à mesure que j'y ai prêté de l'attention, & qu'elles sont devenues des convictions, par le résultat de toutes les expériences chymiques par lesquelles j'ai analysé le vinaigre que j'ai soupçonné contenir un acide minéral : que la quantité d'acide vitriolique, qui est uni au vinaigre de Châlons, est très considérable, puisque par des expériences d'hydrostatique, j'ai prouvé que ce vinaigre est plus pesant que le vinaigre blanc de Paris de deux gros deux scrupules vingt grains par pinte, ce qui donne par muid de trois cents pintes de Paris un excédent de six livres quatorze onces trois gros douze grains, qui est la quantité d'acide vitriolique que le Vinaigrier a mêlé à son vinaigre pour en augmenter l'acidité : que cet acide a pu être mêlé au vinaigre par divers moyens, substances & procédés, soit par l'huile de vitriol, soit par le soufre, soit par l'alun. J'ai jetté un coup-d'œil rapide sur les différents usages auxquels le vinaigre est employé ; sur les abus que les jeunes filles en font en boisson ; sur les avantages que la Médecine en tire, tant pour la guérison des maladies, que pour purifier l'air contagieux ; sur l'utilité dont il est dans les arts, enfin sur la nécessité de son emploi dans l'apprêt des aliments. J'ai pesé sur les dangers d'employer pour tous ces ufages des vinaigres vitriolifés; & pour ne pas être trompé lorfque l'on fait emplette de vinaigre, j'ai indiqué les moyens les plus fimples de reconnoître la fraude. J'ai rappellé des procédés connus pour augmenter l'acide du vinaigre, foit par l'addition des matieres analogues qui contiennent l'acide du vinaigre, foit par la fouftraction d'une partie de fon phlegme par la concentration par le froid : j'ai fait fentir combien il étoit important de réprimer la cupidité pernicieufe des Vinaigriers qui frelatent leur vinaigre avec l'acide vitriolique combiné. Le Miniftere public eft intéreffé à prévenir & à punir des contraventions qui peuvent avoir des fuites auffi funeftes.

En jettant un coup-d'œil attentif fur le tableau de comparaifon du poids des différentes liqueurs, l'on verra, contre l'opinion reçue, qu'il y a des vins plus pefants que l'eau commune, puifque le vin blanc de Champagne pefe par pinte un gros trente-cinq grains plus que l'eau. Les vins rouges de Bourgogne & de Bar font plus légers que l'eau. Tous les vinaigres, même la bierre font plus pefants. Depuis que j'ai prouvé par ces expériences qu'il y avoit des vins plus pefants que l'eau, l'académie de Stockolm en a confirmé l'authenticité par le réfultat des expériences de M. Fagot.

MÉMOIRE

MÉMOIRE

Sur la nécessité & la facilité de rétablir la navigation sur la Riviere de Marne, en remontant vers sa source, depuis Saint-Dizier jusqu'au-dessus de Joinville.

Fluminis intrastis ripas, portuque sedetis ;
Ne fugite *auxilium.* Virg. *Enéid.*

La Champagne, cette Province si considérable & si florissante, à laquelle on pourroit appliquer ce que Virgile disoit de l'Isle d'Elbe, *Insula inexhaustis chalybum generosa metallis*, à cause de l'abondance de ses mines de fer, n'est pas moins riche en bois de la meilleure qualité, sur-tout dans sa partie supérieure. Ces deux matieres, après avoir fourni aux besoins & à l'industrie de ses habitants, alimentent encore les deux branches les plus importantes du Commerce d'exportation de cette Province & même du Royaume.

La Champagne peut se diviser en inférieure & en supérieure. L'inférieure est blanche & crétacée ; les cantons de cette derniere où le crayon est plus superficiel, font stériles ; ceux où une certaine quantité de terre végétale couvre le crayon, font riches en vins délicieux, & ils ont des parties boisées, sans mines de fer. Mais la Champagne supérieure qui commence au-dessus du Pertois, s'étend au nord dans l'Argonne, se replie au nord-est sur le Barrois,

Sss

cotoie la Lorraine, s'appuie au levant sur la Franche-Comté, s'entrelace au midi avec une grande partie de la Bourgogne, comprend tout le Vallage, le Baffigny & le Bar-sur-Aubois, arrosés par la Marne, l'Aube, la Blaise, & autres rivieres. Ces pays sont couverts de beaucoup de forêts considérables & d'une infinité de bosquets. La mine de fer y est généralement répandue par-tout avec plus ou moins d'abondance depuis la surface de la terre jusqu'à des profondeurs inaccessibles, suivant les accidents qui l'ont rassemblée ou dispersée : cette partie est remplie de forges à fer.

Les bois de construction du crû de la Champagne ne sont pas réputés les meilleurs du Royaume pour le service de la Marine quant à leur durée, ceux de nos Provinces méridionales sont préférés : mais la Champagne fournit les bois les plus longs & les plus droits qui sont propres aux plançons pour les bordages, les iloirs & les vaigres. On ne laisse pas que de tirer de cette Province une très grande quantité de bois de gabari de toutes les especes, propres au service de la Marine du Roi. Les fers de la Champagne se distinguent généralement en communs & en roches ; les premiers se fabriquent sur la Blaise & sur la Marne ; les roches qui sont ceux de la meilleure qualité, se tirent des forges situées sur le Rongeant, le Rognon & autres ruisseaux y affluants : ces derniers remplacent les fers de Berry lorsqu'ils sont bien fabriqués, mais ils sont encore inférieurs en qualité aux meilleurs de la Franche-Comté & du Dauphiné.

Il est inutile de démontrer qu'un objet de commerce devient d'autant plus avantageux, qu'il peut être exporté au plus loin avec les moindres frais possibles ; que la navigation est de tous les moyens employés pour le transport des productions de la nature & des arts, le moins couteux, conséquemment le plus avantageux. Ces principes sont connus de toutes les nations & de tous les hommes ; les contester, c'est se refuser à l'évidence ; & la persuasion de cette vérité arma d'audace le cœur du premier pilote, qui confia aux vents & à la mer sa vie & sa fortune.

Horace souhaitant une navigation prospere à Virgile qui partoit pour Athènes; fâché de perdre un ami qu'il regardoit comme une partie de lui-même, fait une vive sortie contre le premier Nautonier :

> Illi robur & æs triplex
> Circa pectus erat, qui fragilem truci
> Commisit pelago ratem
> Primus.

Si Horace eût été Commerçant, il eût célébré par un Poëme héroïque la navigation, & eût adressé une Ode au premier Pilote. Nos besoins déterminent nos affections.

L'avantage que procure la navigation est si considérable pour le transport des marchandises, qu'elle économise souvent quatorze quinziemes ; puisque le prix moyen de la voiture par eau d'un mille pesant depuis S. Dizier jusqu'à Paris, est de dix livres par bateau, sur quoi il y a encore des droits à payer ; que l'Entrepreneur du Carosse public prend cent cinquante livres, & les Rouliers soixante-dix, pour le même poids & le même trajet. Cette économie est encore bien plus frappante pour la voiture qui se fait par flotte, laquelle ne coûte que le quart du prix du bateau, puisque cent toises de bois de sciage, appellé *Bois Français*, qui pesent communément quatre milliers, ne coûtent que dix livres de transport de Saint-Dizier à Paris ; ce qui rend la proportion avec le prix des voitures publiques comme dix à six cents, & avec celui des Rouliers comme dix à deux cents quatre-vingt. Je ne parle point de la navigation maritime dont les frais du fret sont encore bien plus modiques, puisque pour quelques deniers pour livre pesant, l'on transporte des marchandises d'un hémisphere à l'autre.

L'avantage qu'une Province peut tirer de ses productions premieres, se multiplie par gradations au centuple & au-delà, en raison des facilités d'enlever ces productions du lieu de leur crû & de les exporter à moindres frais. C'est pour-

quoi fi les rivieres de cette Province étoient navigables plus
près de leurs fources, elles pourroient fournir à l'intérieur
du Royaume, à la Capitale, & aux autres Provinces mariti-
mes, fes fers à un prix affez modique, pour les empêcher
de faire avec l'étranger, fur-tout avec la Suede & la Sibé-
rie, un commerce d'importation, qui énerve le nôtre, diminue le produit de l'induftrie & anéantit la population (1);
il en eft de même des bois de conftruction, tant en charpente qu'en fciage & en fenderie.

Paris, cette ville fuperbe & fi confidérable par le nombre
de fes habitants, fait une confommation, qui peut être
comparée avec celle du refte du Royaume (2). La celébrité
de fes Artiftes, l'induftrie de fes Artifans, ont acquis à leurs
productions, une réputation impofante, qui fait monter
leurs ouvrages à un prix qui excede la perfection avec laquelle ils les finiffent. Tout ce qui eft à Paris eft beau; tout
ce qui vient de Paris eft parfait; rien n'eft bon s'il ne vient
de Paris, dit le vulgaire : plus d'un Sage penfe que ces dif-

_____

(1) L'importation des fers étrangers
en France a fait tomber depuis quelques
années les fers nationaux dans un fi
grand difcrédit, que de cent foixante
livres, leur prix eft réduit à cent quarante : trifte échec qui rallentit beaucoup
les travaux de nos manufactures, porte
une atteinte funefte à l'induftrie, affoiblit les refforts de l'Etat, & enrichit nos
voifins de nos dépouilles.

(2) Paris, dit-on, affame les provinces ; cette Ville eft un gouffre qui en-
gloutit tout, & fi on ne refferre pas fes
limites dans des bornes plus étroites,
cette Capitale abforbera toute la fubftance de l'Etat. J'ofe ne pas penfer de
même, & je regarde ces difcours comme
une déclamation des membres contre l'eftomac : car n'eft-il pas vrai que le chyle
préparé par ce vifcere renouvelle la maffe
des humeurs, répare les forces abattues
des membres, leur procure des fucs
nourriciers qui entretiennent leur em-

bonpoint : il en eft de même du reflet de
Paris fur les Provinces. Paris n'eft pas
la Ville la plus confidérable de l'Univers; quand le nombre de fes habitants
doubleroit, elle n'approcheroit pas encore de la grandeur de ces Villes anciennes qui fe font entiérement enfevelies
fous leurs ruines : plus Paris s'aggran-
dira en furface, en nombre, en luxe &
en befoin, plus la Province deviendra
opulente, par la facilité de vendre bien
cher fes productions. L'on doit dans cette
Ville étaler tous les prodiges des arts
pour y attirer un concours confidérable
d'étrangers qui contribuent à entretenir
fa fplendeur & à augmenter fon opu-
lence. La magnificence de cette Ville
produira naturellement l'effet que diverfes loix ont eu pour principe, tel le pé-
lerinage du Caire, de la Mecque, les
foires d'Alexandrie, les jeux des Grecs,
& les fêtes de Jérufalem & de Rome.

cours populaires, indépendamment de l'opinion, ne font quelquefois que trop bien fondés ; ces idées qui affectent le plus grand nombre, décident les uns à faire exécuter dans cette Capitale des ouvrages en fer qui doivent fervir à l'embelliffement des Eglifes ou des Châteaux, qui en font éloignés de plus de cent lieues. D'autres font travailler des lambris fomptueux, des ftalles magnifiques pour décorer des Palais & des Cloîtres dans des Provinces reculées.

Le chœur & le fanctuaire des anciennes Eglifes Cathédrales étoient autrefois claquemurés à caufe des Offices nocturnes ; aujourd'hui on démolit ces fortifications jadis néceffaires contre la fraîcheur de la nuit, & on les remplace ainfi que les jubés, par des grilles fomptueufes que l'on fait exécuter prefque toujours à Paris : celle de Saint Germain-l'Auxerrois de cette ville, eft un chef-d'œuvre ineftimable, elle a pour rivale celles de l'efcalier du Palais Royal, de la chaire de S. Roch, & celle de la Cathédrale de Strasbourg dans un genre différent ; les grilles de S. Etienne de Châlons, ont été prefque toutes faites à Paris, ainfi que les ftalles de l'Abbaye de Trois-Fontaines près S. Dizier : il en eft de même des autres Provinces.

Ce retour dans les Provinces des matieres fur lefquelles les Parifiens ont exercé leur induftrie, double la confommation de cette ville immenfe ; & cette confommation eft fi prodigieufe, que les Magiftrats, qui en adminiftrent les approvifionnements, & qui font chargés d'y entretenir l'abondance, font dans la perplexité, lorfque le volume d'eau des rivieres affluentes eft abforbé par la féchereffe, ou que les rigueurs d'un trop long hiver interceptent toute communication par eau. Les accroiffements de cette ville & de fon luxe ont multiplié fes befoins ; pour les fatisfaire, on a épuifé les parties des Provinces les plus limitrophes des ports fréquentés. Quelques bois de charpente, peu de pierre, beaucoup de plâtre & de briques compofoient autrefois la maffe des matériaux dont les Architectes conftruifoient les maifons parifiennes : mais le goût des efcaliers maffifs en

bois, des planchers, des parquets au lieu de carrelage, &
sur-tout des lambris & des ameublements en menuiserie &
marqueterie, ayant prédominé, l'on a été nécessité à forcer
les coupes des bois de futaie, d'avancer les révolutions des
forêts voisines des ports situés sur les rivieres navigables qui
affluoient à Paris, particuliérement sur la Marne. Les main-
mortables & toutes les Communautés Religieuses ont obtenu divers Arrêts, qui leur ont permis de ne laisser dans
leurs forêts que certain nombre d'arbres par arpent, & de
faire couper le surplus : bientôt tous leurs bois qui avoient
été jusqu'alors respectés comme les bois consacrés autrefois
aux Divinités à cause de la majesté de leur futaie, ces bois,
dis-je, ont été dévastés, & dans les révolutions actuelles l'on
ne trouve plus d'arbres bien venants & bien constitués de
l'âge requis, en assez grand nombre, pour composer les ré-
serves ordonnées.

Il seroit bien à désirer que le goût ancien des peintures à
fresque se renouvellât de nos jours pour diminuer la consommation des bois employés pour les lambris. La disette
d'une chose donne souvent de l'industrie pour la remplacer ;
les Architectes de Paris s'appercevant de la difficulté de se
procurer des poutres considérables, sur-tout depuis que le
Ministere fait choisir, dans toutes les adjudications des bois
du Royaume, les pieces que l'on juge être propres à la construction de la Marine du Roi ; les uns ont imaginé de construire des bâtiments sans bois, telle la nouvelle halle aux
grains édifiée dans l'emplacement de l'ancien hôtel de Soif-
fons, & à laquelle on ne peut désirer qu'une plus grande
étendue ; d'autres Architectes ont substitué les voûtes aux
planchers jusques dans les maisons particulieres ; mais sur-
tout dans les palais & les édifices publics. Le temps nous
amenera d'autres usages.

La nécessité de fournir à la Métropole des bois propres
aux lambris, fit passer des Négociants dans le fond de la
Lorraine Allemande, & sur les confins de l'Alsace, dans les
montagnes des Vôges, où il se trouvoit des forêts qui

avoient vieilli avec les siecles dans le silence, & que la coignée n'avoit point profanées :

Lucus erat, longo nunquam violatus ab ævo.

Les arbres de ces forêts croissoient & subsistoient jusqu'à leur décrépitude : alors leur seve desséchée ne fournissant plus à leur entretien, ils tomboient en pourriture, & leurs parties cadavéreuses déposées sur le rocher, y formoient une terre féconde, qui enrichissoit la végétation des jeunes arbres voisins. Là se bornoit, pour ainsi dire, le produit de la majeure partie de ces arbres antiques (1). Ce fut vers l'an mil sept cent trente, que les sieurs Mathieu & Leblanc, Négociants de Saint-Dizier, & le sieur Suard, de Paris, pousserent leurs spéculations dans le fond de ces forêts ; ils ne furent point effrayés de la longueur du trajet, pour conduire par terre ces bois depuis les montagnes jusqu'à Saint-Dizier : inconnus dans ces déserts, ils y porterent de l'or & des présents. Conduite bien opposée à celle de ces cruels Marchands Espagnols qui égorgerent les Péruviens pour s'emparer des productions de leur pays (2). Les dépenses considérables que ces Négociants firent pour se procurer les bois de la premiere qualité, tant pour le prix de l'achat, que pour les frais de sciage & de transport ; d'ailleurs la beauté du grain, l'éclat de la maille, & la richesse de la

_____

(1) Il se trouve encore dans les forêts reculées des montagnes de la Vôge des parties qui sont encore en non-valeur. En visitant les mines de cuivre des environs d'Orbeil en Alsace, nous avons vu au-dessus des sources de la Mozelle sur les hautes montagnes qui bordent cette vallée qui conduit à Rufac & Dannemarin, des cantons de forêts dont les sapins affoiblis par la vieillesse, brisés par les vents, tombent du haut des rochers dans des précipices où ils s'anéantissent par la pourriture. L'immense quantité de ces arbres ou plutôt de leurs cadavres entassés, forme un spectacle hideux que ne peut voir sans émotion le voyageur curieux de découvrir les beautés & les richesses de la Nature.

(2) Qui peut lire l'Histoire de la conquête du Pérou, sans frémir des horreurs commises par Narbaez, Cortez, Salamanque & autres, & sans verser des larmes sur le sort de tant d'Incas & de leurs sujets !

. . . . . . Quis, talia fando,
Temperet à lacrymis.

couleur de ces planches de chêne si tendre, les déterminerent à traiter ces bois avec beaucoup de ménagement ;
ils craignirent de les altérer en les flottant ; ils prirent le
parti de les faire conduire dans des bateaux, ce qui multi-
plia beaucoup les dépenses du fret ; ils s'y déterminerent
avec d'autant plus de raison, que l'on s'est apperçu que l'eau
de quelques rivieres noircissoit le bois de sciage de chêne
que l'on faisoit flotter sur leur cours ; ce qui vient des
sels vitrioliques qu'elles tiennent en dissolution, parcequ'elles lavent des terres pyriteuses ; alors la seve stiptique
du bois de chêne précipite le fer qui s'attache à sa fibre &
le noircit : c'est l'effet de la noix de galle, qui est une production du chêne sur le fer contenu dans la couperose, matieres qui sont la base de la composition de l'encre & des
teintures noires. La riviere d'Ornin qui vient de Gondrecourt à Bar, & rejoint la Saux à Etrepi, produit particuliérement cet accident ; ce qui détermina nos Marchands à ne
pas courir les mêmes risques sur la Marne ; cette derniere
riviere coule sur un lit entiérement pyriteux sur le territoire
& banlieue de Saint-Dizier.

Ces bois furent reçus à Paris avec acclamation & ravis-
sement. Ils furent enlevés à l'instant par les Marchands &
les Ouvriers, pour être employés aux ouvrages de distinction : on ne connoissoit alors à Paris de beau bois de sciage,
que le bois d'Hollande, qui est de la même qualité que celui de la Vôge, & qui en est tiré en plus grande partie ;
ce bois est scié sur sa maille par les Hollandois qui nous le
revendent bien cher. La satisfaction des Parisiens, leur em-
pressement à demander des bois de cette qualité, soutinrent
l'ardeur de nos Négociants, qui retournerent dans les montagnes : ils y firent de grosses acquisitions, & construisirent
des scies sur tous les filets d'eau qui tomboient des rochers.
Dans la suite, ils ont été imités par d'autres Marchands ;
j'ai même été initié dans ces spéculations. Le peu d'étendue
de ces forêts des Vôges, la ferveur avec laquelle on a
poussé cette branche de commerce, & l'ardeur des propriétaires

taires de ces bois, à tirer un produit confidérable de leurs fonds, auparavant fi négligés, ont caufé l'épuifement de cette partie, au point que l'on ne peut efpérer actuellement de tirer, de ces cantons, que des bois d'une qualité bien inférieure au premier, & en bien moindre quantité.

L'épuifement des bois de Vôge, a fait recourir à divers expédients pour s'en procurer d'une qualité approchante. Où il s'eft trouvé des parties confidérables en exploitation, comme à Fontainebleau, & où le bois a été jugé d'une qualité fupérieure, on a conftruit des fcies à eau, pour débiter les bois à la façon de Vôge & de Hollande. Le fieur Noël, Marchand de bois a Paris, qui joint aux connoiffances de l'art du Charpentier, les talents d'un Commerçant bon fpéculateur, & beaucoup de fagacité, a fait conftruire à Moret, fur la riviere de Loing, une fcie compofée de douze lames, mifes en mouvement par l'effet d'une feule roue. Cette machine exécute avec beaucoup de facilité & de juftefse fes opérations, elle économife beaucoup de bois, & le débite fous une forme très avantageufe (1). En fecond lieu, l'on a reculé tant que l'on a pu les limites des importations, à mefure que les bois les plus proches ont été ufés : tout le Barrois a été mis à contribution, les coupes de fes forêts ordinaires qui faifoient efpérer de fournir des bois de fciage, en fuffifance, font révolues, il n'y a plus qu'à glaner dans ce canton.

Dans quelques années, à peine fe trouvera-t-il dans le Barrois des chênes en fuffifance pour fournir les bâtons & merrains néceffaires à fes vignobles immenfes & magnifi-

(a) La fcie du fieur Noël à Moret eft modelée fur celle des Hollandois, & ne leur cede rien en perfection ; les lames de cette machine font très-minces: l'arbre de fer à tiers point qui éleve les trois chaffis des fcies eft très-bien imaginé, & exécuté fupérieurement : toutes les fcies que nous avons vues en Franche-Comté, en Lorraine & en Alface font bien inferieures au mérite de celle de M. Noël, 1°. parce que la plupart ne font compofées que d'une lame : 2°. que ces lames font trois fois plus épaiffes que celles de la fcie de Moret, inconvénient qui triple & le travail de la machine par la réfiftance d'une furface trois fois plus grande, & la perte du bois par une voie trois fois plus forte.

Ttt

ques qui font les principales fources de la richeffe du pays.
Une partie des petites forêts de la principauté de Joinville
font auffi épuifées ; enfin l'on eft forcé de remonter vers
les fources de la Meufe & de la Marne.

Dans les forêts régies par les Maîtrifes de Neuf-Château
& de Chaumont, il fe trouve de gros arbres qui donnent
des fciages d'une grande beauté : il feroit à défirer qu'on fît
débiter ces arbres par des fcies à moulin, au lieu de les abandonner à la difcrétion de ces Scieurs qui viennent du Lyonnois, du Dauphiné, du Limofin & de l'Auvergne ; car ces
Ouvriers font ordinairement de très mauvais ouvrage, au
préjudice des Marchands & de l'État, parceque 1°. ils travaillent trois par fer, ce qui le fait vaciller dans des lignes
obliques & inclinées, tandis que la fcie doit monter & defcendre par des lignes bien perpendiculaires. 2°. Ils fe preffent trop, & négligent une infinité de foins, defquels dépend la perfection de l'ouvrage. 3°. Enfin ils travaillent
avant & après le jour, d'où il réfulte beaucoup de défauts
très préjudiciables.

Le bois de fciage eft une matiere volumineufe & pefante, conféquemment elle exige de grands frais, lorfque
l'on eft obligé de la tranfporter à force d'hommes, de voitures & de chevaux. Puifqu'un cent de toifes de fciage de
bois français affortis de battans, de membrures, de bois double, de pouce, de pouce & demi & de chevron, contient
foixante-fix pieds cubes de bois, & pefe au fortir de la fcie
environ cinq mille ; & lorfqu'il a été empilé à l'air, il eft
réduit à quatre mille, fuivant le temps qu'il a féché & fuivant la qualité du bois ; car plus il eft tendre (tels les bois
crus fur la pierre, le fable, expofés au nord, & dans des
forêts épaiffes que l'on ne coupe qu'après de très longues
révolutions), plus ce bois eft léger ; mais plus il eft gras &
ruftique (tels les bois qui croiffent au midi, dans des terreins herbus, fubftanciels, & dans des cantons ifolés), plus
ils font matériels & pefants : ces derniers doivent être réfer-
vés pour la charpente ; mais bien des circonftances obligent

d'en faire scier beaucoup de cette derniere qualité. La valeur courante du bois de sciage dans le commerce, ne comporte pas de gros frais de manutention; puisque son prix actuel aux ports de Paris est de quatre-vingt deux livres le cent. En établissant le bois brut à deux cents livres le cent de solives, il en entre pour quarante-cinq livres dans un cent de sciage lequel coûte d'ailleurs quinze livres pour façon, à cause des rebuts & fournitures, plus onze livres de voiture par eau depuis Saint-Dizier jusqu'à Paris; ce qui fait au total soixante-onze livres, lesquelles soustraites de quatre-vingt-deux livres, reste onze livres (1) pour les frais de transport, depuis la forêt jusqu'au port, & pour le bénéfice du Commerçant & les aventures; & cette somme est entiérement absorbée si l'on est obligé de tirer ces sciages de quatre lieues par la traverse, & de six lieues par les routes; car c'est le prix courant actuel de la voiture de Joinville à S. Dizier. Enfin comme l'on est forcé de tirer ces sciages de huit, dix & douze lieues plus loin, le déchet est plus considérable, & en établissant le prix de la voiture & des dépôts des sciages de ces douze lieues à trente livres, & cinq livres de bénéfice pour le Négociant; il faudroit donc précompter trente-cinq livres sur le prix de la quantité de bois nécessaire pour faire un cent de sciage, ce qui le réduiroit à dix livres ou à quarante-huit livres le cent de solives, composé de trois cent pieds cubes. Quel est le propriétaire qui se déterminera à ne tirer de ses fonds que ce prix modique? & cet avilissement de prix tendroit à anéantir le produit des forêts, à tarir les sources du commerce, priver l'Etat, & sur-tout la Capitale, d'une matiere indispensable, & de la jouissance de ses propres richesses. Pour parer à tant d'inconvénients, il faut d'un côté entretenir des routes qui traversent les forêts, & com-

(1) Le calcul de produit & de dépense d'un cent de bois de sciage est le résultat de nos observations depuis vingt-cinq années d'expériences dans des exploitations majeures, où il est toujours précieux de porter un esprit d'analyse & de détail.

muniquent aux ports ; c'eſt l'eſprit de l'Ordonnance des Eaux
& Foréts de mil ſix cent ſoixante-neuf ; d'un autre côté,
rendre les rivieres navigables preſque juſqu'à leurs ſources,
pour éviter les frais de tranſport, & accélérer la traite des
marchandiſes qui périclitent toujours dans les retards qu'elles eſſuient, & les fréquents dépôts qui ſont très déſavan-
tageux au commerce des bois de ſciage ; car d'un côté les
planches qui ſont fragiles ſont ſujettes à être fendues, caſ-
ſées & écornées par les frottements & les chocs ; d'un autre, l'ardeur du ſoleil auquel elles ſont expoſées d'une face,
& l'humidité de l'autre, les coffine & les voile ; d'ailleurs à
chaque dépôt il faut un Commiſſionnaire : toutes ces choſes
multiplient conſidérablement les frais, diminuent la qualité
& ſouvent la quantité par la négligence des dépoſitaires &
la rapacité des payſans avides & peu délicats. Il faudroit
toujours que le bois de ſciage fût conduit de la forêt au
port flottable, ſans être déchargé en route.

La riviere de Marne qui eſt la plus conſidérable de la
champagne, & qui ne traverſe aucune autre Province, ſinon une partie de l'Iſle de Francs où elle va confluer avec
la Seine ſous Charenton, prend ſa ſource au-deſſus de Langres, dans le point le plus élevé de notre continent ; puiſque diverſes rivieres qui tirent leur ſource des réſervoirs
de ce pays montueux, vont porter aux deux mers leurs eaux
par des rayons divergents dans tous les points de l'hori-
ſon. Les principales rivieres qui tirent leurs ſources des environs de Langres ſont la Meuſe qui coule au nord, la
Vingeanne au midi, l'Armançon au levant, la Seine &
l'Aube au couchant, la Marne au nord-eſt, la Saone au
ſud-eſt, l'Aujon à l'oueſt-nord, le Rognon au nord ; enſuite
une infinité de petites rivieres qui ſe jettent dans les principales ; toutes ſe replient reſpectivement ſous les différentes ſinuoſités des terreins pour couler dans les directions
principales des courants de notre continent dirigés toujours
par la chaîne des montagnes. La Marne devient déja conſidérable ſous Chaumont où elle reçoit la Suize ; la vallée

qu'elle arrofe au-deſſous, eſt creuſée entre des côteaux four-
cilleux, qui concourent à ſon augmentation. Elle fait mouvoir dans ſon cours pluſieurs forges, moulins & autres uſines : mais elle eſt bien plus volumineuſe à Joinville après
avoir reçu le Rognon & le Rongeant, ce qui la rend navigable en tout temps, en s'accommodant au local & aux aux
circonſtances.

Le Rognon eſt une riviere qui tire ſes ſources principales
d'Is en Baſſigny, d'Orqueveau & d'Eco ; elle eſt conſidérable
par ſon volume & par ſon utilité, parcequ'elle fait tourner treize forges ſur environ ſept lieues de cours : elle vient
confluer avec la Marne ſous Donjeu. L'on a conſtruit une
route le long de la vallée de cette riviere pour la facilité
du commerce du canton : par cette route qui vient s'embran-
cher avec celle de Joinville à Chaumont, on deſcend les
fers des forges de cette vallée & tous les bois de ſciage qui
ſe débitent annuellement dans les forêts qui couvrent la
maſſe des terres au-deſſus des ſources de cette riviere, entre
celles de la Meuſe & de la Marne. Cette branche conſidérable eſt apportée en dépôt à Joinville.

Le Rongeant eſt un ruiſſeau qui tire ſon nom de l'effet
de la rapidité de ſes eaux qui rongent les terreins ſur leſquels elles coulent, à cauſe de la proclivité de la vallée qui
les contient : cette pente conſidérable eſt favorable aux uſines qu'il fait mouvoir. Il tire ſes ſources ſous Broutiere,
& n'a que trois lieues & demie de cours. On a auſſi ouvert
une route le long de ſa vallée, qui communique au Pays-
haut du côté de Grand ; cette route eſt très utile pour deſcendre à Tonance les bois de ſciage, qui ſe débitent abondamment dans le maſſif des terreins entre les Vautons, Ber-
tilléville, Denville, Brochainville, ainſi que pour tous les
cantons d'alentour qui ſont couverts de bois juſqu'à Grand
& ſes environs, où l'on voit encore beaucoup de ruines,
entr'autres celles d'un amphithéâtre Romain, qui prouve
que cet endroit fut autrefois véritablement grand.

Pour rétablir la navigation de la Marne, au-deſſus de
S. Dizier & de Joinville, il faudroit que le Miniſtere ſe-

condât & protégeât l'exécution de ce projet qui devient auffi néceffaire qu'il eft d'une facile exécution. Je vais effayer de le démontrer.

Depuis que le commerce de bois & de fer a pris une grande faveur dans cette portion de la Champagne (1); que les limites des importations du commerce des bois ont été reculées; que la Marne a été rendue navigable à S. Dizier (2), enfin que la Province a été percée de routes, il s'eft formé un port, c'eft-à-dire un dépôt de près de trois cents mille toifes de fciage par an fur le bord de la Marne, à Joinville & à Tonance, particuliérement à ce dernier endroit, qui eft chef-lieu de la Pairie attachée à l'Evêché de Châlons, & depuis long-temps un dépôt confidérable de bois de fciage. La route qui vient de Joinville traverfe ce village, va fe rendre à Gondrecourt & s'embranche avec celle de Vaucouleurs & de Neuf-Château.

_____

(1) L'époque de l'établiffement du commerce d'exportation dans cette partie de la Province de Champagne, peut être fixée vers le commencement du dernier fiecle. Auparavant il y avoit très-peu de commerce : on laiffoit croître les bois ; leur révolution n'étoit point fixée exactement ; les forges fabriquoient peu de fer, au-delà de la confommation du pays : mais infenfiblement le nombre de ces Manufactures s'eft accru, & elles ont augmenté leurs travaux, en raifon des quantités immenfes des coupes de bois, que les révolutions des quarts en réferve des bois des Communautés ont fournis ; & cette fabrication a été portée à un fi haut degré, que le feul débouché de S. Dizier, a fourni annuellement pendant plufieurs années jufqu'à dix-huit millions de fer, qui a été exporté en plus grande partie de cette portion de la Champagne, & d'une partie du Barrois.

(2) Saint-Dizier eft la premiere Ville actuellement où la riviere de Marne commence à porter des bateaux & des flottes. Cette Capitale du Valage eft fi-

tuée entre le Pertois, le Barrois, le Baffigny & le Bar-fur-au-bois, dans le commencement d'un baffin magnifique ouvert de trois vallées, percé de fix routes, arrofé de deux rivieres, & bordé de côteaux qui forment un rideau au levant, au nord & au midi ; ces côteaux font couverts de bois qui communiquent aux forêts les plus confidérables de la Champagne. Cette Ville eft un chantier fameux où fe conftruifent tous les bateaux Marnois, lefquels fe diftinguent par leur forme arrondie & par leur tinglage : il s'en conftruit une prodigieufe quantité. Parmi les plus grands, ceux qui fe nomment cul-de-chalant, portent jufqu'à cent vingt tonneaux, ou deux cents quarante milliers fur cette riviere, & plus fur celles qui ont plus de volume. Tous les bateaux qui fe conftruifent à Saint-Dizier fervent à conduire à Paris, les fers, les grains, les vins, les ouvrages en verre & autres productions de la Province : ils font vendus enfuite pour fervir à différents ufages fur toutes les rivieres qui confluent avec la Seine.

C'eſt par cette route, que deſcendent tous les bois de ſciage provenants des forêts des environs, depuis Bonet, même au-deſſus. Tous ceux du canton qui avoiſine Vaucouleurs, vont à Ligny, les uns par la route de S. Aubin, les autres par celle de Gondrecourt, pour ſe rendre enſuite à Bar-le-Duc. La route que l'on conſtruit actuellement de Ligny à S. Dizier, abrégera de trois lieues la traite de ces marchandiſes; ce qui évitera un dépôt & des dépenſes : mais ſi l'on flottoit à Tonance, tous les ſciages provenants des environs de Vaucouleurs & de Neuf-Château, même des terres adjacentes, y tomberoient néceſſairement, attirés par la facilité & l'économie.

Toutes les forges au-deſſus de Joinville, au nombre de vingt-cinq, viennent dépoſer annuellement, dans les magaſins de cette ville, environ huit à dix millions de fer. Autrefois, c'eſt-à-dire juſqu'en mil ſept cent vingt-cinq, avant que M. de Leſcalopier, alors Intendant de Champagne, eût fait ouvrir & conſolider la route de S. Dizier à Joinville, tous ces fers & ceux des forges ſituées au-deſſous, deſcendoient à S. Dizier dans des batelets ſur la riviere de Marne. Il eſt encore pluſieurs hommes vivants qui ont été occupés dans leur jeuneſſe à cette navigation ; & l'on voit à la forge de Bayard, la plus ancienne de la Marne, les traces du frottement des barres ſur l'appui de la fenêtre du magaſin, par laquelle on introduiſoit les fers dans le bateau : d'ailleurs la navigation de la Marne en cette partie a été agitée & prouvée au Parlement de Paris, dans l'affaire contentieuſe du Pertuis de décharge de la forge de Eurville : ce n'eſt donc point un établiſſement à faire ; mais ſeulement une nouvelle forme à donner à la navigation de la Marne, au-deſſus de S. Dizier, en remontant vers ſa ſource.

Les Pêcheurs de Joinville, de Vecqueville, des deux Autigny, de Chatonrupt, de Breuil, de Ragecourt, de Gourzon, de la Neuville-à-Bayard & de Roche, étoient tous occupés de la conduite par eau des fers; ils chargeoient de deux mille cinq cents à trois milliers dans leurs batelets; ils étoient payés à raison de deux à trois livres par mille, & ils employoient deux jours à faire le trajet. Il n'y avoit pas beaucoup d'économie sur le prix de la voiture, parceque les obstacles multipliés augmentoient les peines & les frais, & qu'ils ne pouvoient se servir que de batelets qu'on pût porter au besoin : mais ces Pêcheurs mariniers ne consommoient ni chevaux ni fourrage, leur seule dépense particuliere prélevée, le surplus étoit un bénéfice réel & sûr; alors les Laboureurs du pays étoient entiérement occupés de leurs charrues, & le bénéfice qu'ils font aujourd'hui n'est qu'idéal & négatif.

Les fers & les bois déposés à Joinville & sous Tonance, occupent annuellement huit à neuf mille voitures, pour la traite desquelles il faut huit à neuf cents chevaux & trois cents hommes censés occupés un quart de l'année continuement; ce qui consomme une quantité prodigieuse de fourrage, & détériore les routes. L'argent comptant que le Laboureur se procure par le charroi, est un appas qui lui fait abandonner sa charrue; les terres des environs restent ou incultes ou mal préparées; ils ne recueillent que très peu de chose.

Les Laboureurs de Gourzon, de Ragecourt, de Breuil, de Chatonrupt, qui sont les plus empressés de la vallée à faire la traite des bois de sciage & des fers déposés à Joinville & à Tonance pour les rendre à S. Dizier, sont tous pauvres, parcequ'ils préferent le roulage à leurs charrues; leur finage à peine est-il semé, lorsque les Laboureurs des autres villages se préparent à recueillir; un tiers de leurs terres reste en friche, conséquemment en non valeur; un tiers ne rapporte pas la semence, les façons sont en pure perte; l'autre tiers ne produit que des grains de mauvais acabit, parcequ'elles ne sont pas cultivées suffisamment & en des temps propices; qu'elles ne reçoivent point d'engrais, par la raison que leurs chevaux, toujours hors de l'écurie, soit pour le roulage, soit pour la pâture,

ne

ne font point de fumiers, feul moyen de fertilifer : cet abus eft des plus préjudiciables à l'agriculture, fi floriffante dans d'autres cantons, fur-tout depuis que le commerce de grains jouit de la liberté de l'exportation. Cet abus, qui caufe leur ruine & celle de l'agriculture, eft très préjudiciable aux Commerçants, & les conftitue annuellement en une dépenfe de la fomme de foixante à foixante-dix mille livres pour les charrois ; au lieu que fi ces objets de commerce étoient voiturés par eau, la dépenfe qu'ils occafionneroient iroit au plus à dix mille livres ; il y auroit donc annuellement une économie de foixante mille livres, & cette économie eft d'autant plus fenfible, qu'il eft vrai de dire qu'il en coûte autant pour conduire par terre un cent de planches de Joinville à S. Dizier, comme pour le conduire de S. Dizier à Paris par eau. Cette étonnante difproportion eft dans la raifon de 6 à 55.

La proportion du prix de la voiture par terre & par eau, eft encore bien plus grande relativement au trajet de Joinville à S. Dizier & de S. Dizier à Paris ; fi l'on confidere que, quoique de S. Dizier à Paris, il n'y a par terre que cinquante-cinq lieues, même trente-huit à vol d'oifeau ; il y a cependant au moins cent lieues de trajet par le cours de la riviere : il faut aux Navigateurs quinze jours, pour le faire dans les temps favorables, trois femaines communément, & dans les temps fâcheux il n'y a de terme que la ceffation des vents, de la gelée, le rétabliffement des eaux dans leur lit, ou un rafraîchiffement néceffaire pour pouvoir avaler.

L'on ne manquera pas de m'oppofer fans doute 1°. que la navigation de la Marne eft impraticable au-deffus de S. Dizier, puifqu'elle n'a pas lieu actuellement.

2°. Que la conduite des fers, qui fe faifoit autrefois par batelets, même en mil fept cent vingt-cinq, n'étoit point, à proprement dire, une navigation, mais un cabotage fans fuccès & fans fuite.

3°. Que plufieurs perfonnes inftruites ont cherché il y

V v v

a déja long-temps les moyens de rendre cette partie de la riviere de Marne navigable, & que leur projet eſt reſté ſans exécution.

4°. Que ſans doute les cauſes qui ont empêché juſqu'alors d'exécuter ce projer ſi utile & ſi deſiré, ſont le peu de volume d'eau, les écueils dont le lit de cette riviere eſt hériſſé; & les barrieres multipliées par les uſines qui y ſont conſtruites.

5°. Enfin, que les dépenſes néceſſaires pour l'exécution de ce projet, excéderoient le bénéfice, & que le dérangement qui en réſulteroit pour quelques particuliers, ne ſeroit pas compenſé par le bien général que le Public pourroit en retirer.

Je cite ici au tribunal de la raiſon & de l'impartialité, ceux qui formeroient de ſemblables oppoſitions; je vais les reprendre l'une après l'autre pour les détruire.

Je réponds à la premiere, qu'elle eſt un lieu commun de la foibleſſe & de l'ignorance. Si des ames généreuſes, qui ſe dévouent au bien de la Patrie, n'avoient fait beaucoup d'expériences & de ſacrifices pour faire éclorre les arts & les conduire à leur perfection, les hommes ſeroient encore des ſauvages, vivants des fruits cruds de la nature agreſte, & les diſputant aux bêtes fauves; & peut-on conclure qu'une choſe eſt impoſſible parcequ'elle n'exiſte pas, ou qu'elle n'eſt pas pratiquée (1)? Il y a vingt ans que l'on ne navigeoit point ſur l'Aube à Arcis. Cette ville eſt devenue depuis un port très fréquenté. L'indolence, qui étouffe les germes de la fécondité, a été le ſeul obſtacle que de zélés Patriotes aient eu à ſurmonter pour établir ſur cette riviere une floriſſante navigation.

_____

(a) Il eſt auſſi difficile de perſuader aux perſonnes ſubjuguées par le préjugé, l'exiſtence des choſes ſur leſquelles ils ne veulent pas réfléchir, qu'aux Myops, celle des objets dont ils ſont éloignés; les uns & les autres nient non-ſeulement l'exiſtence, mais même la poſſibilité de tout ce qui eſt au-delà de la ſphère de leur connoiſſance.

L'on dit que la conduite des fers, qui se faisoit autrefois par batelets de Joinville à S. Dizier, n'étoit qu'un cabotage sans succès & sans suite. Je réponds à ces objections : puisque les Pêcheurs conduisoient les fers dans leurs batelets à S. Dizier, la fréquentation de la Marne étoit donc possible. Il ne s'agissoit alors que de donner plus d'étendue à cette navigation, & de l'appliquer à divers objets de consommation. Les établissements dans leur naissance, ne se présentent pas avec un grand appareil, & la somme des avantages qui en résultent dans leurs principes, ne peut être égale à celle que l'on en retire lorsqu'ils ont été conduits à leur perfection par une longue habitude & l'expérience de plusieurs siecles. D'ailleurs ces premiers navigateurs, n'étant point autorisés à demander l'ouverture des vanages des usines situées sur cette riviere, étoient obligés dans l'aval, lorsqu'ils rencontroient un obstacle, comme une écluse, de vuider leurs batelets sur la berge pour alléger, & de sauter les écluses à vuide pour recharger ensuite au-dessous : & en amont, ils étoient forcés de tirer à bord leurs batelets, de les traîner sur terre, même de les porter, pour regagner le canal au-dessus de chaque écluse, ce qui les obligeoit d'aller toujours plusieurs de conserve, pour s'entr'aider dans un travail aussi pénible. L'on a vu même de ces Pêcheurs sur la Marne, si adroits & si familiers avec les dangers, sauter avec leurs batelets chargés, des écluses de sept à huit pieds de hauteur, lorsqu'une crue fournissoit une lame d'eau suffisante pour soutenir le batelet dans le moment de sa chûte.

C'est ainsi en comparant les petites choses aux grandes, que les peuples de l'Abissinie & de la Nubie, qui navigeoient sur le Nil, étoient obligés, soit en descendant soit en remontant ce fleuve, de tirer à bord leurs barques, & de les porter sur leurs épaules, ainsi que les marchandises qu'ils descendoient en Egypte, pour éviter les cataractes terribles de ce fleuve impétueux, avant que leurs caravannes aient trouvé un chemin plus court à travers les

V v v ij

déserts de l'Arabie. Les Sauvages du Canada sont obligés aujourd'hui à la même manœuvre sur le Mississipi, pour éviter les précipices de ce fleuve fameux de l'Amérique. Les Pêcheurs qui conduisoient les fers de Joinville à S. Dizier, avoient sept écluses à sauter dans cet intervalle : ils étoient très heureux quand les crues d'eau avoient fait à quelqu'une de ces écluses des breches, ce qui leur servoit de vanage & leur diminuoit beaucoup de la fatigue, ils y passoient à l'envi.

Si le Ministere n'eût point fait ouvrir une route de Saint Dizier à Joinville, nous verrions encore des Pêcheurs descendre les fers avec les batelets ; ou plutôt l'augmentation du commerce auroit exigé que le Ministere prît des mesures pour établir dans ce canton une navigation libre & sûre.

La navigation a toujours paru à tous les peuples de la terre, un moyen si supérieur à tout autre, pour étendre, distribuer & réunir avantageusement les diverses branches du commerce, que les Souverains qui ont voulu illustrer leur regne, procurer à leurs sujets les agréments & les secours qui naissent de l'abondance, & rendre leurs Royaumes florissants, n'ont rien épargné pour faciliter la navigation : les uns ont fait couper des isthmes, d'autres ont fait percer des montagnes par des canaux de communication : combien les Chinois, les Egyptiens, les Grecs, les Romains, les Turcs n'en ont-ils pas ouvert pour communiquer d'un fleuve, d'un lac à un autre, & réunir le commerce des différentes mers ? Les Hollandois, même les Polonois ne les ont-ils pas imités ? Les François ont exécuté divers projets pour joindre la Seine à la Loire, par les canaux de Briare & d'Orléans, & l'Océan à la Méditerranée, par le fameux canal du Languedoc, achevé sous le regne de Louis XV, par les soins de Philippe d'Orléans, Prince dont les lumieres éclairoient les sciences & les arts qu'il protégeoit : les dépenses immenses que tous ces travaux ont coûté, prouvent les avantages inappréciables de la navigation, que l'on doit se procurer par toutes sortes de moyens. Il ne s'agit point ici d'ouvrir un canal, il eſt tout formé ; il ne faut que vouloir perfectionner ce qui a déja eu lieu : que l'on ne vienne donc point oppoſer de frivoles moyens d'impoſſibilité.

Nil mortalibus arduum eſt :

Cœlum ipſum petimus.. .. ....

Je ſais que pluſieurs perſonnes ont réfléchi ſur les moyens de rendre la riviere de Marne navigable même beaucoup au-deſſus de Joinville. Leurs vues étoient très étendues, puiſqu'ils avoient deſſein d'ouvrir un nouveau canal pour verſer dans la Marne par le Rognon une portion des eaux de la Meuſe, & par ce moyen joindre le commerce de ces deux rivieres ; de creuſer un ſecond canal le long de la vallée de la Marne, pour contenir une colomne d'eau ſuffiſante à la navigation, le ſurplus du volume de la riviere devant ſuivre ſon cours naturel pour le mouvemement des uſines, afin que la navigation n'interrompît pas leurs travaux, & reſpectivement qu'elles ne gênaſſent pas la navigation. Ce projet étoit vaſte, ſans doute ; mais le local le rend impraticable dans toute ſon étendue : la vallée de la Marne eſt fort ſerrée en pluſieurs endroits, enſorte que la partie du terrein intermédiaire qui auroit ſéparé ces deux canaux n'auroit pas eu de maſſe pour ſe ſoutenir, ſans craindre que ces deux canaux dans les débordements ne ſe rejoigniſſent & ne ſe détérioraſſent au point de n'en plus former qu'un ; accident qui auroit laiſſé à ſec tantôt le canal des uſines, tantôt celui de la navigation. Un Militaire & un Moine eſſayerent de concert de tracer le plan de ce projet ; ils ne réuſſirent point dans leur opération, ils couperent le nœud en imputant leur erreur au défaut de juſteſſe de leur inſtrument ; peut-être que le Gouvernement craignit que ce nouveau canal de communication n'abſorbât toutes les eaux de la Meuſe ſupérieure, ainſi que Trajan dans une opération bien plus importante. Cet Empereur, ſur la permiſſion que lui demanda Pline ſon favori & ſon Miniſtre, de joindre le lac de Nicomédie à la

mer de Marmora, lui preſcrivit de ne pas entreprendre
cette jonction ; qu'il ne fût aſſuré par des Niveleurs que
les eaux du lac ne pourroient s'écouler en entier dans la
mer par le nouveau canal.

La jonction du lac de Nicomédie, avec la mer de Marmora, avoit déja été entrepriſe par les Egyptiens. Il étoit
réſervé aux Romains de reprendre cet ouvrage , & de le
conduire à ſa perfection. Un Empereur tel que Trajan,
aidé d'un Miniſtre comme Pline, pouvoit tout entreprendre,
& s'aſſurer du ſuccès : quand on lit les lettres reſpectives de
ces deux grands hommes, on ſe peint l'amitié tendre &
reſpectueuſe de Sully pour ſon Maître , & l'attachement
plein de bonté de Henri IV pour ſon Miniſtre.

Il n'eſt pas difficile de détruire les moyens employés dans
la quatrième objection : le premier eſt le peu de volume
d'eau que l'on ſuppoſe dans la Marne. Les bateaux & les
flottes que l'on conſtruira ſeront d'une forme proportionnée au volume d'eau de cette riviere, à ſon étiage & à la
quantité de marchandiſes qui peuvent abonder ſur ſes ports.
Parcequ'il eſt impoſſible d'approcher les ſources de la Seine
avec les navires qui remontent cette riviere du Havre-de-
Grace à Rouen , peut-on inférer qu'elle n'eſt pas navigable à
Troies & au-deſſus ? Et de même, parceque la Marne porte
à Châlons , en raiſon de ſon plus grand volume, des bateaux
qui tirent de trente juſqu'à quarante pouces d'eau, il ne s'en-
ſuit pas qu'elle ſoit impraticable à Saint Dizier & au-deſſus ;
& je ſuis perſuadé qu'il eſt plus facile de la fréquenter depuis Joinville juſqu'à Saint Dizier, que depuis cette derniere
Ville juſqu'à Vitry , parce qu'au-deſſus de Saint Dizier elle
coule dans une vallée ſerrée qui contient ſes bords , ce qui
ne permet pas à ſes eaux de ſe répandre , au lieu que ſous
la pointe du promotoire de Hauteville au confluent de la
Blaiſe , il y a pluſieurs lieues de terrein plat compoſé de graviers mouvans qui dérangent continuellement la route, &
ſur leſquels les eaux s'épanouiſſent; accident qui ne ſe rencontre pas au-deſſus de Saint Dizier,

Lorsqu'une sécheresse trop opiniâtre aura absorbé presque le volume d'eau de la riviere de Marne dans cette partie, l'on suspendra comme sur toutes les autres, la navigation, pour attendre un eau favorable. Dans les eaux ordinaires, il y aura toujours au moins douze pouces d'eau dans les endroits les plus critiques. Cette riviere ne sera pas la seule sur laquelle on soit obligé d'attendre quelque petite crûe pour flotter plus avantageusement ; combien de ports sur l'Océan ne sont accessibles aux navires, que dans les temps de la haute marée. A plus forte raison, &c.

Le canton de la riviere de Marne, depuis Haute-Fontaine jusqu'à Bignicourt même Frignicourt, est le plus fâcheux pour la navigation : il n'y a jamais de chemin marqué sur ces graviers, qui cedent à la moindre impression des eaux ; & cet inconvénient est si grand, que souvent le trajet de Saint Dizier à Vitry est ruineux pour les Navigateurs, qui y emploient autant de temps, que pour la plus grande partie du reste de la route. Il est vrai que sur une belle eau, à la suite ou au commencement d'une crue, un jour suffit pour faire cette route. Il n'est pas possible de parer à ces inconvéniens par des ouvrages ; la nature du terrein ne permet pas de fonder solidement : d'ailleurs, l'étendue des ouvrages qu'il conviendroit faire, & dont le succès seroit très douteux est effrayante, il en coûteroit peut-être moins de creuser à la riviere un nouveau canal dans la masse des terreins au Nord, du moins le succès en seroit assuré. Ce n'est pas ici le lieu de nous occuper de cet objet important, sur lequel nous avons déjà communiqué au Ministere quelques-unes de nos idées sur cette grande entreprise.

Il s'en faut bien que les rivieres de Saulx & de l'Ornin soient aussi considérables que la Marne l'est à Joinville ; cependant sur ces rivieres nous flottons des bois de marine, de charpente & de sciage en flottes qui sont d'autant plus considérables, qu'elles se construisent plus près de l'embouchure de ces rivieres. A Bar-le-Duc on flotte sur l'Ornin en radeaux aîlés comme sur la Sarre, qui va porter dans le Rhin les bois de la Lorraine Allemande, après s'être réunie à la Mozelle : c'est ainsi que l'on approprie les travaux de la navigation à la constitution des rivieres, & que l'on se prête aux circonstances.

On flotte à Bar-le-Duc, en petits trains d'Allemands, parceque l'Ornin est peu considérable, & qu'il est très affoibli par l'étendue de ses eaux sur un terrein très plat, sur lequel il descend au port de Lageot sous Sermaise : là cette riviere prend du volume par l'union d'une partie de la Chée ; alors elle suffit dans les crues pour flotter les bois de marine, de charpente & de sciage, qui sont déposés abondamment sur le port de cette riviere qui conflue à Etrepy avec la Saulx, & vont ensemble grossir la Marne sous Vitri-le-François : cependant ces rivieres réunies ne sont pas si considérables que la Marne l'est au-dessus de Joinville.

Les bateaux qui remontent la Seine depuis Rouen jusqu'au port St. Nicolas à Paris, sont de la plus grande force & d'une grandeur étonnante, parcequ'ils sont proportionnés à la puissance du fleuve qui les porte, & à la tranquillité de sa navigation. Il y a de ces bateaux qui chargent jusqu'à sept cents cinquante tonneaux, poids qu'à peine les plus gros navires peuvent fréter. Les bateaux sur la Saone qui descendent de Gray à Lyon, sont étroits, longs & hauts de bords, parcequ'ils peuvent tirer beaucoup d'eau, & que le canal de la riviere est large. Ceux qui flottent sur les petites rivieres qui ne roulent qu'une lame d'eau, sont larges, bas de bords & courts : les bateaux qui viennent, par le canal de Briare & la riviere de Loing, amener à Paris les pommes de la Limagne d'Auvergne, sont composés de planches de sapin si mauvaises, si minces & si mal assemblées, qu'il semble que ces esquifs aient été cousu d'après le modele que les Poëtes ont figuré de la barque sur laquelle Caron passoit les ames, trop chargée du poids d'un Héros,

Gemit sub pondere cymba
Sutilis, & multam accepit rimosa paludem,

Tout

Tout doit être proportionné aux usages & se plier aux circonstances.

Puisque la Marne à Joinville & au-dessus est bien plus considérable que l'Ornin sur laquelle il y a plusieurs moulins construits, & qui est navigable, conséquemment l'on peut rendre la riviere de Marne navigable en cet endroit.

La Marne à Joinville a au moins le double de volume que l'Ornin & la Chée réunies à Lageot, qui est, comme je l'ai dit, un port très fréquenté, & où il se flotte des bois de toutes grosseurs : nous y avons vu construire aussi des bateaux pour conduire à Paris le poisson des étangs nombreux des environs, sur-tout d'une partie de l'Argonne. L'état fâcheux du pertuis près les moulins de Vitri-le-brûlé est, sans doute, cause que l'on n'a pas continué d'y en construire.

Le deuxieme moyen de la quatrieme objection sont les prétendus écueils dont on dit que le lit de la Marne est jonché au-dessus de Saint Dizier. Rien n'est plus facile que de détruire la terreur qu'inspire ces écueils, qui n'en sont qu'aux yeux des pusillanimes. Sous le Couvent des Cordeliers de Saint Amme, au-dessous du confluent du Rongeant, est un banc de rocher qui forme le fond du lit de la riviere : comme l'eau se porte en cet endroit pour tourner l'angle, il y en a suffisamment pour empêcher que le pavé n'offense les trains & les bateaux en les rencontrant. Au-dessous de cet endroit, le lit de la riviere est assez uni jusqu'à la Neuville-à-Bayard, où un torrent d'eau, descendant de la montagne par un ravin considérable, emporta dans le canal de la riviere les matériaux d'un pont construit dessus. Il est très aisé d'éviter ce passage en suivant le canal de la Forge ; d'ailleurs, il seroit facile d'enlever ces pierres, elles ne sont point adhérentes au lit ; c'est un léger curement à faire, & non un ouvrage à construire ; il en est de même, une demie lieue au-dessous, à l'endroit où jadis il y eut une écluse au Village de Pré, pour un moulin qui y étoit construit, lequel ne subsiste plus ; c'est de même un petit endroit

X x x

à curer. L'éclufe du moulin de Gue emportée plufieurs fois par les débordements, a éparpillé dans le lit de la riviere de cet endroit des pierres que l'on peut enlever facilement ; il eſt même étonnant que l'on n'ait point tiré ces pierres de l'eau pour ſervir aux réparations. Sous la Forge du Clos-mortier il y a auſſi quelques pierres à enlever ; elles proviennent des dégradations des anciennes éclufes. L'on pourroit encore trouver dans plufieurs endroits du lit de la riviere quelques pierres iſolées qui ont été précipitées des côteaux qui la bordent de part & d'autre (1). Voilà donc tous ces écueils ! s'il eſt permis de ſe ſervir de ce terme : mais ces accidents, ſi faciles à détruire, ne méritent aucune attention ; je paſſe à des objets plus ſérieux.

Le troiſieme moyen eſt fondé ſur les barrieres multipliéeſe ſur la riviere de Marne, par les éclufes nombreuſes des uſines qui ſont conſtruites deſſus. Je penſe que ces obſtacles ne ſont point inſurmontables, le bien public étant préférable au bien particulier ; ces barrieres doivent ceſſer d'être un obſtacle à la navigation : je m'étendrai plus au long ſur cet objet en parlant des moyens de rétablir la navigation ſur la Marne.

La cinquieme objection enfin, eſt que la dépenſe néceſſaire pour l'exécution de ce projet excéderoit le bénéfice, & que le dérangement qui en réſulteroit pour quelques parti-

---

(1) L'objection ſur les prétendus écueils de la riviere de Marne entre Joinville & S. Dizier, ne peut être faite que par des perſonnes qui n'ont vu naviger que ſur des étangs ou ſur les canaux de la Flandre. Si on ſe privoit des ſecours de la navigation ſur les fleuves & les rivieres rapides dont les eaux ſouvent blanchiſſent par leur choc contre les pierres & les rochers dont leur lit eſt hériſſé, les pays montueux ſeroient bien à plaindre ; car toutes les rivieres dans les gorges des montagnes ſont rapides ; on ne laiſſe pas cependant de les fréquen-ter. Nous avons examiné le cours du Daim en Franche-Comté ; cette riviere a des ſauts & des cataractes ; cependant on s'en ſert avantageuſement au-deſſous du Pont-de Poëte, pour conduire à Lyon les ſapins qui croiſſent ſur le mont Jura dans les parties qui avoiſinent cette riviere ; & la poſſibilité d'y établir une navigation avantageuſe nous avoit fait ſpéculer une exploitation confidérable ſur ces montagnes, à la réuſſite de laquelle des circonſtances étrangeres ſe ſont oppoſées.

culiers ne feroit pas compenfé par le bien général que le Public pourroit en tirer. Moyen foible & illufoire.

Un établiffement qui doit procurer un bien réel pour le préfent, & pour la poftérité, n'a point de prix. Le bien du particulier n'eft que momentané & précaire, il ne peut foutenir de comparaifon avec le bien public; tout doit plier & fe prêter aux befoins de l'Etat.

Quoi ! l'enlevement de quelques pierres éparfes dans le lit de cette rivière ou amoncelées dans un coin par la chûte des eaux d'un ravin, formeroit-il donc un obftacle infurmontable? Non, fans doute, une légere contribution de la part des Navigateurs fuffira à cette dépenfe.

Quand la navigation exige des ouvrages confidérables, comme les canaux de Briare, de Languedoc, & autres qui font d'une dépenfe immenfe, tant pour l'établiffement que pour l'entretien, & fans lefquels le commerce ne pouvoit jouir des avantages de la navigation; il eft d'ufage alors d'établir des droits pour dédommager l'Etat; mais ici une légere dépenfe première fuffira, & ne chargera pas la navigation d'un droit permanent.

Quel tort ce rétabliffement de la navigation fur la Marne pourra-t-il donc faire aux particuliers, fi ce n'eft aux propriétaires des ufines fituées fur cette rivière? Il eft facile de démontrer que ces prétendus dommages font de peu de conféquence en eux-mêmes, & tels qu'ils foient, ils ne peuvent être de nulle confidération aux yeux du Public. J'en parlerai plus bas avec plus de détail.

Ces objections font les plus fortes que l'on puiffe faire; elles font détruites par principe, par l'état des lieux, les ufages & les loix: il n'en fubfifte donc plus: & cette affertion eft fi vraie, que je m'obligerois avec deux ou trois perfonnes du nombre de celles qui font auffi perfuadées que moi de la facilité de l'exécution de mon projet, de rendre à Saint-Dizier l'aviron à la main, la première flotte fans faire aucun autre ouvrage, que de livrer paffage à travers les éclufes.

La navigation de la Marne, établie anciennement entre Saint-Dizier & Joinville & au-deſſus, peut être prouvée indépendamment des témoins oculaires encore vivants, par des monuments anciens. Les Templiers acquirent, dans le treizieme ſiecle, des Religieuſes du Val-d'Oſne près Joinville, réunies actuellement à celles de Charenton, un moulin ſitué à Bayard ſur un ruiſſeau formé par les eaux des ſources qui couloient du Village de Fontaine qui en tiroit ſon nom. Quelques anciens Géographes déſignent ce Village ſous le nom de Fontaine-à-Bayard. Ces Religieux obtinrent des Seigneurs de Joinville la permiſſion de détourner l'eau de la riviere de Marne, vis-à-vis ce Village, pour la conduire au moulin par un canal qu'ils élargirent : ils réédifierent le moulin, y joignirent des foulons, & pour ne point géner la navigation, ils conſtruiſirent un grand pertuis en pierres de taille qui ſubſiſte encore ; ils le placerent entre les deux empallements de travail. Dans la ſuite, en quinze cents treize, les Chevaliers de Malthe qui leur avoient ſuccédé bâtirent à côté de ce pertuis la Forge qui exiſte aujourdh'ui, ſur la permiſſion qu'ils obtinrent de la Reine de Sicile, Dame de Joinville, confirmée en quinze cent quarante-deux par ſon fils Claude de Lorraine, Baron de cette ville, érigée depuis en Principauté par Henri II, en faveur de François de Lorraine, Duc de Guiſe, en 1551 (1).

Les Bernardins de l'Abbaye d'Ecurey obtinrent la même permiſſion pour conſtruire la Forge de Ragecourt, à trois quarts de lieue au-deſſus de Bayard. Cette forge & le four-

_____

(1) Le Château de Joinville fut bâti par Etienne de Véaux, Seigneur de Joinville, ſur un côteau pyramidal adoſſé à d'autres plus élevés, leſquels ſont couverts de bois, qui tiennent à diverſes forêts plus ou moins conſidérables, & qui fourniſſent annuellement des bois de ſciage, dont la traite va être d'autant plus facile, que l'on ouvre actuellement une route venant de Waſſy, laquelle traverſe une partie de ces bois ou les avoiſine, & vient deſcendre à Joinville ; cette Principauté eſt paſſée de la maiſon de Guiſe à celle d'Orléans.

neau dont nous avons confommé des fontes, provenant de
leur démolition ultérieure, ne fubfiftent plus, mais feulement
un moulin & une huilerie fitués de part & d'autre d'un pertuis
conftruit dans le même goût & même maçonnerie que celui
de Bayard. Si nous remontons au-deffus de Joinville, nous
y voyons une éclufe confidérable pour conduire l'eau aux
moulins de cette ville, & cette éclufe eft terminée à chacun
de fes bouts par un pertuis fpacieux conftruit en groffes
pierres de taille.

L'éclufe des moulins de Joinville fut bâtie dans fon principe avec beaucoup d'attention : elle a effuyé depuis beaucoup d'échecs par l'effet des débordements de la riviere &
du choc des glaces, lefquels y ont caufé des dégradations
immenfes, on a changé la conftitution primordiale dans les
différentes réparations que l'on y a faites. Le fond du lit de la
riviere eft compofé dans cet endroit d'un rocher fchifteux
qui s'exfolie, ce qui donne lieu à des excavations qui ont
caufé des brèches confidérables : on vient de reconftruire
cette éclufe en pierres de taille pofées fur un mole de moi-
lons entaffés à pierre perdue fans ordre, fans liaifon ni mortier. Le fuccès n'a pas répondu à la réputation de l'Auteur
de ce projet : nous avions fourni un plan & un devis pour
la conftruire d'une forme plus avantageufe, plus durable &
plus économique.

Joignant les moulins de St. Dizier, il y avoit un moyen pertuis fous un pont de pierre : nous avons vu fubfifter l'empallement qui le fermoit. Cet ouvrage eft entiérement encom-
bré ; il ne fut pas conftruit pour décharger l'eau furabondante, puifque ces moulins font accompagnés de leurs
vannes de décharge ; mais pour fervir de paffage à la navigation.

Le canal qui communiquoit fous le pont de pierre près
les moulins des Saint-Dizier pour aller au pertuis, eft en-
combré & remplacé par le jardin du Meûnier : ce pont de
pierre n'eft plus d'aucun ufage, & celui qui eft joignant fur
le biez des moulins, & qui eft un paffage de la route la plus

fréquentée, est construit en bois dans un pays où la pierre est abondante. Ce pont est dans un si grand désordre, qu'il y a lieu de craindre les accidents les plus fâcheux qui sont très imminents : on en projette la reconstruction.

On nous a assuré qu'indépendamment du passage près les moulins de Saint-Dizier, il y avoit, joignant l'isle des Dévotes, au-dessus du biez de l'ancienne forge de Marne, un autre passage pour la navigation qui répondoit à un canal qui servoit également à détourner l'eau superflue à la forge; que ce canal venoit aboutir à la première arche du grand pont sur la droite; on apperçoit encore quelques vestiges de cet ancien canal.

M. Baudesson (1), Maire de la ville de Saint-Dizier, ayant obtenu de Henri IV, lors de son passage en cette ville, l'an 1604, la permission de construire la forge de Marnaval; il fut obligé d'édifier au centre de l'écluse un pertuis dont il existe encore les vestiges de ses fondations.

Jean de Joinville fit en 1728 un traité avec Jean Sire de Dampiere & de Saint-Dizier pour se procurer la faculté de faire passer par le territoire de Saint-Dizier sur la rivière de Marne les flottes composées des bois du cru de la Principauté de Joinville, francs & quittes de droits, & pour ce, il engagea la mouvance de sa terre de Chancenai.

L'on doit inférer de tous ces monuments, qu'il n'a jamais été permis de construire sur la rivière de Marne au-dessus de Saint-Dizier, aucunes usines qui n'aient un pertuis pour laisser un libre cours à la navigation.

---

(1) M. Baudesson ressembloit si fort à Henri IV, que la Garde, voyant descendre ce Magistrat après avoir complimenté le Roi, battit au champ : Henri mit la tête à la fenêtre & dit, sommes-nous donc deux Rois ici ? Ses Courtisans lui répondirent que la grande ressemblance de la figure de Baudesson avec les traits de Sa Majesté, avoit induit la Garde en erreur. Le Roi fit rappeller le Maire, & trouvant effectivement une ressemblance frappante de ses traits, il lui dit : Est-ce que votre mere a été dans le Béarn ? Non, Sire, répliqua Baudesson, mais mon pere y a demeuré. Ventre-saint-gris, dit ce bon Roi facétieux, *je suis payé* : & lui ayant demandé quelle grace il désiroit; Baudesson demanda la permission de construire la Forge de Marnaval, ce qui lui fut octroyé.

Il me reſte à tracer la route que tiendront les Navigateurs, à indiquer les principaux ouvrages qu'il conviendroit faire pour aſſurer la navigation entre Saint-Dizier & Joinville ; détruire les préjugés, & concilier les intérêts des particuliers avec ceux de l'Etat & du Public.

L'on pourra flotter ſous Donjeu, village ſitué à deux lieues au-deſſus de Joinville au Confluent du Rognon, là ſe dépoſeroient les ſciages venants des environs de Chaumont, de Clémont, & des cantons ſur la gauche de Vignori, au-deſſus des ſources de la Blaiſe, qui ſe rendent à grands frais ſur le port de Valcourt ſous Saint-Dizier ; alors il faudroit pratiquer un pertuis ſoit à l'écluſe des moulins de Saint-Urbain, ſoit joignant leſdits moulins, réédifier le pont (1),

_____

(1) L'Abbaye de Saint-Urbain poſ-ſede ſur la riviere de Marne un moulin qui eſt bannal aux villages de Saint-Urbain & de Fronville, qui ſont diſtants d'une demi-lieue & ſéparés par cette riviere, laquelle a fait des efforts pour ſe former un canal dans l'alignement de ſon cours ſupérieur. Comme autrefois ſes eaux formoient une anſe en cet endroit, & ſe portoient par une ligne o-blique du côté de Saint-Urbain, les moulins y furent conſtruits. Des Ingé-nieurs peu intelligents ſur l'effet & la puiſſance des eaux, ont conſeillé d'op-poſer aux efforts de cette riviere une bar-riere dans une ligne formant un angle droit avec ſon cours ; en conſéquence l'on a conſtruit il y a quatre à cinq ans un mole de maçonnerie en pierres de taille qui eſt déja en ruine, parceque cette eſpece de jettée pêche contre tou-tes les regles de l'Architecture hydrau-lique. Si nous étions propriétaires de ces moulins, nous les porterions près l'ar-che droite du pont, nous détruirions radi-calement l'écluſe, & laiſſerions arriver au pont les eaux de la riviere par toutes les routes qu'elles ſe ſont frayées & qui ſont conſéquentes au terrein : perſua-dé que quelque diviſées qu'elles puiſſent être au-deſſus, le pont ſeroit toujours leur point de réunion totale, ce qui aſſu-reroit un travail uniforme & continu des moulins auxquels on renverroit l'eau par une écluſe en face & au deſſus du pont, tirée obliquement au cours de la riviere ; il ſeroit poſſible même de conſtruire le pont ſur l'écluſe, dont une des arches ſerviroit de canal & de biez. Ce pont eſt enfin ruiné totalement ; il y a longtemps que ſa réconſtruction eſt méditée, même que l'on a dépoſé des fonds, amaſſés des matériaux déja ſurannés ; cependant toute communication eſt interceptée, & la riviere briſe ſes eaux contre les ruines. Il eſt très-intéreſſant & des plus urgents de le reconſtruire pour rétablir le com-merce des vins de ce pays, & rendre pra-ticable le cours de cette riviere. L'Ab-baye de Saint-Urbain eſt la partie la plus intéreſſée à cauſe de ſes vins & de ſes mines ; elle a des fonds provenants de la réſerve de Mezieres qui ſont dans l'in-action & ſans objet : & de plus, la to-talité du prix de ſon quart de réſerve dé-périſſant à Fontaine en ſpéculation, ne vaudroit il pas mieux que ces fonds, qui appartiennent à l'Etat, fuſſent em-ployés en ouvrages néceſſaires à entre-tenir la communication libre dans le commerce & la ſociété, que d'être dans l'inaction, ou réſervés pour élever des Palais immenſes & magnifiques pour cloître quelques Religieux ?

& ouvrir une des parties de l'écluse de Joinville où les flottes descendront le canal des moulins de Joinville, & il leur seroit donné un passage au-dessus ou à côté de ces moulins, indépendamment, l'on flotteroit sous Joinville & sous Tonance, près des dépôts actuels. L'on descendra ensuite deux lieues un quart sans trouver d'obstacles jusqu'au moulin de Ragecourt, l'on y passera par l'ancien pertuis ou par un nouveau plus spacieux ; l'écluse est de peu de considération : d'ailleurs, ce moulin n'est pas d'une grande utilité ; il rapporte peu aux Religieux de l'Abbaye d'Ecurey qui en sont propriétaires, lesquels tireroient un profit annuel des choses affermées avec le moulin presqu'aussi considérables en défalquant les frais d'entretien ; au surplus, les moulins de Bayard, de Chevillon, de Chatonrupt, peuvent suppléer au besoin des peuples, & il est peu d'endroits plus propres pour construire des moulins à vent sur les côteaux qui couvrent ce village. Au-dessous de Ragecourt on rencontre les écluses de Bayard (1) qui renvoient l'eau dans un canal d'environ treize cent toises de longueur pour le mouvement de la forge & de ses moulins ; on peut construire au milieu de cette écluse un passage pour les flottes & bateaux à très peu de frais, cette ouverture seroit très avantageuse pour dégorger dans les débordements le volume de l'eau surabondante & les graviers, & quoiqu'il seroit très facile de passer par le canal de la forge, & de se servir du pertuis qui y est cons-

---

(1) La forge de Bayard, la plus ancienne de la riviere de Marne, à plus de six pieds de tête d'eau, ce qui excede de beaucoup la chûte des autres de cette riviere ; elle appartient à l'Ordre de Malthe, dépend de la commanderie de Ruetz ; ses écluses au nombre de trois, ont trois cent cinquante-six toises d'étendue ; elles sont composées de chevalets, fascines & pierrailles, & sont sujettes à un gros entretien par leur rupture annuelle. S'il y avoit au centre de l'écluse principale un pertuis qui dégorgeât l'eau, & donnât une issue aux glaces, il est certain qu'il y arriveroit moins d'accidents ; le canal qui porte les eaux à cette usine, & qui est une portion de la riviere de Marne, même presque la totalité dans le temps de la sécheresse, coule sous Chatelet qui est un coteau formant un cône tronqué vers son milieu de deux cents pieds de hauteur, sur lequel les Romains avoient une forteresse *Castellum*, dont cette monticule a tiré son nom. Nous nous occupons actuellement des fouilles des ruines de cette ville par ordre du Roi, & sous la protection du Gouvernement.

truit,

truit, il feroit préférable d'ouvrir un paffage au centre de l'éclufe du Javot, parceque la forge en fouffriroit moins de retard. A trois quarts de lieue au-deffous de Bayard, font les éclufes du fourneau de Bienville, où l'on a bâti depuis peu une forge (1). Il faudra, en tête des éclufes de cette ufine, conftruire un pertuis du côté de Pré, pour que les Navigateurs fuivent plus aifément le cours naturel de la riviere, & viennent fe rendre dans le biez d'Eurville (2) par un très beau canal fur lequel eft conftruit un grand empalle-ment qui fervira de pertuis pour la navigation en furbaiffant le feuil, fans que le paffage arrête confidérablement le tra-vail de la forge. Une lieue au-deffous d'Eurville, font fituées les éclufes des moulins de Guë, dépendants du domaine d'Ancerville (3). Ces éclufes, au lieu de ne former qu'un biez, feroient beaucoup mieux fi elles en formoient deux paralleles féparés par l'éclufe fituée en tête & en face de la riviere, conftruite en chevron brifé, elle renverroit d'un côté l'eau aux moulins, de l'autre au pertuis fur la rive gau-che; l'on pourroit auffi paffer par les vanages de l'empalle-ment actuel. Au-deffous eft un canal magnifique qui forme le biez de la forge de Marnaval, qui tire fon nom de la riviere

---

(1) La faveur rapide des fers dès l'an-née mille fept cent foixante-quatre, mais particulierement en mil fept cent foi-xante-fept & mil fept cent foixante-huit, a fait éclore des forges & des feux fans nombre; le pays ne comporte pas affez de bois pour alimenter tous les feux an-ciens & ceux nouvellement édifiés : ce-pendant en voilà encore une fur chantier qui aura trois à quatre pieds de chûte. Il en fera fans doute de ces ufines comme des animaux qui ont trop pullulé, une épidémie détruit la partie trop luxurieu-fe, & rétablit l'équilibre : les éclufes de cette ufine font en chevalets, fafcines & pierrailles; un pertuis ne pourra que pré-venir & empêcher les dégradations que les crues d'eau y occafionnent annuelle-ment.

(2) La forge d'Eurville eft confidé-rable, les eaux font renvoyées par une éclufe en charpente, remblayée de pier-res, maçonnée en partie, couverte d'un pavé; elle eft d'une très grande éléva-tion; & cependant il n'y a que quatre pieds de tête d'eau, ce qui provient d'une conftruction vicieufe & mal entendue. Il feroit poffible, en portant l'ufine fur la droite, de lui donner plus de fant qu'à aucune forge de cette riviere, on laiffe-roit dans la direction du canal un paffage pour la navigation.

(3) Ce Bourg du Barois-Mouvant a fait partie de la Principauté de Joinville. Il fut cédé à Léopold, Duc de Lorraine & de Bar.

Y y y

de Marne dont elle avale les eaux. Autrefois c'étoit une uſine des plus conſidérables ayant trois gros marteaux, ſix feux & un fourneau de fonderie ; aujourd'hui elle eſt réduite à une forge ſimple avec une carillonnerie ; ſon écluſe eſt aſſez haute, conſtruite en chevalet à un ſeul pied, chargée de bois de faſcines & de pierres. Cette uſine eſt très incommodée des inondations, qui lui cauſent de fréquents chomages & des dégradations notables. Un pertuis, rétabli dans le milieu de ſes écluſes, vuidera les graviers qui rempliſſent le biez, donnera paſſage aux glaces & à la ſurabondance des eaux dans les débordements, ſur-tout dans le moment de leur retraite ; ce qui éloignera néceſſairement les accidents fâcheux auxquels cette uſine eſt en but. Il ſeroit poſſible de changer avantageuſement la conſtitution de cette forge ; ce ſont des points de vue qu'il ſeroit trop long de diſcuter ici. En deſcendant le canal de cette forge on paſſeroit par un grand empallement entre les deux forges, ſinon par un pertuis édifié dans l'écluſe ſur la gauche pour ne pas détourner tout le volume d'eau de la forge & du fourneau ; l'on deſcendroit enſuite au Clos-mortier (1), où l'on ſeroit obligé d'ouvrir l'écluſe ſur la droite pour procurer un paſſage qui conduiſît dans le canal des moulins de Saint-Dizier, parceque le paſſage ſous le grand pont audeſſus de cette ville, ne ſeroit praticable que dans les temps de crue, à moins d'y creuſer dans le rocher un canal qui ſeroit trop coûteux : il ſeroit plus commode & moins diſpendieux de ſuivre le canal des moulins ſur lequel il y a un pont qui communique au fauxbourg de Gigny : ce pont eſt en ruine au point d'être d'un uſage très dangereux ; il porte ſur la ſurface de l'eau : il ſera néceſſaire de le reconſtruire

---

(1) Le Clos-Mortier eſt une forge conſidérable avec une fenderie ; elle eſt ſituée avantageuſement ; ſon écluſe en pierre de roche, a été conſtruite il y a environ quinze ans ; il manque à ſa perfection de faire un arc contre la pouſſée de l'eau, d'avoir deux à trois pieds de plus d'épaiſſeur, & que la caſcade fût plus réguliere du côté de la chûte. Il faudroit conſtruire un pertuis qui la ſoulageroit dans les grandes crues & cureroit l'arriere-biez.

& de le placer fur l'alignement du grand pont , de l'élever
à la même hauteur, & , pour ce, de lui faire des culées.

Ce pont *Jumeré*, communiquant du grand pont de Saint-
Dizier au fauxbourg de Gigny, pourroit être dirigé à fervir
d'entrée à la ville, tant pour l'ancienne route de Joinville &
celle de Vaffy, que pour celle de Ligny & celles des carrieres de Chevillon & de Joinville au nord. Pour cet ufage,
le pont du côté du midi feroit ceintré , pour qu'il puiffe
porter fur le canal fluant aux moulins, & fur celui d'Ornele
venant des foffés du château ; au nord, il feroit divifé en
deux parties pour fon entrée feulement du côté des routes,
ce qui formeroit une efpece d'enfourchement dont le bout
réuni feroit dirigé à l'angle du cavalier de la vigne du
château, lequel feroit rafé à un niveau convenable ; l'on
ouvriroit les murs du château pour y conftruire une porte ;
l'on régaleroit les terreins fur une pente douce pour gagner
la furface du pavé de la grande rue de la ville, ce qui procureroit une entrée plus agréable que celle de la porte des
moulins qui ne laifferoit pas que de fubfifter , & cette porte
neuve, que l'on pourroit appeller la porte du pont-double,
répondroit à quatre routes. On débouchera enfuite l'ancien
pertuis des moulins de Saint-Dizier, près les taneries ; on
l'élargira au befoin, & par ce dernier paffage, les Navigateurs rentreront dans le baffin du port principal de la navigation ordinaire pour fuivre de fuite leur route. Lors de la
reconftruction des moulins de Saint-Dizier qui font caducs,
il feroit très avantageux de les porter au grand empallement
de décharge, appellé vulgairement les fauffes-palles, &
laiffer le canal des moulins libre pour la navigation, en ex-
tirpant les pieux & racinaux des fondations des anciens
ouvrages.

Les moulins de Saint-Dizier ont été autrefois conftruits
environ vingt toifes au-deffous de leur emplacement actuel,
où ils ont été rebâtis en 1747 ; les racinaux nombreux qui
exiftent prouvent ce fait : l'on peut actuellement juger quelle
raifon a obligé de les renfoncer dans leur biez, il en réfulte

néceffairement un inconvénient; c'eft qu'ils ont moins de hauteur d'eau, & qu'ils font noyés dans les crues moyennes: ils font affectés d'un vice qui n'eft pas moins confidérable, c'eft que tous les rouages font fur les côtés, & les blutoirs dans le centre, ce qui empêche la manœuvre, & que ne pouvant mettre des roues verticales à deux de fes moulins faute d'emplacement, l'on a été forcé d'en conftruire deux à roue horizontale tournant dans un tonneau qui contient l'eau, & lui donne un mouvement circulaire corrompu par le poids de l'eau qui la précipite; ce qui lui fait décrire des fpires. Cette efpece de moulin, nommé populairement à cuvelot ou à radet, eft très incommode, 1°. parcequ'une partie de la puiffance eft nulle, en ce qu'elle fe précipite fans appuyer fur les rayons inclinés de la roue; 2°. en ce que le poids de l'eau fur la même roue tend à détruire une partie de la vîteffe ocafionnée par la partie la plus agiffante; enfin que le moindre corps étranger, glaçon, morceau de bois, ou autre chofe équivalente, introduit dans le cuvier, y porte néceffairement du défordre; ce qui rend cette efpece de moulin en général, d'un bien mauvais fervice. Quand on a vu les moulins du fieur Manécy conftruits à Corbeil avec tout l'art poffible, on defire voir reconftruire ceux-là fur le même modele, pour qu'ils foient plus conféquents.

L'on oppofera fans doute que voilà beaucoup d'ouvrages indiqués, qu'ils coûteront des fommes immenfes. Je réponds qu'ils coûteront beaucoup moins enfemble que les fommes que la navigation épargnera dans un an; & que la riviere de Marne étant navigable, nulle perfonne n'a droit d'en altérer le cours: l'on peut confulter l'Ordonnance de 1669, titre XXVII; tout y eft prévu & réglé, même les dédommagements.

L'Article LXI déclare toutes les rivieres navigables faire partie des Domaines de la Couronne, excepté les droits de pêche, de moulin & de bac. L'article LX défend à toutes perfonnes d'enlever les fables dans l'efpace de fix toifes de leurs bords. L'article XLII interdit à toutes personnes la liberté de faire aucuns amas, plantations & constructions nuisibles à la navigation. L'article XLIII enjoint à tous & un chacun qui voudront construire des usines sur les rivieres navigables, d'en obtenir la permission sous peine de démolition. Nul ne peut, au desir de l'article XLIX, détourner l'eau ni affoiblir le cours des rivieres navigables & flottables. L'article XLV fixe le prix du chômage de chaque roue à quarante sols par vingt-quatre heures. Le titre XXVIII de la même Ordonnance regle la police des chemins & marchepieds sur le bord des rivieres navigables. Le titre XXIX abolit les droits de péage, & regle ceux qui doivent subsister.

La riviere de Marne, depuis Saint-Dizier jusqu'à Charenton, est couverte de distance à autre de moulins sur pilotis; il n'est aucun de ces moulins qui n'ait un pertuis pour laisser le cours libre à la navigation & sans frais notables, excepté ceux de Vitri-le-François, pour une cause particuliere dont voici l'époque.

L'Empereur Charles-Quint en 1544, ayant perdu le Prince d'Orange (1), tué par un Prêtre, ses meilleurs Généraux & l'élite de ses troupes au siége de Saint-Dizier dans les sorties heureuses & la défense opiniâtre de ses braves habitans, brûla Vitri-en-Pertois dont la garnison lui coupoit la communication de ses magasins; cet Empereur surprit ensuite par la perfidie du Comte de Bossus, la religion de Sancere, Gouverneur de Saint-Dizier, lequel séduit par des ordres supposés, capitula avec Charles-Quint à des conditions honorables après six semaines de breche ouverte. La ville de Vitri étoit située sur la riviere de Saulx près son embouchure; elle avoit été précédemment & successivement saccagée par Louis le jeune & par Jean de Luxembourg;

---

(1) On éleva un cénotaphe avec une croix dans le fauxbourg de la Noue, à l'endroit où ce Prince fut tué; son corps fut porté à Bar-le-Duc, dans l'Eglise Collégiale de S. Maxe où ses cendres reposent.

son état déplorable ne permettant pas à ses habitants de la relever de ses ruines, François I offrit de leur faire bâtir une ville sur le territoire du village de Maucourt, dans un emplacement agréable, arrosé par la Marne. François conserva à cette nouvelle ville, percée régulièrement, le nom de celle que quittoit une partie de ces malheureux citoyens, y ajouta le sien, & y donna pour arme une salamandre, qui étoit l'emblême de sa devise. Maucourt appartenoit à l'Ordre de Malthe : le Commandeur titulaire y faisoit exercer la justice. François ne voulant pas qu'un Religieux fût Haut-Justicier dans une ville considérable qui portoit son nom, conserva au Commandeur la Jurisdiction au-delà de la rivière de Marne ; mais il s'attribua tous les droits de Souverain & de Seigneur sur le reste du territoire ; & pour dédommager le Commandeur, ce Prince lui accorda des Lettres-Patentes portant droit de percevoir un péage de cinq sols sur chaque toise de flottes & de bateaux qui avaleroient la Marne par le pertuis des moulins de Vitri, qui font partie des Domaines de la Commanderie qui a conservé le nom de Maucourt : ce droit subsiste & produit trois mille livres par an.

Si la navigation est si favorisée & jouit de tant de privilèges sur une partie de la rivière de Marne, pourquoi le commerce n'auroit-il pas droit aux mêmes avantages dans sa partie supérieure ? L'on dira sans doute que les forges méritent des égards ; cette proposition est très vraie ; je suis le partisan de ces usines par état & parcequ'elles sont utiles ; mais il ne faut pas que leur privilege soit exclusif sur la Marne seulement.

Que l'on jette un coup d'œil sur toutes les rivieres navigables sur lesquelles il y a des forges & autres usines tolérées ou permises, l'on verra qu'elles ne nuisent aucunement à la navigation, & qu'elles y sont subordonnées, ayant toutes des pertuis dans leurs écluses.

Dans les différentes voyages que nous avons faits dans les forges dans plusieurs provinces de ce Royaume pour notre instruction particuliere, nous avons vu que toutes les forges situées sur des rivieres navigables avoient des pertuis; toutes celles sur la Saone en Franche-Comté ont chacune un pertuis pour le service de la navigation des bois, des grains, des fers & des fontes qui descendent dans le Lyonnois, le Dauphiné, nos Provinces méridionales, & pour le commerce de la Méditerranée avec l'étranger : il n'est donc pas plus extraordinaire de voir un pertuis près d'une forge qu'auprès d'un moulin : la farine & le fer sont d'une grande nécessité ; mais la farine est de nécessité absolue.

Je me propose, dans un Mémoire d'observations sur l'Histoire de la Champagne ferrugineuse, de démontrer combien les Maîtres des forges ont eu de torts de préférer les grosses rivieres aux petites & aux ruisseaux pour l'établissement de leurs forges ; que peu éclairés des principes de la Physique, de l'Hydraulique, de l'Hydrostatique & de la Méchanique, ceux qui nous ont précédés ont sacrifié leur intérêt & celui de la nation au faux éclat d'un grand appareil ruineux : il y a aujourd'hui cinq usines à fer établies sur la riviere de Marne, depuis Saint-Dizier jusqu'à Joinville, & il y en a sept de détruites sur les ruisseaux y affluants dans le même espace, qui étoient à Betancourt, au Pas-Saint-Martin, à Chevillon, à la Fontaine sous Ragecourt, à Curelle, à Osne & à Tonance, non compris la forge de Marne (1). La plupart de ces ruisseaux sont en état de faire mouvoir des machines qui produiroient plus d'effet qu'aucunes de celles construites sur la Marne, parceque cette riviere a au plus dans cette vallée une ligne de pente par toise, au lieu que la plupart de ces ruisseaux en ont de quatre à six ; il ne s'agit que d'approprier des machines bien conséquentes à la puissance : la dépense de la bâtisse & de l'entretien sont bien

(1) La forge de Marne existoit sous les murs de Saint Dizier au-dessous de l'écluse & sur le canal des moulins de cette Ville. Cette usine, la mieux située à tous égards de toutes celles de la Marne, a été la premiere détruite ; sa ruine fut la suite du délâbrement de la fortune de ses propriétaires : nous avons vu subsister une partie des cheminées de cette forge, qui fabriquoit encore il y a environ quatre-vingt dix ans.

moins confidérables, les accidents moins fréquents & les dangers moins imminents fur les ruiffeaux que fur les rivieres & les fleuves.

Le Ruiffeau de Chevillon fuffiroit au mouvement de plufieurs forges; on vient de détruire radicalement le dernier fourneau qui étoit en très bon train de travail il y a trente-cinq ans pour le tranfporter au Chatelier fur la Blaife. Le ruiffeau venant d'Ofne à Curelle eft fort confidérable auffi; il a beaucoup de chûte, & fuffiroit au mouvement de plufieurs ufines. Celui de Chatonrupt nous a paru le plus propre à fournir à la dépenfe d'une forge, en élevant une barriere qui traversât toute la vallée qui eft étroite, & formât un magafin dont l'eau s'éleveroit à une hauteur confidérable; tel nous en avons vu dans le Luxembourg, enforte que quelques pouces d'eau font mouvoir de très groffes ufines. Celui de Tonance a un cours très rapide; nous y avons fait conftruire un fourneau fur un plan neuf & conféquent à nos principes déduits dans les Mémoires diftribués dans ce volume.

Nous devons obferver que les ruiffeaux & les rivieres ont d'autant plus de pente, qu'ils font plus proches de leurs fources. La Marne dans la vallée de Joinville à Saint Dizier, a environ une ligne de pente par toife, & n'en a guere qu'une ligne par quatre toifes à fon embouchure. La puiffance de l'eau pour le mouvement des ufines provient de fon poids & de fa fluidité; plus l'eau tombe de haut, plus elle a de force, c'eft-à-dire que fes forces font multipliées par l'accroiffement de leurs parties l'une fur l'autre qui fe preffent en raifon de l'élévation de leurs maffe totale: ainfi les ruiffeaux qui font toujours les fources des fleuves qui fortent des flancs & de l'empietement des montagnes, coulent fur leur bafe prolongée avec beaucoup de pente, & produifent par la hauteur de la chûte de leurs eaux en petite quantité, ce que les rivieres & les fleuves ne font que par l'étendue de leur maffe volumineufe, & conftituent toujours en d'autant plus de frais, qu'ils font plus confidérables. Si l'eau qui paffe

fous

fous la machine de Marly & preffe fur la furface des aubes des quatorze roues immenfes qui la compofent, paffoit fur ces roues & tomboit dans des godets qui preffaffent les roues par leur poids en un fens vertical, cette machine auroit affez de force pour enlever le volume entier de la riviere, & le porter fur la montagne, tandis qu'elle n'en éleve qu'une partie fi petite qu'elle n'a, pour ainfi dire, aucune proportion avec le tout.

Les éclufes, les réfervoirs, les empallements, les joyeres fur les grandes rivieres font d'une dépenfe énorme, fujets aux accidents qui font les fuites inévitables des grands débordements, des débacles & des glaces. Les ruiffeaux, au contraire, ne gelent point près de leurs fources; il confervent la chaleur du fein de la terre; un vanage de décharge fuffit pour éviter tous les accidents. Tel qui bâtit une forge fur une groffe riviere qui lui coûte foixante-dix à cent mille livres, en conftruiroit une fur un ruiffeau avec trente à quarante mille livres, fans courir les mêmes rifques: j'en connois dont la conftruction n'a pas coûté dix mille livres. Nos peres étoient plus fages que nous: beaucoup de provinces font encore attachées à ces principes folides, d'une économie éclairée & avantageufe à l'Etat & aux particuliers.

Il n'eft pas permis de douter que lorfque la riviere de Marne fera rendue navigable jufqu'au-deffus de Joinville, que toutes les communautés du Haut-Baffigny, du Barrois, des environs de Montigny-le-Roi, qui ont beaucoup de bois, & dont ils ne tirent prefque aucun avantage, feront tentées de profiter de ce moyen pour tirer un parti avantageux de leurs chênes en les débitant en fciage; car tous les villages de ces cantons font jonchés de chênes en grume dont les payfans tirent des bouts de planches pour leur ufage particulier, le refte périt ou eft mis en bois de chauffage: d'ailleurs, tout le long de la vallée de la Marne entre Saint-Dizier & Joinville, il fe fait des dépôts de bois de fciage qui viennent des forêts de Morlaix, de Moutier-fur-Saulx.

Z z z

& autres adjacentes, dont quelques parties sont poussées par une diagonale jusqu’au port de Saint-Dizier ; alors tous les bois seroient rendus le long de la vallée à différentes distances pour être flottés à leur dépôt ; ce qui économiseroit des frais de roulage considérables.

Les bois de sciage & les fers ne sont pas les seuls objets de roulage qui distraient les Laboureurs de leurs travaux agraires, les carrieres de Chevillon fournissent abondamment une pierre belle & très solide ; elle est recherchée & exportée à des distances considérables & jusqu’aux limites de la Province : la quantité qui s’en est exportée depuis plusieurs années pour les travaux du Roi & l’embellissement de diverses villes de province, est inconcevable : si la riviere de Marne étoit navigable, on pourroit la conduire par eau tout le long de la vallée de la Marne ; les Voituriers du pays ne seroient plus occupés que de la descendre des carrieres sur le port de Ragecourt, ou de Sommeville, & il ne se feroit pas une si grande consommation de fourrage : les prairies de la vallée seroient plus que suffisantes pour la nourriture des chevaux du pays ; mais il s’en faut beaucoup actuellement dans la position des choses, malgré des prairies artificielles que quelques Cultivateurs entretiennent, & que les prairies naturelles de Chevillon, de Curelle & de Joinville soient très abondantes : il faut se replier sur la Blaise & jusques sur la Saulx pour fournir à la dépense du pays.

Il est étonnant combien les bois de sciage perdent de leur beauté & de leur qualité dans les dépôts ; le bois de chêne qui est tendre est brisé, cassé, fendu, voilé par la négligence des dépositaires & par l’inattention & la rusticité des Voituriers qui acculent leur voiture pour la débarder, au lieu de les décharger l’une après l’autre. Le bois de hêtre souffre encore plus considérablement, parceque son essence est de bois blanc, & pour ainsi dire un aubier toujours rempli d’une seve prête à fermenter ; aussi ce bois s’échauffe & blanchit intérieurement, tandis qu’il noircit & rougit à l’extérieur : alors il est sans consistance, & n’est plus propre à être mis en œuvre. Ce bois, si utile aux Ouvriers en meubles & en voitures, demanderoit à être rendu à Paris aussi-tôt qu'il est débité, & y être conduit par bateaux pour conserver sa qualité & sa beauté. Cette précaution est d'usage pour les bois de hêtre que l'on tire de la forêt de Villers-Cotterêts; aussi se vend-il plus cher que celui de cette province, relativement à son échantillon plus foible. Si le bois de hêtre demande tant de célérité dans le transport, combien les dépôts, les retards & les mauvais traitements des Voituriers & Commis ne lui sont-ils pas préjudiciables : cette espece de bois demande cependant beaucoup d'attention, attendu le service que l'on en tire.

Après avoir prouvé que la riviere de Marne a été navigable depuis Joinville jusqu'à Saint-Dizier, tant par des faits que par des monuments, j'ai indiqué pour cause de l'interruption de cette navigation la route ouverte par M. de Lescalopier (1). Les usines multipliées mal à propos sur cette riviere ont aussi formé des obstacles à sa continuité, parce-que cette partie de navigation ne se présentoit pas alors sous un dehors assez important pour jouir des privileges accordés par les Souverains; j'ai fait voir que la nécessité de tirer beaucoup de bois de sciage des sources de la Marne & de la Meuse, occasionnoit des dépôts considérables à Joinville & sous Tonance, qui augmenteront encore nécessairement; que le pays ne comporte pas un assez grand nombre de Voituriers pour faire la traite par terre de tant de marchandises, ce qui, d'un côté, ruine l'agriculture, de l'autre, rallentit la fourniture de Paris; & les retards qui en résultent, font péricliter les bois, sur-tout les planches de hêtre, qui s'avarient & perdent l'œil de vente en très peu de temps.

Cette traite par terre occasionne d'ailleurs une consommation de fourrage étonnante qui les fait monter à un prix

_____

(1) L'époque de l'ouverture de cette route est consignée dans deux inscriptions placées sur les murs des Eglises de Bertenay & de Fronville, qui sont bâties sur la marge de cette grande route.

excessif très préjudiciable aux intérêts du Roi pour la nourriture des chevaux de ses régiments en garnison dans les environs. J'ai démontré la facilité de fréquenter cette riviere en enlevant quelques pierres de son lit & en construisant des pertuis dans les éclufes qui renvoient l'eau aux diverses ufines ; que la dépenfe de ces ouvrages n'exigeroit pas toutes enfemble, la fomme que l'on épargneroit en un an, fur le frêt des marchandifes conduites par la riviere, puifque ces marchandifes, fur-tout en bois, coûtent autant à conduire de Joinville à Saint-Dizier par terre, comme de Saint-Dizier à Paris par eau dans la proportion de fix à cinquante-cinq ; que l'avantage qui réfulteroit de l'exécution de ce projet ne peut foutenir la comparaifon des dépenfes que l'on fera obligé de faire pour fa réuffite, dût-on reporter fur les ruiffeaux voifins les ufines qui font établies fur la Marne, abfolument néceffaires. J'ai cité la loi qui impofe à tout particulier, même engagifte, de laiffer le cours libre des rivieres navigables, de n'apporter aucun retard, ni empêchement à la navigation.

Par une fatalité attachée aux chofes humaines, nous avons vu fouvent que l'on n'ouvre un œil impartial fur les projets préfentés, qu'après la mort de leur Auteur. Nous en avons un exemple récent en la perfonne de M. de Parcieux, qui avoit démontré la poffibilité d'amener à Paris les eaux de l'Yvette. Ce vertueux citoyen n'a pas eu la fatisfaction de voir ce projet fi utile & fi falutaire adopté de fon vivant (1). Je defcendrois avec joie dans le tombeau, fi ma mort devoit être l'époque de quelque établiffement utile à la gloire de mon Souverain & à la félicité de ma patrie.

_____

(1) Le projet de M. de Parcieux a été combattu par des Adverfaires peu éclairés ; fon utilité & fa poffibilité ont triomphé de l'ignorance & de l'envie, qui ont fuccombé fous le poids de l'Arrêt du Confeil qui ordonne l'exécution de ce projet fi utile & fi fupérieur à tous ces établiffements d'eau clarifiée.

FIN

TABLE ANALYTIQUE

DES MATIERES,

RÉDIGÉE EN FORME DE DICTIONNAIRE

Pour l'intelligence des termes techniques répandus dans cet Ouvrage.

A

ABAT-JOUR. Coupe sur une ligne inclinée rentrante des marâtres des fourneaux de fonderie des forges ; dans lesquels on pose les parements de pierre sur des gueules, *pages 98 , 287.*

Abattage. Terme forestier, pour exprimer l'opération d'abattre les arbres. Proposé être fait avec la scie, 306. Détail de cette opération, 309. La scie ne peut l'exécuter qu'avec perte, 310. La coignée est l'instrument le plus propre, 312.

—— à cul-noir, (Abattre) c'est abattre un arbre en séparant la base du tronc de ses racines, au-dessous de la surface du sol par le moyen de la coignée, ensorte que l'écorce de l'extrémité inférieure du tronc le fait paroître noir. Avantage de cette méthode, 312.

Abatteur, Ouvrier dont l'état est d'abattre les arbres de futaye, 309.

Abdomen du fourneau. Partie inférieure de la marâtre de la tympe d'un fourneau de fonderie entre la tympe & le gueusar, je l'appelle *Chapelle*, 289.

Accidents qui dérangent les fonctions d'un fourneau de fonderie, 141, 142.

Acide. Est une substance saline sous une forme fluide ou concrete, qui imprime sur la langue une brûlure lorsqu'il est très concentré, une saveur pongeante lorsqu'il l'est moins, & agréable lorsqu'il est foible & sans mélange ; on les divise en classes, genre & espece.

Acide gazeux. C'eſt un acide uni à un principe ſi volatil, qu'il n'eſt pas poſſible de le captiver; on ne le ſaiſit que par le goût & par l'odorat, tel celui des eaux minérales ſpiritueuſes comme celles de Buſſan, 399, le vin de Champagne, 503; la bierre & autres liqueurs ſpiritueuſes mouſſeuſes.

Acides minéraux. Ce ſont les ſels acides que la chymie tire du régne minéral, tels l'acide marin, l'acide nitreux & l'acide vitriolique. Les terres & les pierres qui en contiennent dans leur compoſition, comme la ſélénite, le plâtre, ne ſont pas propre à ſervir de caſtine, 131.

Acide marin, eſt la liqueur acide que l'on tire du ſel de la mer & de ſes analogues. Il diſſout la cadmie ſans faire de gelée, 281. La diſſolution qu'il fait avec la fritte des forges, forme une gelée, laquelle, concentrée par l'évaporation, devient couleur de rubis, 300. Se fait ſentir lors de la miſe-hors d'un fourneau de fonderie, 276.

Acide nitreux, eſt celui que l'on tire du nitre ou ſalpêtre. Il n'attaque pas en même-temps toutes les parties des ſurfaces d'un morceau de fer qui eſt ſoumis à ſon action lorſque le fer n'eſt pas homogene, 49. Il ſe fait quelquefois ſentir lorſque l'on met le fourneau hors, 276. Il forme, avec la cadmie qu'il diſſout, une belle gelée tranſparente, 282. Il diſſout la fritte, 299, & la liqueur qui en réſulte étant concentrée, prend une belle couleur de ſoufre, 300. Ne détruit pas la couleur du vinaigre, 496.

Acide vitriolique. Il tire ſa dénomination du vitriol qui eſt un ſel métallique dont on le tire en plus grande abondance. L'alun & le ſoufre en fourniſſent beaucoup. Il eſt conſidéré par les Phyſiciens comme le générateur des deux autres acides minéraux: peut-être n'eſt-il lui-même que le produit des acides des animaux & des plantes modifiées dans les entrailles de la terre. Il durcit la cadmie en poudre lorſqu'il eſt concentré, & en forme une eſpece de pyrite, 280. Explication de ce phénomene, 291; étant affoibli, il diſſout la cadmie, 282. Il réſulte de leur union un *gilla vitrioli*, ou vitriol blanc. Diſſout la tuthie des forges, 286, & les grappes des affineries, 287; concentré, il n'attaque point la fritte des forges, 300. Lorſqu'il eſt étendu d'eau, il diſſout cette ſubſtance avec une chaleur étonnante, 301. La liqueur forme une gelée tranſparente & blanche, laquelle, évaporée au feu, donne des cryſtaux d'alun, *ibid.* 303. Il eſt employé par les Vinaigriers pour augmenter l'acide du vinaigre, 493. Preuve de cette falſification, 495 & ſuivantes. Le vinaigre ſurard de Châlons contient de l'acide vitriolique par pinte deux gros soixante-huit grains, & par muid Paris six livres quatorze onces trois gros douze grains, 503. Les vinaigres d'Orléans en contiennent aussi, 497.

Acide végétal, est de deux especes, l'un naturel & l'autre artificiel. Le naturel est celui contenu dans le suc des plantes & de leurs fruits, tels ceux d'oseille, de verjus, de citrons & autres. Ces acides ne montent point dans la distillation, 498. L'artificiel est le résultat de la fermentation acéteuse, tel celui du vinaigre, qui ne ressemble point à l'acide végétal naturel. Il ne se montre nulle part dans la Nature, excepté dans la fourmi, 498.

Acier, est un fer que l'on a dépouillé de toute matiere étrangere, soit par grillage, liquation, affinage ou cémentation, & dont on détruit le nerf par une surabondance de phlogistique qui divise ses parties & les réduit à l'état grenu de la fonte de fer la plus pure : est un fer dans une disposition contraire à la naturelle, 81.

Acier fondu. Cet acier malléable paroît un être de raison aux yeux des Physiciens éclairés. On fait des cylindres d'acier fondu, 81. C'est un métal combiné avec de l'acier deux parties, fer ductile une partie, fonte de fer une partie fondues ensemble, dans le catin d'un réverbere, avec un feu vif de charbon de terre. Il en résulte une fonte de fer homogene, pleine & d'une dureté extrême.

Acier par cémentation, se fait en stratifiant dans des caisses de fer ou des encaissements de briques, des barres de bon fer avec de la poudre de charbon. Ces caisses bien scelées sont placées dans un fourneau approprié, dans lequel on entretient, pendant un temps suffisant, un feu très vif. M. le Comte de Lauraguais & M. Jars, ont donné le détail de ce travail, qui n'est suivi avec succès que par les Anglois qui y emploient un fer de Suede d'une qualité particuliere. Cet acier est très homogene, mais se détruit par des chaudes successives : est dépouillé de zinc, 81.

Aciéries, par corruption aceries, sont des foyers de deux especes. Celles qui méritent plus particuliérement ce nom sont des foyers dans lesquels on fabrique l'acier par liquation, ou par un double affinage. Dans les autres, on ne fait point d'acier, mais seulement du carillon & des bandelettes, qui sont composés d'un bon fer purifié par la macération, & forgé sous des échantillons qui approchent de ceux des petits aciers. On se sert quelquefois pour ces feux de soufflets en bois à vent continu, 110. On y emploie le régule de fer, 434.

Aetites : voyez étites.

Affineries, font les foyers des forges dans lefquels on raffemble les parties élémentaires du fer, éparfes dans fa mine, fa fonte ou dans fon régule, & qui y font affociées avec une plus ou moins grande quantité de matieres hétérogenes. Les affineries fe diftinguent en général en trois efpeces principales, qui font celles par liquation, dans lefquelles on tire le fer immédiatement de la mine par une feule opération : les affineries proprement dites, dans lefquelles on tire le fer de fa matte ou de fa fonte, ce qui eft une deuxieme opération ; enfin celles par macération font les affineries où l'on travaille le fer avec les gateaux de régule : ce travail eft une troifieme opération. Il n'eft point de mon objet actuel d'entrer dans un plus grand détail fur les affineries. Je me propofe d'en donner un traité complet dans la *Phyfique des Forges* dont cette table n'eft qu'un foible prélude. Le travail de l'affinerie donne des qualités variantes au fer, 43. Exige un feu vif, 202. Il ne faut pas que les gueufes foient trop larges de bafe, ni trop hautes d'arrête pour qu'elles ne gênent pas le travail de l'affinerie, 138. Donnent un laitier pyriteux, 296.

Affineur-Forgeron, dont l'emploi eft d'affiner la fonte & d'en préparer un fer brut. Dans chaque genre d'affinerie, il y a deux fortes d'Affineurs : le Maître & les Compagnons. Le Maître eft chargé de la compofition & de l'entretien du creufet ou foyer, de l'adminiftration du vent ; de l'entretien des machines, des outils, & de faire fes pieces & fon tour. Les Compagnons doivent aider le Maître dans fes diverfes opérations, & faire chacun leur piece à leur tour. Travail de l'Affineur, 43, 461. Chaque Affineur, avec les mêmes matériaux, fabrique un fer différent de celui des autres, 43.

Affût de canon. Arriere train d'une efpece de chariot pour fupporter le canon en repos & en route. On diftingue dans l'affût trois chofes principales ; les flafques, l'effieu & les roues. Son poids ajoute à la réfiftance du canon contre le recul, 474, *bis.*

Agate-onix ou onice, pierre fine. C'eft une efpece de caillou à demi-tranfparent, veiné de bandes ou zônes colorées. Caillou de Bourbonne coloré par le fer reffemblant à l'agate-onix, 354.

Agent : tous corps qui a de la prife & qui l'exerce fur un autre corps. Agents qui détruifent le fer, 47.

Aigreur en métallurgie, exprime la qualité fragile du métal dont les molécules n'ont point une liaifon intime. L'aigreur du fer n'eft point un défaut qui lui foit propre. D'où elle procede, 450.

Aimant, efpece de mine de fer qui a la propriété d'attirer le fer. Le

fer

fer devient lui-même par l'art un aimant artificiel, 81. Les ringards s'aimantent : *Introduction.*

Air, eft l'élément fluide qui nous environne & qui remplit les efpaces. Ses parties conftituantes nous font inconnues : eft l'agent le plus propre à exciter l'activité du feu, 103. Son poids, fon volume & fa vîteffe, 226 : magafin d'air, 226 : ne fuffit pas feul au complément de la végétation, 340. La vivacité de l'air du Château de Joinville fait tomber les ongles de ceux qui commencent à l'habiter, & mourir les jeunes enfants, 337. L'air prend le nom de vent dans les forges.

Air fixe, eft l'air élémentaire qui concourt à la formation des corps des trois régnes, & en fait partie conftitutive. Il en fort & fe manifefte plus ou moins lorfque l'on rompt l'aggrégation des parties conftituantes des fubftances qui le contiennent ; s'échappe de la fonte de fer, 67 ; entre dans la compofition du fer, 228 ; fort avec bruit en des temps périodiques & ifochrones de la fource principale des Thermes de Bourbonne, 359.

Aire, furface plane d'une chofe quelconque. Aire du creufet du fourneau, 110 ; fa compofition, 117. Aires du marteau & de l'enclume. Elles doivent être bien dreffées, 451, 464 ; lorfqu'elles fe creufent par le fervice, elles font tordre les barres, 464 : elles occafionnent des fendilles, 451.

Airelle, ou myrtille. Plante abondante dans les montagnes de la vallée de la Mozelle dans les Vôges. Son fruit fert à colorer le vin en rouge, 387.

Alabaftrite. Pierre gypfeufe plus ou moins tranfparente, qui ne fait point effervefcence avec les acides. Elle fouffre le cifeau & reçoit le poli. De Bourbonne, 349.

Alezan, couleur qui tire au roux. Cheval alezan, 262.

Alézoir. Attelier des arfenaux dans lefquels on finit au quarré, au cifeau & au tour, les parties extérieures du canon. L'on y tranfportera les canons de régule, lorfqu'ils feront recuits, 441, & ceux de fer contourné, bruts, en fortant de la forge.

Alkali. Sel âcre & brûlant lorfqu'il eft concentré, & qui a une faveur & une odeur urineufe lorfqu'il eft affoibli, & qui fait effervefcence avec les acides. Il eft fixe lorfqu'il eft combiné avec une terre, & volatil lorfqu'il l'eft avec un principe huileux. Ce dernier s'extrait des végétaux & des animaux, par la diftillation. Le premier fe tire plus particuliérement des cendres des végétaux par leur leffive. L'alkali fixe précipite des diffolutions de la cadmie dans les acides

tion, 6 ; reſſemble à l'amiante naturel, 7 ; inſoluble dans les acides ; indeſtructible au feu, 8. Expériences ſur l'amiante ferrugineux, 9 ; ſes propriétés, 16 ; trouvé dans les loups des fourneaux des forges de Champagne, Franche-Comté, Bourgogne, Luxembourg, pays de Foix, 18 ; deſſiné planche III.

Amont, terme de riviere, eſt le côté vers la ſource. Il eſt oppoſé à aval.

Analyſe. Opération par laquelle on décompoſe un corps en déſuniſſant la liaiſon & l'aggrégation de ſes parties élémentaires, pour en connoître la nature, l'ordre, le méchaniſme & le rapport. Analyſe des eaux de Bourbonne, 360 ; des boues des eaux de Bourbonne, 364 ; des eaux de Buſſan, 394.

Ancre de fer de navire trouvée en Dalmatie, 46.

Animaux. Êtres qui s'engendrent, croiſſent, vivent & ſentent : perdent leur férocité avec la liberté, 237.

Anneau de roue de moulin. C'eſt le cercle que décrit le ſolide des courbes d'une roue de moulin, qui s'aſſemblent avec les bras. Le rayon ſe meſure du centre de l'arbre à la ſurface extérieure de la courbe, 176.

Antimoine. Minéral métallique compoſé d'un demi métal combiné avec le ſoufre. Cryſtalliſe comme la pyrite martiale, 62 ; differe de ſon régule comme la fonte differe du fer, 60 ; ſoupçonné être uni aux mines de fer, 433.

Apenſe. Riviere dont les eaux ſont brunes, 350, conflue avec la Saone, 366.

Aponeuvroſes. Fibres tendineuſes qui ſervent d'attache aux muſcles des animaux. Plongent ſous les tourbillons de poil, 269.

Apoplexie. Stagnation des humeurs par engorgements. Des arbres, 311.

Arabes (les), tiennent regiſtre de la naiſſance de leurs chevaux, 267.

Arbres (les) compoſent la claſſe des plus grands végétaux ; ce ſont des corps organiques qui naiſſent, croiſſent, vivent & ne ſentent point : il ſont pour la plupart ſéculaires. Ils s'élevent coniquement, 332. Arbres d'une groſſeur prodigieuſe, 356. Nains qui s'élevent peu au deſſus du ſol, 307. Rabougris, arbres mal venants pour avoir été trop retaillés : l'abroutiſſement des beſtiaux rend les arbres rabougris, 307. Baliveaux, ce ſont des brins de l'âge du taillis ou demi-futaie que l'on laiſſe ſur pied dans l'exploitation des ventes, 313. Cadets, ſont les baliveaux de deux âges, 313. Pivotés, ces arbres enfoncent leurs racines perpendiculairement, 312. A groſſes culottes, arbres crus ſur ſouches, ou dont une maladie a fait gonfler la baſe du tronc, 315. Jumeaux, pluſieurs brins ordinairement

Arpent. Mesure géométrique des surfaces d'un terrein quelconque. L'Ordonnance de 1669 des Eaux & Forêts le fixe à cent perches quarrées, chacune de 22 pieds de Roi de longueur & largeur, 148.

Armure d'un moule. Est composée de bandes de fer posées longitudinalement sur la chappe d'un moule, lesquelles sont contenues avec plusieurs cercles & liens de fer pour empêcher que le poids du métal & l'expansion de la chaleur ne forcent la chappe à se rompre pendant que l'on introduit la fonte dans le moule, & jusqu'à ce qu'elle soit consolidée ; du moule du canon, 441.

Arrimer. Ranger avec ordre & mesure ; arrimer le doublon, 368.

Arsénic. Demi-métal qui a ses mines propres ; il est quelquefois uni au fer dans sa mine, 58. & avec les autres métaux & demi-métaux, 174.

Art du fer, (l') par syncope ; art de fabriquer le fer. C'est celui du Maître de forge : est, de tous les arts, celui qui fait un plus grand usage du feu, 184.

Art d'adoucir la fonte du fer (l'), est le même que de la convertir en régule, 85.

Artillerie. L'art de couler & de fabriquer des canons, des bombes & des boulets ; fait partie de l'Artillerie, 66, 426, & suiv. 447 & suiv.

Asbeste. Espece d'amiante plus roide, plus compacte & plus pesante. Voyez Amiante : est un produit de volcan, 2.

Aspic, serpent. Sa description ; sa morsure n'est point venimeuse ; inutilité des remedes contre sa morsure, 419.

Aspirations des soufflets, 191.

Astragale. Ornement emprunté de l'Architecture : c'est un cordon entre deux platte-bandes, appliqué aux buses des soufflets, 201. aux canons d'Artillerie, 470.

Astroïtes. Sont des coquilles fossiles sur lesquelles on distingue des figures d'étoiles, d'où leur vient le nom : dans du grès rouge, 348.

Attila, Roi des peuples barbares du Nord ; ruina les Gaules, 380.

Aval. Terme de riviere qui exprime le côté de la pente des eaux à leur confluent ou leur embouchure ; il est opposé à celui d'amont, 152, 156.

Avaler le fer. C'est une opération par laquelle l'affineur avec un ringard rassemble le fer à mesure qu'il tombe de la gueuse qui est dans l'affinerie, & le pousse du côté de la tuyere pour l'entretenir dans son état de mollesse, 43 ; 461.

Aubes. Ce font des bouts de planches plus ou moins longues & larges qui font attachées à angle droit fur les extrémités des bras & fur les bracons des roues hors le cercle de l'anneau. Ce font ces aubes que l'on nomme communément *herpes*, qui reçoivent l'impulfion de l'eau qui eft la puiffance motrice des roues, 182.

Aubier. Bois imparfait placé dans les arbres entre le bois dur & l'écorce, 318. Les chênes qui ont le bois dur en ont beaucoup; ceux qui l'ont tendre en ont moins, 331. Il faut en nettoyer les arbres, *ibid*.

Aulne. Eft un arbre qui croît dans les marais, s'éleve fort haut & droit; fon écorce, d'un verd rembruni & tiché, fert à la teinture; fon bois tendre & rouge eft très propre à faire des foufflets, 223.

Aune de Drefde contient 21 pouces de France.

Auge. Efpece de petit baffin anguleux de forme allongée, 176.

Aviron. Inftrument de navigation d'eau douce, c'eft une perche de 20 à 26 pieds de longueur, dont le gros bout eft applati pour préfenter plus de furface à l'eau; l'autre bout fe termine pyramidalement en pointe pour que le Marinier puiffe le faifir de la main, 531.

Aurore boréale. Efpece de nuée lumineufe qui paroît quelquefois pendant la nuit du côté du Nord; attribuée aux incendies des plantes du Nil, 276; imitée par la flamme des fourneaux lorfqu'on les met hors de feu pendant la nuit, quand l'atmofphere eft épaiffie par un léger brouillard, 276.

B.

B A C. *Voyez* Bache.

Baccarach. Bourg des Vôges où il y a une belle verrerie, 498.

Bache. Eft une auge de bois ou de fonte de fer de forme allongée, remplie d'eau, dans laquelle les ouvriers réfroidiffent leurs ringards, les bouts de maquette, & dans lequel ils puifent de l'eau avec l'écuelle à mouiller pour écouvillonner le feu. Il fe détache des ringards qu'on y plonge du menu laitier que l'on nomme hamefelach, 97. On y délaie de la terre argilleufe dans les tôleries & les ferblanteries, 368.

Bagnerol. Riviere des Vôges, dont l'eau eft rouffe, 374.

Bain. On dit en métallurgie qu'un métal eft en bain lorfqu'il eft en parfaite fufion dans un creufet. Il faut qu'il ne tombe rien d'étranger dans le bain, 120, 122. La fonte fe pâme dans fon bain lorfqu'un accident la réfroidit, 122. Le laitier vitreux couvre le métal en bain, 131. Bain de macération, 42. Purifier le régule en bain, 439.

Bains. Bourg de Lorraine. Sa ferblanterie, 367, & fuivantes. Ses bains conftruits par les Romains. Ses eaux chaudes, froides, favonneufes, 374. Leur analyfe, leur boue. Couleur blonde des cheveux des enfants de Bains, 375.

Bajoues des foufflets. Ce font les parties des côtés des caiffes fupérieures qui fe prolongent jufqu'à la moitié de la longueur de la tétiere, pour y être affujetties par une charniere qui eft le centre de leur ofcillation : on appelle auffi bajoues ou joues les côtés rentrant des murs d'un biez près l'empallement.

Balancier. Eft en méchanique la partie d'une machine qui eft en équilibre au centre de fa maffe, fur un point d'où chacun de fes bouts part dans les mouvements d'ofcillation : des foufflets en bois, 206; des foufflets en cloche, 212, 217.

Balancier des monnoies, employé pour faire des balles de fer de moufqueterie, 475, bis.

Balles de fer forgé : façon de les faire, 475.

Banbelle. Eft une piece de bois qui a un mouvement horizontal ou perpendiculaire d'aller & de venir, qui lui eft imprimé par une manivelle qui la reçoit d'une puiffance quelconque, & le communique par un renvoi à un autre piece de la machine; tel un fil d'archal entre deux renvois de fonnerie; ou le morceau de bois qui, d'un bout, embraffe le tourillon de la meule de l'Emouleur, & de l'autre eft affujetti par une courroie à la pédale, 193, 210.

Banne. Eft un grand pannier, compofé de jeunes brins de bois nattés enfemble, qui eft porté fur un charriot, & dans lequel on voiture le charbon : quelques-uns difent *Benne*, vulgairement *Vanne*. La banne de Champagne, qui eft appellée banne & demie, ou trois-quarts, doit contenir trente-fix feuillettes, ou cent vingt pieds cubes, 148.

Bave de crapaud; n'eft pas venimeufe; mangée fur du pain fans accident, 242.

Bar-le-Duc. Ville capitale du Barois Mouvant, 161.

Barbouillage. Eft un accident du fourneau de fonderie. Lorfque les charges culbutent, que le minerai tombe crud dans le bain; l'air fixe qui s'en dégage fait bouillir la fonte & boursoufler le Laitier qui engorge la tuyere, & refroidit le bain. Cet accident est très fâcheux, 143.

Barreau. Est un prisme de fer allongé & quadrangulaire : on en compose la grille du bocard : façon de les placer, 151, 152 : des huches du bocard : leur direction, 154 : ne suffisent pas, 155.

Basanne. Peau de mouton mégissée dont on se sert pour sceller les joints des planches des soufflets, 208.

Bascules de soufflets. Espece de levier : leur description, 205 : des cloches, 215.

Basse-Conte, ou Salicorne. Est une espece de pelle de fer dont la queue a environ trois pieds & demi de longueur, sur trois pouces de largeur, & neuf à dix lignes d'épaisseur : le palteau a six à sept pouces de largeur, sur dix pouces de longueur, & est légérement courbé à son extrémité. Cette piece se pose sur le volant du soufflet, du côté du culeron, elle est affermie sous le pont avec des coins de bois. Le palteau déborde l'enfonçure : c'est sur cette partie que la camme de l'arbre de la roue vient appuyer, pour forcer la caisse de s'abaisser, & de chasser dans le foyer par la buse le vent contenu dans les flancs du soufflet, 205.

Bassin. Est une espece de cuve plate, de figure variée, dont les contours sont formés par des madriers posés de champ sur un plancher formé d'autres madriers cloués sur des loirs qui forment le fond du bassin. Les bassins pour nétoyer la mine prennent le nom de lavoirs, 150, 160. Il y en a de quarrés, 162, & de longs : ceux-ci se nomment à grains d'orge, 153, 178 : des trompes 197 : des cloches, 214, 231 : du crible à l'eau, 162.

Batailles. Ce sont les quatre murs unis entre eux par les angles qui s'élevent autour de la bure du fourneau de fonderie pour briser le vent, & par-là empêcher que les ouvriers en chargeant le fourneau ne soient incommodés de la flamme, 98, 169, 437.

Bateaux Marnois. Leur forme ; leur tinglage ; leur usage, 518 : de Rouen ; leur charge, 528 : de la Saone ; leur forme, 528 : d'Auvergne, comparés à la barque de Charon, 528.

Bâtiment construit sans bois, 510.

Battant. Morceau de bois de sciage de neuf à vingt-quatre pieds de longueur, douze à quinze pouces de largeur, & quatre à cinq pouces d'épaisseur, 514.

Batteries.

Body. Canton de Franche Comté, qui recele des mines de plomb & de cuivre, riches d'argent, 387. Defcription des galleries des mine de Body, de fes trompes & ventilateurs, 389.

Bois, Forêt. Voyez Forêt.

Bois. La partie la plus folide des arbres & arbriffeaux. C'eft une fubftance compofée de fibres dures, élaftiques & inflammables, de couleur, odeur, & denfité variées, qui eft indifpenfable aux befoins de la fociété. Les arbres abattus & travaillés dans les forêts fuivant leur propriété, font débités en objet de commerce de fix efpèces, tels les bois de chauffage, 307, à charbon, 320, de fenderie 307, de fciage 329, 507, 514, de charpente civile, 322, 323, 328, & hydraulique 323, de marine 328. Il y a des bois réfineux, 44, 223, gommeux 44, durs 223, 514, doux 44, 223, aigres, falins 44, tendres 514. Les bois abattus en temps de feve fechent vîte 320. Les bois de tilleul, de tremble, de faule & d'orme, deftinés à faire du charbon, pouffent des jets au printemps, lorfqu'ils ont été coupés dans le mois de Janvier 230. Bois propres à faire des foufflets de forge 223; de hêtre, changé artificiellement en mine de fer, 31; ufé, 129, 546; viciés, caducs, 317; pyriteux, 22, 32; vitriolifé, pétrifié, incrufté, 324. Les bois de fciage fe divifent en bois de Hollande, 512; de Vôge, 514, 513; de hêtre, 547, & bois françois, 507. Calcul de la main-d'œuvre & de quantité de pieds cubes dont il eft compofé, 513, 515; fon poids, 507, 514; fon affortiffement, 514; fon prix, 515.

Bois double. C'eft un madrier de 12 pouces, de largeur, fur 30 lignes d'épaiffeur, & de 6 à 21 pieds de longueur. Bois de pouce, c'eft une planche de 10 pouces de largeur, fur 16 à 18 lignes d'épaiffeur, & de 6 à 21 pieds de longueur. Bois de pouce & demie, eft une planche de 9 pouces de largeur, de 21 lignes d'épaiffeur, & de 6 à 21 pieds de longueur, 514.

Bols. Argilles pures, de couleurs variées, qui hapent fortement à la langue: employés dans la ferblanterie, 368; entrent dans la poudre des Fondeurs en bronze, 439.

Bombarde de Saint-Dizier. Sa Defcription, fon poids & fa puiffance, 456 & fuivantes.

Bonde de Bocard. C'eft un morceau de bois quarré dans fa bafe, échancré circulairement en deffus, coupé de biais à un bout, & quarément de l'autre qui reçoit une longue queue pour le manier. Cette bonde fert à boucher l'iffue par laquelle le minerai lavé fort

de la huche du patouillet pour fe rendre dans le lavoir, 155,
178.

Borax. Eſt un fel alkali, d'un genre particulier ; il eſt apporté brut
des Indes : les Hollandois le purifient : les ouvriers l'emploient à
la foudure des métaux, 304. L'origine & la nature de ce fel, que
les uns croient naturel, & d'autres artificiel, nous ſont encore
inconnues. Pluſieurs Chymiſtes, particuliément M. Cadet, de l'A-
cadémie des Sciences, ont fait des recherches très avantageuſes ſur
ce ſujet.

Bombes. Pieces d'artillerie. Ce ſont des globes de fonte de fer, creux
en dedans, ayant une lumiere qui pénetre à l'intérieur. Il y en a de
différents diametres. Les plus fortes, dites Cominges, peſent cinq
cents. Celles qui ſont coulées d'une mauvaiſe fonte crevent en
l'air, 66.

Bordages. Terme de Marine. Ce ſont de longs madriers de diverſes
épaiſſeurs & largeurs, ſciés dans des plançons, qui ſont des poutres droites : on en forme les parties extérieures du vaiſſeau,
506.

Bouchage. Eſt un mortier compoſé d'argille ſablonneuſe, humectée
d'eau, dont on ſe ſert pour boucher l'iſſue de la coulée du fourneau, 137, 441 ; peut ſervir à l'uſage de la chaufferie, 139.

Bouche (la) fut le premier ſoufflet dont l'homme ſe ſervit, 186 ; fut
le modele des ſoufflets, 187.

Bouche à feu. L'on donne ce nom à toutes les pieces de groſſe artillerie.

Bouché. Eſt une opération par laquelle on ſuſpend le travail d'un fourneau, faute de matériaux ou d'eau, ou lorſque la roue eſt noyée dans
les débordements, ou gelée pendant les grands froids, 144, 222 :
précautions à prendre, 145.

Boues des eaux de Bourbonne, 360. Leur analyſe, 364. Boues des
eaux de Bains, 375.

Bouger le feu. C'eſt dans les feux d'Affinerie & d'extenſion, ſoigner le
feu. Le goujard (1), qui eſt ordinairement un apprentif, ou quelquefois une fille, doit nourrir le feu de charbon, le relever à la pelle,
rapprocher avec la coueſſe les charbons qui s'écartent, mouiller le

---

(1) Les Goujards ſont les valets des Forgerons. Ils ne veulent pas être appellés
Goujats, mais *Goujards*. Je veux bien employer ce terme en leur faveur, pour les
diſtinguer des Goujats, dont les vils emplois inſpirent le mépris.

feu avec l'écuelle, le faupoudrer d'herbu & de laitier pilé lorfqu'il en eft befoin.

Boulet de canon. Eft une fphere ordinairement de fonte de fer dont
on charge un canon d'artillerie : eft fujet à être creux lorfqu'il eft
coulé avec de mauvaife fonte dans des coquilles de fonte de fer, 66 :
comme il refroidit, 70 : coupé en deux hémifpheres, 88 : tourné
pour le rendre plus fphérique, & le polir, 442 : de fer battu, dont
la Ruffie fait ufage : procédé pour les faire : ont plus de vîteffe &
plus de force que ceux de fonte : expérience qui le prouve, 475.

Boulon. Piece de fer compofée de deux parties, d'une tige cylindrique, & d'une tête arrondie, & plus ou moins applattie : le bout
oppofé eft ordinairement ouvert, pour paffer une clavette de fer
pour empêcher le boulon de fortir du trou qui le reçoit. On s'en
fert pour les charnieres des foufflets, & pour les crémailleres,
205.

Bourbonnes-les-Bains. Ville de France en Champagne, célebre par
fes thermes, 346. Defcription du Phyfique & de fes environs :
fes pierres opaques cryftallifées en rhombes : fon gyps : fon alabaftrite, 349. Les pierres calcaires des environs font peu d'effervefcence
avec les acides : leur chaux fe durcit promptement 351 : fes pierres
de conftructions, 366 : fes bois, 356 : fes anciennes falines,
366 : fon château bâti par Théodebert & Thierry, 358 : fes bains
bâtis par les Romains, 358 : fes différents bains modernes, 359 :
fource principale ; fes vapeurs ; fon ébullition : analyfe de fes
eaux, 360 & fuivantes ; fes boues, 364.

Bourgoin. Mangeur de crapauds, 243.

Bouteille de verre, diffoute & amollie par l'eau forte, 302.

Boyau de cuir, fervant de porte-vent, 211, 216.

Bracons. Ce font de petits bras qui font affemblés deux à deux ordinairement aux courbes des roues & fur lefquels font fixées les aubes.

Branloire. Eft une bafcule ou balancier fixé fur un roulet qui fe meut
entre deux jumelles perpendiculaires. A chaque extrémité de la
branloire pend une chaîne, l'une eft attachée au volant d'un foufflet,
& l'autre eft terminée par une poignée ou une pédale au moyen
defquelles les Féroniers & autres ouvriers qui fe fervent du feu
excité par un foufflet, le mettent en mouvement, 195.

Bras-boutans. On emploie ce mot pour exprimer toute piece de
bois affemblée obliquement fur un angle d'environ 45 dégrés contre
une autre piece de charpente perpendiculaire pour la rendre folide,
182, 183.

Bras de roue. Ce font les pieces de bois qui font affemblées par leur milieu au centre de l'arbre, & qui fupportent l'anneau de la roue, 154, 182.

Briques. Maffes d'argille moulées fous certaines dimenfions variées fuivant l'emploi que l'on en veut faire, & qui font ordinairement durcies par la cuiffon ; il eft avantageux d'en compofer les parois intérieures des fourneaux : toutes efpeces n'y font pas propres, 114. Il faut qu'elles ne foient que féchées à l'air, 115. Action du feu fur les murs de briques, 115. Terre propre à compofer des briques réfractaires, 114. Moyens de l'imiter, 116. Réfiftent plus que le grès, 368. Briques naturelles compofées d'une terre cuitte par les volcans, que l'on équarrit au marteau, 385. Un Maître de forge a publié bonnement que c'étoit attenter aux droits de la Divinité, que de faire de la brique ; qu'il falloit employer des pierres : *rifum teneatis*.

Briquet. Inftrument de forme variée compofé de fonte de fer recuite & trempée, ou de fer trempé en paquet, ou d'acier trempé dur, avec lequel on tire des étincelles des pierres dures & vitrefcibles, 84.

Bronze. Métal combiné, compofé de cuivre, de zinc & d'étain, en proportion variée : on en coule les cloches, & autrefois des canons, 427.

Bucheron. Ouvrier dont l'état eft d'abattre les arbres de futaies & de demi-futaie, & de réduire ces derniers en bois de chauffage ou à charbon, 308. Accident qui réfulte de leur négligence dans l'abattage des futaies, 329.

Bufonite ou Crapaudine. Dent de dorade pétrifiée que l'on a cru longtemps être une pierre qui fe trouvoit dans la tête des gros crapauds, 239. Conjecture fur les crapaudines, & expérience qui la détruit, 240.

Bure. Ce mot exprime tout ce qui termine une excavation & en forme les parties extérieures de la bouche au deffus du fol. Bure de puits, de mines, de fourneau. La bure du fourneau eft la maffe quarrée, polygone, ronde ou ovale, qui termine le maffif du foyer fupérieur, elle s'éleve de quelques pieds au deffus du terre-plein délimité par les batailles, 99. Son ouverture forme le gueulard, 107. C'eft fur la bure que l'on éleve une cheminée, 437. *Voyez* Planche XI.

Bufes. Tuyau conique de cuivre, de fonte de fer, ou de fer battu, 201, qui termine les grands foufflets des forges, & par lequel le vent eft pouſſé dans le foyer : applattie pour diverger le vent, 468. Dimenſions de l'embouchure & calcul du vent qui y paſſe, 201, 226. Des ſoufflets en cloche, 216.

Buſſan. Village de Lorraine, ſes mines, ſes eaux gazeuſes, 393.

***

C

CABESTAN. (Méchanique). Cylindre qui ſe meut ſur ſes tourillons, qui pénétrent l'aſſemblage d'un chaſſis, au moyen de quatre leviers diſpoſés en croix, ou par une autre puiſſance. Pour éprouver le fer, 464.

Cabotage. Petite navigation terre à terre avec des vaiſſeaux qui ne peuvent ſoutenir la pleine mer. De la riviere de marne, 521, 523.

Cadmie. Il y en a de deux eſpeces, l'une naturelle & l'autre artificielle : la naturelle eſt la mine de zinc appellée communément calamine, pierre calaminaire : l'artificielle eſt un encroutement que le zinc contenu dans diverſes ſubſtances métalliques, forme en ſe ſublimant dans les cheminées des Fondeurs. Cadmie de forges, eſt de la ſeconde eſpece & lui eſt analogue : ſa découverte, 174. Sa deſcription, 279. Merde-d'oye, 279. Rouge, bleue, 294. Son poids ſpécifique. 280. Accidents qui réſultent de ſa diſſolution dans l'acide vitriolique, 280. Peut faire une branche de commerce : & façon de la recueillir en grand, 293.

Cadran. Vices des arbres qui ſont ſur le retour, 330. *Voyez* arbre.

Caillou. Pierre dure, de couleur variée, plus ou moins tranſparente, de forme globuleuſe, & mamellonnée ordinairement au dehors, ſouvent concave, & cryſtalliſée intérieurement, ſur-tout celle qui eſt en grande maſſe, qui a pour baſe une terre argilleuſe, marneuſe ou gypſeuſe unie à du ſoufre. Le caillou eſt vitreſcible au feu, & ſe décompoſe à l'air comme la pyrite, mais plus lentement; c'eſt-à-dire que le ſoufre l'abandonne comme la pyrite, & qu'il ſe trouve couvert d'une couche plus ou moins épaiſſe de ſa terre élémentaire. J'en ai trouvé pluſieurs en Franche-Comté qui renfermoient beaucoup de ſoufre brûlant. Il ſe trouve abondamment dans les craies de Champagne, de Picardie & de Normandie, dans les marnes du Blaiſois; dont on le tire pour la fabrique des pierres à fuſil. Lorſqu'il eſt coloré par des parties métalliques, il forme les différentes eſpeces d'Agate, de Calcédoine, de Cornaline & de

Jade. Cailloux remarquables des environs de Bourbonne : leur defcription, 354.

Caiſſe. Aſſemblage de planches qui délimitent de toutes parts un eſpace quelconque. Caiſſe des ſoufflets, 135.

Calamine, ou pierre calaminaire. C'eſt la mine du zinc : elle eſt de couleur variée, ſuivant qu'elle contient plus ou moins de fer & de plomb. Il y en a en Champagne. Elle ſe trouve combinée avec les mines de fer, 292, 435.

Cales. Petits morceaux de bois pour ſoutenir les corps dans des diſpoſitions régulieres & appropriées à leur uſage : pour ſéparer les barreaux de la grille mobile des bocards, 154.

Calibre, eſt la dimenſion de l'ame du canon coupé par le centre ; il doit être plus grand que le diametre du boulet, 474.

Cambouis. Matiere graiſſeuſe, épaiſſie tant par la perte de ſes parties les plus fluides & les plus volatiles, que par les parcelles des pieces des machines qui ſe détachent par le frottement. Des ſoufflets, 208.

Cames ou camites. Coquilles bivalves foſſiles qui ſe trouvent pêtrifiées dans différentes pierres, & mêlées aux mines par dépôt, 348.

Cames (méchanique des forges) eſt une eſpece de main, d'alluchon, ou de dent, qui eſt adhérente à un cylindre qui tourne ſur ſon axe par l'effet d'une roue miſe en mouvement par une puiſſance quelconque. Les cames ſont de fer ou de bois. Elles doivent être taillées en épicycloïde, pour preſſer en échappant ſur les corps qu'elles foulent. Celles pour les ſoufflets ſont de bois. On en fait de fer pour les bocards & les arbres de marteau d'ordon à baſſecule, 135, 151, 191, 205, 224. J'approfondirai la théorie des cames dans la *Phyſique des Forges.*

Canal (méchanique) eſt un long eſpace vuide de dimenſions diverſes, délimité par des ſolides : Expiratoires des fourneaux, 169, 436.

Canal hydraulique, eſt une excavation faite dans les terres entre deux lignes paralleles, pour réunir des fleuves, des lacs, des rivieres, des bras de mer. De Briarre, de Languedoc, 524, 531, de Nicomédie, 526, 531 ; projeté de la Marne, 527.

Cancer. Tumeur qui dégénere en plaie rongeante & chronique, qui prend ſon origine dans les glandes : répandu ſur preſque tout le corps, 381,

Canons. Tube métallique, dont une des iſſues eſt fermée par une piece de rapport ou par la maſſe même du métal. De mouſquetterie de fer réſiſtent à l'effet du tir. S'ils étoient compoſés de cuivre fondu,

ils

ils creveroient, 449. Vieux canons fervent de foufflets aux payfans, 187 : d'artillerie fervent de modele aux bufes des foufflets, 201. Caufe qui fait crever ceux de fonte de fer ordinaire, 66, 429 & fuivantes : fciés pour en connoître les défauts, 430 : de régule de fer, moyens de les exécuter, 433 & fuivantes : de fer contourné ou à ruban, 448 & fuivantes. Procédés pour les fabriquer, 467 : ne feront pas fujets à fuer : feront plus légers que ceux compofés d'autres matieres : oppoferont une réfiftance dix fois plus forte, 473 : pourront fe referer, 474 : après être hors de fervice, feront encore utiles, 474 bis.

Carignan. Ville du Luxembourg François. Phyfique de fes environs, 348.

Carneau. Efpace dans un mur qui communique au dehors. Pour fécher les poutres, 330.

Carrieres. Lieux qui recelent des pierres à bâtir. De Chevillon, 337, de Chaumont, 339.

Carrillon. Fer forgé fur quatre à huit lignes en carré, 152.

Carrillonnerie. Petite forge dans laquelle on fabrique fous un martinet, du carrillon, qui eft un fer carré de petit échantillon, 434.

Cartelage. Morceau de bois de fciage de fix à dix-huit pieds de longueur fur quatre à fix pouces d'équarriffage.

Caftine. Pierre calcaire que l'on emploie comme fondant & comme correctif dans la réduction de certains minerais de fer, & dans l'affinage. Sa définition, 130. Son effet, 131. Rapport de la quantité employée avec les autres matieres par chaque charge, 132. Mêlée au minerai dans fa miniere, 162.

Caftiner le fer. Pour donner du nerf à des fers dont le minerai eft argilleux, on mêle au charbon dans le foyer des Affineries, de la caftine crue ou en chaux, 451. C'eft ce que l'on appelle caftiner le fer.

Cataracte. Chûte d'eau qui fe précipite d'un rocher élevé coupé à pic, 416. De Niagara, 220. Du Daim, 530. Comparaifon de la chûte d'eau des trompes aux cataractes, 219, 220.

Catoptrique. Science qui traite de la vifion, de la réflexion, & de la réfraction de la lumiere.

Celtibériens. Peuples de l'Ancienne Efpagne. Procédés qu'ils employoient pour faire de bonnes armes, 46.

Cendre. Réfidu-terreux des végétaux & des animaux après leur combuftion. Cendre des charbons aide la fufion & la vitrification des matieres hétérogenes unies au minerai du fer, 131.

Cepée. Vulgairement *Trochée*. C'eſt pluſieurs brins de bois qui ſortent des racines réunies d'un même arbre. Cepée de taillis, 310.

Cerf-volant. Gros ſcarabée coléoptere, cornu, dont le ver ronge les arbres morts ſur pied, 330.

Cervelet. Arriere partie du cerveau, qui en eſt ſéparé en haut par la dure-mere. C'eſt la ſource des ſucs qui donnent le mouvement & la force aux nerfs des animaux. Le crapaud attaqué du ver ne meurt que lorſque l'inſecte y eſt parvenu, 247.

Chaiſe méchanique. L'aſſemblage de pluſieurs morceaux de charpentes deſtinés à ſupporter ſoit le plume-ſeuil d'un arbre, ou le bout des baſcules des ſoufflets, ſe nomme en général Chaiſe, 135.

Chaleur. Effet du mouvement des parties de la matiere, qui ſe frottent; plus particuliérement par la cauſe du feu actif. Son action, 103. Sa réaction, 108.

Chambre. Eſpace circonſcrit, & fermé par des murs ou par des parois. Pour recueillir la cadmie, 293. Du fer : ce dernier terme eſt métaphorique. Définition, 454.

Chambrieres. Support de fonte de fer pour ſoutenir les groſſes pieces qui ſont dans les foyers, 467. Il y en a de bois pour les barres.

Champagne. Province intérieure de la France, riche en mines de fer & en bois. Sa diviſion. Sa ſituation, 405. Produit de beaux bois droits de conſtruction, 406. Economie de ſes bois, 148. Les laitiers de ſes fourneaux ſont verds, & gris de lin, 275.

Champignon. Plante dont la génération n'eſt pas encore bien connue. Des bois & des pâtis forment des cercles, 352.

Chape. C'eſt la partie extérieure des moules en terre, dans leſquels on veut couler des pieces de métal. Se fracture quelquefois par l'exploſion de l'air raréfié par la chaleur 65. Du moule d'un canon, 440.

Chapeau (méchanique). Eſt une piece de bois, aſſemblée horizontalement ſur un pan de charpente qu'il couronne. Chapeau de chaiſe, 135. D'empallement, 182.

Chapeau (minéralogie). Eſt la partie de la miniere qui couvre immédiatement le filon métallique, ou le banc d'une ſubſtance minérale. Le fer ſert de chapeau aux mines des autres métaux, 274. D'ardoiſiere, 345.

Chapelle du fourneau. Eſt la partie antérieure du fourneau, compriſe au-deſſus du crenſet, entre la tympe & le gueuſat. Comment on la forme, 121. S'y amaſſe des grappes de cadmie, 289.

Charbonnier. Ouvrier foreſtier, qui s'occupe de l'art de réduire le bois en charbon, par une cuiſſon appropriée. Le Charbonnier fait par

Chariot. eft un affemblage quelconque pofé fur deux effieux, & qui fe meut au moyen de quatre roues. Defcription de celui des mines, 338. Du cordier, appliqué à la fabrique des canons à ruban, 468.

Charme. Arbre des forêts dont le fruit eft offeux & ailé, fon bois blanc, fort & tenace fe décompofe promptement. Ses fouches pouffent leur feve dans tous les points de leur furface, 318.

Chaffe du boulet. Eft le mouvement progreffif que le boulet reçoit par l'explofion de la poudre enflammée dans la charge, & plus particuliérement le trajet du boulet dans l'ame du canon, 471.

Chaffis-trainant. Eft un affemblage de bois de charpente pofé fur la terre pour porter & affermir les pieds des foufflets des foyers des forges, 209.

Charpente brute. L'on entend par ce terme les arbres équarris dans les forêts & qui font deftinés, foit pour la marine, foit pour les édifices civiles, 328. Les défauts des charpentes, 329.

Chat (zoologie.) Animal connu par fes rufes, fa perfidie & fa chaffe. Monftrueux à deux faces; fa defcription, 250. Fortement electrique, 255. Faifant éclore des œufs d'oifeaux, 255.

Chat (minéralogie) eft un minéral ftérile & feuilleté. D'ardoifiere, 346.

Châtaignier. Arbre d'un beau port, dont la fleur a une odeur fpermatique, & le fruit farineux un goût agréable. Son bois dur eft propre à faire des gîtes & des fourures de foufflets, 223.

Château Lambert : Village de Franche-Comté dans les mines des Vôges, 391.

Châtelet. Monticule de Champagne, fur laquelle il exifta jadis une ville bâtie par les Gaulois, conquife par les Romains fous Augufte, détruite par les Goths fous Conftance, & des fouilles de laquelle nous nous occupons par les ordres du Roi, 536.

Chatel-Naudren. Mine de plomb en Bretagne, dans le traitement de laquelle on a employé pour la premiere fois en France les foufflets en cloches, 211.

Chatoyant. Terme de minéralogie, qui exprime le reflet qu'un corps brillant ou tranfparent fait des rayons de la lumiere qu'il colore diverfement fuivant les points de vue fous lefquels on le confidere. Cryftaux. Verre chatoyant, 478.

Chaude. C'eft l'impreffion que le fer reçoit du feu auquel il eft foumis chaque fois qu'on le place dans le foyer pour en amollir les parties, 374. On donne des chaudes pour forger, d'autres pour fouder. Chaude forcée, 79.

Chaude-fontaine. Source d'eau chaude négligée près de Remiremont en Lorraine, 386.

Chauderonnier. Artifan dont l'occupation eft de faire & de vendre des chauderons. Tombé dans une louviere, 237.

Chaufferie. Foyer des forges dans lequel on chauffe le fer brut, pour l'étirer enfuite fous le marteau, c'eft un feu extenfeur. On y emploie de l'herbu, 139. Demandent un vent mou, 202. Fourniffent des laitiers proprement dits, 296.

Chaufferie pour fabriquer des canons de fer à ruban, 466.

Chauffeur. Forgeron du fecond ordre, dont l'occupation eft de chauffer le fer dans le feu de la chaufferie, & de l'étirer en barres fous le gros marteau. Son travail ne differe de celui du Marteleur qu'en ce que ce dernier eft fpécialement chargé de conftruire le foyer, de l'entretenir, ainfi que le harnois des foufflets & l'ordon du marteau, 368.

Chaumont. Ville moderne du Baffigny en Champagne. Phyfique de fes environs. Laves pour la couverture de fes maifons. Ses carrieres, 338, 339.

Chaux ordinaire. Eft le débris des différentes fortes de pierres calcaires qui ont perdu dans l'incandefcence l'eau & l'air de leur compofition, & ont acquis la propriété de s'échauffer fortement dans l'eau, de former avec elle une fubftance butireufe, d'attirer l'humidité de l'air qui la réduit en poudre, & différentes autres propriétés des fels alkalis fixes. Fondue, fe conferve long-temps, 352. Gypfeufe de Bourbonne fe durcit, 351. Faite avec le charbon de terre. Propre pour fertilifer la terre, 377. Préferve le fer de la rouille, 455. Unie aux laves de fourneaux, 297.

Chaux métallique (Chymie). Métaux réduits en poudre par la perte de la plus grande partie de leur phlogiftique dans le feu, ou par l'effet des acides. S'uniffent aux laves de fourneau, 297.

Cheminée. Tuyau afpiratoire que l'on éleve au-deffus de toute efpece de foyer pour le paffage des vapeurs de la fumée & du fuperflu de la flamme. De fourneau de fonderie, 169. Oblique, 169. Des fourneaux de macération, 437.

Chemife. Terme métaphorique, tiré du vêtement qui touche le corps immédiatement. Du noyau d'un canon de fer forgé à ruban, 470.

Cignole, ou cou de Cigne. Eſt une manivelle contournée en *S*, qui ſert de lévier circulaire pour faciliter la communication du mouvement appliqué aux ſoufflets, 193, 210.

Cils. Sont les poils qui bordent les paupieres de la plupart des animaux, brûlés par la flamme du fourneau, 276.

Cimaux. Menues branches des arbres qui n'entrent point dans les cordes de bois à charbon : doivent être employées à la chauffe des fours de reverberes des fenderies & autres, 368.

Ciment. Poudre plus ou moins fine tirée de l'argille cuite au feu, comme brique, tuile, pots, &c. pilés ; peut entrer dans la pâte des briques de fourneau, 116.

Cinglard. Marteau d'ordon du poids de trois à quatre cents qui ſert à cingler les loupes d'affinerie, 462.

Cingler. Premiere opération du martelage des forges. C'eſt ſoumettre à la percuſſion du marteau la loupe qui ſort ardente de l'affinerie ; en rapprocher & ſouder les parties du fer qui ſont ſéparées par des intervalles, par le laitier, & du frazin, que le marteau pouſſe au dehors par la compreſſion. Le Forgeron par cette premiere ébauche, donne à la loupe la forme d'un priſme quadrangulaire, dont les angles ſont légérement rabattus, & dont le bout, par lequel il le ſaiſit avec la tenaille, eſt un peu plus fort ſur deux faces. Après cette opération, la piece prend le nom de renard. Précaution à prendre, 44 ; de cette opération dépend l'uniformité & la beauté du fer, 462.

Cizailles. Gros cizeaux à mâchoires & à deux branches pour couper les feuilles de tôle & du fer noir de ferblanteries ; une de ſes branches eſt fixée & l'autre eſt mobile : cette derniere eſt mue par l'eau, 369.

Clapets. Eſpece de petite vanne qui repoſe horiſontalement ſur le fond des huches des forges pour boucher les trous qui fourniſſent l'eau aux différentes roues à cuvier, 373.

Clef. Nom que l'on donne dans les forges à toutes eſpeces de piece qui ſert à contenir & à fermer un aſſemblage : il y en a de bois & de fer. De bocard, 151.

Climat. Partie de la ſurface de la terre qui répond à un point particulier du ciel qui lui communique des influences propres ; ſes effets ſur les animaux, 271.

Cloches. (Métallurgie), ſont des pieces métalliques ſonores, ſous la forme de coupe renverſée, & ſurmontées d'un anneau ou d'une couronne pour les suspendre , & garnies en dedans d'une masse de fer mobile pour en tirer le son en heurtant alternativement leurs parties inférieures. La qualité du métal ; sa combinaison ; son état ; le volume & les formes concourent à donner aux cloches un son plus ou moins fort & plus ou plus moins harmonieux. De fonte de fer , 63. Accident qui concourt à la formation du son que rendent les cloches , 71. Monstrueuse de Pekin , 72.

Cloches (art pneumatique), quatrieme espece de soufflets ; leur description , 211. Sont très dispendieuses & embarrassantes , 220. Gravées , planche X.

Clou à soufflet , sont de deux especes ; l'une a une tige courte & pointue , surmontée d'une tête étroite & très longue qui forme une double tête , 190 ; l'autre, plus petite que la premiere , a une tête ronde & large ; sa tige est courte & très pointue, 207.

Coagulum. Mot que la Chymie a emprunté du latin pour exprimer un dépôt onctueux dont les parties ont une foible adhérence, comme le lait caillé. De la cadmie, 281 & suivantes : de la fritte des forges, 287 & suivantes.

Coak. Mot Anglois qui exprime le charbon de terre, désoufré par une cuisson appropriée, 102.

Cobalt ou cobolt. Substance métallique qui a ses mines particulieres , que l'on croit être une combinaison du fer avec l'arsenic; fondu avec du sable ou du caillou, & un sel alkali fixe, il donne le beau bleu d'azur , le *smalt.* Se trouve quelquefois uni aux mines de fer, 274: dans les mines de Sainte-Marie, 403.

Coche. Ouverture faite au bord extérieur d'un morceau de bois quelconque. Pour placer les queues des pales, 176 ; les traverses des bocards, 183 ; pour écouler l'eau des trompes, 197.

Cognée , communément *hache.* Instrument de fer à un seul tranchant, dont se servent tous les ouvriers qui travaillent le bois. Sa forme varie suivant l'opération particuliere à laquelle elle est destinée. Appliquée à l'abattage des arbres de futaie, 309 : est l'instrument propre pour cette opération, 312 : préférable à la scie, 307, 313.

Colcotar. Chaux de fer dépouillé des principes qui lui donnent la ductilité & la malléabilité, & qui est réduit sous une forme pulvérulente de couleur brune ou rouge suivant les degrés de feu qu'il a subi , 83. Cryftallisé , 478 , *bis.* Les grappes des mureaux des affineries en contiennent, 288.

Colle.

Colle pour calfeutrer les jointures des parties qui compofent les foufflets, 208.

Collet du canon. C'eft la partie qui touche le cordon de la tulipe.

Compagnon (Minéralogie). Subftance minérale ou métallique qui accompagne un filon dans une partie ou dans toute fon étendue. Le fer fouvent eft le compagnon des mines de plomb & d'argent, 405.

Comparaifon du produit d'un fourneau elliptique, avec celui d'un fourneau quarré, 146. Des différentes efpeces de foufflets, 218.

Cône, eft la figure d'un folide régulier dont la bafe eft circulaire, & qui fe termine en une pointe perpendiculaire à fon axe. Les figures qui approchent de cette forme fe nomment *coniques*. Axe du cône d'un fourneau, 110. Cône régulier des fourneaux de Saxe, 104. Elliptique, 104, 110 & fuivantes.

Coney. Riviere des Vôges dont les eaux font brunes, 367.

Conge. Vaiffeau de bois, de cuivre ou de fer, qui fert à porter le minerai dans le fourneau. Le fond en eft plat, ou légérement circulaire : les côtés font droits & coupés obliquement, pour qu'ils aient la hauteur du derriere qui eft droit, & que l'ouvrier appuie fur fon eftomac, & fe termine en pointe à la partie antérieure qui eft ouverte. Il porte la conge au moyen de deux poignées fixées aux parties latérales. Quantité & poids de minerai, de caftine & d'herbue qu'elles contiennent, 132. Doivent fe mettre en nombres égaux & fixés avec des pierres, 133. Nombre des conges pour les grandes charges, 367.

Confommation abufive des bois, 92.

Contre-fort. Troifieme mur d'un fourneau de fonderie qui foutient la pouffée des parois & contre parois, 111, 168.

Contre-latte. Ouvrage de fenderie qui fe fabrique dans les forêts. Elle eft plus étroite & plus épaiffe que la latte volige, 307.

Contre-parois. Murs de brique ou de pierre qui s'élevent entre les contreforts & les parois d'un fourneau de fonderie, 111. Sont d'un meilleur fervice lorfqu'elles font compofées de briques féchées, 116.

Contrevent. Dans tous les foyers des forges, on nomme ainfi la partie du creufet qui eft en oppofition avec le côté de la tuyere, ainfi que les pieces qui compofent cette partie. De forme curviligne, 105. Au-deffous de l'axe d'un fourneau quarré, 107. Hauteur de celui du creufet d'un fourneau, 110. Façon de le conftruire, 118.

Copeaux. Brins de bois de toutes formes, que l'équarriffeur détache de l'arbre en grume qu'il réduit au quarré, pour le deftiner à l'ufage

D d d d

de la charpenterie. Produit de 3000 pieds cubes de bois : cubage, & prix de la corde, 334.

Coquille. Subſtance pierreuſe animale, dont une claſſe de poiſſon & une famille de limaçons ſe compoſent une habitation ambulante. La mer en a cumulé dans des montagnes & des plages qu'elle a jadis formées, & dont elle s'eſt depuis éloignée. Ces coquilles ſe trouvent par couches avec les mines de fer, 25, 162. Peuvent ſervir de caſtine, 131.

Coquille à boulet. Eſt une partie d'un moule de fonte de fer, cubique au dehors, creuſée intérieurement en hémiſphere, ayant un canal conique qui communique au-dehors pour la coulée. Les deux forment un moule complet, dont les moitiés ſe rapatronnent par le moyen de trois boutons quadrangulaires, ſaillants à la ſurface interne d'une coquille, & rentrant dans des enfoncements pratiqués dans l'autre ; alors l'eſpace intérieur eſt une ſphere, que l'on remplit de fonte de fer pour former le boulet. Il y en a de tous calibres. Blanchiſſent & durciſſent la fonte, 66.

Corne d'Ammon. Coquille foſſile univalve, contournée en volute comme les cornes d'un belier. Changée en mine de fer, 378.

Corroyer le fer. C'eſt chauffer enſemble pluſieurs morceaux de fer au blanc, les bien pêtrir ſous le marteau pour en ſouder exactement les parties, en rendre la pâte homogene, & en faire une étoffe nerveuſe, 45.

Coſtiere. On ſe ſert de ce terme dans les forges pour exprimer généralement les côtés des parties qui conſtituent un tout. D'un foyer, 165. D'un ſoufflet, 204, &c.

Cotiledon. Petit enfoncement ; foſſette, 252, 262.

Coulage. Eſpace pratiqué devant un fourneau pour couler les différentes pieces, 98.

Coulée. Ce terme a quatre acceptions dans les forges : il ſignifie, 1°. L'eſpace qui eſt entre le frayeux & la dame, & qui communique au creuſet pour couler la fonte dans le moule de la gueuſe, 122. Double, 437. 2°. La pierre trapezoïdale que l'on poſe au niveau du fond de l'ouvrage, pour recevoir la fonte ſortant du fourneau, 137, 166. 3°. L'opération par laquelle on coule la fonte dans les moules, 140, 141. 4°. Enfin le produit en poids & nombre de pieces coulées.

Couleuvre. Serpent le plus commun de l'Europe. N'eſt point venimeuſe. Eſt bonne à manger. Quantité de ſes œufs, 420. Mange les crapauds, 237.

Courant. Colonne plus ou moins volumineuse d'un fluide, dirigée sous différentes lignes & inclinaisons. D'air nécessaire pour animer l'activité du feu, 101. D'eau, pour la manœuvre des usines, 151.

Courbes de roues. Ce sont des morceaux de bois équarris, ou sciés sur des lignes qui font des portions d'un même cercle; en sorte que plusieurs réunies forment un cercle complet, ou l'anneau d'une roue, 182. Je donnerai dans la Physique des forges la théorie des courbes, qui est une chose importante dans le méchanique de ses usines.

Coursier. Est un canal étroit, construit en charpente ou en maçonnerie, pour contenir la colonne d'eau qui est la puissance d'une roue qui tourne dans une partie de l'espace du coursier. D'une roue de bocard, 155.

Couronne d'un canon. Est la derniere moulure saillante entre la tulipe & la bouche du canon, 471.

Couverture. Ce terme pris particuliérement pour une partie des toîtures des maisons, est composé de divers matériaux, en cuivre, laves, fonte de fer, plomb, tôle, tuiles de terre cuite & zinc, 346.

Coup de lance. Accident naturel à certains chevaux, 261. Sa description, 263. Histoire du, 264. Sa cause, 270.

Crans. Défaut de fabrication d'un fer mal forgé, 464.

Crapaud : amphibie de la famille des grenouilles, dont il différe à beaucoup d'égard. D'une grosseur monstrueuse, 380. Rongés vivants par des vers, 233 & suivantes. Punais, leur nourriture, leur longévité, 236. Quittent leur peau : l'avalent, 238. Vivent sans prendre de nourriture, 240, 243. N'ont point de pierre. Trouvé dans des trous d'arbre, 241. Dans des blocs de pierres, 242. Mangé par un enfant, 243.

Crapaudine. Fossile, dent de dorade, 239. Plante, n'est pas la crapaudine ordinaire *sideritis*, mais une carline ou fleur de crapaud, sur laquelle la mouche bleue dépose ses œufs, y étant attirée par son odeur infecte, 236.

Crasse. Nom générique qui exprime tous les recréments des forges. Voyez Laitier, Laves. De forge à bras, 312. De chaufferie crystallisée, 478.

Craye. Pierre tendre calcaire qui est formée par le *detritus* des coquilles. Propre à servir de castine, 131.

Cremaillere. Barre de fer, percée de trous espacés à distances égales, pour recevoir une goupille qui la suspend à différents points de hauteur ; elle est terminée en bas par un crochet, pour saisir la piece qu'elle doit supporter. Des soufflets, 135, 205.

Creuset, ou Ouvrage. Est la partie inférieure du fourneau qui reçoit la fonte en bain, & forme le foyer inférieur. Vice de construction, 107. Façon de le construire, 110, 117, 118.

Crible à l'eau pour les mines. Sur un plan incliné, 161. Conique horizontal, 162.

Croard. Est un outil de fer, composé de deux parties, de la tige & du crochet. La tige a 7 à 8 pieds de longueur, sur 12 à 15 lignes de grosseur, arrondie vers l'extrémité qui va en diminuant, & s'applatit sur environ deux pieds de longueur à l'autre bout, qui est recourbé de 3 à 4 pouces à angle droit. Cette partie a environ 30 lignes de largeur, sur 7 à 8 d'épaisseur : on s'en sert pour agiter la fonte de fer dans son bain, & faciliter l'évacuation de la lave qui la surnage, 105. De fonte de fer pour la préparation du régule de fer, 438. Il y en a de plus petits, emmanchés de bois, pour débarrasser la partie antérieure de l'Ouvrage.

Crochet. En général est un morceau de fer dont une partie est droite, & dont un bout est recourbé plus ou moins. Des soufflets, 205. De tuyere ; est un cylindre de fer de 6 à 7 lignes de grosseur, dont un bout est applati, & l'autre est recourbé en demi-cercle ; on s'en sert pour nettoyer la tuyere du fourneau, introduction, xxv.

Crosse. Est un gros barreau de fer dont les angles sont rabattus ; un de ses bouts se termine en œillet, pour y assujettir un double lévier : l'autre est applati & recourbé à angle droit, puis fait un retour qui se prolonge sur le même alignement que la tige. On soude ce dernier bout sur de gros morceaux de fer que l'on ne peut saisir à la tenaille, pour les porter au feu, les y retourner, & les en retirer pour les forger, 154, 467.

Crustacées. On appelle ainsi la famille des poissons qui ont une cuirasse pierreuse qu'ils renouvellent tous les ans ; comme les écrevisses, crabes, &c, 239.

Crystal. Ce terme est propre pour exprimer une substance naturelle transparente qui a des formes régulieres qui sont de son essence ; tel le crystal de roche, & toutes les pierres précieuses. On le transporte aux sels simples ou combinés naturels, & à ceux que l'art tire des trois regnes, même à un verre formé de sable, de sel, de terre vitrifiable & métallique ; mais on l'a étendu encore à tous corps opaques, pierreux ou métalliques, qui prennent naturellement ou par l'art des formes régulieres naturelles; en sorte que ce terme, trop généralifé, porte de la confufion dans l'Hiftoire Naturelle, & dans la Métallurgie phyfique. Quelques Savants defireroient que l'on y fubftituât celui d'*information*, pour tous les corps opaques de formes régulieres ; mais cet expreffion a dans notre langue des acceptions qui préfentent des idées fi oppofées à celles qu'on fe propofe de rappeller, qu'il paroît néceffaire d'adopter, ou de créer un autre terme. On pourroit fe fervir du mot *forme*, qui, dans la Phyfique, exprime la configuration de la matiere & des corps ; mais pour plus de précifion je préférerois celui de configuration. Dans cet ouvrage j'ai fuivi l'ufage ancien, & je me fuis fervi généralement du mot Cryftal. Cryftaux naturels, 70. Metis, 70, 82. De fonte de fer, 71, 88, 434. De régule de fer, 75, 89, 434, 477. De fer furchauffé, 79, 89. Vitreux ; de lave ou de laitier du fourneau, 477. De colcotar ou de laitier de chaufferie, 478. Pyriteux artificiels, 479. De cuivre, 480. Complets, 477. Gemme, 478. De cadmie, 281. De fritte, 301. D'alun artificiel, 302, 304. De fpath implanté fur des cailloux, 355.

Cryftal minéral. Terme que les Chymiftes appliquent très improprement à un nitre fondu dans une poele fur le feu, & faupoudré de fleur de foufre. C'eft du nitre mêlé d'un peu de tartre vitriolé, & quelquefois de fel marin, lorfque le nitre n'a pas été fuffifamment purifié. Comparé à la félénite de Bourbonne, 349.

Cryftallifation. Eft une maffe de matiere quelconque qui, après avoir été rendu fluide par l'eau ou par le feu, a pris en fe refroidiffant une forme concrete, réguliere, qui lui eft propre. Métallique en général, 70, 79. De fleurs de zinc, 278. De fonte de fer ; de régule de fer, 476 *bis* : vitreufe, 477 *bis* : Voyez Cryftal.

Cube. Figure réguliere hexaédre octangulaire, qui a autant de hauteur que de largeur & de profondeur, 88, & autres.

Cuir. Peau de gros animaux, tannée & corroyée. Pour les foufflets, 190, 221. Creux. De taureau. De bœuf, 192. De vache, 195.

Cuivre. Métal mou, ductile & malléable, d'une couleur rougeâtre, qui fe diffout aifément par tous les diffolvants. Les acides, l'huile & l'eau le couvrent d'une rouille verte, que les alkalis volatils changent en bleu. Se combine avec l'argent dans les minieres, 274. Rend le fer rouverin, 51, 452. Eft minéralifé avec le fer dans certaines pyrites, 58. De rofette, 426. Mêlé avec l'étain pour le

D.

Demi-métaux. Substances métalliques, éclatantes & fusibles, qui different des métaux parcequ'il leur manque la fixité & la ductilité, 57.

Départ. Opération de métallurgie, par laquelle on sépare d'un métal l'alliage métallique qui lui est uni. S'il se fait par les dissolvants fluides, on le nomme par voie humide; & par voie seche si c'est par la fusion. Le départ du fer se fait par une bonne fusion de la fonte, 143 : par le feu d'affinerie & de macération, 438.

Dépense d'eau. C'est la quantité d'eau que consomme une forge pour le mouvement de ses machines, 175.

Diaphragme. Muscle nerveux qui sépare la poitrine du bas-ventre, & qui est dans un mouvement continu de contraction & de dilatation par l'action de la respiration. Ce terme se dit métaphoriquement de toutes les cloisons intermédiaires des machines. Des soufflets à vent continu, 195, 210.

Diete d'un fourneau. C'est la quantité économique de matieres alimentaires que l'on administre à un fourneau, 124 & suivantes.

Digression sur la satisfaction & l'avantage que l'on retire des voyages sur les montagnes, 415.

Dodécaédre, est un solide qui a douze faces régulieres, dont chacune forme un pentaédre.

Doigts humains fourchus, 258.

Donjeu. Forge & Village sur le Rognon en Champagne, jusqu'où il est facile de faire remonter la navigation de la Marne, 517, 535. Cristaux de spath, couverts de pyrites cubiques, de Donjeu, 338.

Dorade. Poisson des Indes qui a, de la tête à la queue, une ligne couleur d'or, & des dents en forme de tubercules que l'on nomme crapaudines, dont on orne les bagues, 239.

Douelle. Petit canal conique orné ordinairement de moulures qui termine les petits soufflets à main, & qui sert de passage & de conducteur au vent, 187.

Douvelle. Petit merrain de huit à quinze pouces de longueur, & de deux à trois pouces de largeur, qui se fabrique dans les forêts avec des recepes de peu de valeur; elle s'assortit de fonds d'une seule piece. Elle est employée par les Boisseliers à faire des seaux cerclés de fer, ou de brins de bois, 307.

Douves. Ce sont des ais de différents bois sur des dimensions variées, avec lesquelles les Tonneliers composent le contour du fût des tonneaux, des cuves & cuviers. Des huches de bocard, 152, & 158, des cuves des trompes, 196, des récipients des cloches, 211.

Dragée de fer. Fer granulé à l'eau ou sur le sable. Façon de la faire : doit être prohibée, 345.

Dreffage du fer, est une opération du forgeage qu'exécute le marteleur ou le chauffeur qui le remplace. Après qu'il a étiré sa barre sur le travers de l'enclume, elle est tortueuse, crenelée & rubanée. Alors il la redresse en la soumettant aux coups de marteaux sur la grande direction de l'aire de l'enclume, avant de la parer à l'eau, 451.

Droit domanial, est un impôt régal de la somme de 4 liv. 7 f. 6 d. pour chaque mille de fonte de fer qu'un fourneau produit, qui a été fixé par l'Ordonnance de 1666, d'après la réunion à la Couronne que Charles VII a fait de la propriété des mines & minieres du Royaume. Ce droit est très onéreux aux Maîtres de forge, & rapporte peu au Roi à cause des frais de la régie faits par les Fermiers Généraux, 138, 147.

E.

Eau. Elément sans couleur, odeur ni saveur, transparent, volatil & rarefcible, que le froid rend solide, & qu'un léger degré de chaleur rend fluide. Alors il a la propriété de mouiller tous les corps qui ne font pas imbus de graisse fluide. L'eau n'est pas ordinairement dans la Nature dans ce degré de pureté, parcequ'elle a la propriété de diffoudre toutes les autres fubstances, & de leur servir de véhicule. Son poids fpécifique & fon rapport avec diverfes liqueurs, 491. C'est la puissance motrice ordinaire des machines des forges, 222 : diffout le fer, 82 : n'a aucune part à la génération des cryftaux de fonte, ni de régule de fer, 477 : ne peut cryftallifer un métal parfait : peut opérer les mêmes effets que le feu fur plufieurs fubftances, 478. L'eau des mortiers est repompée par les poutres qui portent fur des murs neufs, 326. Elle fe cryftallife en prifmes hexadres,

Eau de mer de la Manche. Son poids fpécifique & fon rapport avec diverfes liqueurs, 491.

Eau minérale, 23, de Bourbonne, fon poids fpécifique & fon rapport avec diverfes liqueurs, 491. Son analyfe, 361 : de Luxeuil, 381, de Plombieres, 382, de Buffan. Son poids fpécifique & fon rapport avec diverfes liqueurs, 491 : fon analyfe, 393.

Eau de chaux, donne une cryftallifation, 401.

Eau

Eau fure des ferblanteries. Sa compofition. Son effet, 370.

Echalas. Ce font des morceaux de bois de fenderie qui fe fabriquent dans les forêts fur des groffeurs & longueurs différentes, fuivant la culture locale des vignes pour lefquelles ils font deftinés. Ils fe tirent ordinairement des jeunes brins de bois de chêne, & des éclats ou des faux quartiers d'autres ouvrages de fenderie. Ils ont communément depuis trente pouces jufqu'à cinq pieds de longueur, fur un demi pouce, jufqu'à un pouce & demi en quarré de groffeur, 307.

Eclufe, eft une barriere pofée en travers & un peu obliquement au cours de l'eau d'une riviere ou ruiffeau, pour en détourner en partie le cours & le renvoyer dans le biez d'une forge, d'un moulin ou de toutes autres ufines ou machines dont l'eau doit être la puiffance motrice, 523: ne doivent point être un obftacle à la navigation, 530: font d'une groffe dépenfe fur les grandes rivieres, 545.

Ecole Royale-Militaire. Monument qui éternifera la bienfaifance de Louis XV qui l'a fait conftruire pour en faire un Séminaire de Guerriers pris dans les enfants des familles des Officiers nobles, qui y font élevés gratuitement, 317 & fuivantes.

Ecorce. C'eft la partie extérieure des arbres qui enveloppe le bois. Elle eft compofée de l'épiderme de la partie charnue & fibreufe, & du liber : on en dépouille les arbres pour en rendre le bois plus dur, 320. Les bois durs l'ont mince. Les bois tendres de chaque efpece en ont beaucoup, 331 : de chêne extraordinairement épaiffe, 339.

Ecouvillonner le feu. C'eft mouiller avec de l'eau les charbons extérieurs pour éteindre ceux qui s'enflamment fans qu'ils concourent à l'augmentation de la chaleur, pour qu'ils n'attirent pas au dehors la chaleur intérieure, & pour fournir de l'eau comme aliment du feu, dont elle augmente l'intenfité par l'expanfion & la raréfaction immenfe dont elle eft fufceptible, 460.

Ecrafer les foufflets. C'eft les comprimer pour pouffer dans le foyer l'air qu'ils contiennent, 206, 227.

Ecreviffe. Poiffon amphibie cruftacée qui fe dérobe, & dont la nouvelle écaille eft formée du fuc que filtrent des glandes qu'elle a dans la tête à côté des yeux, lefquelles difparoiffent après la mue, & qui en cuifant, prennent la dureté de la pierre dont elles tirent leurs noms, 239.

Ellipfe ou ovale, eft un efpace contenu fous une feule ligne qui eft oblongue & qui a deux diametres inégaux : adoptée pour la forme intérieure du fourneau, 110 : du Jardinier : maniere de la tracer, 112, figurée planche IV.

Email. Substance vitreuse-laiteuse composée de chaux métalliques. Certaines laves de fourneaux sont des especes d'émaux, 298.

Empallement. Barriere qui forme un magasin d'eau comme d'un biez, d'un étang, & qui est garni de vannes avec leurs pales mobiles que l'on ouvre pour distribuer l'eau aux différentes roues d'une usine, & pour en évacuer l'eau superflue dans les temps d'abondance. Les empallements se construisent en bois entre les joyeres du biez. Du bocard, 156, 157, des balanciers des cloches, 214.

Empoëse. Coussinet qui a une échancrure demi-circulaire pour recevoir & soutenir le tourillon d'un arbre de roue qui tourne sur son axe, dont les tourillons occupent le centre. Les empoëses sont de bois, de fonte de fer, de fer battu, de cuivre, de marbre, de granit ou autre pierre très dure. On les pose dans une coche pratiquée dans les plumeseuils : du bocard, 178 : des bascules, 205.

Enclume. Gros tas de fonte de fer du poids de deux mille quatre à cinq cents, qui est cubique dans sa base jusqu'à moitié de sa hauteur : sa partie supérieure est échancrée de deux côtés opposés sur des lignes obliques qui s'approchent également du centre de l'aire, lequel a environ quatre pouces de largeur sur toute sa longueur, 368 : acérée, 369. Les enclumes ne sont pas dans toute leur masse d'une fonte homogene, 429 : font tordre & fendre le fer lorsqu'elles sont dégradées par le forgeage, 451 : creusées pour forger des boulets, 475, bis.

Enclumiers. Forgerons qui ne s'occupent qu'à forger, acérer & raccommoder des enclumes de fer. Leurs soufflets, leur travail, 191. Rappellent les rudiments de l'art de fabriquer le fer, 192.

Encorbellement (architecture). Demi-voûte qui remplace les marâtres des fourneaux portés sur des gueues, 170, 437.

Encrenée. Piece qui est la premiere ébauche d'une barre de fer. Elle est forgée dans son milieu sur les dimensions que doit avoir la barre dans sa perfection. Les deux bouts restent bruts après cette seconde opération du forgeage, le rénard cinglé étant la premiere.

Enerver les arbres. (défaut d'abattage). Lorsque l'abatteur entaille également la base du tronc d'un arbre de futaie, sur-tout des chênes, & qu'il ne pique pas au cœur de la souche l'arbre avec sa cognée avant qu'il tombe, alors une partie du cœur reste adhérente à la souche, & est arrachée du centre de l'arbre souvent de six à sept pieds de longueur, 329.

Enfants monftrueux à deux têtes & quatre bras, 258 : à gueule de brochet : à bec de lievre, 251 : reſſemblent à leur pere, 260.

Enfonçures. Madriers qui garniſſent le fond des diverſes eſpeces de cuve, & qui ferment le deſſus & le deſſous des grandes caiſſes. De lavoir de bocard, 153 : des huches, 158, des ſoufflets, 204.

Engrogue. Riviere de Franche-Comté dont les eaux ſont rouſſes, 377.

Entonnoir des trompes, 196.

Eolipile, ou poire à feu. Boule de métal qui eſt un globe avec un bec dont l'orifice eſt capillaire. Pour l'emplir on la fait chauffer : afin d'en faire ſortir l'air raréfié ; puis on la plonge dans la liqueur que l'on veut y introduire, alors l'air extérieur preſſe la liqueur, & la force d'entrer dans l'éolipile, 128.

Epée romaine. Arrangement ſymétrique du poil des chevaux à l'encolure. Sa deſcription, 262.

Eperon des arbres de futaie abattus. C'eſt la baſe du tronc qui eſt échancrée en coin par l'opération de l'abattage, 310 : ſouvent eſt pourri rouge, 315.

Epi. Arrangement de poil diviſé par oppoſition. Signe du cheval, 262 : déſigne un enfoncement dans les chairs, 269.

Epiglotte. Cartilage anguleux & mobile qui couvre le larynx des animaux. Elle ſert à la modulation de la voix, & à empêcher qu'il n'entre autre choſe que de l'air dans la trachée artere : c'eſt, à proprement dire, la ſoupape du ſoufflet animal. Appliquée aux ſoufflets pour empêcher qu'il n'entre des charbons embraſés par les buſes pendant l'aſpiration, 201, 207.

Epicycloïde (partie de la ligne cycloïde). Courbure que doivent avoir les cames des ſoufflets des forges, pour qu'elles compriment toujours ſous la même direction la caiſſe ſupérieure par tous leurs points de contact, pendant qu'elles décrivent un cercle dans le mouvement de rotation de l'arbre auquel elles ſont adhérentes, 205.

Epreuve du fer pour en connoître la qualité par le tour & le détour, 464. D'un canon, par le feu, la griffe, le miroir & le tin, 472.

Equarriſſage. C'eſt une opération foreſtiere par laquelle on réduit au quarré les arbres en grume deſtinés à l'uſage de la charpenterie. Ordinaire, 309 : vicieux, 331, 334 : économique à huit pans, 331, 333. Avantage de cet uſage, 334.

Eſprit ardent. Liqueur ſans couleur, très fluide, légere, volatile, inflammable, que l'on retire par la diſtillation des liqueurs fermentées, 488 : de vin rectifié : son poids spécifique & son rapport avec d'autres liqueurs, 491 : son effervescence avec le vinaigre de Châlons, 488.

Esprit de nitre. Acide tiré du nitre par l'intermede de l'acide vitriolique. Son action distinct sur du fer qui n'est point homogene, 49.

Essence de térébenthine. C'est une huile légere, très odorante & très inflammable, que l'on retire par la distillation de la térébenthine. Son poids spécifique, & son rapport avec diverses liqueurs, 491.

Estoquart. Brin de bois, de cinq à six pieds de longueur, & de deux pouces & demi de diametre, appointé par un bout, avec lequel le chargeur arrime le charbon de la charge du fourneau avant de verser le minerai, afin que les charbons étant serrés les uns contre les autres le minerai ne puisse pas cribler à travers, 131. C'est ce que l'on nomme estoquer, 133.

Estranguillon. Sommet de l'entonnoir des trompes, 196, 198.

Etain. Métal blanc, éclatant, léger, peu ductile : il se connoît particuliérement au cri qu'il rend lorsqu'on le plie. Trois pouces cubes, d'étain pur pesent sans fraction une livre. Se calcine aisément, 371. On y mêle du cuivre pour étamer le fer, 371. Aigrit les métaux auxquels il est mêlangé, 427.

Etaux d'arbres. Souches des arbres de futaie abattus, 315.

Etamage du fer-blanc. Sa description, 371 & suivantes.

Etameur. Ouvrier qui étame le fer-blanc. Son travail, 372.

Etalages. Partie supérieure du creuset du fourneau qui compose le grand foyer, 99. Rapides, 61. Vice de construction, 108. Elevé sur des lignes elliptiques, 111. Leur massif achevé par un seul travail, & prolongé au dehors du fourneau, 120.

Ethiops martial. Fer réduit en une poudre noire, impalpable par un agent quelconque, qui ne l'a pas privé totalement de son phlogistique, 285.

Etiage. Terme de riviere. C'est la gradation journaliere du haussement & du baissement des eaux d'une riviere, 526.

Etincelle du briquet. Petite globule de fer enflammée, laquelle est détachée du briquet par le choc vif du caillou, 63. Du fourneau ; petites portions de charbon embrasé entraînées dans l'air par la force du vent, 98. Il s'en éleve des timpes en très grandes quantités lorsque l'on couvre de frasin la lave fluide, 290.

Etite, ou pierre d'aigle. Mine de fer par dépôt, qui est ordinairement sous une forme globuleuse, ayant un noyau intérieur, qui est presque toujours détaché, & forme le grelot, 23.

Etofe du fer. C'est un terme métaphorique, employé pour exprimer la substance d'un bon fer nerveux lorsqu'il est froid. On se sert de celui de pâte lorsqu'il est chaud & mou, 458.

Etuves. Lieux échauffés par des fourneaux, pour sécher promptement les choses que l'on y expose. Des ferblanteries, 370.

Events. Canaux pratiqués dans la partie supérieure des moules destinés à recevoir un métal en fusion, afin de faciliter l'éruption de l'air raréfié du moule, de l'air fixe du noyau & de la chape qui sont embrâsés par le métal fondu, 65, 430.

Eurville. Forge sur la Marne, 146; sa mauvaise disposition; ses écluses, 537.

Exomphale naturelle des enfants. Poussée des intestins par le nombril, dont les muscles ne sont pas réunis; sa cause, 270.

Explosion. Raréfaction subite d'un fluide expansif qui frappe l'air avec d'autant plus de force, qu'il trouve plus de résistance & le fait retentir d'un bruit qui ne s'annonce point sur le lieu de l'explosion, mais qui est multiplié & propagé par la réaction des corps qui s'opposent à la dilatation de l'air. Des vapeurs des moules dans lesquels on coule la fonte de fer, 65. Des gros morceaux de castine dans le fourneau, 131. Les canaux expiratoires empêchent l'explosion du fourneau, 97. Une partie d'eau cantonnée dans le moule de la gueuse la fait sauter avec explosion, 139.

F.

Faux-Saunier. Caché dans un soufflet de fourneau, 107.

Faïencerie. Manufacture de faïence; l'on y prépare mal la terre; moyen d'en affiner la pâte, 159.

Femme accouchée d'un enfant blanc & de deux négrillons, 260.

Fenderie. Partie d'une forge dans laquelle on fend le fer avec des taillants d'acier, & on l'applatit avec des espatards ou cylindres de fonte mus par l'eau, après que le fer a été chauffé au blanc dans un four de réverbere. Diminue le fer en poids, & en améliore l'étoffe, 44.

des métaux parfaits, 478 : des fourneaux de fonderie de fer font les plus puiſſants de ceux des arts ; approchent le plus de celui des Volcans, & font bien ſupérieurs à ceux des Chymiſtes, 477.

Feuilleti. C'eſt un ſchiſt dont les couches n'ont point d'adhérence : elles s'exfolient à l'air : ſert ordinairement de chapeau aux mines d'ardoiſe : 346.

Feuillette. Meſure conique ſans fond, compoſée de douves contenues avec des cercles de fer, & garnie de deux poignées pour la porter : ſert à livrer aux ouvriers & aux voitures, la mine & le charbon : celle des forges ſur la riviere de Marne eſt le quart de la queue de Bar-ſur-Aube, & doit contenir trois pieds un tiers cubes, 125.

Figures élémentaires des cryſtaux. Tous les corps qui prennent une forme réguliere en paſſant d'un état fluide au ſolide, ne ſe condenſent pas toujours ſous une forme abſolument ſemblable, ayant le même nombre d'angles & de faces. La nature fait ſouvent des écarts dans les formes des plantes & des animaux, & peut auſſi varier dans celles des mineraux, ſans cependant que ſes productions manquent de rapports immédiats. Deux cubes déprimés forment un cube complet : deux priſmes triédres ſont les élémens d'un hexagone : deux triangles le ſont d'un trapeze & d'un rhombe. J'ai démontré ces cryſtaux élémentaires, 477 bis, & planches I, II, III & XIII.

Filles qui boivent du vinaigre pour ſe maigrir, & dans le chloroſis, 499.

Filon de mine. On nomme ainſi une veine métallique plus ou moins volumineuſe, étendue, droite, ſinueuſe, iſolée ou branchue & rameuſe, qui contient dans les entrailles de la terre le minerai des métaux & des minéraux, 389. Situation & deſcription de certains filons, 391.

Filtration. Paſſage lent d'un corps fluide à travers un corps poreux. Des eaux pluviales, 167.

Fibre nerveuſe du fer, 80, 81.

Flamme. Sa définition, 99, 101. Son action, 127. Cauſe de ſa couleur, 142. De fourneau, incommode les chargeurs, 169.

Flaſques d'affut. Sont les deux pieces de bois chantournées qui poſent ſur l'aiſſieu, & ſupporte les tourillons du canon, 474, bis.

Flegme. Terme Chymique pour exprimer une ſubſtance aqueuſe. De vitriol, eſt l'acide vitriolique étendu dans beaucoup d'eau, 494.

Fleurs. Terme Chymique, qui exprime les parties des fubftances des trois regnes, décompofées, volatilifées par le feu fous une forme pulvérulente, ou difpofées en filaments foyeux. De benjoin, 278. De zinc dans la cadmie, 279. A la bouche du gueulard, & à la poitrine du fourneau, 290.

Floff. Nom que l'on donne en Allemagne à la fonte de fer purifiée par la macération, & réduite en grenaille, 460.

Fluors. C'eft ainfi que les Minéralogiftes nomment certaines cryftallifations & incruftations de toutes fortes de couleurs, & d'une dureté bornée, qui fe trouvent dans les grottes, dans les bouches des volcans, & dans les veines métalliques. Origine de quelques-unes, 342. Soudent les molécules des pierres, 366.

Fœtus. premier développement du germe des parties élémentaires des animaux dans la matrice des femelles. De celui de l'homme, 269.

Foie de foufre. Mêlange d'alkali fixe & de foufre fondu enfemble, qui prend une couleur rembrunie de foie d'où lui vient ce nom. Les eaux de bourbonne & leur boue exhale l'odeur de foie de foufre, 360, 364 : ronge le fer & le diffout : employé vainement pour fouder le fer à fa fonte, 432.

Fondage. Durée du travaille d'un fourneau de fonderie. Difcontinué par le mauvais état des parois, 114. Il eft néceffaire de faire de la fonte grife dans le commencement d'un fondage, 127. Les charbons nouveaux nuifent à fa durée, 128. En gueufe, 136. Produit d'un fondage, 146.

Fondants. Subftance qui aide la fufion de la mine & la vitrification des matieres étrangeres. Le quartz & l'argile qui font l'un & l'autre réfractaires, fe fervent mutuellement de fondant. Si une mine en manque il faut lui en fournir, 41. Mêlange proportionnel, 108. Leur dofe, 132.

Fondeur. Ouvrier dont l'état eft de conftruire le creufet d'un fourneau, de diriger la maçonnerie de tout l'intérieur, de conduire le travail, & de jetter en moule la fonte. C'eft le Maître de cet attelier. Il a un Sous-fondeur pour le relever, 137. Les Fondeurs doivent être foigneux, 61. Sont fouvent très ignorants, 91. Congédiés, 93. Leur préjugé, 119.

Fondeurs de cloches. Doivent connoître les proportions & la propriété du métal combiné qu'ils emploient pour varier les fons & former les acccords, 73.

Fondeur

nellement à l'Observateur des découvertes intéressantes pour la Physique, 17. Forges à bras en Champagne, 312. Sont moins, dispendieuses pour les particuliers, & plus avantageuses pour l'Etat, lorsqu'elles sont situées sur les ruisseaux que sur les rivieres navigables, 543, 545. Détruites, 543. De nouvelle érection trop nombreuses, 537. En cuivre, 193.

Fosses à couler des canons, 438, 442.

Fossiles. L'on donne ce nom à tous les corps que l'on retire des entrailles de la terre, & qui n'y ont point pris leur existence ; tels les coquillages, les bois pétrifiés, le fer battu, &c.

Fours. Ce terme au strict signifie un petit espace voûté, propre à recevoir les impressions du feu ; & qui n'a qu'une issue comme le four de Boulanger. On a étendu ce terme aux fours à chaux, de verrerie, à faïance & à porcelaine, même à ceux de reverbere, qui ont tous deux issues principales. A chaux à feu continue sa description. Ses défauts de construction. Son produit ; 375, 376. De fenderie, doivent se construire avec une terre réfractaire, analogue à celle du Verd-Bois, près Saint Dizier, 115. De ferblanterie, construit en grès, 368. De porcelaine, n'ont pas la chaleur des fourneaux de fonderie, de verrerie, 2, 115 ; de réverbère à nasse. C'est une espece dont la voûte est prolongée dans le sens opposé à la bouche, par un canal pour pouvoir introduire des pieces plus longues que le diametre de la voûte principale, 441.

Fourca. Est une grosse piece de charpente marine dont la tige se divise par le haut en deux parties, séparées par un espace proportionné à la force de la piece, 213.

Fourgon. Petit ringard dont se servent les Fondeurs à la poche pour déboucher le trou de laitier de leur fourneau portatif, 344.

Fourneau de fonderie, appellé communément *haut fourneau*. Mauvaise situation pour un fourneau, 95. Précaution à prendre pour éviter les fraîcheurs, 97. Forme avantageuse, 98. Matériaux qui y sont propres, 104. Forme intérieure ronde, quarrée vicieuses, 105. Coupé, sur 8 pans, 106. Est un fourneau à manche qui a rapport à l'athanor, 108. Plus ils sont haut, plus ils sont favorables à la fusion du minerai, 110. La forme elliptique est la plus avantageuse, 107. Il ne doit y en avoir qu'une espece, 109. Est monoculaire, 135. Ressemble aux volcans, 3, 477. Comparé à l'estomac, 61.

Fourneau de macération, 436, 442.

Foyer. Espace dans lequel on entretient du feu en action. Les creusets des forges prennent ce nom. L'intérieur du fourneau de fonderie se divise en trois foyers; le foyer inférieur, le foyer supérieur & le grand foyer, 98.

Frasin, par corruption fasin. Nom générique que l'on donne dans les forges à tout poussier noirâtre. Le frasin, proprement dit, est du charbon réduit en poussier & en parcelles très minces, soit par trituration, soit par l'effet du feu, tel celui qui se retire des fourneaux à charbon qui est chargé de terre & de cendre; celui du magasin qui est souvent mêlé de terre & de petites pierres; enfin celui qui se forme dans les foyers. Le frasin pur se nomme brasque parmi les Minéralogistes : est une matiere nécessaire aux travaux des forges pour couvrir le fond des foyers : contenir le charbon autour des feux : couvrir la lave des fourneaux pour l'entretenir fluide, afin qu'elle coule d'elle-même au pied de la dame, &c.

Frayeux, est une piece de fonte de fer qui sert de point d'appui aux ringards, lorsque les ouvriers sont obligés de les employer, comme lévier, pour détacher quelque corps, soit du fourneau, soit des affineries & chaufferies, 123, 166.

Frette. Lien de fer soudé que l'on fait entrer de force dans le bout des arbres des roues & du stoch, pour empêcher qu'ils ne soient dégradés, soit par le frottement, soit par la compression des coins avec lesquels on assujettit les tourillons des arbres, & le blocage du stoch.

Fritte des forges à fer. Sa définition, 298. Son analyse, 299. Les phénomenes qu'elle présente avec les acides minéraux, 303, 304: ressemble aux frittes de verrerie, des faïanceries & des poteries en porcelaine, 305.

Fumée. Sa définition, 100.

Fumer un fourneau. C'est faire brûler du bois à feu étouffé dans l'intérieur d'un fourneau nouvellement construit pour sécher les mortiers, 124.

Fumeron, ou flameron, est un morceau de bois tiré d'un fourneau à charbon, qui n'a pas été cuit entiérement. Ce bois est privé de toute son humidité superflue, & en partie de l'eau de son essence. Il ne contient plus que quelques parties huileuses : dans cet état le bois est très léger, se brise facilement : il est noir, prend feu aisément. Il est tout voisin de l'état de charbon dont il differe parcequ'il répand encore une fumée d'une odeur très incommode qui affecte la tête, & qu'il flambe. Mêlés avec le charbon ils ne nuisent pas à l'activité du feu des fourneaux de fonderie, 102.

Fusion, est l'état de tout corps solide qui est tellement pénétré par le feu, que ses parties divisées à l'infini deviennent fluides. Donnent de l'aigreur aux métaux, 448, 472.

Futaie (arbre de). Ce sont les arbres réservés dans les coupes de taillis qui ont acquis l'âge de trois révolutions, ce qui fait soixante quinze ans de recrue : s'éclaircissent beaucoup dans les forêts, sur-tout celles de mains mortables, 344. Leur hauteur commune, 387 : de grosseur monstrueuse, 356.

G

GABARIT. Contour des pieces de construction d'un vaisseau, 506.

Galene. Mine de plomb cubique sulfureuse, 405.

Galerie. Chemin souterrein, long & étroit. Des mines. C'est une percée qui suit la direction du filon, 388. De fourneau ; est un espace voûté entre le massif des terres & la tour du fourneau, pour épurer les eaux, & écarter toute l'humidité, 97.

Gangue. On emploie ce mot Allemand pour désigner tous les corps étrangers qui accompagnent une mine dans son filon, comme spath, quartz, roche vitreuse, schist ; c'est la matrice des métaux, 402. Il s'en forme dans nos fourneaux d'artificiel qui est analogue à plusieurs de ces substances, 476 bis.

Garde feu. Plaque posée de champ, près & le long de la dame, pour empêcher la lave du fourneau de se porter dans le magasin de frasin, 122, 166.

Gardes-fourneaux, ou sous Fondeur. Dans les pays où les Fondeurs ne conduisent pas eux-mêmes le travail des fourneaux dont ils construisent les ouvrages, l'on se sert de gardes qui sont des ouvriers en sous-œuvre pour les remplacer : doivent être très soigneux, 133, 137.

Gâteaux de régule. Morceau long & étroit, percé de beaucoup de trous de régule de fer, 461.

Gelée prise pour le froid qui la produit, est l'abstraction de la chaleur répandue dans l'atmosphere, emportée par les vents, ou absorbée par la pluie, laquelle n'eſt point renouvellée par les rayons du ſoleil trop éloigné, ou éclipſé par les nuages : diviſe les minerais, 159 : arrête l'effet des trompes, 219 ; des ſoufflets en cloches, 220.

Gelée. Coagulation muqueuſe. Les fruits ſucculents, farineux : les parties tendineuſes & lymphatiques des animaux ne ſont pas les ſeuls corps qui produiſent de la gelée lorſqu'ils ſont diviſés par un fluide. Pluſieurs ſubſtances minérales produiſent le même effet lorſqu'elles ſont diſſoutes dans un menſtrue approprié, telles celles qui participent du zinc, comme la fritte des forges, 300, 304. La cadmie des forges, 252, 292 : la tuthie, 286 : le pompholix, 289 ; & les zéolithes, 304.

Gelivures. Solution de continuité dans les couches centriques du bois, & altération de ſa propre ſubſtance occaſionnée par les grands froids qui glacent la ſeve dans les arbres, & ſouvent les fait fendre avec exploſion, 322.

Géodes. Pierres de formes variées, plus communément ſphériques, caverneuſes intérieurement, & qui renferment des cryſtalliſations ou un corps ſolide détaché ou un fluide. Les pierres d'aigle ſont du nombre, 22.

Gerſures du fer. Leur définition, 450.

Gilla vitrioli. On entend par ces termes latins le vitriol blanc qui eſt une combinaiſon du zinc avec l'acide vitriolique : produit par la cadmie des forges, 282.

Gîte d'un ſoufflet, eſt la caiſſe inférieure & fixe des grands ſoufflets en bois. Sa deſcription & le développement de ſes parties, 200 & ſuivantes.

Glacis. Surface ou pente garnie de pierres ou de madriers pour un courant d'eau qui eſt délimité par des joyeres ou des coſtieres. Il y en a de différente forme & étendue pour toutes les parties de la méchanique hydraulique des forges. Des bocards, 179.

Glandes laiteuſes du crapaud, 244, 247.

Gloſſopetres. Dents foſſiles de poiſſons, priſes autrefois pour des langues pétrifiées d'où vient leur dénomination, 348.

Goſier pris métaphoriquement pour exprimer la partie du ſoufflet par laquelle le vent paſſe de la caiſſe à la buſe : elle eſt à l'entrée de la têtiere, 201.

Goulette. Petit canal pour paſſer un courant d'eau. Du bocard, 153, 156 ; doubles, 157.

Goupille. Cheville de fer qui sert de point de réunion de charnier, ou pour suspendre une cremaillere, 205.

Grains. Toute substance solide qui est divisée en petites parties, d'une étendue à peu près égale dans ses trois dimensions se nomment grains. Du fer, sont les parties constituantes de sa pâte qui ont plus ou moins d'adhérence entre-elles, & qui paroissent plus ou moins uniformes, & plus ou moins saillantes, suivant le degré de pureté du fer, 80.

Granit. Espece de roche fine, composée de petites parties de pierres très dures, liées intimément les unes avec les autres au moyen d'un ciment quartzeux, ou de la nature du silex, ou par un fluor spathique ; il y en a dans la composition desquels il entre un mica ou substance talqueuse de différentes couleurs, 385, 412.

Grappe (Minéralogie). L'on nomme grappe tous les corps globuleux conglomérés, tels les grains du raisin grouppés sur sa grappe. De cadmie, 287. Des affineries, 288.

Graves de la mer. C'est ainsi que l'on nomme le gros galet ou pierre roulée que les flots de la mer accumulent sur ses bords.

Gravier. Est un diminutif de graves. Ce sont les galets des rivieres, dont la nature est la même que celle des pierres du pays qu'arrosent les rivierres qui les roulent. Calcaire, sert de castine, 131. Le plus menu propre à former le moule de la gueuse, 138.

Grenouille. Amphibie, croassant, ovipare. Lance une liqueur par l'anus qui lui sert à humecter sa peau, 243. Histoire fabuleuse de la grenouille, 246.

Grès. Pierre composée de petits cristaux vitrescibles, unis plus ou moins intimément par un ciment scintillant. Ferrugineux, 117, 349. Rouge, pêtri de coquilles, 348, 366. Rouge talqueux. A meule, 366. Crystallisé en grands rhombes de 4 à 5 pieds, 348. En petits rhombes, de Bourbonne & de Fontaine-bleau, 349, 351. Remplis de l'iris nostras, 377. Employé aux voûtes des fours de réverbere, 368.

Grillage. Opération par laquelle on calcine le minerai en le plaçant dans un fourneau quarré & découvert lit sur lit, avec du bois ou du charbon, pour le dépouiller du soufre qu'il peut contenir, & en faire détacher les grappes qui lui sont adhérentes. Est avantageux, 40. Il est nécessaire pour les minerais sulphureux & quartzeux, 159. Il avance l'opération du lavage, 159. C'est au moyen du grillage que les Suédois fabriquent le bon fer avec des mines très aigres & réfractaires, 435.

Grille. Eſt un eſpace diviſé par des barreaux plus ou moins gros, & plus ou moins éloignés les uns des autres. Mobile de bocard, 151. Façon de la compoſer, 152. Fixe, 152. Remplacée par une planche percée, 160. De crible à l'eau, 161.

Grilles de fer célebres, 509.

Grilles de fourneau. Se font avec cinq à ſix des plus grands ringards que l'on poſe ſur la dame, & que l'on pouſſe à côté les uns des autres à un pouce de diſtance, juſqu'au pied de la ratine dans le creuſet, pendant le temps que l'on échauffe le fourneau par un feu préliminaire avant de charger en mine. Il faut en faire fréquemment pour échauffer le fond de l'ouvrage, 125. Un, avant de tirer la pale, 116; & lorſque l'on tire la pale ſur un bouché, 145.

Grillot. Vice du fer, 453.

Grumillons du fer, 79.

Grotte. C'eſt ainſi que l'on nomme les ſouterrains caverneux formés naturellement dans le maſſif des montagnes. Pluſieurs ſont admirables par les divers phénomenes qu'elles préſentent. L'on y voit des abîmes, des torrents, des vapeurs, des cryſtalliſations, des ſtalactites, des ſtalagmites, &c. qui y attirent les Amateurs des prodiges de la nature. D'Auſel en Franche-Comté, 340, 342, 399.

Grueries. Siéges des Officiers des Eaux & Forêts dans les Domaines Seigneuriaux, 311.

Guercher la mine. C'eſt apporter au dépôt le minerai dans des paniers ou de petits charriots. Ce dépôt eſt ou hors de la gallerie, ou au bord d'un puits dans lequel on le précipite, pour être reçu dans une gallerie inférieure, ou ſous une percée perpendiculaire, par où on l'enleve avec des machines, 391.

Gueulard. C'eſt l'ouverture du foyer ſupérieur d'un fourneau de fonderie qui eſt terminé par la bure. Dimenſions des quarrés, 105. Dimenſions de l'elliptique, 110. On connoît la ſituation du fourneau, par la couleur dont ſe colorent les bords, 142, 290.

Gueule de brochet. Difformité de la bouche, 251, 270

Gueuſat. En général c'eſt une petite gueuſe : voyez ce mot. Pris plus particuliérement, c'eſt la premiere gueuſe du nombre de celles qui ſoutiennent les parements des marâtres des fourneaux. Elle ſupporte la baſe des parois : eſt compriſe dans les mureaux ou le maſſif de l'étalage de la tympe, & appuie le taqueret, 118.

Gueuſe. Priſme triangulaire de fonte de fer de dix-huit à vingt-quatre pieds de longueur, qui est la forme la plus connue de mouler la fonte pour les affineries. Opérations de sa coulée, 137. Observation sur sa forme, 138.

Gurhs ferrugineux. Ce sont des pierres réfractaires qui contiennent un principe ferrugineux, condensé entre leurs autres parties constituantes, 25.

Guise. Est une petite plaque de fonte de fer, de forme variée, sous laquelle on moule la fonte dans les acieries d'Allemagne, pour la convertir en acier, 460.

Gyps. Pierre saturée, d'acide vitriolique, & crystallisée plus ou moins régulièrement en rhombes ; c'est la sélénite qui ne fait point d'effervescence avec les acides, calcinée au feu ne s'échauffe pas dans l'eau, & après avoir été calcinée, pulvérisée, & délayée dans l'eau, elle a la propriété de se durcir promptement. De Bourbonne, 349.

H,

HÆMATITE, ou Hématite. C'est un nom générique que l'on donne communément à toutes les mines de fer rouges, & aux brunes qui rougissent en les écrasant ; elles portent aussi le nom de sanguines, ce qui revient au même. Elles sont ou amorphes, ou mamelonnées, ou crystallisées en rhombes ; mais plus ordinairement en aiguilles ; tel le feret d'Espagne, 25, 407.

Haire. Plaque de fonte de fer, qui fait partie de celles qui composent les creusets du foyer des forges. Elle a ordinairement vingt-huit à trente pouces de longueur, sur dix-huit pouces de hauteur, & trois pouces d'épaisseur. Elle se pose de champ sur sa longueur, & s'appuie contre les extrémités de la verme & du contre-vent, en sorte qu'elle forme le derrière du creuset, & répond à la rustine des fourneaux dont elle prend quelquefois le nom. C'est sur la haire que pose la gueuse inclinée, qui est soumise au feu d'affinerie, 469.

Haleter. C'est respirer avec peine, précipitamment, & à courtes reprises. Il ne faut pas que le vent des soufflets soit haletant ni tremblant, 194.

Hamecelach. Est un laitier en menus grains qui se détache des ringards, avec lesquels on pique la pièce dans l'affinerie, ou que l'on introduit

dans

dans le trou du chio pour lâcher le laitier des chaufferies & des affineries; lorsque l'ouvrier les plonge rouges dans l'eau du bache pour les refroidir. On se sert de cet hamecelach pour ranimer le fer grillotté; pour rendre les chaufferies laitineuses, & pour rafraîchir les pieces un instant avant de les tirer des renardieres. Il est propre à être mêlé avec la brique pilée pour faire un bon ciment, 97; à entrer dans la pâte des briques réfractaires, 116. C'est aussi un excellent fondant lorsqu'il y a de l'embarras dans l'ouvrage d'un fourneau. Quelques Maîtres de forge en mêlent au minerai pour en tirer de la fonte.

Henri IV, comparé à Trajan, 526. Anecdote qui le concerne, 534.

Herbue. Terre argilleuse, de couleur jaune, ordinairement mêlée d'un peu de sable; elle est très propre à la végétation, ce qui lui a fait donner ce nom. On s'en sert comme fondants pour les mines. Propre à faire des briques pour les fausses parois, 116. Pour raccommoder la tuyere du fourneau, 125. Sert de fondant aux matieres hétérogenes des mines & à la castine, 131. Poids & quantité employée, 132. On s'en sert pour souder le fer, comme on emploie la résine & le borax pour les autres métaux, 55.

Hérisson. Roue de renvoi, garnie d'alluchons, qui sont fixés au dehors de l'anneau dans les courbes, dans une direction qui est perpendiculaire au plan. Le hérisson communique son mouvement ou le reçoit par l'engrenage avec les fuseaux d'une lanterne. C'est un moyen d'élever le soufflage, & de diminuer la hauteur de la roue, 97, 442; de donner du mouvement à plusieurs machines, par le moyen d'une seule roue qui reçoit la premiere impulsion, 153.

Hêtre. Arbre très commun en France, dont l'écorce est unie, les feuilles luisantes en-dessus, & velues en-dessous, & d'une couleur tendre, d'un bel aspect, & dont l'ombrage très épais & frais fait languir & périr les jeunes plants d'alentour. Son bois blanc & gommeux produit un très bon charbon; ses souches poussent la seve dans tous les points de leur surface, 318. Monstrueux, 356. Son bois, propre à faire du sciage, s'échauffe, & périt promptement s'il n'est pas soigné, 546.

Hexaédre. Solide qui a six faces. Le cube est un hexaédre. Le crystal de roche est un prisme hexaédre.

Homme (l') mal constitué produit une génération vicieuse, 160.

Houpied. Terme forestier que l'on applique à toutes les branches des arbres de futaie qui ne font pas propres à faire de la charpente ni du fciage, 313.

Horniau. Terme trivial dont fe fervent les Fondeurs pour exprimer les groffes maffes de fonte de fer, de fer macéré, de laitier & de charbon, qui fe durciffent enfemble au fond des fourneaux mal conftruits, ou auxquels il arrive un réfroidiffement par des fraîcheurs qui humectent le fond de l'ouvrage, 4.

Huche de bocard. Cuve hemi-circulaire qui reçoit le minerai au fortir de la grille du bocard, & dans laquelle il eft agité par des barreaux & des cuillers de fer pour en détacher les parties hétérogenes que l'eau délaie, fouleve & entraîne avec elle, par une goulette pratiquée à une hauteur convenable au caractere du minerai. Ses dimenfions, 152. & fuivantes : double, 156. Il ne faut pas les furcharger, 158.

Huche des roues, eft une grande caiffe de pierre ou de bois bien fcellée, fupportée fur une maçonnerie ou fur une charpente folide qui reçoit l'eau du biez par une grande vanne, pour la dépenfe d'une ou de plufieurs roues à cuvier, fur lefquelles elle la diftribue par de petites vannes avec leurs pales fituées fur les côtés, ou par des clapets qui ferment des ouvertures pratiquées fur différents points du fonds, qui répondent aux roues qui font fituées deffous. De Bains, 373. On s'en fert pour les trompes & pour les forges fituées fur des ruiffeaux & fur de petites rivieres qui ont beaucoup de pente & peu de volume.

Huile æthérée du vin. C'eft une fubftance très fluide, inflammable, d'une odeur agréable, d'une grande volatilité, & qui, étant combinée avec l'acide & une portion de flegme, compofe l'efprit-de-vin. Fait efferveſcence avec le vinaigre de Châlons, 488.

Huile d'olive. Huile graffe tirée par expreffion des olives ; eft très propre pour adoucir le frottement des foufflets de bois, 208 : fon effet, 222 : eft préférable pour cet ufage à l'huile de colfa & de lin, 208.

Huile de poiffon. Huile rouffe, épaiffe, gluante, & d'une odeur très fétide, tirée par liquéfaction du lard des poiffons cétacées. Propre pour nourrir & amollir le cuir des foufflets qui en font compofés, 221.

Huile de tartre. Nom impropre que les Chymiftes ont donné à la liqueur qui réfulte du fel alkali-fixe du tartre qui fe réfoud à l'humidité de l'air, 301.

Huile de vitriol. Nom impropre donné auffi par les Chymiftes à l'acide du vitriol très concentré ; forme une espece de pyrite avec la cadmie, 280. Ses différents effets sur la fritte, 500.

Huilerie à eau sur la Mozelle, 392.

Hydrogeneres. Terme propre pour exprimer les substances minérales qui doivent leur forme à la puissance de l'eau, 479, *bis*.

Hydrometrie. C'est l'art de mesurer les liqueurs. Tableau d'hydrometrie, 491.

Hydrostatique, est l'art de peser les liqueurs. Opération d'hydrostatique, 489. Tableau d'hydrostatique, 491.

Hygrometre. Instrument qui sert à mesurer les degrés d'humidité & de sécheresse de l'atmosphere & leur rapport, 302.

I, J.

JAMBES de force. Ce sont des pieces de charpente assemblées sur un angle de quarante-cinq degrés aux potilles, aux contres-potilles des empallements, ou contre des piloris, pieds droits ou autre piece de charpente perpendiculaire, pour les rendre stables & solides. 214.

Jantes. Pieces de charonnage & de charpenterie taillées sur la courbure d'un arc d'un cercle quelconque. Les roues de voiture en sont composées. Du quart de cercle du balancier des cloches, 213.

Jauge. Terme générique pour exprimer une mesure avec laquelle on connoît la capacité d'un vaisseau. Celle du fourneau est un baton de quarante pouces environ de longueur, suspendu à son manche qui a le double de longueur, comme l'est la batte d'un fléau au sien : par le moyen d'une charniere, ou qui lui est assemblé à angle droit. On la nomme aussi *becasse*. C'est avec cette jauge, que l'on connoît qu'il est temps de charger le fourneau lorsqu'elle y descend de sa hauteur par le gueulard, 132.

Jets. C'est le métal superflu d'une piece coulée qui a rempli le canal par lequel on a introduit la fonte dans le moule, 430.

Intermede. Substance qui sert à unir deux corps qui n'ont point d'affinité entre eux, 102.

Intumescence des laitiers. Lorsqu'un corps visqueux qui contient des principes chargés d'air fixe ou d'humidité, est soumis à l'action du feu, il souffre une expansion qui est en raison de la raréfaction de l'air &

de l'eau qu'il contient. Lorſque les charges culebutent, & qu'il tombe de la mine crue dans le bain, cette mine, qui contient de l'air dont elle n'a point été dépouillée dans le grand foyer, ſouffre alors une demi-fuſion qui en dégage l'air, lequel ſouleve les laitiers qui ſe portent à la tuyere & l'obſtruent, 201.

Joinville. Ville & principauté en Champagne : ſon pavé de marbre brut : ſon Château & ſes mauſolées en albâtre : époque de ſon établiſſement, 537. De l'érection de la principauté, 532. Ses dépôts de bois de ſciage, 517 : de fer, 519 : les écluſes, 533.

Joyeres, ſont les deux murs qui terminent le biez d'une uſine du côté de l'empallement, & contre leſquels il eſt appuyé : on en fait en bois, compoſées de files de pieux aſſemblés à un chapeau garni en devant avec des fourrures & des palplanches. De bocard, 151.

Iris ou glayeul. Plante liliacée qui croît dans les marais. Trouvée pétrifiée dans du grès, 377.

Is. Village du Baſſigny. Le phyſique de ſes environs reſſemble à celui de Carignan, 345. Apparence d'une ardoiſiere, 347.

Jumelles. Pieces de charpente qui s'élevent perpendiculairement dans leur aſſemblage, & qui ſont ſéparées par un intervalle plus ou moins étendu entre deux lignes paralleles. Du bocard, 151, 179.

Jurer. On emploie ce mot pour exprimer le bruit que le minerai bien lavé fait ſur la pelle du Bocqueur, lorſqu'il l'enleve du baſſin pour le lancer au dépôt, 163.

L

LACHE-FER, eſt un ringard de cinq pieds de longueur, pointu par le bout avec lequel le Fondeur perce le bouchage du fourneau pour faire couler la fonte dans le moule, 68.

Laine philoſophique. Nom alchymique donné aux fumées cotoneuſes du zinc, 289.

Lait de chaux. Eau qui tient des molécules de chaux ſuſpendues par leur ténuité & le mouvement, ce qui lui donne une couleur blanche. Employée pour mouiller le feu d'affinerie, 451, 460.

Laitier. Terme générique par lequel on exprime dans les forges tous les récréments qui ſortent de différents foyers. Diſtinctions des diverſes eſpeces, 196 : tranchants, 42 : pyriteux, 296 : paſſent par le

M

Manigaux. Terme ufité dans quelques forges, pour défigner les bafcules des foufflets, 205. Voyez Bafcule.

Manfarde. Coupe de toîture brifée, inventée par l'Architecte Man-
fard. Forme des étalages de certains fourneaux, 120.

Maquignons. Brocanteurs de chevaux, dont le principal but eft de fe
défaire avantageufement d'un mauvais cheval; ils y parviennent en
mafquant leurs défauts, par des difcours frauduleux, & par beaucoup de faux ferments, qui font dans leur bouche des lieux communs, 262.

Maquette ou Marquette. C'eft une barre de fer qui n'eft achevée que
par un de fes bouts, l'autre n'étant encore qu'une maffe écrue, qui
eft reportée à la chaufferie pour y recevoir le degré de chaleur néceffaire pour en fouder les parties, & enfuite être étirée fous le
matteau. La maquette eft la quatrieme forme que reçoit le fer :
elle fe fait avec l'encrenée dont on étire le petit bout. On eft dans
l'ufage de tremper dans le bache la partie forgée de la maquette,
afin de pouvoir la manier dans le feu. Cette opération endurcit feulement la pâte, mais n'en altere pas effentiellement la qualité, parcequ'un fecond feu lui enleve l'aigre que la trempe lui a donné, en
remettant le fer dans fa difpofition naturelle, 464.

Marâtre. C'eft ainfi que l'on nomme la partie antérieure & renfoncée
des fourneaux de fonderie du côté des tympes & de la tuyere. Les
Métallurgiftes la nomment la poitrine du fourneau. Compofée avec
des gueufes, 16, : en encorbellement, 437 : il s'y attache du zinc
en forme de fuie grife qui eft un pompholix, 287, 290.

Marbre de la vallée de la Marne, 336,

Marly. Sa machine produit peu d'effet, 545.

Marne. Riviere la plus confidérable de la Champagne, 516. Fait mouvoir beaucoup de forges, 517 : preuve qu'elle étoit anciennement
navigable au-deffus de S. Dizier, 529. Projet ancien de la rendre
navigable, qui n'a pas eu de fuccès, 522, 525. Projet neuf, 505 &
fuivantes. Pente de fes eaux, 543.

Marteau de forges, ou gros marteaux d'ordon, principal opérateur
des forges. C'eft une maffe de fer ou de fonte de fer, taillée affez dans
les proportions de la tête d'un cheval. On y diftingue principalement
la tête, qui eft la partie fupérieure qui eft quarrée ; les manfelles
qui font des bandes plattes qui forment les côtés de l'œil ; le bloc
qui en eft la principale maffe ; l'aire, qui eft la partie étroite &
plane qui frappe fur le fer, & qui eft de même dimenfion que celle

de l'enclume; enfin l'œil qui eſt une ouverture de ſix pouces de largeur ſur quinze à dix-huit de longueur, pour recevoir le manche. Toutes ces parties ſe ſubdiviſent en pluſieurs autres dont je donnerai le développement dans la *Phyſique des forges*. Les marteaux d'ordon ſont mus par la force de l'eau : ſervent non-ſeulement à forger le fer, mais encore à le purifier en exprimant le laitier en fuſion qui eſt épars dans la maſſe de la loupe, & les bouts d'encrenée. Aciéré, taillé circulairement, 368. On dit une forge à pluſieurs *marteaux battants*, 373.

Marteau de maîtriſes, eſt une marque caractériſtique propre à chaque maîtriſe, gravée en relief ſur l'aire de la tête d'un marteau, dont les Officiers des maîtriſes ſe ſervent pour marquer les arbres en délivrance, ou en réſerve, dans les coupes de bois, 311.

Marteleur. Principal ouvrier d'une forge. Il eſt chargé ſpécialement de monter les feux, d'entretenir les harnois des ſoufflets, l'ordon du marteau & les outils de ſon feu. En outre, il eſt obligé de travailler à la chaufferie comme ſes compagnons, & de forger à ſon tour les fers, ou qui s'affinent dans ſon feu, ſi c'eſt une renardiere, ou ceux que les affineries lui préparent, 368

Martinet, eſt un marteau d'ordon d'un poids beaucoup inférieur aux gros marteaux. Il y en a du poids depuis cent cinquante, juſqu'à quatre cents. Ils ſont employés à forger des fers ſous de petits échantillons, comme carrillon, bandelette, verge crenelée, fer rond, verge repaſſée, fers de fileries, &c. 367.

Martinet à bras. Quelques ouvriers ont des martinets du poids de quatre-vingts à cent livres, qu'ils font mouvoir dans leur attelier par le moyen d'une baſcule & d'une roue mue à bras au moyen d'une manivelle. Pour planer l'étain deſtiné à faire des tuyaux d'orgues, & pour les Taillandiers, 191.

Maſſelotte. Terme de fonderie de canon. Son uſage & ſa forme, 430.

Matte. C'eſt ainſi qu'en métallurgie on appelle les premieres fontes impures d'un minerai. De fer, 59 : eſt pyriteuſe, 60 : ſa définition, 62, 428 : contient des matieres étrangeres, 288 : du zinc, 295. Son déchet dans l'affinage, 288.

Médaillons de Louis XV coulés avec du laiton fait avec la cadmie des forges, 286.

Medium. Sa définition, 13.

Mélange des minerais. Avantageux, 41, 45.

Membrures. Pieces de bois de ſciage de ſix à vingt-quatre pieds de longueur, ſur trois pouces d'épaiſſeur, & ſix pouces de largeur, 200, 514.

Menſtrue. Terme alchymique qui déſigne tout corps qui a aſſez de priſe ſur un autre pour en déſunir les parties, & extraire celles avec leſquelles il a le plus d'affinité, ou pour réduire la totalité ſous une forme fluide, dans laquelle il eſt lui-même confondu, 484.

Mentonnet de bocard, eſt une petite piece de bois de cinq à ſix pouces d'équarriſſage qui ſe termine par une éguille, au moyen de laquelle il s'aſſemble au montant du bocard. C'eſt le mentonnet qui recevant la preſſion de la came, ſouleve le montant qui retombe par ſon propre poids lors de l'échappement de la came, 151, 180.

Mentonnet de ſoufflet, 203, 210.

Mercure. Demi-métal, blanc, fluide en raiſon de ſa grande peſanteur, volatil, qui mouille preſque tous les métaux, & en forme des amalgames. Le fer eſt celui avec lequel il a moins d'affinité. Expérience avec ſa diſſolution dans l'acide nitreux ſur le vinaigre vitriolifé, 495.

Merrain. Bois de fenderie qui ſe fabrique dans les forêts. Ce ſont des ais de diverſes longueurs, largeurs & épaiſſeurs, ſuivant les uſages auxquels le merrain eſt deſtiné. On en fait pour la marine. Le grand bois prend le nom de douelle, & le petit celui de fonçaille. Il eſt épais d'un pouce. Celui deſtiné pour faire des tonneaux à vin eſt plus court & plus mince. Il faut qu'il ſoit net d'aubier & de défaut. On en fait pour des tonneaux à brelle, c'eſt-à-dire pour ſervir à porter ſur l'eau les trains & flottes, de ſciage & de charpente. Tout bois qui fend eſt propre pour ce merrain; il ſuffit que le tonneau ne faſſe point de voie d'eau en route. Enfin la quatrieme eſpece eſt deſtiné pour tingler les batteaux. Il eſt plus grand que le merrain à tonneaux & n'eſt point fourni d'enfonçures ni de chanteaux comme les précédents, 307.

Métamorphoſes du fer. C'eſt-à-dire les diverſes formes que le fer affecte dans ſes différents états, 56 & ſuivantes.

Mica ferrugineux. Petite lame talqueuſe, mince & noire, qui ſe trouve ſouvent dans certains granits & dans les mines de fer, 75.

Mines. Par ce terme trop généralement appliqué à divers objets, on doit entendre particuliérement le dépôt minéral & métallique contenu dans un eſpace plus ou moins étendu dans le ſein de la terre. La miniere contient la mine : la gallerie conduit à la mine : le minerai eſt contenu dans la mine. Les mines combinées prennent la dénomination du métal le plus abondant, 274.

Mife-hors. C'eft finir le travail d'un fourneau, foit par défaut d'eau, de matériaux, par caufe de gelées, d'embarras dans le fourneau, ou que l'on a fuffifamment de fonte pour l'entretien de la forge. Quand un fourneau languit & donne un mauvais produit ; il faut le mettre hors, 144. Précaution à apporter pour mettre hors de feu, 275.

Modérateur. Trou rond fermé d'une cheville de bois, qui fe pratique à l'enfonçure des foufflets en bois, près de la têtiere. On s'en fert en le débouchant pour diminuer la force du vent, 207.

Molette. Epi qui eft fur le front des chevaux, 270.

Montants de bocard. Piece de bois de hêtre, de charme ou autre bois, de cinq à fix pouces d'équarriffage, & de cinq à fix pieds de hauteur. Ils font garnis de mentonnets, d'un équarriffage un peu plus foible, qui, faifant réfiftance à la preffion des cames, fouleve les montants qui retombent par leur propre poids, & brifent le minerai par leur bout inférieur qui eft garni d'un pilon de fonte de fer, ou d'une plaque de fer battu, 150 & fuivantes; 180.

Monftres. Tout ce que la Nature produit d'irrégulier dans fes formes. Leurs caufes, 259.

Monftruofités qui fe perpétuent dans les familles, 271.

Mouche bleue qui dépofe fes œufs dans les narrines du crapaud, 236, 249. C'eft la même qui les dépofe fur la viande corrompue, dans les plaies négligées, & fur la fleur dite fleur de crapaud, 236.

Moule. Terme de fonderie. Creux taillé avec art dans une matiere folide, foit par le cifeau, foit par impaftation avec de la terre, du plâtre ou autre matiere analogue, foit dans un fable humecté légérement, lequel eft deftiné à recevoir un métal en fufion qui doit rendre, après fon refroidiffement, les formes & figures du modele que l'on s'eft propofé d'imiter. De la gueufe : fa forme, 137. Précautions avec lefquelles il doit être fait. Matieres propres à le compofer, 138 : d'un canon, 440.

Moules. Coquillages bivalves dont l'intérieur eft perlé, & le dehors rembruni ou bleuâtre : fe trouve minéralifé ou confondu dans les mines de fer, 33.

Moulin à rader, 540.

Mucide. C'eft ainfi que l'on nomme le fuc de toutes les parties des plantes, qui a un goût fucré, mielleux & doucereux. Il eft feul fufceptible de la fermentation vineufe & acéteufe, 484.

Mufles des foufflets. C'eft l'orifice des trous des bufes des foufflets qui portent le vent dans la tuyere, 105. Calcul de la bafe de leur ouverture & du vent qu'ils portent, 226.

Mureau. Eft un petit mur qui contient la tuyere des foyers des forges : il eft compris dans un petit efpace délimité de tous côtés par de fortes plaques de fonte de fer : il fe démolit & fe reconftruit chaque fois que l'on eft obligé de replacer la tuyere. Ce font les goujards qui font chargés de le conftruire avec des pierres à feu, ou des briques, ou des morceaux de plaques de fonte de fer, 288. Ce font auffi de petits pans de murs que l'on conftruit fur le devant de l'ouvrage d'un fourneau fous le gueufat, de part & d'autre de la tympe & du taqueret. Je les ai fupprimés, 120.

Mufeau de tuyere. C'eft le bout de la tuyere qui s'avance dans le feu hors de la verme ; fouvent il fe brûle lorfque la tuyere renarde : elle eft alors ardente : fi l'ouvrier la touche avec un ringard par maladreffe, elle fe mouche & tombe dans le foyer, 452. C'eft auffi une maffe de fer qui fe forme infenfiblement autour de l'orifice intérieur de la tuyere des fourneaux dans l'ouvrage. Ce mufeau eft un accident qui a lieu lorfque la tuyere eft difficile à gouverner, & qu'il y faut travailler fouvent avec le crochet qui eft de fer. Le frottement détache des parcelles de fer du crochet, qui détermine la fonte fur laquelle ce fer tombe à fe tourner en fer de nature. Souvent il y en a de monftrueux, 108.

Mufette. Inftrument champêtre à vent & à anche, dont les flageolets reçoivent le vent d'une veffie, qui eft un magafin d'air entretenu par un foufflet, ou par la bouche de celui qui en joue. A donné l'idée du magafin d'air pour les fourneaux, 225.

N.

NASSE de four. C'eft un petit berceau de voûte, en forme de naffe à pêcher, que l'on pratique dans le fond d'un four de fenderie, en face de l'entrée, pour pouvoir y introduire des barres plus grandes que le diametre de la voûte principale, lorfque l'on veut faire du grand applati, 441.

Nautile. Coquillage univalve, oblong, en forme de gondole. Foffile dans du marbre, 336 ; dans des pierres de fable, & argilleufes, 348.

Navigation. Art de voyager sur les eaux, & de transporter à peu de frais les objets de commerce à des distances infinies, sans autre puissance que la pente des eaux, la force du vent & le secours des rames. De la Marne, 505 & suivantes. Anciennement en batelet, 519, 523. Son économie, 521. Avantages qui en résulteront, 545. Rétablie sur l'Aube à Arcis, 522. Traité fait entre Jean de Joinville & Jean de Dampiere pour la navigation de la Marne, 534. Doit s'accommoder à la puissance des rivieres, 526, 529. Ouvrages faits par différents peuples pour rendre la navigation florissante, 524. Précaution à prendre sur le Nil, 525. Sur le Mississipi, 524.

Noyau. En terme de Métallurgie & de Fonderie, c'est la partie du moule qui doit être enveloppé du métal qui doit composer l'épaisseur & le vif d'une piece que l'on coule. Du canon, 467.

Noyer. Arbre à chatons, d'un beau port, des pays tempérés : il est d'une très grande utilité : son fruit est agréable dans presque tous les points de sa maturité : ses feuilles, son brou, son écorce, son bois & ses racines sont employés dans les arts. Les climats favorables à la vigne lui sont propres. Tardif, 357.

O.

Obélisque. Solide, d'une figure pyramidale, mais plus affilée que la pyramide. Bascules taillées en obélisque, 205, 206.

Ochres. Terres métalliques, plus ou moins pures, qui sont brunes ou jaunes, & qui augmentent & changent de couleur dans le feu. Le fer décomposé par érosion, mêlé aux terres maigres mêlées d'argile, forme un ochre, 77.

Octaédre. Solide qui a huit faces.

Octangulaire. Solide qui a huit angles, tel un cube.

Œil, organe sublime dans sa composition & dans ses opérations. Il reçoit de la lumiere, qui fut créée pour lui, l'image des objets qu'il transmet à l'ame, dont il est le fidele miroir, & l'interprète de ses passions. Ressemblance de l'œil du crapaud avec la pierre bufonite, 240. La tuyere par métaphore est l'œil d'un fourneau, 135.

Oolithes. Concrétions pierreuses ou métalliques, orbiculaires ou oblongues, creuses intérieurement, formées de couches concentriques, que l'on croit être des œufs de poisson pétrifiés. Sentiment qui me paroît peu vraisemblable. Je pense que c'est un suc spathi-

que ou métallique, formé par tranſſudation, en petites gouttes orbiculaires qui en ſe deſſéchant, ont pris une forme concrete. Ce
ſentiment eſt fondé ſur ce que j'ai obſervé ſur la rouille du fer,
qui forme des gouttes ferrugineuſes de la même forme que les
oolithes, qui ſe durciſſent à la longue. Tout le ſyſtème des
pierres de taille calcaires & des mines de Champagne, eſt compoſé
d'oolithes ſur plus de quarante lieues d'étendue au nord, au
levant & au midi de cette Province, 24, 34, 339.

Œufs de poule d'eau, couvés par une chatte, 255.

Or. Le plus beau, le plus parfait, le plus peſant & le moins commun
des métaux. Les nations lui ont donné une valeur de convention
dans les rapports de la ſociété. Le philoſophe en apprécie les propriétés; le voluptueux en adore la puiſſance idéale & précaire;
l'avare le replonge dans le ſein de la terre, crainte qu'il ne lui
échappe; & le tyran lui ſacrifie le ſang de ſes ſujets. Il n'a pas le
mérite du fer, qui eſt employé pour tous nos beſoins & comme mé-
dicament. L'or ne peut pas même guérir de la ſoif des richeſſes. Ses
mines ſont mêlangées de mines de fer, 58. Les mines de fer contiennent de l'or, 275.

Ordon de marteau. C'eſt la machine complette qui fait mouvoir le
marteau, qui eſt compoſée du marteau, de ſon manche & de ſa
huraſſe; de l'enclume & de ſon ſtoch; du mortier, des jambes, des
boëtes, du pas d'écreviſſe, des clefs tirantes & montantes, du
tambourin, de la poupée ou court-carreau & du culard; du drôme,
de ſes attaches, de la taupe, des bras-boutants & du grand ſeuil;
de l'arbre du marteau, ſa roue, plume-ſeuil, empoeſes & arbriere;
enfin, de l'empallement du courcier & leurs dépendances. Les
ordons varient dans différentes provinces, pour la forme des pieces
qui les compoſent. Il y a en général deux eſpeces principales d'ordon. L'un à drôme, 403, l'autre à baſcule, 466.

Ordonnance des Eaux & Forêts; ce qu'elle preſcrit pour la police de
la navigation, 540 & ſuivantes.

Oreillers des ſoufflets. Leur forme & leur uſage, 203.

Orvert. Serpent d'Europe. Sa deſcription. N'eſt pas venimeux, 419.

Ourang-outang. Grande eſpece de ſinge, qui approche le plus de
l'homme, par l'habitude de ſon corps, par ſa ſociété & par la façon
de ſatisfaire à ſes beſoins, 186.

Ouvrage. On entend par ce mot, dans les forges, l'enſemble de toutes
les parties du creuſet des foyers. Du fourneau, 4. Façon de le
conſtruire en ſable, 117 & ſuivantes. En pierre, 124.

P.

P.

PAGES de la tympe. Ce font deux poids de cinquante, qui appuient les bouts de la tympe du côté extérieur de l'ouvrage, & qui fervent auffi de points d'appui aux ringards, pour détacher des maffes de laitier durci, qui bouchent quelquefois l'entrée du creufet, 119, 165.

Pailles. Défaut du fer. Définition, 450.

Pale. Eft une efpece de grande pelle, qui fert à boucher les vannes des ufines hydrauliques. On leve les pales pour vuider les biez, ou pour donner de l'eau aux roues qui correfpondent aux vannes que les pales bouchent : il y en a de toutes grandeurs. On leve les plus petites à la main, les moyennes avec des bafcules, les grandes avec de grands leviers ou des fourches de charpente, au moyen d'un boulon qui traverfe la queue de la pale, percée à diftances égales pour le recevoir. On dit, tirer la pale au fourneau, lorfque l'on met en mouvement la roue des foufflets pour la premiere fois d'un fondage, 127. Façon de placer les queues des pales contre le chapeau de l'empalement, ou dans une lumiere percée dans fon épaiffeur, 175. Petite pale du lavoir, 153.

Papier. Eprouvé pour remplacer la bafane pour fceller les foufflets, 208.

Parage du fer eft la derniere opération du forgeage. Lorfqu'une barre de fer eft dreffée, l'ouvrier la paffe dans tous fes fens fur l'enclume, pour en effacer, par la preffion du marteau, les crans & les inégalités. Le goujard fait couler, d'un petit cheneau, contre le marteau, de l'eau, pour qu'elle vienne mouiller la barre de fer encore rouge. Cette eau fait détacher le laitier qu'a fué la barre, avive le fer, & lui donne un œil ardoifé, 451.

Paralyfie des arbres, 322.

Parc à mine. Eft l'emplacement où l'on dépofe le minerai brut en arrivant de la miniere. Le parc eft placé contre les lavoirs & les bocards. On en fait auffi près du fourneau, pour enmagafiner le minerai lavé. On mêle les mines de différents caracteres dans le parc, 164.

Parfondre. On entend par ce terme la fufion d'une couverte métallique fur un bifcuit de porcelaine, ou des couleurs fur l'émail, fur le verre & fur la porcelaine. Cette fufion doit s'opérer de façon que la matiere de la couverte faffe corps avec la pâte, s'y incorpore fans faire une croûte fimplement adhérente, comme eft l'émail de la faïance, 194.

Paris , ville capitale de la France. Célébrité de ses arts & de ses manufactures. Son luxe & son aggrandissement utiles aux Provinces, 508.
A épuisé les forêts à portées des ports navigables. Matériaux de ses
anciens bâtiments, 509.

Parois. Sont des murs de peu d'épaisseur. Du fourneau. Leur dimension
pour les fourneaux quarrés , 105. Pour les elliptiques. Façon de les
construire , 114 & suivantes. En pierres sont onéreuses , 114. Il faut
les construire en briques réfractaires , 115.

Parois (fausses ou contre-parois) sont des murs de pierres réfractaires,
ou de briques, qui s'élevent entre les parois & les contre-forts
du fourneau, 111 , 169, 175.

Parquer les mines. C'est amonceler & conserver une provision de
minerai brut, pour que la pluie, la gelée & le soleil agissants différemment & alternativement sur ses masses, le préparent à mieux
se nettoyer au bocard , 163.

Pas d'écrevisse. Grosse piece de charpente, courte & méplatte, de l'ordon
du marteau. Un de ses bouts est terminé par une fourche , dont
chaque branche a onze à douze pouces d'équarrissage. Elle est assemblée de couche au niveau du sol , sur le milieu du mortier , & sur
le grand seuil, du côté de ses fourches. Elle sert de base à la poupée
ou court carreau, qui lui est assemblée par un fort tenon. Elle
embrasse la grande attache à sa base. On donne ce nom aux différentes pieces de cette forme. Du balancier des cloches, 213 , 214.

Patron. Table ovale, composée de planches minces, percées d'un trou
de meche de vilbrequin au centre, & divisée au pourtour par huit
coches pour passer les cordeaux. Il sert à diriger la maçonnerie des
foyers des fourneaux ronds & elliptiques, 113 & suivantes.

Patouiller. C'est agiter le minerai dans l'eau, pour en séparer, par
la décantation, les parties terreuses plus légeres. Cette opération
se fait dans les huches du patouillet. Voyez ce mot, 150.

Patouillet. Seconde partie du bocard composé. Il est formé d'une
ou plusieurs huches, dans lesquelles le minerai se précipite en sortant de la grille du bocard, & y est agité par des barreaux ou des
cuillers, ou l'un & l'autre ensemble, qui sont enarbrés dans un
cylindre mu par l'eau. Il y a des patouillets pour des mêmes mines,
qui sont sans bocard. Description, 150 & suivantes. Voyez planches
VIII & IX.

Pavillon. Coupe réguliere d'un comble, avec quatre arêtiers. Comparaison avec les étalages d'un fourneau, 120.

Peau de crapaud desséchée. Phénomene qu'elle présente, 245.

Pédale, eft la piece mobile d'un inftrument ou d'une machine quelconque, que l'on met en mouvement en la comprimant avec le pied. D'un foufflet, 195.

Peinture à frefque. Couleurs en détrempe, qui s'appliquent fur des murs fraîchement enduits. Economife le bois, 510.

Pelle. Inftrument manuel très multiplié dans les forges fous diverfes formes, fuivant l'ufage auquel on les applique. A mouler, eft une pelle de fer ronde, ayant une légere courbure à la jonction de la tige de la douelle avec le palteau. Elle eft garnie d'un manche de bois, & fert à parer le moule de la gueufe, 137. De bocqueur. C'eft une pelle de bois, enmanchée obliquement, avec laquelle le bocqueur manœuvre le minerai. Voyez planche VIII.

Pelote des chevaux. Tache blanche, naturelle ou artificielle, fur le front des chevaux. Signe eftimé par les écuyers, & factice par les maquignons, 263. La peau eft plus adhérente à l'os dans cet endroit que dans les autres parties, 269.

Pentaèdre. Solide qui a cinq faces.

Pertuis. Grandes vannes conftruites fur les rivieres navigables, pour paffer les bateaux & les flottes. C'eft toujours un paffage fâcheux. De Vitry-le-brûlé, 529. De Marnaval, 534. De Bayard, de Ragecourt, 536. De Vitry-le-François. Son droit, 542.

Pétrification. C'eft ainfi que l'on nomme tous les corps foffiles du regne animal ou végétal, qui ont été enfevelis dans le fein de la terre très long temps, & qui par des circonftances particulieres, ont été convertis en pierres, fans que leur organifation foit entiérement altérée, 336.

Peuplier. Arbre réfineux qui croît dans les lieux humides, dont le bois eft blanc & doux, ce qui le rend propre à la conftruction des foufflets de forges, 223.

Phlogiftique. Ame, principe vivifiant de la matiere, qui ne l'abandonne que lorfque fon organifation fe détruit à l'air libre. Il eft fufceptible de tranfmigration d'un corps dans un autre par des loix d'affinité & d'attraction, pourvu que ces deux corps fe touchent immédiatement: c'eft un être que l'on ne peut ni voir, ni fentir, ni faifir. Nous ne le connoiffons que par fes effets, c'eft lui qui donne de la liaifon aux molécules de la matiere, qui eft le principe de la fufibilité, de la ductilité & de la malléabilité des métaux. Il eft le même dans tous les êtres: celui qui foutient l'organifation des plantes qui font partie conftitutive des animaux, peut rani-

mer les cendres, la chaux d'un métal, lui rendre l'éclat & les autres propriétés métalliques , enfin l'existence. C'est donc un être
simple , invisible , volatil & uniforme dans la nature ; qui entre
comme principe constitutif & absolument nécessaire dans la composition des corps vivants & fusibles. Quelques philosophes regar-
dent l'expression de phlogistique comme un mot vuide de sens, &
son existence comme un être de raison, ils y substituent une combinaison de l'air & du feu. L'air & le feu combinés operent-ils les effets
du phlogistique ? Non. Il y a apparence , 1°. que le phlogistique a
pour principe générateur le soleil , qu'il a une très grande analogie
avec celui de la lumiere, beaucoup de rapport avec la matiere électrique qui sont des modifications du principe de la chaleur. 2°. Si le
phlogistique étoit seulement une combinaison de l'air & du feu , il
seroit susceptible de passer à travers les creusets, d'y faire fulgurer le
salpêtre que l'on y tient en fusion, il y revivifieroit les chaux métalliques , il ne seroit pas besoin de flux noir réductif pour y fondre les
essais des mines ; mais le contraire arrive. Les chaux métalliques
seules, poussées au feu le plus violent & le plus continu dans des creusets, y restent dans l'état de chaux ; le nitre s'y tient tranquillement
en bain ; les minerais s'y calcinent, quoique l'air & le feu combinés,
passent à travers les pores des creusets ; mais si on mêle à ces substances, une matiere charbonneuse , qui est celle qui contient le plus de
phlogistique concentré , & pour ainsi dire à nud , l'on voit le nitre se
décomposer avec une violente fulguration , les chaux métalliques
se revivifier & les minerais entrer en fusion. Le phlogistique
est donc un être distinct dans la nature , qui est la base du systême de la métempsycose de la matiere. Le fer ne perd son phlogistique qu'à l'air libre , 47. Le minerai ne reçoit du charbon
le phlogistique nécessaire à sa fusion , que quand il le touche immédiatement, 99. On rend au fer le phlogistique qu'il a perdu. Introduction , xxix.

Piaffer. C'est le mouvement d'un cheval fier & impatient qui s'agite
& frappe la terre alternativement avec ses pieds, 267.

Piece , est la masse pâteuse de fer brut qui se forme dans le foyer
d'une affinerie par le travail du ringard , & qui prend le nom de
loupe lorsqu'elle est achevée ; façon de la faire , 461.

Piece recinglée. C'est une loupe qui a été à demi-cinglée par une
premiere opération , & que l'on reporte au feu pour en amollir
toutes les parties extérieures qui se sont durcies , & que l'on soumet
de nouveau sous les coups de marteau pour en souder exactement
l'intérieur & les surfaces, 462.

Piece. (Artillerie). C'eſt le nom que l'on donne aux canons. Une
piece de douze livres de bale , 466. de rempart , font des canons de
plus gros calibre que celles de campagne , 476 , *bis.* de fer à ruban ,
idem.

Pierre. Nom générique que l'on donne à des ſubſtances opaques ou
tranſparentes , d'une peſanteur , d'une conſiſtance , d'une dureté &
d'une couleur variée. Elles ſont compoſées de parties terreuſes &
ſouvent métalliques qui ſont endurcies & liées les unes aux autres ,
de façon à ne pouvoir plus ſe délayer dans l'eau. Le feu a donné
à quelques uns la forme & la conſiſtance ; l'eau a été le véhicule
des parties conſtitutives des autres. Il paroît que les principes élémentaires des pierres en général tirent leur origine éloignée des
parties cadavéreuſes des plantes & des animaux , même des métaux
qui les colorent. Ce ſont des corps qui ſe forment tous les jours ,
& qui n'exiſtoient pas lors de l'origine du globe terreſtre.

Pierres apyres ou à feu. Ce ſont celles qui réſiſtent le plus à l'action
du feu ſans ſe fondre , ni faire de chaux , ſont propres à la conſtruction du creuſet des fourneaux , 117 , 123.

Pierres à détacher. C'eſt un ſmectris durci. De Bourbonne , 350.

Pierres argileuſes , elles ont l'argille pour baſe , 350.

Pierres calcaires. Celles qui ſe réduiſent en chaux par la calcination.
On les connoît par l'efferveſcence qu'elles font avec les acides , &
ont pour baſe les détriments des coquilles. Sont employées mal-à-
propos pour conſtruire les parois intérieures des fourneaux , 114 :
& les contre-parois , 116 : propres pour la coulée , 123 : ſervent de
caſtine , 131 : donnent de la qualité au fer , 338 : c'eſt un défaut
dans la tuile , 347 : cryſtalliſées en rhombe , 350.

Pierres d'aigle. Mine de fer , 23. *Voyez* Etites.

Pierre de meuliere. Pierre trouée compoſée de quartz en maſſe cryſtalliſée & mammelonée ; ſa grande dureté la fait employer à moudre les grains , d'où lui vient le nom. Propre à la conſtruction des
fourneaux , 98. Sa qualité connue par l'odorat. Introduction , x.

Pierres de taille. Sont des maſſes en gros blocs qui ſe trouvent en couches épaiſſes ſituées horiſontalement dans le ſein de la terre. Elles
ſe ſcient , ſe taillent & ſoutiennent le fardeau , elles ſont ordinairement de la claſſe des calcaires , 98.

Pierre ollaire. Eſpece dont les ſurfaces ſont gliſſantes & graſſes au
toucher , elle eſt de couleur variée , ne fait point d'efferveſcence
avec les acides comme les argiles , elle prend de la dureté au feu ,

souffre le tour & le poli pour en faire des vases, d'où lui vient le nom. Introduction, x.

Pierre ponce. Pierre friable, blanche, poreuse & flottante, qui est dans un état vitreux, formée dans le sein des volcans, 2 : a beaucoup de rapport à la lave des fourneaux que je nomme fritte des forges, 297, 305.

Pierres précieuses. Cryftaux naturels, fort pesants, de forme plus ou moins régulieres, transparentes, colorées différemment, d'une grande dureté, faisant feu avec le briquet, & presque toutes infusibles, elles se forment dans le sein de la terre par le suintement des fluors qui contiennent les éléments de leur composition ; peut être aussi par les opérations du feu, 478 *bis* ; participent d'un principe métallique, 69.

Pierre schifteufe. Quelques-uns disent chiteufes, sont formées par des couches additionnelles qui se séparent à l'aide d'un outil tranchant, comme l'ardoise, quelquefois à la seule exposition de l'air, 345; Ne sont pas propres à la construction des fourneaux, 98.

Pierres féléniteufes. Sont toutes les especes de gyps qui sont composées d'une terre calcaire faturée d'acide vitriolique, 349.

Pierre tessulaire. L'on donne cette épithete aux pierres qui sont composées de feuilles minces appliquées intimement les unes sur les autres, 345.

Pierrier (Artillerie) de St. Dizier. Sa description, 456 & suiv.

Piliers. Masse de pierre élevée sous une forme ronde ou quarrée, ordinairement isolée à sa base & qui sert à supporter la partie d'un édifice. Les piliers des fourneaux ne sont point de ce genre; ils font partie du mole quarré du fourneau, & sont au nombre de quatre qui forment les quatre angles ; un mérite le plus le nom de pilier : c'est celui que l'on nomme pilier de cœur, sa base est un pentagone, il supporte d'un côté le bout des gueuses ou longrines de fonte, ou les voussoirs de l'encorbelement des marâtres des tympes, & de l'autre ceux de la marâtre de la tuyere, 166, 176. Le fecond pilier est celui de retour qui supporte les marâtres des tympes du côté par lequel il fait face au pilier de cœur, & de l'autre il se confond avec la grosse maçonnerie du contour du fourneau, 167, 173. Le troifieme est celui de la marâtre de la tuyere qui supporte cette partie d'accord avec le pilier de cœur, & de l'autre côté se confond avec la grosse maçonnerie, 173. Le pilier angulaire, qui est le quatrieme, & qui est l'extrémité de la diagonale tirée du pilier de cœur, compose l'angle intermédiaire du massif du

fourneau entre le fecond & le troifieme pilier. Ces quatre piliers
fupportent l'entablement & les murs des batailles, 173 ; doivent
être conftruits en groffe maçonnerie en bonne pierre avec des canaux expiratoires, & avoir quatre pouces de fruit par toifes depuis la femelle jufqu'à l'entablement pour foutenir la pouflée,
98.

Piliers de cheminée. Sont des prifmes de fonte de fer que l'on établit
folidement & perpendiculairement fur la bure du fourneau, pour
porter les planches de fonte de fer fur lefquelles on éleve la cheminée au-deffus de la bure, 169.

Pilon de bocard. Eft une maffe de fonte de forme cubique, ayant une
queue de fer battu que l'on enfonce dans le bout des montants du
bocard pour leur donner de la pefanteur & pour qu'ils réfiftent
plus long-temps à la trituration du minerai, 151.

Pilori. Pilier de bois, pofé perpendiculairement, qui tourne à fa bafe
fur un pivot, & fupporte par le haut une roue à rochet horifontale,
pour faire agir des foufflets à lanterne, 194.

Pipal. Crapaud d'Amérique, 244. Hiftoire de fa génération, 245,
247.

Pipe. Efpece de gros tonneau long, & très bombé, qui fert de récipient à la trompe de Body, 199.

Pifolithes. Concrétions pierreufes ou métalliques, de forme fphérique,
de la groffeur d'un pois, d'où leur vient le nom. Elles ont à peu
près la même origine que les oolithes. Mine de fer en pifolithes, 37.
Pierres en pifolithes, 539.

Planche. Eft une piece de bois, fciée fur différentes dimenfions, mais
qui font proportionnées de façon que l'épaiffeur eft beaucoup moindre que la largeur & que la longueur, qui eft celle qui a le plus
d'étendue. Planche percée de bocard pour remplacer la grille, 160.

Plantes (les) compofent en général le regne végétal divifé par claffes,
familles, genres & efpeces ont befoin du concours de la lumiere
pour le développement de leurs feuilles. Leur fommeil : étiolées,
341.

Plaques. L'on appelle dans les forges en général plaques, toutes les
pieces de fonte de fer unies ou figurées, qui ont beaucoup plus
d'étendue que d'épaiffeur. Ecoulement de l'air enflammé lorfqu'on
coule de groffes plaques, 65. Deftruction de celles que l'on nomme
contre-cœur, 86 : de la bure. Ce font celles que l'on pofe fur la bure

pour contenir la maçonnerie, & pour délimiter l'ouverture du gueu-lard, 168 : de la tuyere, ses dimensions, 119 : use le bout des soufflets, 201 : de bocard, 151, 157 : des montants de bocard ou patins, 151, 180.

Plaques de fer battu ; pour garnir la base intérieure des jumelles du bocard, 151 : percée par une balle de plomb, & résiste à une balle de fonte de fer, 475.

Platine. Métal blanc, réfractaire, qui a presque le poids de l'or, infusi-ble soupçonné être un alliage dans lequel le fer entre comme partie constituante, mais dont la nature nous est encore entiérement incon-nue, quoique de grands Chymistes aient tenté d'en faire l'analyse : se fondroit dans nos fourneaux de fonderie, 3.

Plâtre. Chaux du gyps, ou le gyps brut lui-même, est une espece de sélénite composée de l'acide vitriolique engagé dans une base cal-caire & sablonneuse : n'est pas propre à servir de castine, 131.

Pli. Terme de ferblanterie. C'est une semelle repliée en deux pour être étirée sous le marteau, appliquée l'une sur l'autre ; c'est ce que l'on appelle *doublon* dans les tôleries, 368, 369.

Plomb, le plus mou de tous les métaux. Il entre en fusion avant de rougir. Il est d'une couleur blanche-bleuâtre ; est un moyen de cor-riger la limaille de la fonte de fer, 74. Ses mines se trouvent sou-vent confondues avec celles de cuivre, d'argent, d'arsenic & de cobalt, 274. Il s'en trouve dans la calamine, 292. Mines de plomb de Body, Château-Lambert, Campanay & autres, 388 & suivantes. De Sainte-Marie, 405, & suivantes.

Plombieres. Petite ville des Vôges, située dans une gorge très serrée en-tre deux montagnes fort escarpées, 381. Sa filerie, *ibid.* Ses eaux thermales, ses bains, 382 ; ses eaux minérales froides, 383.

Plongeon (plancher). Est un glacis très incliné, qui commence au bord du seuil de la vanne, & va aboutir sous le centre de la roue, pour porter sur les aubes la colonne d'eau qui sort de la vanne, 153.

Plume-seuil. Gros morceau de bois, court, posé sur des courtiselles, ou chantiers, ou sur une maçonnerie établie à chaque bout des ar-bres des roues pour supporter les empoêses sur lesquelles tournent les tourillons des arbres, 176.

Poirier de Bourbonne dont le fruit au moment de la maturité devient bois, & pousse une branche, 356.

Poisson

Poisson volant. C'est l'adonis qui a de grandes nageoires, avec lesquelles il s'éleve dans l'air, pour se souftraire à la voracité du goulu & du dauphin, 244.

Poisson (Village de Champagne), remarquable par l'abondance de ses mines de fer par dépôt, condensées en pierres & en sachées dans les rochers de ses côteaux, 338.

Poitrine du fourneau. C'est la partie antérieure rentrante du côté des tympes, que l'on nomme communément marâtres, 287, 290.

Pompe. Machine hydraulique, au moyen de laquelle on éleve les eaux par compression ou par aspiration, au moyen des barillets, pistons, tuyaux & brimbales, mis en mouvement par une puissance quelconque. Toute force qui peut faire agir une pompe peut s'appliquer au mouvement des soufflets, 224. Pompe à feu : agit par le même méchanisme qu'une pompe ordinaire, quant à l'effet ; mais la puissance est tirée de l'expansion de l'eau échauffée dans une chaudiere, qui pousse un piston, lequel souleve le balancier ; alors de l'eau fraîche, introduite méchaniquement dans la chaudiere, fait cesser l'action du feu ; l'air se condense, l'eau ne pousse plus de vapeurs, & le piston retombe par son propre poids : ainsi successivement s'operent les mouvements de cette machine, inventée par les Anglois, & que nous avons adoptée. Proposée d'être employée pour le mouvement des soufflets, 224, 442.

Pompholix. Fleur de zinc, qui s'attache aux marâtres des fourneaux sous une forme puvérulente & grise, 290.

Pont. Bâtiment suspendu en l'air, supporté par des voûtes, lorsqu'il est totalement de pierres, ou sur des files de pilots lorsqu'il est en bois, pour passer au-dessus d'une excavation seche ou remplie d'eau ; telles les gouffres entre des montagnes & les fleuves & rivieres. Projet d'un pont double, 539.

Pont de soufflets. C'est une chape de fer qui est saillante, au-dessus de la surface de l'enfonçure des grands soufflets en bois ; les deux bouts sont taraudés en vis, ou percés de trous pour y passer des clavettes afin de les assujettir en dedans du soufflet, contre une planche qui croise à angle droit l'enfonçure. C'est par l'œil de cette chape que l'on passe la queue de la basse-conte pour la contenir. Elle y est assujettie par des coins de bois, 205.

Pont de bois. Forge de Franche-Comté. Ses cailloux roulés, 366. Qualité du fer qui s'y frabique. Couleur laiteuse de ses laitiers, 367.

Pont du Lait, village des Vôges. *Voyez* ses mines, 393.

Précipité. La chymie a adopté ce terme pour exprimer une matiere quelconque qui se sépare du dissolvant qui le tenoit suspendu dans un fluide limpide, & que l'on en dégage par une tierce substance, qui a plus d'affinité que le dissolvant, avec le premier corps dissou, lequel cede à l'action de l'intermede, & se dépose sous une forme ou mucilagineuse ou pulverulente au fond du vase qui contient la liqueur. Blanc de la cadmie. Bleu de la même substance, 288.

Prisme. Solide allongé, dont les plans sont rectilignes réguliers. Les prismes prennent leur dénomination du nombre des plans dont ils font composés ; ils ne peuvent en avoir moins de trois, tels les triédres, les triangulaires, ainsi de suite jusqu'au polygone, 477 *bis*.

Productions anguleuses des montagnes, 415.

Produit du travail d'un fourneau de fonderies elliptique, comparé avec celui d'un fourneau quarré, 117. Poids & quantité des matieres employées, comparé avec le poids & le volume de la fonte, 228.

Puissance. Forces mouvantes propres à faire agir des soufflets, 223.

Purification de la fonte, 42. *Voyez* Régule.

Pyramide. Solide qui se termine en pointe, ayant plusieurs faces. Elle est moins affilée que l'obélisque, 476, *bis*.

Pyrethre. Racine d'une plante qui a la fleur comme la marguerite. Sa grande âcreté dégorge abondamment les glandes salivaires. Employé par les Vinaigriers, 489.

Pyrites. Substance minérale & métallique qui se forme journellement. Elle est composée de soufre, de terre & d'un métal seul ou combiné ; tel le fer, qui est le plus ordinaire, le cuivre, & souvent l'arsénic. Celles qui font purement martiales se décomposent facilement à l'air, par l'action que le soufre a sur ce métal, sur-tout lorsqu'elle est aidée de l'humidité à l'air libre, 58. Crystallisent en aiguille comme la fonte blanche, 71. En gâteau, 21. Leur décomposition forme les mines de fer par dépôt, 23 & suivantes. Factice avec la cadmie des forges, 291. Cubique sur du spath, 338. dodécaédre de viguori, 338. Dans la tuile, 347. Artificielle dans le feu, 479.

Pyrophore. Matiere charbonneuse, composée avec de l'alun, de la farine & du miel calcinés ensemble dans un matras. Ce charbon salin, s'embrase aussitôt qu'on l'expose à l'air, 185.

Pyrotechnie. Est l'art de développer le feu, & de l'appliquer avec avantage & économie, 95, 108.

Q.

QUADRANGULAIRE. Solide qui a quatre angles.

Quart de cercle. Est une courbe qui fait la quatrieme partie d'un cercle, & dont les deux rayons qui la terminent font un angle de quatre-vingt-dix degrés. Du balancier des soufflets en cloches, 213.

Quartz. Substance très dure, de couleurs variées ; d'un tissu feuilleté. Se brisant en tous sens sans affecter de forme réguliere à la cassure, ayant un éclat vitreux, faisant feu avec le briquet, infusible seul. Il se forme journellement dans l'intérieur des montagnes, où l'on en trouve des masses immenses, qui sont de l'antiquité la plus reculée. Il contient souvent du métal. Il accompagne & traverse les filons des mines ; ce qui est d'un mauvais présage. Quelques personnes prétendent qu'il s'en forme dans le bois, qui se décompose par la pourriture, & dans le tabac préparé, gardé long-temps. Il est uni souvent aux mines de fer, 159. Phosphorique de Plombieres, 384.

Queue. Prolongation de la chaîne des vertebres lombaires des animaux ou du coccyx, laquelle se termine en pointe, 270. Chiens sans queue, 270. Rats sans queue, 271. Hommes à queue, idem.

Queue de pale. Est la tige de bois équarrie, au bas de laquelle est fixée une espece de table, composée de planches assemblées à plats, joints, soutenues par des battes bien chevillées, laquelle sert à boucher la vanne d'un empallement. C'est par le moyen de la queue de la pale qu'on la leve, avec une bascule ou toute autre méchanique, 175, 182.

Queue d'aronde. Terme de charpenterie & de menuiserie. Est un tenon triangulaire & conique, dont le sommet est adhérent à la piece qui le doit joindre à une autre taillée de même. C'est le plus fort assemblage, il exige beaucoup de justesse de la part de l'ouvrier. Les quaisses des volants des soufflets sont jointes à queue d'aronde, 180, 204.

R

RABAT d'ordon. Eſt un reſſort formé d'un morceau de bois élaſ-
tique, dont partie du corps paſſe à travers la lumiere de la poupée. La queue eſt aſſujettie dans la chapelle de la grande attache,
ſa tête s'avance au-deſſus du manche du marteau près de l'en-
manchure. Renvoye le marteau ſur l'enclume, 462.

Rable. Outil fort en uſage dans les forges. Il y en a de bois & de
fer. On l'appelle par corruption *rouale*. Cet outil eſt compoſé de
trois parties ; l'une eſt large, taillée à ſa baſe ſur une ligne droite,
& hémi-circulairement en-deſſus ; au centre de la partie ſupérieure
arrondie, eſt ſoudée une rige taillée en douelle, qui eſt recourbée
ſur un angle aigu, enſorte que le manche de bois qui eſt aſſujetti
par un clou dans la douelle, eſt incliné au plan de la partie large,
qui eſt une eſpece de ratiſſoire, 133. Pour laver la mine, 166. Triangulaire ou charue, pour former le moule dans la gueue, 137.

Radeaux aîlés. Petites flottes de bois de ſciage, que l'on fait pour voi-
turer par eau les planches ſur les petites rivieres. L'on fait ſortir des
nœuds collatéraux une planche qui flottant ſur l'eau, ſoulève le
train, 527.

Raifort. Plante à fleur en croix, à grande feuille, qui a un goût très
piquant de moutarde, que l'on nomme pour ce, moutarde des Capucins, des Allemands. Employés par les Fondeurs en bronze,
439.

Rainures. Des quaiſes & des liteaux des ſoufflets, 208.

Raſſes à charbon. Grands panniers, compoſés en forme de vans avec
des brins d'ozier de viourne, ou des lames de bois de chêne, déco-
rées, fendues ſur le genou, que l'on nomme communément *aiſſignon*.
Contenant environ une feuillette ou cinquante livres de charbon,
130, 147.

Rats nés ſans queues. Cauſe de cet accident, 271.

Récepés. Sont des recoupes que l'on fait à la ſcie, pour ſéparer du tronc
des arbres en grume, les parties qui ſont tarées de quelques vices,
307,

Recingler. C'eſt cingler une ſeconde fois une piece qui ne l'a pas été ſuffiſamment de la premiere chaude, & pour en mieux ſouder les parties, 463.

Récipient. L'on nomme ainſi tout vaſe deſtiné à recevoir dans ſa capa-

cité intérieure une vapeur, une liqueur provenante d'un autre vaiſſeau, ou le vaiſſeau même. Des cloches à ſoufflets, 212, 215.

Récolement des ventes. Viſite & vérification que les Officiers des maîtriſes font dans les ventes exploitées, pour connoître ſi l'adjudicataire s'eſt conformé aux clauſes de ſon adjudication, 315.

Recrément des forges. Ce ſont toutes les matieres impures que le feu
ſépare du minerai dans la fuſion, dans l'affinage & dans les autres
opérations des forges. Telles les laves vitreuſes, les laitiers, les
ſcories, le hamecelach, la poudre martiale, la cadmie, &c. 87.

Recuit. Eſt un ſecond feu que l'on donne à différentes pieces de fonte
& de fer, pour leur enlever la qualité aigre qu'un trop prompt
réfroidiſſement auroit pu leur donner ; pour en ſéparer des parties d'air qui ſe ſeroient cantonnnées ſans faire corps, & pour en
reſſerrer le tiſſu. Des canons, 441.

Recul du canon. Définition & moyen d'y remédier, 474, bis.

Réduction. Terme foreſtier. C'eſt calculer le cubage d'un arbre par
ſa longueur & groſſeur, avant qu'il ſoit équarri, ou après, 308.

Réduction (métallurgie). En général c'eſt l'opération par laquelle on
parvient à convertir un mineral en métal, par le ſecours du feu,
à l'aide des fondants & des correctifs.

Refouler une loupe. C'eſt en reſſerrer à coups de maſſe les parties
extérieures pour réunir les portions trop écartées, afin de leur conſerver la chaleur, & de les diſpoſer à mieux ſe ſouder, 462.

Régule. On entend, en métallurgie, par ce terme, la partie métallique que l'on obtient par l'eſſai d'une mine.

Régule d'antimoine. C'eſt le demi-métal tiré de l'antimoine, auquel
on a enlevé le ſoufre qui le minéraliſoit, ſoit par la calcination,
ſoit par le nitre, 60.

Régule de fer : définition, 75. Introduction XII. Sa préparation. Differe du fer & de la fonte, 432. Produit de bon fer, 444. Propre à
couler des canons, 435. Précautions à apporter pour le faire en
grand, 436. Cryſtalliſe en rhombe, en cube, en parallélipipede,
en tétradécaèdre, 476, bis. 477. Voyez planches II, III & XIII.

Relever le fourneau. C'eſt une opération par laquelle on détache &
on enleve de l'entrée du creuſet, après la troiſieme charge, le laitier qui s'amalgame avec le charbon & les craſſes que l'on y a mis
inçontinent après la coulée pour empêcher la chaleur de paſſer ſous
les tympes, afin de faciliter l'écoulement du laitier. Quand le
fourneau eſt chaud ſur le devant, il ſe releve de lui-même, 140.

Relever les foufflets. C'eft enlever les volants de deffus les gîtes pour démonter entiérement les parties mobiles des foufflets, afin d'y faire les réparations néceffaires, & de les graiffer, 206.

Renard, eft la feconde forme que le fer reçoit dans l'affinage fous fa troifieme dénomination. C'eft la piéce cinglée. Il a la forme d'un prifme quadrangulaire irrégulier, dont les angles font légérement rabattus, & une tête du côté que l'ouvrier le faifit avec la tenaille pour le cingler. Il a de quinze à vingt-deux pouces de longueur, fur quatre à cinq pouces de face, 43, 462. Cette dénomination lui vient des feux appellés renardieres.

Renardieres. Affineries du troifieme genre, dans lefquels on affine le fer, & on le chauffe pour finir les barres : enforte que ce feu eft extenfeur ou chaufferie & affinerie en même-temps ; le travail en eft plus parfait & moins coûteux que celui des affineries du fecond genre. Ces feux font ainfi nommés, parcequ'ils font très laitineux, & que fouvent le laitier paffe par la tuyere. Lorfque les ouvriers ne font pas attentifs à le lâcher à propos, alors ils difent que la tuyere renarde comme les ivrognes, 43, 202, 461.

Renfort, eft une augmentation de matiere qui forme une partie faillante à la furface d'une piéce qui en exige. Des bufes des foufflets, 201. Des canons, 471.

Requin, ou *requiem*. Poiffon le plus vorace & le plus goulu de la mer, eft un cetacé du genre des chiens de mer de la grande claffe. Mâchoire & dents de requin, 348.

Reffort d'ordon : voyez rabat.

Reffort des foufflets, de diverfes efpeces, 191, 203, 222.

Retraite. Le feu dilate tous les corps fur lefquels il agit. Il s'interpofe entre les parties, les écarte & en augmente l'étendue. Les métaux en fufion font intimement pénétrés de la matiere du feu qui en augmente le volume ; mais à mefure que ces parties de feu les abandonnent, qu'ils fe réfroidiffent, leurs parties fe rapprochent, & alors leur tout occupe moins d'efpace que lorfqu'il étoit en fufion. Cette diminution d'efpace, que l'on reconnoît par le renfoncement des pieces de métal coulées, fe nomme retraite, 432. Les métaux forgés en font une moindre, & en différents fens, 373.

Rhombe. Surface quadrangulaire-équilatérale qui a deux angles aigus, & deux obtus oppofés entre eux, 69, Planches I & II.

Rhomboïdal. Qui a une forme approchante de celle du rhombe.

Rhumatifme. Maladie douloureufe caufée par l'acreté & l'engorgement de la lymphe, & par défaut de tranfpiration. Guéri par la
chaleur du fourneau, 278.

Rigole. Ce font de petits canaux pratiqués pour couler de l'eau : de lavoir, 159. Ou pour couler le métal en fufion du fourneau dans les
moules, 430.

Ringard. Outil entiérement de fer qui fert dans les forges à une infinité
d'opérations & de manœuvres. Il y en a de diverfes grandeurs & groffeurs, fuivant l'emploi auquel ils font deftinés. Ils prennent même
différentes dénominations tirées de l'ufage que l'on en fait. En général c'eft un barreau de fer divifé en deux parties, qui font la tige
& la panne. La tige eft ou entiérement ronde, ou battue à plufieurs
pans dont les angles font adoucis pour ne pas bleffer la main de l'ouvrier. La panne a un quart environ de la longueur totale. Elle eft
renflée à la jonction de la tige, & diminue coniquement en s'ap-
plattiflant. Il en faut de fonte pour travailler le régule en grand,
438.

Rivieres. (les) font rapides dans les pays montueux, & ont peu de
pente à leur confluent, 530. Celles dont les eaux font vitrioliques
noirciffent les bois que l'on y flotte, 512,

Rob. Préparation galénique qui fe fait avec des fucs de plantes
épaiffies en une confiftance qui tient le milieu entre celle du fyrop
& celle de l'extrait : de vinaigre, 494,

Roches. Pierres compofées de différentes fubftances, qui n'affectent
aucune forme à leur caffure. Il y en a de très diffemblables l'une à
l'autre par leur couleur, leur confiftance & par leur nature : vitreufe,
389, 390, 402 : reffemble au laitier récuit des fourneaux, 402 : pour-
ries font des maffes grenues qui font humides, & dont les parties
ont peu d'adhérence entre elles, 412.

Rognage. Terme de tôlerie & de ferblanterie. C'eft l'opération par laquelle on équarrit à la cifaille les doublons & le fer noir, pour les
réduire de grandeur égale, & en féparer les bords qui font crevaffés,
369.

Rofe monftrueufe., 357.

Rofeau, fervit de premier foufflet artificiel, 186.

Rofette. Cuivre rouge ainfi appellé à caufe de fa couleur. Gâteaux de
rofette, 76.

Roue, eft la principale machine de la puiffance des forges. Il y en a de
plufieurs efpeces; les unes à aubes, fur la furface defquelles l'eau
                                     porte

porte son impulsion : d'autres à cuvier sur lesquelles l'eau tombe, emplit les augets ou cuviers, & agit par sa pesanteur. D'autres à gorge de loup, qui sont des roues à cuvier du second genre; dans lesquelles l'eau ne tombe qu'à la hauteur du centre de la roue, &c.

Rouille. Dégradation d'un métal à l'air libre, soit par l'effet des huiles, des acides, de l'eau, de l'humidité de l'air, ou autres agents qui corrodent la surface des métaux. Ses effets sur le fer, 47 : fondue, 82. Il n'y a que les bons fers & aciers qui en soient susceptibles, 455.

Roulette (Fourneau de la), 194.

Roulures du bois. Sa définition : voyez arbres, 307, 310, 330.

Rubis. Pierre précieuse d'un beau rouge diaphane, & resplendissante, très dure, imitée par une cryftallisation de laitier de chaufferie, 83.

Rudiment. Ce sont les premiers éléments de toutes choses. Des soufflets, 187. Du travail du fer, 191.

Rufter. C'est assembler plusieurs pieces ensemble, & que l'on assujettit par des cordes contournées avec effort en spirale autour de l'assemblage. Imitation de cette opération pour faire des canons de fer à ruban, 473 *bis*.

Ruftine, est la partie inférieure du creuset d'un fourneau qui est en opposition avec les tympes, & qui donne sa dénomination à toute la partie de l'ouvrage qui y correspond. Son à plomb est éloigné de huit pouces du centre de l'intérieur du fourneau, 110. L'on charge du côté de la ruftine, 132.

_____

S

Sable. Débris des pierres de tout genre, réduites en petites parcelles anguleuses, dures, opaques ou transparentes, calcaires ou vitrescibles, pures ou mélangées avec des terres de différents caractères. On donne aussi ce nom aux débris des coquilles fluviatiles & marines, amoncelées dans les terres d'alluvion ou dans les angles rentrantes des fleuves & rivieres, par l'effet du remoux : calcaire pour le fond de l'ouvrage, 138 : réfractaire pour composer l'ouvrage, 116, 168 : quartzeux, mêlé aux minerais, 138, 161, 162 : propre pour composer le moule de la gueuse, 137, 138.

Safre. Verre bleu fait avec du cobalt, du caillou ou du sable, & un alkali-fixe. Ce verre sert dans la peinture au feu : mêlé aux laitiers des mines de fer en gallerie, 297.

Saint-Dizier. Ville moderne de la Champagne, capitale du Vallage. Sa description, ses chantiers, ses bateaux, 518, son Siege, 541. L'on trouve dans ses environs une terre propre à faire des briques réfractaires, 115 : des crapaudines dans les pierres qui forment le lit de la Marne, 240. Enfants monftrueux nés à Saint-Dizier, 251. Dépôt de fer, 518.

Saint-Loup. Village de Franche-Comté, 377. Son fourneau, ses mines, 378.

Saint-Nicolas. Ville de Lorraine. Ses cailloux colorés, 366.

Sainte-Marie aux mines. Petite ville d'Alsace & de Lorraine. Ses mines, 404. Leur description, 405 & suivantes.

Sainte-Mousse. Riviere de Franche-Comté dont les eaux sont rousses, 377.

Salbande. Couche de substance pierreuse, minérale & métallique, qui accompagne le filon des mines, & lui servent de lisieres, 407.

Salicorne : voyez basse-conte, 205.

Salieres du cheval. Définition : sont de la composition, de la structure du cheval, 266, 269.

Salines. Lieux où l'on extrait le sel des eaux des fontaines salantes, par l'évaporation à l'air & au feu, établie à Bourbonne par les Romains, 366.

Salpêtre. Sel qui se forme à l'ombre dans les vieux murs, les platras & les terres abreuvées par les urnes des animaux. Les parties élémentaires de ce sel nous sont encore inconnues ; ses constituantes sont un acide puissant & paticulier engagé dans une base alkaline. Sa propriété particuliere est de fulgurer sur les charbons ardents, & avec le soufre. Employé pour purifier la fonte de fer, 439.

Sanguine. Mine de fer pauvre, de couleur rouge, friable, qui sert à dessiner. C'est une espece d'hématite, 84.

Sapin. Arbre résineux conifer qui s'éleve pyramidalement à une très grande hauteur, il se plaît sur la cîme froide des montagnes. Son bois blanc & résineux est très propre à la construction des soufflets des forges, 223. Il y a beaucoup de forges qui sont construites en bois de sapin, & qui n'usent pas d'autre charbon que celui qui est cuit avec le bois de cet arbre, 403. Il y a encore des parties de forêts dans les montagnes des Vôges où les sapins périssent sur pied, 511.

Sarrazin. Terme de mépris que les Forgerons donnent aux loups des fourneaux, 4. mêmes aux grappes qui s'attachent aux mérades des affinèries, 4. *Voyez* Loup, bête.

Saturne. Nom que les Chymistes ont donné au plomb, le sel de Saturne est une combinaison du plomb dissout par le vinaigre, 292.

Saule. Arbre aquatique à chatons, dont le bois est blanc, sa végétation sans feuille, 340.

Schiste. Pierre opaque argilleuse de diverses couleurs qui est composée de lames appliquées les unes sur les autres & qui peuvent se séparer, 349.

Schorl. Pierre qui se figure en crystaux assez gros, de couleur brune, grise ou rouge, dont on ne connoît pas encore exactement la nature ; quelques Minéralogistes croient que c'est le basalthe des anciens, 478.

Scie. Lame de fer dentée qui sert à diviser la pierre & le bois pour les réduire en plus petites masses. Cet instrument ne coupe qu'en arrachant les parties qu'il frotte, 324. Proposé pour l'abattage des arbres de futaie, n'y est pas propre, 310 & suivantes ; empêche de repousser les arbres, 314. Verticale pour scier les arbres dans leur longueur, 310 & suiv. à bras & à moulin, 311. De moret à douze lames, 513.

Scories. Terme chymique qui exprime la matiere pultasée qui surnage les métaux en bain, & qui est composée des matieres hétérogenes unies au minéral, & des flux réductifs employés. Ce terme est en usage aussi dans les forges, pour exprimer en général les différentes sortes de crasses & de laitier, 42. Proprement dites, 296. Contiennent du fer, 433.

Secret des Maîtres Etameurs des ferblanteries, 370.

Seigle. Plante graminée qui se plaît dans les terres légeres, & dont on fait du pain qui se tient long-temps frais. Sa farine entre dans les eaux sûres des ferblanteries, 370. Qui se seme au printemps, 386.

Sélénite. Est une pierre ou plutôt un sel gypseux composé d'acide vitriolique & d'une terre absorbante crystallisée : de Bourbonne, de Berken, de Montmartre, de Neufchâteau, 349. Contenu dans les eaux de Bourbonne, 361. Rend le fer du Pont-de-bois cassant, 367.

Sels. Principe des saveurs ; ce sont des substances qui se tirent des trois regnes qui ont la faculté de se dissoudre dans l'eau, de s'en séparer par la crystallisation. Ils paroissent alors sous des formes qui leur

font propres, 69. Ils impriment tous fur la langue une faveur par‑
ticuliere, qui eſt d'autant plus forte qu'ils ſont plus développés &
plus concentrés. Ils ſont plus ou moins tranſparents, tous ſe ré‑
duiſent en liqueur, lorſqu'ils ſont expoſés au feu ; ils ſont ſuſcep‑
tibles entr'eux de combinaiſons, & de s'aſſocier des parties ter‑
reuſes & métalliques, ce qui forme la claſſe des ſels compoſés qui
eſt infinie. Il y en a de naturels, tel le ſel gemme, 365. le nitre,
le natrum, le ſel ammoniac, 349 : l'alun, 303 : le vitriol-fluor. On
en tire des eaux ſouterraines, tel le ſel marin, de glaubert, d'ep‑
ſom, 363. Des plantes, par ébullition qui ſont les ſels eſſentiels,
tel le ſucre, celui d'oſeil, &c. Par la cryſtalliſation, des ſucs, tel
le tartre. Par incinération, qui ſont les alkali fixes & les alkali vo‑
latils. Ces derniers ſe tirent plus particuliérement des animaux
par la cornue. La Chymie multiplie les eſpeces des ſels combinés
ou neutres par le mêlange en variant les baſes qui ſont l'alkali mi‑
néral & le végétal, les terres alkalines, abſorbantes, les métaux,
&c. Les ſels entrent dans la minéraliſation des métaux, 77. Tous
attaquent & diſſolvent le fer, 83. Sel marin à baſe terreuſe des eaux
de Borbonne, 362. Qui fleurit ſur le ſol des environs des ſources,
363. La théorie en général des ſels eſt immenſe, je n'en parle ici
que très ſommairement relativement à mon objet.

Semelle de bocard. C'eſt la baſe du bocard, elle eſt formée d'une piece
de bois de douze pouces d'épaiſſeur & de vingt pouces de largeur,
poſée à plat ſur des loirs. Elle ſupporte les jumelles qui lui ſont
aſſemblées, & la plaque de fonte de fer ſur laquelle les pilons bri‑
ſent le minerai, 150. 180.

Semelle du fourneau. C'eſt la ſurface des fondations de tout le molé
de la maçonnerie, 167.

Semelle. (terme de ferblanterie) Plaques minces de fer qui n'ont
reçues qu'une ſeconde ébauche, 368.

Senfations. Impreſſion des objets que les ſens portent à l'ame. Alté‑
rées par le déſordre des organes, 259.

Serge de baſſin. Ce ſont les planches droites ou courbes poſées de
champ, qui forment les côtés d'un baſſin ou lavoir & en délimitent
l'eſpace, 156, 181.

Seve des arbres. Humeur nourriciere que les arbres tirent de la terre
par les racines & qui eſt portée dans toutes leurs parties par les loix
de l'hydroſtatique, pour fournir à leur aliment & à leur accroiſſe‑
ment. Le ſentiment, qui paroît s'accréditer, de ceux qui ſoutien‑

ment que l'eau eſt le ſeul principe de la végétation, conſéquemment que la ſeve eſt une eau ſimple qui ſe modifie dans les organes des plantes, me répugne malgré l'autorité de ſes partiſants. Je
ne peut me refuſer à croire que les plantes ſe nourriſſent comme
les animaux, de ſubſtances capables de fournir à l'accroiſſement &
à l'entretien de leur propre ſubſtance ; que l'eau eſt le diſſolvant &
le véhicule de ces principes nourriciers, & que je parviendrois à
faire changer de ſentiment les partiſants les plus opiniâtres du ſyſtême purement hydraulique, ſi je les tenois enfermés pendant
ſeulement deux mois, & ne leur donnois pour toute nourriture
que de l'eau diſtillée, en les occupant d'un travail qui exige l'é-
nergie des nerfs & des muſcles. Conſéquemment une nourriture
qui puiſſe réparer les pertes ; leur ſtérilité & leur maigreur les feroit bientôt réclamer & abjurer leur erreur. Marche de la ſeve dans
certains arbres, 318, 319. Concourt à la deſtruction du bois abattu,
idem.

Sexe. Diſtinction des individus mâles & femelles des animaux qui
ont chacun une façon propre & différente de ſe propager, laquelle
eſt caractériſée par des ſignes extérieurs & des organes différents,
ſuſceptibles d'une attraction mutuelle, dont les mouvements ſont
ordonnés par l'impulſion de la nature. Déterminé par l'appétit plus
preſſant des animaux dans l'inſtant de l'acte générateur, 260.

Sexdigitaires. Hommes qui ont ſix doigts à l'une ou aux quatre extrémités du corps, 256, & ſuiv. Je n'ai point connu de femmes qui
aient été douées de cette exubérance de la nature.

Smectris. Terre ſavoneuſe de couleur variée qui eſt luiſante & qui ſe
poli, elle adhere aux dents, rend l'eau écumeuſe & ſert à dégraiſſer les laines. De Bourbonne, 350. Blanche de Plombiere,
384.

Someil des plantes. Etat d'apathie des plantes privées de la lumiere,
341.

Sornes. C'eſt ainſi que les Forgerons appellent la maſſe de laitier qui
reſte dans les foyers lorſque l'on en ceſſe le travail, laquelle occupe
en plus grande partie l'eſpace du fond du creuſet ou de l'ouvrage,
& en ſe réfroidiſſant, ſe condenſe ſous une forme anguleuſe un
peu arrondie par deſſous & creuſée en deſſus par l'impreſſion du
vent lorſque le laitier étoit encore fluide. Ces maſſes contiennent
du fraſin, des charbons, & ſouvent des grumeaux de fer ; il
s'en forme auſſi quelquefois pendant le travail, ſur-tout dans les

affineries du second genre dans lesquelles on pique sur la forne, c'est-à-dire, qu'on laisse accumuler le laitier dans le fond du creuset pour nourir le fer, & que l'on fait condenser, en refroidissant le fond du foyer avec de l'eau qui vient d'un petit bacheret ou cheneau, 296.

Souches. (terme forestier) Base du tronc d'un arbre, qui est adhérente aux racines, & est séparée de l'arbre par l'abattage à fleur de terre ; poussent des ruisseaux de seve, 318. Repoussent des brins, 314, 316.

Souffler. Est l'art d'administrer le vent & de poser la tuyere suivant les principes de la pyrotechnie pneumatique. A froid, c'est faire agir les soufflets d'un foyer où il n'y a plus de charbon, afin de le refroidir plus promptement, 74.

Soufflerie. C'est l'équipage complet de tout ce qui a rapport aux soufflets, & au vent, même l'espace qui les contient, 225.

Soufflet. Toute machine qui met l'air en mouvement & lui donne de l'activité en le comprimant, se nomme soufflet, on nomme soufflet de longs tuyaux qui ne servent que de canal à l'expiration de la poitrine, tels les tubes de roseau, même de bois & de fer, 186. Définition du mot soufflet, 188, 193. Les forges qui ne peuvent réussir dans leur opération que par un feu très actif, emploient diverses sortes de soufflets pour augmenter la chaleur de leurs foyers, 190. Premier soufflet naturel, 186. Premier soufflet artificiel ; rudiment des soufflets, 187. Composés de roseaux, de brins de bois, de canons de fusil, 186, 187 : d'Emailleur, 194 : de fourneau, 97, 200 : cessent pendant le temps de la coulée, 137.

Soufflets de cuirs. Premier genre, 103, 190, & suiv. leur dépense, 221 : première espece, 190 : à ressorts, seconde, 191 : quarrés, troisieme, 193 : cylindriques à lanterne, quatrieme, 193 : à vent continu, cinquieme & derniere espece, 194 : des bouchers, 191 : d'orgues, 193, 201, 206,

Soufflet en trompe. Deuxieme genre, 103, 195. Voyez Trompes.

Soufflet de bois. Troisieme genre inventé en 1626 : par un Evêque, 200. A vent simple, premiere espece, 103, 199. & suiv. sont les meilleurs, 229 : on peut en augmenter le nombre, 225 : à vent continu ou à deux ames, à deux vents, seconde espece, 210.

Soufflets en cloches. Quatrieme genre, 103, 210, & suivantes. Voyez Cloche.

Souffletier. Efpece de Menuifier qui s'occupe de la conftruction & des réparations des foufflets, 200, 206, 207.

Souffre. Efpece de bitume jaune qui fe forme journellement dans l'intérieur de la terre par les feux fouterreins : il eft compofé de l'acide vitriolique uni au phlogiftique : il brûle à l'air libre, & exhale une vapeur qui, lorfqu'elle eft légere, excite la toux, parcequ'elle pénetre avec l'air dans la trachée artere dont elle irrite les membranes, & elle fuffoque tout ce qui refpire lorfqu'elle eft abondante. Le foufre fe fond fur le feu, & s'y fublime en une pouffiere fubtile, jaune, que l'on nomme fleur de foufre, propriété qui le diftingue des bithumes huileux. Natif ; eft celui que l'on retire des bouches des volcans, 2. Vif ; celui qui eft confondu avec des matieres pierreufes & des laves, ibid. Minéralife le fer, & en forme des pyrites, 58. A beaucoup d'affinité avec le fer, & le fond très vîte, 83. Le grillage en dépouille les minerais, 40. La fonte de fer contient du foufre, 65. Factice avec la cadmie & l'huile de vitriol, 291. Lorfque l'on en a brûlé dans les tonneaux avant d'y introduire du vin, du vinaigre, ou autre liqueur, il leur fournit de l'acide vitriolique, 502.

Sou-glacis. Plancher que l'on conftruit au-deffous d'une chûte d'eau, pour empêcher qu'elle ne faffe des excavations, & pour en diriger la courfe, 176, 180.

Soupape (méchanique). En général eft une petite table mobile, de dimentions & de formes variées, de métal ou de bois, qui s'adapte fur l'orifice d'une ouverture pour la boucher & la fermer alternativement, afin de donner ou de fermer le paffage à l'air ou à l'eau dans différentes machines. De fouffler de cuir fimple, 191. Des foufflets à l'anterne, 194. Des foufflets de cuir à vent continu, 195. Des foufflets en bois, dit ventillons; double, 206. Servant d'épiglotte à l'entrée des bufes, 207. Des foufflets en cloches, 212.

Soupiraux. Sont des ouvertures pour laiffer un paffage libre à l'air & aux vapeurs raréfiées dans une efpace au-deffous de la furface du fol. L'on forme des foupiraux aux moules, dans lefquels on doit couler un métal en fufion, 65. L'air & les vapeurs de la voûte qui eft conftruite fous le creufet du fourneau s'échappent par trois foupiraux, 97, 166.

Spath. Il y a deux genres de fpath qui different entre-eux effentiellement ; l'un eft calcaire, & c'eft le fpath proprement dit ; l'autre eſt fuſible, & a des rapports au petunt-zé qui entre dans la porcelaine. Pour éviter la confuſion de la nomenclature, il ſeroit néceſſaire de créer un nom pour le ſpath fuſible. Le ſpath, proprement dit, eſt une pierre brillante, compoſée de feuillets, cryſtalliſée ſous différentes formes, qu'il conſerve dans ſes plus petites molécules ; il ſe briſe facilement ; il varie autant par ſon poids que par ſa couleur, qui ſont en raiſon des ſubſtances qui ſont entré dans ſa compoſition. Il ſe réduit par la calcination en une chaux pulvérulente, qui ne fait point d'ébullition avec l'eau ; mais qui attire l'humidité de l'air dont elle reſte imbibée. Le ſpath eſt formé par des fluors dans le ſein de la terre, & ſert de ciment aux molécules pierreuſes du genre des calcaires, pour en former des maſſes, 69, 337. Sa formation, 342. Cryſtalliſé en priſme triédre, 348. Rhomboïdal, chargé de pyrites cubiques, 338. Cubique cryſtalliſé ſur des cailloux, 355. Dans l'eau de Buffan, 399. Fuſible de Vignori, 338.

Spatule. Petite palette terminant un long manche, que les Fondeurs nomme *torchette* : ils s'en fervent, pour réparer avec du mortier d'herbue, l'ouverture de la tuyere du fourneau, 136.

Stalactites. Concrétions pierreuſes d'une forme pyramidale, irrégu- liere, qui ſe forment aux voûtes des grottes, des cavernes & des voûtes des terraſſes & des ponts ; elles y ſont adhérentes par leur baſe, qui prend du renflement en même temps que la pointe s'al- longe par le deſſéchement de l'humeur pierreuſe qui les imbibe, & ſe condenſe ſur les ſurfaces ; tel l'eau qui ſe glace au bord des toitures lorſqu'un vent du Nord ſuccede ſubitement à la pluie, ou que le ſoleil fond la neige qui les couvre pendant le grand froid. Le tiſſu des ſtalactites eſt ordinairement feuilleté : elles ont une demie tranſ- parence, & ſont du genre des ſpaths, des albâtres & des marbres, 341, 342, 399. Par analogie des formes, je nomme ſtalactites les égoûtures ferrugineuſes qui ſe forment au-devant de la tuyere des fourneaux, 136.

Stalagmites (les) ne different des ſtalactites que par la forme & par les accidents de leur formation. Ce ſont des concrétions cryſtalliſées qui ſe forment ſur l'aire des grottes par l'inſtillation des humeurs pierreuſes qui y tombent, ou qui cryſtalliſent dans les baſſins remplis de cette eau, qui tient en diſſolution des molécules pierreuſes, 341, 342, 399.

Statique. Science qui traite de l'équilibre des corps, pour en connoî- tre le poids & les rapports, 489.

Sthoc (Méchanique des forges). C'eſt une très groſſe piece de bois, de

quarante

quarante pouces environ de diametre, & de sept à huit pieds de longueur; composée d'un seul arbre, ou de plusieurs morceaux fortement assemblés par des goujons, & contenus par plusieurs liens de fer. Cette piece est fondée sur une bonne maçonnerie, ou sur le rocher; elle est enfoncée dans la terre jusqu'au niveau du sol, & elle est solidement établie par des croisées de bois, & comprimée par des pierres, des crasses & de la terre battue. Dans sa partie supérieure, on creuse un mortier quarré, de 15 à 16 pouces de profondeur, & de vingt-quatre pouces de largeur en tous sens. Ce mortier est fait pour recevoir la base de l'enclume du gros marteau, que l'on y rend stable avec du blocage & des coins chassés à grands coups de masse; & crainte que le haut du sthoc ne se fende par la pression des coings, il est garni à sa partie supérieure d'une forte frette de fer, outre plusieurs liens qui sont au-dessous, ou il est emprisonné dans un collier épais de fonte de fer: dans quelques forges, le haut du sthoc est composé d'une grosse pierre, 44, 121.

Sublimation. Terme Chymique, qui exprime les encroûtements que forment les vapeurs des substances volatiles exposées à l'action du feu, aux parois des vaisseaux qu'elles rencontrent dans leur expansion; telle la suie des cheminées des appartements. De la cadmie, 277, 279.

Sublimé corrosif. Substance blanche, crystalline, d'un goût âcre & caustique, formée par la combinaison du mercure & de l'acide du sel marin surabondant; sublimée dans des vaisseaux appropriés. Employée par les Fondeurs en bronze, 439.

Svelte. Mot énergique, tiré de l'Italien *Svelto*, pour exprimer les formes bien détachées des corps, & prononcé avec autant de graces que de légéreté, 499.

Suer. Un corps sue lorsqu'une chaleur accidentelle accélere la circulation des fluides, dilate les solides, & fait pousser au dehors une rosée qui transsude à travers les pores extérieurs. Les canons d'artillerie subissent le même effet, lorsqu'un tir multiplié les a si fort échauffés que leur contexture est dilatée, & laisse un passage à la liqueur corrosive de la poudre, qui a d'autant plus d'action, qu'elle est raréfiée à l'infini, & pressée par une force qui ne peut se calculer, 474. Ce n'est pas dans ce sens que les corps froids suent, lorsque l'air est chargé d'eau qui se condense à leur surface, tels les divinités de marbre & de bronze du polythéisme qui, au lieu de rendre par cette cause physique des oracles, dont leurs fourbes confidents tiroient un si grand avantage, n'étoient que des hygrometres qui annonçoient une pluie prochaine.

Suer le fer. C'eſt lui donner une chaude complette, qui en amollit les parties intérieures, leur donne une couleur dorée, & fait ſortir au dehors une couche de laitier, ſous la forme d'un vernis fluide.

Suie. Définition, 100. Eſt employée pour mettre le fer au tain, 371. De zinc, 290, 294.

Suif. Subſtance graſſe & ſolide que l'on retire de preſque toutes les parties des animaux ruminants. L'on s'en ſert dans les forges pour diminuer le frottement des tourillons des arbres des roues. Pour graiſſer les ſoufflets, particuliérement ceux de cuir, 221. Il eſt employé dans la ferblanterie pour couvrir l'étain en bain dans le trempoir, 371, 372.

Surchauffer le fer. C'eſt lui donner une chaude forcée, qui le dé-compoſe ſouvent au point de le fondre & de le réduire en laitier, 453.

Sydérotechnie. Mot compoſé de σίδηρος, fer, & τέχνη, art. Par ſyn-cope art de traiter le fer.

Sydérurgie. Mot compoſé de σίδηρος, fer, & ἔργον, travail. Art de fabriquer le fer.

T

TABLEAU d'hydroſtatique, 491.

Tablier clunaire. Les Mineurs des mines en galerie, qui ſont preſque toujours aſſis ſur la roche humide, portent un grand tablier de cuir qui leur pend par derriere, au-deſſous du jarret, & ſur lequel ils s'aſſeyent pour les préſerver de l'humidité. Ils ne le quittent pas les jours fériés. Ils ſe parent avec des tabliers neufs bien noircis, qui compoſent une partie de leur uniforme, 406.

Tactique. Science qui traite de toutes les opérations qui ont rapport à la guerre, 426.

Tain. Couche légere d'étain, que l'on applique avec art ſur le fer dans les ferblanteries. Détail de cette opération, 369, 370.

Talc. Subſtance minérale de couleurs variées, gliſſante au toucher, & diſpoſée en lames minces, qui ſe détachent facilement. Le talc differe du ſpath & des gyps, en ce qu'il eſt réfractaire au feu, qui le rougit ſans altérer ſa couleur, ſa contexture ni ſa peſanteur. On en trouve de mêlé aux mines de fer. Il rend réfractaire le fable, avec lequel on compofe les creufets des fourneaux, 114.

Taqueret. Plaque de fonte de fer, de vingt à vingt-quatre pouces en quarré, & d'environ un pouce d'épaiffeur, que l'on pofe fur la tympe du fourneau, & que l'on appuie par le haut contre le gueu-fat, pour foutenir l'étalage qui lui eft adoffé, 173. Il s'y amaffe de la tuthie, 287. Supprimé, 120.

Tariere. Vers d'un fcarabé qui ronge le bois, 319.

Tartares. Peuples de l'ancienne Scythie, qui habitent les environs de la mer noire. Attention avec laquelle ils traitent leurs chevaux, 272.

Tartre. Sel effentiel du vin, qui cryftallife dans tous les points de la circonférence des vaiffeaux dans lefquels on conferve le vin. Il eft coloré en rouge ou en blanc gris-fale, par les matieres colorantes & extractives du mouft qui paffent dans le vin. Lorfqu'il eft purifié, il eft blanc ; & par la calcination on en tire un quart de fel alkali-fixe. Des expériences, que j'ai commencées, & que je publierai lorfqu'elles feront complettes, m'ont prouvé que le fel effentiel des bourgeons de la vigne, du verjus & du vin, font une feule & même fubftance. Que ce fel s'altere par la fermentation acéteufe, 303.

Tas. Maffe de fer ordinairement prifmatique, ou fous toute autre forme, qui a une aire plane, fans parties faillantes comme en ont les enclumes à bigorne, & fur laquelle les ouvriers forgent les métaux qu'ils travaillent. Les enclumes de forges font des efpeces de tas, 369.

Taupe. Petit quadrupede qui vit fous terre, où il fe pratique des fentiers pour fes amours & pour fa chaffe aux vers. Lorfqu'elle pouffe au dehors les débris de fes mines & contre-mines, elle imprime à la terre un mouvement périodique, que les Forgerons ont appliqué aux flux & reflux onduleux des laitiers vitreux du fourneau : mouvement qui leur eft imprimé par la preffion du vent des foufflets, lorfque la lave eft affez fluide pour y céder, c'eft un bon pronoftic du travail d'un fourneau, 142, 225. L'on donne auffi le nom de taupe à une piece de bois pofée horifontalement fur la direction du drôme de l'ordon du marteau, & dans laquelle on pratique une efpece de mortier qui reçoit le pied du bras-boutant qui appuie la grande attache, laquelle reçoit une fecouffe chaque fois que le marteau eft renvoyé dans fon élévation contre le rabat.

Ce mouvement communique à la taupe un trémouffement périodique ifochrone, qui la fait pouffer à chaque percuffion.

Taureau monftrueux, ayant trois yeux, quatre cornes & quatre narines, 254.

Terre. Ce mot exprime la planette que nous habitons, & les couches concentriques qui la recouvrent. Ces couches font compofées de la matiere modifiée différemment par des accidents, dont les époques nous font inconnues ; mais elles s'alterent, fe combinent & s'augmentent tous les jours par les débris de la deftruction des animaux & des végétaux qui ceffent de vivre, & par les minéraux qui fe décompofent. Ces *detritus*, variés à l'infini par les altérations qu'ils fubiffent, compofent une variété innombrable d'efpece de terre, que les méthodiftes rangent par claffe, par genre & par efpece, qui ont toutes pour bafe une terre vitrefcible. Terre d'alun, 304. Abforbante. Des eaux de Bourbonne, 361. Animale, 131. Argilleufe, à l'ufage des forges, 116. Blanche de Champagne pour les briques réfractaires & les pots de verre, 115. Bolaire, 159, 368. Glaifeufe, 116, 159. Réfractaire, 368. Végétale, 131. Vitriolique, 159.

Terre foliée de tartre (chymie). Combinaifon de l'alkali-fixe avec l'acide végétal du vinaigre, qui cryftallife en lames graffes & douces au toucher. Ce fel favonneux imprime une grande chaleur fur la langue, 199. Décompofée par l'acide vitriolique & par le vinaigre furard de Champagne, 493, 494.

Terre foliée de fritte. Eft une combinaifon de la fritte des forges avec l'acide du vinaigre. Son analogie avec la terre foliée de tartre, 303.

Teffulaires (cryftaux). Ce font des cryftaux compofés de lames extrêmement déliées, appliquées de façon qu'elles n'empêchent point leur trafparence, mais les font chatoyer, & fouvent doubler les objets.

Teftacées. Nom donné à la famille générale des animaux qui vivent enfermés dans une maifon étroite & folide qu'ils fe conftruifent, & promenent avec eux leurs coquilles. Servant de caftine, 131.

Tetard. Nymphe du crapaud. Définition, 244.

Tetiere. C'eft la maffe quarrée qui termine le fût d'un foufflet de forge, où eft le centre d'ofcillation, & d'où fort la bufe qui dégorge le vent, 210.

Tiers-point. Efpece de triple manivelle qui a douze plis, lefquels forment trois anfes qui font diftribuées à égale diftance l'une de l'autre, & du centre de fon axe, 452. 513. On dit auffi difpofer autour d'un cylindre des dents en tiers-points, comme les cames de bocard, 151. Celles des foufflets, 205.

Tir (artillerie). Eft l'effort de l'explofion de la poudre enflammée dans un canon pour chaffer le boulet : c'eft ce qu'on nomme communément coup de canon. Plufieurs coups du même canon eft un tir continué, 426.

Tocage. Eft la chauffe dans laquelle on jette le bois, dont la flamme eft pouffée par l'air extérieur dans le four des fenderies. Le tocage eft compofé d'un grand cendrier, ouvert & féparé du foyer par une grille, laquelle reçoit le bois, & laiffe paffer la menue braife & les cendres. Le foyer eft une petite tour quarrée, qui eft ouverte en deffus d'un trou circulaire ou quarré, pour recevoir le bois. Cette ouverture fe couvre auffitôt que le bois eft jetté dans le tocage, afin que la flamme foit afpirée dans la voûte du réverbere, par un canal latérale de communication. Dans les fours de porcelaine, le foyer fe nomme landier ; & dans les briqueries chauffe, 441.

Toifé des bois, eft la réduction des bois de charpente équarris dans les forêts, ou tranfportés fur les ports à une mefure matrice au pied cube, à la folive, à la piece, à la cheville, &c. car chaque pays a fa maniere. Les bois de marine fe toifent au pied cube, tel un morceau de vingt-quatre pieds de longueur, fur douze pouces d'équarriffage, porte vingt-quatre pieds cubes, huit folives, huit pieces. S'il avoit fur la même longueur treize pouces d'équarriffage, il ne porteroit que le même nombre de pieces, 308, 310.

Tôle. Planche de fer mince de diverfes longueurs & largeurs, fur plus ou moins d'épaiffeur, qui n'excede pas une ligne. Elle fe forge ordinairement par doublons fous un gros marteau, après avoir été chauffée à un feu de charbon. Elle fert à faire des ferrures, des écuffons, des entrées de ferrures, des poëles, des garnitures ; on l'emboutit pour faire des ornements, des vafes, des batteries de cuifine. On la tourne en volute & en tube pour des tuyaux de poële. Les Suédois & les Anglois la traitent d'une façon bien fupérieure à celle de nos Manufactures Françoifes, parcequ'ils la chauffent au feu de flamme, qu'ils y emploient des fers plus doux, & qu'ils la poliffent au laminoir ou cylindre, 207.

Tôleries. Petites forges, dans lesquelles on fabrique des tôles, avec des fers forgés dans de grosses forges, sous la forme de gros bout de bandage large, que l'on nomme *fasiots*.

Tombeaux. Ce sont les portes de l'éternité que l'on décore fastueusement de trophées funéraires, pour ajouter au triomphe de la mort qui, d'un coup égal, brise les sceptres & les houlettes. Des Princes de Joinville, en albâtre blanc, 337. Des Seigneurs de Bourbonne, en alabastrite, 350.

Tonance. Village de Champagne. Ses mines de fer. Dépôt de sciages. Le chef-lieu de la pairie de l'Evêque Diocésain, 518.

Tonnerre. Météore terrible capable de faire rentrer l'Univers dans le néant. Le feu est son élément : la moyenne région de l'air, son séjour; il n'en descend qu'avec un bruit épouvantable qui fait frémir la Nature : la mort & la destruction marchent sur ses pas. La matiere électrique paroît être le principe de l'explosion du tonnerre, dont l'éclair est l'amorce enflammée par un frottement vif de deux nuages électriques. Ne tombe jamais sur les forges, 81. Ce phénomene, que j'ai vérifié, me paroît avoir pour cause, la propriété que le fer a d'absorber la matiere électrique.

Topaze. Pierre précieuse, diaphane, resplendissante, d'un beau poli, de figure hexagone communément; qui tient sa couleur jaune du plomb qui entre dans sa composition, qui résiste au feu : imitée par des crystaux vitreux, 477, *bis*.

Torchette : voyez spatule, 136.

Tourillons. Pieces cylindriques de métal qui terminent l'axe des corps qui ont un mouvement de rotation ou de balancement, dont les tourillons sont le centre. Les tourillons des arbres des roues de forges & de moulins, sont de fonte de fer, ou de fer, fixés au centre des extrémités des arbres, & posent dans les coches des empoëses. Des arbres de bocard, 176 : des basecules, 205 : des balanciers des soufflets en cloche, 212 : des canons de régule par lesquels le métal en fusion entre dans le moule, 440. Façon de souder ceux des canons de fer à ruban, 471.

Tourne broche mu à l'eau, 394.

Trachées des arbres. Petits canaux des plantes qui servent à la circulation de l'air, lequel opere, comme dans les pompes, l'ascension de la seve & le retour des différentes humeurs extrémentitielles des plantes. Composées d'un tissu dur qui forme la maille des beaux bois de sciages, 311

Tranche. C'est un ciseau acéré, trempé mou, en forme de coin aigu, avec lequel on coupe & l'on fend le fer chaud, 469.

Trancher le fer. C'est une opération du forgeage par laquelle on soumet la chaude sur l'enclume aux coups de marteau, dans la direction étroite de leurs aires. Comme la percussion n'appuie que sur peu d'espace, le poids & l'effort du marteau, le font entrer profondément dans la pâte du fer, & forme une barre inégale & souvent crenelée; défaut que le dressage & le parage subséquent réparent, 463.

Trapeze (Géométrie). Figure irréguliere quadrangulaire, dont les côtés opposés ne sont pas formés de lignes paralleles.

Travers (Définition des), 452.

Trémie. Caisse sans fond en forme de pyramide tronquée. Du crible à l'eau, 161.

Tremble, ou peuplier blanc. Arbre résineux, à chatons, qui se plaît dans les lieux humides des forêts. Le moindre zéphyr imprime un mouvement de palpitation à sa feuille charnue & pesante, parcequ'elle est attachée foiblement à un long pédicule, ce qui lui a fait donner le nom de tremble. Il s'éleve à une grande hauteur, & parvient vîte à une grosseur étonnante, tels ceux que Le nôtre a plantés par les ordres de Louis XIV, dans le parc de Versailles. Son bois doux est propre à faire des liteaux de soufflets, 223.

Trempoir. Caisse de bois, longue, haute & étroite, que le Chandelier à la baguette entretient pleine de suif fondu pour y plonger ses meches qui se couvrent à chaque immersion d'une couche de suif, jusqu'à ce que la chandelle ait pris sa grosseur. Comparée à la caisse de l'étamoir en fer blanc, 371.

Treuil ou cabestan (Méchanique). Cylindre garni de deux tourillons sur lesquels il roule horisontalement ou verticalement au moyen des léviers passés en croix dans des lumieres qui le pénetrent, ou par un autre méchanisme. De la bascule des bassins des soufflets en cloches, 215 : pour éprouver le fer, 464.

Triangle (Géométrie). Figure qui a trois angles sous une ouverture quelconque, ce qui fait diviser le triangle en plusieurs especes. Isocelle qui a deux côtés égaux. Figure des gueuses, 138 : scalene-oxygone qui a les trois côtés inégaux, ayant les angles aigus. Figure des soufflets, 200.

Triédre. Figure qui a trois faces.

Trait du Jardinier pour tracer une ellipse. Sa description, 112.

Trimonie. Réunion de trois propriétés inhérentes, indivisibles & distinctes en un seul individu : mot formé de τρεῖς & de μόνος , trois choses en une seule, 69.

Trompe. Météore formé par un nuage comprimé par deux vents qui soufflent en opposition & qui lui donnent un mouvement de rotation, & ordinairement la forme d'un cône creux en dedans par la force centrifuge ; dont la base est en haut & l'axe perpendiculaire à la terre : on en voit plus fréquemment sur mer que sur terre, 198.

Trompe (méchanique). Espece de soufflet composé d'une chûte d'eau qui entraîne avec elle de l'air qui s'en dégage pour animer le feu. Leur invention, leur description, 196 , & suiv. Du Comté de Foix, du Dauphiné, des Pyrénées & des mines, 196 , 198. De Cassel, 199. Leur puissance , leur dépense , 216. Leur défaut , 219. Exigent plus d'eau que les roues de soufflets, 223.

Trousse. Est un paquet de plusieurs pieces de fer de même dimension réunies avec ordre & contenues par des liens. Des ferblanteries ; ce sont plusieurs semelles entassées les unes sur les autres & serrées dans une tenaille pour les chauffer & les forger ensemble , 374. Pour faire le noyau d'un canon, c'est un faisceau de barres méplates, rangées l'une sur l'autre , & contenues par des liens , 466.

Truie. C'est la même chose que horniau, loup & bête , *Voyez* ces mots.

Tuile. Plaque dont le parallélogramme est plus long que large , qui est composée d'argille cuite au feu, dont on se sert pour couvrir les toitures : il y en a de plates qui s'accrochent ou se clouent ; de courbes & de chantournées qui se posent par enchaînement, ce qui rend les toitures cannelées. Crevent lorsqu'elles contiennent de la chaux, 49, ou de la mine de fer , 347. S'exfolient par l'effet de la gelée , *ibid.*

Tulipe du canon. Renflement près de la couronne ; elle est formée par plusieurs cordons, dont le premier est taillé en chanfrein, 469. Des buses de soufflets , 201.

Turbith minéral (Chymie). Précipité de mercure combiné avec l'acide vitriolique , & édulcoré avec de l'eau chaude qui lui donne une couleur jaune, 363 , 495.

Tuthie. Substance grise qui s'attache aux parois des fourneaux des Fondeurs en cuivre jaune : c'est du zinc sublimé. Des forges , qui s'attache aux bords supérieurs du gueulard , 189.

Tuyere.

Tuyaux de conduite. Tube de fonte de fer de trois pieds & demi de longueur, fur différents diametres, terminés à chaque bout par un rebord que l'on nomme oreille, qui eft percée de plufieurs trous efpacés jufte pour que deux fe rapatronent réguliérement afin de les ferrer enfemble avec des vis & des écrous. Ils fervent à conduire des eaux d'un endroit à un autre. Ils ne doivent pas être coulés avec des fontes limailleufes, 74.

Tuyere. Inftrument de fonte de fer battu, plus ordinairement de cuivre, fort en ufage dans les forges. La forme de la tuyere ne ref-femble pas mal à celle de la hure d'un cochon : on y diftingue trois parties principales. Le pavillon qui eft hémi-circulaire en deffus & plat deffous, ou forme une pyramide irréguliere, tronquée, c'eft dans cette partie que font pofées les bufes des foufflets ; le gofier qui eft un canal court un peu conique, dont la bafe eft plate, les côtés droits & le deffus hémi-circulaire. Enfin la bouche compo-fée de la levre fupérieure taillée en bouche de carpe, & de la levre inférieure qui eft horifontale ; c'eft par ce trou qui a 17 à 18 lignes de largeur & 10 à 12 lignes de hauteur, que pafle le vent des fouf-flets dans le foyer des affineries & des chaufferies. Celles pour les acieries font de cuivre fondu ; elles ont la bouche ronde. Les tuye-res de fourneaux font ordinairement de fer battu ; elles font ou-vertes de quatre pouces de bafe fur trois de hauteur ; font formées d'une plaque de fer repliée des deux côtés & n'ont point de fond, lequel eft remplacé par la plaque de tuyere. Les oreilles s'élargif-fent afin de donner plus d'efpace pour placer les bufes & travailler aux réparations de l'embouchure. C'eft de la jufte pofition de la tuyere que dépend en plus grande partie la quantité du produit, l'économie des matériaux & la qualité du fer. Elle brûle lorfqu'elle eft trop avancée, 107. Façon de la pofer, 111, 119. Sa réparation, 136. Bouchée par le laitier, 144. Reflet du vent à la tuyere, 227. Des foufflets en trompe reçoivent le vent d'un porte-vent, 230.

Tympe. Eft un prifme de fer quadrangulaire de cinq pouces de face & de trente pouces de longueur, que l'on pofe en travers de l'ou-verture antérieure du creufet du fourneau au-deffous du gueufat, pour foutenir le taqueret & une partie de l'étalage qui lui répond. Elle fert auffi de point d'appui aux ringards avec lefquels on tra-vaille la fonte dans l'ouvrage, & quand on décrafle l'entrée du creufet. Sa bafe eft élevée de quinze pouces au-deffus du fond du creufet, & elle eft accompagnée de fes pages qui en affermiffent les bouts,

N nnn

119. Quelques Fondeurs, fur-tout dans les endroits où l'on conf-truit les ouvrages en pierre, en pofent une de pierre, derriere celle de fer, 119.

V.

néraux, les vers attaquent & rongent tout. Ils font à l'homme une
guerre perpétuelle & fi cruelle, qu'ils lui rongent les entrailles,
ruinent l'efpoir de fes moiffons, & dévorent fes récoltes : à foie de
l'Amérique quittent leur peau, 239 : éclos dans les plaies, 236 : qui
rongent les crapauds vivants ; leur defcription : leur métamorphofe,
234 & fuivantes.

X

XULIFICATION. Mot compofé pour exprimer le paffage de la feve & de l'aubier à l'état de bois, 318.

Z

ZAIN. Couleur uniforme d'un cheval, 262.

Zéolite. Pierre de diverfe couleur, qui a beaucoup de rapport pour la configuration avec les fpaths. Elle en differe en ce qu'elle forme avec les acides une gelée tranfparente, 292, 304.

Zinc, ou Toutenague des Indiens, eft un demi-métal d'un blanc tirant fur le bleu, qui brûle avec une flamme éclatante, & fe fublime en une fumée blanche, jaunâtre & cotonneufe. Il a un commencement de malléabilité. Ses mines, 292 : foupçonné être un demi-métal combiné, long-temps inconnu, 274 : contenu dans les mines & la fonte de fer, 287, 288 : fublimé, 279, 290 : revivifié de la cadmie, 284 : fe diffout avec effervefcence & totalement dans l'alkali-volatil qui eft dégagé par l'alkali-fixe & récent fuivant les expériences de M. de Laffone, qui pourfuit fes recherches fur ce demi-métal avec la fagacité qui le caractérife.

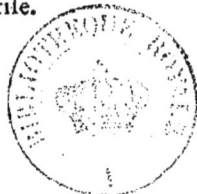

F I N.

DE L'IMPRIMERIE DE DIDOT.

EXTRAIT. des *Regiſtres de l'Académie Royale des Siences du 18 Février 1775.*

MESSIEURS Deſmarets & Cadet qui avoient été nommés pour examiner un Ouvrage de M. GRIGNON, intitulé, *Mémoires de Phyſique ſur l'Art de fabriquer le fer, d'en fondre & d'en forger des canons d'artillerie, ſur l'Hiſtoire Naturelle, & ſur quelques objets d'Economie, &c.* qu'il deſire publier & dédier à l'Académie, en ayant fait leur rapport, l'Académie a jugé cet ouvrage digne de l'impreſſion, en a accepté la dédicace, & a permis à l'Auteur de le faire imprimer ſous ſon privilege; ſans cependant adopter aucune des aſſertions qui peuvent être contenues, ainſi que l'Auteur le déclare dans ſa Préface; en foi de quoi j'ai ſigné le préſent certificat. A Paris, le 18 Février, 1775. *Signé,* GRANDJEAN DE FOUCHY, ſecrétaire perpétuel de l'Académie Royale des Sciences.

P R I V I L E G E   D U   R O I.

LOUIS, par la grace de Dieu, Roi de France & de Navarre : A nos amés & féaux Conſeillers les Gens tenant nos Cours de Parlement, Maîtres des Requêtes ordinaires de notre Hôtel, Grand Conſeil, Prévôt de Paris, Baillis, Sénéchaux, leurs Lieutenants Civils, & autres nos Juſticiers qu'il appartiendra; SALUT. Nos bien amés LES MEMBRES DE L'ACADÉMIE ROYALE DES SCIENCES de notre bonne Ville de Paris, Nous ont fait expoſer qu'ils auroient beſoin de nos Lettres de Privilege pour l'impreſſion de leurs Ouvrages : A CES CAUSES, voulant favorablement traiter les Expoſants, Nous leur avons permis & permettons par ces préſentes, de faire imprimer par tel Imprimeur qu'ils voudront choiſir, toutes les Recherches ou Obſervations journalieres, ou Relations annuelles de tout ce qui aura été fait dans les Aſſemblées de ladite Académie Royale des Sciences, les Ouvrages, Mémoires ou Traités de chacun des Particuliers qui la compoſent, & généralement tout ce que ladite Académie voudra faire paroître, après avoir fait examiner leſdits Ouvrages & jugé qu'ils ſont dignes de l'impreſſion, en tel volume, marge, caractere, conjointement ou ſéparément, & autant de fois que bon leur ſemblera, & de les faire vendre & débiter partout notre Royaume pendant le temps de vingt années conſécutives, à compter du jour de la date des Préſentes, ſans toutefois qu'à l'occaſion des Ouvrages ci-deſſus ſpécifiés, il en puiſſe être imprimé d'autres qui ne ſoient pas de ladite Académie : Faiſons défenſes à toutes ſortes de perſonnes, de quelque qualité & condition qu'elles ſoient, d'en introduire de réimpreſſion étrangere dans aucun lieu de notre obéiſſance; comme auſſi à tous Libraires & Imprimeurs d'imprimer ou faire imprimer, vendre, faire vendre & débiter leſdits Ouvrages, en tout ou en partie, & d'en faire aucunes traductions ou extraits, ſous quelque prétexte que ce puiſſe être, ſans la permiſſion expreſſe & par écrit deſdits Expoſants, ou de ceux qui auront droit d'eux, à peine de confiſcation des Exemplaires contrefaits, de trois mille livres d'amende contre chacun des contrevenans, dont un tiers à Nous, un tiers à l'Hôtel Dieu de Paris, & l'autre tiers auxdits Expoſants, ou à celui qui aura droit d'eux, & de tous dépens, dommages & intérêts; à la charge que ces Préſentes ſeront enregiſtrées tout au long ſur le Regiſtre de la Communauté des Libraires & Imprimeurs de Paris, dans trois mois de la date d'icelles; que l'impreſſion deſdits Ouvrages ſera faite dans notre Royaume, & non ailleurs, en bon papier & beaux caracteres, conformément aux Réglements de la Librairie, qu'avant de les expoſer en vente, les manuſcrits ou imprimés qui auront ſervi de copie à l'impreſſion deſdits Ouvrages, feront remis ès mains de notre très cher & féal Chevalier, le Sieur D'AGUESSEAU Chancelier de France, Commandeur de nos Ordres; qu'il en ſera enſuite remis deux Exemplaires dans notre Bibliotheque publique, un dans celle de notre Château du Louvre, & un dans celle de notre très cher & féal Chevalier, le ſieur D'AGUESSEAU, Chancelier de France; le tout à peine de nullité des Préſentes du contenu deſquelles vous mandons & enjoignons de faire jouir leſdits Expoſants, & leurs ayants cauſe, pleinement & paiſiblement, ſans ſouffrir qu'il leur ſoit fait aucun trouble ou empêchement. Voulons que la copie des Préſentes, qui ſera imprimée tout au long, au commencement ou à la fin deſdits Ouvrages, ſoit tenue pour duement ſignifiée, & qu'aux copies collationnées par l'un de nos amés & féaux Conſeillers-Sécrétaires, ſoi ſoit ajoutée comme à l'original. Commandons au premier notre Huiſſier ou Sergent ſur ce requis, de faire pour l'exécution d'icelles, tous actes requis & néceſſaires ſans demander autre permiſſion, & nonobſtant clameur de haro, charte normande, & lettres à ce contraires; CAR tel eſt notre plaiſir. DONNÉ à Paris, le onzieme jour du mois d'Août, l'an de grace mil ſept cent cinquante, & de notre regne, le premier. Par le Roi en ſon Conſeil. MOL.

Regiſtré ſur le Regiſtre XII de la Chambre Royale & Syndicale des Libraires & Imprimeurs de Paris, Nº. 430, fol. 405, conformément au Réglement de 1723. qui fait défenſes, article 4 à toutes perſonnes, de quelque qualité & condition qu'elles ſoient, autres que les Libraires & Imprimeurs, de vendre, débiter & faire afficher aucuns Livres pubſ les vendre, ſoit qu'ils s'en diſent les Auteurs ou autrement; à la charge de fournir à la ſuſdite Chambre huit Exemplaires de chacun, preſcrits par l'article 108 du même Réglement. A Paris le 5 Juin 1759.

Signé LE GRAS, *Syndic.*